普通高等教育"十三五"规划教材

塑性成型力学与轧制原理

（第 2 版）

章顺虎　编著

北　京

冶 金 工 业 出 版 社

2022

内 容 提 要

本书根据材料成型专业教学计划并结合新工科"材料制备与加工工程"专业培养目标编写而成。全书分为塑性变形力学基础与轧制原理两部分。前一部分从应力与应变的基本概念入手，建立求解材料成型问题的基本方程，进而结合材料成型实际，讲述了主要解析方法，即工程法、滑移线法、上界法以及变分法，用以展示解析解的求解原理。后一部分重点介绍轧制成型的基本原理，包括参数描述、轧制条件、变形特征等。此外，书中还介绍了利用人工智能求解轧制力能参数的方法，希望能够启发读者就此方向开展更为深入的研究。

本书既可作为材料类、机械类和力学类等专业本科生教学用书，也可供生产、设计和科研部门的工程技术人员参考。

图书在版编目 (CIP) 数据

塑性成型力学与轧制原理／章顺虎编著. —2 版. —北京：冶金工业出版社，2020.12 （2022.8 重印）

普通高等教育"十三五"规划教材

ISBN 978-7-5024-8673-0

Ⅰ.①塑…　Ⅱ.①章…　Ⅲ.①金属—塑性力学—高等学校—教材 ②金属—轧制理论—高等学校—教材　Ⅳ.①TG111.7 ②TG331

中国版本图书馆 CIP 数据核字 (2020) 第 266357 号

塑性成型力学与轧制原理 （第 2 版）

出版发行 冶金工业出版社		**电　话**	(010)64027926
地　址 北京市东城区嵩祝院北巷 39 号		**邮　编**	100009
网　址 www.mip1953.com		**电子信箱**	service@ mip1953.com

责任编辑　卢　敏　美术编辑　郑小利　彭子赫　版式设计　禹　蕊
责任校对　郑　娟　责任印制　李玉山
北京虎彩文化传播有限公司印刷
2016 年 1 月第 1 版，2020 年 12 月第 2 版，2022 年 8 月第 2 次印刷
787mm×1092mm 1/16；26.25 印张；633 千字；402 页
定价 52.00 元

投稿电话　(010)64027932　投稿信箱　tougao@cnmip.com.cn
营销中心电话　(010)64044283
冶金工业出版社天猫旗舰店　yjgycbs.tmall.com
（本书如有印装质量问题，本社营销中心负责退换）

第 2 版前言

本书在第 1 版的基础上，根据材料成型专业教学计划并结合新工科"材料制备与加工工程"专业培养目标编写，旨在使读者掌握塑性变形力学基础，并能成功解决塑性成型力学问题。与此同时，考虑到轧制过程的重要性及复杂性，因而增设了多个章节对其进行了系统介绍，以使在进行轧制力学分析时能有更扎实的基础，从而助力获得可靠的轧制力能参数。

全书分塑性变形力学基础与轧制原理两部分。第一部分从应力与应变的基本概念入手，建立求解材料成型问题的基本方程，进而结合材料成型实际讲述主要解析方法，即工程法、滑移线法、上界法以及变分法，用以展示解析解的求解原理和特点；在此部分的各章中均给出了前述各种解法在轧制力能参数求解上的应用，包括一些编者近几年来的研究成果，以强化知识的运用。另一方面，为获得对第一部分中关于轧制技术的深入理解，第二部分重点介绍轧制成型的基本原理，包括参数描述、轧制条件、变形特征等。此外，书中也在最后两章介绍了利用人工智能求解轧制力能参数的方法，希望能够启发读者就此方向开展更为深入的研究。

根据本人多年的教学经验，本书在编写时力求体现以下特点：在编排结构上，注意系统性，章节之间尽量做到承上启下、连贯呼应，以保证阅读的流畅；在内容的阐述上，力求文字精炼，注意理论联系实际，循序渐进，并积极提炼知识中体现的科学思维与普遍的方法论，以培养学生的创新精神及分析问题、解决问题的能力；在内容的选择上，积极引入了本领域与交叉学科的前沿成果，以满足读者对先进理论和技术的渴求；对于各章的重要公式，积极结合图形按照依据充分、逻辑合理、结论可靠的要求进行了较为详尽的推导，还结合工程实例做了相应的物理意义阐述，以加强学生对公式的深入理解。

在编写过程中，东北大学赵德文教授、兄弟院校同行以及冶金出版社都提出了许多宝贵意见，在此表示感谢。本书的出版，得到了江苏省优秀青年基金（BK20180095）与国家自然科学基金（52074187，U1960105）的共同资助，在此深表谢意。

本书可作为高等学校材料、机械类专业的本科生用书，也可供工程技术人员参考。由于编者水平有限，书中不妥之处敬请读者批评指正。

编　者

2020 年 12 月

第1版前言

本书是根据材料成型专业教学计划与塑性成型力学原理专业教学大纲的要求编写的。全书从应力与应变的基本概念入手，建立求解材料成型问题的基本方程，进而结合材料成型实际讲述了主要解析方法：工程法、滑移线法和上界法；并给出很多具体解析实例。为培养学生分析与解决问题的能力，各章均有一定数量的思考题与习题。为便于学生自学，对书中涉及的主要公式都做了详细的推导。书中还精心安排了一些编者近年来的研究成果，旨在增强读者的兴趣；在最后一章安排了塑性成型力学基础实验以培养学生的创新精神和综合能力。

本书讲授约需90学时。针对各校具体情况，可根据需要增加或删去带 * 号的节。本书可作为高等学校材料成型专业的教学用书，也可供相关领域生产、设计和科研部门的工程技术人员参考。

在编写过程中，东北大学赵德文教授提出了许多宝贵意见。本书的出版，得到了国家自然科学基金委员会（资助编号：51504156）与苏州大学沙钢钢铁学院的共同资助。在此深表谢意。

由于编者水平所限，书中难免会有缺点与错误，敬请读者批评指正。

作 者

2015 年 7 月

目　录

0 绪 论

0.1 金属塑性成型的特点

金属在外力作用下将产生变形。为了确定这种变形是弹性变形还是塑性变形，需要看卸载时变形的恢复情况。如果卸载后，金属的变形完全恢复，则将这种变形称为弹性变形；如果卸载后，金属的变形没有完全恢复，有一定程度的残余变形，这种残余变形属于永久变形，则将这一残余变形称为塑性变形。金属所具有的这种发生永久性变形而不破坏其完整性的能力称为金属的塑性。利用金属的塑性，将其加工成所需要制品的方法称为金属塑性成型方法。

金属塑性成型与金属切削加工、铸造、焊接等过程相比，具有如下特点：

(1) 金属材料经过相应的塑性成型后，不仅形状发生改变，而且其组织、性能都能得到改善和提高。

(2) 金属塑性成型主要是靠金属在塑性状态下的体积转移，而不是靠部分切除金属的体积，因而制件的材料利用率高、流线分布合理，从而提高了制件的强度。

(3) 用塑性成型方法得到的工件可以达到较高的精度。应用先进的技术和设备，不少零件已达到少、无切削的目标，即净成型或近净成型。

(4) 塑性成型方法具有很高的生产率。例如，在曲柄机上压制一个汽车覆盖件仅需几秒钟，多工位冷锻机的生产节拍可达 200 件/min。

由于金属塑性成型具有以上优点，因而钢总产量的 90% 以上及有色金属总产量的约 70% 需经过塑性加工成材，其产品品种规格繁多，广泛应用于交通运输、机械制造、电力电信、化工、建材、仪器仪表、国防工业、航天技术以及民用五金和家用电器等各个部门。它是制造业的一个重要组成部分，也是先进制造技术的一个重要领域。

0.2 塑性成型力学及基本研究内容

塑性成型力学与塑性成型金属学是塑性成型原理的两个分支，本书所讲内容为塑性成型力学。

塑性成型力学的基本研究内容：

(1) 研究给定的塑性成型过程（轧制、锻造、挤压、拉拔等）所需的外力，外力与变形外部条件之间的关系，诸如工具形状、变形方式、摩擦条件等，此外力是成型设备设计与成型工艺制定的基本依据。

(2) 研究成型材料内部的应力场、应变场、应变速率场以及边界位移等，从而分析成型时产生裂纹的原因和预防措施，预测产品内残余应力和组织性能，提高产品质量。

　　（3）研究新的、更合理的成型过程与组合成型过程及其力学特点，以提高成型效率、节省能源；研究新的、更合理的数学解析方法以提高成型力学的解析性、严密性与科学性。

0.3　塑性成型的基本受力特点与成型方式

　　工件成型的基本受力特点和成型方式见表 0-1。分为基本成型方式和组合成型方式。

　　靠压力作用使金属产生变形的方式有锻造、轧制和挤压。

　　锻造：是用锻锤锤击或用压力机的压头压缩工件。分自由锻（冶金厂常用的镦粗和延伸工序）和模锻。可生产各种形状的锻件，如各种轴类、曲柄和连杆等。

　　轧制：坯料通过转动的轧辊被压缩，使横断面减小、形状改变、长度增加。可分为纵轧、横轧和斜轧。纵轧时，工作轧辊旋转方向相反，轧件的纵轴线与轧辊轴线垂直；横轧时，工作轧辊旋转方向相同，轧件的纵轴线与轧辊轴线平行；斜轧时，工作轧辊旋转方向相同，轧件的纵轴线与轧辊轴线成一定的倾斜角。用轧制法可生产板带材、简单断面和异型断面型材与管材、回转体（如变断面轴和齿轮等）、各种周期断面型材、丝杠、麻花钻头和钢球等。由于此种成型方式重要而复杂，因而常需要进行专门的变形特性研究，使用基本力学理论更好地求解相应的力能参数，这也是本书专门介绍轧制原理的初衷。

　　挤压：把坯料放在挤压筒中，垫片在挤压轴推动下迫使成型材料从一定形状和尺寸的模孔中挤出。挤压又分正挤压和反挤压。正挤压时挤压轴的运动方向和从模孔中挤出材料的前进方向一致；反挤压时挤压轴的运动方向和从模孔中挤出材料的前进方向相反。用挤压法可生产各种断面的型材和管材。

　　主要靠拉力作用使塑性成型的方式有拉拔、冲压（拉延）和拉伸成型。

　　拉拔：用拉拔机的夹钳把成型材料从一定形状和尺寸的模孔中拉出，可生产各种断面的型材、线材和管材。

　　冲压：靠压力机的冲头把板料冲入凹模中进行拉延，可生产各种杯件和壳体（如汽车外壳等）。

　　主要靠弯矩和剪力作用使材料产生成型的方式有弯曲和剪切。

　　弯曲：指在弯矩作用下成型，如板带弯曲成型和金属材的矫直等。

　　剪切：坯料在剪力作用下进行剪切变形，如板料的冲剪和金属的剪切等。

　　基本成型方式简称"锻、轧、挤、拉、冲、弯、剪"。

　　为了扩大品种和提高成型精度与效率，常常把上述基本成型方式组合起来形成新的组合（表 0-1）。仅就轧制来说，目前已成功研究出或正在研究与其他基本成型方式相组合的一些成型过程。例如，锻造和轧制组合的锻轧过程可生产各种变断面零件，以扩大轧制品种和提高锻造加工效率；轧制和挤压组合的轧挤过程，可以生产铝型材，纵轧压力穿孔也是这种组合过程，它可以对斜轧法难以穿孔的连铸坯（易出内裂和折叠）进行穿孔，并可使用方坯代替圆坯；拉拔和轧制组合的拔轧过程，其轧辊不用电机驱动而靠拉拔工件带动，能生产精度较高的各种断面型材。冷轧带材时带前后张力轧制也是一种拔轧组合，它可减少轧制力；轧制和弯曲组合的辊弯过程，使带材通过一系列轧辊构成的孔型进行弯曲成形，可生产各种断面的薄壁冷弯或热弯型材。轧制和剪切组合的搓轧过程，因上下工作辊线速度不等（也叫异步轧制）造成上下辊面对轧件摩擦力方向相反的搓轧条件，可

表0-1 材料的成型方式与基本受力特点示意图

基本受力特点	压力							拉力		剪力	弯矩
分类与名称	锻造				轧制						
	自由锻		横锻		纵轧	横轧	斜轧				
	镦粗	延伸									
基本成型方式											
基本受力特点	压力					拉力				剪力	弯矩
分类与名称	挤压		拉拔			冲压(拉延)	拉伸成型			剪切	弯曲
	正向挤压	反向挤压									
基本成型方式											
组合成型方式											
分类与名称	锻造-轧制	锻造-挤压	拉拔-轧制	轧制-挤压	轧制-弯曲	轧制-剪切(异步轧制)					
	辊轧	轧挤	拔轧	辊轧	辊弯	摆轧(异步轧制)					
组合成型方式						$v_1 < v_2$					

显著降低轧制力，能生产高精度极薄带材。

此外，还有铸造和轧制组合的液态铸轧、粉末冶金和轧制组合的粉末轧制等新的组合成型过程。目前，已采用液态铸轧法生产铸铁板、不锈钢高速钢薄带、铝带和铜带等，钢的液态铸轧正在研究中；用粉末轧制法已能生产出有一定强度和韧性的板带材。

0.4　塑性成型力学的基本解法与发展方向

塑性成型力学是运用塑性力学基础求解材料成型问题。即在对成型工件进行应力和应变分析的基础上建立求解成型问题的变形力学方程，再以一定的解析方法确定塑性成型的力能参数和工艺变形参数以及影响这些参数的主要因素。作为实用塑性理论的塑性成型力学直到 20 世纪 60 年代主要的解法仍是初等解析法即传统工程法。此法的基本特点是采用近似的平衡方程与近似塑性条件并假定正应力在某方向均布、剪应力在某方向线性分布，然后求解出工件接触面上的应力分布方程。由于方法较简单，如参数处理得当，计算结果与实际之间误差常在工程允许范围内，结果可信，因此今天仍有重要价值。但此种方法的主要缺点是不能研究变形体内部应力与变形分布并难以准确计入材料强化。

另外一种发展较早的变形力解法是分析理想刚-塑性材料的滑移线法，该法采用精确平衡方程与塑性条件推导出汉基应力方程并按边界条件与几何性质绘制出塑性流动区内的滑移线场，借助滑移线场与速端图确定塑性区内各点的应力分布与流动情况。此法可以有效解析平面变形问题，但对轴对称问题及边界形状复杂的三维问题尚有待深入研究。应指出，对滑移线场的矩阵算子技术以及边界形状复杂的滑移线场积分方法的研究仍是该领域的研究亮点。

20 世纪 40 年代末与 50 年代初 A. A. Марков（马尔科夫）与 R. Hill（希尔）等从数学塑性理论的角度以完整的形式证明了可变形连续介质力学的极值原理。到 70 年代极值原理解析塑性成型实际问题的应用已居主导地位。其中上界法发展成上界三角形速度场解法与上界连续速度场解法；三角形速度场解法将变形区设定为由刚性的三角形块组成，当成型工具具备已知速度时，刚性块发生相互搓动，借助速端图可求出变形功率与边界外力；此法因对变形区处理粗略，目前已逐渐被连续速度场解法取代。

上界连续速度场解法是对具体的成型问题设定满足运动许可条件含有待定参量的上界运动许可速度场，然后计算应变速率场与成型功率，再用数学方法使成型功率最小化，进而得到相关力能参数。应指出：当前广泛使用的能量法（或称变分法），其本质是对能量泛函求极值的过程，是从数学方法上给出的定义。因其计算依据仍是上界定理，因而其结果也可归为上界解。还应指出：以张量形式表达与研究极值原理，以场论知识表达与计算速度场，以流函数确定速度场模型及计算机搜索上界最小值等研究仍是该领域目前的研究亮点。本书主要讲授前述工程法、滑移线法与上界法。

随着电子计算机的应用与数值计算技术的发展，近年来塑性成型发展的基本解法还包括有限元与上界元法。这些内容将在本专业研究生课程——"现代材料成型力学"中讲授，本书不予介绍。

塑性成型力学今后发展的动向应当是：（1）采用较精确的初始和边界条件（包括接

触摩擦条件等）以及反映实际材料流变特性的变形抗力模型，依靠电子计算机求解精确化的变形力学方程，并加强对三维流动问题的研究。（2）研究塑性成型工件内部的矢量场（应力、位移和应变分布）和标量场（温度、硬度和晶粒度分布等）。（3）研究塑性成型力学中非线性力学与数学问题的解析法，以提高塑性成型力学的解析性、严密性与科学性。

1 应力与应变

塑性成型是材料在外力作用下产生塑性变形的过程，所以必须了解塑性成型中工件所受的外力及其在工件内的应力和应变。本章从塑性成型中工件所受的外力和呈现的现象入手讲述成型工件内应力和应变状态的分析及其表示方法。这些都是塑性成型的力学基础。

1.1 应　力

1.1.1 应力状态的基本概念

在一定条件下，要使物体变形，必须施加一定的力，作用于物体上的力有两种类型：体积力（质量力）及表面力（外力），它们皆可使物体在一定的情况下产生弹性变形或塑性变形。但对大多数成型材料来说，塑性成型是由表面力来完成的，体积力与表面力相比，在成型过程中所起的作用小，故一般略而不计。

1.1.1.1 外力

平锤镦粗时，圆柱体试件受上下锤头力的作用高度减小、断面扩大，如图 1-1a 所示。

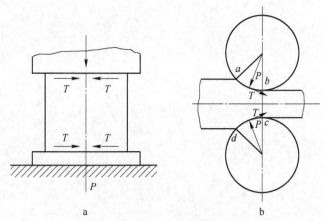

图 1-1　镦粗及轧制时的外力图

a—镦粗；b—轧制

锤头力 P 是使柱体产生变形的有效作用力。由于锤头表面在横向上没有运动，而材料与工具接触处是相对运动的，这就产生了阻碍柱体断面扩大的摩擦力。图 1-1b 所示为平辊间的轧制，轧辊沿径向对轧件施加压力 P，使其高度减小。为了使轧件能进入逐渐缩小的辊缝，在轧辊与材料接触表面之间也存在摩擦力，它的作用是将轧件曳入两个轧辊之间以实现轧制过程。

可见，使材料发生塑性变形的表面力，有垂直于接触表面的作用力与沿着表面作用的摩擦力。镦粗时，摩擦力妨碍柱体断面的扩大，是无效力；轧制时，摩擦力是实现轧件成形所必需的有效力之一。

1.1.1.2 应力

变形物体受到外力作用时，内部将出现与外力平衡、抵抗变形的内力，故变形力的平衡条件，不仅有作用于整个物体上外力的平衡条件，而且需要物体每个无穷小单元也处于平衡。变形物体的平衡条件具有微分性质，即不仅需要研究物体变形时力的情况，还需要了解物体内部的应力情况。内力的强度称为应力。物体内部出现应力，称物体处于应力状态之中。

为研究应力情况，需引入变形区的概念。在塑性成型时，所谓变形区，是指那些受工具直接作用的，金属坯料上正在产生塑性变形的那部分体积。如图 1-1a 所示，镦粗时金属全部在工具直接作用下发生变形，整块金属都处于变形区内，任意瞬间的变形都遍及全体；轧制则不然，每一瞬间的变形只发生在其纵向上的一小段中，如图 1-1b 中 *abcd* 包围的部分。变形区前面部分变形已完毕，后面部分则尚未经受变形，这部分又称为刚端。所谓刚端（或外区）是指变形过程的任意瞬间金属坯料上不发生塑性变形的那部分金属体积。

从变形区内取出一个小体积，如图 1-2a 所示，当其处于平衡状态时，作用着 P_1，P_2，P_3，…诸力。若截去 B 部分，为了保持与 A 部分的平衡，则截面上一定有一合力 P，如图 1-2b 所示，在截面的任一微小面素 ΔF 上，在 P 力方向有 ΔP 力，那么 $\lim\limits_{\Delta F \to 0} \dfrac{\Delta P}{\Delta F}$ 定义为面素上的全应力。全应力是一个矢量，其方向一般既不与面素 ΔF 垂直，也不与其相切。在我国法定计量单位中，它的量纲是 Pa（$1\text{Pa} = 1\text{N/m}^2$）。$\Delta P$ 对 ΔF 而言，可分解为垂直分量（法线分量）ΔN 及切线分量 ΔT，可得出

$$\sigma = \lim_{\Delta F \to 0} \frac{\Delta N}{\Delta F}, \quad \tau = \lim_{\Delta F \to 0} \frac{\Delta T}{\Delta F}$$

σ 与 τ 即是面素 ΔF 上的垂直应力（正应力）及切线应力（切应力）。

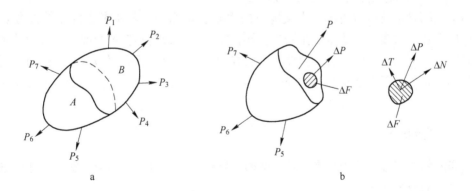

a

b

图 1-2　微小面素上作用力

1.1.1.3 应力状态

设均匀圆杆的一端固定，另一端受拉力 P 的作用，图 1-3a 所示圆杆的截面积为 F，

则 F 的单元面积上的拉应力为 $\dfrac{P}{F}$。若垂直拉力轴向断面上的应力不变，由于 $P' = P$，如

图 1-3b 所示，则该断面上的法线应力 $\sigma = \dfrac{P}{F}$。若所取截面的法线与拉力轴向成 θ 角，如

图 1-3c 所示，则由拉力的作用在该面上出现的力为 S'，并且

$$S' = \frac{P}{F/\cos\theta} = \frac{P\cos\theta}{F}$$

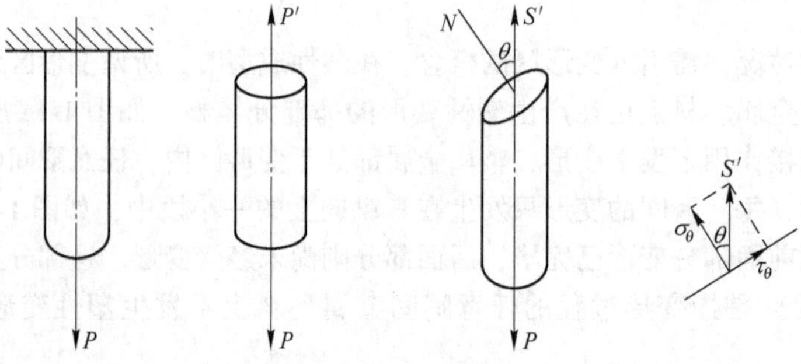

图 1-3   简单拉伸下应力的确定图

若将 S' 分解为垂直该面的法线分量 σ_θ 及作用该面上的切线分量 τ_θ，如图 1-3d 所示，则它们分别为

$$\left.\begin{aligned}
\sigma_\theta &= \frac{P\cos^2\theta}{F} = \sigma\cos^2\theta \\
\tau_\theta &= \frac{P\cos\theta\sin\theta}{F} = \sigma\cos\theta\sin\theta
\end{aligned}\right\} \tag{1-1}$$

式中 σ_θ ——该面的法线应力（正应力）；

τ_θ ——切线应力（剪应力，切应力）

由上述两种情况可以看出，即使物体的力学状态相同，若所考查的面的位置发生变化，则应力状态的表示方法也发生变化。换言之，在外载荷不变的情况下，应力的数值取决于其所作用平面的方位。若以拉伸轴为法线的平面的应力状态（σ，0）已知，则法线与拉伸轴成 θ 角的平面上的应力状态为（σ_θ，τ_θ），它与（σ，0）之间存在式（1-1）的关系。

1.1.2 点应力状态

要研究物体变形的应力状态，首先必须了解物体内任意一点的应力状态，才可推断整个变形物体的应力状态。

点的应力状态，是指物体内任意一点附近不同方位上承受的应力情况。

1.1.2.1 一点应力状态的描述方法

在变形区内某点附近取一无限小的单元六面体，在其每个界面上都作用着一个全应力，设单元体很小，若某面上的应力已知，则其对称面上的应力可按一阶泰勒公式确定，

因此，只需在 3 个可见的面上画出应力，如图 1-4a 所示。将全应力按取定坐标轴向进行分解（注意，这里单元体的 6 个边界面均与对应的坐标面平行），每个全应力能分解为 1 个法线应力（正应力）和 2 个切线应力（图 1-4b）。法线应力与切线应力的下标表示与正负号规定如下：

σ 表示法线应力，σ_x 为垂直于 x 轴的坐标面 yOz 上的法线应力，σ_y 为垂直于 y 轴的坐标面 xOz 上的法线应力，σ_z 为 xOy 面上的法线应力。当法线应力的方向与所作用平面的外法线方向一致时，规定该法线应力为正，反之为负。显然，按此规定，拉伸正应力为正，压应力为负。

τ 表示切线应力，一般包含 2 个下标：第 1 个下标表示作用面法向，第 2 个下标表示作用力方向。在 yOz 面上，法向为 x，τ_{xy} 及 τ_{xz} 分别表示指向 y 方向及 z 方向的切应力；对其他面，也存在 τ_{yx}、τ_{yz} 及 τ_{zx}、τ_{zy} 等。

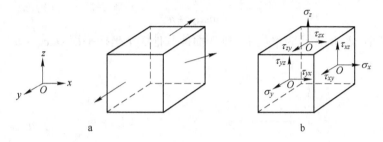

图 1-4 单元六面体应力图

当切应力所在平面外法线方向与所取坐标轴方向一致，而且切应力本身所指方向又和与其平行的坐标轴方向一致时，此切应力为正；如果其中的一个方向相反，则为负；若两个方向皆相反，亦为正。

例如某点应力状态各分量为：$\sigma_x = 10MPa$，$\sigma_y = -10MPa$，$\sigma_z = 0$，$\tau_{xy} = 5MPa$，$\tau_{yx} = 5MPa$，$\tau_{zy} = -5MPa$，$\tau_{yz} = -5MPa$，$\tau_{zx} = \tau_{xz} = 0$；则此应力状态如图 1-5 所示。

可见，任意点的应力状态完全可以由 3 个法线应力 σ_x、σ_y、σ_z 及 6 个切线应力 τ_{xy}、τ_{yx}、τ_{yz}、τ_{zy}、τ_{zx}、τ_{xz} 表示，如图 1-5 所示；也可用下列应力状态张量来描述

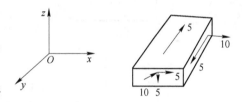

图 1-5 点应力状态分量图

$$\sigma_{ij} = \begin{pmatrix} \sigma_x & \tau_{yx} & \tau_{zx} \\ \tau_{xy} & \sigma_y & \tau_{zy} \\ \tau_{xz} & \tau_{yz} & \sigma_z \end{pmatrix}$$

上述两种表示方法，各称为应力状态图与应力状态张量，因为它们都表示了沿相应坐标轴的方向上有无应力分量及应力方向的图形概念。

可以证明，当小单元体没有转动时，存在 $\tau_{xy} = \tau_{yx}$，$\tau_{zx} = \tau_{xz}$，$\tau_{yz} = \tau_{zy}$，这样，任意点的应力状态可以用 6 个分量描述

$$\sigma_{ij} = \begin{pmatrix} \sigma_x & \tau_{yx} & \tau_{zx} \\ \cdot & \sigma_y & \tau_{zy} \\ \cdot & \cdot & \sigma_z \end{pmatrix}$$

式中"·"表示的分量与位置对称的分量相等。

1.1.2.2 一点应力状态的数学表达式

若在六面体的一角沿微分面 abc 截割，则得如图 1-6b 所示的小四面体。为了与 3 个坐标面上的应力平衡，微分斜面 abc 上应出现全应力 S。设斜面法线 N 与坐标轴 x、y、z 的夹角为 α_x、α_y、α_z（也是斜面法向与三垂直面法向的夹角，即二面角），且令各夹角的余弦值为

$$\cos\alpha_x = l$$
$$\cos\alpha_y = m$$
$$\cos\alpha_z = n$$

为简化，设斜面 abc 的面积为单位 1，则四面体其他 3 个坐标平面 Oac、Obc、Oab 的面积分别为 l、m、n。

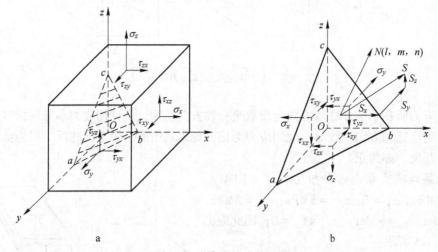

图 1-6 点应力状态分析图
a—截取单元四面体的位置；b—单元四面体上的应力

现求四面体斜面上的应力与另外 3 个坐标平面上应力间的关系式。

全应力 S 可分解为 S_x、S_y、S_z 三分量，显然

$$S^2 = S_x^2 + S_y^2 + S_z^2 \tag{1-2}$$

当四面体处于受力平衡状态时，各轴向上应力分量在各自面上的作用力之和应等于零，即 $\sum F_x = 0$，$\sum F_y = 0$，$\sum F_z = 0$，故得

$$\left. \begin{array}{l} S_x = \sigma_x l + \tau_{yx} m + \tau_{zx} n \\ S_y = \tau_{xy} l + \sigma_y m + \tau_{zy} n \\ S_z = \tau_{xz} l + \tau_{yz} m + \sigma_z n \end{array} \right\} \tag{1-3}$$

式（1-3）也可写成下列矩阵形式

$$\begin{bmatrix} \sigma_x & \tau_{yx} & \tau_{zx} \\ \tau_{xy} & \sigma_y & \tau_{zy} \\ \tau_{xz} & \tau_{yz} & \sigma_z \end{bmatrix} \begin{pmatrix} l \\ m \\ n \end{pmatrix} = \begin{pmatrix} S_x \\ S_y \\ S_z \end{pmatrix} \tag{1-4}$$

S_x、S_y、S_z 在斜面法线投影的代数和即是斜面上的正应力，于是

$$\sigma_N = S_x l + S_y m + S_z n$$

将式 (1-3) 的 S_x、S_y、S_z 值代入上式，并注意到 $\tau_{xy} = \tau_{yx}$，$\tau_{zx} = \tau_{xz}$，$\tau_{yz} = \tau_{zy}$，则

$$\sigma_N = \sigma_x l^2 + \sigma_y m^2 + \sigma_z n^2 + 2(\tau_{xy} lm + \tau_{yz} mn + \tau_{zx} nl) \tag{1-5}$$

因为 $S^2 = \sigma_N^2 + \tau_N^2$，而 $S^2 = S_x^2 + S_y^2 + S_z^2$，所以

$$\tau_N = \sqrt{S^2 - \sigma^2} = \sqrt{S_x^2 + S_y^2 + S_z^2 - \sigma_N^2} \tag{1-6}$$

从以上各式可见，只要斜截面上的方位已知，则斜截面上各应力分量就可由单元四面体坐标系中 3 个相互垂直平面上的应力来确定。

1.2 主 应 力

1.2.1 主应力、应力张量不变量

过一点可作无数微分面，如果其中的一组面上只有法向应力而无切应力，则这种面称为主微分面或主平面，其上的法线应力，即全应力，称为主应力，面的法向则为应力主轴。

一点在主轴坐标系下的应力状态与在 x、y、z 坐标系下的应力状态是等价的。如果微分面 abc（图 1-6）为主微分面，以 σ 表示主应力，则待定的 σ 在各坐标轴上的投影为

$$S_x = \sigma l, \ S_y = \sigma m, \ S_z = \sigma n$$

代入式 (1-3)，得

$$\left. \begin{array}{l} (\sigma_x - \sigma) l + \tau_{yx} m + \tau_{zx} n = 0 \\ \tau_{xy} l + (\sigma_y - \sigma) m + \tau_{zy} n = 0 \\ \tau_{xz} l + \tau_{yz} m + (\sigma_z - \sigma) n = 0 \end{array} \right\} \tag{1-7}$$

各方向余弦间存在下式关系：

$$l^2 + m^2 + n^2 = 1 \tag{1-8}$$

可由上列 4 个方程来求解 σ、l、m、n。齐次方程式 (1-7) 不能有 $l = m = n = 0$ 这样的解答，因这与式 (1-8) 抵触。要方程组式 (1-7) 有非零解，则必须取这个方程组的系数行列式等于零，即

$$\begin{vmatrix} \sigma_x - \sigma & \tau_{yx} & \tau_{zx} \\ \tau_{xy} & \sigma_y - \sigma & \tau_{yz} \\ \tau_{xz} & \tau_{yz} & \sigma_z - \sigma \end{vmatrix} = 0$$

将行列式展开，得一个含 σ 的三次方程

$$\sigma^3 - I_1 \sigma^2 - I_2 \sigma - I_3 = 0 \tag{1-9}$$

式中

$$I_1 = \sigma_x + \sigma_y + \sigma_z$$

$$I_2 = -(\sigma_x\sigma_y + \sigma_y\sigma_z + \sigma_z\sigma_x) + \tau_{xy}^2 + \tau_{yz}^2 + \tau_{zx}^2$$

$$I_3 = \sigma_x\sigma_y\sigma_z + 2\tau_{xy}\tau_{yz}\tau_{zx} - \sigma_x\tau_{yz}^2 - \sigma_y\tau_{zx}^2 - \sigma_z\tau_{xy}^2$$

上列 σ 的三次方程称为这个应力状态的特征方程，它有 3 个实根 σ_1、σ_2、σ_3，即所求主应力。该特征方程表明，只要 x、y、z 坐标系下的 6 个独立应力分量给定，则根据特征方程即可确定对应的 3 个主应力分量。

可以证明 3 个主应力作用的微分面是互相垂直的，σ_1、σ_2、σ_3 是实根，且主应力存在极值。

1.2.1.1　证明 3 个主应力作用的微分面相互垂直

将主应力 σ_1 的值代入式(1-7)的任意 2 个方程中，将这 2 个方程式与式 (1-8) 联立求解，解出对应于 σ_1 的应力主轴的方向余弦 l_1、m_1、n_1。同样也可求得分别对应 σ_2 及 σ_3 的方向余弦 l_2、m_2、n_2 及 l_3、m_3、n_3。

将 σ_1、l_1、m_1、n_1 代入式 (1-7) 得下列前 3 个方程；将 σ_2、l_2、m_2、n_2 代入式 (1-7)得下列后 3 个方程。对前 3 个方程左边分别乘以 l_2、m_2、n_2，对后 3 个方程左边各项分别乘以 $-l_1$、$-m_1$、$-n_1$，则有

$$
\left.
\begin{array}{l}
(\sigma_x - \sigma_1)l_1 + \tau_{yx}m_1 + \tau_{zx}n_1 \\
\tau_{xy}l_1 + (\sigma_y - \sigma_1)m_1 + \tau_{zy}n_1 \\
\tau_{xz}l_1 + \tau_{yz}m_1 + (\sigma_z - \sigma_1)n_1 \\
(\sigma_x - \sigma_2)l_2 + \tau_{yx}m_2 + \tau_{zx}n_2 \\
\tau_{xy}l_2 + (\sigma_y - \sigma_2)m_2 + \tau_{zy}n_2 \\
\tau_{xz}l_2 + \tau_{yz}m_2 + (\sigma_z - \sigma_2)n_2
\end{array}
\right|
\begin{array}{l}
l_2 \\
m_2 \\
n_2 \\
-l_1 \\
-m_1 \\
-n_1
\end{array}
= 0
$$

相加并整理得

$$(\sigma_2 - \sigma_1)(l_1l_2 + m_1m_2 + n_1n_2) = 0$$

如果 $\sigma_2 \neq \sigma_1$，则

$$l_1l_2 + m_1m_2 + n_1n_2 = 0 \tag{1-10}$$

由解析几何可知，式 (1-10) 是主应力 σ_1 和 σ_2 作用的主微分面的法线相互垂直的条件，即主微分面是相互垂直的。

1.2.1.2　证明 σ_1、σ_2、σ_3 均为实根

根据代数方程理论，三次方程至少有一个实根，因而至少有一个主应力是实根。下面再分析另外 2 个主应力是否也是实根。假定特征方程的根 σ_1 是复根，这样，必然有第二个与 σ_1 共轭的复根 σ_2，例如

$$\sigma_1 = a + ib, \qquad \sigma_2 = a - ib$$

由于 σ_1 是复根，代入式 (1-7) 和式 (1-8) 后联立求出的 l_1、m_1、n_1 一定也是复数。同样，由于 σ_2 是复数，因而求出的 l_2、m_2、n_2 也是复数。如果 σ_1 与 σ_2 是共轭复数，那么 l_1、m_1、n_1 和 l_2、m_2、n_2 也是复数；如果 σ_1 与 σ_2 是共轭复数，那么 l_1、m_1、n_1 和 l_2、m_2、n_2 也分别是共轭复数。已知共轭复数相乘之积为正。例如 $l_1 = c + id$，$l_2 = c - id$，$l_1l_2 = c^2 + d^2$。这样一来，将使式 (1-10) 中 3 项全部为正，显然不对，所以 σ_1 和 σ_2 不能是复根，而是实根。

1.2.1.3 证明主应力的极值性质

如果应力主轴与坐标轴方向相同，则与坐标面平行的微分平面即是主微分面，在这些面上分别作用着主应力 σ_1、σ_2、σ_3（图 1-7）。这时任意微分面上的全应力为

$$S^2 = S_1^2 + S_2^2 + S_3^2 = \sigma_1^2 l^2 + \sigma_2^2 m^2 + \sigma_3^2 n^2 \tag{1-11}$$

正应力

$$\sigma_N = \sigma_1 l^2 + \sigma_2 m^2 + \sigma_3 n^2 \tag{1-12}$$

切应力

$$\tau_N = \sqrt{S^2 - \sigma_N^2} = \sqrt{\sigma_1^2 l^2 + \sigma_2^2 m^2 + \sigma_3^2 n^2 - (\sigma_1 l^2 + \sigma_2 m^2 + \sigma_3 n^2)^2} \tag{1-13}$$

根据

$$l^2 + m^2 + n^2 = 1 \tag{1-14}$$

式（1-14）可以写成

$$\sigma_N = \sigma_1 - (\sigma_1 - \sigma_2)m^2 - (\sigma_1 - \sigma_3)n^2 \tag{1-15}$$

或

$$\sigma_N = (\sigma_1 - \sigma_3)l^2 + (\sigma_2 - \sigma_3)m^2 + \sigma_3 \tag{1-16}$$

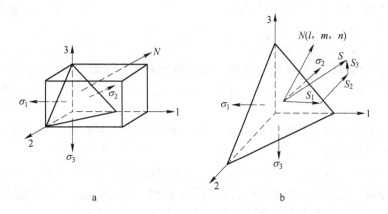

图 1-7　主坐标系中任意微分面上的应力

如果将 3 个主应力数值规定为 $\sigma_1 \geqslant \sigma_2 \geqslant \sigma_3$，由式（1-15）可得 $\sigma_N \leqslant \sigma_1$，由式（1-16）可得 $\sigma_N \geqslant \sigma_3$，因此

$$\sigma_1 \geqslant \sigma_N \geqslant \sigma_3$$

可见，通过一点所有微分面上正应力中最大和最小的是主应力，σ_1 和 σ_3 分别是各正应力的上下限。

在给定的外力作用下，物体中一点的主应力数值是确定的，且与坐标系的选择无关，所以应力状态特征方程的根应与所选取的坐标系无关。因此这个方程的系数也应与所选取的坐标系无关。式（1-9）中的 3 个量 I_1、I_2、I_3 是坐标转换时的一些不变量，称为应力张量不变量。比如，第一不变量 I_1 说明通过物体中任一点，3 个互相垂直的微分面上的正应力之和是常数，也等于该点的 3 个主应力之和，$z_1 = \sigma_x + \sigma_y + \sigma_z = \sigma_1 + \sigma_2 + \sigma_3$。但需指出，$\sigma_1$、$\sigma_2$、$\sigma_3$ 在数值上不一定完全与 σ_x、σ_y、σ_z 一一对应相等，而是它们各项数值总和相等。

1.2.2　应力椭球面

如果物体任一点的主应力已知，可用另一种几何方法表达一点的应力状态。使坐标面与一点的主微分面重合，即以主应力的方向作为 3 个坐标轴的方向，这样得到的坐标系称为主轴坐标系，则在这些微分面上没有切应力，只有主应力

$$\sigma_x = \sigma_1, \qquad \sigma_y = \sigma_2, \qquad \sigma_z = \sigma_3$$

式（1-3）可化简为

$$S_x = \sigma_1 l, \qquad S_y = \sigma_2 m, \qquad S_z = \sigma_3 n$$

图中，模长为 $\sqrt{x^2+y^2+z^2}$ 的矢量 OP 与外法线为 N 的微分面上的全应力相等（图1-8），则有

$$S_x = x, \qquad S_y = y, \qquad S_z = z$$

当微分面的方向变化时，点 P 将画成一个椭球面。根据上列关系，得

$$x = \sigma_1 l, \qquad y = \sigma_2 m, \qquad z = \sigma_3 n$$

因为 $l^2 + m^2 + n^2 = 1$，故可以得出

$$\frac{x^2}{\sigma_1^2} + \frac{y^2}{\sigma_2^2} + \frac{z^2}{\sigma_3^2} = 1$$

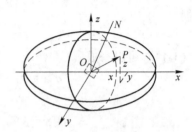

图 1-8　应力椭球面

这是椭球面的方程，其半径（半轴）的长度分别等于主应力 σ_1、σ_2、σ_3。这个椭球面称为应力椭球面，它表明了球面上的点对应着一组 σ_1、σ_2、σ_3 的取值，代表了该点的受力状态。

如果 2 个主应力相等，例如 $\sigma_1 = \sigma_2$，应力椭球面变成回转椭球面，则该点的应力状态对于主轴 Oz 是对称的。

如果 3 个主应力都相等，$\sigma_1 = \sigma_2 = \sigma_3$，应力曲面变成圆球面，则通过该点的任一微分面均为主微分面，而作用于其上的应力都相等。此时，与之对应的应力状态称为球应力状态。在这种状态下，所有方向都是主方向，所有方向的应力都相等。

1.3　主剪应力

已知通过变形体内任意点可作许多微分平面，其上作用着切应力及正应力，下面利用式（1-12）研究在微分平面的方位是何数值时，其上的切应力达到极值。该值对金属的塑性变形将有重要影响，因而需要在此着重展开。

由式（1-8）可得

$$n^2 = (1 - l^2 - m^2)$$

将上式代入式（1-13），可得

$$\begin{aligned}
\tau_N^2 &= \sigma_1^2 l^2 + \sigma_2^2 m^2 + \sigma_3^2(1 - l^2 - m^2) - [\sigma_1 l^2 + \sigma_2 m^2 + \sigma_3(1 - l^2 - m^2)]^2 \\
&= (\sigma_1^2 - \sigma_3^2)l^2 + (\sigma_2^2 - \sigma_3^2)m^2 + \sigma_3^2 - [(\sigma_1 - \sigma_3)l^2 + (\sigma_2 - \sigma_3)m^2 + \sigma_3]^2
\end{aligned} \tag{1-18}$$

式（1-18）表明，切应力的大小可视为 2 个自变量的函数。

当微分平面转动时，切应力 τ_N 将随之变化，要寻求 τ_N 的最大与最小值，可令 τ_N^2 对于 l 及 m 的偏导数等于零。这样，得出确定 l 及 m 的两个方程

$$(\sigma_1^2 - \sigma_3^2)l - 2[(\sigma_1 - \sigma_3)l^2 + (\sigma_2 - \sigma_3)m^2 + \sigma_3](\sigma_1 - \sigma_3)l = 0 \quad (1-19a)$$

$$(\sigma_2^2 - \sigma_3^2)m - 2[(\sigma_1 - \sigma_3)l^2 + (\sigma_2 - \sigma_3)m^2 + \sigma_3](\sigma_2 - \sigma_3)m = 0 \quad (1-19b)$$

（1）如果 $\sigma_1 \neq \sigma_2 \neq \sigma_3$，将式（1-19a）除以（$\sigma_1 - \sigma_3$），式（1-19b）除以（$\sigma_2 - \sigma_3$），并加以整理，得

$$\{(\sigma_1 - \sigma_3) - 2[(\sigma_1 - \sigma_3)l^2 + (\sigma_2 - \sigma_3)m^2]\}l = 0$$

$$\{(\sigma_2 - \sigma_3) - 2[(\sigma_1 - \sigma_3)l^2 + (\sigma_2 - \sigma_3)m^2]\}m = 0$$

这是未知数 l 及 m 的三次方程式，每个方程式有三组解，其中

$$l = m = 0, \ n = \pm 1$$

代入式（1-18）可知该面上切应力为零，为主微分面。因此只需考察下列三种情况。
① $l \neq 0$，$m = 0$；② $l = 0$，$m \neq 0$；③ $l \neq 0$，$m \neq 0$。

对于第一种情况 $l \neq 0$，$m = 0$，满足了式（1-19b），将式（1-19a）除以 l，化简得

$$(\sigma_2 - \sigma_3)(1 - 2l^2) = 0$$

因为 $\sigma_1 - \sigma_3 \neq 0$，故必有 $1 - 2l^2 = 0$，由此推出

$$l = \pm \frac{1}{\sqrt{2}}, \ m = 0, \ n = \pm \frac{1}{\sqrt{2}}$$

对于第二种情况 $l = 0$，$m \neq 0$，用上述类似的解法得

$$l = 0, \ m = \pm \frac{1}{\sqrt{2}}, \ n = \pm \frac{1}{\sqrt{2}}$$

对于第三种情况 $l \neq 0$，$m \neq 0$ 是不可能的，因为将式（1-19）中两式分别除以 l 与 m，然后相减，得 $\sigma_1 = \sigma_2$，这与前面假定 $\sigma_1 \neq \sigma_2 \neq \sigma_3$ 不符。同样从式（1-13）中消去 m，可得

$$l = \pm \frac{1}{\sqrt{2}}, \ m = \pm \frac{1}{\sqrt{2}}, \ n = 0$$

另一组解 $l = n = 0$，$m = \pm 1$ 指的是主微分平面，其上切应力为零，是不需要的。

在上述三种情况下，每个解答定出两个微分面，这两个微分面通过一个坐标轴与其他两个坐标轴成 45° 及 135° 角，这种微分面称主剪平面。通过主轴且平分主平面二面角的主切应力平面有 3 对，图 1-9 所示为上述这些微分面——主剪平面的位置。将第一种情况求出的解答代入式（1-18）中，得

$$\tau_N^2 = \left(\frac{\sigma_1 - \sigma_3}{2}\right)^2$$

用 τ_{13} 代替上式的 τ_N，得

$$\tau_{13} = \pm \frac{\sigma_1 - \sigma_3}{2} \quad (1-20a)$$

同理，由第二、第三种情况的解答，得

$$\left. \begin{array}{l} \tau_{23} = \pm\left(\dfrac{\sigma_2 - \sigma_3}{2}\right) \\[2mm] \tau_{12} = \pm\left(\dfrac{\sigma_1 - \sigma_2}{2}\right) \end{array} \right\} \quad (1-20b)$$

如果 $\sigma_1>\sigma_2>\sigma_3$，则最大剪应力为 τ_{13}。最大剪应力作用于平分最大与最小主应力夹角微分平面上，其值等于该二主应力之差的一半。τ_{12}、τ_{23}、τ_{13} 统称为主剪应力。

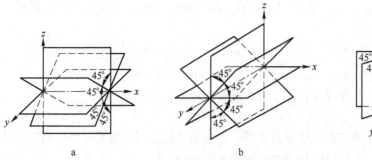
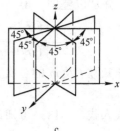

图 1-9　一点附近的主切平面

a：$l = 0$;　　　　b：$l = \pm\dfrac{1}{\sqrt{2}}$;　　c：$l = \pm\dfrac{1}{\sqrt{2}}$;

$m = \pm\dfrac{1}{\sqrt{2}}$;　　　$m = 0$;　　　　$m = \pm\dfrac{1}{\sqrt{2}}$;

$n = \pm\dfrac{1}{\sqrt{2}}$　　　$n = \pm\dfrac{1}{\sqrt{2}}$　　$n = 0$

在式（1-13）所示剪应力作用的微分面上，也作用着正应力，由式（1-12）得

$$\sigma_N = \sigma_1 l^2 + \sigma_2 m^2 + \sigma_3 n^2$$

其值各等于主应力之和的一半，即 $\dfrac{\sigma_1 + \sigma_3}{2}$，$\dfrac{\sigma_2 + \sigma_3}{2}$，$\dfrac{\sigma_1 + \sigma_2}{2}$。

将上述结果列入表 1-1 中。

表 1-1　主应力和主剪应力面上的应力

l	0	0	± 1	0	$\pm\dfrac{1}{\sqrt{2}}$	$\pm\dfrac{1}{\sqrt{2}}$
m	0	± 1	0	$\pm\dfrac{1}{\sqrt{2}}$	0	$\pm\dfrac{1}{\sqrt{2}}$
n	± 1	0	0	$\pm\dfrac{1}{\sqrt{2}}$	$\pm\dfrac{1}{\sqrt{2}}$	0
τ_{ij}	0	0	0	$\pm\dfrac{\sigma_2 - \sigma_3}{2}$	$\pm\dfrac{\sigma_1 - \sigma_3}{2}$	$\pm\dfrac{\sigma_1 - \sigma_2}{2}$
正应力	σ_3	σ_2	σ_1	$\dfrac{\sigma_2 + \sigma_3}{2}$	$\dfrac{\sigma_1 + \sigma_3}{2}$	$\dfrac{\sigma_1 + \sigma_2}{2}$

（2）如二主应力相等，例如 $\sigma_1 = \sigma_3 \neq \sigma_2$，自然满足了式（1-19a）。由式（1-19b）可得

$$\{(\sigma_2 - \sigma_3) - 2[(\sigma_2 - \sigma_3)m^2]\}m = 0$$

即

$$(\sigma_2 - \sigma_3)(1 - 2m^2)m = 0$$

得出

$$m = 0,\quad m = \pm\dfrac{1}{\sqrt{2}}$$

将 $m = 0$ 及 $\sigma_1 = \sigma_3$ 代回式 (1-13) 得 $\tau_N = 0$，它不是极端值。

将 $m^2 = \dfrac{1}{2}$，$l^2 + n^2 = \dfrac{1}{2}$ 代入式 (1-13)，得

$$\tau_N = \tau_{12} = \pm\frac{\sigma_1 - \sigma_2}{2}$$

这是最大切应力。由于 $m = \pm\dfrac{1}{\sqrt{2}}$，$l^2 + n^2 = \dfrac{1}{2}$，$l$ 可以由零到 $\pm\dfrac{1}{\sqrt{2}}$，而 n 可以由 $\pm\dfrac{1}{\sqrt{2}}$ 到零，故这个最大切应力发生在与一个圆锥面相切的微分面上。

（3）如果 $\sigma_1 - \sigma_2 = \sigma_3$，从式 (1-13) 可知，切应力在该点的任何微分面上皆为零。

1.4 应力张量的分解

1.4.1 八面体面和八面体应力

除了主切应力外，与主轴成等倾平面（外法线与主轴的 3 个方向余弦的绝对值相等的平面）上的应力在塑性理论中也具有特别重要的意义，即其上的受力具有特殊性，因而需要在此专门讲述。将坐标原点与物体中考察的点重合，并使坐标面与过该点的主微分面——主平面重合，在此坐标系中，作 8 个倾斜的微分平面，它们与主微分平面同样倾斜，即所有这些面的方向余弦都相等，$l = m = n$。这 8 个面形成一个正八面体（图 1-10），在这些面上的应力，称为八面体应力。

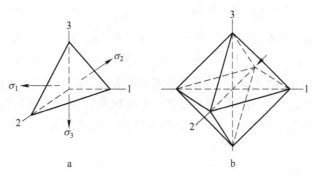

图 1-10　正八面体形成示意图

a—八面体等倾面；b—正八面体

由于这些斜微分面上的法线方向余弦相等，于是得

$$l = \pm\frac{1}{\sqrt{3}}, \quad m = \pm\frac{1}{\sqrt{3}}, \quad n = \pm\frac{1}{\sqrt{3}}$$

将这些数值代入式 (1-12)，得八面体上正应力

$$\sigma_8 = \frac{1}{3}(\sigma_1 + \sigma_2 + \sigma_3) = \frac{1}{3}(\sigma_x + \sigma_y + \sigma_z) = \sigma_m$$

所以正八面体面上的正应力等于平均正应力（或称平均应力）。从塑性变形的观点来看，这个应力只能引起物体体积的改变，造成物体膨胀或缩小，而不能引起形状的变化。当

σ_1、σ_2、σ_3 均为压缩应力时，这个平均正应力即称为静水压力。

将 $l = m = n = \pm\dfrac{1}{\sqrt{3}}$ 代入式（1-13），得八面体面上的切应力的平方

$$\tau_8^2 = \frac{1}{9}\left[(\sigma_1 - \sigma_2)^2 + (\sigma_2 - \sigma_3)^2 + (\sigma_3 - \sigma_1)^2\right]$$

即

$$\tau_8 = \frac{1}{3}\sqrt{(\sigma_1 - \sigma_2)^2 + (\sigma_2 - \sigma_3)^2 + (\sigma_3 - \sigma_1)^2} \tag{1-21}$$

由 1.3 节和 1.4 节的讨论可知，通过物体内任意一点，在取定主坐标系的情况下，对材料成型最有直接关系的是 6 对主切平面（图 1-9）、4 对八面体面（图 1-10）。它们都和变形力计算理论有密切关系，是变形力计算中不可缺少的基本概念。另外，从计算八面体上切应力的公式以及主切应力公式中可以直观看出，各主应力同时增加或同时减少相同的数值，切应力的计算值不变。可见，为了实现塑性变形，物体 3 个主轴方向等值地加上拉力或压力，并不能改变开始产生塑性变形时的应力情况。

1.4.2　应力张量的分解

八面体上的正应力可称为在物体中一点的平均正应力。设物体中一点的应力状态为 3 个主应力相同，并等于平均正应力 σ_m，用一点的平均正应力为分量构成一应力张量，这点的应力状态可用下列应力张量表示（δ_{ij} 称为克伦内尔记号，$i=j$ 时，取值为 1，$i \neq j$ 时，取值为 0）：

$$\delta_{ij}\sigma_{kk} = \delta_{ij}\sigma_m = \begin{Bmatrix} \sigma_m & 0 & 0 \\ 0 & \sigma_m & 0 \\ 0 & 0 & \sigma_m \end{Bmatrix} = \begin{Bmatrix} \sigma_1 & 0 & 0 \\ 0 & \sigma_2 = \sigma_1 & 0 \\ 0 & 0 & \sigma_3 = \sigma_1 \end{Bmatrix} \tag{1-22}$$

由于一点的 3 个主应力相同，故通过该点的所有微分面上的应力相同，这时应力曲面为球形，因此式（1-22）称为球形应力张量。它反映质点在 3 个方向均等受压（或受拉）的程度。球形应力张量的每个分量又称为静水应力，指向朝外，它的负值称为静水压力 p，指向朝里。

取任意的应力张量

$$\sigma_{ij} = \begin{pmatrix} \sigma_x & \tau_{yx} & \tau_{zx} \\ \tau_{xy} & \sigma_y & \tau_{zy} \\ \tau_{xz} & \tau_{yz} & \sigma_z \end{pmatrix}$$

将上列张量中的正应力减去 σ_m，并加上球形应力张量，得

$$\sigma_{ij} = \begin{Bmatrix} \sigma_x - \sigma_m & \tau_{yx} & \tau_{zx} \\ \tau_{xy} & \sigma_y - \sigma_m & \tau_{zy} \\ \tau_{xz} & \tau_{yz} & \sigma_z - \sigma_m \end{Bmatrix} + \begin{Bmatrix} \sigma_m & 0 & 0 \\ 0 & \sigma_m & 0 \\ 0 & 0 & \sigma_m \end{Bmatrix} = \sigma_{ij}' + \delta_{ij}\sigma_m \tag{1-23}$$

这样，在一般情况下，应力张量可以表示为 2 个张量之和的形式，式（1-23）中第一个张量称为偏差应力张量。

受力物体的变形可看作是体积变化和形状变化的总和。球形应力张量可从任意应力张

量中分出，因为它表示均匀各向受拉（受压），只能改变物体内给定微分单元的体积而不改变它的形状。偏差应力张量只能改变微分单元体的形状而不能改变其体积。

现在进一步研究偏差应力张量的不变量。仿照式（1-9）中所列的不变量，这里也考察 3 个不变量。第一不变量（线性的）取式（1-9）的第一式，为

$$I_1' = (\sigma_x - \sigma_m) + (\sigma_y - \sigma_m) + (\sigma_z - \sigma_m)$$
$$= \sigma_x + \sigma_y + \sigma_z - 3 \times \frac{1}{3}(\sigma_x + \sigma_y + \sigma_z) = 0 \tag{1-24}$$

因此，第一不变量等于零。

第二不变量（二次的）取式（1-9）的第二式，为

$$I_2' = -[(\sigma_x - \sigma_m)(\sigma_y - \sigma_m) + (\sigma_y - \sigma_m)(\sigma_z - \sigma_m) +$$
$$(\sigma_z - \sigma_m)(\sigma_x - \sigma_m)] + \tau_{xy}^2 + \tau_{yz}^2 + \tau_{zx}^2$$

将 $\sigma_m = \frac{1}{3}(\sigma_x + \sigma_y + \sigma_z)$ 代入，得

$$I_2' = \frac{1}{6}[(\sigma_x - \sigma_y)^2 + (\sigma_y - \sigma_z)^2 + (\sigma_z - \sigma_x)^2 + 6(\tau_{xy}^2 + \tau_{yz}^2 + \tau_{zx}^2)] \tag{1-25}$$

如坐标轴是应力主轴，则

$$I_2' = \frac{1}{6}[(\sigma_1 - \sigma_2)^2 + (\sigma_2 - \sigma_3)^2 + (\sigma_3 - \sigma_1)^2] \tag{1-26}$$

这个不变量与八面体上切应力的平方仅差一个系数。

上式也可写成

$$I_2' = -\frac{1}{3}(\sigma_1^2 + \sigma_2^2 + \sigma_3^2 - \sigma_1\sigma_2 - \sigma_2\sigma_3 - \sigma_3\sigma_1)$$

引入记号

$$\Delta^2 = \frac{1}{3}[(\sigma_1 - \sigma_m)^2 + (\sigma_2 - \sigma_m)^2 + (\sigma_3 - \sigma_m)^2]$$

式中，Δ^2 表示各主应力减去平均正应力 σ_m 的平方的平均值。

上式也可写成

$$\Delta^2 = \frac{1}{3}(\sigma_1^2 + \sigma_2^2 + \sigma_3^2 - 3\sigma_m^2)$$

将 $\sigma_m = \frac{1}{3}(\sigma_x + \sigma_y + \sigma_z)$ 代入，得

$$\Delta^2 = \frac{2}{9}(\sigma_1^2 + \sigma_2^2 + \sigma_3^2 - \sigma_1\sigma_2 - \sigma_2\sigma_3 - \sigma_3\sigma_1)$$

将上式与式（1-26）比较，可得

$$I_2' = -\frac{3}{2}\Delta^2$$

因此，第二不变量可以表示为 $-\frac{3}{2}\Delta^2$。

以后将要讲到，偏差应力张量二次不变量可以作为材料屈服的判据。

第三不变量（三次的）取式（1-9）的第三式，为简单起见，取坐标轴为主轴，得

$$I'_3 = (\sigma_1 - \sigma_m)(\sigma_2 - \sigma_m)(\sigma_3 - \sigma_m)$$

或

$$I'_3 = \frac{1}{3}\left[(\sigma_1 - \sigma_m)^3 + (\sigma_2 - \sigma_m)^3 + (\sigma_3 - \sigma_m)^3\right] \tag{1-27}$$

因此，第三不变量可以表示为应力状态（σ_1、σ_2、σ_3）减去 σ_m 的立方的平均值。

1.4.3　主应力图与主偏差应力图

在一定的应力状态条件下，变形物体内任意点存在着互相垂直的 3 个主平面及主应力轴。为了简化以后的分析，在塑性成型理论中多采用主坐标系，这时应力张量可写成

$$\sigma_{ij} = \begin{pmatrix} \sigma_1 & 0 & 0 \\ 0 & \sigma_2 & 0 \\ 0 & 0 & \sigma_3 \end{pmatrix}$$

表示一点的主应力有无和正负号的应力状态图示称为主应力图示。主应力图示共有 9 种：4 种体应力状态、3 种平面应力状态、2 种线应力状态，如图 1-11 所示。

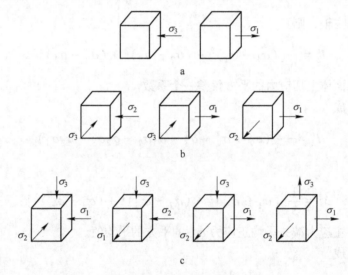

图 1-11　9 种主应力图示

a—线应力状态；b—平面应力状态；c—体应力状态

主应力图示便于直观定性说明变形体内某点处的应力状态。例如变形区内绝大部分属于某种主应力图示，则这种主应力图示就表示该塑性加工过程的应力状态。

塑性成型时，变形体内的主应力图示与工件和工具的形状、接触摩擦、残余应力等因素有关，而且这些因素往往是同时起作用。所以在变形体内同时存在多种应力状态图示是常有的。主应力图示还常随变形的进程发生转变。例如，在单向拉伸过程中，均匀拉伸阶段是单向拉应力图示，而出现细颈后，细颈部位就变成了三向拉伸的主应力图示。

从主应力图示可定性看出塑性成型过程中单位变形力的大小和塑性的高低。实践证明，同号应力状态图示比异号应力状态图示的单位变形力大。

前已述及，应力张量可以分解。球应力分量 σ_m 可以从应力张量中分出。这里，如从

各主应力中分出 σ_m ，余下的应力分量将与遵守体积不变条件的成型过程相对应，这时的应力图示叫主偏差应力图示，主偏差应力图示有 3 种（图 1-12）。后面将讲到，主偏差应力在某个方向的取值情况将决定此方向是否发生变形。

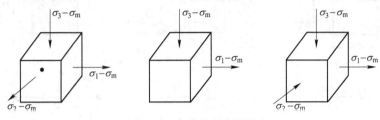

图 1-12 主偏差应力图示

1.5 应 变

1.5.1 应变状态的基本概念

将矩形六面体在平锤下进行镦粗，其塑性变形前后物体的形状如图 1-13 所示。

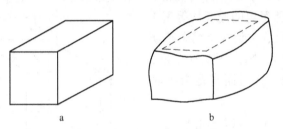

图 1-13 矩形件塑性变形前后形状
a—变形前；b—变形后

研究变形前后两种情况可以看出，物体受镦粗产生塑性变形后，其高度减小，长度、宽度增加，原来规则外形变成扭歪的。物体塑性变形后，其线尺寸（各棱边）不但要变化而且平面上棱边间的角度也发生偏转，也就是说不但会产生线变形，而且会产生角度变形。

要研究物体的这种变形状态，可以从微小变形开始。在变形前为无限小的单元六面体，其变形也可以认为是由简单变形组成，亦即可将变形分成若干分量。这样，可列出六面体的 6 个变形分量：3 个线分量——线变形（各棱边尺寸的变化）；3 个角分量——角变形（两棱边间角度的变化）。图 1-13 所示为这些分量及其标号。

以字母 ε_x 表示诸棱边的相对变化（第一类变形），其下标表示伸长的方向或与棱边平行的轴向。规定伸长的线应变为正，缩短的线应变为负。

当六面体产生图 1-14 所示的第一类基本变形时，其体积及形状都发生改变，如果原始形状为立方体，则变形后就成为平行六面体。

两棱边之间（即两轴向之间）角度的改变量称为角变形（第二类变形）。两轴正向夹角的减小作为正的角变形；此夹角增大，则为负的角变形。以标号 γ_{xy} 或 γ_{yx} 表示投影在平

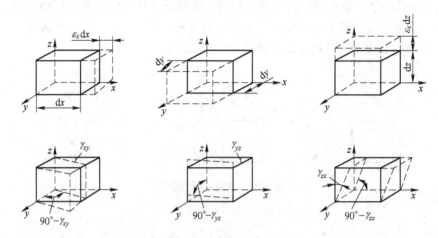

图 1-14 变形分量及其标号

面 xy 上角变形（称为工程剪应变）；同样，在其余 yz 及 zx 平面上的角变形记作 γ_{yz} 或 γ_{zy}，γ_{zx} 或 γ_{xz}。角变形只引起单元体形状的改变而不引起体积的变化。只有当各边都有伸长的变形（或都有缩短的变形）时，才可能得到体积变形。

设取出的正六面体每边的原长均等于 1（正立方体体积等于 1），并设 3 个线应变分量同时存在（图 1-15），则由于此种变形，立方体变形后其体积（普遍而言是指所取点附近的体积）等于

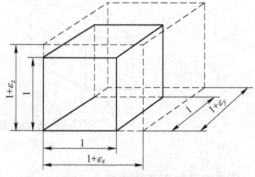

$$dV' = (1 + \varepsilon_x)(1 + \varepsilon_y)(1 + \varepsilon_z)$$

设伸长的相对量很小，故上式中高阶微量可以忽略，因此变形后的体积为

$$dV' = 1 + \varepsilon_x + \varepsilon_y + \varepsilon_z$$

相对体积变化为

图 1-15 按 3 个直角方向相对伸长的
总和而定的体积变形

$$\theta = \frac{dV' - dV}{dV} = \varepsilon_x + \varepsilon_y + \varepsilon_z \quad (1\text{-}28)$$

亦即在一点处的相对体积应变等于过此点的 3 个正交方向上产生的相对应变之和。引用记号 ε_m，$\varepsilon_m = \frac{1}{3}(\varepsilon_x + \varepsilon_y + \varepsilon_z)$，称为平均应变，则式（1-28）可写成

$$\theta = 3\varepsilon_m$$

1.5.2 几何方程

1.5.2.1 一点附近的位移分量

设物体某点 M 原来的坐标为 x、y、z，经过变形后移到新位置 M_1（图 1-16）。以 MM_1 为全位移，令 u_x、u_y、u_z 表示全位移 MM_1 沿坐标轴 x、y、z 的投影，则 u_x、u_y、u_z 称为位移分量或位移向量的投影。

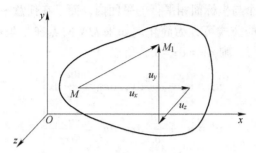

图 1-16 位移分量的标号

不同点的位移分量也不同，它们是该点坐标的函数，即
$$u_x = f_1(x, y, z), \ u_y = f_2(x, y, z), \ u_z = f_3(x, y, z)$$

研究与 M 点无限接近的另一点 N，其坐标在变形前为 $x + dx$，$y + dy$，$z + dz$，如图 1-17a 所示，变形后 M 移到 M_1 点，N 移到 N_1 点，这时 M 点之位移分量为 u_x、u_y、u_z，N 点的位移分量为 u_x'、u_y'、u_z'，则可将 N 点的位移精确写成

$$\left.\begin{aligned}
u_x' &= u_x + \frac{\partial u_x}{\partial x}dx + \frac{\partial u_x}{\partial y}dy + \frac{\partial u_x}{\partial z}dz \\
u_y' &= u_y + \frac{\partial u_y}{\partial x}dx + \frac{\partial u_y}{\partial y}dy + \frac{\partial u_y}{\partial z}dz \\
u_z' &= u_z + \frac{\partial u_z}{\partial x}dx + \frac{\partial u_z}{\partial y}dy + \frac{\partial u_z}{\partial z}dz
\end{aligned}\right\} \tag{1-29}$$

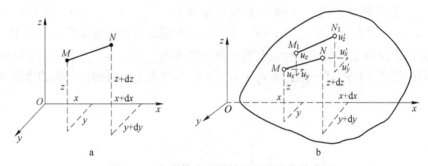

图 1-17 变形体内无限接近两点的位移分量

式（1-29）的解析意义是若各点的位移为连续函数，则位移的分量亦为连续函数，并可展开成泰勒函数（略去了二阶及高阶无穷小项）。

由式（1-29）可看出，N_1 的位移增量是

$$\left.\begin{aligned}
du_x &= u_x' - u_x = \frac{\partial u_x}{\partial x}dx + \frac{\partial u_x}{\partial y}dy + \frac{\partial u_x}{\partial z}dz \\
du_y &= u_y' - u_y = \frac{\partial u_y}{\partial x}dx + \frac{\partial u_y}{\partial y}dy + \frac{\partial u_y}{\partial z}dz \\
du_z &= u_z' - u_z = \frac{\partial u_z}{\partial x}dx + \frac{\partial u_z}{\partial y}dy + \frac{\partial u_z}{\partial z}dz
\end{aligned}\right\} \tag{1-30}$$

若研究的两点在一个与坐标面相平行的平面内，而且在任意一个与坐标轴平行的直线上，则此两点位移增量的公式可大为简化。如果 MN 两点在与坐标面 xOz 相平行的平面内，直线 MN 与 x 轴平行，则 $dy = dz = 0$，所以

$$
\left.
\begin{aligned}
u_x' &= u_x + \frac{\partial u_x}{\partial x}dx, \quad du_x = \frac{\partial u_x}{\partial x}dx \\[2mm]
u_y' &= u_y + \frac{\partial u_y}{\partial x}dx, \quad du_y = \frac{\partial u_y}{\partial x}dx \\[2mm]
u_z' &= u_z + \frac{\partial u_z}{\partial x}dx, \quad du_z = \frac{\partial u_z}{\partial x}dx
\end{aligned}
\right\}
\tag{1-31}
$$

比值 $\dfrac{\partial u_x}{\partial x}$ 可以理解为位移的水平分量 u_x 在水平方向上的变率，乘以 dx 表示水平位移在 dx 长度内的增量。式（1-31）表明，若已知某点的位移分量，则其临近位置点的位移分量可由该点的位移分量按一阶泰勒展开式求出。

1.5.2.2　速度分量与速度边界条件

物体变形时，体内各质点都在运动，因此在变形过程中的每一时刻，物体内都存在一个速度场。显然

$$
v_x = \frac{du_x}{dt}, \quad v_y = \frac{du_y}{dt}, \quad v_z = \frac{du_z}{dt}
\tag{1-32}
$$

在工件和工具的接触面上，由于工具的约束作用，变形体边界上质点的速度必须满足一定的条件，此条件称为速度边界条件。如图 1-18a 所示，在平行平板间墩粗（锻造）圆形件时，其速度边界条件是：工件与下板接触面处 $v_z|_{z=0} = 0$；工件与上板接触面处 $v_z|_{z=h_0} = -v_0$；工件对称面上 $v_r|_{r=0} = 0$。在图 1-18b 所示的材料拉拔变形过程中，其速度边界条件为：工件与上下模具接触面上的法向速度为零，即 $v_n = 0$；出口端金属轴向速度分量必须同拉拔机工作速度一致，即 $v_z = v_1$；工件对称面上金属的径向流动速度为零，即 $v_r|_{r=0} = 0$。

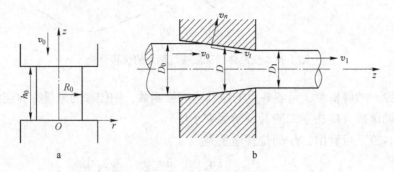

图 1-18　速度边界条件

1.5.2.3　应变分量与位移分量间的微分关系

在变形体内 M 点的近旁，以平行于各坐标平面截取一无限小的正六面体，其边长各为 dx、dy、dz（图 1-19）。当物体变形时，显然，正六面体要变动其位置并改变其原来形

状，它的边长和面之间的直角都将改变。所以需要研究边长的变化（线应变）及角度的改变（角应变）。

图 1-20 所示为所研究的正六面体在 xoy 平面内变形前后的投影（$abcd$ 为变形前的面，$a'b'c'd'$ 为变形后的面）。图中，变形后单元体的各边边长可由式（1-31）导出。

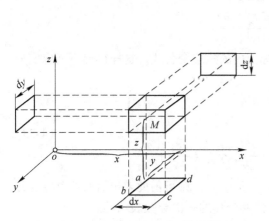

图 1-19 变形前的正六体及其投影

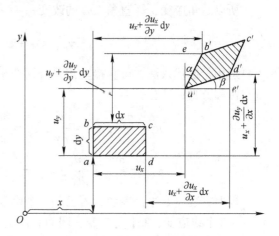

图 1-20 变形前后正六面体的投影面之一

设 a 点的位移（a 点到 a' 点）为 u_x、u_y，则 b 及 d 点的位移可由一阶泰勒展开式求出，如图 1-20 所示，于是原长为 $\mathrm{d}x(ad)$ 的相对伸长可以写成

$$\varepsilon_x = \frac{a'e' - ad}{ad} = \frac{\left(u_x + \dfrac{\partial u_x}{\partial x}\mathrm{d}x + \mathrm{d}x - u_x\right) - \mathrm{d}x}{\mathrm{d}x} = \frac{\partial u_x}{\partial x}$$

同样

$$\varepsilon_y = \frac{a'e - ab}{ab} = \frac{\left(u_y + \dfrac{\partial u_y}{\partial y}\mathrm{d}y + \mathrm{d}y - u_y\right) - \mathrm{d}y}{\mathrm{d}y} = \frac{\partial u_y}{\partial y}$$

ab 在 xoy 平面内的转角

$$\gamma_{yx} = \tan\alpha = \frac{eb'}{ea'} = \frac{u_x + \dfrac{\partial u_x}{\partial y}\mathrm{d}y - u_x}{u_y + \dfrac{\partial u_y}{\partial y}\mathrm{d}y + \mathrm{d}y - u_y} = \frac{\dfrac{\partial u_x}{\partial y}}{1 + \dfrac{\partial u_y}{\partial y}}$$

因 $\dfrac{\partial u_y}{\partial y}$ 比 1 小得多，若略去，则

$$\gamma_{yx} = \tan\alpha \approx \alpha = \frac{\partial u_x}{\partial y}$$

同样，ad 在 xoy 平面内的转角

$$\gamma_{xy} = \tan\beta = \frac{e'd'}{e'a'} = \frac{u_y + \dfrac{\partial u_y}{\partial x}dx - u_y}{u_x + \dfrac{\partial u_x}{\partial x}dx + dx - u_x} = \frac{\partial u_y}{\partial x} = \beta$$

所以总角应变，即直角 bad 的改变——它的减小，可写成

$$\gamma_{xoy} = \alpha + \beta = \frac{\partial u_x}{\partial y} + \frac{\partial u_y}{\partial x}$$

运用轮换代入法，可直接写出另外两个坐标面内的角应变公式。这样得出下列应变分量与位移分量的微分关系

$$\left. \begin{array}{l} \varepsilon_x = \dfrac{\partial u_x}{\partial x}, \quad \varepsilon_y = \dfrac{\partial u_y}{\partial y}, \quad \varepsilon_z = \dfrac{\partial u_z}{\partial z} \\[3mm] \gamma_{xoy} = \dfrac{\partial u_x}{\partial y} + \dfrac{\partial u_y}{\partial x}, \quad \gamma_{yoz} = \dfrac{\partial u_y}{\partial z} + \dfrac{\partial u_z}{\partial y}, \quad \gamma_{zox} = \dfrac{\partial u_z}{\partial x} + \dfrac{\partial u_x}{\partial z} \end{array} \right\} \tag{1-33}$$

柯西方程（1-33）表明，若已知 3 个函数 u_x、u_y、u_z，则可借此求出所有 6 个应变分量——3 个线应变、3 个角应变，因为它们是由位移分量的一次导数表示的。

一般情况下，角变形 γ_{xoy} 中包含 $abcd$ 面绕 oz 轴的刚性转动，为了得到在剪应力作用下的净角度变化，即纯剪应变，需要扣出这部分刚性转动分量。为此，假设微面 $abcd$ 的切变形是这样发生的：平行于 x 轴的线元 ad 向 y 轴转动一角度 ε_{xy}，平行于 y 轴的线元 ab 向 x 轴转动一相同角度 ε_{yx}，即 $\varepsilon_{xy} = \varepsilon_{yx}$，然后整个微面绕 z 轴转动一个角度 ω_z，如图 1-21 所示。由几何关系有

$$\gamma_{xy} = \varepsilon_{xy} - \omega_z$$
$$\gamma_{yx} = \varepsilon_{yx} + \omega_z$$

式中，$\omega_z = \dfrac{1}{2}(\gamma_{yx} - \gamma_{xy}) = \dfrac{1}{2}\left(\dfrac{\partial u_y}{\partial x} + \dfrac{\partial u_x}{\partial y}\right)$，此即 xoy 平面内刚性转动分量与位移分量的关系。于是，回代可求出 xoy 平面内的纯剪应变 $\varepsilon_{xy} = \varepsilon_{yx} = \dfrac{1}{2}\left(\dfrac{\partial u_x}{\partial y} + \dfrac{\partial u_y}{\partial x}\right)$。由以上推导可知，由于 ε_{xy} 与 ε_{yx} 本身大小相同，它们共同使角度净改变 $\alpha + \beta$，那么其中之一必为总角度变化的一半。

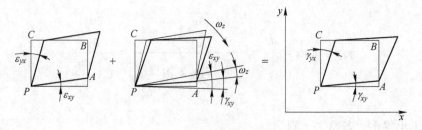

图 1-21 刚性转动角与切应变

同理可以得到其他坐标平面上的类似关系，最后得到各应变分量与位移分量间的微分关系即几何方程

$$\varepsilon_x = \frac{\partial u_x}{\partial x}, \qquad \varepsilon_{xy} = \frac{1}{2}\left(\frac{\partial u_x}{\partial y} + \frac{\partial u_y}{\partial x}\right)$$

$$\varepsilon_y = \frac{\partial u_y}{\partial y}, \qquad \varepsilon_{yz} = \frac{1}{2}\left(\frac{\partial u_y}{\partial z} + \frac{\partial u_z}{\partial y}\right) \qquad (1\text{-}34)$$

$$\varepsilon_z = \frac{\partial u_z}{\partial z}, \qquad \varepsilon_{zx} = \frac{1}{2}\left(\frac{\partial u_z}{\partial x} + \frac{\partial u_x}{\partial z}\right)$$

式（1-33）称为柯西方程或几何方程。

对比式（1-33）和式（1-34）可得如下关系

$$\varepsilon_{xz} = \varepsilon_{zx} = \frac{1}{2}\gamma_{xoz}, \qquad \varepsilon_{xy} = \varepsilon_{yx} = \frac{1}{2}\gamma_{xoy}, \qquad \varepsilon_{zy} = \varepsilon_{yz} = \frac{1}{2}\gamma_{yoz}$$

在圆柱坐标系中，其应变与位移关系的几何方程为：

$$\varepsilon_r = \frac{\partial u_r}{\partial r}, \qquad \varepsilon_{r\theta} = \frac{1}{2}\left(\frac{\partial u_\theta}{\partial r} + \frac{\partial u_r}{r\partial \theta} - \frac{u_\theta}{r}\right)$$

$$\varepsilon_\theta = \frac{u_r}{r} + \frac{\partial u_\theta}{r\partial \theta}, \qquad \varepsilon_{\theta z} = \frac{1}{2}\left(\frac{\partial u_\theta}{\partial z} + \frac{\partial u_z}{r\partial \theta}\right) \qquad (1\text{-}35)$$

$$\varepsilon_z = \frac{\partial u_z}{\partial z}, \qquad \varepsilon_{zr} = \frac{1}{2}\left(\frac{\partial u_r}{\partial z} + \frac{\partial u_z}{\partial r}\right)$$

式中　ε_r，ε_θ，ε_z——线应变；

　　$\varepsilon_{r\theta}$，$\varepsilon_{\theta z}$，ε_{zr}——剪应变。

在球面坐标系中，其应变与位移关系的几何方程为：

$$\left. \begin{aligned} \varepsilon_r &= \frac{\partial u_r}{\partial r} \\ \varepsilon_\theta &= \frac{1}{r}\frac{\partial u_\theta}{\partial \theta} + \frac{u_r}{r} \\ \varepsilon_\phi &= \frac{1}{r\sin\theta}\frac{\partial u_\phi}{\partial \phi} + \frac{u_r}{r} + \frac{u_\theta}{r} \\ \varepsilon_{r\theta} &= \frac{1}{2}\left(\frac{\partial u_\theta}{\partial r} + \frac{\partial u_r}{r\partial \theta} - \frac{u_\theta}{r}\right) \\ \varepsilon_{\theta\phi} &= \frac{1}{2}\left(\frac{1}{r\sin\theta}\frac{\partial u_\phi}{\partial \phi} + \frac{\partial u_\phi}{r\partial \theta} - \frac{\cot\theta}{r}u_\phi\right) \\ \varepsilon_{\phi r} &= \frac{1}{2}\left(\frac{\partial u_\phi}{\partial r} + \frac{1}{r\sin\theta}\frac{\partial u_r}{\partial \phi} - \frac{u_\phi}{r}\right) \end{aligned} \right\} \qquad (1\text{-}36)$$

式中　ε_r，ε_θ，ε_ϕ——线应变；

　　$\varepsilon_{r\theta}$，$\varepsilon_{\theta\phi}$，$\varepsilon_{\phi r}$——剪应变。

1.5.3　一点附近的应变分析

前面斜截面上的应力分量是根据力平衡原理推导出的，而本节中斜截面的应变分量将结合正应变定义进行推导。如图 1-22 所示，直线 MN 连接物体内变形前无限靠近的两点，直线 M_1N_1 连接处于变形状态中的两点，考察它们的变形情况。

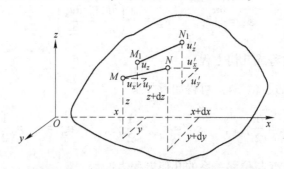

图 1-22　变形体内无限接近两点的位移分析

以 L 表示线段 MN 的原长，很明显

$$L^2 = dx^2 + dy^2 + dz^2$$

变形前，线段 MN 与坐标轴夹角的余弦为

$$l = \frac{dx}{L}, \quad m = \frac{dy}{L}, \quad n = \frac{dz}{L} \tag{1-37}$$

以 L_1 表示线段 M_1N_1 的长，如图 1-22 所示，得

$$
\begin{aligned}
L_1^2 &= (u_x' + dx - u_x)^2 + (u_y' + dy - u_y)^2 + (u_z' + dz - u_z)^2 \\
&= dx^2 + dy^2 + dz^2 + 2dx(u_x' - u_x) + 2dy(u_y' - u_y) + 2dz(u_z' - u_z) + \\
&\quad (u_x' - u_x)^2 + (u_y' - u_y)^2 + (u_z' - u_z)^2
\end{aligned}
$$

因为 $u_x' - u_x = du_x$，$u_y' - u_y = du_y$，$u_z' - u_z = du_z$，它们的平方都很小，可以忽略不计，故

$$L_1^2 - L^2 = 2dx(u_x' - u_x) + 2dy(u_y' - u_y) + 2dz(u_z' - u_z) \tag{1-38}$$

L_1 也可用不具坐标意义的单位伸长 ε_n 表示

$$L_1 = (1 + \varepsilon_n)L$$

$$L_1^2 = (1 + \varepsilon_n)^2 L^2 = (1 + 2\varepsilon_n + \varepsilon_n^2)L^2 \approx (1 + 2\varepsilon_n)L^2$$

由此得

$$L_1^2 - L^2 = 2\varepsilon_n L^2 \tag{1-39}$$

即

$$L^2 \varepsilon_n = dx(u_x' - u_x) + dy(u_y' - u_y) + dz(u_z' - u_z)$$

$$\varepsilon_n = \frac{dx}{L}\frac{u_x' - u_x}{L} + \frac{dy}{L}\frac{u_y' - u_y}{L} + \frac{dz}{L}\frac{u_z' - u_z}{L}$$

根据式（1-30）及式（1-37），得

$$\varepsilon_n = l\left[\frac{\partial u_x}{\partial x}\frac{dx}{L} + \frac{\partial u_y}{\partial y}\frac{dy}{L} + \frac{\partial u_z}{\partial z}\frac{dz}{L}\right] + m\left[\frac{\partial u_y}{\partial x}\frac{dx}{L} + \frac{\partial u_y}{\partial y}\frac{dy}{L} + \frac{\partial u_y}{\partial z}\frac{dz}{L}\right] +$$

$$n\left[\frac{\partial u_z}{\partial x}\frac{\mathrm{d}x}{L} + \frac{\partial u_z}{\partial y}\frac{\mathrm{d}y}{L} + \frac{\partial u_z}{\partial z}\frac{\mathrm{d}z}{L}\right]$$

将上式进行整理后，得

$$\varepsilon_n = \frac{\partial u_x}{\partial x}l^2 + \frac{\partial u_y}{\partial y}m^2 + \frac{\partial u_z}{\partial z}n^2 + \left(\frac{\partial u_x}{\partial y} + \frac{\partial u_y}{\partial x}\right)lm + \left(\frac{\partial u_y}{\partial z} + \frac{\partial u_z}{\partial y}\right)mn + \left(\frac{\partial u_z}{\partial x} + \frac{\partial u_x}{\partial z}\right)nl$$

根据式（1-34），得

$$\varepsilon_n = \varepsilon_x l^2 + \varepsilon_y m^2 + \varepsilon_z n^2 + 2\varepsilon_{xy}lm + 2\varepsilon_{yz}mn + 2\varepsilon_{zx}nl \tag{1-40}$$

可见，通过一个已知点任意微小线段的伸长应变，可以由该点的 6 个应变分量表示。这个结论与前面研究点应力状态时导出的式（1-5）形式上是相同的。因此，凡应力状态理论中有关的方程，从应变作相类似的推导，皆可获得形式上相同的结果。

1.6　主应变、应变张量不变量

在计算线应变 ε_n（又称为正变形）的式（1-40）中 l、m、n 也存在

$$l^2 + m^2 + n^2 = 1$$

的关系。设 ε 为主应变，它是一个未定常数。从式（1-40）的左边减去 ε，从右边减去 $\varepsilon(l^2 + m^2 + n^2)$，于是得

$$\varepsilon_n - \varepsilon = \varepsilon_x l^2 + \varepsilon_y m^2 + \varepsilon_z n^2 + 2\varepsilon_{xy}lm + 2\varepsilon_{yz}mn + 2\varepsilon_{zx}nl - \varepsilon(l^2 + m^2 + n^2)$$

$$= (\varepsilon_x - \varepsilon)l^2 + (\varepsilon_y - \varepsilon)m^2 + (\varepsilon_z - \varepsilon)n^2 + 2\varepsilon_{xy}lm + 2\varepsilon_{yz}mn + 2\varepsilon_{zx}nl$$

求 ε_n 的极值，等价于求 $(\varepsilon_n - \varepsilon)$ 对于 l、m、n 的导数并使它等于零（这时 ε 是常数）

$$\left.\begin{array}{l}\dfrac{\partial(\varepsilon_n - \varepsilon)}{\partial l} = 2(\varepsilon_x - \varepsilon)l + 2\varepsilon_{xy}m + 2\varepsilon_{yz}n = 0 \\[3mm] \dfrac{\partial(\varepsilon_n - \varepsilon)}{\partial m} = 2(\varepsilon_y - \varepsilon)m + 2\varepsilon_{xy}l + 2\varepsilon_{yz}n = 0 \\[3mm] \dfrac{\partial(\varepsilon_n - \varepsilon)}{\partial n} = 2(\varepsilon_z - \varepsilon)n + 2\varepsilon_{yz}m + 2\varepsilon_{zx}l = 0 \end{array}\right\} \tag{1-41}$$

由于此时认为 ε 与 l、m、n 无关，故求 $(\varepsilon_n - \varepsilon)$ 的极值也就是求 ε_n 的极值。

考虑到 $l^2 + m^2 + n^2 = 1$，则式（1-41）存在非零解，于是可得 ε 的三次方程

$$\varepsilon^3 - J_1\varepsilon^2 - J_2\varepsilon - J_3 = 0 \tag{1-42}$$

式中

$$J_1 = \varepsilon_x + \varepsilon_y + \varepsilon_z = \varepsilon_1 + \varepsilon_2 + \varepsilon_3$$

$$J_2 = -(\varepsilon_x\varepsilon_y + \varepsilon_z\varepsilon_y + \varepsilon_x\varepsilon) + \varepsilon_{xy}^2 + \varepsilon_{yz}^2 + \varepsilon_{xz}^2$$

$$J_3 = \varepsilon_x\varepsilon_y\varepsilon_z + 2\varepsilon_{xy}\varepsilon_{yz}\varepsilon_{zx} - (\varepsilon_x\varepsilon_{yz}^2 + \varepsilon_y\varepsilon_{zx}^2 + \varepsilon_z\varepsilon_{xy}^2)$$

方程式（1-42）称为主应变的特征方程，存在 3 个实根（主应变）ε_1、ε_2、ε_3，其相应的方向余弦可利用式（1-41）中的任意两式与 $l^2 + m^2 + n^2 = 1$ 联立求得。把求出的主应力代入式（1-41），即可确定此时的方向余弦。如同应力状态的情况一样，也可以证明 3 个应变主轴是相互垂直的，即在变形体内一点附近也存在 3 个主应变方向。在这些方向中，只有正应变而无剪应变。

式（1-42）中的 J_1、J_2、J_3 是应变张量的 3 个不变量。

主应变用 ε_1、ε_2、ε_3 表示，并且存在 $\varepsilon_1 > \varepsilon_2 > \varepsilon_3$，因此，主应变张量可表示为：

$$\varepsilon_{ij} = \begin{pmatrix} \varepsilon_1 & 0 & 0 \\ 0 & \varepsilon_2 & 0 \\ 0 & 0 & \varepsilon_3 \end{pmatrix}$$

与主轴坐标系下的应力张量比较表明，应力与应变具有相似性。

考虑这种相似性，利用式（1-40）也可得出正八面体面上的线应变

$$\varepsilon_8 = \varepsilon_m = \frac{\varepsilon_1 + \varepsilon_2 + \varepsilon_3}{3}$$

在塑性变形时，假定体积是不变的，于是

$$\varepsilon_8 = \varepsilon_m = 0$$

1.7　应变张量分解

同应力张量相似，表示一点应变状态的应变张量也可分解为两个张量

$$\varepsilon_{ij} = \left\{ \begin{matrix} \varepsilon_x - \varepsilon_m & \varepsilon_{yz} & \varepsilon_{zx} \\ \varepsilon_{yx} & \varepsilon_y - \varepsilon_m & \varepsilon_{zy} \\ \varepsilon_{xz} & \varepsilon_{yz} & \varepsilon_z - \varepsilon_m \end{matrix} \right\} + \left\{ \begin{matrix} \varepsilon_m & 0 & 0 \\ 0 & \varepsilon_m & 0 \\ 0 & 0 & \varepsilon_m \end{matrix} \right\} = \varepsilon'_{ij} + \delta_{ij}\varepsilon_m \qquad (1\text{-}43)$$

其中

$$\varepsilon_m = \frac{1}{3}(\varepsilon_x + \varepsilon_y + \varepsilon_z)$$

称为平均线应变分量。

式（1-43）中的第二个张量，表示在给定点元素各个方向的正应变相同，它仅改变其体积而不该变其形状，此时这个张量与应力状态一样，变形曲面是圆球面，故称它为球形应变张量。

式（1-43）中的第一个张量表示在给定点元素仅改变其形状而不该变其体积，因为在这样的应变状态中，体积应变等于零

$$\begin{aligned} \theta &= (\varepsilon_x - \varepsilon_m) + (\varepsilon_y - \varepsilon_m) + (\varepsilon_z - \varepsilon_m) \\ &= \varepsilon_x + \varepsilon_y + \varepsilon_z - 3\varepsilon_m = 0 \end{aligned} \qquad (1\text{-}44)$$

因此称为偏差应变张量。

式（1-43）表示的张量分解，反映了应变现象的物理性质。

下面考察偏差应变张量的不变量，这些不变量与应力张量及应变张量不变量是相似的。

第一不变量（线性）按式（1-44）等于零，即 $J'_1 = 0$。

第二不变量（二次）与式（1-25）相似，为

$$J'_2 = \frac{1}{6}\left[(\varepsilon_x - \varepsilon_y)^2 + (\varepsilon_y - \varepsilon_z)^2 + (\varepsilon_z - \varepsilon_x)^2 + 6(\varepsilon_{xy} + \varepsilon_{yz} + \varepsilon_{zx})^2 \right]$$

如果取应变主轴为坐标轴，则可得更简单的方程式

$$J'_2 = \frac{1}{6}\left[(\varepsilon_1 - \varepsilon_2)^2 + (\varepsilon_1 - \varepsilon_3)^2 + (\varepsilon_2 - \varepsilon_3)^2 \right]$$

第三不变量（三次）

$$J_3' = \begin{Bmatrix} \varepsilon_x - \varepsilon_m & \varepsilon_{yx} & \varepsilon_{zx} \\ \varepsilon_{xy} & \varepsilon_y - \varepsilon_m & \varepsilon_{zy} \\ \varepsilon_{xz} & \varepsilon_{yz} & \varepsilon_z - \varepsilon_m \end{Bmatrix}$$

如果取应变主轴为坐标轴，则可得更简单的方程式

$$J_3' = (\varepsilon_1 - \varepsilon_m)(\varepsilon_2 - \varepsilon_m)(\varepsilon_3 - \varepsilon_m)$$

或

$$J_3' = \frac{1}{3}\left[(\varepsilon_1 - \varepsilon_m)^3 + (\varepsilon_2 - \varepsilon_m)^3 + (\varepsilon_3 - \varepsilon_m)^3\right] \tag{1-45}$$

第三不变量表现为线应变与平均值 ε_m 之差的三次方的平均。

1.8　主　应　变　图

主应变图示，简称应变图示。在材料成型中，为了说明整个变形区或变形区的一部分变形情况，常常采用变形图示以表明 3 个塑性主变形是否存在及其正负号。具体地说，就是在小立方体素上画上箭头，箭头方向代表变形方向，但不表明变形的大小。

由于塑性变形时工件受体积不变条件的限制，可能的变形图仅有如图 1-23 所示的三种。

（1）第一类变形图，表明一向缩短两向伸长，轧制、自由锻等属于此类变形图。

（2）第二类变形图，表明一向缩短，一向伸长，轧制板带（忽略宽展）时属于此类变形图。

（3）第三类变形图，表明两向缩短一向伸长，挤压、拉拔等属于此类变形图。

由图 1-11 和图 1-23 可见，主应力图有 9 种，而主变形图仅有 3 种。比较应力图示和变形图示可以发现，两者符号有的一致，有的不一致。其原因是，主应力图中各主应力中包括有引起弹性体积变化的平均应力，即 $\sigma_m = \frac{1}{3}(\sigma_1 + \sigma_2 + \sigma_3)$，如从主应力中扣除 σ_m，即 $(\sigma_1 - \sigma_m)$、$(\sigma_2 - \sigma_m)$、$(\sigma_3 - \sigma_m)$。则应力图示也仅有 3 种，这就是前述的主偏差应力图（图 1-12），后者与主变形图是完全一致的。具体来说，如偏差应力大于零，应变为拉伸；偏差应力等于零，无应变；偏差应力小于零，应变为压缩。

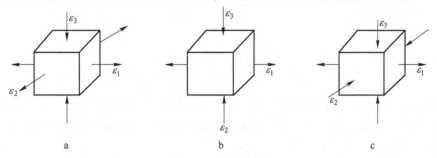

图 1-23　主应变图

a—第一类应变图；b—第二类应变图（单元体上多了一个 ε_2）；c—第三类应变图

有时，用变形图还可以判断应力的特点。例如，轧制板带时 $\varepsilon_2 = 0$，与此对应的主偏差应力为

$$\sigma_2 - \sigma_m = 0$$

得

$$\sigma_2' = \sigma_2 - \frac{\sigma_1 + \sigma_2 + \sigma_3}{3} = 0$$

从而得

$$\sigma_2 = \frac{1}{2}(\sigma_1 + \sigma_3) \tag{1-46}$$

式（1-46）表明，平面变形时，在没有主变形的方向上有主应力存在，这是平面变形的应力特点之一。特别注意的是，平面变形与平面应力不同，前者指某一方向无应变，后者指某一方向无应力。

1.9　应　变　速　率

在微小变形阶段，从物体内取定两点，此两点间的距离改变得越快，应变状态越明显，应变产生的速度（应变速度）越大。所取两点间距离越小，越能精确地确定该点变化的速度。以简单的拉伸为例，设各点运动的速度皆指向拉伸的直轴 x，那么，当两点无限趋近，以致之间距离趋于零时，相邻两点速度的差值与两点距离比值的极限为应变速率，单位为 1/s。上述定义的解析式为

$$\dot{\varepsilon}_x = \frac{\partial v_x}{\partial x}$$

式中　$\dot{\varepsilon}_x$ —— 应变速率；

v_x —— 质点沿 x 轴向的运动速度。

该式表明，应变速率是速度分量对坐标的一阶导数。

因为

$$v_x = \frac{\partial u_x}{\partial t}$$

式中　u_x —— x 方向上质点的位移；

t —— 时间。

故　　　　$$\dot{\varepsilon}_x = \frac{\partial v_x}{\partial x} = \frac{\partial\left(\frac{\partial u_x}{\partial x}\right)}{\partial x} = \frac{\partial^2 u_x}{\partial x \partial t} = \frac{\partial}{\partial t}\left(\frac{\partial u_x}{\partial x}\right) = \frac{\partial \varepsilon_x}{\partial t} \tag{1-47}$$

式（1-47）表明，应变速率也可描述为应变分量对时间的一阶导数，表示单位时间内的变形量，反映了变形的快慢；同时可看出，应变速率分量也是位移分量对坐标与时间的二阶导数。

在简单拉伸的情况下，应变速率等于对应的应变量对时间的导数。在一般情况下，应变速率张量常用如下矩阵表示

$$\dot{\varepsilon}_{ij} = \begin{cases} \dot{\varepsilon}_x & \dot{\varepsilon}_{yx} & \dot{\varepsilon}_{zx} \\ \dot{\varepsilon}_{xy} & \dot{\varepsilon}_y & \dot{\varepsilon}_{zy} \\ \dot{\varepsilon}_{xz} & \dot{\varepsilon}_{yz} & \dot{\varepsilon}_z \end{cases}$$

应变速率张量分量等于相应应变分量对时间的导数。

$$\left. \begin{aligned} \dot{\varepsilon}_x &= \frac{\partial \varepsilon_x}{\partial t} = \frac{\partial v_x}{\partial x} \\ \dot{\varepsilon}_y &= \frac{\partial \varepsilon_y}{\partial t} = \frac{\partial v_y}{\partial y} \\ \dot{\varepsilon}_z &= \frac{\partial \varepsilon_z}{\partial t} = \frac{\partial v_z}{\partial z} \\ \dot{\varepsilon}_{xy} &= \frac{1}{2}\left(\frac{\partial v_x}{\partial y} + \frac{\partial v_y}{\partial x} \right) \\ \dot{\varepsilon}_{yz} &= \frac{1}{2}\left(\frac{\partial v_z}{\partial y} + \frac{\partial v_y}{\partial z} \right) \\ \dot{\varepsilon}_{zx} &= \frac{1}{2}\left(\frac{\partial v_x}{\partial z} + \frac{\partial v_z}{\partial x} \right) \end{aligned} \right\} \tag{1-48}$$

式中，v_x、v_y、v_z 分别为质点沿 x 轴、y 轴、z 轴的位移速度。

式（1-48）是应变速率与位移速度关系的几何方程，在以后章节中是有用的。顺便指出，与应力状态和应变状态一样，变形体内存在变形速度主轴，沿主轴方向上无滑移速度（剪切速度），适应这些方向的变形速度称为主变形速度，并以 $\dot{\varepsilon}_1$、$\dot{\varepsilon}_2$ 及 $\dot{\varepsilon}_3$ 表示。在主轴系统中，变形速度可定义为相对应变量对时间的导数。

通常用最大主要变形方向的应变速率来表示各种变形过程的应变速率。例如，轧制和锻压时用高向应变速率表示，即

$$\dot{\varepsilon} = \frac{\mathrm{d}\varepsilon}{\mathrm{d}t} = \frac{\mathrm{d}h_x}{h_x} \bigg/ \mathrm{d}t = \frac{1}{h_x} \frac{\mathrm{d}h_x}{\mathrm{d}t} = \frac{v_y}{h_x} \tag{1-49}$$

式中　　v_y——工具瞬间移动速度。

可见，应变速率不仅和工具瞬间移动速度有关，而且还与工件瞬时厚度（h_x）有关。注意，切莫把应变速率同工具移动速度混淆起来。

考虑到应变速率在变形过程中是瞬时变化的，为此研究各种塑性成型过程的应变速率对金属性能的影响，常常需要求出平均应变速率 $\bar{\dot{\varepsilon}}$，求法如下。

1.9.1 锻压

锻压时的平均应变速率可按如下公式计算

$$\bar{\dot{\varepsilon}} = \frac{\bar{v}_y}{\bar{h}_x} \approx \frac{\bar{v}_y}{\dfrac{H + h}{2}} = \frac{2\bar{v}_y}{H + h}$$

或

$$\bar{\dot{\varepsilon}} = \frac{\varepsilon}{t} = \frac{\ln \dfrac{H}{h}}{\dfrac{H-h}{\bar{v}_y}} = \frac{\bar{v}_y \ln \dfrac{H}{h}}{H-h} \tag{1-50}$$

式中　$\bar{v}_y$——工具平均压下速度。

1.9.2　轧制

如图 1-24 所示，假定接触弧中点压下速度等于平均压下速度 $\bar{v}_y$，即

$$\bar{v}_y = 2v\sin\frac{\alpha}{2} \approx 2v\frac{\alpha}{2} = v\alpha$$

$$\bar{\dot{\varepsilon}} = \frac{\bar{v}_y}{h} = \frac{v\alpha}{\dfrac{H+h}{2}} = \frac{2v\alpha}{H+h}$$

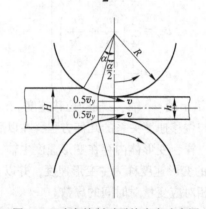

图 1-24　确定轧制时平均应变速率图

又由图 1-24 中几何关系可近似导出 $\alpha = \sqrt{\dfrac{H-h}{R}}$，代入上式，得

$$\bar{\dot{\varepsilon}} = \frac{2v\sqrt{\dfrac{H-h}{R}}}{H+h} \tag{1-51}$$

式（1-51）是 S. Ekelund（艾克隆得）公式。

轧制时的平均应变速率也可按式（1-52）近似求得

$$\bar{\dot{\varepsilon}} = \frac{\dfrac{H-h}{H}}{t} \approx \frac{\dfrac{H-h}{H}}{\dfrac{R\alpha}{v}} = \frac{H-h}{H}\frac{v}{R\alpha} = \frac{H-h}{H}\frac{v}{R\sqrt{\dfrac{H-h}{R}}} = \frac{H-h}{H}\frac{v}{\sqrt{R(H-h)}} \tag{1-52}$$

式中，R 为轧辊半径；v 为轧辊圆周速度。

1.9.3　拉伸

拉伸时的平均应变速率可按式（1-53）计算

$$\bar{\dot{\varepsilon}} = \frac{\varepsilon}{t} = \frac{\ln \dfrac{l}{L}}{\dfrac{l - L}{\bar{v}_y}} = \frac{\bar{v}_y}{l - L} \ln \frac{l}{L} \tag{1-53}$$

式中　$\bar{v}_y$ ——平均拉伸速度。

通常，在拉伸实验中拉伸速度 v_y 为常数。

1.9.4　挤压

对于挤压筒，当直径为 D_b，挤压杆速度为 v_b，挤压系数（挤压筒面积与制品面积之比）为 μ，模角（或死区角度）为 α，变形程度为 ε 时，挤压平均应变速率按式（1-54）计算

$$\bar{\dot{\varepsilon}} = \frac{\varepsilon}{t} = \frac{\varepsilon}{\dfrac{V}{F_f v_f}} \tag{1-54}$$

式中　V ——变形区体积；

　　　F_f ——制品截面积；

　　　v_f ——金属流出速度。

在各种塑性成型设备上进行加工时的平均应变速率见表 1-2。

表 1-2　各种塑性加工设备上进行加工时的平均应变速率

设备类型	平均应变速率 $\bar{\dot{\varepsilon}}/\mathrm{s}^{-1}$	设备类型	平均应变速率 $\bar{\dot{\varepsilon}}/\mathrm{s}^{-1}$
液压机	0.03~0.06	中型轧机	10~25
曲柄压力机	1~5	线材轧机	75~1000 以上
摩擦压力机	2~10	厚板和中板轧机	8~15
蒸汽空气锤	10~250	热轧宽带钢轧机	70~100
初轧机	0.8~3	冷轧宽带钢轧机	可达 1000
大型轧机	1~5		

1.10　应变表示法

材料成型时，物体将产生较大的塑性变形，引起物体形状和尺寸明显改变。考虑到变形前后尺寸已知，而位移函数未知，故不能借助微分形式表达的几何方程来计算应变，而是要寻求新的计算方法。由于塑性加工中物体的弹性变形量与塑性变形相比小至可以忽略，故为计算方便，塑性成型原理中有一条"体积不变"法则：物体塑性变形前后体积不变。设某物体变形前高向、横向及纵向的尺寸为 H、B、L，变形后为 h、b、l，由体积不变法则，有

$$HBL = hbl \tag{1-55}$$

1.10.1　工程相对变形表示法

工程算法是指一轴向尺寸变化的绝对量与该轴向原来（或完工）尺寸的比值。它能表达物体每单位尺寸的变率，可以明晰看出该物体所承受的变形程度。

对矩形六面体而言：

压下率（加工率）　　　　　　　　$e_1 = \dfrac{H - h}{H} \times 100\%$

宽展率　　　　　　　　　　　　　$e_2 = \dfrac{b - B}{B} \times 100\%$

延伸率　　　　　　　　　　　　　$e_3 = \dfrac{l - L}{L} \times 100\%$

一般而言，成型时坯料的 3 个轴上的尺寸都在变化，但常以尺寸变化量最大的方向为主方向来计算坯料的变形程度，如平辊轧制计算压缩率（加工率或压下率），通过模孔的拉伸计算伸长率。对某些变形过程，也可用断面面积的改变率——断面减缩率 ψ，长度增长的倍数——延伸系数 λ 来表示变形程度

$$\psi = \frac{F - f}{F} \times 100\%$$

$$\lambda = \frac{l}{L}$$

式中　F, f——变形前后的横断面积；

　　　L, l——变形前后的长度。

1.10.2　对数变形表示法

上述表示法只表达了终了时刻的状态，不足以反映实际变形情况。实际变形过程中，长度 l_0 是经过无穷多个中间数值变成 l_n 的，如 l_1, l_2, l_3, …, l_{n-1}, l_n。其中相邻两长度相差均极微小，由 l_0 至 l_n 的总变形程度，可近似的看作是各个阶段变形之和

$$\frac{l_1 - l_0}{l_0} + \frac{l_2 - l_1}{l_1} + \cdots + \frac{l_{n-1} - l_{n-2}}{l_{n-2}} + \frac{l_n - l_{n-1}}{l_{n-1}}$$

设 $\mathrm{d}l$ 为每一变形阶段的长度增量，则物体的总变形量或总变形程度为

$$\varepsilon_1 = \int_{l_0}^{l_n} \frac{\mathrm{d}l}{l} = \ln \frac{l_n}{l_0} \tag{1-56}$$

此 ε_1 反映了物体变形的实际情况，称为长度方向的自然变形或对数变形（高度、宽度方向的对数变形分别标记为 ε_h、ε_b ）。可见在大变形问题中，只有采用对数表示的变形程度才能得出合理的结果，因为：

（1）相对变形不能表示实际情况，而且变形程度愈大，误差也愈大。如将对数应变用相对变形表示，并按泰勒级数展开（以长度方向为例），则有

$$\varepsilon_1 = \ln \frac{l_n}{l_0} = \ln(1 + e_1) = e_1 - \frac{e_1^2}{2} + \frac{e_1^3}{3} - \frac{e_1^4}{4} + \cdots$$

可见，只有当变形程度很小时，e 才近似等于 ε，变形程度愈大，误差也愈大。故上

述计算 e 的方法是一种近似简便的方法。

(2) 对数变形为可加变形，相对变形为不可加变形。假设某物体原长为 l_0，经历 l_1、l_2 变为 l_3，则总相对变形为

$$e_1 = \frac{l_1 - l_0}{l_0}$$

各阶段的相对变形为

$$e_1^1 = \frac{l_1 - l_0}{l_0}, \quad e_1^2 = \frac{l_2 - l_1}{l_1}, \quad e_1^3 = \frac{l_3 - l_2}{l_2}$$

显然

$$e_1 \neq e_1^1 + e_1^2 + e_1^3$$

但用对数变形表示，则无上述问题，因各阶段的对数变形为

$$\varepsilon_1^1 = \ln \frac{l_1}{l_0}, \quad \varepsilon_1^2 = \ln \frac{l_2}{l_1}, \quad \varepsilon_1^3 = \ln \frac{l_3}{l_2}$$

$$\varepsilon_1^1 + \varepsilon_1^2 + \varepsilon_1^3 = \ln \frac{l_1}{l_0} + \ln \frac{l_2}{l_1} + n \frac{l_3}{l_2} = \ln \frac{l_1 l_2 l_3}{l_0 l_1 l_2} = \ln \frac{l_3}{l_0} = \varepsilon_1$$

所以对数变形又称为可加变形。

(3) 对数变形为可比变形，相对变形为不可比变形。设某物体由 l_0 延长 1 倍后尺寸变为 $2l_0$，则其相对变形为

$$e_1^+ = \frac{2l_0 - l_0}{l_0} = 1$$

如果该物体受压缩而缩短一半，尺寸变为 $0.5l_0$，则其相对变形为

$$e_1^- = \frac{0.5l_0 - l_0}{l_0} = -0.5$$

物体拉长 1 倍与缩短 1 半时，倍数并无变化，物体的变形程度应该一样，但用相对变形表示拉压程度则数值相差悬殊，因此失去可以比较的性质。

用对数变形表示拉、压两种不同性质的变形程度，不会失去可以比较的性质。拉长 1 倍的对数变形为

$$\varepsilon_1^+ = \ln \frac{2l_0}{l_0} = \ln 2$$

缩短 1 倍的对数变形为

$$\varepsilon_1^- = \ln \frac{0.5l_0}{l_0} = -\ln 2$$

利用对数变形算式，可将体积不变方程写成

$$\ln \frac{l}{L} + \ln \frac{b}{B} + \ln \frac{h}{H} = 0$$

从上式可看出：(1) 塑性变形时相互垂直的 3 个方向上对数变形之和恒等于零；(2) 在 3 个主变形中，必有一个与其他二者符号相反，其绝对值与其他两个之和相等，即按绝对值而言是最大的。所以在实际生产中允许采用最大主变形描述该过程的变形程度。

实际生产中，多采用相对变形算式，对数变形一般用于科学研究中。

思 考 题

1-1 通过一点处的 3 个主应力是否可以用向量加法来求和?

1-2 轧制宽板时,通常认为沿宽度方向无变形,试分析在宽度方向是否有应力?为什么?

1-3 如图 1-25 所示,用凸锤头在滑动摩擦条件下进行平面变形压缩凹面矩形件(在 z 轴方向无变形),试绘出 $\alpha > \beta$、$\alpha < \beta$、$\alpha = \beta$(β 为摩擦角)时 A 点处的主应力图示,并定性判断一下三种情况下单位变形力的大小。

1-4 如图 1-26 所示,试判断能产生何种主变形图示?并说明主变形对产品质量有何影响。

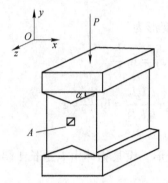

图 1-25　凸锤头压缩凹面矩形件

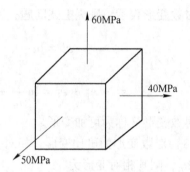

图 1-26　物体中一点处主应力图示

1-5 如图 1-27 所示,上轧辊的表面速度为 v_1,下轧辊的表面速度为 v_2 且 $v_1 > v_2$。在 A 点 v_1 与轧件速度相同;在 B 点 v_2 与轧件速度相同,试绘出轧辊对轧件的接触面上摩擦力的方向。

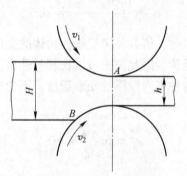

图 1-27　异步轧制图

习 题

1-1 轧制时板材厚度的逐道次变化为 10mm→8mm→7mm→6.5mm→6.2mm→6.0mm,求逐道次和全轧制过程的总压下率。

1-2 试以主应力表示八面体上的应力分量,并证明它们是坐标变换时的不变量。

1-3 已知物体内某点的应力分量为 $\sigma_x = \sigma_y = 20\text{MPa}$,$\tau_{xy} = 10\text{MPa}$,其余应力分量为零,试求主应力大小和方向。

1-4 已知物体内两点的应力张量为 a 点: $\sigma_1 = 40\text{MPa}$, $\sigma_2 = 20\text{MPa}$, $\sigma_3 = 0$; b 点: $\sigma_x = \sigma_y = 30\text{MPa}$, $\tau_{xy} = 10\text{MPa}$, 其余为零。试判断它们的应力状态是否相同。

1-5 物体内一点处的应变分量为 ε_x、ε_y、ε_{xy}，而其他应变分量为零。试求（1）应变张量不变量；（2）主应变 ε_1 和 ε_3。

1-6 已知应力状态的 6 个分量 $\sigma_x = -7\text{MPa}$, $\tau_{xy} = -4\text{MPa}$, $\sigma_y = 0$, $\tau_{yz} = 4\text{MPa}$, $\tau_{zx} = -8\text{MPa}$, $\sigma_z = -15\text{MPa}$，画出应力状态图，写出应力张量。

1-7 已知纯剪应力状态，求其主应力状态。

1-8 轧制宽板时，厚向总的对数变形为 $\ln\dfrac{H}{h} = 0.357$，总的压下率为 30%，共轧两道次，第二道次的对数变形为 0.223，第二道次的压下率为 0.2，试求第一道次的对数变形和第一道次的压下率。

2 变形力学方程

为了进行力能参数和变形参数的工程计算，需要建立变形力学的有关方程，如静力方程（包括静力平衡方程和应力边界条件）、几何方程（包括应变与位移的关系方程与协调方程）、物理方程（包括屈服准则及应力与应变的关系方程）等。本章着重研究这些方程及其物理概念。

2.1 力平衡方程

第 1 章介绍了应力状态的描述以及由已知坐标面上的应力分量求任意斜面上的应力的方法。一般情况下，变形体内各点的应力状态 σ_{ij} 是不同的，不能用一个点的应力状态描述或表示整个变形体的受力情况。但是变形体内各点间的应力状态的变化又不是任意的，变形体内各点的应力分量必须满足静力平衡关系，即力平衡方程。也就是说，在外力作用下处于平衡状态的变形物体内，应力的改变应满足一点附近的静力平衡条件。本节要研究的力平衡方程将是研究和确定变形体内应力分布的重要依据。

不同的变形过程具有不同的几何特点，有的适用直角坐标系（如平砧压缩矩形件），有的适用圆柱面坐标系或球面坐标系（如回转体的镦粗、挤压、拉拔等）。

在通常的材料成型中，体积力（惯性力和重力）远小于所需的变形力，所以在力平衡方程中忽略体积力。但是对于高速材料成型，如高速锤锻造、爆炸成型等，不应忽略惯性力。

2.1.1 直角坐标系的力平衡方程

首先研究平行六面体的平衡问题。将物体置于直角坐标系中，物体内部各点的应力分量是坐标的连续函数。过物体内部的点 $P(x, y, z)$ 作一垂直于 x 轴的微平面，如图 2-1 所示。设该平面上作用的正应力和剪应力已知，为

$$\left.\begin{array}{l} \sigma_x = f_1(x, y, z) \\ \tau_{xy} = f_2(x, y, z) \\ \tau_{xz} = f_3(x, y, z) \end{array}\right\} \tag{2-1}$$

在无限接近点 P 的点 $P_1(x + \mathrm{d}x, y + \mathrm{d}y, z + \mathrm{d}z)$ 处也作一垂直于 x 轴的微平面，则该微平面上的应力可将式（2-1）展开成泰勒级数而得到，对于 σ_x 有（图 2-1）

$$\sigma_x^1 = \sigma_x + \frac{\partial \sigma_x}{\partial x}\mathrm{d}x + \frac{\partial \sigma_x}{\partial y}\mathrm{d}y + \frac{\partial \sigma_x}{\partial z}\mathrm{d}z + \frac{1}{2}\frac{\partial^2 \sigma_x}{\partial x^2}\mathrm{d}x^2 + \frac{1}{2}\frac{\partial^2 \sigma_x}{\partial y^2}\mathrm{d}y^2 + \frac{1}{2}\frac{\partial^2 \sigma_x}{\partial z^2}\mathrm{d}z + \cdots$$

$$\tag{2-2}$$

这里 σ_x^1 是过 P_1 点的微平面上的正应力。假定 P 点和 P_1 点位于平行于 x 轴的直线上，

并忽略二次以上的微分小量，则式 (2-2) 成为

$$\sigma_x^1 = \sigma_x + \frac{\partial \sigma_x}{\partial x}\mathrm{d}x \tag{2-3a}$$

同理可得

$$\left.\begin{aligned}
\sigma_y^1 &= \sigma_y + \frac{\partial \sigma_y}{\partial y}\mathrm{d}y \\[2mm]
\sigma_z^1 &= \sigma_z + \frac{\partial \sigma_z}{\partial z}\mathrm{d}z \\[2mm]
\tau_{xy}^1 &= \tau_{xy} + \frac{\partial \tau_{xy}}{\partial x}\mathrm{d}x \\[2mm]
\tau_{xz}^1 &= \tau_{xz} + \frac{\partial \tau_{xz}}{\partial x}\mathrm{d}x \\[2mm]
\tau_{yx}^1 &= \tau_{yx} + \frac{\partial \tau_{yx}}{\partial y}\mathrm{d}y \\[2mm]
\tau_{yz}^1 &= \tau_{yz} + \frac{\partial \tau_{yz}}{\partial y}\mathrm{d}y \\[2mm]
\tau_{zx}^1 &= \tau_{zx} + \frac{\partial \tau_{zx}}{\partial z}\mathrm{d}z \\[2mm]
\tau_{zy}^1 &= \tau_{zy} + \frac{\partial \tau_{zy}}{\partial z}\mathrm{d}z
\end{aligned}\right\} \tag{2-3b}$$

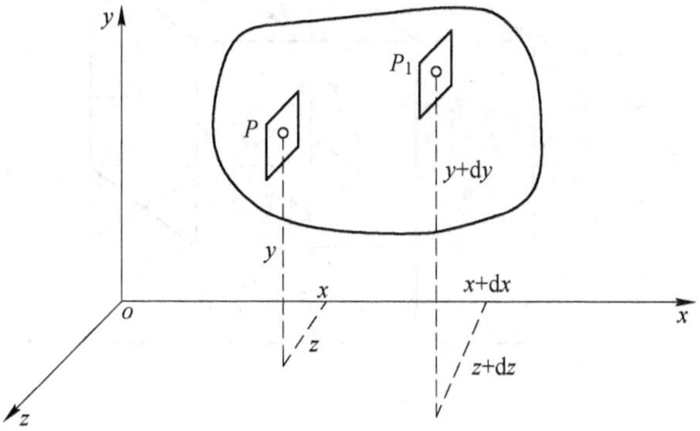

图 2-1 直角坐标系的微平面

现在从变形体内部取出一平行六面微分体，其侧面平行于相应的坐标面。利用式 (2-3a) 与式 (2-3b) 可以写出微分体各侧面上的应力，如图 2-2 所示。把图中被遮住的 3 个侧面上的应力当作已知的或基本的，应力在其余 3 个侧面上获得增量。为清晰起见，只将平行于 x 轴的各应力分量在图 2-3 中标出，而与 x 轴垂直的各应力分量没有标出。

如果变形体整体处于平衡状态，则从变形体中截取的微分体也处于平衡状态。微分体应满足 6 个静力平衡方程

$$\sum F_x = 0, \qquad \sum F_y = 0, \qquad \sum F_z = 0$$

$$\sum M_x = 0, \qquad \sum M_y = 0, \qquad \sum M_z = 0$$

式中，F_x、F_y、F_z 为各方向的力，M_x、M_y、M_z 为绕各轴的力矩。

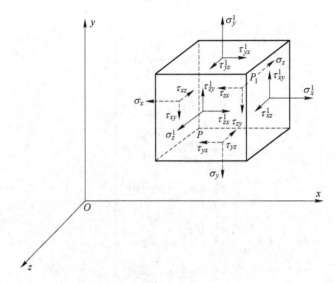

图 2-2   直角坐标系中微分体上的应力

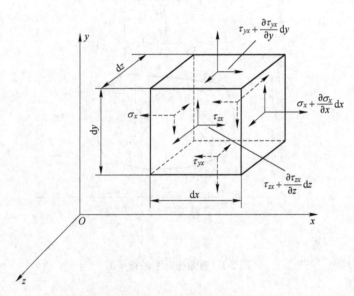

图 2-3   微分体上与 x 轴平行的应力分量

先应用平衡条件 $\sum F_x = 0$，得

$$\left(\sigma_x + \frac{\partial \sigma_x}{\partial x} \mathrm{d}x \right) \mathrm{d}y\mathrm{d}z - \sigma_x \mathrm{d}y\mathrm{d}z + \left(\tau_{yx} + \frac{\partial \tau_{yx}}{\partial y} \mathrm{d}y \right) \mathrm{d}x\mathrm{d}z - \tau_{yx} \mathrm{d}x\mathrm{d}z +$$

$$\left(\tau_{zx} + \frac{\partial \tau_{zx}}{\partial z} \mathrm{d}z \right) \mathrm{d}x\mathrm{d}y - \tau_{zx} \mathrm{d}x\mathrm{d}y = 0$$

化简后得

$$\frac{\partial \sigma_x}{\partial x} + \frac{\partial \tau_{yx}}{\partial y} + \frac{\partial \tau_{zx}}{\partial z} = 0$$

同样，由 $\sum F_y = 0$ 和 $\sum F_z = 0$ 可得其余两式。于是，可得如下平衡微分方程

$$\left.\begin{array}{l} \dfrac{\partial \sigma_x}{\partial x} + \dfrac{\partial \tau_{yx}}{\partial y} + \dfrac{\partial \tau_{zx}}{\partial z} = 0 \\[3mm] \dfrac{\partial \tau_{xy}}{\partial x} + \dfrac{\partial \sigma_y}{\partial y} + \dfrac{\partial \tau_{zy}}{\partial z} = 0 \\[3mm] \dfrac{\partial \tau_{xz}}{\partial x} + \dfrac{\partial \tau_{yz}}{\partial y} + \dfrac{\partial \sigma_z}{\partial z} = 0 \end{array}\right\} \tag{2-4}$$

从力的平衡微分方程可看出，某方向作用的正应力或切应力不是孤立变化的，它们之间存在依赖关系。

式（2-4）用张量符号也可以表示成如下的简化形式

$$\frac{\partial \sigma_{ij}}{\partial x_j} = 0 \tag{2-5}$$

式中，不重复的 i 称为自由下标，每个方程取值一次；重复出现的 j 称为哑标，同一方程中，该指标用于在取值范围内遍历求和。

当高速塑性加工时，应当考虑惯性力，此时的平衡方程为

$$\frac{\partial \sigma_{ij}}{\partial x_j} + f_i = 0 \tag{2-6}$$

式中 f_i —— i 方向的单位体积的惯性力。

需要强调的是，单元体处于静力平衡状态时，是指力的平衡，而不是应力的平衡，尽管最后得到的方程式中各项都是应力。

力平衡方程式（2-4）或式（2-5）、式（2-6），反映了变形体内正应力的变化与剪应力变化的内在联系，即反映了过一点的三个正交微分面上的9个应力分量所应满足的条件，可用来分析和求解变形区的应力分布。

现在讨论第二组平衡条件——微分体各侧面应力对坐标轴的力矩为零。$\sum M_x = 0$，为简便起见，以过微分体中心的轴线 x_0（前后面中心点的连线）为转轴，如图 2-4 所示。实际上只有图中所示 4 个剪应力分量对此轴有力矩作用，而体积

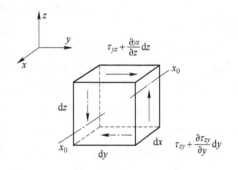

图 2-4 与 x 轴垂直的剪应力分量

力因穿过中心无力臂，对此轴无力矩作用。如规定顺时针旋转为正，于是得

$$\left(\tau_{zy} + \frac{\partial \tau_{zy}}{\partial z}\mathrm{d}z\right)\mathrm{d}x\mathrm{d}y\frac{\mathrm{d}z}{2} + \tau_{zy}\mathrm{d}x\mathrm{d}y\frac{\mathrm{d}z}{2} - \left(\tau_{yz} + \frac{\partial \tau_{yz}}{\partial y}\mathrm{d}y\right)\mathrm{d}x\mathrm{d}z\frac{\mathrm{d}y}{2} - \tau_{yz}\mathrm{d}x\mathrm{d}z\frac{\mathrm{d}y}{2} = 0$$

略去四阶无穷小量，约简后得 $\tau_{yz} = \tau_{zy}$。同理，取 $\sum M_y = 0$ 和 $\sum M_z = 0$ 可得其余二式。于是有

$$\left.\begin{array}{l} \tau_{xy} = \tau_{yz} \\ \tau_{yz} = \tau_{zy} \\ \tau_{zx} = \tau_{xz} \end{array}\right\} \tag{2-7}$$

式（2-7）称为剪应力互等定理，可表述如下：两个互相垂直的微平面上的剪应力，其垂直于该二平面交线的分量大小相等，而方向或均指向此交线，或均背离此交线。

2.1.2　用极坐标表示的力平衡方程

在平面问题里，当所考虑的物体是圆形、环形、扇形和楔形时，采用极坐标更为方便。此时，需将平面问题的力平衡方程用极坐标来表示。

在变形体内取一微小单元体 $abcd$ ，如图 2-5 所示，该单元体是由两个圆柱面和两个径向平面截割而得的。它的中心角为 $d\theta$ ，内半径为 r ，外半径为 $r + dr$ ，各边的长度是：$ab = cd = dr$, $bc = (r + dr)d\theta$, $ad = rd\theta$ 。

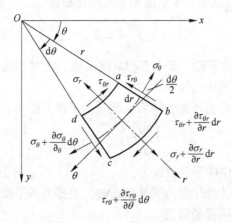

图 2-5　平面问题极坐标表示的各应力分量

现研究单元体 $abcd$ 的平衡条件。把 a 点看成是所考察的一点， dr 和 $d\theta$ 是 a 点的坐标增量，这样得到的 $abcd$ 是极坐标单元微分体，在它的 4 个侧面上标出的应力 σ 和 τ 可看作是平均值。各应力下标是相对于过 $abcd$ 的中心的径向轴线 r 和切向轴线 θ 写出的，其意义和在直角坐标系中的 x 和 y 相当。注意 θ 轴的正向是根据 $d\theta$ 规定的正向确定的。图中， $d\theta$ 的箭头由 ob 线指向 oc 线，则 θ 轴的正向与此指向保持一致。根据剪应力互等定理，可得 $\tau_{r\theta} = \tau_{\theta r}$ 。图中表示的各应力分量都是正的。

将极单元体各侧面上的力分别投影到交线 r 和切向 θ 上，忽略体积力。由于 $d\theta$ 是微小量，故取 $\sin(d\theta/2) \approx d\theta/2$, $\cos(d\theta/2) \approx 1$ 。由 θ 方向和 r 方向的力平衡，可分别得到

$$\left(\sigma_r + \frac{\partial \sigma_r}{\partial r}dr\right)(r + dr)d\theta - \sigma_r r d\theta - \left(\sigma_\theta + \frac{\partial \sigma_\theta}{\partial \theta}d\theta\right)dr\frac{d\theta}{2} - \sigma_\theta dr\frac{d\theta}{2} +$$

$$\left(\tau_{r\theta} + \frac{\partial \tau_{r\theta}}{\partial \theta}d\theta\right)dr \times 1 - \tau_{r\theta}dr \times 1 = 0$$

$$\left(\sigma_\theta + \frac{\partial \sigma_\theta}{\partial \theta}\mathrm{d}\theta\right)\mathrm{d}r \cdot 1 - \sigma_\theta \mathrm{d}r \cdot 1 + \left(\tau_{r\theta} + \frac{\partial \tau_{r\theta}}{\partial \theta}\mathrm{d}\theta\right)\mathrm{d}r\frac{\mathrm{d}\theta}{2} + \tau_{r\theta}\mathrm{d}r\frac{\mathrm{d}\theta}{2} +$$

$$\left(\tau_{\theta r} + \frac{\partial \tau_{\theta r}}{\partial r}\mathrm{d}r\right)(r + \mathrm{d}r)\mathrm{d}\theta - \tau_{\theta r}r\mathrm{d}\theta = 0$$

将此二式简化，并略去高阶小量，得

$$\left.\begin{array}{c} \dfrac{\partial \sigma_r}{\partial r} + \dfrac{1}{r}\dfrac{\partial \tau_{r\theta}}{\partial \theta} + \dfrac{\sigma_r - \sigma_\theta}{r} = 0 \\[3mm] \dfrac{\partial \tau_{\theta r}}{\partial r} + \dfrac{1}{r}\dfrac{\partial \sigma_\theta}{\partial \theta} + \dfrac{2\tau_{r\theta}}{r} = 0 \end{array}\right\} \tag{2-8}$$

式（2-8）是极坐标表示的平衡方程，该式的第三项反映极性的影响，当单元体接近原点时，第三项趋于无穷大，故式（2-8）在非常接近原点时是不适用的。

2.1.3　圆柱面坐标系的平衡方程

根据描述的对象不同，应选择不同的坐标系。图2-6所示为按圆柱面坐标系从变形体内取出的微分体，图中只标出了与 σ_r 有平衡关系的各应力分量，与直角坐标系微分体不同的是，两个 r 面是曲面，而且不相等；两个 θ 面不平行，因此 σ_r 与 σ_θ 不互相垂直；两个 z 平面为扇形。

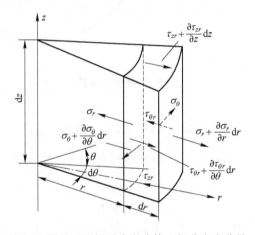

图 2-6　圆柱面坐标系中微分体上部分应力分量

和直角坐标系的推导类似，对圆柱坐标系中的微分体按照静力平衡方程式 $\sum F_r = 0$，$\sum F_\theta = 0$，$\sum F_z = 0$ 也可得到其应力平衡方程

$$\left.\begin{array}{c} \dfrac{\partial \sigma_r}{\partial r} + \dfrac{1}{r}\dfrac{\partial \tau_{\theta r}}{\partial \theta} + \dfrac{\partial \tau_{zr}}{\partial z} + \dfrac{\sigma_r - \sigma_\theta}{r} = 0 \\[3mm] \dfrac{\partial \tau_{r\theta}}{\partial r} + \dfrac{1}{r}\dfrac{\partial \sigma_\theta}{\partial \theta} + \dfrac{\partial \tau_{z\theta}}{\partial z} + \dfrac{2\tau_{r\theta}}{r} = 0 \\[3mm] \dfrac{\partial \tau_{rz}}{\partial r} + \dfrac{1}{r}\dfrac{\partial \tau_{\theta z}}{\partial \theta} + \dfrac{\partial \sigma_z}{\partial z} + \dfrac{\tau_{rz}}{r} = 0 \end{array}\right\} \tag{2-9}$$

2.1.4　球面坐标系的平衡方程

当研究和处理诸如棒材挤压和拉拔等某些变形过程时，采用球面坐标系将会更方便。

变形体中任意一点的位置，在球面坐标系中可由径向半径以及决定该半径在空间位置的两个极角 φ 和 θ 来表示（图2-7）。极角 φ 是两个极射平面间的夹角，即两个极射平面与水平面的交线之夹角；θ 是指由 z 轴算起与任意 r 在极射平面上的夹角。

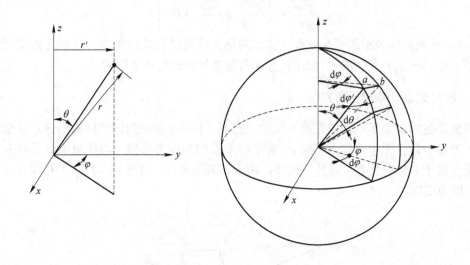

图 2-7　球面坐标系

图中，因为
$$\overset{\frown}{ab} = r'\mathrm{d}\varphi \qquad r' = r\sin\theta$$

所以
$$\overset{\frown}{ab} = r\sin\theta\mathrm{d}\varphi$$

又因为
$$\overset{\frown}{ab} = r\mathrm{d}\varphi'$$

所以
$$\mathrm{d}\varphi' = \sin\theta\mathrm{d}\varphi$$

从球面坐标系中取出微分六面体，并将可见的 3 个面上的应力分量标出，如图 2-8 所示。微分体由 2 个部分球面和 4 个扇形面构成，其中 r 面、φ 面、θ 面互相不垂直，两个 φ 面的夹角为 $\mathrm{d}\varphi$，两个 θ 面的夹角为 $\mathrm{d}\theta$，两个 r 面的面积不相等。

按照力平衡关系进行投影，可以导出球面坐标系的力平衡方程如下

$$
\left.
\begin{aligned}
&\frac{\partial\sigma_r}{\partial r} + \frac{1}{r\sin\theta}\frac{\partial\tau_{\varphi r}}{\partial\varphi} + \frac{1}{r}\frac{\partial\tau_{\theta r}}{\partial\theta} + \frac{1}{r}\left[2\sigma_r - (\sigma_\varphi - \sigma_\theta) + \tau_{\theta r}\cot\theta\right] = 0 \\[2mm]
&\frac{\partial\tau_{r\theta}}{\partial r} + \frac{1}{r}\frac{\partial\sigma_\theta}{\partial\theta} + \frac{1}{r\sin\theta}\frac{\partial\tau_{\varphi\theta}}{\partial\varphi} + \frac{1}{r}\left[3\tau_{r\theta} + (\sigma_\theta - \sigma_\varphi)\cot\theta\right] = 0 \\[2mm]
&\frac{\partial\tau_{r\varphi}}{\partial r} + \frac{1}{r}\frac{\partial\tau_{\theta\varphi}}{\partial\theta} + \frac{1}{r\sin\theta}\frac{\partial\sigma_\varphi}{\partial\varphi} + \frac{1}{r}\left[3\tau_{r\varphi} + 2\tau_{\theta\varphi}\cot\theta\right] = 0
\end{aligned}
\right\}
\qquad (2\text{-}10)
$$

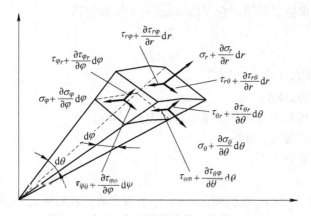

图2-8 球面坐标系中微分体上的应力分量

2.2 应力边界条件及接触摩擦

2.2.1 应力边界条件方程

式（1-3）表达了过一点任意斜面上的应力分量与已知坐标面上的应力分量间的关系。如果该四面体素的斜面恰为变形体外表面上的面素（图2-9），并假定此表面面素上作用的单位面积上的力在各坐标轴方向上的分量分别为 p_x、p_y、p_z，则根据边界处某点内外力平衡的要求联立式（1-3）有

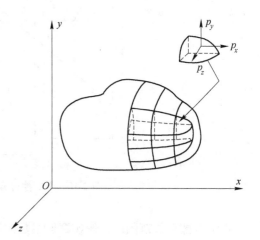

图2-9 变形体外表面上的四面体

$$\left.\begin{aligned} p_x &= \sigma_x l + \tau_{yx} m + \tau_{zx} n \\ p_y &= \tau_{xy} l + \sigma_y m + \tau_{zy} n \\ p_z &= \tau_{xz} l + \tau_{yz} m + \sigma_z n \end{aligned}\right\} \quad (2-11)$$

式（2-11）表达了过外表面上任意点单位表面力与过该点的3个坐标面上的应力分量之间的关系。这就是应力边界条件方程。

显然，如果外表面与坐标面之一平行，式（2-11）仍为应力边界条件方程，只是由于 l、m、n 中有一个为1，另两个为零，从而方程变得简单而已。还应指出，这个方程是由静力平衡为出发点导出的，所以对外力作用下处于平衡状态的变形体，不论弹性变形或塑性变形，其应力分布必须满足此边界条件。

2.2.2 金属塑性加工中的接触摩擦

在金属塑性加工过程中，由于变形金属与工具之间存在正压力及相对滑动（或相对滑动趋势），这就在二者之间产生摩擦力作用。这种接触摩擦力，不仅是变形力学计算的主要参数或接触边界条件之一，而且有时甚至是能否成型的关键因素。关于摩擦力与正压

力间的关系，目前多数仍采用库仑（Coulomb）干摩擦定律

$$T = fP$$

或

$$\tau_f = f\sigma_n \qquad\qquad (2\text{-}12)$$

式中　　T——摩擦力，kN；

　　　　P——正压力，kN；

　　　　τ_f——摩擦剪应力（也称为单位摩擦力），MPa；

　　　　σ——压缩正应力，MPa；

　　　　f——摩擦系数。

图 2-10 的实验表明，当 σ_n 值很小时，f 值随 σ_n 的升高而降低；当 σ_n 值在某一范围内时，f 近似为一常数，τ_f 随 σ_n 线性增加；当 σ_n 值很大时，此时 τ_f 已达到变形金属的抗剪强度极限，τ_f 不再随 σ_n 的增加而增加，而保持常数，因而 f 将随 σ_n 的升高而降低。对金属塑性加工来说，高摩擦系数区很少出现，而另两种情况则随变形条件不同，有时出现这种或那种，有时两种共存。

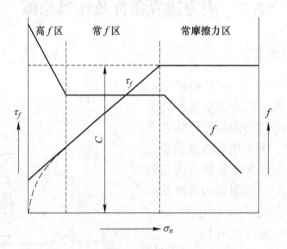

图 2-10　干摩擦过程中 τ_f、f 与 σ_n 的关系

在常摩擦系数范围内，影响摩擦系数的因素有：

（1）工具与成型材料的性质及其表面状态。一般来说，相同材料间的摩擦系数比不同材料间的大；而彼此能形成合金或化合物的两种材料间的摩擦系数，比不能形成合金或化合物的摩擦系数大。工具与工件表面越粗糙，则摩擦系数越大。

（2）工具与变形金属间的相对运动速度。静摩擦的摩擦系数大于动摩擦；相对滑动速度越大，摩擦系数越小。

（3）温度。一般来说，变形材料的温度越高，摩擦系数越大。但例外的是铜在 800℃ 以上和钢在 900℃ 以上时，其摩擦系数反而随温度升高而降低。

（4）润滑。在工具与工件之间有润滑剂时，摩擦系数变小。在润滑条件下，工具与工件间的滑动速度对摩擦系数的影响如图 2-11 所示。当速度较低时，处于半干摩擦状态，摩擦系数随相对滑动速度的增加而减小，这是由于相对滑动速度增加，带入变形区的润滑剂增多（对于拉拔和轧制而言），摩擦状态由半干摩擦向湿摩擦转化。当达到湿摩擦状态

（此时工具与工件间存在完整的润滑油膜）后，摩擦系数随滑动速度的增加而增加。因为在湿摩擦条件下，摩擦应力与润滑油膜中的速度梯度成正比，即

$$\tau_f = \eta \frac{\mathrm{d}v}{\mathrm{d}y} \qquad (2\text{-}13)$$

式中　η——润滑剂的黏度，$Pa \cdot s$；

　　　v——相对滑动速度，m/s；

　　　y——润滑油膜厚度方向上的坐标。

由式（2-13）可以看出，当压缩正应力增加时，由于油膜厚度减小，也使 τ_f 上升。因此，在湿摩擦条件下，摩擦应力与压缩正应力间的关系比较复杂。

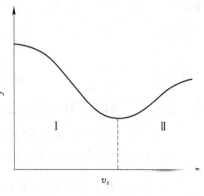

图 2-11　f 与 v_s 的关系

Ⅰ—半干摩擦区；Ⅱ—湿摩擦区

由于式（2-12）中的摩擦系数 f 受应力状态的影响，而且很难测准。为此，许多研究者建议采用如下的摩擦关系：

$$\tau_f = mk \qquad (2\text{-}14)$$

式中　τ_f——摩擦剪应力，MPa；

　　　k——接触层变形金属的屈服剪应力，MPa，可通过扭转实验确定；

　　　m——摩擦因子，$m = 0 \sim 1.0$。

采用这种摩擦关系，可使成型力学解析相对简单，而且也容易用实验确定摩擦因子 m。

当式（2-14）中 $m = 1$ 时又称为最大摩擦条件，即

$$\tau_f = k$$

此时接触表面没有相对滑动，完全处于黏着状态，摩擦剪应力等于材料的屈服剪应力。

几种金属热轧、冷轧时的摩擦系数 f 值分别列于表 2-1 和表 2-2 中。

表 2-1　几种金属热轧时的摩擦系数

金属	铜	黄铜	镍	铅	锡	铝及其合金	钢
f	0.35~0.50	0.30~0.45	0.30~0.40	0.40~0.50	0.18	0.35~0.45	0.26~0.38

表 2-2　几种金属冷轧时的摩擦系数 f

金属	润滑条件			
	不 润 滑	煤 油	轻 机 油	植 物 油
铜	0.20~0.25	0.13~0.15	0.10~0.13	0.05~0.006
黄铜	0.12~0.15	0.06~0.07	0.05~0.06	
锌	0.25~0.30	0.12~0.15		
铝及其合金	0.16~0.24	0.08~0.12	0.06~0.07	
钢	0.06~0.08	0.05~0.07	0.05~0.07	0.04~0.06

已知摩擦系数 f，摩擦因子 m 可按 Й. Я Тарновский（塔尔诺夫斯基）的经验公式近

似确定：

镦粗时
$$m = f + \frac{1}{8}\frac{R}{h}(1-f)\sqrt{f}$$

轧制时
$$m = f\left[1 + \frac{1}{4}n(1-f)\sqrt[4]{f}\right]$$

式中　R, h——镦粗圆柱体的半径和高度，mm；

　　　　n——$l/\bar{h}$ 或 $\bar{b}/\bar{h}$ 之较小者；

　　　　l——轧制时接触弧长的水平投影，mm；

　　　　$\bar{h}$, $\bar{b}$——轧制时变形区内工件的平均厚度和平均宽度，mm。

2.2.3　应力边界条件的种类

塑性加工过程中经常出现的应力边界条件有 3 种情况，即自由表面、工具与工件的接触表面、变形区与非变形区的分界面。

（1）自由表面。指不受约束可以自由变形的表面。一般情况下，在工件的自由表面上既没有正应力，也没有剪应力作用。

（2）工件与工具的接触表面。在此边界上，既有压缩正应力 σ_n 的作用，也存在摩擦剪应力 τ_f，有时 $\tau_f = f\sigma_n$ 或 $\tau_f = mk$，有时 $\tau_f = k$。

（3）变形区与非变形区的分界面。在此界面上作用的应力，既可能来自两区本身的相互作用，如挤压时变形区与死区之间，既有压缩正应力 σ_n，也有剪应力 τ_f，而且近似取 $\tau_f = k$；也可能来自特意加的外力作用，线材连续拉拔时的反拉力（作用在模子入口处的线材断面上）。当然，拉拔力本身（作用在模子出入口处的线材断面上）也属此类。

如果这些边界条件处理得好，与实际变形过程相近，则所得的变形力学计算值就可能符合实际；否则，将造成误差。

2.3　变形协调方程

式（1-34）描述了应变分量与位移分量间的微分关系。根据变形体在变形过程中保持连续而不破坏的原则，式（1-34）6 个应变分量不能是任意的。

对于直角坐标系的变形协调方程，通过位移与变形的关系对 x、y、z 进行偏导，可以导出变形协调方程。以平面问题为例，几何方程为

$$\varepsilon_x = \frac{\partial u_x}{\partial x}, \quad \varepsilon_y = \frac{\partial u_y}{\partial y}, \quad \varepsilon_{xy} = \varepsilon_{yx} = \frac{1}{2}\left(\frac{\partial u_y}{\partial x} + \frac{\partial u_x}{\partial y}\right)$$

将 ε_x 两边对 y 进行二次偏导，ε_y 两边对 x 进行二次偏导，ε_{xy} 对 x、y 分别进行偏导得

$$\frac{\partial^2 \varepsilon_x}{\partial y^2} = \frac{\partial^3 u_x}{\partial y^2 \partial x}, \quad \frac{\partial^2 \varepsilon_y}{\partial x^2} = \frac{\partial^3 u_y}{\partial y \partial x^2}$$

$$\frac{\partial^2 \varepsilon_{xy}}{\partial x \partial y} = \frac{1}{2}\left(\frac{\partial^3 u_x}{\partial y^2 \partial x} + \frac{\partial^3 u_y}{\partial y \partial x^2}\right)$$

由此可得如下关系：

$$\frac{\partial^2 \varepsilon_{xy}}{\partial x \partial y} = \frac{1}{2}\left(\frac{\partial^2 \varepsilon_x}{\partial y^2} + \frac{\partial^2 \varepsilon_y}{\partial x^2}\right)$$

很容易按上述方法证明，各不同应变分量之间存在下列关系。

（1）在同一平面内的应变分量间，存在

$$\left.\begin{array}{c} \dfrac{\partial^2 \varepsilon_x}{\partial y^2} + \dfrac{\partial^2 \varepsilon_y}{\partial x^2} = \dfrac{2\partial^2 \varepsilon_{xy}}{\partial x \partial y} \\[3mm] \dfrac{\partial^2 \varepsilon_y}{\partial z^2} + \dfrac{\partial^2 \varepsilon_z}{\partial y^2} = \dfrac{2\partial^2 \varepsilon_{yz}}{\partial y \partial z} \\[3mm] \dfrac{\partial^2 \varepsilon_z}{\partial x^2} + \dfrac{\partial^2 \varepsilon_x}{\partial z^2} = \dfrac{2\partial^2 \varepsilon_{zx}}{\partial z \partial x} \end{array}\right\} \tag{2-15}$$

（2）在不同平面内的应变分量间，存在

$$\left.\begin{array}{c} \dfrac{\partial}{\partial x}\left(\dfrac{\partial \varepsilon_{zx}}{\partial y} + \dfrac{\partial \varepsilon_{xy}}{\partial z} - \dfrac{\partial \varepsilon_{yz}}{\partial x}\right) = \dfrac{\partial^2 \varepsilon_x}{\partial y \partial z} \\[3mm] \dfrac{\partial}{\partial y}\left(\dfrac{\partial \varepsilon_{xy}}{\partial z} + \dfrac{\partial \varepsilon_{yz}}{\partial x} - \dfrac{\partial \varepsilon_{zx}}{\partial y}\right) = \dfrac{\partial^2 \varepsilon_y}{\partial x \partial z} \\[3mm] \dfrac{\partial}{\partial z}\left(\dfrac{\partial \varepsilon_{yz}}{\partial x} + \dfrac{\partial \varepsilon_{zx}}{\partial y} - \dfrac{\partial \varepsilon_{xy}}{\partial z}\right) = \dfrac{\partial^2 \varepsilon_z}{\partial x \partial y} \end{array}\right\} \tag{2-16}$$

上述两组方程式（2-15）和（2-16）称为变形协调方程，或变形连续方程。其物理意义是，如果应变分量间符合上述方程的关系，则原来的连续体在变形后仍是连续的，否则就会出现裂纹或重叠。这个方程的意义又可以从几何角度加以解释。想象将物体分割成无数个平行六面体，并使每一个小单元发生变形。这时，如果表示小单元体变形的 6 个应变分量不满足一定的关系，则在物体变形后，就不能将这些小单元体重新拼合成连续体，而中间产生了很小的裂缝。为使变形后的小单元体能重新拼合成连续体，则应变分量就要满足一定的关系，这个关系就是变形协调方程。因此说，应变分量满足变形协调方程，是保证物体连续的一个必要条件。

现在要证明，如果物体只有一个连续边界，即物体是单连通的，则应变分量满足变形协调方程也是物体连续的充分条件。也就是要证明：如已知应变分量满足变形协调方程，则对单连通物体来说，就一定能通过几何方程的积分求得单值连续的位移分量。

事实上，要求单值连续的位移分量，可先去求它们分别对 x，y，z 的一阶偏导数（因为若可导必连续）。譬如，知道了 $\dfrac{\partial u_x}{\partial x}$、$\dfrac{\partial u_x}{\partial y}$、$\dfrac{\partial u_x}{\partial z}$，就可通过积分

$$\int \frac{\partial u_x}{\partial x}\mathrm{d}x + \frac{\partial u_x}{\partial y}\mathrm{d}y + \frac{\partial u_x}{\partial z}\mathrm{d}z\left(即\int \mathrm{d}u_x\right) \tag{2-17}$$

求得位移分量 u_x。由几何方程可知有

$$\frac{\partial u_x}{\partial x} = \varepsilon_x \tag{2-18}$$

$\dfrac{\partial u_x}{\partial y}$、$\dfrac{\partial u_x}{\partial z}$ 不能直接有几何方程算出，但 $\dfrac{\partial u_x}{\partial y}$、$\dfrac{\partial u_x}{\partial z}$ 作为一个函数，它们对 x、y、z 的一阶

偏导数，利用几何方程很容易通过应变分量分别表示出来。例如，对 $\dfrac{\partial u_x}{\partial y}$ 有

$$\left.\begin{array}{l}
\dfrac{\partial}{\partial x}\left(\dfrac{\partial u_x}{\partial y}\right) = \dfrac{\partial}{\partial y}\left(\dfrac{\partial u_x}{\partial x}\right) = \dfrac{\partial \varepsilon_x}{\partial y} = A \\[3mm]
\dfrac{\partial}{\partial y}\left(\dfrac{\partial u_x}{\partial y}\right) = \dfrac{\partial}{\partial y}\left(\gamma_{xy} - \dfrac{\partial u_y}{\partial x}\right) = \dfrac{\partial \gamma_{xy}}{\partial y} - \dfrac{\partial \varepsilon_y}{\partial x} = B \\[3mm]
\dfrac{\partial}{\partial z}\left(\dfrac{\partial u_x}{\partial y}\right) = \dfrac{1}{2}\left[\dfrac{\partial}{\partial z}\left(\gamma_{xy} - \dfrac{\partial u_y}{\partial x}\right) + \dfrac{\partial}{\partial y}\left(\gamma_{xz} - \dfrac{\partial u_z}{\partial x}\right)\right] = \dfrac{1}{2}\left(-\dfrac{\partial \gamma_{yz}}{\partial x} + \dfrac{\partial \gamma_{xz}}{\partial y} + \dfrac{\partial \gamma_{xz}}{\partial z}\right) = C
\end{array}\right\} \quad (2\text{-}19)$$

同理，可用应变分量表示 $\dfrac{\partial}{\partial x}\left(\dfrac{\partial u_x}{\partial z}\right)$、$\dfrac{\partial}{\partial y}\left(\dfrac{\partial u_x}{\partial z}\right)$、$\dfrac{\partial}{\partial z}\left(\dfrac{\partial u_x}{\partial z}\right)$。关系式（2-19）的右边看成已知，分别用 A、B、C 表示。据上所述，如果能够通过积分

$$\int (A\mathrm{d}x + B\mathrm{d}y + C\mathrm{d}z) \tag{2-20}$$

求得单值连续函数 $\dfrac{\partial u_x}{\partial y}$，并按同理求得单值连续函数 $\dfrac{\partial u_x}{\partial z}$，再结合式（2-18），则可求得位移分量 u_x。但积分式（2-20）能够给出单值连续的 $\dfrac{\partial u_x}{\partial y}$ 的条件为偏导存在且连续，即

$$\frac{\partial B}{\partial z} = \frac{\partial C}{\partial y}, \qquad \frac{\partial A}{\partial z} = \frac{\partial C}{\partial x}, \qquad \frac{\partial A}{\partial y} = \frac{\partial B}{\partial x} \tag{2-21}$$

将式（2-19）代入，则得方程（2-15）的第一式和（2-16）的第一、第二式。如果对 $\dfrac{\partial u_x}{\partial z}$、$\dfrac{\partial u_y}{\partial x}$、$\dfrac{\partial u_y}{\partial z}$、$\dfrac{\partial u_z}{\partial x}$、$\dfrac{\partial u_z}{\partial y}$ 进行同样的处理，则对每一个单值连续函数，都能得到 3 个条件，共 18 个条件，但在这 18 个条件中只有 6 个不同的，而且就是式（2-15）和式（2-16）。

综上所述，对于单连通体，要求得单值连续的函数 $\dfrac{\partial u_x}{\partial y}$，$\dfrac{\partial u_x}{\partial z}$、$\dfrac{\partial u_y}{\partial x}$、$\dfrac{\partial u_y}{\partial z}$、$\dfrac{\partial u_z}{\partial x}$、$\dfrac{\partial u_z}{\partial y}$，则应变分量必须满足变形协调方程。换言之，如应变分量满足了变形协调方程，则一定能求得单值连续的 $\dfrac{\partial u_x}{\partial y}$、$\dfrac{\partial u_x}{\partial z}$、$\dfrac{\partial u_y}{\partial x}$、$\dfrac{\partial u_y}{\partial z}$、$\dfrac{\partial u_z}{\partial x}$、$\dfrac{\partial u_z}{\partial y}$。求得了这些量，也就等于求得了位移分量。

这样就证明了，对于单连通物体，应变分量满足变形协调方程是保证物体连续的充分条件。

对于包含多个边界的物体，即多连通体，总可以作适当的截面使它变成单连通体，故上述的结论在此完全适用。具体地说，如果应变分量满足变形协调方程，则在此被割开以后的区域里，一定能求得单值连续的函数 u_x、u_y、u_z。但对求 u_x、u_y、u_z，当点 (x, y, z) 分别从截面两侧趋向于截面上一点时，一般说，它们将趋向于不同的值，分别用 u_x^+、u_y^+、u_z^+ 和 u_x^-、u_y^-、u_z^- 表示。为使所考察的多连通体在变形后仍保持为连续体，则必须加上下列补充条件：

$$u_x^+ = u_x^-, \qquad u_y^+ = u_y^-, \qquad u_z^+ = u_z^-$$

2.4 屈 服 准 则

2.4.1 屈服准则的含义

在外力作用下，变形体由弹性变形过渡到塑性变形（即发生屈服），主要取决于变形体的力学性能和所受的应力状态。变形体本身的力学性能是决定其屈服的内因；所受的应力状态乃是变形体屈服的外部条件。对同一金属，在相同的变形条件下（如变形温度、应变速率和预先加工硬化程度一定），可以认为材料屈服只取决于所受的应力状态。塑性理论的重要课题之一是找出变形体由弹性状态过渡到塑性状态的条件，称为屈服准则式塑性条件，它是要确定变形体受外力后产生的应力分量与材料的物理常数间的关系，这关系到塑性变形是否发生在单向拉伸时这个条件就是 $\sigma = \sigma_s$，即拉应力 σ 达到 σ_s 时就发生屈服，σ_s 是材料的一个物理常数，它可以由拉伸实验得到。问题是在复杂的应力状态下这个条件是否存在并如何表达。

实验表明，对处于复杂应力状态的各向同性体（在各个方向上的力学性能相同），某向正应力可能远远超过屈服极限 σ_s 却并没有发生塑性变形。于是可以设想，塑性变形的发生不取决于某个应力分量，而取决于一点的各应力分量的某种组合。既然塑性变形是在一定的应力状态下发生，而任何应力状态最简便地是用 3 个主应力表示，故所寻求的条件如果存在，则这个条件应是 3 个主应力的函数，即

$$f(\sigma_1, \sigma_2, \sigma_3) = C$$

式中，C 是材料的物理常数。

塑性状态是一种物理状态，它不应与坐标轴的选择有关，因此，最好用应力张量的不变量来表示塑性条件，即

$$f(I_1, I_2, I_3) = C \tag{2-23}$$

如果注意到各向同性的材料在很大的静水压力下不至于屈服这一公认的事实，则可断言，平均应力的大小与屈服无关，故式（1-23）应该用偏差应力张量的不变量来表示。因 $I_1' = 0$，故有

$$f(I_2', I_3') = C \tag{2-24}$$

进一步考虑，如果忽略包申格（Bauschinger）效应，即认为材料拉压同性，则当一组偏差应力 σ_1'、σ_2'、σ_3' 引起屈服时，一组反号的偏差应力 $-\sigma_1'$、$-\sigma_2'$、$-\sigma_3'$ 也同样引起屈服，那么，为得到一个不受负号影响的屈服表达式，三次式 I_3' 要么不进入屈服准则函数式，要么它进入，但具有偶次乘方。否则，就需要分别给出以上两种受力情况下的屈服表达式。

从以上分析可知，$f(I_2') = C$ 应当可以作为确定屈服准则的假定。需要说明的是，屈服准则是假说性的准则，满足上述条件的准则有多个，但经实践检验并为大家普遍接受的仅有 Tresca 和 Mises 屈服准则。

2.4.2 屈雷斯卡屈服准则

1864 年法国工程师屈雷斯卡（Tresca）在软钢等金属的变形实验中，观察到屈服时出

现吕德斯带，吕德斯带与主应力方向约成45°角，于是推想塑性变形的开始与最大剪应力有关（最大剪应力理论）。所谓最大剪应力理论，就是假定对同一金属在同样的变形条件下，无论是简单应力状态还是复杂应力状态，只要最大剪应力达到极限值就发生屈服，即

$$\tau_{max} = \frac{\sigma_1 - \sigma_3}{2} = C \tag{2-25}$$

式中的 C 会由简单应力状态的实验确定。

式 (2-25) 为一适合各种受力状态的通式。因此，把单向拉伸屈服时的应力状态 $\sigma_1 = \sigma_s$，$\sigma_2 = \sigma_3 = 0$ 代入式 (2-25) 可得 $\tau_{max} = \sigma_s / 2 = C$。注意到 C 值不随受力的不同而改变，将其再代入式 (2-25)，得到屈雷斯卡屈服准则

$$\sigma_1 - \sigma_3 = \sigma_s \tag{2-26}$$

薄壁管扭转时，即纯剪应力状态下（图2-12），有

$$\sigma_x = \sigma_y = \sigma_z = \tau_{yz} = \tau_{zx} = 0，\tau_{xy} \neq 0$$

由莫尔圆（图2-12）或特征方程 (1-9) 可得纯剪时的主应力

$$\sigma_1 = -\sigma_3 = \tau_{xy} = \tau_{yx}$$

屈服时 $\qquad\qquad \sigma_1 = -\sigma_3 = \tau_{xy} = k$ （k 称为屈服剪应力）

把 $\sigma_3 = -\sigma_1$，$\sigma_1 = k$ 代入式 (2-25)，得

$$\tau_{max} = \frac{\sigma_1 - (-\sigma_1)}{2} = \frac{2\sigma_1}{2} = k = C$$

再代入式 (2-25)，得

$$\sigma_1 - \sigma_3 = 2k \tag{2-27}$$

式 (2-26) 和式 (2-27) 均称为屈雷斯卡屈服准则。可见按最大剪应力理论有

$$k = \frac{\sigma_s}{2} \tag{2-28}$$

如果事先并不知道 σ_1、σ_2、σ_3 间的大小关系，则 Tresca 屈服准则应为 3 式 $|\sigma_1 - \sigma_2| = 2k$，$|\sigma_2 - \sigma_3| = 2k$，$|\sigma_3 - \sigma_1| = 2k$ 中的一个，或一般表达为

$$f(\sigma_{ij}) = [(\sigma_1 - \sigma_2)^2 - (2k)^2][(\sigma_2 - \sigma_3)^2 - (2k)^2][(\sigma_3 - \sigma_1)^2 - (2k)^2] = 0$$

应指出，屈雷斯卡屈服准则，由于计算比较简单，有时也比较符合实际，所以比较常用。但是，由于该准则未反映出中间主应力 σ_2 的影响，故仍有不足之处。

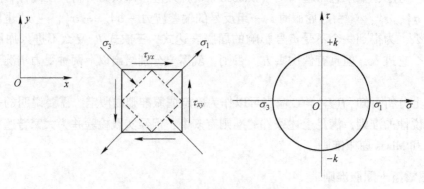

图 2-12   纯剪应力状态

2.4.3 密赛斯屈服准则

可以理解，不管采用什么样的变形方式，在变形体内某点发生屈服的条件应当仅仅是该点处各应力分量的函数，即

$$f(\sigma_{ij}) = 0$$

此函数称为屈服函数。

因为金属屈服是物理现象，所以对各向同性材料这个函数不应随坐标的选择而变。前已述及，金属的屈服与对应形状改变的偏差应力有关，而与对应弹性体积变化的球应力无关。已知偏差应力的一次不变量为零，所以变形体的屈服可能与不随坐标选择而变的偏差应力二次不变量有关，因而此常量可能作为屈服的判据。也就是说，对同一金属在相同的变形温度、应变速率和预先加工硬化条件下，不论采用什么样的变形方式，如何选择坐标系，只要偏差应力张量二次不变量 I_2' 达到某一值，金属便由弹性变形过渡到塑性变形，即

$$f(\sigma_{ij}) = I_2' - C = 0$$

由式（1-25），有

$$I_2' = \frac{1}{6}\left[(\sigma_x - \sigma_y)^2 + (\sigma_y - \sigma_z)^2 + (\sigma_z - \sigma_x)^2 + 6(\tau_{xy}^2 + \tau_{yz}^2 + \tau_{zx}^2)\right] = C \quad (2\text{-}29)$$

如所取坐标轴为主轴，则

$$I_2' = \frac{1}{6}\left[(\sigma_1 - \sigma_2)^2 + (\sigma_2 - \sigma_3)^2 + (\sigma_3 - \sigma_1)^2\right] = C \quad (2\text{-}30)$$

现按简单应力状态下的屈服条件来确定式（2-29）和式（2-30）中的常数 C。

单向拉伸或压缩时，σ_x 或 $\sigma_1 = \sigma_s$，其他应力分量为零，代入式（2-29）和式（2-30），确定常数 $C = \sigma_s^2/3$；薄壁管扭转时，$\tau_{xy} = k$，其他应力分量为零，或 $\sigma_1 = -\sigma_3 = \tau_{xy} = k$，$\sigma_2 = 0$，分别代入式（2-29）和式（2-30）中则常数 $C = k^2$，把 $C = \sigma_s^2/3 = k^2$ 代入式（2-29）和式（2-30），则得

$$(\sigma_x - \sigma_y)^2 + (\sigma_y - \sigma_z)^2 + (\sigma_z - \sigma_x)^2 + 6(\tau_{xy}^2 + \tau_{yz}^2 + \tau_{zx}^2) = 6k^2 = 2\sigma_s^2$$

或

$$f(\sigma_{ij}) = (\sigma_x - \sigma_y)^2 + (\sigma_y - \sigma_z)^2 + (\sigma_z - \sigma_x)^2 + 6(\tau_{xy}^2 + \tau_{yz}^2 + \tau_{zx}^2) - 2\sigma_s^2 = 0$$

$$(2\text{-}31)$$

所取坐标轴为主轴时，则

$$(\sigma_1 - \sigma_2)^2 + (\sigma_2 - \sigma_3)^2 + (\sigma_3 - \sigma_1)^2 = 6k^2 = 2\sigma_s^2$$

或

$$f(\sigma_{ij}) = (\sigma_1 - \sigma_2)^2 + (\sigma_2 - \sigma_3)^2 + (\sigma_3 - \sigma_1)^2 - 2\sigma_s^2 = 0 \quad (2\text{-}32)$$

式（2-31）和式（2-32）称为密赛斯（Mises）屈服准则。

由式（2-31）和式（2-32）可见，按密赛斯屈服准则有

$$k = \frac{\sigma_s}{\sqrt{3}} = 0.577\sigma_s \quad (2\text{-}33)$$

这和屈雷斯卡屈服准则认为剪应力达到 $\sigma_s/2$ 为判断是否屈服的依据是不同的。

密赛斯当初认为，他提出的的准则（2-31）是近似的。由于这一准则只用一个式子表

示，而且可以不必求出主应力，也不论是平面或空间问题，所以显得简便。后来大量事实证明，密赛斯屈服准则更符合实际，而且涌现其他学者对这一准则提出了物理的和力学的解释。

一个解释是汉基（Hencky）于 1924 年提出的。汉基认为密赛斯屈服准则表示各向同性材料内部积累的单位体积变形能达到一定值时发生屈服，而这个变形能只与材料性质有关，与应力状态无关。

在弹性变形时有下列广义虎克定律

$$\left.\begin{array}{l}\varepsilon_1 = \dfrac{1}{E}[\sigma_1 - v(\sigma_2 + \sigma_3)]\\[2mm]\varepsilon_2 = \dfrac{1}{E}[\sigma_2 - v(\sigma_1 + \sigma_3)]\\[2mm]\varepsilon_3 = \dfrac{1}{E}[\sigma_3 - v(\sigma_2 + \sigma_1)]\end{array}\right\}$$

单位体积的弹性变形能可借助于这个式子用应力表示为

$$W = \frac{1}{2}(\varepsilon_1\sigma_1 + \varepsilon_2\sigma_2 + \varepsilon_3\sigma_3) = \frac{1}{2E}[\sigma_1^2 + \sigma_2^2 + \sigma_3^2 - v(\sigma_1\sigma_2 + \sigma_2\sigma_3 + \sigma_3\sigma_1)]$$

其中与物体形状改变有关的部分 W_f 可借将此式中的应力分量代以偏差应力分量而求得

$$W_f = \frac{1}{2E}[(\sigma_1')^2 + (\sigma_2')^2 + (\sigma_3')^2 - 2v(\sigma_1'\sigma_2' + \sigma_2'\sigma_3' + \sigma_3'\sigma_1')]$$

$$= \frac{1+v}{6E}[(\sigma_1 - \sigma_2)^2 + (\sigma_2 - \sigma_3)^2 + (\sigma_3 - \sigma_1)^2]$$

$$= \frac{1+v}{E}I_2'$$

该式与偏差应力张量二次不变量仅相差一个常系数。因此可假定，当各向同性材料内部所累积的单位体积形状改变能达到某一定值时，材料发生屈服。

把单向拉伸或压缩时的应力状态代入上式可得发生塑性变形时的单位体积形状变化能达到的极值是

$$W_f = \frac{1+v}{3E}\sigma_s^2$$

由上两式可以得出密赛斯屈服准则的表达式。所以，密赛斯屈服准则也称为变形能定值理论。

对密赛斯屈服准则的另一种解释是纳达依（Nadai）于 1937 年提出的，他认为屈服时不是最大剪应力为常数，而是正八面体面上的剪应力达到一定的极限值。因为八面体上的剪应力 τ_8 也是与坐标轴选择无关的常数，所以对同一种金属在同样的变形条件下，τ_8 达到一定值时便发生屈服，而与应力状态无关。按式（1-28）

$$\tau_8 = \frac{1}{3}\sqrt{(\sigma_1 - \sigma_2)^2 + (\sigma_2 - \sigma_3)^2 + (\sigma_3 - \sigma_1)^2} = C$$

单向拉伸时，$\sigma_1 = \sigma_s$，其他应力分量为零，代入上式得到

$$\tau_8 = \frac{\sqrt{2}}{3}\sigma_s$$

时发生屈服。此两式联解亦可得出 Mises 准则的表达式，因此，这是对 Mises 准则的又一物理解释。

需要说明的是，当材料受到三向拉伸应力作用且 3 个主应力的大小非常接近时，由屈服准则式可知，此时材料很难发生屈服而往往发生断裂破坏。

下面介绍密赛斯屈服准则的简化形式。

为了将密赛斯屈服准则简化成与屈雷斯卡屈服准则同样的形式并考虑中间主应力 σ_2 对屈服的影响，这里引入 Lode 应力参数。

中间主应力 σ_2 的变化范围为 $\sigma_1 \sim \sigma_3$，取该变化范围的中间值 $\dfrac{\sigma_1 + \sigma_3}{2}$ 为参考值，则 σ_2 与参考值间的偏差为 $\sigma_2 - \dfrac{\sigma_1 + \sigma_3}{2}$，如图 2-13 所示，$\sigma_2$ 的相对偏差为

$$\mu_d = \frac{\sigma_2 - \dfrac{\sigma_1 + \sigma_3}{2}}{\dfrac{\sigma_1 - \sigma_3}{2}} \tag{2-34}$$

其中，μ_d 称为 Lode 参数，无量纲。

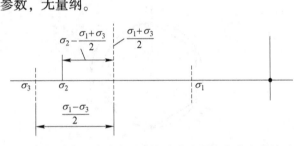

图 2-13　中间主应力与最大主应力和最小主应力的关系

因此，$\sigma_2 = \dfrac{\sigma_1 + \sigma_3}{2} + \dfrac{\mu_d}{2}(\sigma_1 - \sigma_3)$，将 σ_2 代入密赛斯屈服准则可得

$$\sigma_1 - \sigma_3 = \frac{2}{\sqrt{3 + \mu_d^2}}\sigma_s = \beta\sigma_s, \quad \beta = \frac{2}{\sqrt{3 + \mu_d^2}} \tag{2-35}$$

式（2-36）是密赛斯屈服准则的简化形式。

$$\begin{cases} \sigma_2 = \sigma_1,\ \mu_d = 1,\ \sigma_1 - \sigma_3 = \sigma_s\ (\text{轴对称应力状态}) \\ \sigma_2 = \dfrac{\sigma_1 + \sigma_3}{2},\ \mu_d = 0,\ \sigma_1 - \sigma_3 = \dfrac{2}{\sqrt{3}}\sigma_s\ (\text{平面变形状态}) \\ \sigma_2 = \sigma_3,\ \mu_d = -1,\ \sigma_1 - \sigma_3 = \sigma_s\ (\text{轴对称应力状态}) \end{cases} \tag{2-36}$$

当 $1 < \beta < 1.155$ 时对应着其他应力状态。

通过与 Tresca 表达式 $\sigma_1 - \sigma_2 = \sigma_3$ 比较表明，两屈服准则在轴对称应力状态时是一致的，而在平面变形状态时区别最大。

2.4.4　屈服准则的几何解释

屈服准则的几何表达就是符合屈服准则时质点应力状态构成的图形，该图形通常也称

为屈服轨迹。如果把式（2-32）

$$(\sigma_1 - \sigma_2)^2 + (\sigma_2 - \sigma_3)^2 + (\sigma_3 - \sigma_1)^2 = 2\sigma_s^2$$

中的主应力看成是主轴坐标系的 3 个自变量，则此式是一个无限长的圆柱面，其轴线通过原点，并与 3 个坐标轴 $o\sigma_1$、$o\sigma_2$、$o\sigma_3$ 成等倾角（图 2-14）。

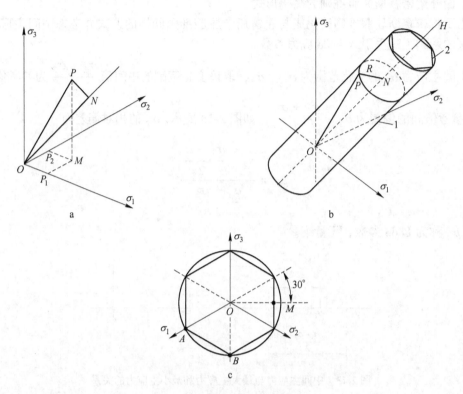

图 2-14　屈服准则的几何解释
a—主应力空间坐标；b—塑性柱面；c—π平面

若变形体内一点的主应力为（σ_1，σ_2，σ_3），则此点的应力状态可用主应力坐标空间的一点 P 来表示（图 2-14），此点的坐标为 σ_1、σ_2、σ_3，而

$$\overline{OP}^2 = \overline{OP_1}^2 + \overline{P_1M}^2 + \overline{PM}^2 = \sigma_1^2 + \sigma_2^2 + \sigma_3^2 \tag{2-37}$$

现通过原点 O 作一条与 3 个坐标轴成等倾角的直线 OH，OH 与各坐标轴夹角的方向余弦都等于 $1/\sqrt{3}$。所以 OP 在 OH 上的投影为

$$\overline{ON} = \sigma_1 l + \sigma_2 m + \sigma_3 n = \frac{1}{\sqrt{3}}(\sigma_1 + \sigma_2 + \sigma_3)$$

或

$$\overline{ON}^2 = \frac{1}{3}(\sigma_1 + \sigma_2 + \sigma_3)^2 = 3\sigma_m^2 \tag{2-38}$$

而

$$\overline{PN}^2 = \overline{OP}^2 - \overline{ON}^2 = \sigma_1 + \sigma_2 + \sigma_3 - \frac{1}{3}(\sigma_1 + \sigma_2 + \sigma_3)^2$$

$$= \frac{1}{3} \big[(\sigma_1 - \sigma_2)^2 + (\sigma_2 - \sigma_3)^2 + (\sigma_3 - \sigma_1)^2 \big]$$

$$= (\sigma_1 - \sigma_m)^2 + (\sigma_2 - \sigma_m)^2 + (\sigma_3 - \sigma_m)^2$$

$$= (\sigma_1')^2 + (\sigma_2')^2 + (\sigma_3')^2 \tag{2-39}$$

将密赛斯屈服准则式（2-32）代入式（2-39），则有

$$\overline{PN}^2 = \frac{2}{3} \sigma_s^2 = 2k^2$$

或

$$PN = \sqrt{\frac{2}{3}} \sigma_s = \sqrt{2} k \tag{2-40}$$

这就是说，密赛斯屈服准则在主应力空间是一个无限长的圆柱面，其轴线与坐标轴成等倾角 54°44′，其半径 $R = PN = \sqrt{2/3} \sigma_s$ 或 $\sqrt{2} k$。这个圆柱面称为屈服轨迹或塑性表面。可见，对表示一点的应力状态（σ_1，σ_2，σ_3）之 P 点，若位于此圆柱面以内，则该点处于弹性状态；若 P 位于圆柱面上，则处于塑性状态。由于加工硬化的结果，继续塑性变形时，圆柱的半径增大。从这个角度看，实际的应力状态不可能处于圆柱面以外。

此外，由式（2-38）和式（2-39）可见，ON 为球应力分量的矢量和，PN 为偏差应力分量的矢量和。

前已述及，球应力分量和静水应力对屈服无影响，仅偏差应力分量与屈服有关。因此，ON 的大小对屈服无影响，仅 PN 与屈服有关。既然 ON 对屈服无影响，那么可取 ON 等于零，或 $\sigma_1 + \sigma_2 + \sigma_3 = 0$，即通过原点与屈服圆柱面轴线垂直的平面（成型力学上称此平面为 π 平面）上的屈服曲线（即塑性圆柱面与 π 平面的交线），便可解释屈服。

密赛斯屈服准则在 π 平面上的屈服曲线为圆（图 2-14c）。不难证明，屈雷斯卡屈服准则在 π 平面上的屈服曲线为这个圆的内接正六角形。显然，两屈服轨迹均是外凸的曲线。由图 2-14c 可见，密赛斯屈服准则与屈雷斯卡屈服准则在 π 平面上的屈服曲线差别最大之处是 R 与 OM 之比为 $2/\sqrt{3} = 1.155$。

必须指出，上述讨论是在 σ_1、σ_2、σ_3 不受 $\sigma_1 > \sigma_2 > \sigma_3$ 的排列限制时得出的。如果 3 个主应力的标号按代数值的大小依次排列，则图 2-14 中的圆柱面或 π 平面上的屈服曲线只存在 1/6，如图 2-14c 中的 $\overset{\frown}{AB}$ 段，其余都是虚构的。因为只有这部分曲线上的点才能满足 $\sigma_1 > \sigma_2 > \sigma_3$。

2.4.5 屈服准则的实验验证

G. I. Taylor（泰勒）和 H. Quinney（奎奈）在 1931 年用薄壁管在轴向拉伸和扭转联合作用下实验（图 2-15）。由于是薄壁管，所以可以认为拉应力 σ_x 和剪应力 τ_{xy} 在整个管壁上是常数，以避免应力不均匀分布的影响。其应力状态如图 2-15b 所示。此时 $\sigma_x \neq 0$，$\tau_{xy} \neq 0$，$\sigma_y = \sigma_z = \tau_{yz} = \tau_{zx} = 0$，其主应力

$$\left.\begin{array}{l} \sigma_1 = \dfrac{\sigma_x}{2} + \sqrt{\dfrac{\sigma_x^2}{4} + \tau_{xy}^2} \\[4mm] \sigma_3 = \dfrac{\sigma_x}{2} - \sqrt{\dfrac{\sigma_x^2}{4} + \tau_{xy}^2} \end{array}\right\} \tag{2-41}$$

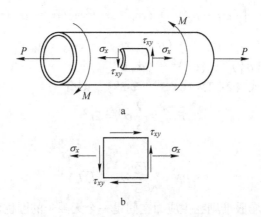

图 2-15　薄壁管在轴向拉力 (P) 和
扭转 (M) 联合作用下的应力状态

把式 (2-41) 代入屈雷斯卡屈服准则式 (2-26) 中，整理得

$$\left(\frac{\sigma_x}{\sigma_s}\right)^2 + 4\left(\frac{\tau_{xy}}{\sigma_s}\right)^2 = 1 \tag{2-42}$$

把式 (2-41) 代入密赛斯屈服准则式 (2-32) 中，整理得：

$$\left(\frac{\sigma_x}{\sigma_s}\right)^2 + 3\left(\frac{\tau_{xy}}{\sigma_s}\right)^2 = 1 \tag{2-43}$$

显然，令其他应力分量为零，将 σ_x 和 τ_{xy} 代入式 (2-31)，同样可得式 (2-43)。

图 2-16 是由式 (2-42) 和式 (2-43) 确定的两个椭圆和实验点。由图可见，密赛斯屈服准则与实验结果更接近。

顺便指出，1928 年 W. Lode（罗德）曾在拉伸载荷和内压力联合作用下对用钢、铜和镍制作的薄壁管进行了实验。按式 (2-35) 绘制的理论曲线如图 2-17 所示，图中给出了罗德的实验数据。实验表明，密赛斯屈服准则更为符合实际。

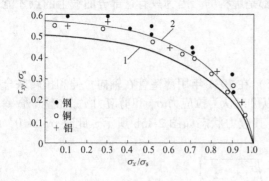

图 2-16　G. I. 泰勒和 H. 奎奈的实验结果
1—按屈雷斯卡屈服准则；2—按密赛斯屈服准则

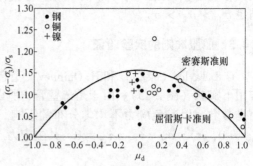

图 2-17　罗德实验结果与理论值对比

2.4.6 屈服准则在材料成型中的实际运用

在材料成型中屈服准则应用得比较广泛，例如，进行变形力学理论解析时遇到如何正确选用屈服准则问题，还有在处理工艺问题时往往可根据屈服准则的概念控制变形在所需要的部位发生，以下分别给予说明。

2.4.6.1 关于屈服准则的正确选用问题

首先要分清是塑性区还是弹性区，屈服准则只能用在塑性区，如挤压时的 P 区。对于弹性区，如死区 D 及冲头下的金属 A 区以及模口附近的 C 区都不能用屈服准则（图2-18）。

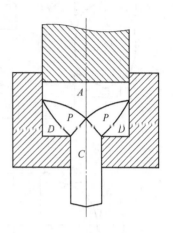

图 2-18　挤压分区图

其次是表达式的选择，对于较简单的问题，应用密赛斯屈服准则时一般是选用其简化的表达式（2-35），即

$$\sigma_1 - \sigma_3 = \beta\sigma_s$$

需注意此时正应力的顺序已经是 $\sigma_1 > \sigma_2 > \sigma_3$，这时与屈雷斯卡屈服准则

$$\sigma_1 - \sigma_3 = \sigma_s$$

基本一致，仅差一个系数 β。此时关键是如何针对具体工序确定哪一个是 σ_1，哪一个是 σ_3。对于异号应力状态，这很容易判断。例如拉拔，轴向拉应力就是 σ_1，径向压应力就是 σ_3；对于平面应力的同号应力状态，关键是确定两个应力中的相对大小，这时运用这样的观点会有所帮助，即径向应力的绝对值总是小于其切向应力的绝对值。因此，对于双拉应力状态（例如胀形、侧壁受内压、轴向受拉）$\sigma_1 = \sigma_\theta$，$\sigma_3 = 0$；对于双压应力状态，例如缩口工序 $\sigma_1 = 0$，$\sigma_3 = \sigma_\theta$。另一个就是 β 的选择问题，简单地说，如果变形接近于平面变形，则取 $\beta = 2/\sqrt{3}$；在变形为简单拉伸类（$\mu_d = -1$）或简单压缩类（$\mu_d = +1$）时取 $\beta = 1$；对于应力状态连续变化的变形区，如对于板料冲压多数工序可以近似地取 $\beta = 1.1$。

对于三向同号应力状态，在未知各应力分量具体数值之前很难判断谁大谁小，但根据下一节的"应力应变顺序对应规律"由应变（或应变增量）可以反推应力顺序，即对应于主伸长方向的应力就是 σ_1，对应于主缩短方向应力即为 σ_3。值得注意的是此时应按代数值代入屈服准则，例如，镦粗时 $\sigma_r - \sigma_z = \sigma_s$，式中 σ_r、σ_z 分别代表径向和轴向应力。

2.4.6.2 关于控制变形在所需要的部位发生的实例

当变形体内某处的应力状态满足屈服准则时，该处首先发生塑性变形，为此要控制成型过程，其要点就是在需要变形的部位让其满足屈服准则，这方面有很多实例。

通过控制材料的硬度差别可以使硬度低的部位先变形，例如用模具钢冲头反挤压模具型腔就是将锤头淬硬，被挤模具经软化处理。

对于同一工件的不同部位控制其温度就可以使变形仅在高温部位发生，在生产上的应用实例有电热镦及温差拉伸、无模拉拔等。

控制不同的应力状态可以使变形发生的先后及发展的程度有很大的不同，例如采用凹砧镦粗与凸砧镦粗变形所得工件形状就有很大差别（图2-19）。其原因在于各处的应力状

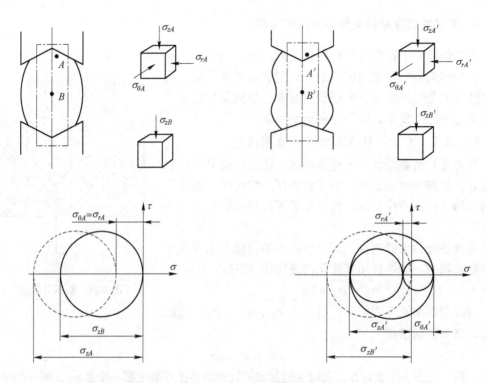

图 2-19 凹砧与凸砧对变形的影响

态不同，中心部位 B 和 B' 都可以看成是单向压缩，而靠近凹砧处 A 点由于工具的作用力使其受三向压应力，与 B 处相比难于满足屈服准则。变形后呈中鼓状态，对于靠近凸砧的 A' 点，由于工具的作用使其为两压一拉的异号应力状态，比起中心部位 B' 易于满足屈服准则，因而先变形，造成两头大中间小。

利用摩擦力对主作用力传播的减弱作用也可以造成变形上的差别。图 2-20a 表示将管材进行闭式镦粗时，由于力是由冲头传下来的，显然近 A 点处的金属先满足屈服准则，因为侧壁有摩擦力，A 点以下金属承受的压应力显然比 A 点的小，所以后满足屈服准则。其结果所得工件如图 2-20b 所示，口部厚度大于下部，在 B 点附近因所传下来得应力不满足屈服准则，即 $|\sigma| < \sigma_s$，故壁厚无变化。在局部压下时，接触面小的部位，如图 2-21 中 A 点附近，压强高，先满足屈服准则，故先发生该处变形；在接触面大的部位，由于压力被分散，如图 2-21 中 B 点附近后，发生变形，甚至未变形。

摆动辗压时摆头与工件接触面上的压强远大于工件与台板的接触面上的应力，这是造成摆辗件蘑菇形的根本原因。

对于复合变形过程，这时变形的顺序及变形发展的程度取决于按哪一个工序先易满足屈服条件。例如复合挤压时（图 2-22），金属一部分反挤向上运动，另一部分正向挤压向下流动，当 L_1 增大使其靠近冲头部分的金属产生反挤式变形所需的力比产生挤式变形所需的变形力大时，将使较多的金属按正挤的方式变形；反之，若 L_2 很小则冲头下部金属满足反挤变形所需的力小于按正挤变形所需的力，则较多的金属按反挤方式变形。

又如薄管一头缩口另一头扩口，变形发展的先后取决于哪一部分先满足屈服条件。如图 2-23 所示，其锥角 α_1、α_2 以及摩擦、润滑条件对此有很大的影响，当 $\alpha_2 < \alpha_1$ 时，C 区先变形。

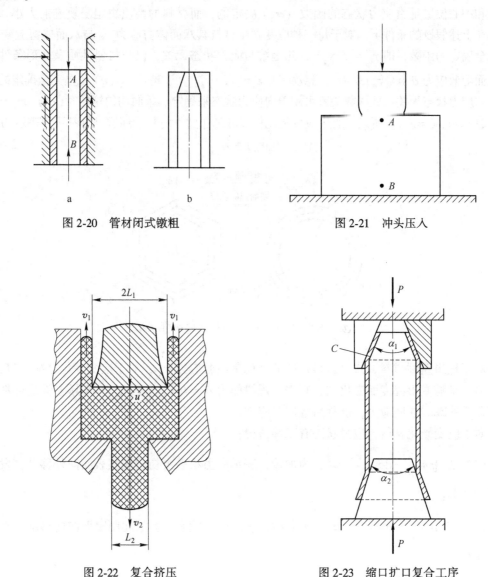

图 2-20　管材闭式镦粗　　　　　　图 2-21　冲头压入

图 2-22　复合挤压　　　　　　图 2-23　缩口扩口复合工序

2.4.7　应变硬化材料的屈服准则

以上讨论的屈服准则只适用于各向同性的理想塑性材料。对于应变硬化材料，可以认为其初始屈服仍然服从前述的准则。当材料产生应变硬化后，屈服准则将发生变化，在变形过程中的某一瞬时，都有一后继的瞬时屈服表面和屈服轨迹。

后继屈服轨迹的变化是很复杂的，目前还只能提出一些假设，其中最常见的假设是"各向同性硬化"假设，即所谓"等向强化"模型，其要点是：

（1）材料应变硬化后仍然保持各向同性。

（2）应变硬化后屈服轨迹的中心位置和形状保持不变，也就是说在 π 平面上仍然是圆形和正六边形，只是其大小随变形的进行而同心地均匀扩大，如图 2-24 所示。屈服轨迹的形状和中心位置是由应力状态的函数 $f(\sigma_{ij})$ 决定的，而材料的性质决定了轨迹的大小。因此，在上述假设的条件下，对于每一种应变硬化材料其八面体剪应力 τ_8 与八面体剪应变 γ_8 是完全确定的函数，即 $\tau_8 = f(\gamma_8)$，此函数与应力状态无关，仅与材料性质及变形条件有关。而等效应力 $\bar{\sigma} = |\tau_8| 3/\sqrt{2}$，等效应变 $\bar{\varepsilon} = \sqrt{2}|\gamma_8|$。于是 $\bar{\sigma} = f(\bar{\varepsilon})$ 也是完全确定的函数，与应力状态无关，此函数关系可用单向应力状态来确定。单向均匀拉伸时，$\bar{\sigma} = \sigma_1 = Y$（真实应力），$\bar{\varepsilon} = \varepsilon_1$。所以，对于应变硬化材料和理想塑性材料的屈服准则都可以表示为

$$f(\sigma_{ij}) = Y \tag{2-44}$$

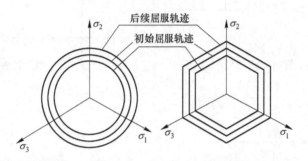

图 2-24　各向同性应变硬化材料的后续屈服轨迹

对于理想塑性材料，式（2-44）中的 Y 就是屈服应力 σ_s，对于应变硬化材料，Y 是真实应力，是随变形程度而变化的，其变化规律即为 $\bar{\sigma} = f(\bar{\varepsilon})$。因此，$Y$ 实际上就是材料应变硬化后的瞬时屈服应力，也称后继屈服应力。

对于应变硬化材料，应力状态有三种情况：

（1）当 $df = \dfrac{\partial f}{\partial \sigma_{ij}} d\sigma_{ij} > 0$ 时，为加载，表示应力状态由初始屈服表面向外移动，发生了塑性流动；

（2）当 $df = \dfrac{\partial f}{\partial \sigma_{ij}} d\sigma_{ij} < 0$ 时，为卸载，表示应力状态由初始屈服表面向内移动，产生弹性卸载；

（3）当 $df = \dfrac{\partial f}{\partial \sigma_{ij}} d\sigma_{ij} = 0$ 时，表示应力状态由初始屈服表面上移动，对应变硬化材料来说，既不产生塑性流动，也不发生弹性卸载，这个条件通常称为中性变载。

对于理想塑性材料，$f(\sigma_{ij}) < \sigma_s$，$df = 0$ 时，塑性流动继续进行，仍为加载，而不存在 $df > 0$ 的情况。当 $f(\sigma_{ij}) < \sigma_s$ 时，表示弹性应力状态。

例 2-1　两端封闭的薄壁圆筒，半径为 r，壁厚为 t，受内压力 p 的作用（图 2-25），试求此圆筒产生屈服时的内应力 p（假设材料单向拉伸时的屈服应力为 σ_s）。

解：先求应力分量。在筒壁上选取一单元体，采用圆柱坐标，单元体上的应力分量如图 2-25 所示。

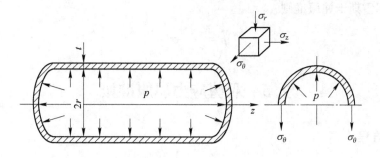

图 2-25 受内压的薄壁圆筒

根据平衡条件可求得应力分量为

$$\sigma_z = \frac{p\pi r^2}{2\pi rt} = \frac{pr}{2t} > 0$$

$$\sigma_\theta = \frac{p2r}{2t} = \frac{pr}{t} > 0$$

σ_r 沿壁厚为线性分布，在内表面 $\sigma_r = -p$，在外表面 $\sigma_r = 0$。

圆筒的内表面首先产生屈服，然后向外扩展，当外表面产生屈服时，整个圆筒就开始屈服变形，因此，应研究圆筒外表面的屈服条件，显然

$$\sigma_1 = \sigma_\theta = \frac{pr}{t}, \qquad \sigma_2 = \sigma_z = \frac{pr}{2t}, \qquad \sigma_3 = \sigma_r = 0$$

（1）由密赛斯屈服准则：

$$(\sigma_1 - \sigma_2)^2 + (\sigma_2 - \sigma_3)^2 + (\sigma_3 - \sigma_1)^2 = 2\sigma_s^2$$

即

$$\left(\frac{pr}{t} - \frac{pr}{2t}\right)^2 + \left(\frac{pr}{2t}\right)^2 + \left(\frac{pr}{t}\right)^2 = 2\sigma_s^2$$

所以可求得

$$p \frac{2}{\sqrt{3}} \frac{t}{r} \sigma_s$$

（2）由屈雷斯卡屈服准则：

$$\sigma_1 - \sigma_3 = \sigma_s$$

即

$$\frac{pr}{t} - 0 = \sigma_s$$

所以可求得

$$p = \frac{t}{r} \sigma_s$$

用同样的方法也可以求出内表面开始屈服时的 p 值，此时 $\sigma_3 = \sigma_r = -p$。

（1）按密赛斯屈服准则

$$p = \frac{2t}{\sqrt{3r^2 + 6rt + 4t^2}} \sigma_s$$

（2）按屈雷斯卡屈服准则

$$p = \frac{t}{r + t}\sigma_s$$

2.5　双剪应力屈服准则

2.5.1　屈服方程

双剪应力（TSS）屈服准则是俞茂宏教授于 1983 年最先提出的。该准则为一个线性屈服准则，与 Tresca 准则具有同样重要的理论意义。该准则表述如下：

若主应力按代数值大小排列，只要一点两个主剪应力满足以下关系式，材料就发生屈服

$$\tau_{13} + \tau_{12} = \sigma_1 - \frac{1}{2}(\sigma_2 + \sigma_3) = \sigma_s, \ \text{当} \ \sigma_2 \leqslant \frac{1}{2}(\sigma_1 + \sigma_3) \tag{2-45}$$

$$\tau_{13} + \tau_{23} = \frac{1}{2}(\sigma_1 + \sigma_2) - \sigma_3 = \sigma_s, \ \text{当} \ \sigma_2 \geqslant \frac{1}{2}(\sigma_1 + \sigma_3) \tag{2-46}$$

2.5.2　几何描述与精度

该准则在 π 平面上屈服轨迹为 Mises 圆的外切六边形如图 2-26 所示。在等倾空间为 Mises 屈服柱面的外切六棱柱面。图 2-26 中在 Mises 圆的外切点 B′，对应轴对称应力状态。这类交点共 6 个，在这些交点上各准则与 Mises 准则求解结果相同。最大误差在平面变形应力状态对应的 FEB 线段上，也是误差三角形直角边 FB。B 点为 TSS 准则的对应点，也是与 Mises 圆形成的最大误差点。斜边 B′B 为 TSS 准则屈服轨迹的 1/12。

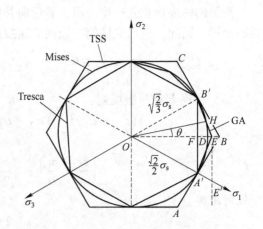

图 2-26　π 平面上 Mises 轨迹的线性逼近

2.5.3　比塑性功率

比塑性功率，也称为单位体积塑性功率，为等效应力与应变率的乘积。黄文彬等证明 TSS 屈服准则的比塑性功率表达式为

$$D(\dot{\varepsilon}_{ij}) = \frac{2}{3}\sigma_s(\dot{\varepsilon}_{max} - \dot{\varepsilon}_{min}) \tag{2-47}$$

式中，假定材料拉、压屈服极限 σ_s 相等，$\dot{\varepsilon}_{max}$、$\dot{\varepsilon}_{min}$ 分别为该点最大与最小主应变速率。

式（2-41）的特点是比塑性功率是一次线性的，这为成型能率泛函的积分带来了方便。初步应用表明，以式（2-47）解析金属成型问题时，力能参数的计算结果常常高于 Mises 准则计算结果。

2.6　几何逼近屈服准则

2.6.1　屈服方程与轨迹

轨迹介于 Mises 圆外切与内切六边形之间的任何一次线性方程均为 Mises 屈服准则的线性逼近。若从 Mises 圆的几何参数出发，对 Mises 圆的周长和面积同时进行逼近，可以开发出几何逼近（GA）屈服准则。引入方差概念进行几何逼近，可以将方差 ρ 表达成如下数学形式

$$\rho = \frac{(C_{\mathrm{GA}} - C_{\mathrm{Mises}})^2 + (S_{\mathrm{GA}} - S_{\mathrm{Mises}})^2}{2} \tag{2-48}$$

式中，C_{GA}、C_{Mises} 分别为 GA 屈服准则与 Mises 准则的周长；S_{GA}、S_{Mises} 分别为 GA 准则与 Mises 准则的面积。

GA 屈服准则在 π 平面上的轨迹如图 2-26 所示，其在误差三角形 $OB'B$ 中的轨迹 $B'E$ 如图 2-27 所示。

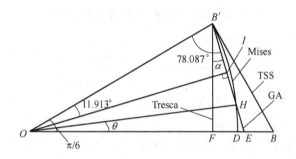

图 2-27　GA 准则在误差三角形内轨迹 $B'E$

设未知长度 $x = FE$，可计算出 C_{GA}、C_{Mises}、S_{GA} 以及 S_{Mises}

$$\left. \begin{array}{l} C_{\mathrm{GA}} = 12B'E = 12\sqrt{\dfrac{1}{6}\sigma_{\mathrm{s}}^2 + x^2}, \quad C_{\mathrm{Mises}} = 2\pi B'E = \dfrac{2\sqrt{6}\,\pi}{3}\sigma_{\mathrm{s}} \\[3mm] S_{\mathrm{GA}} = 6B'F(OF + x) = \sqrt{3}\sigma_{\mathrm{s}} + \sqrt{6}\,x, \quad S_{\mathrm{Mises}} = \pi(OB')^2 = \dfrac{2\pi}{3}\sigma_{\mathrm{s}} \end{array} \right\} \tag{2-49}$$

将式（2-49）代入式（2-48），并按 $\partial\rho/\partial x = 0$ 求极值，可确定

$$x = \frac{4}{30}\sigma_{\mathrm{s}} \tag{2-50}$$

于是，边长 OE、$B'E$、DF、OI 与角度 $\angle\alpha$、$\angle OB'E$、$\angle OEB'$、$\angle B'OI$ 为

$$\left. \begin{array}{l} OE = OF + FE = \dfrac{\sqrt{2}}{2}\sigma_{\mathrm{s}} + \dfrac{4}{30}\sigma_{\mathrm{s}} = \dfrac{15\sqrt{2} + 4}{30}\sigma_{\mathrm{s}} = 0.8403\sigma_{\mathrm{s}} \\[3mm] B'E = \sqrt{B'F^2 + FE^2} = \dfrac{\sqrt{166}}{30}\sigma_{\mathrm{s}} = 0.4295\sigma_{\mathrm{s}} \\[3mm] DF = OE - OD = 0.0238\sigma_{\mathrm{s}} \\[3mm] OI = OB'\cdot\cos\angle B'OI = 0.7989\sigma_{\mathrm{s}} \end{array} \right\} \tag{2-51}$$

$$
\left.
\begin{aligned}
\angle \alpha &= \arctan\left(\frac{EF}{B'F}\right) = 18.087° \\
\angle OB'E &= 60° + \angle \alpha = 78.087° \\
\angle OEB' &= 180° - 30° - 78.087° = 71.913° \\
\angle B'OI &= 90° - \angle \alpha = 11.913°
\end{aligned}
\right\}
\tag{2-52}
$$

此外，GA 屈服准则与 Mises 屈服准则在 E 点和 I 点的误差 Δ_E 和 Δ_I 计算如下：

$$
\Delta_E = (OE - OD)/OD = 2.91\% \tag{2-53}
$$

$$
\Delta_I = (OI - OD)/OD = -2.15\% \tag{2-54}
$$

GA 屈服准则的周长、面积与 Mises 圆相比，相对误差分别为

$$
\Delta_C = (C_{GA} - C_{Mises})/C_{Mises} = 0.46\% \tag{2-55}
$$

$$
\Delta_S = (S_{GA} - S_{Mises})/S_{Mises} = -1.71\% \tag{2-56}
$$

由式（2-53）~式（2-56）可以看出，GA 屈服轨迹与 Mises 轨迹误差较小，逼近程度较高。

在图 2-27 中，点 H 为 GA 屈服轨迹与 Mises 轨迹的交点，由线 OH、水平线 OE 形成的交角 θ 为

$$
\theta = \angle B'OB - 2 \times \angle B'OI = 6.174° \tag{2-57}
$$

矢量 OH 满足

$$
\tan\theta = \tan 6.174° = \frac{2\sigma_2 - \sigma_1 - \sigma_3}{\sqrt{3}(\sigma_1 - \sigma_3)} \tag{2-58}
$$

式（2-58）中的正切值由 Mises 轨迹上 H 点的应力状态或矢量 $\boldsymbol{OH}$ 的端点唯一确定。

总的来说，式（2-53）~式（2-58）表明 GA 屈服准则的轨迹是与 Mises 轨迹相交于 H 点的等边非等角的十二边形。轨迹的 6 个顶点在 Mises 圆上，内接点顶角为 $156.174°$；另外 6 个顶点位于 Mises 圆的外侧，相距 $0.0238\sigma_s$，顶角为 $143.826°$；十二边形的边长为 $0.4295\sigma_s$。

以下为主应力空间 $A'E$ 和 $B'E$ 的推导过程。主应力分量在 π 平面的投影如图 2-28 所示。由图 2-38 可得 E 点的应力状态为

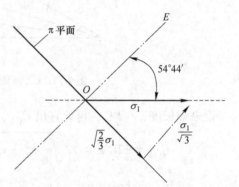

图 2-28　σ_1 在 π 平面上投影

$$
\left.
\begin{aligned}
\sigma_1 &= \sqrt{\frac{3}{2}} OE' = \frac{\sqrt{6}}{2} \times \frac{OE}{\cos 30°} = \sqrt{2} OE = \frac{15 + 2\sqrt{2}}{15}\sigma_s \\
\sigma_3 &= 0 \\
\sigma_2 &= \frac{\sigma_1 + \sigma_3}{2} = \frac{15 + 2\sqrt{2}}{30}\sigma_s
\end{aligned}
\right\}
\tag{2-59}
$$

假设 $A'E$ 线满足如下方程

$$
\sigma_1 - a_1\sigma_2 - a_2\sigma_3 - c = 0 \tag{2-60}
$$

并注意到当材料屈服时有 $c = \sigma_s$，$a_1 + a_2 = 1$，代入应力分量至式（2-60）可得

$$a_1 = \frac{60\sqrt{2} - 16}{217} = 0.317, \quad a_2 = \frac{133 + 60\sqrt{2}}{217} = 0.683 \tag{2-61}$$

于是，式（2-60）可确定为

$$\sigma_1 - 0.317\sigma_2 - 0.683\sigma_3 = \sigma_s, \quad 当 \sigma_2 \leqslant \frac{1}{2}(\sigma_1 + \sigma_3) \tag{2-62}$$

同理，轨迹 $B'E$ 的方程可确定为

$$0.683\sigma_1 + 0.317\sigma_2 - \sigma_3 = \sigma_s, \quad 当 \sigma_2 \geqslant \frac{1}{2}(\sigma_1 + \sigma_3) \tag{2-63}$$

式（2-62）和式（2-63）即为 GA 屈服准则的数学表达式。该式表明，若应力分量 σ_1、σ_2、σ_3 按照系数 1、0.317、0.683 或 0.683、0.372、1 进行线性组合，则材料发生屈服。同时，该式为一个线性屈服准则，可克服 Mises 屈服准则非线性在解析力能参数时引起的困难。

由式（2-59）可求出 $\tau_s = (\sigma_1 - \sigma_3)/2 = 0.594\sigma_s$。该值表明，当材料的屈服剪应力达到 $0.594\sigma_s$ 时，材料发生屈服。其中屈服应力 σ_s 可通过单轴拉伸或压缩实验确定。与前述屈服准则比较表明，GA 屈服准则的屈服剪应力接近于 Mises 屈服剪应力 $\tau_s = 0.577\sigma_s$，介于 Tresca 屈服剪应力 $\tau_s = 0.5\sigma_s$ 与 TSS 屈服剪应力 $\tau_s = 0.667\sigma_s$ 之间。

2.6.2 比塑性功率

由于应力分量 σ_{ij} 满足 $f(\sigma_{ij}) = 0$ 且 ε_{ij} 满足流动法则 $\varepsilon_{ij} = d\lambda \dfrac{\partial f}{\partial \sigma_{ij}}$。任意假设 $\lambda \geqslant 0$，$\mu \geqslant 0$，则由式（2-62）和式（2-63）可得

$$\varepsilon_1 : \varepsilon_2 : \varepsilon_3 = 1 : (-0.317) : (-0.683) = \lambda : (-0.317)\lambda : (-0.683)\lambda \tag{2-64}$$

$$\varepsilon_1 : \varepsilon_2 : \varepsilon_3 = 0.683 : 0.317 : (-1) = 0.683\mu : 0.317\mu : (-\mu) \tag{2-65}$$

将以上两结果线性组合有

$$\varepsilon_1 : \varepsilon_2 : \varepsilon_3 = (\lambda + 0.683\mu) : 0.317(\mu - \lambda) : [-(0.683\lambda + \mu)] \tag{2-66}$$

取 $\varepsilon_1 = \lambda + 0.683\mu$ 有

$$\varepsilon_2 = 0.317(\mu - \lambda), \quad \varepsilon_3 = -(0.683\lambda + \mu) \tag{2-67}$$

其中 $\varepsilon_{max} = \varepsilon_1$，$\varepsilon_{min} = \varepsilon_3$，由此可得

$$\varepsilon_{max} - \varepsilon_{min} = 1.683(\mu + \lambda), \quad (\mu + \lambda) = \frac{1000}{1683}(\varepsilon_{max} - \varepsilon_{min}) \tag{2-68}$$

在顶点 E 处，注意到 $\sigma_2 = (\sigma_1 + \sigma_3)/2$，可由式（2-62）和式（2-63）得

$$1.683\sigma_1 - 1.683\sigma_3 = 2\sigma_s, \quad \sigma_1 - \sigma_3 = \frac{2000}{1683}\sigma_s \tag{2-69}$$

因此，从式（2-68）和式（2-69）可得比塑性功率为

$$D(\varepsilon_{ij}) = \sigma_1\varepsilon_1 + \sigma_2\varepsilon_2 + \sigma_3\varepsilon_3 = \sigma_1\varepsilon_1 + \frac{\sigma_1 + \sigma_3}{2}\varepsilon_2 + \sigma_3\varepsilon_3$$

$$= 0.8415(\sigma_1 - \sigma_3)(\mu + \lambda) = \frac{1683}{2000} \cdot \frac{2000}{1683}\sigma_s \cdot \frac{1000}{1683}(\varepsilon_{max} - \varepsilon_{min}) \tag{2-70}$$

$$= \frac{1000}{1683}\sigma_s(\varepsilon_{max} - \varepsilon_{min}) = 0.5942\sigma_s(\varepsilon_{max} - \varepsilon_{min})$$

由式（2-70）可看出，导出的比塑性功率为 σ_s、ε_{max}，以及 ε_{min} 的函数，这将有利于获得复杂成型过程力能参数的解析解。

2.6.3　实验验证

以 Lode 参数表达 TSS 准则和 GA 屈服准则可得

$$\frac{\sigma_1 - \sigma_3}{\sigma_s} = \begin{cases} \dfrac{4 + \mu_d}{3}, & -1 \leqslant \mu_d \leqslant 0 \\ \dfrac{4 - \mu_d}{3}, & 0 \leqslant \mu_d \leqslant 1 \end{cases} \tag{2-71}$$

$$\frac{\sigma_1 - \sigma_3}{\sigma_s} = \begin{cases} \dfrac{2000 + 317\mu_d}{1683}, & -1 \leqslant \mu_d \leqslant 0 \\ \dfrac{2000 - 317\mu_d}{1683}, & 0 \leqslant \mu_d \leqslant 1 \end{cases} \tag{2-72}$$

图 2-29 所示为 Tresca 准则、Mises 准则、TSS 准则以及 GA 准则的对比，其中包含了铜、Ni-Cr-Mo 合金钢、2024-T4 铝以及 X52、X62 管线钢实验数据。

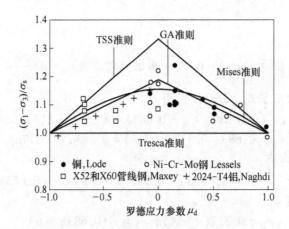

图 2-29　屈服准则与实验数据对比

由图可见，TSS 准则给出实验数据的上限，Tresca 准则给出下限；GA 屈服准则给出结果介于两者之间，与实验数据吻合较好，对 Mises 准则具有较高的逼近程度。

开发出的 GA 屈服准则及其比塑性功率可应用于金属塑性成型力能参数、管线爆破压力、以及裂纹尖端塑性区等参数的解析。

2.7　应力与应变的关系方程

2.7.1　弹性变形时的应力和应变关系

由材料力学可知，弹性变形时应力与应变的关系服从广义虎克定律

$$\varepsilon_x = \frac{1}{E}\big[\sigma_x - \nu(\sigma_y + \sigma_z)\big]$$

$$\varepsilon_y = \frac{1}{E}\big[\sigma_y - \nu(\sigma_x + \sigma_z)\big] \quad\quad (2\text{-}73)$$

$$\varepsilon_z = \frac{1}{E}\big[\sigma_z - \nu(\sigma_x + \sigma_y)\big]$$

$$\varepsilon_{xy} = \frac{\tau_{xy}}{2G}, \quad \varepsilon_{yz} = \frac{\tau_{yz}}{2G}, \quad \varepsilon_{zx} = \frac{\tau_{zx}}{2G}$$

式中　E ——弹性模量；

　　　ν ——泊松比；

　　　G ——剪切模量，$G = \dfrac{E}{2(1+\nu)}$。

把式（2-73）之前三式相加后除以 3，得

$$\varepsilon_\mathrm{m} = \frac{1}{3}(\varepsilon_x + \varepsilon_y + \varepsilon_z) = \frac{1-2\nu}{3E}(\sigma_x + \sigma_y + \sigma_z) = \frac{1-2\nu}{E}\sigma_\mathrm{m} \quad\quad (2\text{-}74)$$

把式（2-73）之第一式减去式（2-74），得

$$\varepsilon_x' = \varepsilon_x - \varepsilon_\mathrm{m} = \frac{1}{E}\big[\sigma_x - \nu(\sigma_y + \sigma_z)\big] - \frac{1-2\nu}{E}\sigma_\mathrm{m}$$

$$= \frac{1}{E}\big[\sigma_x - \nu(\sigma_y + \sigma_z)\big] + \frac{3\nu}{E}\sigma_\mathrm{m} - \frac{1+\nu}{E}\sigma_\mathrm{m}$$

$$= \frac{1}{E}\big[\sigma_x - \nu(\sigma_y + \sigma_z) + \nu(\sigma_x + \sigma_y + \sigma_z)\big] - \frac{1+\nu}{E}\sigma_\mathrm{m}$$

$$= \frac{1+\nu}{E}(\sigma_x - \sigma_\mathrm{m}) = \frac{1+\nu}{E}\sigma_x' = \frac{1}{2G}\sigma_x'$$

或

$$\varepsilon_x = \frac{1}{2G}\sigma_x' + \varepsilon_\mathrm{m} = \frac{1}{2G}\sigma_x' + \frac{1-2\nu}{E}\sigma_\mathrm{m} \quad\quad (2\text{-}75)$$

同理，可以把广义虎克定律式（2-73）改写成

$$\varepsilon_x = \frac{1}{2G}\sigma_x' + \varepsilon_\mathrm{m} = \frac{1}{2G}\sigma_x' + \frac{1-2\nu}{E}\sigma_\mathrm{m}$$

$$\varepsilon_y = \frac{1}{2G}\sigma_y' + \varepsilon_\mathrm{m} = \frac{1}{2G}\sigma_y' + \frac{1-2\nu}{E}\sigma_\mathrm{m} \quad\quad (2\text{-}76)$$

$$\varepsilon_z = \frac{1}{2G}\sigma_z' + \varepsilon_\mathrm{m} = \frac{1}{2G}\sigma_z' + \frac{1-2\nu}{E}\sigma_\mathrm{m}$$

$$\varepsilon_{xy} = \frac{\tau_{xy}}{2G}, \quad \varepsilon_{yz} = \frac{\tau_{yz}}{2G}, \quad \varepsilon_{zx} = \frac{\tau_{zx}}{2G}$$

或写成张量形式

$$\varepsilon_{ij} = \varepsilon_{ij}' + \delta_{ij}\sigma_\mathrm{m} = \frac{1}{2G}\sigma_{ij}' + \delta_{ij}\frac{1-2\nu}{E}\sigma_\mathrm{m}$$

$$\begin{bmatrix} \varepsilon_x & \varepsilon_{xy} & \varepsilon_{xz} \\ \varepsilon_{yx} & \varepsilon_y & \varepsilon_{yz} \\ \varepsilon_{zx} & \varepsilon_{zy} & \varepsilon_z \end{bmatrix} = \frac{1}{2G}\begin{bmatrix} \sigma'_x & \tau_{xy} & \tau_{xz} \\ \tau_{yx} & \sigma'_y & \tau_{yz} \\ \tau_{zx} & \tau_{zy} & \sigma'_z \end{bmatrix} + \frac{1-2\nu}{E}\begin{bmatrix} \sigma_m & 0 & 0 \\ 0 & \sigma_m & 0 \\ 0 & 0 & \sigma_m \end{bmatrix} \qquad (2\text{-}77)$$

式中，δ_{ij} 称为 L. Kronecher（克罗内克尔）记号，$i = j$ 时 $\delta_{ij} = 1$，$i \neq j$ 时 $\delta_{ij} = 0$。

可见，在弹性变形中包括改变体积的变形和改变形状的变形。前者与球应力分量成正比，即 $\varepsilon_m = (1-2\nu)\sigma_m/E$；后者与偏差应力分量成正比，即

$$\left.\begin{aligned} \varepsilon'_x &= \varepsilon_x - \varepsilon_m = \frac{1}{2G}\sigma'_x \\ \varepsilon'_y &= \varepsilon_y - \varepsilon_m = \frac{1}{2G}\sigma'_y \\ \varepsilon'_z &= \varepsilon_z - \varepsilon_m = \frac{1}{2G}\sigma'_z \end{aligned}\right\} \qquad (2\text{-}78)$$

$$\varepsilon_{xy} = \frac{\tau_{xy}}{2G}, \quad \varepsilon_{yz} = \frac{\tau_{yz}}{2G}, \quad \varepsilon_{zx} = \frac{\tau_{zx}}{2G}$$

2.7.2　塑性应变时应力和应变的关系

前已述及，塑性理论较之弹性理论复杂之处在于物性方程（应力应变关系）不是线性的。对于理想弹塑性材料，因为只有 3 个平衡方程和 1 个塑性条件式（屈服准则），所以，为了求解 6 个应力分量，需要补充一组物性方程。只是对于像轴对称的平面问题那种简单情况，因为只有 2 个未知应力 σ_r 和 σ_θ，才可以由一个平衡方程式和一个塑性条件式求解。对于应变硬化材料，即使简单问题的求解也要涉及应力应变关系。

既然塑性变形时的应变与加载历史有关，如首次加载卸载所得残余塑性变形与再次加载卸载所得残余塑性变形不相等，而且也不容易得到全量应变与应力状态间的对应关系，人们自然想到建立塑性变形每一瞬时应变增量与当时应力状态之间的关系；又因为金属塑性变形过程中体积的变化可以忽略，人们又会想到建立每一瞬时塑性应变增量与当时应力偏量之间的关系，因此引出了增量理论，这里的"增量"指的是应变增量，是相对全量应变而言的。

历史上出现过许多描述塑性应力应变关系的理论，它们可以分为两大类，即增量理论和全量理论。下面将要介绍的 M. Levy-Mises（列维–密赛斯）理论和与其相近的 L. 普朗特耳–A. 路斯（Prandtl-Reuss）理论属于增量理论，H. Hencky（汉基）理论属于全量理论。

2.7.2.1　增量理论

增量理论出现的比较早，它建立的是偏差应力分量与应变增量之间成正比的关系。应变增量指每一瞬时各应力分量的无限小的变化量，记为 $d\varepsilon_x$、$d\varepsilon_y$、$d\varepsilon_z$、$d\varepsilon_{xy}$、$d\varepsilon_{yz}$、$d\varepsilon_{zx}$。应力主轴不是与应变主轴重合，而是与塑性应变增量的主轴重合。这种理论不需要以简单加载为前提，因此适用性广，特别适用于诸如金属压力加工等大变形的场合，所以又叫塑性流动理论。以下将分别介绍各理论的假设、导出方程以及物理含义。

A　普朗特耳-路斯理论

早在 1870 年，B. Saint-Venant（圣维南）在解平面塑性变形问题时，提出应变增量主轴与应力主轴（或偏差应力主轴）重合的假设。1924 年普朗特耳首先对平面变形的特殊

情况提出了理想弹-塑性体的应力-应变关系。1930 年路斯将其推广到一般情况下的应力-应变关系。

路斯理论考虑了总应变增量中包括弹性应变增量和塑性应变增量两部分，并假定在加载过程任一瞬间，塑性应变增量的各分量（用上角标 p 表示塑性）与相应的偏差应力分量及剪应力分量成比例，即

$$\frac{d\varepsilon_x^p}{\sigma_x'} = \frac{d\varepsilon_y^p}{\sigma_y'} = \frac{d\varepsilon_z^p}{\sigma_z'} = \frac{d\varepsilon_{xy}^p}{\tau_{xy}} = \frac{d\varepsilon_{yz}^p}{\tau_{yz}} = \frac{d\varepsilon_{zx}^p}{\tau_{zx}} = d\lambda$$

或写成

$$d\varepsilon_{ij}^p = \sigma_{ij}' d\lambda \tag{2-79}$$

式中　　$d\lambda$ ——瞬时的正值比例系数，在整个加载过程中可能是变量。

式（2-79）只给出塑性应变增量在 x、y、z 方向的比，尚不能确定各应变增量的具体数值。为确定塑性应变增量的具体数值，必须引进屈服准则。因为总应变增量是弹性应变增量（用上角标 e 表示弹性）和塑性应变增量之和，所以，由式（2-77）和式（2-79）得

$$d\varepsilon_{ij} = d\varepsilon_{ij}^p + d\varepsilon_{ij}^e$$

$$= \sigma_{ij}' d\lambda + \frac{d\sigma_{ij}'}{2G} + \frac{1-2\nu}{E} d\sigma_m \delta_{ij} \tag{2-80}$$

此时偏差应变增量为

$$d\varepsilon_x' = (d\varepsilon_x')^e + (d\varepsilon_x')^p = (d\varepsilon_x')^e + d\varepsilon_x^p - d\varepsilon_m^p$$

因为塑性变形时体积不变，即

$$d\varepsilon_x^p + d\varepsilon_y^p + d\varepsilon_z^p = 0$$

或

$$d\varepsilon_m^p = \frac{d\varepsilon_x^p + d\varepsilon_y^p + d\varepsilon_z^p}{3} = 0$$

所以

$$d\varepsilon_x' = (d\varepsilon_x')^e + d\varepsilon_x^p$$

$$d\varepsilon_{xy} = d\varepsilon_{xy}^e + d\varepsilon_{xy}^p$$

把式（2-78）和式（2-79）代入，则

$$\left.\begin{array}{l} d\varepsilon_x' = \dfrac{d\sigma_x'}{2G} + \sigma_x' d\lambda \\[3mm] d\varepsilon_y' = \dfrac{d\sigma_y'}{2G} + \sigma_y' d\lambda \\[3mm] d\varepsilon_z' = \dfrac{d\sigma_z'}{2G} + \sigma_z' d\lambda \\[3mm] d\varepsilon_{xy} = \dfrac{d\tau_{xy}}{2G} + \tau_{xy} d\lambda \\[3mm] d\varepsilon_{yz} = \dfrac{d\tau_{yz}}{2G} + \tau_{yz} d\lambda \\[3mm] d\varepsilon_{zx} = \dfrac{d\tau_{zx}}{2G} + \tau_{zx} d\lambda \end{array}\right\} \tag{2-81}$$

式（2-81）称为普朗特耳-路斯方程。

应当指出，靠近弹性区的塑性变形是很小的，不能忽视弹性应变，此时应采用普朗特耳-路斯方程。不过在解决塑性变形相当大的塑性加工问题时，常常可以忽略弹性应变。这种情况下的应力和应变关系是列维-密赛斯提出的。

B　列维-密赛斯理论

在普朗特耳和路斯以前，列维于 1871 年曾提出应变增量和偏差应力之间的关系式，密赛斯在 1913 年在不知道列维已经提出该理论的情况下，也得出了同样的关系式。所以，习惯上将这种理论称为列维-密赛斯理论。该理论假定塑性应变增量的各分量与相应的偏差应力分量及剪应力分量成比例，即

$$\frac{d\varepsilon_x}{\sigma_x'} = \frac{d\varepsilon_y}{\sigma_y'} = \frac{d\varepsilon_z}{\sigma_z'} = \frac{d\varepsilon_{xy}}{\tau_{xy}} = \frac{d\varepsilon_{yz}}{\tau_{yz}} = \frac{d\varepsilon_{zx}}{\tau_{zx}} = d\lambda \tag{2-82}$$

该理论把总应变增量和塑性应变增量看成是相同的，所以把上角标 p 去掉。

式（2-82）也称为列维-密赛斯流动法则。由式（2-82）可以看出

$$d\varepsilon_x + d\varepsilon_y + d\varepsilon_z = d\lambda(\sigma_x' + \sigma_y' + \sigma_z')$$

因为偏差应力的一次不变量等于零，即 $\sigma_x' + \sigma_y' + \sigma_z' = 0$，所以 $d\varepsilon_x + d\varepsilon_y + d\varepsilon_z = 0$，这符合体积不变条件。

把式（2-82）等号两边同时除以变形时间增量 dt，可得应变速率各分量与偏差应力分量及剪应力分量成比例，即

$$\frac{\dot{\varepsilon}_x}{\sigma_x'} = \frac{\dot{\varepsilon}_y}{\sigma_y'} = \frac{\dot{\varepsilon}_z}{\sigma_z'} = \frac{\dot{\varepsilon}_{xy}}{\tau_{xy}} = \frac{\dot{\varepsilon}_{yz}}{\tau_{yz}} = \frac{\dot{\varepsilon}_{zx}}{\tau_{zx}} = \dot{d\lambda} \tag{2-83}$$

式（2-82）用一般应力分量表示，则有

$$d\varepsilon_i = d\lambda\sigma_i' = d\lambda(\sigma_i - \sigma_m), \quad i = x, \ y, \ z$$

把 $\sigma_m = \frac{1}{3}(\sigma_x + \sigma_y + \sigma_z)$ 代入上式，整理得

$$\left.\begin{array}{l}
d\varepsilon_x = \dfrac{2}{3}d\lambda\left[\sigma_x - \dfrac{1}{2}(\sigma_y + \sigma_z)\right] \\[2mm]
d\varepsilon_y = \dfrac{2}{3}d\lambda\left[\sigma_y - \dfrac{1}{2}(\sigma_z + \sigma_x)\right] \\[2mm]
d\varepsilon_z = \dfrac{2}{3}d\lambda\left[\sigma_z - \dfrac{1}{2}(\sigma_x + \sigma_y)\right] \\[2mm]
d\varepsilon_{xy} = d\lambda\tau_{xy}, \ d\varepsilon_{yz} = d\lambda\tau_{yz}, \ d\varepsilon_{zx} = d\lambda\tau_{zx}
\end{array}\right\} \tag{2-84}$$

应当指出，增量理论建立了各瞬时应变增量和应力偏量之间的关系，考虑了加载过程对变形的影响，无论对简单加载还是复杂加载都是适用的。由于变形终了的应变需由各瞬时的应变增量积分得出，因此实际应用较为复杂。

按增量理论式（2-82），在主轴条件下，有

$$\frac{d\varepsilon_1 - d\varepsilon_2}{\sigma_1 - \sigma_2} = \frac{d\varepsilon_2 - d\varepsilon_3}{\sigma_2 - \sigma_3} = \frac{d\varepsilon_1 - d\varepsilon_3}{\sigma_1 - \sigma_3} = d\lambda \tag{2-85}$$

若令应变 Lode（罗德）参数

$$\mu_{d\varepsilon} = \frac{(d\varepsilon_2 - d\varepsilon_3) + (d\varepsilon_2 - d\varepsilon_1)}{d\varepsilon_1 - d\varepsilon_3} \tag{2-86}$$

则有 $\mu_\sigma = \mu_{d\varepsilon}$ 成立。

图 2-30 所示为若干实验结果，显然，上述关系式成立。至于实验结果与上述关系之间存在小偏差的原因，一般认为是材料各向异性所致。若在实验中能较好消除材料的各向异性，实验结果支持两 Lode 参数相等的结论，从而验证了应变增量偏量和应力偏量成比例的假设。

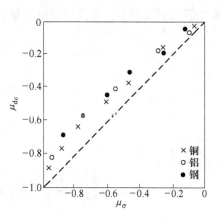

图 2-30 塑性应力应变关系的实验验证

2.7.2.2 全量理论

全量理论所建立的是应力与应变全量之间的关系，这一点和弹性理论相似，但全量理论要求变形体处于简单加载条件下时才适用，即要求各应力分量在加载过程中按同一比例增加，因为只有在这种条件下变形体内各点应力主轴才不改变方向。这一要求显然限制了全量理论的应用范围。

全量理论有许多，下面主要介绍汉基小塑性变形理论。1924 年汉基提出了该理论，该理论假定偏差塑性应变分量与相应的偏差应力分量及剪应力分量成比例，即

$$\frac{(\varepsilon_x')^p}{\sigma_x'} = \frac{(\varepsilon_y')^p}{\sigma_y'} = \frac{(\varepsilon_z')^p}{\sigma_z'} = \frac{\varepsilon_{xy}^p}{\tau_{xy}} = \frac{\varepsilon_{yz}^p}{\tau_{yz}} = \frac{\varepsilon_{zx}^p}{\tau_{zx}} = \lambda \tag{2-87}$$

式中，λ 为瞬时的正值比例常数，在整个加载过程中可能是变量。

因为 $(\varepsilon_x')^p = \varepsilon_x^p - \varepsilon_m = \varepsilon_x^p$，所以，式 (2-87) 也可改写为

$$\frac{\varepsilon_x^p}{\sigma_x'} = \frac{\varepsilon_y^p}{\sigma_y'} = \frac{\varepsilon_z^p}{\sigma_z'} = \frac{\varepsilon_{xy}^p}{\tau_{xy}} = \frac{\varepsilon_{yz}^p}{\tau_{yz}} = \frac{\varepsilon_{zx}^p}{\tau_{zx}} = \lambda \tag{2-88}$$

汉基小塑性变形理论主要适用于小塑性变形，对于大塑性变形，仅适用于简单加载条件，此时应力与应变主轴在加载过程中不变，并可用对数变形计算主应变。

坐标轴取主轴时，式 (2-88) 可写成

$$\varepsilon_1 = \lambda \sigma_1', \quad \varepsilon_2 = \lambda \sigma_2', \quad \varepsilon_3 = \lambda \sigma_3' \tag{2-89}$$

由式 (2-89) 可得

$$\frac{\varepsilon_1}{\varepsilon_2} = \frac{\sigma_1'}{\sigma_2'}, \quad \frac{\varepsilon_1 - \varepsilon_2}{\varepsilon_2} = \frac{\sigma_1' - \sigma_2'}{\sigma_2'}$$

或

$$\frac{\varepsilon_1 - \varepsilon_2}{\sigma_1' - \sigma_2'} = \frac{\varepsilon_2}{\sigma_2'} = \lambda$$

$$\frac{\varepsilon_1 - \varepsilon_2}{(\sigma_1 - \sigma_m) - (\sigma_2 - \sigma_m)} = \frac{\varepsilon_1 - \varepsilon_2}{\sigma_1 - \sigma_2} = \lambda$$

同理

$$\frac{\varepsilon_1 - \varepsilon_2}{\sigma_1 - \sigma_2} = \frac{\varepsilon_2 - \varepsilon_3}{\sigma_2 - \sigma_3} = \frac{\varepsilon_3 - \varepsilon_1}{\sigma_3 - \sigma_1} = \lambda \tag{2-90}$$

式（2-90）表明，各主应力分量的差值与相应主应变分量的差值成比例。应指出，在计算小塑性变形时，弹性变形不能忽略，否则会产生大的误差。在解小弹-塑性问题时，微小的全应变和应变增量等同，此时完全可采用式（2-81），只要把其中的应变增量改为微小的全应变即可。如坐标轴取主轴，则由式（2-81）可得

$$
\left.
\begin{aligned}
\varepsilon_1' &= \left(\frac{1}{2G} + \lambda \right) \sigma_1' \\
\varepsilon_2' &= \left(\frac{1}{2G} + \lambda \right) \sigma_2' \\
\varepsilon_3' &= \left(\frac{1}{2G} + \lambda \right) \sigma_3'
\end{aligned}
\right\}
\tag{2-91}
$$

于是可得

$$
\left.
\begin{aligned}
\varepsilon_1 &= \frac{\sigma_1'}{2G} + \frac{1 - 2\nu}{E} \sigma_{\mathrm{m}} + \lambda \sigma_1' \\
&= \frac{1}{E} \left[\sigma_1 - \nu(\sigma_2 + \sigma_3) \right] + \frac{2}{3} \lambda \left[\sigma_1 - \frac{1}{2}(\sigma_2 + \sigma_3) \right] \\
\varepsilon_2 &= \frac{1}{E} \left[\sigma_2 - \nu(\sigma_3 + \sigma_1) \right] + \frac{2}{3} \lambda \left[\sigma_2 - \frac{1}{2}(\sigma_3 + \sigma_1) \right] \\
\varepsilon_3 &= \frac{1}{E} \left[\sigma_3 - \nu(\sigma_1 + \sigma_2) \right] + \frac{2}{3} \lambda \left[\sigma_3 - \frac{1}{2}(\sigma_1 + \sigma_2) \right]
\end{aligned}
\right\}
\tag{2-92}
$$

虽然全量理论只适用于微小变形和简单加载条件，但由于全量理论表示的是应力与全应变一一对应的关系，这在数学处理上比较方便，因此许多人用这个理论解些问题。近年来的研究表明，全量理论的应用范围大大超过了原来的一些限制。然而该理论仍缺乏普遍性，一般认为，研究大塑性变形的一般问题，采用增量理论为宜。

2.7.3　应力应变顺序对应规律及其应用

前述增量理论及全量理论都能直接给出偏差应力与应变增量或全量之间的定量关系，但是，一方面物体内的应力分布通常很难定量了解，即使知道了还要求出偏差应力分量进而求应变分量（按变形理论），计算是相当复杂的，如果按增量理论计算还需对已求出的应变增量进行积分，其繁杂就可想而知了；另一方面，从工程角度来看，对于一些繁杂的问题，哪怕是能给出定性的结果也很可贵，具体的定量问题可以从实验中进一步探索。王仲仁等鉴于塑性加工理论中关于成型规律阐述上存在的一些问题，吸取了增量理论及全量理论的共同点，提出了应力应变顺序对应规律，并使该规律的阐述逐渐简明和便于应用。现简述如下。

塑性变形时，当应力顺序 $\sigma_1 > \sigma_2 > \sigma_3$ 不变，且应变主轴方向不变时，则主应变的顺序与主应力顺序相对应，即 $\varepsilon_1 > \varepsilon_2 > \varepsilon_3$（$\varepsilon_1 > 0$，$\varepsilon_3 < 0$）。$\varepsilon_2$ 的符号与 $\sigma_2 - \dfrac{\sigma_1 + \sigma_3}{2}$ 的符号相对应。

这个规律的前一部分是"顺序关系"，后一部分是"中间关系"。其实质是将增量理论的定量描述变为一种定性的判断。它虽然不能给出各方向应变全量的定量结果，但可以

说明应力在一定范围内变化时各方向的应变全量的相对大小，进而可以推断出尺寸的相对变化。现证明如下。

在应力顺序始终保持不变的情况下，例如 $\sigma_1 > \sigma_2 > \sigma_3$，则偏差应力分量的顺序也是不变的

$$(\sigma_1 - \sigma_m) > (\sigma_2 - \sigma_m) > (\sigma_3 - \sigma_m) \tag{2-93}$$

列维-密赛斯应力应变方程（2-82）对于主应力条件可以写成如下形式

$$\frac{d\varepsilon_1}{\sigma_1 - \sigma_m} = \frac{d\varepsilon_2}{\sigma_2 - \sigma_m} = \frac{d\varepsilon_3}{\sigma_3 - \sigma_m} = d\lambda \tag{2-94}$$

将式（2-94）代入式（2-93），则

$$d\varepsilon_1 > d\varepsilon_2 > d\varepsilon_3 \tag{2-95}$$

对于初始变形为零的变形过程，可以视为由几个阶段所组成，在时间间隔 t_1 中

$$d\varepsilon_1|_{t=t_1} = (\sigma_1 - \sigma_m)|_{t=t_1} d\lambda_1$$
$$d\varepsilon_2|_{t=t_1} = (\sigma_2 - \sigma_m)|_{t=t_1} d\lambda_1$$
$$d\varepsilon_3|_{t=t_1} = (\sigma_3 - \sigma_m)|_{t=t_1} d\lambda_1$$

在时间间隔 t_2 中同理有

$$d\varepsilon_1|_{t=t_2} = (\sigma_1 - \sigma_m)|_{t=t_2} d\lambda_2$$
$$d\varepsilon_2|_{t=t_2} = (\sigma_2 - \sigma_m)|_{t=t_2} d\lambda_2$$
$$d\varepsilon_3|_{t=t_2} = (\sigma_3 - \sigma_m)|_{t=t_2} d\lambda_2$$

在时间间隔 t_n 中也将有

$$d\varepsilon_1|_{t=t_n} = (\sigma_1 - \sigma_m)|_{t=t_n} d\lambda_n$$
$$d\varepsilon_2|_{t=t_n} = (\sigma_2 - \sigma_m)|_{t=t_n} d\lambda_n$$
$$d\varepsilon_3|_{t=t_n} = (\sigma_3 - \sigma_m)|_{t=t_n} d\lambda_n$$

由于主轴方向不变，所以各方向的应变全量（总应变）等于各阶段应变增量之和，即

$$\varepsilon_1 = \sum d\varepsilon_1$$
$$\varepsilon_2 = \sum d\varepsilon_2$$
$$\varepsilon_3 = \sum d\varepsilon_3$$

$$\varepsilon_1 - \varepsilon_2 = (\sigma_1 - \sigma_2)|_{t=t_1} d\lambda_1 + (\sigma_1 - \sigma_2)|_{t=t_2} d\lambda_2 + \cdots + (\sigma_1 - \sigma_2)|_{t=t_n} d\lambda_n \tag{2-96}$$

由于始终保持 $\sigma_1 > \sigma_2$，故有 $(\sigma_1 - \sigma_2)|_{t=t_1} > 0$，$(\sigma_1 - \sigma_2)|_{t=t_2} > 0$，…，$(\sigma_1 - \sigma_2)|_{t=t_n} > 0$。且因 $d\lambda_1$，$d\lambda_2$，…，$d\lambda_n$ 皆大于零，于是式（2-95）右端恒大于零，即

$$\varepsilon_1 > \varepsilon_2 \tag{2-97}$$

同理有

$$\varepsilon_2 > \varepsilon_3 \tag{2-98}$$

汇总式（2-97）和式（2-98）可得

$$\varepsilon_1 > \varepsilon_2 > \varepsilon_3$$

即"顺序对应关系"得到证明。又根据体积不变条件

$$\varepsilon_1 + \varepsilon_2 + \varepsilon_3 = 0$$

因此，ε_1 定大于零，ε_3 定小于零。

至于沿中间主应力 σ_2 方向的应变 ε_2 的符号需根据 σ_2 的相对大小来定，在前述变形过程的几个阶段中，ε_2 可按下式计算

$$\varepsilon_2 = (\sigma_2 - \sigma_m)\mid_{t=t_1}\mathrm{d}\lambda_1 + (\sigma_2 - \sigma_m)\mid_{t=t_2}\mathrm{d}\lambda_2 + \cdots + (\sigma_2 - \sigma_m)\mid_{t=t_n}\mathrm{d}\lambda_n \quad (2\text{-}99)$$

若变形过程始终保持 $\sigma_2 > \dfrac{\sigma_1 + \sigma_3}{2}$，即 $\sigma_2 > \sigma_m$，由于 $\mathrm{d}\lambda_1$，$\mathrm{d}\lambda_2$，$\cdots$，$\mathrm{d}\lambda_n$ 皆大于零，则式（2-99）右端恒大于零，即 $\varepsilon_2 > 0$。

同理，当 $\sigma_2 < \dfrac{\sigma_1 + \sigma_3}{2}$ 时，$\varepsilon_2 < 0$；当 $\sigma_2 = \dfrac{\sigma_1 + \sigma_3}{2}$ 时，$\varepsilon_2 = 0$。

上述是根据增量理论导出的全量应变表达式。

进一步分析可以看出中间关系，即 σ_2 与 $\dfrac{\sigma_1 + \sigma_3}{2}$ 的关系是决定变形类型的依据。下面分析中间主应力 σ_2 对应变类型的影响。

应变类型实际上就是前面所提的伸长类应变（$\varepsilon_1 > 0$，$\varepsilon_2 < 0$，$\varepsilon_3 < 0$）、平面应变（$\varepsilon_1 > 0$，$\varepsilon_2 = 0$，$\varepsilon_3 < 0$）及压缩类应变（$\varepsilon_1 > 0$，$\varepsilon_2 > 0$，$\varepsilon_3 < 0$）三种应变。

当 $\sigma_2 = \dfrac{\sigma_1 + \sigma_3}{2}$ 时，$\varepsilon_2 = 0$，应变为平面应变。

当 $\sigma_2 - \sigma_m > 0$，即 $\sigma_2 > \dfrac{\sigma_1 + \sigma_3}{2}$ 时，$\varepsilon_2 > 0$，应变状态为 $\varepsilon_1 > 0$，$\varepsilon_2 > 0$，$\varepsilon_3 < 0$，属于压缩类应变。

当 $\sigma_2 - \sigma_m < 0$，即 $\sigma_2 < \dfrac{\sigma_1 + \sigma_3}{2}$ 时，$\varepsilon_2 < 0$，应变状态为 $\varepsilon_1 > 0$，$\varepsilon_2 < 0$，$\varepsilon_3 < 0$，属于伸长类应变。

上述规律是基于增量理论推导的，在某种程度上可以理解为对偏离简单加载但不引起应变类型变化后对应变全量的定性估测。

塑性变形是物体各部分（在每部分应力状态相似）的尺寸将在最大应力（按代数值，拉为正、压为负）的方向相对增加得最多，并在最小应力的方向相对减少最大，沿中间主应力方向的尺寸变化趋势与该应力的数值接近最大或最小应力相对应。

这里所说的尺寸相对变化就是前述的应变全量。对于特定的条件，上述规律还可以简化：

在三向压应力状态下，沿绝对值最小的方向应变最大或在三向压应力状态下沿绝对值最小的方向尺寸相对增加的最多。

正像形变理论本应严格用于比例加载条件而实际上可以放宽使用范围一样，应力应变顺序对应规律作为一种定性描述有其推论的前提，即

（1）主应力顺序不变；

（2）主应变方向不变。

但在实际应用时也可以适当放宽，其检验标准就是实验数据。反过来说，如果离开前

提太远，应用出入很大也是自然的，这属于运用不当。下面具体结合材料成型工序进行分析并给出实例。板料冲压，如拉伸、缩口、胀形、扩口及薄壁管成型工序，上述两个条件当然满足，所以能应用该规律分析应变及应力问题；对于三向应力在做适当简化以后也可以用该规律进行分析。顺序对应规律的应用无非是由应力顺序判断应变顺序以及尺寸变化趋势，或由应变顺序判断应力顺序。下面介绍由应变顺序判断应力顺序问题。

有些问题比较简单，根据宏观的变形情况可以直接判断应力顺序。例如在静液压力下的均匀镦粗，在变形体中取一单元体，设其受径向应力 σ_r 及轴向应力 σ_z，这时 σ_r 和 σ_z 都是压应力。哪一个大呢？可以从产生变形的情况反推应力的顺序，因为应变为镦粗类，即轴向应变 $\varepsilon_z < 0$，对于实心体镦粗，可以证明径向应变与切向应变相等，即 $\varepsilon_r = \varepsilon_\theta > 0$，所以必有 $\sigma_r = \sigma_\theta > \sigma_z$。

以上是就代数值而言，因为是三向压应力，所以就绝对值来说，有

$$|\sigma_z| > |\sigma_r|$$

如果分析在静液下拉伸，则情况正相反。轴向应力的代数值 σ_z 大于径向应力的代数值 σ_r，即

$$\sigma_z > \sigma_r \quad \sigma_r = \sigma_\theta$$

这时由于 $\mu_d = -1$，反映中间主应力影响的罗德参数 $\beta = 1$，应力顺序已知，则屈服条件就可以直接写出，对静液下压缩

$$\sigma_r - \sigma_z = \sigma_s$$

对于静液下拉伸

$$\sigma_z - \sigma_r = \sigma_s$$

2.7.4 屈服椭圆图形上的应力分区及其与塑性变形时工件尺寸变化的关系

前面已分别论述了屈服准则及应力应变关系理论，下面讨论这两者之间的关系能否结合具体塑性成型工序从屈服图形（屈服表面或屈服轨迹）上表示出来。这里需要解决两个问题，首先，根据特定塑性成型工序的受力分析找出它在屈服图形上所处的部位，进而找出变形区中不同点在屈服图形上所对应的加载轨迹；其次，根据应力应变顺序对应规律将屈服图形上应力状态按产生应变（增量）类型进行分区，找出工件各部分尺寸变化的趋势。

现分析轴对称平面应力状态下屈服轨迹上的应力分区及典型平面应力工序的加载轨迹。

以薄板成型为例进行研究。设板厚方向应力为零，即 $\sigma_t = 0$。对于由 σ_r、σ_θ 为坐标轴描述的应力椭圆方程（Mises 屈服准则）有

$$\sigma_r^2 - \sigma_r\sigma_\theta + \sigma_\theta^2 = \sigma_s^2$$

其图形（屈服轨迹）如图 2-31 所示。

由图 2-31 可以看到，该椭圆第 Ⅰ 象限，$\sigma_r > 0$，$\sigma_\theta > 0$，这与胀形及翻孔工序相对应。在第 Ⅱ 象限，$\sigma_r > 0$，$\sigma_\theta < 0$，这与拉拔和拉深工序相对应。在第 Ⅲ 象限，$\sigma_r < 0$，$\sigma_\theta < 0$，这相当于缩口工序。在第 Ⅳ 象限，$\sigma_r < 0$，$\sigma_\theta > 0$，这相当于扩口工序。进一步分析，变形金属由开始变形至变形结束相当于沿屈服轨迹走一段距离。例如，对于拉拔工序，凹模入口处 A_2 为 $\sigma_r = 0$，$\sigma_\theta = -\sigma_s$，随着变形的发展由椭圆上 A_2 点出发沿椭圆向

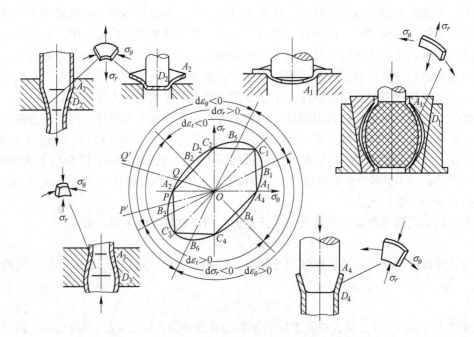

图 2-31　轴对称平面应力状态下屈服轨迹应力分区

C_2 前进，凹模出口处 D_2 在椭圆上所对应点的位置取决于 σ_r 值的大小。若变形量小，润滑好，则 σ_r 较小，D_2 点可能落在 A_2B_2 区间；若变形量大，润滑效果不好，则 D_2 点落在 B_2C_2 之间。图 2-31 中 B_2 点的应力状态按顺序为：$\sigma_1 = \sigma_r$，$\sigma_2 = \sigma_t = 0$，$\sigma_3 = \sigma_\theta = -\sigma_r$，即此时中间主应力为 $\sigma_2 = (\sigma_1 + \sigma_3)/2$。由此可见沿该方向的应变增量为零，即 $d\varepsilon_t = 0$，也就是说厚度不变。对于 A_2B_2 区间，恒满足 $\sigma_2 = \sigma_t > (\sigma_r + \sigma_\theta)/2$，由应力应变顺序对应规律可以判断在 A_2B_2 区 $d\varepsilon_r > 0$，即长度增加，$d\varepsilon_t > 0$，即厚度增加，$d\varepsilon_\theta < 0$，即圆周缩小。如果轴向拉应力 σ_r 不大，例如薄壁管拉拔，变形后壁厚总增加。对于 B_2C_2 区，σ_r 仍为最大主应力 σ_1，σ_θ 为最小主应力 σ_3，沿厚度方向的主应力 $\sigma_t = \sigma_2$ 仍对于零，但此时

$$\sigma_t = \sigma_2 < \frac{\sigma_r + \sigma_\theta}{2}$$

由应力应变顺序对应规律可以判断在 B_2C_2 区，$d\varepsilon_r > 0$，$d\varepsilon_\theta < 0$，$d\varepsilon_t < 0$，说明厚度方向从 B_2 点开始减薄。但是对于管材拉拔实际变形过程总是从 A_2 点开始，在一个比值变化的应力场中加载，如果变形终点 D_2 接近 B_2，则由于总的加载历史中是 $d\varepsilon_2 > 0$，因此最终的 $\varepsilon_2 > 0$，即厚度增加。若 D_2 接近于 C_2 点，则壁厚方向经历了在 A_2B_2 区间增加而后从 B_2 向 C_2 减小的变化过程，最终厚度变化难于估算，但是根据以上分析仍可对管子壁厚进行控制。例如，对于总变形量一定，若增加拉伸道次，改变润滑条件，则由利于降低 σ_r 值，因而有利于壁厚的增加；反之，若加大道次变形量，润滑条件较差，则不利于壁厚的增加。从这个例子可以说明不必定量计算，运用屈服轨迹上的应力分区概念，可以控制壁厚，也可定性了解各工艺因素，如变形量、摩擦系数等对壁厚变化的定性影响。

以上是用屈服轨迹上的应力分区来分析稳定变形过程引起尺寸变化的情况。对于非稳

定变形过程，例如第Ⅱ象限的板材拉深工序，在拉深过程中外径逐渐减小，若不计算加工硬化，则 σ_r 也减小，D_2 点在椭圆向 A_2 点移动，因此假如开始变形时 D_2 位于 B_2C_2 之间，在凹模口附近的材料有变薄的趋势，则随着变形过程的进行，D_2 点可能移至 A_2B_2 之间，即至此以后厚度不再变薄。因此，不管拉深件变形量多大，至少在筒口或法兰外缘处壁厚总是增大的。

同样在椭圆上存在另外 5 个平面应变点 B_1、B_3、B_4、B_5 和 B_6，其中 B_4 和 B_2 相对，都是 $|\sigma_r| = |\sigma_\theta|$，但符号相反，都对应 $\mathrm{d}\varepsilon_t = 0$。对于椭圆上 $B_2B_3B_6B_4$ 区段总存在以下关系：

$$\sigma_t = 0 > \frac{\sigma_r + \sigma_\theta}{2}, \quad \sigma_t - \sigma_\mathrm{m} > 0$$

由增量理论可知：

$$\frac{\mathrm{d}\varepsilon_t}{\sigma_t - \sigma_\mathrm{m}} > 0$$

所以有

$$\mathrm{d}\varepsilon_t > 0$$

可见在 $B_2B_3B_6B_4$ 区间变形，则 $\varepsilon_t > 0$。对于 $B_2B_5B_1B_4$ 区段与上述相反：

$$\sigma_t = 0 < \frac{\sigma_r + \sigma_\theta}{2}$$

于是有

$$\mathrm{d}\varepsilon_t < 0$$

如果在该区段变形，则 $\varepsilon_t < 0$。

对于缩口工序，属于双向压应力状态，B_3 点的 $\sigma_r = -\dfrac{1}{\sqrt{3}}\sigma_\mathrm{s}$，$\sigma_\theta = -\dfrac{2}{\sqrt{3}}\sigma_\mathrm{s}$，$\sigma_t = 0$。可见此时存在下列关系：

$$\sigma_r = \frac{\sigma_t + \sigma_\theta}{2} = -\frac{1}{\sqrt{3}}\sigma_\mathrm{s}$$

由列维-密赛斯法则可以判断

$$\mathrm{d}\varepsilon_r = 0$$

对于 B_1 点，$\sigma_r = \dfrac{1}{\sqrt{3}}\sigma_\mathrm{s}$，$\sigma_\theta = \dfrac{2}{\sqrt{3}}\sigma_\mathrm{s}$，$\sigma_t = 0$，同样存在以下关系：

$$\sigma_r = \frac{\sigma_t + \sigma_\theta}{2} = \frac{1}{\sqrt{3}}\sigma_\mathrm{s}$$

同理将有

$$\mathrm{d}\varepsilon_r = 0$$

$B_3B_2B_5B_1$ 区段存在

$$\sigma_r > \frac{\sigma_t + \sigma_\theta}{2}$$

于是相应地有

$$d\varepsilon_r > 0$$

在该区段变形，有

$$\varepsilon_r > 0$$

$B_3 B_6 B_4 B_1$ 区段与上述相反，在该区段变形将有

$$\varepsilon_r < 0$$

用以上相同的方法可求得 $d\varepsilon_\theta > 0$，$d\varepsilon_\theta = 0$，$d\varepsilon_\theta < 0$ 的分区，于是就得到如图 2-31 所示的屈服轨迹外的应变增量变化图，利用该图可以确定塑性变形时工件尺寸变化的趋势。其大体步骤如下：

（1）通过实测算出变形终了瞬时的 σ_r 值。

（2）针对具体材料及变形量选定 σ_s 值。

（3）在椭圆对应于所分析的区间根据 $\dfrac{\sigma_r}{\sigma_s}$ 值求出一点 P（图 2-31）。

（4）作射线 OPP' 与椭圆外表示应变增量的 3 个圆相交（图 2-31）。

（5）根据变形区所处的范围判断各方向尺寸变化的趋势。

例如，对于缩口工序，根据 σ_r 及 σ_s 若已定出 P 点，作射线 OPP' 交内圆于 $d\varepsilon_t > 0$ 区段，交中圆于 $d\varepsilon_r > 0$ 区段，交外圆于 $d\varepsilon_\theta < 0$ 区段（图 2-31）。若 P 点处于 $A_2 B_3$ 段，表明整个变形过程中各应变增量 $d\varepsilon_t$、$d\varepsilon_r$ 及 $d\varepsilon_\theta$ 符号不变，因而应变全量 $\varepsilon_t > 0$，$\varepsilon_r > 0$，$\varepsilon_\theta < 0$，于是可预计其尺寸变化趋势为切向尺寸缩小，壁厚最大，长度最大。

又如，对于拉拔工序，若根据 σ_r 及 σ_s 所得的 Q 点位于 $A_2 B_2$ 之间（图 2-31），则由 A_2 至 Q 应变类型与前述相同，始终有 $d\varepsilon_t > 0$，$d\varepsilon_r > 0$，$d\varepsilon_\theta < 0$，即厚度增加，长度增加，切向尺寸减小。如果应力为 D_2 点，此时仍保持有 $d\varepsilon_r > 0$，$d\varepsilon_\theta < 0$，其相应的尺寸变化趋势与前述相同，而厚度方向由 $A_2 B_2$ 区间的 $d\varepsilon_t > 0$ 变为此时的 $d\varepsilon_t < 0$，这时最终应变难于估计，但如果 D_2 点接近于 B_2 点，可以断定最终累计应变仍大于零，即厚度增加。当 Q 点接近于 C_2 时，则最终厚度可能是减小的。

对于三向应力状态，以上的分析方法大体上仍然是适用的，但是在三向应力状态下典型工序在屈服图形上的部位是难于表达的，加载途径也远比平面应力状态难于描述。

2.8 等效应力和等效应变

如图 2-32 所示，拉伸变形到屈服点 B，再到 C 点，然后卸载到 E 点，如果再在同方向上拉伸，便近似认为在原来开始卸载时所对应的应力附近（即 D 点处）再次发生屈服。这一次屈服应力比退火状态的初始屈服应力提高是由于金属加工硬化的结果。前已述及，对同一材料在该预先加工硬化程度下，屈服准则仅仅是屈服时各应力分量的函数，即 $f(\sigma_{ij}) = 0$。也就是说，在初始屈服后继续加载，由于加工硬化的结果，仅仅是 σ_s 或 k 的增大，对各向同性材料，仅仅相当于 π 平面上的屈服圆周半径 $R = \sqrt{2/3}\,\sigma_s$ 增大（注意对各向异性材料，屈服曲线不是圆），这时密赛斯屈服准则仍然成立。为了方便起见，本书规定在单向拉伸（或压缩）情况下，不论是初始屈服极限还是变形过程中的继续屈服极限都用 σ_s 表示。σ_s 称为金属的变形抗力，有的也叫单轴变形抗力、自然变形抗力或纯粹变形抗力等，也有的把变形过程中的继续屈服极限叫流动极限。既然 σ_s 是某一变形程度

（或加工硬化程度）下的单向应力状态的变形抗力，那么在一般应力状态下，与此等效的应力和应变如何确定？这就是下面将要研究的问题。

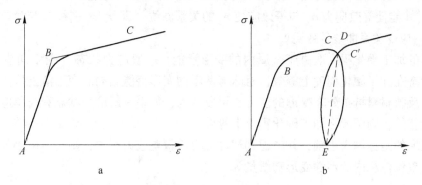

图 2-32　应力-应变曲线

a—确定屈服极限的方法；b—实际卸载和加载曲线

2.8.1　等效应力

等效应力是针对复杂应力状态提出的概念，它不是材料某个特定点的应力，而是某点应力张量分量按照一定运算方式的"组合"。这个"组合"值若等于同一材料在相同变形条件下的变形抗力，材料就处于塑性状态中；反过来，若材料处于塑性状态中（无论是初始屈服还是后继屈服），这个"组合"值就一定等于材料的变形抗力。那么什么样的"组合"才能担当这样的角色呢？

金属塑性加工时，工件可能受各种应力状态作用。在一般应力状态下，其应力分量 σ_{ij} 与金属变形抗力 σ_s 之间的关系可用密赛斯屈服准则式（2-31）、式（2-32）表示。把这两式等号两边开方，并用一个统一的应力 σ_e 的表达式来表示 σ_s，则得到

$$\sigma_e = \sqrt{3I_2'} = \frac{1}{\sqrt{2}}\sqrt{(\sigma_x - \sigma_y)^2 + (\sigma_y - \sigma_z)^2 - (\sigma_z - \sigma_x)^2 + 6(\tau_{xy}^2 + \tau_{yz}^2 + \tau_{zx}^2)}$$

$$= \sigma_s = \sqrt{3}k \tag{2-100}$$

或

$$\sigma_e = \sqrt{3I_2'} = \frac{1}{\sqrt{2}}\sqrt{(\sigma_1 - \sigma_2)^2 + (\sigma_2 - \sigma_3)^2 + (\sigma_3 - \sigma_1)^2}$$

$$= \sigma_s = \sqrt{3}k \tag{2-101}$$

这样，同一金属在相同的变形温度和应变速率条件下，对任何应力状态，不论是初始屈服或是在塑性变形过程中的继续屈服，只要用上式等号右边表示的应力 σ_e 等于金属变形抗力 σ_s 或等于 $\sqrt{3}$ 倍屈服剪应力 k，便继续屈服。由于 σ_e 与单向应力状态的变形抗力 σ_s 等效，所以 σ_e 称为等效应力。有的书也叫统一应力、广义应力、比较应力和应力强度。

显然，按照等效应力概念提出的过程和目的，也可以按照 Tresca 屈服准则或别的有效屈服准则来定义一个新的等效应力式。它代表了复杂应力状态折合成单向应力状态时的当量应力，反映了各主应力的综合作用。

2.8.2　等效应变

同一金属在相同的变形温度和应变速率条件下的变形抗力主要取决于变形程度。在简

单应力状态下，等效应力 $\sigma_e = \sigma_s = \sqrt{3}k$ 与变形程度的关系，可用单向拉伸（或压缩）和薄壁管扭转试验确定的应力-应变关系曲线来表示。那么在一般应力状态下用什么样的等效应变 ε_e 才能使等效应力 σ_e 与等效应变 ε_e 的关系曲线（即 σ_e-ε_e 曲线）与简单应力状态下的应力-应变关系曲线等效呢？

金属的加工硬化程度取决于金属内的变形潜能，一般应力状态（受多向应力）和单向应力状态在加工硬化程度上等效，意味着两者的变形潜能相同。变形潜能取决于塑性变形功耗，反映材料抵抗外在变形的能力。可以认为，如果一般应力状态和简单应力状态的塑性功耗相等，则两者在加工硬化程度上等效。

假定取的坐标轴为主轴，并考虑到塑性应变与偏差应力有关，则产生微小的塑性应变增量时，单位体积内的塑性变形功增量为

$$dA_p = \sigma_1' d\varepsilon_1 + \sigma_2' d\varepsilon_2 + \sigma_3' d\varepsilon_3 \tag{2-102}$$

从矢量代数中已知，两矢量的数积（或点积）等于对应坐标分量乘积之和。因此，式（2-102）可写成

$$dA_p = \boldsymbol{\sigma}' \cdot d\boldsymbol{\varepsilon} = |\boldsymbol{\sigma}'||d\boldsymbol{\varepsilon}|\cos\theta$$

式中，θ 为两个矢量的夹角。

如前所述，可假定塑性应变增量的主轴与偏差应力主轴重合，而按式（2-81）两者相应的分量成比例，则两矢量方向一致，则 $\theta = 0$，所以

$$dA_p = |\boldsymbol{\sigma}'||d\boldsymbol{\varepsilon}| \tag{2-103}$$

由图 2-14 和式（2-39）可知

$$PN^2 = (\sigma_1')^2 + (\sigma_2')^2 + (\sigma_3')^2$$

$$= \frac{1}{3}\big[(\sigma_1 - \sigma_2)^2 + (\sigma_2 - \sigma_3)^2 + (\sigma_3 - \sigma_1)^2\big]$$

注意到式（2-101），则矢量 $\boldsymbol{\sigma}'$ 的模为

$$|\boldsymbol{\sigma}'| = PN = \frac{1}{\sqrt{3}}\sqrt{(\sigma_1 - \sigma_2)^2 + (\sigma_2 - \sigma_3)^2 + (\sigma_3 - \sigma_1)^2}$$

$$= \sqrt{\frac{2}{3}}\frac{1}{\sqrt{2}}\sqrt{(\sigma_1 - \sigma_2)^2 + (\sigma_2 - \sigma_3)^2 + (\sigma_3 - \sigma_1)^2}$$

$$= \sqrt{\frac{2}{3}}\sigma_e \tag{2-104}$$

而矢量 $d\boldsymbol{\varepsilon}$ 的模

$$|d\boldsymbol{\varepsilon}| = \sqrt{d\varepsilon_1^2 + d\varepsilon_2^2 + d\varepsilon_3^2} \tag{2-105}$$

把式（2-104）和式（2-105）代入式（2-103），则

$$dA_p = \sqrt{\frac{2}{3}}\sigma_e\sqrt{d\varepsilon_1^2 + d\varepsilon_2^2 + d\varepsilon_3^2} \tag{2-106}$$

若将上述塑性功看作是等效应力和等效应变的作用效果，则

$$dA_p = \sigma_e d\varepsilon_e \tag{2-107}$$

令式（2-106）等于式（2-107），则有

$$d\varepsilon_e = \sqrt{\frac{2}{3}}\sqrt{d\varepsilon_1^2 + d\varepsilon_2^2 + d\varepsilon_3^2}$$

$$= \sqrt{\frac{2}{9}\left[(d\varepsilon_1 - d\varepsilon_2)^2 + (d\varepsilon_2 - d\varepsilon_3)^2 + (d\varepsilon_3 - d\varepsilon_1)^2\right]} \qquad (2\text{-}108)$$

此式表示的应变增量 $d\varepsilon_e$ 就是坐标轴取主轴时的等效应变增量。

下面引用应变张量不变量来求坐标不是主轴情况的等效应变增量。参照式（1-40），把其中的全量改为增量，则坐标轴为主轴时的二次不变量 J_2 为

$$J_2 = -(d\varepsilon_1 d\varepsilon_2 + d\varepsilon_2 d\varepsilon_3 + d\varepsilon_3 d\varepsilon_1)$$

$$= \frac{1}{6}\left[(d\varepsilon_1 - d\varepsilon_2)^2 + (d\varepsilon_2 - d\varepsilon_3)^2 + (d\varepsilon_3 - d\varepsilon_1)^2\right] \qquad (2\text{-}109)$$

坐标轴非主轴时

$$J_2 = -(d\varepsilon_x d\varepsilon_y + d\varepsilon_y d\varepsilon_z + d\varepsilon_z d\varepsilon_x) + d\varepsilon_{xy}^2 + d\varepsilon_{yz}^2 + d\varepsilon_{zx}^2$$

$$= \frac{1}{6}\left[(d\varepsilon_x - d\varepsilon_y)^2 + (d\varepsilon_y - d\varepsilon_z)^2 + (d\varepsilon_z - d\varepsilon_x)^2 + 6(d\varepsilon_{xy}^2 + d\varepsilon_{yz}^2 + d\varepsilon_{zx}^2)\right] \qquad (2\text{-}110)$$

因为是与坐标选择无关的不变量，所以式（2-109）应等于式（2-110），从而得

$$(d\varepsilon_1 - d\varepsilon_2)^2 + (d\varepsilon_2 - d\varepsilon_3)^2 + (d\varepsilon_3 - d\varepsilon_1)^2$$

$$= (d\varepsilon_x - d\varepsilon_y)^2 + (d\varepsilon_y - d\varepsilon_z)^2 + (d\varepsilon_z - d\varepsilon_x)^2 + 6(d\varepsilon_{xy}^2 + d\varepsilon_{yz}^2 + d\varepsilon_{zx}^2)$$

代入式（2-108）得

$$d\varepsilon_e = \sqrt{\frac{2}{9}\left[(d\varepsilon_x - d\varepsilon_y)^2 + (d\varepsilon_y - d\varepsilon_z)^2 + (d\varepsilon_z - d\varepsilon_x)^2 + 6(d\varepsilon_{xy}^2 + d\varepsilon_{yz}^2 + d\varepsilon_{zx}^2)\right]} \qquad (2\text{-}111)$$

应指出，在比例加载或比例应变的条件下，有

$$\frac{d\varepsilon_1}{\varepsilon_1} = \frac{d\varepsilon_2}{\varepsilon_2} = \frac{d\varepsilon_3}{\varepsilon_3} = \frac{d\varepsilon_e}{\varepsilon_e}$$

故式（2-108）可写成

$$\varepsilon_e = \sqrt{\frac{2}{9}\left[(\varepsilon_1 - \varepsilon_2)^2 + (\varepsilon_2 - \varepsilon_3)^2 + (\varepsilon_3 - \varepsilon_1)^2\right]}$$

$$= \sqrt{\frac{2}{3}(\varepsilon_1^2 + \varepsilon_2^2 + \varepsilon_3^2)} \qquad (2\text{-}112)$$

或 $\qquad \varepsilon_e = \sqrt{\frac{2}{9}(\varepsilon_x - \varepsilon_y)^2 + (\varepsilon_y - \varepsilon_z)^2 + (\varepsilon_z - \varepsilon_x)^2 + 6(\varepsilon_{xy}^2 + \varepsilon_{yz}^2 + \varepsilon_{zx}^2)]}$

式中 $\quad \varepsilon_e$ ——等效应变。

2.8.3 等效应力与等效应变的关系

把列维-密赛斯流动法则式（2-82）代入式（2-108），则等效应变增量可写成

$$d\varepsilon_e = \sqrt{\frac{2}{9}d\lambda^2\left[(\sigma_1' - \sigma_2')^2 + (\sigma_2' - \sigma_3')^2 + (\sigma_3' - \sigma_1')^2\right]}$$

$$= \sqrt{\frac{2}{9}d\lambda^2\left[(\sigma_1 - \sigma_2)^2 + (\sigma_2 - \sigma_3)^2 + (\sigma_3 - \sigma_1)^2\right]} \qquad (2\text{-}113)$$

把式（2-101）代入式（2-113），可得等效应变增量与等效应力的关系

$$d\varepsilon_e = \frac{2}{3}d\lambda\sigma_e$$

或

$$d\lambda = \frac{3}{2}\frac{d\varepsilon_e}{\sigma_e} \qquad (2\text{-}114)$$

于是用式（2-82）表示的流动法则可写成

$$
\left.
\begin{aligned}
d\varepsilon_x &= \frac{3}{2}\frac{d\varepsilon_e}{\sigma_e}\sigma_x', & d\varepsilon_{xy} &= \frac{3}{2}\frac{d\varepsilon_e}{\sigma_e}\tau_{xy} \\
d\varepsilon_y &= \frac{3}{2}\frac{d\varepsilon_e}{\sigma_e}\sigma_y', & d\varepsilon_{yz} &= \frac{3}{2}\frac{d\varepsilon_e}{\sigma_e}\tau_{yz} \\
d\varepsilon_z &= \frac{3}{2}\frac{d\varepsilon_e}{\sigma_e}\sigma_z', & d\varepsilon_{zx} &= \frac{3}{2}\frac{d\varepsilon_e}{\sigma_e}\tau_{zx}
\end{aligned}
\right\} \qquad (2\text{-}115)
$$

或写成

$$d\varepsilon_{ij} = \frac{3}{2}\frac{d\varepsilon_e}{\sigma_e}\sigma_{ij}' \qquad (2\text{-}116)$$

这样，由于引入等效应力 σ_e 和等效应变增量 $d\varepsilon_e$，则 2.7 节中导出的塑性变形时应力与应变关系中的 $d\lambda$ 便可确定，从而也就可以求出应变增量的具体数值。

由式（2-115）或式（2-116）可以证明前面已引用的结论。例如，平面塑性变形时，设 y 方向无应变，则有 $d\varepsilon_y = 0$，根据式（2-115）或式（2-116）有：

$$\sigma_y = \frac{1}{2}(\sigma_x + \sigma_z)$$

$$\sigma_m = \frac{1}{3}(\sigma_x + \sigma_y + \sigma_z) = \frac{1}{2}(\sigma_x + \sigma_z) = \sigma_y$$

2.8.4 σ_e-ε_e 曲线——变形抗力曲线

如上所述，塑性变形时由式（2-101）确定的等效应力 σ_e 的大小等于单向应力状态的变形抗力，也就是金属的变形抗力 σ_s 或等于 $\sqrt{3}$ 倍屈服剪应力 k。所以不论简单应力状态或复杂应力状态做出的曲线就是 σ_e-ε_e 曲线，此曲线也叫变形抗力曲线或加工硬化曲线，有的书也叫真应力曲线。复杂应力状态下的等效应力-等效应变关系曲线可以通过相同变形条件下简单应力状态的实验来确定。目前常用以下 4 种简单应力状态试验来做材料变形抗力曲线。

（1）单向拉伸（图 2-33a）。此时，$\sigma_1 > 0$，$\sigma_2 = \sigma_3 = 0$；$-d\varepsilon_2 = -d\varepsilon_3 = d\varepsilon_1/2$，代入式（2-101）和式（2-108），则

$$\sigma_e = \sigma_1 = \sigma_s$$

$$\varepsilon_e = \int d\varepsilon_e = \int d\varepsilon_1 = \int_{l_0}^{l_1}\frac{dl}{l} = \ln\frac{l_1}{l_0} = \varepsilon_1$$

（2）单向压缩圆柱体（图 2-33b）。此时，$\sigma_3 < 0$，$\sigma_2 = \sigma_1 = 0$（假设接触表面无摩

擦）$d\varepsilon_1 = d\varepsilon_2 = -d\varepsilon_3/2$；代入式（2-101）和式（2-108），则

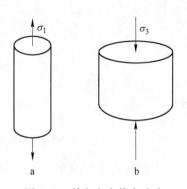

$$\sigma_e = \sigma_3 = \sigma_s$$

$$\varepsilon_3 = \int_{h_0}^{h_1} d\varepsilon_3$$

$$\varepsilon_e = \int_{h_0}^{h_1} \frac{dh}{h} = -\ln\frac{h_0}{h_1} = -\varepsilon_3$$

可见，单向拉伸（或压缩）时等效应力等于金属变形抗力 σ_s；等效应变等于绝对值最大主应变 σ_1（或 ε_3）。

图 2-33 单向应力状态试验
a—单向拉伸；b—单向压缩

（3）平面变形压缩（图 2-34）。此时，$\sigma_3 < 0$，$\sigma_1 = 0$（因接触表面充分润滑，接触表面近似地看作无摩擦），$\sigma_2 = \sigma_3/2$，$d\varepsilon_2 = 0$，$d\varepsilon_1 = d\varepsilon_3$（板料宽展忽略不计），代入式（2-101）和式（2-108），则

$$\sigma_e = \frac{\sqrt{3}}{2}\sigma_3 = \sigma_s = \sqrt{3}k$$

或

$$\sigma_3 = \frac{2}{\sqrt{3}}\sigma_s = 1.155\sigma_s = 2k$$

$$\varepsilon_e = \frac{2}{\sqrt{3}}\varepsilon_3 = -\frac{2}{\sqrt{3}}\ln\frac{h_0}{h_1} = -1.155\ln\frac{h_0}{h_1}$$

通常把平面压缩时压缩方向的应变 $\sigma_3 = 1.155\sigma_s$ 称为平面变形抗力，常用 K 表示，即

$$K = 1.155\sigma_s = 2k$$

（4）薄壁管扭转（图 2-35）。

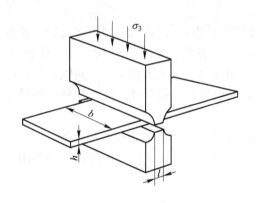

图 2-34 平面变形压缩试验

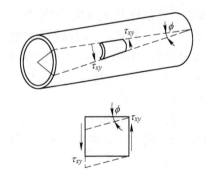

图 2-35 薄壁管扭转试验

此时，根据纯剪应力的特点可知 $\sigma_1 = -\sigma_3$，$\sigma_2 = 0$；$d\varepsilon_2 = 0$，$d\varepsilon_1 = -d\varepsilon_3$，代入式（2-101）和式（2-108），则

$$\sigma_e = \sqrt{3}\sigma_1 = \sigma_s = \sqrt{3}k$$

或

$$\sigma_1 = \tau_{xy} = k = \frac{\sigma_s}{\sqrt{3}}$$

$$\varepsilon_e = \int d\varepsilon_e \frac{2}{\sqrt{3}}\varepsilon_1$$

所以

$$d\varepsilon_{13} = d\lambda\tau_{13}\frac{d\varepsilon_1 - d\varepsilon_3}{2} = \frac{d\varepsilon_1 - (-d\varepsilon_1)}{2} = d\varepsilon_1$$

工程剪应变 $\gamma\tan\phi = 2\varepsilon_{13}$，$\phi$ 是变形前后角度的变化量或 $\varepsilon_{13} = \gamma/2$，所以

$$d\varepsilon_{13} = \frac{1}{2}d\gamma = d\varepsilon_1$$

$$\varepsilon_{13} = \varepsilon_1 = \frac{1}{2}\int_0^\gamma d\gamma = \frac{1}{2}\gamma$$

把 $\varepsilon_1 = \frac{\gamma}{2}$ 代入式（2-108），则

$$\varepsilon_e = \frac{\gamma}{\sqrt{3}} = \frac{\tan\phi}{\sqrt{3}} \tag{2-117}$$

此外，对其他变形过程可大致按以下方法计算等效应变。

挤压拉拔轴对称体（如圆柱体等），其变形图示和单向拉伸相同，这时

$$\varepsilon_e = \varepsilon_1 = \ln\frac{l_1}{l_0} = \ln\frac{F_0}{F_1}$$

式中　F_0，F_1——变形前后工件的横断面面积。

平面变形的挤压和拉拔以及轧制板带材等的变形图示和平面变形压缩相同，此时

$$\varepsilon_e = \frac{2}{\sqrt{3}}\varepsilon_3 = -\frac{2}{\sqrt{3}}\ln\frac{h_0}{h_1} \tag{2-118}$$

知道了等效应力 σ_e 和等效应变 ε_e，便可做出统一的 σ_e-ε_e 曲线。由上述可知，这些曲线应当重合。例如，单向拉伸和薄壁管扭转的 σ_e-ε_e 曲线，如图 2-36 所示。实验表明，当 $\varepsilon_e < 0.2$ 时，两者的 σ_e-ε_e 曲线重合；当 $\varepsilon_e > 0.2$ 时，扭转时的 σ_e-ε_e 曲线比拉伸时 σ_e-ε_e 曲线低。两者的差别可能是由于变形程度大时会发生各向异性，而使拉伸比薄壁管扭转各向异性更严重。

对变形区大小不随时间而变的定常变形过程，如轧制、挤压和拉拔等，变形区各点的变形程度是不同的，假如变形区入口处为 ε_{e0}，变形区出口处为 ε_{e1}。为了简化工程计算，常取平均变形抗力，即

$$\overline{\sigma}_e = \overline{\sigma}_s = \sqrt{3}k = \frac{\int_{\varepsilon_{\sigma 0}}^{\varepsilon_{\sigma 1}}\sigma_e d\varepsilon_e}{\int_{\varepsilon_{\sigma 0}}^{\varepsilon_{\sigma 1}}d\varepsilon_e} \tag{2-119}$$

$$\overline{k} = \frac{\overline{\sigma}_s}{\sqrt{3}} \tag{2-120}$$

也就是把图 2-37 中的实线用虚线代替。

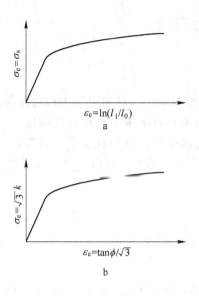

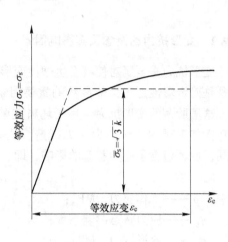

图 2-36　曲线的一致性　　　　图 2-37　考虑加工硬化的平均变形抗力

　　如果忽略弹性变形，则图 2-37 的虚线就变成图 2-38 所示的曲线。后者相当于刚-完全塑性体（简称刚-塑性体）的变形抗力曲线。

　　对于变形区随时间而变的不定常变形过程，如镦粗过程等，这时应按压缩到某瞬间的等效应变 ε_e，由图 2-37 中的实线确定与 ε_e 对应的 σ_s，把后者作为该压缩瞬间的变形抗力。

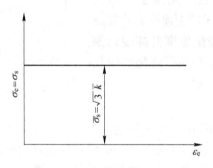

图 2-38　刚-塑性体的 σ_e-ε_e 曲线

　　查变形抗力曲线时，所用的变形程度应当用等效应变 ε_e，但有时为了方便，也常常把绝对值最大的主应变 ε_{max} 当作等效应变。如上所述，平面变形时两者差别最大，此时由式（2-118）可知

$$\frac{\varepsilon_e}{\varepsilon_{max}} = \frac{2}{\sqrt{3}} = 1.155 \tag{2-121}$$

2.9 变形抗力模型

2.9.1 变形抗力的概念及其影响因素

变形抗力是金属对使其发生塑性变形的外力的抵抗能力，在材料学中称为屈服强度。它既是确定塑性加工力能参数的重要因素，又是金属构件的主要机械性能指标。前已述及，这里所谓的变形抗力，是指坯料在单向拉伸（或压缩）应力状态下的屈服极限。它与塑性加工时的工作应力（如锻造、轧制时的平均单位压力，挤压应力，拉拔应力等）不同，后者包含了应力状态的影响，即

$$\bar{p} = n_\sigma \sigma_s \tag{2-122}$$

式中 $\bar{p}$ ——工作应力，MPa；

n_σ ——应力状态影响系数；

σ_s ——变形抗力，MPa。

在单向拉伸实验中，$\sigma_1 = \bar{p}$，$n_\sigma = 1$；在平面变形压缩实验中，$\sigma_1 = \bar{p}$，$n_\sigma = 1.155$。变形抗力 σ_s 的数值，首先取决于变形金属的成分和组织，不同的牌号，其 σ_s 值不同。其次，变形条件对 σ_s 的影响也很大，其中主要是变形温度、应变速率和变形程度。

2.9.1.1 变形温度

由于温度的升高，降低了金属原子间的结合力，因此所有金属与合金的变形抗力都随变形温度的升高而降低，如图 2-39 所示。只有那些随温度变化产生物理-化学变化或相变的金属或合金才有例外，如碳钢在兰脆温度范围内（一般为 $300 \sim 400 ℃$，取决于应变速率）σ_s 随温度升高而增加。另外，一般随温度升高硬化强度减少，而且从一定的温度开始，硬化曲线几乎为一水平线，如图 2-40 所示。

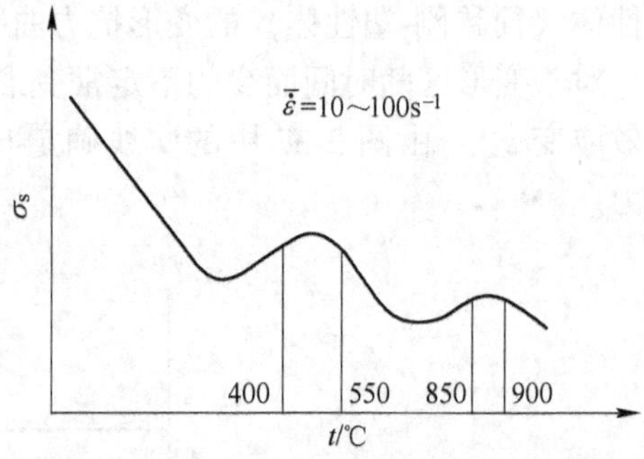

图 2-39 变形抗力与温度的关系（碳钢）

2.9.1.2 应变速率

应变速率对变形抗力的影响，首先从金属学已知，应变速率的增加，使位错移动速率增加，变形抗力增加。另外从塑性变形过程中同时存在硬化与软化这对矛盾过程来说，应变速率增加，缩短了软化过程的时间，使其来不及充分进行，因而加剧加工硬化，使变形抗力提高；但应变速率增加，单位时间内的变形功增加，因此而转化为热的能量增加，而变形金属向周围介质散热量减少，从而使变形热效应增加，金属温度上升，反而降低金属的变形抗力。综上所述，应变速率增加，变形抗力增加，但在不同温度范围内，应变速率的影响不同（图 2-41）。在热变形温度范围内，应变速率的影响大。最明显的是由不完全热变形到热变形的过渡温度范围。产生上述情况的原因是，在常温条件下，金属原来的变形抗力就比较大，变形热效应也显著，因此应变速率提高引起的变形抗力相对增加量要小；相反，在高温变形时，因为原来金属变形抗力较小，变形热效应作用相对变小，而且由于应变速率的提高使变形时间缩短，软化过程来不及充分进行，所以应变速率对变形抗

力的影响比较明显；当变形温度更高时，软化速度将大大提高，以致应变速率的影响有所下降。

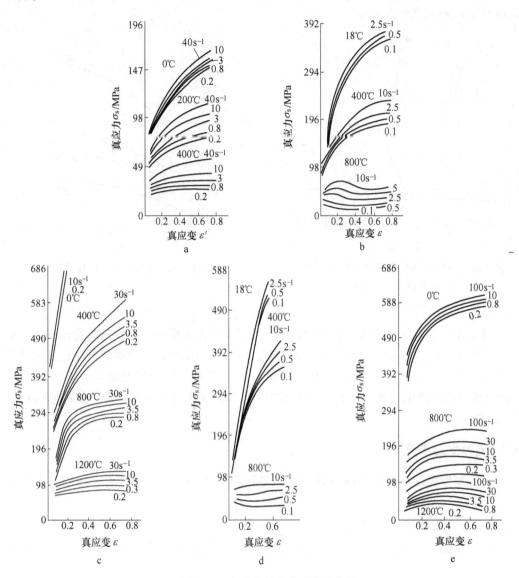

图 2-40　各种金属的变形抗力曲线

a—99.5%铝退火材（桥爪）；b—99.99%铜退火材（剑持）；c—70 黄铜退火材（剑持）；
d—0.15%碳钢退火材（桥爪）；e—不锈钢退火材（桥爪）

2.9.1.3　变形程度

无论在室温或较高温度条件下，只要来不及进行回复再结晶过程，则随着变形程度的增加，必然产生加工硬化，因而使变形抗力增加。通常变形程度在 30% 以下时，变形抗力增加得比较显著；当变形程度较高时，随着变形程度的增加，变形抗力的增加变得比较缓慢（图 2-40）。前已述及，在同样应变速率下，随着变形温度的增加，变形抗力随变形程度增加而增加的程度变小（图 2-41）。因此，加工硬化曲线-变形抗力与变形程度的关系曲线对于冷变形来说具有特殊重要意义。图 2-42 所示为几种金属的加工硬化曲线。这类曲线的横坐标有 3 种，即伸长率 $\delta(\delta=\Delta l/l_0)$、断面收缩率 $\psi(\psi=(F_0-F_1)/F_0=\Delta l/l_1)$ 和真应变 $\varepsilon=\ln(l_1/l_0)$。

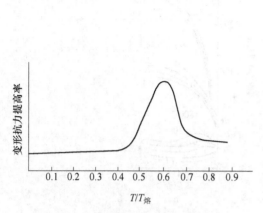

图 2-41　在各种温度范围内应变速率对
　　　　　变形抗力提高率的影响

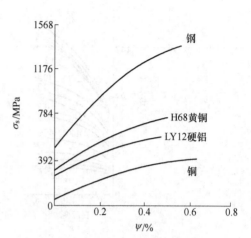

图 2-42　几种金属及合金的硬化曲线

按照 2.8 节等效应力与等效应变的概念，用真应变作为横坐标的硬化曲线最科学。而且不同变形方式的变形程度应折算成等效应变，然后由单向拉伸试验测定的硬化曲线确定对应的变形抗力。但有时作为工程近似计算，常常用工程应变程度在第二种硬化曲线（以 ψ 为横坐标的硬化曲线）上确定变形抗力 σ_s。这种处理方法所以是近似的原因应该是不言而喻的。

2.9.2　变形体的"模型"

在进行塑性加工力学问题解析时，常把实际变形体——工件理想化而采用以下几种"模型"。

2.9.2.1　线弹性体"模型"

这种"模型"的应力与应变之间符合虎克定律，呈线性关系（图 2-43b），可用下式表示

$$\sigma=E\varepsilon$$

2.9.2.2　理想弹塑性体"模型"

对于具有明显屈服平台的材料，如低碳钢，如果不考虑材料的强化性质，并忽略上屈服限，则可得如图 2-44 所示的理想弹塑性体的"模型"。

设 OA 是弹性段，AB 是塑性段。应力可用下列公式表示：

$$\sigma=E\varepsilon \qquad (\varepsilon\leqslant\varepsilon_s)$$
$$\sigma=\sigma_s=E\varepsilon_s \qquad (\varepsilon>\varepsilon_s)$$

即 OA 是服从虎克定律的直线，在弹性极限外的应力-应变曲线是平行于 ε 轴的直线，具有这种应力-应变关系的材料，称为理想弹塑性材料。

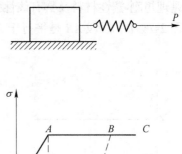

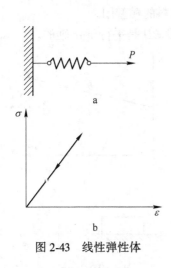

图 2-43　线性弹性体

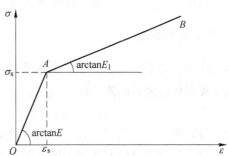

图 2-44　理想弹塑性体

2.9.2.3　弹塑性强化体"模型"

如果考虑到材料的强化性质，则应力-应变曲线可用图 2-45 来表示。在图中有 OA 和 AB 两条曲线，此种情况的近似表达式为：

$$\sigma = E\varepsilon \qquad (\varepsilon \leqslant \varepsilon_s)$$

$$\sigma = \sigma_s + E_1(\varepsilon - \varepsilon_s) \qquad (\varepsilon \geqslant \varepsilon_s)$$

式中，E 和 E_1 分别是直线 OA 和 AB 的斜率。

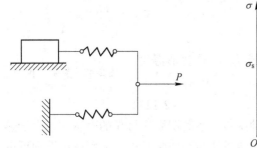

图 2-45　线性强化材料

具有这种应力-应变关系的材料，称为弹塑性线性强化材料。此种近似，对某些材料是足够准确的。

如果考虑到材料具有非线性强化性质，则其近似表达式为：

$$\sigma = A\varepsilon^n$$

$$\sigma = A + B\varepsilon^n$$

式中，n 为强化指数，$n = 0$ 时表示理想塑性体的"模型"；$n = 1$ 时为线性强化体的"模型"。

2.9.2.4　刚-塑性体的"模型"

在塑性加工中，弹性变形比塑性变形小的多，这时可忽略弹性变形，即为刚-塑性体"模型"。在这种模型中，假设应力在达到屈服极限前，变形等于零。如图 2-46 和图 2-47

所示的是理想刚-塑性材料及具有线性强化的刚-塑性材料的模型图。

在图 2-46 中，线段 AB 是平行于 ε 轴的，卸载线段 BD 是平行于 σ 轴的。

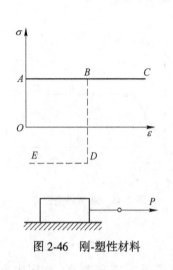

图 2-46 刚-塑性材料

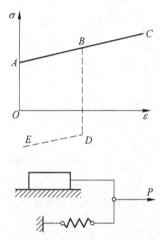

图 2-47 刚-塑性线性材料模型

2.9.2.5 复杂"模型"

在一般情况下，变形时金属将具有弹性、黏性和硬化的复杂"模型"，如图 2-48 所示。在塑性加工过程中，变形温度（T）、变形程度（ε）、应变速率（单位时间的变形程度）$\dot{\varepsilon}$ 等都影响单向拉伸（或压缩）时的单位变形力（变形抗力）。

2.9.3 变形抗力模型

综上所述，对于一定的金属，其变形抗力 σ_s 是变形温度、应变速率和变形程度的函数，即

$$\sigma_s = f(\varepsilon, \ \dot{\varepsilon}, \ T) \tag{2-123}$$

图 2-48 复杂"模型"图

为工程计算方便，人们一直在寻找这种函数关系简明而又可靠的表达式。由于热变形和冷变形时这些因素所起的作用程度不同，通过实验和数学归纳，分别得出下列可供参考使用的变形抗力模型。

2.9.3.1 热变形时变形抗力模型

$$\sigma_s = A \varepsilon^a \dot{\varepsilon}^b e^{-cT} \tag{2-124}$$

式中 A，a，b，c ——取决于材质和变形条件的常数；

           T ——变形温度；

           ε ——变形程度；

           $\dot{\varepsilon}$ ——应变速率。

表 2-3 列出了几种钢和合金按式（2-124）形式的具体变形抗力模型。

2.9.3.2 冷变形时变形抗力模型

$$\sigma_s = A + B \varepsilon^n \tag{2-125}$$

式中 A ——退火状态时变形金属的变形抗力；

n, B ——与材质、变形条件有关的系数。

表 2-4 列出了若干金属和合金冷变形时的变形抗力模型。

表 2-3　几种钢与合金热变形时的变形抗力模型

钢种	温度 T/℃	变形程度 ε/%	应变速率 $\dot{\varepsilon}$/s^{-1}	σ_s/MPa
45	1000~2000	5~40	0.1~100	$133\varepsilon^{0.252}\dot{\varepsilon}^{0.143}e^{-0.0025T} \times 9.81$
12CrNi3A	900~1200	5~40	0.1~100	$230\varepsilon^{0.252}\dot{\varepsilon}^{0.143}e^{-0.0029T} \times 9.81$
4Cr13	900~1200	5~40	0.1~100	$430\varepsilon^{0.28}\dot{\varepsilon}^{0.087}e^{-0.0033T} \times 9.81$
Cr17Ni2	900~1200	5~40	0.1~100	$705\varepsilon^{0.28}\dot{\varepsilon}^{0.087}e^{-0.0037T} \times 9.81$
Cr18Ni9Ti	900~1200	5~40	0.1~100	$325\varepsilon^{0.28}\dot{\varepsilon}^{0.087}e^{-0.0028T} \times 9.81$
CrNi75TiAl	900~1200	5~25	0.1~100	$890\varepsilon^{0.35}\dot{\varepsilon}^{0.098}e^{-0.0032T} \times 9.81$
CrNi75MoNbTiAl	900~1200	5~25	0.1~100	$1100\varepsilon^{0.35}\dot{\varepsilon}^{0.018}e^{-0.0032T} \times 9.81$
Cr25Ni65W15	900~1200	5~25	0.1~100	$775\varepsilon^{0.35}\dot{\varepsilon}^{0.098}e^{-0.0028T} \times 9.81$
CrNi70Al	900~1200	5~25	0.12~100	$1330\varepsilon^{0.35}\dot{\varepsilon}^{0.0098}e^{-0.0033T} \times 9.81$

表 2-4　几种金属与合金冷变形时的变形抗力模型 （$\sigma_{0.2}$, σ_B 单位为 MPa）

金属与合金	$\sigma_{0.2}$ 与 ε 的关系	σ_B 与 ε 的关系
L1	$\sigma_{0.2} = (1.8 + 0.28\varepsilon^{0.74}) \times 9.81$	$\sigma_B = (4.1 + 0.05\varepsilon^{1.08}) \times 9.81$
L2	$\sigma_{0.2} = (6 + 0.64\varepsilon^{0.62}) \times 9.81$	$\sigma_B = (9.5 + 0.1\varepsilon) \times 9.81$
LF21	$\sigma_{0.2} = (5 + 0.6\varepsilon^{0.7}) \times 9.81$	$\sigma_B = (11 + 0.03\varepsilon^{1.34}) \times 9.81$
LF3	$\sigma_{0.2} = (7.5 + 6.4\varepsilon^{0.3}) \times 9.81$	$\sigma_B = (22 + 0.66\varepsilon^{0.63}) \times 9.81$
LY11	$\sigma_{0.2} = (8.8 + 3.5\varepsilon^{0.4}) \times 9.81$	$\sigma_B = (18.3 + 0.56\varepsilon^{0.73}) \times 9.81$
LY12		$\sigma_B = (45 + 4\varepsilon^{0.31}) \times 9.81$
M1		$\sigma_B = (25 + 1.5\varepsilon^{0.58}) \times 9.81$
M4	$\sigma_{0.2} = (7.5 + 5.6\varepsilon^{0.41}) \times 9.81$	$\sigma_B = (23 + 0.8\varepsilon^{0.72}) \times 9.81$
H96		$\sigma_B = (27.5 + 1.4\varepsilon^{0.68}) \times 9.81$
H90	$\sigma_{0.2} = (23 + 2.9\varepsilon^{0.52}) \times 9.81$	$\sigma_B = (31 + 1.3\varepsilon^{0.65}) \times 9.81$
H80	$\sigma_{0.2} = (10 + 3\varepsilon^{0.7}) \times 9.81$	$\sigma_B = (29 + 1.3\varepsilon^{0.83}) \times 9.81$
H70	$\sigma_{0.2} = (12 + 2\varepsilon^{0.78}) \times 9.81$	$\sigma_B = (32.5 + 0.57\varepsilon^{0.98}) \times 9.81$
H68	$\sigma_{0.2} = (12 + 3.6\varepsilon^{0.62}) \times 9.81$	$\sigma_B = (32.5 + 1.1\varepsilon^{0.8}) \times 9.81$
H62	$\sigma_{0.2} = (15 + 3.1\varepsilon^{0.65}) \times 9.81$	$\sigma_B = (36 + 0.6\varepsilon^{0.94}) \times 9.81$
HPb59-1	$\sigma_{0.2} = (17.5 + 2.9\varepsilon^{0.6}) \times 9.81$	$\sigma_B = (36 + 1.8\varepsilon^{0.69}) \times 9.81$
HAl77-2		$\sigma_B = (34 + 0.64\varepsilon) \times 9.81$
HPb60-1	$\sigma_{0.2} = (15 + 5.6\varepsilon^{0.61}) \times 9.81$	$\sigma_B = (36 + \varepsilon^{0.36}) \times 9.81$
QAl9-2		$\sigma_B = (49.5 + 0.62\varepsilon) \times 9.81$
QBe2	$\sigma_{0.2} = (40 + 3.1\varepsilon^{0.75}) \times 9.81$	$\sigma_B = (58 + 2.5\varepsilon^{0.73}) \times 9.81$

金属与合金	$\sigma_{0.2}$ 与 ε 的关系	σ_B 与 ε 的关系
08F	$\sigma_{0.2} = (23 + 3.4\varepsilon^{0.6}) \times 9.81$	$\sigma_B = (32.5 + 1.48\varepsilon^{0.54}) \times 9.81$
工业纯铁	$\sigma_{0.2} = (25 + 5\varepsilon^{0.56}) \times 9.81$	$\sigma_B = (37 + 3.3\varepsilon^{0.61}) \times 9.81$
20	$\sigma_{0.2} = (37.5 + 3.16\varepsilon^{0.64}) \times 9.81$	$\sigma_B = (51 + 0.58\varepsilon^{0.98}) \times 9.81$
45	$\sigma_{0.2} = (35 + 8.66\varepsilon^{0.48}) \times 9.81$	$\sigma_B = (58.5 + 1.44\varepsilon^{0.83}) \times 9.81$
T10	$\sigma_{0.2} = (45 + 2.5\varepsilon^{0.79}) \times 9.81$	$\sigma_B = (62 + 1.8\varepsilon^{0.83}) \times 9.81$
30CrMnSi	$\sigma_{0.2} = (47.5 + 8.6\varepsilon^{0.45}) \times 9.81$	$\sigma_B = (64 + 3.4\varepsilon^{0.61}) \times 9.81$
0Cr13	$\sigma_{0.2} = (32.5 + 7.2\varepsilon^{0.45}) \times 9.81$	$\sigma_B = (50 + 1.7\varepsilon^{0.71}) \times 9.81$
1Cr18Ni9	$\sigma_{0.2} = (25 + 1.9\varepsilon) \times 9.81$	$\sigma_B = (63 + 0.13\varepsilon^{1.6}) \times 9.81$

2.10　平面变形和轴对称问题的变形力学方程

塑性力学问题共有 9 个未知数，即 6 个应力分量和 3 个位移分量。与此对应，有 3 个力平衡方程式和 6 个应力与应变的关系式。虽然在原则上是可以求解的，但在解析上要求出能满足这些方程式和给定边界条件的严密解是困难的。然而对平面变形问题和轴对称问题就比较容易处理，尤其是当把变形材料看成是刚-塑性体（或采用平均化了的 σ_e-ε_e 曲线）时，问题就更容易处理。以后将会看到，如果应力边界条件给定，对平面变形问题，静力学可以求出应力分布，这就是所谓静定问题。对轴对称问题，如引入适当的假设，也可以静定化，这样便可在避免求应变的情况下确定应力场，进而计算塑性加工所需的力和能。塑性加工问题许多是平面变形问题和轴对称问题，也有许多问题可以分区简化成平面变形问题来处理。

本节的目的是归纳总结一下平面变形问题和轴对称问题的变形力学方程，给以后各章解各种塑性加工实际问题做准备。

2.10.1　平面变形问题

这里的平面变形是指平行于 xoy 面产生塑性流动（忽略弹性变形，u_x、u_y 仅是 x、y 的函数），因此也称平面塑性流动。平面变形时

$$d\varepsilon_z = d\varepsilon_{yz} = d\varepsilon_{xz} = 0 \tag{2-126}$$

由于体积不变，故 $d\varepsilon_x = -d\varepsilon_y$。

参照式（1-34）和式（1-48），平面变形时，应变增量与位移增量、应变速率与位移速度的关系如下

$$d\varepsilon_x = \frac{\partial u_x}{\partial x}, \quad d\varepsilon_y = \frac{\partial u_y}{\partial y}, \quad d\varepsilon_{xy} = \frac{1}{2}\left(\frac{\partial u_x}{\partial y} + \frac{\partial u_y}{\partial x}\right) \tag{2-127}$$

$$\dot{\varepsilon}_x = \frac{\partial v_x}{\partial x}, \quad \dot{\varepsilon}_y = \frac{\partial v_y}{\partial y}, \quad \dot{\varepsilon}_{xy} = \frac{1}{2}\left(\frac{\partial v_x}{\partial y} + \frac{\partial v_y}{\partial x}\right) \tag{2-128}$$

平面变形时的应力分量如图 2-49 所示。注意到式（2-126），按流动法则式（2-82），

可得：

$$\tau_{yz} = \tau_{xz} = 0, \ \tau_{xy} \neq 0 \tag{2-129}$$

$$\sigma_z' = \sigma_z - \sigma_m = \sigma_z - \frac{1}{3}(\sigma_x + \sigma_y + \sigma_z) = 0$$

或

$$\sigma_z = \frac{1}{2}(\sigma_x + \sigma_y) \tag{2-130}$$

而

$$\sigma_m = -p = \frac{1}{3}(\sigma_x + \sigma_y + \sigma_z)$$

把式（2-130）代入此式，得

$$\sigma_m = -p = \frac{1}{3}\left(\sigma_x + \sigma_y + \frac{\sigma_x}{2} + \frac{\sigma_y}{2}\right)$$

$$= \frac{1}{2}(\sigma_x + \sigma_y) \tag{2-131}$$

式中，p 称为静水压力，一般取正值。

同理，如取坐标为主轴，则

$$\sigma_2 = \frac{1}{2}(\sigma_1 + \sigma_3)$$

$$\sigma_m = -p = \frac{1}{2}(\sigma_1 + \sigma_3)$$

所以，平面变形时，有

$$\sigma_z = \sigma_2 = \sigma_m = -p = \frac{1}{2}(\sigma_x + \sigma_y) = \frac{1}{2}(\sigma_1 + \sigma_3)$$

可见，平面变形时，与塑性流动平面垂直的应力 σ_z 就是中间主应力 σ_2，并等于流动平面内正应力的平均值，也等于应力球分量 σ_m 或 $-p$。

应指出，中间主应力与 xoy 面垂直，所以 σ_z 或 σ_2 对于沿 xoy 面上任意方向的力平衡均不起作用。因此，在确定过变形体内任意点与 xoy 面垂直的任意斜面上的应力时，可以不考虑 σ_z 或 σ_2。这时可以利用平面应力状态（即 $\sigma_z = 0$）作出的应力莫尔（Mohr）圆。

注意到式（2-126），按式（2-82），平面变形时的流动法则为

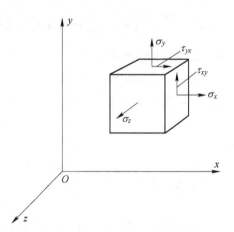

图 2-49 平面变形的应力分量

$$\frac{\mathrm{d}\varepsilon_x}{\sigma_x'} = \frac{\mathrm{d}\varepsilon_y}{\sigma_y'} = \frac{\mathrm{d}\varepsilon_{xy}}{\tau_{xy}} = \mathrm{d}\lambda \tag{2-132}$$

把式（2-129）、式（2-130）代入式（2-82），则

$$
\left.\begin{aligned}
\mathrm{d}\varepsilon_x &= \frac{1}{2}\mathrm{d}\lambda(\sigma_x - \sigma_y) \\[2mm]
\mathrm{d}\varepsilon_y &= \frac{1}{2}\mathrm{d}\lambda(\sigma_y - \sigma_z) \\[2mm]
\mathrm{d}\varepsilon_{xy} &= \mathrm{d}\lambda\,\tau_{xy}
\end{aligned}\right\}
\tag{2-133}
$$

或写成应变速率分量与应力分量的关系

$$
\left.\begin{aligned}
\dot{\varepsilon}_x &= \frac{1}{2}\dot{\mathrm{d}\lambda}(\sigma_x - \sigma_y) \\[2mm]
\dot{\varepsilon}_y &= \frac{1}{2}\dot{\mathrm{d}\lambda}(\sigma_y - \sigma_z) \\[2mm]
\dot{\varepsilon}_{xy} &= \dot{\mathrm{d}\lambda}\,\tau_{xy}
\end{aligned}\right\}
\tag{2-134}
$$

由式（2-133）和式（2-134）可知，$\mathrm{d}\varepsilon_x = -\,\mathrm{d}\varepsilon_y$ 或 $\dot{\varepsilon}_x = -\,\dot{\varepsilon}_y$，这是符合体积不变条件的。

把式（2-129）代入力平衡微分方程（2-4），则

$$
\left.\begin{aligned}
\frac{\partial \sigma_x}{\partial x} + \frac{\partial \tau_{yx}}{\partial y} &= 0 \\[2mm]
\frac{\partial \tau_{xy}}{\partial x} + \frac{\partial \sigma_y}{\partial y} &= 0 \\[2mm]
\frac{\partial \sigma_z}{\partial z} &= 0
\end{aligned}\right\}
\tag{2-135}
$$

其中第三式表示 σ_z 沿 z 方向不发生变化，即与 z 轴无关。由于 σ_z 可以从式（2-130）直接求出，所以第三式可以省略。

把式（2-129）和式（2-130）代入式（2-31），则密赛斯塑性条件可写成

$$
(\sigma_x - \sigma_y)^2 + 4\tau_{xy}^2 = 4k^2 = \left(\frac{2}{\sqrt{3}}\sigma_s\right)^2 = (1.155\sigma_s)^2 = K^2
\tag{2-136}
$$

式中　　k——屈服剪应力；

　　　　K——平面变形抗力。

如所取坐标轴为主轴，则

$$
(\sigma_1 - \sigma_3)^2 = 4k^2 = (1.155\sigma_s)^2 = K^2
$$

或

$$
\sigma_1 - \sigma_3 = 2k = 1.155\sigma_s = K
\tag{2-137}
$$

按屈雷斯卡塑性条件，则

$$
\sigma_1 - \sigma_3 = 2k = \sigma_s
\tag{2-138}
$$

平面变形时，从 $\sigma_1 - \sigma_3 = 2k$ 的形式上看，两个塑性条件是一致的。即最大剪应力

$$
\frac{\sigma_1 - \sigma_3}{2} = k
$$

因此在塑性变形时莫尔圆的半径都可由 k 表示。但应注意 k 的数值不同，按密赛斯塑性条件 $k = (1/\sqrt{3})\sigma_s = 0.577\sigma_s$，而按屈雷斯卡塑性条件 $k = 0.5\sigma_s$。也就是在塑性变形

时按密赛斯和屈雷斯卡塑性条件两个应力莫尔圆的半径大小不同。

由式（2-122）和式（2-130）可见，平面变形时应力未知数仅有 3 个，即 σ_x、σ_y、τ_{xy}。按式（2-135）和式（2-136），可列出 3 个方程式。对于 σ_s 或 k 一定的刚-塑性材料，如果给出应力边界条件是可以解出应力未知数的，也就是此问题是静定问题。

轧制板、带材，平面变形挤压和拉拔等都属于平面变形问题。

2.10.2 轴对称问题

所谓轴对称问题，就是其应力和应变的分布以 z 轴为对称。例如压缩、挤压和拉拔圆柱体等。这时最好采用圆柱坐标系。其应变与位移的关系为式（1-35）。

由于应变的轴对称性，在 θ 方向无位移（假定绕 z 轴无转动），即 $u_\theta = 0$；z-r 面（也称子午面）变形时不发生弯曲（始终保持平面，仅径向与轴向尺寸变化），并且各子午面之间的夹角保持不变，所以子午面上 $\mathrm{d}\varepsilon_{\theta z} = \mathrm{d}\varepsilon_{\theta r} = 0$（但应注意 $\mathrm{d}\varepsilon_\theta \neq 0$），按式（1-35），轴对称变形时的微小应变或应变增量为

$$
\left.
\begin{aligned}
\mathrm{d}\varepsilon_r &= \frac{\partial u_r}{\partial r} \\
\mathrm{d}\varepsilon_z &= \frac{\partial u_z}{\partial z} \\
\mathrm{d}\varepsilon_\theta &= \frac{u_r}{r} \\
\mathrm{d}\varepsilon_{zr} &= \frac{1}{2}\left(\frac{\partial u_r}{\partial z} + \frac{\partial u_z}{\partial r}\right)
\end{aligned}
\right\}
\tag{2-139}
$$

轴对称的应力分量如图 2-50 所示。由于 $\mathrm{d}\varepsilon_{\theta z} = \mathrm{d}\varepsilon_{\theta r} = 0$，所以

$$\tau_{\theta z} = \tau_{\theta r} = 0 \tag{2-140}$$

注意到 $\mathrm{d}\varepsilon_{\theta z} = \mathrm{d}\varepsilon_{\theta r} = 0$，并把流动法则式（2-82）中之 x、y、z 换成圆柱坐标的 r、θ、z，则

$$\frac{\mathrm{d}\varepsilon_r}{\sigma_r'} = \frac{\mathrm{d}\varepsilon_\theta}{\sigma_\theta'} = \frac{\mathrm{d}\varepsilon_z}{\sigma_z'} = \frac{\mathrm{d}\varepsilon_{zr}}{\tau_{zr}} = \mathrm{d}\lambda \tag{2-141}$$

把 $\mathrm{d}\varepsilon_{\theta z} = \mathrm{d}\varepsilon_{\theta r} = 0$ 代入式（2-84），则

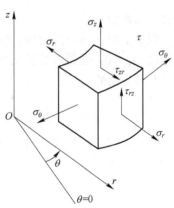

$$
\left.
\begin{aligned}
\mathrm{d}\varepsilon_r &= \frac{2}{3}\mathrm{d}\lambda\left[\sigma_r - \frac{1}{2}(\sigma_\theta + \sigma_z)\right] \\
\mathrm{d}\varepsilon_\theta &= \frac{2}{3}\mathrm{d}\lambda\left[\sigma_\theta - \frac{1}{2}(\sigma_z + \sigma_r)\right] \\
\mathrm{d}\varepsilon_z &= \frac{2}{3}\mathrm{d}\lambda\left[\sigma_z - \frac{1}{2}(\sigma_r + \sigma_\theta)\right]
\end{aligned}
\right\}
\tag{2-142}
$$

$$\mathrm{d}\varepsilon_{zr} = \mathrm{d}\lambda\,\tau_{zr}$$

图 2-50　轴对称问题的应力分量

由此式可见

$$\mathrm{d}\varepsilon_r + \mathrm{d}\varepsilon_\theta + \mathrm{d}\varepsilon_z = 0$$

符合体积不变条件。

注意到式（2-140），并忽略体积力，按圆柱坐标系的力平衡微分方程式（2-9），轴对称变形时可写成

$$\left.\begin{array}{l} \dfrac{\partial \sigma_r}{\partial r} + \dfrac{\partial \tau_{zr}}{\partial z} + \dfrac{\sigma_r - \sigma_\theta}{r} = 0 \\[3mm] \dfrac{\partial \tau_{rz}}{\partial r} + \dfrac{\partial \sigma_z}{\partial z} + \dfrac{\tau_{rz}}{r} = 0 \\[3mm] \dfrac{\partial \sigma_\theta}{\partial \theta} = 0 \end{array}\right\} \tag{2-143}$$

把密赛斯塑性条件中的 x、y、z 换成 r、θ、z，并注意到式（2-140），则式（2-31）可写成

$$(\sigma_r - \sigma_\theta)^2 + (\sigma_\theta - \sigma_z)^2 + (\sigma_z - \sigma_r)^2 + 6\tau_{zr}^2 = 6k^2 = 2\sigma_s^2 \tag{2-144}$$

由上可见，式（2-142）的流动法则、式（2-143）的力平衡微分方程式和式（2-144）的塑性条件是轴对称问题的基本方程式。这 7 个方程式共 7 个未知数，即 4 个应力分量 σ_r、σ_θ、σ_z、τ_{zr}，2 个位移分量 u_r、u_z［按式（2-139）4 个应变分量可以用 2 个位移分量确定］和一个 $\mathrm{d}\lambda$。可是仅含有应力分量间关系的式子只有 3 个，即式（2-143）之前两个和式（2-144），所以即使是采用 σ_s 或 k 为定值的刚-塑性材料，除非引入其他假设条件，通常不是静定问题。

在此必须指出，要注意轴对称问题与轴对称应力状态的区别。前者是指变形体内的应力、应变的分布对称于 z 轴；后者是指点应力状态中的 $\sigma_2 = \sigma_3$ 或 $\sigma_1 = \sigma_2$。

为简化工程计算，有时在解圆柱体镦粗、挤压、拉拔（属于轴对称问题）时，假设 $\sigma_r = \sigma_\theta$，从而使应力分量的未知数由 4 个减少为 3 个，而式（2-144）进一步简化为

$$(\sigma_z - \sigma_r)^2 + 3\tau_{zr}^2 = \sigma_s^2 \tag{2-145}$$

使其变为静定问题。

以下给出 $\sigma_r = \sigma_\theta$ 假设成立的证明过程。轴对称变形时，子午面保持平面，θ 向没有位移速度，$v_\theta = 0$；各位移分量均与 θ 无关，$\varepsilon_{r\theta} = \varepsilon_{\theta z} = 0$，$\theta$ 向成为应变主方向，这时，几何方程（1-35）简化为：

$$\varepsilon_r = \frac{\partial u_r}{\partial r}, \quad \varepsilon_\theta = \frac{u_r}{r}, \quad \varepsilon_z = \frac{\partial u_z}{\partial z}, \quad \varepsilon_{zr} = \frac{1}{2}\left(\frac{\partial u_r}{\partial z} + \frac{\partial u_z}{\partial r}\right)$$

对于均匀变形时的单向拉伸、锥形模挤压和拉拔以及圆柱体平砧镦粗等，其径向位移分量 u_r 与坐标 r 成线性关系，于是得：

$$\frac{\partial u_r}{\partial r} = \frac{u_r}{r}$$

即

$$\varepsilon_r = \varepsilon_\theta$$

根据增量理论可知，径向正应力和周向正应力也相等，即 $\sigma_r = \sigma_\theta$。此时，只有 3 个独立的应力分量。以上结论反映了轴对称条件下，均匀变形时变形状态和应力状态的重要特征，即径向的正应变同周向的正应变相等，径向的正应力同周向的正应力相等。

思　考　题

2-1　为什么异步轧制的轧制力比同步轧制的轧制力小？

2-2 什么样的应力条件才能构成平面变形的变形状态？

2-3 叙述下列术语的定义或含义：屈服准则、屈服表面、屈服轨迹。

2-4 常用的屈服准则有哪两个？如何表述？分别写出其数学表达式。

2-5 对各向同性的硬化材料屈服准则是如何考虑的？

2-6 叙述下列术语的定义或含义：增量理论、全量理论、真实应力、拉伸塑性失稳、硬化材料、理想弹塑性材料、理想刚塑性材料、弹塑性硬化材料、刚塑性硬化材料。

2-7 塑性变形时应力应变关系有何特点？为什么说塑性变形时应力和应变之间的关系与加载历史有关？

2-8 试画出无接触摩擦和有接触摩擦两种条件下矩形件压缩时（图 2-51）的质点流动方向（在水平面上的投影）图，并简述其理由。

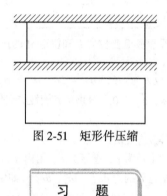

图 2-51　矩形件压缩

习　题

2-1 试推导式（2-4）。

2-2 试证明式（2-15）。

2-3 某受力物体内应力场为：$\sigma_x = -6xy^2 + c_1x^3$，$\sigma_y = -\dfrac{3}{2}c_2xy^2$，$\tau_{xy} = -c_2y^3 - c_3x^2y$，$\sigma_z = \tau_{yz} = \tau_{zx} = 0$，试求系数 c_1、c_2、c_3。（提示：应力应满足力平衡微分方程）

2-4 在平面塑性变形条件下，塑性区一点在与 x 轴交成 θ 角的一个平面上，其正应力为 σ（$\sigma < 0$），切应力为 τ，且屈服切应力为 k，如图 2-52 所示。试画出该点的应力莫尔圆，并求出在 y 方向上的正应力 σ_y 及切应力 τ_{xy}，且将 σ_y、τ_{yx} 及 σ_x、τ_{xy} 所在平面标注在应力莫尔圆上。

2-5 一矩形件在刚性槽内压缩，如图 2-53 所示。如果忽略锤头、槽底、侧壁与工件间的摩擦，试求工件尺寸为 $h \times b \times l$（垂直纸面方面为 l 方向）时的压力 P 和侧壁压力 N 的表达式。

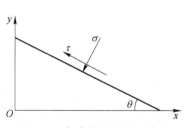

图 2-52　任意斜面受力示意图

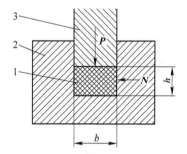

图 2-53　刚性槽内压缩矩形件
1—工件；2—刚性槽；3—锤头

2-6 某理想塑性材料在平面应力状态下的各应力分量为 $\sigma_x = 75\text{MPa}$，$\sigma_y = 15\text{MPa}$，$\sigma_z = 0$，$\tau_{xy} = 15\text{MPa}$，若该应力状态足以产生屈服，试问该材料的屈服应力是多少？

2-7 试判断下列应力状态使材料处于弹性状态还是处于塑性状态：

$$\sigma_{ij} = \begin{bmatrix} -5\sigma_s & 0 & 0 \\ 0 & -5\sigma_s & 0 \\ 0 & 0 & -4\sigma_s \end{bmatrix}, \ \sigma_{ij} = \begin{bmatrix} -0.8\sigma_s & 0 & 0 \\ 0 & -0.8\sigma_s & 0 \\ 0 & 0 & -0.2\sigma_s \end{bmatrix}, \ \sigma_{ij} = \begin{bmatrix} -\sigma_s & 0 & 0 \\ 0 & -0.5\sigma_s & 0 \\ 0 & 0 & -1.5\sigma_s \end{bmatrix}$$

2-8 如图 2-54 所示的薄壁圆管受拉力 P 和扭矩 M 的作用而屈服，试写出此情况下的密赛斯屈服准则和屈雷斯卡屈服准则的表达式。

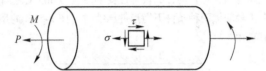

图 2-54 薄壁圆管受拉力 P 和扭矩 M 的作用示意图

2-9 已知下列 3 种应力状态的 3 个主应力为：(1) $\sigma_1 = 2\sigma$，$\sigma_2 = \sigma$，$\sigma_3 = 0$；(2) $\sigma_1 = 0$，$\sigma_2 = -\sigma$，$\sigma_3 = -\sigma$；(3) $\sigma_1 = \sigma$，$\sigma_2 = \sigma$，$\sigma_3 = 0$。分别求其塑性应变增量 $d\varepsilon_1^p$、$d\varepsilon_2^p$、$d\varepsilon_3^p$ 与等效应变增量 $d\bar{\varepsilon}^p$ 的关系表达式。

2-10 写出薄壁管扭转时等效应力和等效应变的表达式。

2-11 已知二端封闭的长薄壁管容器的半径为 r，壁厚为 t，由内压力 p（单位流动压力）引起塑性变形，若轴向、切向、径向塑性应变增量分别为 $d\varepsilon_z^p$、$d\varepsilon_\theta^p$、$d\varepsilon_r^p$，如果忽略弹性变形，试求各塑性应变增量之间的比值（即 $d\varepsilon_z^p : d\varepsilon_\theta^p : d\varepsilon_r^p$）。（提示：先求出偏差应力分量）

2-12 对于金属杆单向拉伸，证明其出现颈缩时满足 $\dfrac{d\sigma}{d\varepsilon} = \sigma$ 关系。

2-13 试在 π 平面上构造一个与 Mises 圆周长相等的十二边形，并证明满足如下关系时材料发生屈服：

$$\sigma_1 - 0.304\sigma_2 - 0.696\sigma_3 = \sigma_s, \quad 当 \sigma_2 \leqslant \frac{1}{2}(\sigma_1 + \sigma_3) 时$$

$$0.696\sigma_1 + 0.304\sigma_2 - \sigma_3 = \sigma_s, \quad 当 \sigma_2 \geqslant \frac{1}{2}(\sigma_1 + \sigma_3) 时$$

2-14 已知下列应变分量是物体变形时产生的，试求系数之间的关系。

$$\varepsilon_x = A_0 + A_1(x^2 + y^2) + x^4 + y^4, \ \varepsilon_y = B_0 + B_1(x^2 + y^2) + x^4 + y^4$$

$$\gamma_{xy} = C_0 + C_1 xy(x^2 + y^2 + C_2), \ \varepsilon_z = \gamma_{yz} = \gamma_{xz} = 0$$

3 工 程 法

前面两章介绍了金属塑性成型的力学基础,包括应力应变分析和变形力学方程。在塑性成型过程中,工具对坯料施加的作用达到一定数值时,坯料就会发生塑性变形,此时工具施加的作用力就称为变形力。变形力是正确设计模具、选择设备和制定工艺规程的重要参数。因此,对各种塑性成型工序进行变形过程的力学分析和确定变形力是金属塑性成型理论的基本任务之一。

对于一般空间问题,在3个平衡微分方程和1个屈服准则(或称塑性条件)中,共包含6个未知数(σ_{ij}),方程的个数少于未知数的个数,属静不定问题;再利用6个应力应变关系式(本构方程)和3个变形连续性方程,共得13个方程,包含13个未知数(6个应力分量、6个应变或应变速率分量、一个比例系数 dλ 或 λ),方程式和未知数相等。但是,这种数学解析法只有在某些特殊情况下才能解,而对一般空间问题,求数学上的精确解极其困难。对大量实际问题,通常是进行一些简化和假设来求解。根据简化方法的不同,求解方法有主应力法、滑移线法、上界法等。主应力法是在简化平衡微分方程和屈服准则基础上建立起来的计算方法,本章主要介绍这种方法。

3.1 工程法简化条件

用理论法推导变形力方程,常常遇到数学上的困难,或者所得公式复杂。工程实践中,需要既简单又有足够精度的变形力算式,工程法或初等解析法,即适应这种需要而产生。将近似的平衡微分方程和屈服准则联解,以求得接触面上应力分布的方法,称为工程法。由于经过简化的平衡微分方程和屈服准则实质上是以主应力表示的,故此得名。这种解法是切取基元体或基元板块着手的,故也形象地称为"切块法"。

为简化微分平衡方程与屈服准则的联解,工程法主要采用以下基本假设。

3.1.1 屈服准则的简化

假设工具与坯料的接触表面为主平面,或者为最大剪应力平面,摩擦剪应力 τ_f 或者视为零,或者取为最大值 k,这样对平面变形问题,屈服准则式(2-136)中的剪应力分量消失并简化为

$$\sigma_x - \sigma_y = 2k$$

或
$$\sigma_x - \sigma_y = 0$$

即
$$\mathrm{d}\sigma_x - \mathrm{d}\sigma_y = 0 \tag{3-1}$$

同理,圆柱体镦粗时屈服准则式(2-145)简化为

$$\mathrm{d}\sigma_r - \mathrm{d}\sigma_z = 0 \tag{3-2}$$

可见,在应用密赛斯屈服准则时,忽略切应力的影响,可将密赛斯屈服准则二次方程

简化为线性方程。

3.1.2 微分平衡方程的简化

将变形过程近似地视为平面问题或轴对称问题，并假设法向应力与一个坐标轴无关，仅是某一坐标的函数，可减少微分平衡方程数，且可将偏微分改为常微分。

以平面变形条件下的矩形件镦粗为例，图 3-1 中，z 轴为不变形方向，适用于求该过程变形力的微分平衡方程为

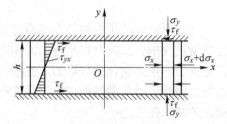

图 3-1 矩形件镦粗

$$\frac{\partial \sigma_x}{\partial x} + \frac{\partial \tau_{yx}}{\partial y} + \frac{\partial \tau_{zx}}{\partial z} = 0$$

由于 z 轴方向不变形，所以 $\tau_{zx} = 0$，故

$$\frac{\partial \tau_{zx}}{\partial z} = 0$$

如果假设剪应力 τ_{yx} 在 y 轴方向上呈线性分布，即满足 $y = 0$，$\tau_{yx} = 0$ 与 $y = \dfrac{h}{2}$，$\tau_{yx} = \tau_{\mathrm{f}}$，则有

$$\frac{\partial \tau_{yx}}{\partial y} = \frac{2\tau_{\mathrm{f}}}{h}$$

如果设 σ_x 与 y 轴无关（即在坯料厚度上，σ_x 是均匀分布的），则

$$\frac{\partial \sigma_x}{\partial x} = \frac{\mathrm{d}\sigma_x}{\mathrm{d}x}$$

这样，微分平衡方程最后简化为

$$\frac{\mathrm{d}\sigma_x}{\mathrm{d}x} + \frac{2\tau_{\mathrm{f}}}{h} = 0 \tag{3-3}$$

有时工程法不是从已有的微分平衡方程简化而是从变形体上截取分离体，并用静力平衡法来建立适当的平衡方程。矩形件镦粗单元体如图 3-1 所示。在直角坐标系下，假设矩形件沿 z 轴方向的变形为零，在 x 轴上距原点为 x 处切取宽度为 $\mathrm{d}x$、长度为 l 的单元体，单元体高度等于变形区高度 h，两个平截面上的正应力分别为 σ_x 和 $\sigma_x + \mathrm{d}\sigma_x$，设切应力为零，正应力沿 y 轴方向是均匀分布的。单元体与刚性压板接触表面上的摩擦切应力为 τ_{f}，方向与矩形件塑性流动方向相反，则沿 x 方向列出单元体的静力平衡方程，可得

$$\sum F_x = (\sigma_x + \mathrm{d}\sigma_x)lh - \sigma_x lh + 2\tau_{\mathrm{f}}l\mathrm{d}x = 0$$

$$\mathrm{d}\sigma_x h + 2\tau_{\mathrm{f}}\mathrm{d}x = 0$$

$$\frac{\mathrm{d}\sigma_x}{\mathrm{d}x} + \frac{2\tau_{\mathrm{f}}}{h} = 0$$

显然，上式也是在假设 σ_x 在 y 方向均匀分布的基础上得到的。

同理，圆柱体镦粗时 r 方向力平衡微分方程（2-143）在 $\sigma_r = \sigma_\theta$ 的前提下，可简化为

$$\frac{\mathrm{d}\sigma_r}{\mathrm{d}r} + \frac{2\tau_{\mathrm{f}}}{h} = 0 \tag{3-4}$$

由以上分析可知，通常切取的单元体高度等于变形区的高度，将剖切面上的正应力假设为均匀分布的主应力，因此，正应力的分布只随单一坐标变化，由此可将偏微分应力平衡方程简化为常微分应力平衡方程。

3.1.3 接触表面摩擦规律的简化

接触表面的摩擦是一个复杂的物理过程，接触表面的法向压应力与摩擦应力间的关系也很复杂，还没有确切描述这种复杂关系的表达式。目前多采用简化的近似关系。运用最普遍的3种摩擦假设是库伦摩擦条件、常摩擦力条件以及最大摩擦力条件，它们的表达式分别如下

$$\tau_f = f\sigma_z$$

$$\tau_f = mk \quad (m \text{ 称为摩擦因子，取值} 0\sim1)$$

$$\tau_f = k$$

3.1.4 变形区几何形状的简化

材料成型过程中的变形区，一般由工具与变形材料的接触表面和变形材料的自由表面或弹塑性分界面围成。塑性变形区的几何形状一般是比较复杂的。为使计算公式简化，在推导变形力计算公式时，常根据所取的坐标系以及变形特点，把变形区的几何形状作简化处理。如平锤下镦粗时，侧表面始终保持与接触表面垂直关系；平辊轧制时，以弦代弧（轧辊与坯料的接触弧）或以平锤下的压缩矩形件代替轧制过程；平模挤压时，变形区与死区的分界面以圆锥面代替实际分界面等（图3-2）。对于形状复杂的变形体，还可根据变形体流动规律，将其划分成若干部分，对每一部分分别按平面问题或轴对称问题进行处理，最后"拼合"在一起，即可得到整个问题的解。

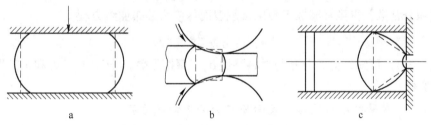

图 3-2 变形区几何形状的简化

实线—实际变形区形状；虚线—简化后变形区形状

a—镦粗；b—轧制；c—挤压

3.1.5 其他假设

除上述外，还将变形材料看作匀质、各向同性、变形均匀，剪应力在坯料厚度或半径方向线性分布以及进行某些数学近似处理等。

工程法作为求塑性成型问题近似解的一种方法，在工程上得到了广泛的应用。该方法以均匀变形假设为前提，将偏微分应力平衡方程简化为常微分应力平衡方程，将密赛斯屈服准则的二次方程简化为线性方程，最后归结为求解一阶常微分应力平衡方程问题，从而

获得工程上所需的解。工程法的数学运算比较简单，从所得的数学表达式中，可以分析各有关参数（如摩擦系数、变形体几何尺寸、变形程度、模孔角等）对变形力的影响，因此至今仍然是计算变形力的一种重要方法。但用这种方法无法分析变形体内的应力分布，因为所做的假设已使变形体内的应力分布在一个坐标上平均化了。

3.2 圆柱体镦粗

3.2.1 接触表面压应力分布曲线方程

3.2.1.1 常摩擦系数区接触表面压应力分布曲线方程

将 $\tau_f = f\sigma_z$ 代入平衡微分方程式（3-4）得

$$\frac{\mathrm{d}\sigma_r}{\mathrm{d}r} + \frac{2f\sigma_z}{h} = 0$$

再将屈服准则式（3-2）代入上式得

$$\frac{\mathrm{d}\sigma_z}{\mathrm{d}r} + \frac{2f\sigma_z}{h} = 0$$

积分上式得

$$\sigma_z = C\mathrm{e}^{-\frac{2f}{h}r}$$

式中　h—坯料厚度。

由边界条件确定积分常数，在边界点，$r = R$ 时，在侧自由表面上有 $\sigma_r = 0$，$\tau_{rz} = 0$；由剪应力互等，$\tau_{zr} = 0$，则根据屈服准则式（2-145）可得边界处

$$\sigma_z = -\sigma_s（即单向压缩应力使材料屈服）$$

从而确定积分常数，得到常摩擦系数区接触表面压应力分布曲线方程

$$\sigma_z = -\sigma_s \mathrm{e}^{\frac{2f}{h}(R-r)} \tag{3-5}$$

由式（3-5）可知，应力分布与材料特性 σ_s、摩擦系数 f、工件尺寸 R 和 h 有关，并随坐标 r 而变化。

3.2.1.2 常摩擦应力区接触表面压应力分布曲线方程

在图 3-3 中，将 $\tau_f = -k$（与金属流动方向相反，取值为负）及屈服准则式（3-2）代入微分平衡方程式（3-4）得

$$\frac{\mathrm{d}\sigma_z}{\mathrm{d}r} - \frac{2k}{h} = 0$$

同常摩擦系数区一样，积分上式并利用边界条件 $r = r_b$，$\sigma_z = \sigma_{zb}$ 且此时，

$$\tau_f = f\sigma_{zb} = -k, \qquad \sigma_{zb} = -\frac{\sigma_s}{\sqrt{3}f}$$

则得

$$\sigma_z = -\frac{\sigma_s}{\sqrt{3}f} - \frac{2\sigma_s}{\sqrt{3}h}(r_b - r) \tag{3-6}$$

式中，σ_{zb} 为常摩擦应力区边界 $r = r_b$ 处的单位压力。

由式（3-6）显然可以看出，σ_z 在常摩擦应力区的分布规律是一斜线，其斜率为 $\dfrac{2\sigma_s}{\sqrt{3}h}$。$h$ 越小，σ_z 上升的斜率越大，镦粗力越大。

3.2.1.3 摩擦应力递减区接触表面压应力分布曲线方程

摩擦应力递减区的存在已被实验所证实。但是考虑到关于这个区范围的确切资料还不充分，同时由于这个区的应力分布对整个变形力影响不大，所以可以近似地用常摩擦系数区（或常摩擦应力区）的 σ_z 分布曲

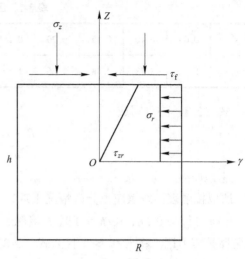

图 3-3 圆柱体镦粗

线的延长线来代替。这样处理还因为该区域的物理本质有待进一步研究。

有的学者认为，该区域的范围为 $r = h$，τ_f 在此范围内呈线性分布，其接触表面压应力分布曲线方程为

$$\sigma_z = \sigma_{zc} - \frac{\sigma_s}{\sqrt{3}h^2}(h^2 - r^2) \tag{3-7}$$

式中，σ_{zc} 为 $r = h$ 时的单位压力值，且

$$\sigma_{zc} = -\frac{\sigma_s}{\sqrt{3}f} - \frac{2\sigma_s}{\sqrt{3}h}(r_b - h)$$

3.2.2 接触表面分区情况

不同条件下接触表面的分区情况，仍然取决于坯料的径高比 $\dfrac{d}{h}$ 及 f 值，其接触表面分区情况，如图 3-4 所示。常摩擦系数区及常摩擦应力区分界点的位置 r_b 可由式（3-5）确定，将 $r = r_b$，$f\sigma_{zb} = -k$ 代入式（3-5）得

$$\frac{r_b}{h} = \frac{d}{2h} - \eta(f) \tag{3-8}$$

其中

$$\eta(f) = -\frac{1}{2f}\ln f\sqrt{3}$$

函数 $\eta(f)$ 值列于表 3-1 中。

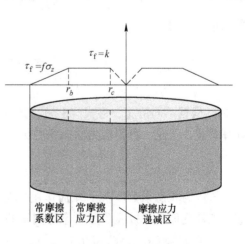

图 3-4 接触表面分区情况

表 3-1 函数 $\eta(f)$ 值

f	0.05	0.10	0.15	0.20	0.25	0.30	0.35	0.40	0.45	0.50	0.58
$\eta(f)$	24.42	8.78	4.48	2.66	1.67	1.09	0.71	0.46	0.28	0.14	0.00

式 (3-8) 亦可写成

$$\frac{R - r_{\mathrm{b}}}{h} = \eta(f)$$

考虑摩擦应力递减区的存在，接触表面分区情况有所不同。由于摩擦应力递减区 $r = h$ ，所以接触表面摩擦应力分区情况出现以下几种情况：

(1) 当 $f < 0.58$ ， $r_{\mathrm{b}}/h > 1$ 时，接触表面除有摩擦应力递减区和常摩擦系数区外，还有常摩擦应力区。将 $r_{\mathrm{b}}/h > 1$ 代入式 (3-8)，可以将接触表面三区共存的条件写为： $f < 0.58$ ， $d/h > 2[\eta(f) + 1]$ 。

如果 $f \geqslant 0.58$ ， $d/h > 2[\eta(f) + 1]$ ，则常摩擦系数区消失，只剩下常摩擦应力区及摩擦应力递减两区。

(2) $f < 0.58$ ， $r_{\mathrm{b}}/h \leqslant 1$ 时，接触表面常摩擦应力区消失，常摩擦系数区与摩擦应力递减区相连接，同理，这种情况出现的条件可写为： $f < 0.58$ ， $2[\eta(f) + 1] \geqslant d/h \geqslant 2$ 。

如果 $f \geqslant 0.58$ ， $d/h > 2$ ，则为常摩擦应力区与摩擦应力递减区共存。

(3) 当 $d/h \leqslant 2$ ， f 为任何值，接触表面只有摩擦应力递减区。

3.2.3 平均单位压力计算公式及计算曲线

工程上习惯将工具作用在变形体上的单位压力 p 取正值，而 y 方向上的应力 σ_y 是压缩应力，为负值，因此，有 $p = -\sigma_y$ 。于是有：

镦粗力 $\qquad\qquad P = \int_0^{\frac{d}{2}} 2\pi r \mathrm{d}r = \int_0^{\frac{d}{2}} (-\sigma_z) 2\pi r \mathrm{d}r$

平均单位压力

$$\bar{p} = \frac{1}{\frac{\pi}{4}d^2} \int_0^{\frac{d}{2}} \sigma_z 2\pi r \mathrm{d}r = \frac{1}{\frac{\pi}{4}d^2} \int_0^{\frac{d}{2}} (-\sigma_z) 2\pi r \mathrm{d}r \qquad (3-9)$$

式中 σ_z 根据不同情况，将式 (3-5)、式 (3-6)、式 (3-7) 代入，即可求得平均单位压力计算公式。于是，可得应力状态系数为：

$$n_\sigma = \frac{\bar{p}}{\sigma_{\mathrm{s}}}$$

该应力状态系数反映了外加作用力与材料抵抗力之间的相对大小，无量纲，受外摩擦、工件几何尺寸以及受力状态等因素的影响。

(1) 如果 $f < 0.58$ ， $d/h > 2[\eta(f) + 1]$ ，接触表面三区共存，将式 (3-5) ~式 (3-7) 代入式 (3-9) 分段积分得

$$\bar{p} = 2\sigma_s \frac{h^2}{f^2 d^2}\left[\frac{1}{f\sqrt{3}}\left(1 + \frac{fd_b}{h}\right) - \left(1 + \frac{fd}{h}\right)\right] +$$

$$\frac{\sigma_s}{f\sqrt{3}} \cdot \frac{d_b^2}{d^2}\left[\left(1 + \frac{fd_b}{3h}\right) - \frac{4h^2}{d_b^2}\left(1 + \frac{fd_b}{h} - \frac{4}{3}f\right)\right] +$$

$$\frac{4\sigma_s}{f\sqrt{3}} \cdot \frac{h^2}{d^2}\left[1 + \frac{f\sqrt{3}}{h}\left(\frac{d_b}{2} - h\right) + \frac{f}{2}\right] \tag{3-10}$$

当 $f \approx 0.58$ 或 $f > 0.58$ 时，可用下面的近似式代替式（3-10）

$$\bar{p} = \sigma_s\left(1 + 0.2\frac{d}{h} - 0.4\frac{h}{d}\right)$$

（2）如果 $2[\eta(f) + 1] \geqslant d/h \geqslant 2$，接触表面有常摩擦系数区与摩擦应力递减区两区共存，将式（3-5）及式（3-7）代入式（3-9），分段积分得

$$\bar{p} = 2\sigma_s\frac{h^2}{f^2 d^2}\left[(2f + 1)\,\mathrm{e}^{\frac{2f}{h}\left(\frac{d}{2}-h\right)} - \frac{fd}{h} - 1\right] + \frac{4h^2}{d^2}\sigma_{zc}\left(1 + \frac{f}{2}\right) \tag{3-11}$$

（3）如果 $d/h \leqslant 2$，接触表面只有摩擦应力递减一区存在，将式（3-7）代入式（3-9）积分得

$$\bar{p} = \sigma_s\left(1 + \frac{f}{4}\frac{d}{h}\right) \tag{3-12}$$

如果 $d/h > 8$，略去摩擦应力递减区，用其外围区域的延长代替，则式（3-10）可简化为

$$\bar{p} = 2\sigma_s\frac{h^2}{f^2 d^2}\left[\frac{1}{f\sqrt{3}}\left(1 + \frac{fd_b}{h}\right) - \left(1 + \frac{fd}{h}\right)\right] + \frac{\sigma_s}{f\sqrt{3}}\frac{d_b^2}{d^2}\left(1 + \frac{f}{3}\frac{d_b}{h}\right)$$

式（3-11）化简为

$$\bar{p} = 2\sigma_s\frac{h^2}{f^2 d^2}\left(\mathrm{e}^{\frac{fd}{h}} - \frac{fd}{h} - 1\right)$$

图 3-5 所示为上述公式计算曲线。

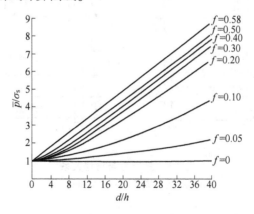

图 3-5 圆柱体镦粗力计算曲线

例 3-1 将 $D = 20\text{mm}$，$H = 4\text{mm}$ 的退火紫铜板冷镦粗至 $h = 1\text{mm}$，已知 $f = 0.2$，该料冷

变形程度为 75%时的 $\sigma_s = 50\text{MPa}$，求镦粗力。

解 坯料高度由 4mm 压缩到 1mm 时，其直径将由 20mm 增加到 40mm，即 $d/h = 40$，根据式（3-8）及表 3-1 得

$$d_b = d - 2h\eta(f)$$
$$= 40 - 2 \times 1 \times 2.66 = 34.68\text{mm}$$

由式（3-10）得

$$\bar{p} = 2 \times 50 \times \frac{1}{0.2^2 \times 40^2}\left[\frac{1}{0.2 \times \sqrt{3}}\left(1 + \frac{0.2 \times 34.68}{1}\right) - \left(1 + \frac{0.2 \times 40}{1}\right)\right] +$$

$$\frac{50}{0.2 \times \sqrt{3}} \times \frac{34.68^2}{40^2}\left(1 + \frac{0.2}{3} \times \frac{34.68}{1}\right)$$

$$= 381\text{MPa}$$

所以
$$P = 420 \times \frac{\pi}{4} \times 40^2 = 4692.2\text{kN}$$

3.3 挤 压

3.3.1 挤压力及其影响因素

挤压杆通过垫片作用在被挤压坯料上的力为挤压力（图 3-6）。实践表明挤压力随压杆的行程而变化。在挤压的第一阶段——填充阶段，坯料受到垫片和模壁的镦粗作用，其长度缩短，直径增加，直至充满整个挤压筒。在此阶段内，坯料变形所需的力和镦粗圆柱体一样，随挤压杆的向前移动，P 力不断增加。

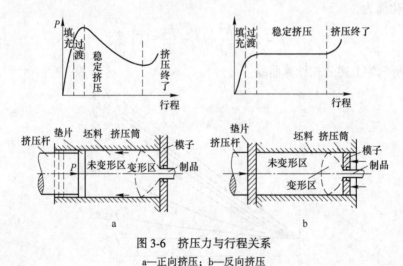

图 3-6 挤压力与行程关系
a—正向挤压；b—反向挤压

第二阶段为稳定挤压阶段。在此阶段内，正向挤压时，挤压力随挤压杆的推进不断下降；而反向挤压时几乎保持不变。其原因在于挤压力由三部分组成：挤压模定径区（工作带）的摩擦力、变形区的阻力、挤压筒壁对坯料的摩擦力。正向挤压时，随挤压杆不

断向前移动，未变形的坯料长度不断缩短，挤压筒壁与坯料间的摩擦面积不断减少，因此挤压力不断下降；而反向挤压时，由于坯料的未变形部分与挤压筒壁没有相对运动，所以它们之间没有摩擦力作用，这就使反向挤压的稳定挤压阶段的挤压力比正向挤压时小得多，而且基本保持不变。

在上述两个阶段中间，有一个过渡阶段。这个阶段的特点是，填充还没有完成，但是坯料已从模口向外流出，俗称"萝卜头"，此时挤压力还在继续上升，直到坯料完全充满挤压筒，进入稳定挤压阶段为止。

第三阶段为挤压终了阶段，这时挤压残料已经很薄，在这种情况下，坯料依靠垫片与模壁间的强大压力产生横向流动，到达模口外再转而流出模口。和镦粗相仿，随着挤压残料的缩短，d/h 值增加，使垫片与模壁摩擦力的影响（径向流动阻力）增强，所以挤压力出现回升。此阶段在正常生产中一般很少出现，因为这部分金属挤出的制品，大部分将产生粗晶环、缩尾等缺陷，而且浪费挤压机的台时，增加成品检验的工作量。

我们所要计算的挤压力，当然是指图 3-6 中挤压力曲线上的最大值。它是确定挤压机吨位和校核挤压机部件强度的依据。

影响挤压力的因素包括以下几方面：

（1）被挤压坯料的变形抗力 σ_s，和其他变形方式一样，它将取决于坯料的牌号、变形温度、变形速度和变形程度。（2）坯料和工具（挤压模及挤压筒等）的几何因素，如坯料的直径（挤压筒的直径）和长度、变形区的形状及变形程度（挤压时一般用挤压系数 λ 表示）、模角及工作带长度、制品形状和尺寸等。（3）外摩擦，如挤压筒、压模的表面状态及润滑条件等。

下面将分别叙述各种条件下的挤压力计算。

3.3.2 棒材单孔挤压时的挤压力公式

在推导挤压力公式以前，先对坯料在挤压过程中不同部分的应力、应变特点作一初步分析。根据挤压时坯料的受力情况，可以将其分成 4 个区域（图 3-7）。

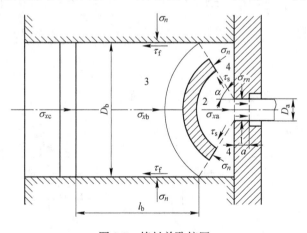

图 3-7 棒材单孔挤压

第一区为定径区，坯料在该区域内不再发生塑性变形，除受到挤压模工作带表面给予的压力和摩擦力作用外，在与2区的分界面上还将受到来自2区的压应力 σ_{xa} 的作用。因此在1区中，坯料的应力状态为三向压应力状态。

第二区为变形区，该区域处于1区、3区和4区的包围中。它将受到来自1区的压应力 σ_{xa}、来自3区的压应力 σ_{xb}，来自4区的压应力 σ_n 和摩擦应力 τ_s 的作用。因此其应力状态为三向压应力状态。坯料在此区域内发生塑性变形，变形状态为两向压缩一向延伸。

第三区是未变形区。它在2区的压应力 σ_{xb}、垫片的压应力 σ_{xc}、挤压筒壁的压应力 σ_n 和摩擦应力 τ_f 的作用下，产生强烈的三向压应力状态，特别是在垫片附近，几乎是三向等值压应力状态，其数值一般达 $500\sim1000\mathrm{MPa}$，甚至更高。在该区域内的材料可近似地认为不发生塑性变形，只是在垫片的推动下，克服挤压筒壁的摩擦阻力及2区给予的阻力，不断地向变形区补充材料，所以在挤压过程中，该区域的体积不断缩小，直至全部消失。

第四区为难变形区或称"死区"，其应力状态和镦粗时接触表面附近中心部分的难变形区相似，也近乎三向等值压应力状态，坯料处于弹性变形状态。在挤压过程中，特别是后期，难变形区不断缩小范围，转入变形区。在锥模挤压时，如果模角及润滑条件合适，也可以出现无死区的情况。

下面从1区开始逐步推导挤压应力 σ_{xc} 的计算公式。

在定径区，坯料承受的模子工作带的压应力 σ_{rn}，是由于坯料在变形区内产生的弹性变形企图在定径区内恢复而产生的。由于 σ_{rn} 的存在，坯料又与模子工作带有相对运动，便产生了摩擦应力 τ_f（图3-8）。

σ_{rn} 的数值略低于 σ_s，考虑到热挤压时的摩擦系数较大，所以摩擦应力

$$\tau_f = 0.5\sigma_s$$

根据静力平衡

$$\sigma_{xa}\frac{\pi}{4}D_a^2 l_a = \tau_f \tau D_a l_a$$

将 τ_f 值代入上式，得

$$\sigma_{xa} = 2\sigma_s \frac{l_a}{D_a} \qquad (3-13)$$

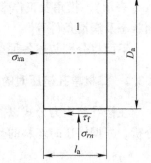

图3-8 定径区受力情况

在变形区中的单元体上，所受的应力如图3-9所示。

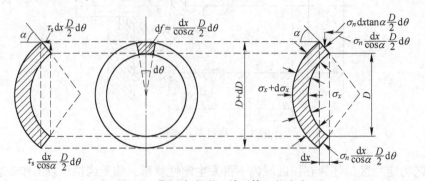

图3-9 作用在变形区单元体上的应力

变形区与"死区"的分界面（即单元体的锥面），是在坯料内部由于塑性流动的不同而被切开的，所以作用在该分界面上的剪应力，可以认为达到了极限值，即

$$\tau_s = \frac{1}{\sqrt{3}}\sigma_s = k$$

作用在单元体锥面的面积单元 $\mathrm{d}f$ 上的切向力为

$$\tau_s \frac{\mathrm{d}x}{\cos\alpha}\frac{D}{2}\mathrm{d}\theta$$

它的水平投影是

$$\tau_s \frac{\mathrm{d}x}{\cos\alpha}\frac{D}{2}\mathrm{d}\theta\cos\alpha = \tau_s\mathrm{d}x\frac{D}{2}\mathrm{d}\theta$$

所以作用在微分锥面上的切向力的水平投影为

$$T_x = T_x = \int_0^{2\pi}\frac{1}{\sqrt{3}}\sigma_s\mathrm{d}x\frac{D}{2}\mathrm{d}\theta = \frac{1}{\sqrt{3}}\sigma_s\pi D\mathrm{d}x$$

且

$$\mathrm{d}x = \frac{\mathrm{d}D}{2\tan\alpha}$$

式中　α——死区角度（死区与变形区分界线与挤压筒中心线夹角），平模挤压时，取 $\alpha = 60°$，锥模挤压时，如无死区，则 α 即为模角。

将 $\mathrm{d}x$ 值代入上式得

$$T_x = \frac{\dfrac{1}{\sqrt{3}}\sigma_s\pi D}{2\tan\alpha}\mathrm{d}D$$

作用在单元体锥面的面积单元 $\mathrm{d}f$ 的法线压力为

$$\sigma_n\frac{\mathrm{d}x}{\cos\alpha}\frac{D}{2}\mathrm{d}\theta$$

其水平投影是

$$\sigma_n\frac{\mathrm{d}x}{\cos\alpha}\frac{D}{2}\mathrm{d}\theta\sin\alpha = \sigma_n\mathrm{d}x\tan\alpha\frac{D}{2}\mathrm{d}\theta$$

所以作用在微分体锥面上的法向压力的水平投影为

$$N_x = \int_0^{2\pi}\sigma_n\mathrm{d}x\tan\alpha\frac{D}{2}\mathrm{d}\theta = \sigma_n\pi D\tan\alpha\mathrm{d}x = \frac{\pi}{2}\sigma_n D\mathrm{d}D$$

根据以面投影代替力投影法则，作用在微分球面上法向压力在水平方向上的投影为

$$P_x = (\sigma_x + \mathrm{d}\sigma_x)\frac{\pi}{4}(D + \mathrm{d}D)^2 - \sigma_x\frac{\pi}{4}D^2$$

略去高阶无穷小，得

$$P_x = \frac{\pi}{4}D(D\mathrm{d}\sigma_x + 2\sigma_x\mathrm{d}D)$$

根据静力平衡

$$P_x - N_x - T_x = 0$$

即

$$\frac{\pi}{4}D(Dd\sigma_x + 2\sigma_x dD) - \frac{\pi}{2}\sigma_n DdD - \frac{\pi}{2\sqrt{3}}\sigma_s \frac{D}{\tan\alpha}dD = 0$$

$$2\sigma_x dD + Dd\sigma_x - 2\sigma_n dD - \frac{2}{\sqrt{3}}\sigma_s \frac{dD}{\tan\alpha} = 0$$

将近似屈服准则　　　　　　　　$$\sigma_n - \sigma_x = \sigma_s$$

代入上式，得

$$Dd\sigma_x - 2\sigma_s dD - \frac{2}{\sqrt{3}}\sigma_s \cot\alpha dD = 0$$

$$d\sigma_x = 2\sigma_s\left(1 + \frac{1}{\sqrt{3}}\cot\alpha\right)\frac{dD}{D}$$

上式两边积分，得

$$\sigma_x = 2\sigma_s\left(1 + \frac{1}{\sqrt{3}}\cot\alpha\right)\ln D + C \tag{3-14}$$

当 $D = D_a$，$\sigma_x = \sigma_{xa} = 2\sigma_s\dfrac{l_a}{D_a}$ 时，代入式（3-14），得

$$C = 2\sigma_s\frac{l_a}{D_a} - 2\sigma_s\left(1 + \frac{1}{\sqrt{3}}\cot\alpha\right)\ln D_a$$

将上式代入式（3-14），得

$$\sigma_x = 2\sigma_s\left(1 + \frac{1}{\sqrt{3}}\cot\alpha\right)\ln\frac{D}{D_a} + 2\sigma_s\frac{l_a}{D_a}$$

$$\sigma_x = \sigma_s\left(1 + \frac{1}{\sqrt{3}}\cot\alpha\right)\ln\left(\frac{D}{D_a}\right)^2 + 2\sigma_s\frac{l_a}{D_a}$$

当 $D = D_b$，$\sigma_x = \sigma_{xb}$，有

$$\sigma_{xb} = \sigma_s\left(1 + \frac{1}{\sqrt{3}}\cot\alpha\right)\ln\left(\frac{D_b}{D_a}\right)^2 + 2\sigma_s\frac{l_a}{D_a}$$

$$\sigma_{xb} = \sigma_s\left(1 + \frac{1}{\sqrt{3}}\cot\alpha\right)\ln\lambda + 2\sigma_s\frac{l_a}{D_a}$$

在未变形区，由于坯料与挤压筒间的压应力 σ_n 数值很大，所以其摩擦力 τ_f 也取最大值，即

$$\tau_f = \frac{1}{\sqrt{3}}\sigma_s = k$$

则垫片表面的挤压应力为

$$\bar{p} = \sigma_{xc} = \sigma_{xb} + \frac{\sigma_s}{\sqrt{3}}\frac{\pi D_b l_b}{0.25\pi D_b^2}$$

$$\bar{p} = \sigma_{xb} + \frac{\sigma_s}{\sqrt{3}}\frac{4l_b}{D_b} \tag{3-15}$$

即

$$\bar{p} = \sigma_s\left(1 + \frac{1}{\sqrt{3}}\cot\alpha\right)\ln\lambda + 2\sigma_s\frac{l_a}{D_a} + \frac{\sigma_s}{\sqrt{3}}\frac{4l_b}{D_b}$$

$$\frac{\bar{p}}{\sigma_s} = \left(1 + \frac{1}{\sqrt{3}}\cot\alpha\right)\ln\lambda + \frac{2l_a}{D_a} + \frac{4}{\sqrt{3}}\frac{l_b}{D_b} \tag{3-16}$$

挤压力

$$P = \frac{\bar{p}}{\sigma_s}\sigma_s\frac{\pi}{4}D_b^2$$

式中　　α——死区角度，平模取60°；

　　　　λ——挤压系数，即挤压筒断面积与制品断面积之比，$\lambda = F_b/F_a$；

　　　　l_a——挤压模工作带长度；

　　　　D_a——挤压模孔直径；

　　　　l_b——未变形区长度，其值为镦粗后的坯料长度 $l_{b'}$ 减去变形区长度，即

$$l_b = l_{b'} - \frac{D_b - D_a}{2\tan\alpha} \text{ 且 } l_{b'} = l_0\frac{D_0^2}{D_b^2} \text{（分别为铸锭的长度和直径）；}$$

　　　　D_b——挤压筒直径；

　　　　σ_s——挤压坯料的变形抗力，其值取决于坯料的牌号、挤压温度、变形速度和变形程度，确定方法与热轧类似。

例 3-2　单孔挤压 T_1 紫铜棒，挤压筒直径为 $\phi185mm$，坯料尺寸为 $\phi185mm \times 545mm$，制品尺寸为 $\phi60mm$，挤压温度 $T = 860℃$，挤压速度为 $v_b = 28mm/s$，求挤压力。

解：

$$\lambda = \frac{D_b^2}{D_a^2} = \frac{185^2}{60^2} = 9.5$$

$$\varepsilon = \frac{D_b^2 - D_a^2}{D_b^2} = \frac{185^2 - 60^2}{185^2} = 89.5\%, \bar{\varepsilon} = 0.5\varepsilon = 45\%$$

$$\dot{\bar{\varepsilon}} = \frac{6\tan\alpha v_b\varepsilon}{D_b\left(1 - \frac{1}{\sqrt{\lambda^3}}\right)} = \frac{6 \times \tan60° \times 28 \times 0.895}{185\left(1 - \frac{1}{\sqrt{9.5^3}}\right)} = 1.45s^{-1}$$

根据 $T = 860℃$，$\dot{\bar{\varepsilon}} = 1.45s^{-1}$，$\bar{\varepsilon} = 45\%$，查 T_1 紫铜的变形抗力 $\sigma_s = 45MPa$。

得挤压应力

$$\bar{p} = \left[\left(1 + \frac{1}{\sqrt{3}}\cot\alpha\right)\ln\lambda + \frac{2l_a}{D_a} + \frac{4}{\sqrt{3}}\frac{l_b}{D_b}\right]\sigma_s$$

$$= \left[\left(1 + \frac{1}{\sqrt{3}}\cot60°\right)\ln9.5 + \frac{2 \times 5}{60} + \frac{4}{\sqrt{3}} \times \frac{516 - \frac{185 - 60}{2\tan60°}}{185}\right] \times 4.5 = 338MPa$$

挤压力

$$P = \bar{p} \times F = 33.8 \times \frac{\pi}{4} \times 185 = 8869kN$$

3.3.3　多孔、型材挤压

对于棒材的多孔挤压和型材的单孔、多孔挤压，其挤压力计算没有独立的公式，一般都是在棒材单孔挤压力计算公式基础上加以修正。形式为

$$\frac{\bar{p}}{\sigma_s} = \left(1 + \frac{\sqrt[3]{a}}{\sqrt{3}}\cot\alpha\right)\ln\lambda + \frac{\sum l_s l_a}{2\sum f} + \frac{4}{\sqrt{3}}\frac{l_b}{D_b}$$

$$P = \frac{\bar{p}}{\sigma_s}\sigma_s\frac{\pi}{4}D_b^2$$

式中　a——经验系数，$a = \dfrac{\sum l_s}{1.13\pi\sqrt{\sum f}}$；

$\sum l_s$——制品周边长度总和；

$\sum f$——制品断面积总和。

从经验系数的组成看出，它考虑了制品断面的复杂性。在同一个挤压筒，同样的挤压系数 λ（也叫挤压比）条件下，孔数越多，a 值越大；或者制品形状越复杂、越薄，也使 a 值增加。a 值的增大，挤压力也随之增大。当然用 $\sqrt[3]{a}$ 来修正，是否与各种挤压条件相符合，还有待实践中进一步检验。

3.3.4　管材挤压力公式

管材挤压和棒材单孔挤压相比，增加了穿孔针的摩擦阻力作用，所以使挤压力有所增加。管材挤压又分穿孔针不动和穿孔针与挤压杆一起运动两种情况。显然前者的挤压力比后者大，因为前者整个穿孔针接触表面都有阻碍材料向前流动的摩擦力；而后者只有变形区和定径区内的穿孔针表面与材料间存在摩擦阻力。

（1）用固定穿孔针挤压管材。用固定穿孔针挤压管材的过程中，穿孔针不随挤压杆移动，而是相对固定不动。穿孔针的形状有分瓶式的（图 3-10）和圆柱形的两种。在这种情况下的挤压力计算公式（推导方法与棒材挤压类似，只需注意在平衡关系中增加了穿孔针的摩擦应力即可，具体推导过程从略）为

$$\frac{\bar{p}}{\sigma_s} = \left(1 + \frac{1}{\sqrt{3}}\cot\alpha\frac{\bar{D}+d}{\bar{D}}\right)\ln\lambda + \frac{2l_a}{D_a - d} + \frac{4}{\sqrt{3}}\frac{l_b}{D_b - d'} \tag{3-17}$$

$$P = \frac{\bar{p}}{\sigma_s}\sigma_s\frac{\pi}{4}(D_b^2 - d'^2) \tag{3-18}$$

式中　$\bar{D}$——变形区坯料平均直径，$\bar{D} = \dfrac{1}{2}(D_b + D_a)$；

d——制品内径；

D_a——制品外径；

D_b——挤压筒直径；

d'——穿孔针针体直径；

l_a——挤压模定径区长度；

l_b——坯料未变形部分长度；

λ——延伸系数，$\lambda = \dfrac{D_b^2 - d'^2}{D_a^2 - d^2}$。

当穿孔针为圆柱形时，式（3-17）及式（3-18）中的穿孔针针体直径 d' 为 d，其他不变。

（2）用随动穿孔针挤压管材时，穿孔针随挤压杆一起移动，坯料的未变形部分与穿孔针间没有相对运动，所以这部分没有摩擦力，而且此时的穿孔针只能是圆柱形（图 3-10 的虚线）。其挤压力计算公式变为

$$\frac{\bar{p}}{\sigma_{\rm s}} = \left(1 + \frac{1}{\sqrt{3}}\cot\alpha\,\frac{\overline{D} + d}{\overline{D}}\right)\ln\lambda + \frac{2l_a}{D_a - d} + \frac{4}{\sqrt{3}}\,\frac{l_b D_b}{D_b^2 - d^2} \tag{3-19}$$

$$P = \frac{\bar{p}}{\sigma_{\rm s}}\,\sigma_{\rm s}\,\frac{\pi}{4}(D_b^2 - d^2) \tag{3-20}$$

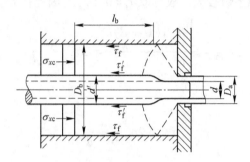

图 3-10　固定穿孔针挤压管材

3.3.5　穿孔力公式

由图 3-11 可见，穿孔力由两部分组成，即穿孔针头部受到坯料给予的法向压力以及穿孔针侧表面受到坯料给予的摩擦力。

穿孔时，穿孔针前面的坯料（A 区）承受三向压应力状态，并且满足屈服准则（将符号代入后）$\sigma_z - \sigma_r = \sigma_{\rm s}$，变形状态为一向压缩两向延伸（图 3-11）。穿孔针头部的压应力分布规律与镦粗时接触表面的压应力分布规律类似，只是边缘上的 σ_{za} 不再等于 $\sigma_{\rm s}$，而是 $\sigma_{za} = \sigma_{ra} + \sigma_{\rm s}$。

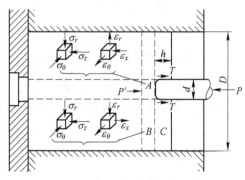

图 3-11　穿孔

σ_{ra} 的数值取决于变形区 B 区的应力状态。该区域内的应力状态为三向压应力状态，

并满足塑性条件

$$\sigma_{rb} - \sigma_{zb} = \sigma_s$$

B 区的 σ_{zb} 是 C 区金属与穿孔针前进方向反向流动时，受到挤压筒壁及穿孔针表面的摩擦应力的阻碍而产生的。可见 σ_{zb} 的数值一方面与 τ_f 数值有关，另一方面还与 C 区坯料与挤压筒、穿孔针的接触面积有关。因此穿孔力 P 将随穿孔针穿入坯料的深度 h 值的增加而升高。但是实践表明，当穿孔针穿入坯料的深度达到穿孔针直径值时，穿孔力达到最大值，不再继续上升。这说明，虽然穿孔完了的管坯长度（h）在继续增加，但它们与挤压筒及穿孔针间的压应力很小，因此摩擦面积并没有增加。

由以上分析可知，穿孔力 P 由两部分力组成：一部分是穿孔针端面上的压力 P'，另一部分是穿孔针侧表面的摩擦力 T。

考虑到热穿孔时摩擦系数较大，故可取 $\tau_f = 0.5\sigma_s$，因此在 C 区与 B 区的分界面上有

$$\sigma_{sb} = \frac{\frac{1}{2}\sigma_s \pi (D+d) h}{\frac{\pi}{4}(D^2 - d^2)} = 2\sigma_s \frac{h}{D-d}$$

由于 $h \approx d$，故

$$\sigma_{zb} = 2\sigma_s \frac{d}{D-d}$$

在 B 区内

$$\sigma_{rb} - \sigma_{zb} = \sigma_s$$

将 σ_{zb} 代入上式，得

$$\sigma_{rb} = \sigma_s \left(1 + \frac{2d}{D-d}\right)$$

在 A 区与 B 区的分界面上有

$$\sigma_{rb} = \sigma_{ra}$$

故

$$\sigma_{ra} = \sigma_s \left(1 + \frac{2d}{D-d}\right)$$

在 A 区内 $\qquad\qquad \sigma_z - \sigma_r = \sigma_s$

在边缘 a 点 $\qquad\qquad \sigma_{za} + \sigma_{ra} = \sigma_s$

将 σ_{ra} 值代入上式 $\qquad \sigma_{za} = 2\sigma_s \left(1 + \frac{d}{D-d}\right)$

虽说穿孔针端面上 σ_z 分布规律与镦粗时类似，但由于穿孔针前面的金属柱（图 3-11 中的虚线所示）的 d/h 比值很小，所以 σ_z 的分布曲线斜率很小，可以近似地以 σ_{za} 代替平均单位压力 $\bar{p}$，即 $\bar{p} \approx \sigma_{za}$。

因此

$$\bar{p} = 2\sigma_s \left(1 + \frac{d}{D-d}\right) \tag{3-21}$$

$$P' = \bar{p}F = \bar{p}\frac{\pi}{4}d^2$$

$$P' = \frac{\pi}{2}\sigma_s\left(1 + \frac{d}{D - d}\right)d^2$$

作用在穿孔针侧表面的摩擦力为

$$T = \tau_f\pi dh \approx \frac{\sigma_s}{2}\pi d^2$$

所以穿孔力

$$P = P' + T$$

$$P = \frac{\pi}{2}d^2\left(2 + \frac{d}{D - d}\right)\sigma_s \tag{3-22}$$

当用瓶式穿孔针时，式（3-22）中的 d 应该是穿孔针针体的大直径 d'，而不是头部的直径 d。这一点在计算时必须注意。

由式（3-22）可以看出，穿孔力的大小，除与坯料的 σ_s 值有关外，主要与穿孔针直径成正比，与挤压筒直径成反比，而与坯料长度无关。

有些书上介绍的穿孔力计算公式，按照穿孔针将其前面的全部金属柱与周围金属切开考虑，即穿插孔力为

$$P = \pi dH\frac{K}{2} \tag{3-23}$$

式中　H——填充后坯料长度；

　　　　K——坯料平面变形抗力。

这显然是不合适的。因为在实际生产中，被穿孔针顶出的金属"罗卜头"的长度远比坯料长度短。所以用式（3-23）计算的穿孔力，对比较长的坯料来说，其值偏高。

3.3.6　反向挤压力公式

前面推导的挤压力计算公式，都是按照正向挤压考虑的。反向挤压时，由于坯料与挤压筒之间没有摩擦力，所以挤压力的组成将减少一个成分。把挤压筒的摩擦力那部分减去后，上述挤压力计算公式变成如下形式。

棒材单孔挤压

$$\frac{\bar{p}}{\sigma_s} = \left(1 + \frac{1}{\sqrt{3}}\cot\alpha\right)\ln\lambda + \frac{2l_a}{D_a}$$

$$P = \frac{\bar{p}}{\sigma_s}\sigma_s\frac{\pi}{4}D_b^2$$

棒材多孔及型材挤压

$$\frac{\bar{p}}{\sigma_s} = \left(1 + \frac{\sqrt[3]{a}}{\sqrt{3}}\cot\alpha\right)\ln\lambda + \frac{\sum l_s \cdot \sum l_a}{2\sum f}$$

$$P = \frac{\bar{p}}{\sigma_s}\sigma_s\frac{\pi}{4}D_b^2$$

管材挤压

$$\frac{\bar{p}}{\sigma_s} = \left(1 + \frac{1}{\sqrt{3}}\cot\alpha\frac{\bar{D} + d}{\bar{D}}\right)\ln\lambda + \frac{2l_a}{D_a - d}$$

$$P = \frac{\bar{p}}{\sigma_s} \sigma_s \frac{\pi}{4}(D_b^2 - d^2)$$

3.4 拉 拔

拉拔时的变形状态为两向压缩一向延伸（管材空拉时也有两向延伸一向压缩变形状态出现），应力状态为两向压力一向拉应力。轴向拉应力 σ_z、径向压应力 σ_r 及周向压应力 σ_θ 在变形区内的分布情况如图 3-12 所示。根据塑性条件可知，拉伸时模壁对坯料的压力数值不超过 σ_z，即 $\sigma_r \leqslant \sigma_z$，而且拉拔过程一般多在冷状态下进行，润滑条件较好，$f \leqslant 0.1$，因此坯料与模子接触表面的摩擦应力 τ_f 远小于切应力的最大值 k。根据这一特点，下面处理拉拔力的计算问题时将按照接触表面为常摩擦系数区（即 $\tau_f = f\sigma_n$）处理。同时在塑性条件中，将切应力略去不计，即采用近似塑性条件。这样既可使问题简化，又不会带来明显的误差。

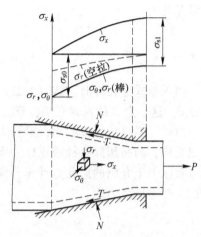

图 3-12 拉拔时的应力状态

3.4.1 棒、线材拉拔力计算公式

图 3-13 所示为棒、线材拉伸示意图。从变形区中取一厚度为 dx 的圆台分离体，并根据分离体上作用的应力分量推导微分平衡方程。

与棒材挤压时同理，先将分离体上所有作用力在 x 轴向的投影值求出，然后按照静力平衡条件，找出各应力分量间的关系。

作用在分离体两个底面上作用力的合力为

$$P_x = \frac{\pi D}{4}(D d\sigma_x + 2\sigma_x dD)$$

作用在分离体锥面上的法向正压力在轴方向的投影为

$$N_x = \frac{\pi}{2}\sigma_n D dD$$

作用在分离体锥面上的剪力在轴方向的投影为

$$T_x = \frac{f}{2\tan\alpha}\pi\sigma_n D dD$$

根据静力平衡条件 $\sum F_x = 0$，得

$$\frac{\pi}{4}D(D d\sigma_x + 2\sigma_x dD) + \frac{\pi}{2}\sigma_n D dD + \frac{f}{2\tan\alpha}\pi\sigma_n D dD = 0$$

整理后得

$$D d\sigma_x + 2\sigma_x dD + 2\sigma_n\left(1 + \frac{f}{\tan\alpha}\right)dD = 0 \tag{3-24}$$

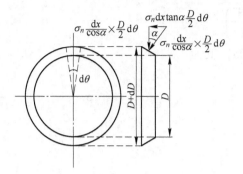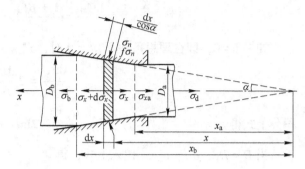

图 3-13　棒、线材拉伸

将 σ_x 与 σ_n 的正负号代入塑性条件近似式，得

$$\sigma_x + \sigma_n = \sigma_s$$

把上式代入式（3-24），并引入符号 $B = \dfrac{f}{\tan\alpha}$，则式（3-24）可写成

$$\frac{\mathrm{d}\sigma_x}{B\sigma_x - (1 + B)\sigma_x} = 2\frac{\mathrm{d}D}{D} \tag{3-25}$$

将上式积分，得

$$\frac{1}{B}\ln\left[B\sigma_x - (1 + B)\sigma_s\right] = 2\ln D + c$$

当 $D = D_b$ 时，$\sigma_x = \sigma_b$，代入上式得

$$c = \frac{1}{B}\ln\left[B\sigma_b - (1 + B)\sigma_s\right] - 2\ln D_b$$

则

$$\frac{1}{B}\ln\frac{B\sigma_x - (1 + B)\sigma_s}{B\sigma_b - (1 + B)\sigma_s} = 2\ln\frac{D}{D_b}$$

$$\frac{B\sigma_x - (1 + B)\sigma_s}{B\sigma_b - (1 + B)\sigma_s} = \left(\frac{D}{D_b}\right)^{2B}$$

$$\frac{\sigma_x}{\sigma_s} = \frac{1 + B}{B}\left[1 - \left(\frac{D}{D_a}\right)^{2B}\right] + \frac{\sigma_b}{\sigma_s}\left(\frac{D}{D_a}\right)^{2B}$$

当 $x = x_a$，$D = D_a$，$\sigma_x = \sigma_{xa}$，代入上式得

$$\frac{\sigma_{xa}}{\sigma_s} = \frac{1 + B}{B}\left[1 - \left(\frac{D_a}{D_b}\right)^{2B}\right] + \frac{\sigma_b}{\sigma_s}\left(\frac{D_a}{D_b}\right)^{2B}$$

因为 $\lambda = \dfrac{D_b^2}{D_a^2}$，故

$$\frac{\sigma_{xa}}{\sigma_s} = \frac{1 + B}{B}\left(1 - \frac{1}{\lambda^B}\right) + \frac{\sigma_b}{\sigma_s}\frac{1}{\lambda^B} \tag{3-26}$$

式中　σ_b——反拉力，一般棒材拉伸无反拉力，而线材滑动式连续拉伸时有反拉力。

当无反拉力时，式（3-26）变成

$$\frac{\sigma_{xa}}{\sigma_s} = \frac{1+B}{B}\left(1 - \frac{1}{\lambda^B}\right)$$

如果 $B=0$，即在理想条件下，$f=0$ 时，式（3-25）变为

$$\frac{\mathrm{d}\sigma_x}{-\sigma_s} = 2\frac{\mathrm{d}D}{D}$$

积分上式得

$$\frac{\sigma_x}{\sigma_s} = -2\ln D + c$$

当 $D = D_b$，$\sigma_x = \sigma_b$，代入上式，得

$$c = \frac{\sigma_b}{\sigma_s} + 2\ln D_b$$

则

$$\frac{\sigma_x}{\sigma_s} = \frac{\sigma_b}{\sigma_s} + 2\ln \frac{D_b}{D}$$

当 $D = D_a$，$\sigma_x = \sigma_{xa}$，代入上式得

$$\frac{\sigma_{xa}}{\sigma_s} = \frac{\sigma_b}{\sigma_s} + \ln\left(\frac{D_b}{D_a}\right)^2 \tag{3-27}$$

即

$$\frac{\sigma_{xa}}{\sigma_s} = \frac{\sigma_b}{\sigma_s} + \ln\lambda \tag{3-28}$$

如果 $\sigma_b = 0$，则

$$\frac{\sigma_{xa}}{\sigma_s} = \ln\lambda \tag{3-29}$$

式（3-26）、式（3-27）、式（3-28）、式（3-29）计算的 σ_{xa} 是变形区与定径区分界面上的拉应力。由于定径区的摩擦力作用，将使模口处棒材断面上的拉应力要比 σ_{xa} 稍大一些。

图 3-14 所示为从定径区取处的分离体，取静力平衡

$$\mathrm{d}\sigma_x \frac{\pi}{4}D_a^2 = f\sigma_n \pi D_a \mathrm{d}x$$

$$\frac{D_a}{4}\mathrm{d}\sigma_x = f\sigma_n \mathrm{d}x$$

将已代入正负号的塑性条件近似式

$$\sigma_x + \sigma_n = \sigma_s$$

代入前式，得

$$\frac{D_a}{4}\mathrm{d}\sigma_x = f(\sigma_s - \sigma_x)\mathrm{d}x$$

$$\frac{\mathrm{d}\sigma_x}{\sigma_s - \sigma_x} = \frac{4f}{D_a}\mathrm{d}x$$

积分

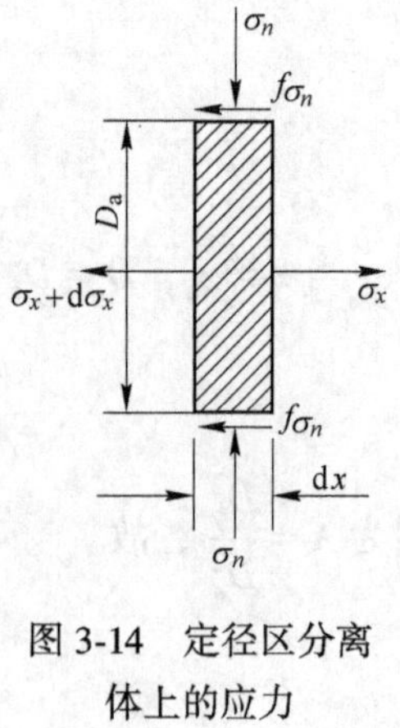

图 3-14　定径区分离
体上的应力

$$\int_{\sigma_{xa}}^{\sigma_d} \frac{d\sigma_x}{\sigma_s - \sigma_x} = \frac{4f}{D_a} \int_0^{l_a} dx$$

$$\ln \frac{\sigma_s - \sigma_{xa}}{\sigma_s - \sigma_d} = \frac{4f}{D_a} l_a$$

$$\frac{\sigma_d}{\sigma_s} = 1 - \frac{1 - \dfrac{\sigma_{xa}}{\sigma_s}}{e^{\frac{4fl_a}{D_a}}}$$

或

$$\frac{\sigma_d}{\sigma_s} = 1 - \frac{1 - \dfrac{\sigma_{xa}}{\sigma_s}}{e^C} \tag{3-30}$$

式中　σ_d ——模口处棒材断面上的轴向拉应力；

　　　σ_{xa} ——变形区与定径区分界面上的拉应力；

　　　C ——系数，$C = 4fl_a/D_a$；

　　　f ——摩擦系数；

　　　l_a ——模子定径区长度；

　　　D_a ——模子定径区直径；

　　　σ_s ——被拉伸坯料的变形能力，其值可按该道次拉伸前后的平均冷变形程度，查
　　　　　该牌号的硬化曲线确定。

　　为便于计算，将式（3-27）、式（3-29）、式（3-30）制成综合计算曲线（图3-15）。
计算时刻根据工艺参数直接从曲线中查得 σ_d/σ_s 值，然后再代入下式计算拉伸力

$$P = \frac{\sigma_d}{\sigma_s} \sigma_s \frac{\pi}{4} D_a^2 \tag{3-31}$$

　　计算步骤如下：

　　（1）计算出该道次拉伸系数

$$\lambda = \frac{D_b^2}{D_a^2}$$

　　（2）据摩擦条件确定摩擦系数 f 值，确定模角 α 值，并计算出系数

$$B = \frac{f}{\tan\alpha}$$

　　（3）根据上述两项参数（λ 及 B），从图3-15的右半部查得 σ_{xa}/σ_s 值。具体方法是，
先在横坐标上找到 λ 的位置，做垂线与 B 值曲线相交（如果图中没有找到计算出的 B 值
曲线，则用插入法确定交点），从交点作水平线，与纵坐标相交，其交点的纵坐标值即为
σ_{xa}/σ_s 值。

　　（4）计算出系数

$$C = 4fl_a/D_a$$

并在图3-15左边横坐标上找到相应位置，过该点作垂线，与图中的以 σ_{xa}/σ_s 值为起点的
曲线相交（同理，如图中没有上述计算值的曲线，也用插入法确定交点），其交点的纵坐

标值即为 σ_d/σ_s 值。

（5）计算出该道次平均加工硬化程度

$$\bar{\varepsilon} = \frac{1}{2}(\varepsilon_b + \varepsilon_a) = \frac{1}{2}\left(\frac{D_0^2 - D_b^2}{D_0^2} + \frac{D_0^2 - D_a^2}{D^2}\right)$$

式中　　D_0——坯料退火时直径；

　　　　D_b——该道次拉伸前直径；

　　　　D_a——该道次拉伸后直径。

（6）根据 $\bar{\varepsilon}$ 值查该牌号的硬化曲线得 σ_s 值。

（7）拉伸力

$$P = \frac{\sigma_d}{\sigma_s}\sigma_s\frac{\pi}{4}D_a^2$$

例3-3　拉伸 LY12 棒材，该坯料在 $\phi50mm$ 时退火，某道次拉拔前直径为 $\phi40mm$，拉拔后直径为 $\phi35mm$，模角 $\alpha = 12°$，定径区长度 $l_a = 3mm$，摩擦系数 $f = 0.09$，试计算拉拔力。

解：（1）该道次拉拔的延伸系数

$$\lambda = \frac{D_b^2}{D_a^2} = \frac{40^2}{35^2} = 1.31$$

（2）$B = \dfrac{f}{\tan\alpha} = \dfrac{0.09}{\tan 12} = 0.425$。

（3）在图 3-15 右边横坐标上找到 $\lambda = 1.31$ 的 a 点，做垂线与 $B = 0.425$（在 $B = 0.5$ 与 0.25 之间，用插入法确定）交于 b 点，从 b 点作水平线于纵坐标交于 c 点，$\sigma_{xa}/\sigma_s = 0.36$（即 σ_{xa}/σ_s 值）。

（4）$C = \dfrac{4fl_a}{D_a} = \dfrac{4 \times 0.09 \times 3}{35} = 0.031$。

在图 3-15 左边横坐标上找到 d 点。通过 d 点作垂线，与起点为 $\sigma_{xa}/\sigma_s = 0.36$ 的曲线相交（用插入法找到 e 点），过 e 点作水平线，与纵坐标相交于 f 点，得

$$\frac{\sigma_d}{\sigma_s} = 0.38$$

（5）$\bar{\varepsilon} = \dfrac{1}{2}\left(\dfrac{50^2 - 40^2}{50^2} + \dfrac{50^2 - 35^2}{50^2}\right) = \dfrac{1}{2}(36\% + 51\%) = 43.5\%$。

（6）查 LY12 的硬化曲线，得 $\sigma_s = 260MPa$。

（7）拉伸力 $P = 0.38 \times 260 \times \dfrac{\pi}{4} \times 35^2 = 95kN$。

3.4.2　管材空拉

管材空拉时，其外作用力与棒、线材拉拔时完全类似（图 3-16），只是分离体的横截面不同，σ_x 作用的面积不再是圆面积，而是圆环面积。另外，空拉时管材壁厚有所变化，它对制品尺寸公差是有意义的，但对于拉伸力计算可以忽略，这将使计算公式简化。

用棒材、线材拉伸同样的方法得到以下微分平衡方程

$$(D^2 - d^2)\,\mathrm{d}\sigma_x + 2(D - d)\sigma_x \mathrm{d}D + 2\sigma_n D\mathrm{d}D + 2\sigma_n D\frac{f}{\tan\alpha}\mathrm{d}D = 0 \tag{3-32}$$

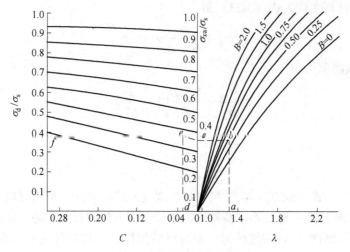

图 3-15　拉伸力计算曲线

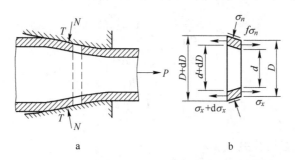

图 3-16　管材空拉时的受力情况

在引用塑性条件时，必须注意管材空拉时与棒、线材拉拔的区别。σ_x 为 σ_1，这是共同的，但是管材空拉时，σ_n 不再等于 σ_3，而是 $|\sigma_n| < |\sigma_\theta|$，即 σ_θ 是 σ_3，所以屈服准则为

$$\sigma_x + \sigma_\theta = \sigma_s \tag{3-33}$$

由图 3-17 可以看出，σ_θ 乘其所作用的面积，应等于 σ_n 乘其作用面积后在 r 方向上的投影值，即

$$2\sigma_\theta s\mathrm{d}x = \int_0^\pi \sigma_n \frac{D}{2}\mathrm{d}\theta\mathrm{d}x\sin\theta$$

$$2\sigma_\theta s = \sigma_n \frac{D}{2}\int_0^\pi \sin\theta\mathrm{d}\theta$$

$$2\sigma_\theta s = \sigma_n \frac{D}{2}\big[-\cos\theta\big]_0^\pi$$

$$2\sigma_\theta s = \sigma_n D$$

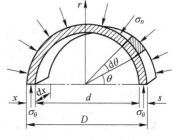

图 3-17　σ_θ 与 σ_n 的关系

或
$$\sigma_\theta = \frac{D}{D-d}\sigma_n$$

将上面 σ_θ 计算式代入式（3-33）得

$$\sigma_x + \frac{D}{D-d}\sigma_n = \sigma_s$$

与棒材拉拔类似可得

$$\frac{\sigma_{xa}}{\sigma_s} = \frac{1+B}{B}\left(1 - \frac{1}{\lambda^B}\right) \qquad (3\text{-}34)$$

如果 $B=0$，得

$$\frac{\sigma_{xa}}{\sigma_s} = \ln\lambda \qquad (3\text{-}35)$$

将式（3-27）、式（3-29）与式（3-34）、式（3-35）对比，可以看出管材空拉时的公式与棒、线材拉伸完全一样。本来棒材拉伸不过是管材拉的极限状态，所以上述结果是必然的。因此计算管材空拉时的拉伸力，也可以借用棒、线材拉伸力计算曲线（图3-15），只是要注意延伸系数的计算不一样。

当然定径区摩擦力的影响会有所不同，用棒、线材拉伸是同样方法，可以导出

$$\frac{\sigma_d}{\sigma_s} = 1 - \frac{1 - \dfrac{\sigma_{xa}}{\sigma_s}}{e^{C_1}} \qquad (3\text{-}36)$$

其中
$$C_1 = \frac{2fl_a}{D_a - s}$$

式中 f——摩擦系数；

  l_a——模子定径区长度；

  D_a——模子定径区直径；

  s——坯料壁厚。

将式（3-30）与式（3-36）对比可见，其形式也完全一样，只是系数 C_1 与 C 的内容不同。管材空拉是计算出 C_1 值后，依然可以利用用图3-15中左边的曲线计算拉伸应力 σ_d。

同理，拉伸力

$$P = \frac{\sigma_d}{\sigma_s}\sigma_s\frac{\pi}{4}(D_a^2 - d^2)$$

式中 D_a——该道次拉伸后管子外径；

  d——该道次拉伸后管子内径。

例3-4 空拉LF2铝管，退火后第一道次，拉拔前坯料尺寸为 $\phi30\text{mm}\times4\text{mm}$，拉拔后尺寸为 $\phi25\text{mm}\times4\text{mm}$，模角 $\alpha=12°$，定径区长 $l_a=3\text{mm}$，$f=0.1$，求拉拔力。

解   （1）$\lambda = \dfrac{30-4}{25-4} = 1.24$。

（2）$B = \dfrac{0.1}{\tan 12°} = 0.472$。

（3）由图 3-15 右半部曲线查得 $\sigma_{xa}/\sigma_s = 0.3$。

（4）$C_1 = \dfrac{2 \times 0.1 \times 3}{25 - 4} = 0.0286$，由图 3-15 左半部曲线查得 $\dfrac{\sigma_d}{\sigma_s} = 0.32$。

（5）$\bar{\varepsilon} = \dfrac{1}{2}\left[0 + \left(1 - \dfrac{1}{1.24}\right)\right] = 9.65\%$，查 LF2 硬化曲线得 $\sigma_s = 230\text{MPa}$。

（6）拉拔力 $P = 0.32 \times 230 \times \dfrac{\pi}{4}(25^2 - 17^2) = 19.4\text{kN}$。

3.4.3　管材有芯头拉拔

用芯头拉伸管材时，与空拉相比，其内表面增加了芯头给予的法向压应力及摩擦应力。有芯头拉伸的管材内表面质量比空拉好，而且壁厚是可以控制的（由模孔几芯头直径决定）。

由于管坯的内径总比直径稍大一些，因此在用芯头拉伸时，其变形区内总先有一段空拉段（或称减径段），然后才是减壁段（图 3-18），在空拉段，其拉应力的计算公式 σ_{xc} 可借用管材空拉的 σ_{xa} 计算式，即式（3-34）与式（3-35），可使用图 3-15 右边部分的计算曲线。

在减壁段，由于受力情况变化，计算式必须另行推导。对于减壁段来说，空拉段完了时断面上的拉应力 σ_{xc} 相当于反拉力的作用。

3.4.3.1　短芯头拉拔

图 3-18a 中 c 断面上的拉应力 σ_{xc} 按式（3-34）或图 3-15 右边部分曲线计算。计算时，式中（或曲线中）的延伸系数 λ 就是空拉段的延伸系数 λ_{bc}，而

$$\lambda_{bc} = \frac{F_b}{F_c} = \frac{D_b - s_b}{D_c - s_c}$$

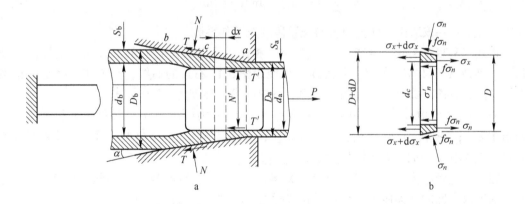

图 3-18　短芯头拉拔

在减壁段（图 3-18 中的 ca 段），坯料变形的特点是内径保持不变（$d_c = d_a$），外径有所减少，因此在这段中，坯料的变形减壁是主要的，减径是次要的，即 $|\varepsilon_r| > |\varepsilon_\theta|$，所以 $|\varepsilon_n| > |\varepsilon_\theta|$。为了简化，设减壁段中，管坯内外表面所受的法向压应力 σ_n 相等，摩

擦系数也相同，即 $\sigma_n = \sigma_n'$，$f = f'$。现在按图 3-18 所示的分离体受力情况，建立微分平衡方程。与空拉同理

$$2\sigma_x D\mathrm{d}D + (D^2 - d_a^2)\mathrm{d}\sigma_x + 2\sigma_n D\mathrm{d}D + \frac{2f}{\tan\alpha}\sigma_n(D + d_a)\mathrm{d}D = 0$$

屈服准则

$$\sigma_x + \sigma_n = \sigma_s$$

代入上式，并经整理后得

$$(D^2 - d_a^2)\mathrm{d}\sigma_x + 2D\left\{\sigma_s\left[1 + \left(1 + \frac{d_a}{D}\right)\frac{f}{\tan\alpha}\right] - \sigma_x\left(1 + \frac{d_a}{D}\right)\frac{f}{\tan\alpha}\right\}\mathrm{d}D = 0 \quad (3\text{-}37)$$

以 $\dfrac{d_a}{D}$ 代替 $\dfrac{d_a}{D}$，$\overline{D} = \dfrac{1}{2}(D_c + D_a)$，并引入符号 $B = \dfrac{f}{\tan\alpha}$，$A = \left(1 + \dfrac{d_a}{D}\right)B$，代入上式并积分得

$$\frac{\sigma_{xa}}{\sigma_x} = \frac{1 + A}{A}\left[1 - \left(\frac{1}{\lambda_{ca}}\right)^A\right] + \frac{\sigma_{xc}}{\sigma_s}\left(\frac{1}{\lambda_{ca}}\right)^A \quad (3\text{-}38)$$

用以下符号代表式（3-38）等号右边的两部分

$$\frac{\sigma_{xa}'}{\sigma_s} = \frac{1 + A}{A}\left[1 - \left(\frac{1}{\lambda_{ca}}\right)^A\right] \quad (3\text{-}39)$$

$$\frac{\sigma_{xc}'}{\sigma_s} = \frac{\sigma_{xc}}{\sigma_s}\left(\frac{1}{\lambda_{ca}}\right)^A \quad (3\text{-}40)$$

这样一来，式（3-38）可写成

$$\frac{\sigma_{xa}}{\sigma_s} = \frac{\sigma_{xa}'}{\sigma_s} + \frac{\sigma_{xc}'}{\sigma_s} \quad (3\text{-}41)$$

如果 $B = 0$，（因而 $A = 0$），代入式（3-37）得

$$\frac{\sigma_{xa}}{\sigma_s} = \ln\lambda_{ca} + \ln\lambda_{bc} = \ln\lambda_{ba} \quad (3\text{-}42)$$

式中 λ_{ba} ——该道次拉伸空拉段与减壁段的总延伸系数。

将式（3-39）与式（3-26）、式（3-34）相比，可以看出它们的形式完全一样，只是系数 B 变成 A。因此计算 σ_{xa}'/σ_s 完全可以使用图 3-15 右边的曲线，只要注意横坐标相当于 λ_{bc}，图中各曲线的 B 值相当于 A 值，则中间纵坐标即为 σ_{xa}'/σ_s 值。

关于 σ_{xc}'/σ_s 值的计算，可分为两部分：σ_{xc}/σ_s 值仍可用图 3-15 曲线，此时横坐标 λ 相当于 λ_{bc}；查得 σ_{xc}/σ_s 值后，再乘以 λ_{ca}^{-A}，为计算方便，将 λ^{-A} 与 λ 及 A 的关系制成了曲线（图 3-19），可以在图中直接找到 λ_{ca}^{-A} 值。

在有固定短芯头的情况下，定径区摩擦力对 σ_d 的影响与空拉时不同（图 3-20），这时增加了内表面的摩擦应力。用棒材拉拔时的同样方法，可以得到

$$\frac{\sigma_d}{\sigma_s} = 1 - \frac{1 - \dfrac{\sigma_{xa}}{\sigma_s}}{\mathrm{e}^{C_2}} \quad (3\text{-}43)$$

其中

$$C_2 = \frac{4fl_a}{D_a - d_a} = \frac{2fl_a}{s_a}$$

式中 D_a——该道次拉伸模定径区直径；

  d_a——该道次拉伸芯头直径；

  s_a——该道次拉伸后制品壁厚。

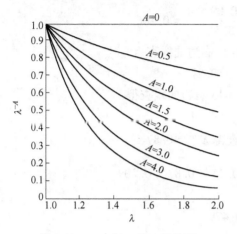

图 3-19 λ^{-A} 与 λ 及 A 的关系

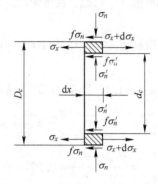

图 3-20   定径区分离体上的应力

显然式（3-43）与式（3-30）、式（3-36）的形式完全相同。因此计算同样可以借用图 3-15 左边的曲线，只是横坐标是 C_2 值，图中各曲线的起点（在中间的纵坐标上）数值相当于 σ_{xa}/σ_s。

综上所述，固定短芯头拉拔时的拉拔力计算，要比空拉时稍许麻烦一点。下面通过例子，将计算步骤归纳一下。

例 3-5 拉伸 H70 黄铜管，坯料在 $\phi40mm \times 5mm$ 时退火，其中某道次用短芯头拉拔，拉拔前尺寸为 $\phi30mm \times 4mm$，拉拔后为 $\phi25mm \times 3.5mm$，模角为 $\alpha = 10°$，$l_a = 4mm$，$f = 0.09$，求拉拔力。

解（1）计算之前，先把各有关断面的坯料尺寸弄清楚。与空拉一样，假设空拉段的壁厚不变（单位 mm）

$$D_b = 30, \quad d_b = 22, \quad s_b = 4;$$

$$D_a = 25, \quad d_a = 18, \quad s_a = 3.5,$$

$$D_c = d_a + 2s_b = 26, \quad d_c = d_a = 18, \quad s_b = s_c = 4$$

（2）计算各阶段延伸系数

$$\lambda_{bc} = \frac{D_b - s_b}{D_c - s_c} = \frac{30 - 4}{26 - 4} = 1.18$$

$$\lambda_{ca} = \frac{(D_c - s_c)s_c}{(D_a - s_a)s_a} = \frac{(26 - 4) \times 4}{(25 - 3.5) \times 3.5} = 1.17$$

（3）计算系数

$$B = \frac{f}{\tan\alpha} = \frac{0.09}{\tan10°} = \frac{0.09}{0.176} = 0.51$$

$$A = \left(1 + \frac{d_a}{D}\right)B = \left[1 + \frac{18}{\frac{1}{2}(26 + 25)}\right] \times 0.51 = 0.87$$

$$C_2 = \frac{2fl_a}{s_a} = \frac{2 \times 0.09 \times 4}{3.5} = 0.206$$

(4) 根据 $\lambda_{ca} = 1.17$ 及 $A = 0.87$，从图 3-25 右边曲线查得

$$\sigma'_{xa}/\sigma_s = 0.27$$

(5) 根据 $\lambda_{bc} = 1.18$ 及 $B = 0.51$，从图 3-15 右边曲线查得

$$\sigma_{xc}/\sigma_s = 0.24$$

根据 $\lambda_{ca} = 1.17$ 及 $A = 0.87$，从图 3-19 查得 $\lambda_{ca}^{-A} = 0.87$

所以

$$\frac{\sigma'_{xc}}{\sigma_s} = \frac{\sigma_{xc}}{\sigma_s} \times \lambda_{ca}^{-A} = 0.24 \times 0.87 = 0.209$$

(6) $\dfrac{\sigma_{xa}}{\sigma_s} = \dfrac{\sigma'_{xa}}{\sigma_s} + \dfrac{\sigma'_{xc}}{\sigma_s} = 0.27 + 0.209 = 0.479$

(7) 根据 $\dfrac{\sigma_{xa}}{\sigma_s} = 0.479$ 及 $C_2 = 0.206$，在图 3-15 左边曲线查得

$$\frac{\sigma_d}{\sigma_s} = 0.58$$

(8) $\bar{\varepsilon} = \dfrac{1}{2}\left[\dfrac{(40 - 5) \times 5 - (30 - 4) \times 4}{(40 - 5) \times 5} + \dfrac{(40 - 5) \times 5 - (25 - 3.5) \times 3.5}{(40 - 5) \times 5}\right]$

$$= 0.5(40.6\% + 56.7\%) = 48.7\%$$

查 H70 黄铜硬化曲线得

$$\sigma_s = 600\text{MPa}$$

(9) 拉拔力

$$P = \frac{\sigma_d}{\sigma_s} \times \sigma_s \times \pi(D_a - s_a)s_a = 0.58 \times 60 \times \pi(25 - 3.5) \times 3.5 = 82.4\text{kN}$$

3.4.3.2 游动芯头拉拔

用游动芯头拉伸管材，其拉伸力比固定芯头小，更主要的是它可以用于长管材特别是用于绞盘式拉伸过程。

从图 3-21 可以看出，游动芯头拉拔时，其受力情况与固定芯头拉拔时的主要区别在于，减壁段 (ca 段) 坯料外表面的法向正压力 N_1 与内表面的法向正压力 N_2 的水平分力方向相反。因此使管坯断面上的拉应力相应减少。在拉拔过程中，芯头将在一定范围内"游动"。下面按照芯头的前极限位置来推导拉拔力计算公式。

对于空位段及定径段的拉应力公式，与固定短芯头完全一样。

对于减壁段，按照图 3-21b 所示分离体的受力情况 (图中假设管坯内外壁的摩擦系数相等)，可列出平衡方程

$$(D^2 - d^2)\text{d}\sigma_x + 2\sigma_x\left[D + (D + d)B - d\frac{\tan\alpha_2}{\tan\alpha_1}\right]\text{d}D - 2\sigma_x(D + d)B\text{d}D = 0 \quad (3\text{-}44)$$

把式（3-44）与式（3-37）比较，可看出两式完全相似，区别在于式（3-44）中增加了 $\left(d\dfrac{\tan\alpha_2}{\tan\alpha_1}\right)$ 这一项，同时式（3-37）中的常量 d_a 在式（3-44）是变量 d，如果以减壁段的内径平均值 $\bar{d} = (d_c + d_a)/2$ 代替 d，用固定芯头相同的方法可以得到减壁段终了段面上的拉应力计算式

$$\frac{\sigma_{xa}}{\sigma_s} = \frac{1 + A - C}{A}\left[1 - \left(\frac{1}{\lambda_{ca}}\right)^A\right] + \frac{\sigma_{xc}}{\sigma_s}\left(\frac{1}{\lambda_{ca}}\right)^A \tag{3-45}$$

其中　　$A = (1 + \bar{d}/\bar{D})B$,　　$\bar{d} = (d_c + d_a)/2$,　$\bar{D} = (D_c + D_a)/2$,　　$B = f/\tan\alpha_1$

$$B = f/\tan\alpha_1,\qquad C = (\bar{d}/\bar{D})(\tan\alpha_2/\tan c)$$

式中　α_1——模角；

　　　α_2——芯头锥角。

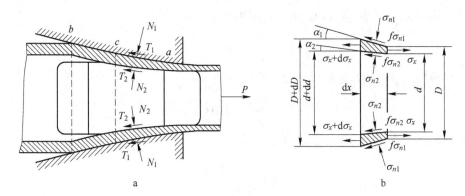

图 3-21　游动芯头拉拔

式（3-45）只比式（3-38）增加了一项 "C"，其他完全一样。因此将式（3-45）改写为

$$\frac{\sigma_{xa}}{\sigma_s} = \frac{1 + A}{A}\left[1 - \left(\frac{1}{\lambda_{ca}}\right)^A\right] + \frac{\sigma_{xc}}{\sigma_s}\left(\frac{1}{\lambda_{ca}}\right)^A - \frac{C}{A}\left[1 - \left(\frac{1}{\lambda_{ca}}\right)^A\right]$$

$$\frac{\sigma_{xa}}{\sigma_s} = \frac{\sigma'_{xa}}{\sigma_s} + \frac{\sigma'_{xc}}{\sigma_s} - \frac{C}{A}\left[1 - \left(\frac{1}{\lambda_{ca}}\right)^A\right] \tag{3-46}$$

而 σ_{xd}/σ_s 与 σ_{xa}/σ_s 的关系式仍用式（3-43）。

式（3-46）的前两项的计算与固定芯头完全一样。可见游动芯头拉拔时，其 σ_{xa}/σ_s 值要比固定的短芯头拉拔时小，因为式（3-46）的第三项前是负号。

现在举例说明游动芯头拉拔的计算方法。

例 3-6　拉拔 H70 黄铜管，坯料在 $\phi40\text{mm}\times5\text{mm}$ 时退火，其中某道次用游动芯头拉拔，拉拔前尺寸为 $\phi30\text{mm}\times4\text{mm}$，拉拔后的尺寸为 $\phi25\text{mm}\times3.5\text{mm}$，模角 $\alpha_1 = 10°$，芯头锥角 $\alpha_2 = 7°$，$l_a = 4\text{mm}$，$f = 0.09$，求拉拔力。

解　（1）与固定芯头拉伸一样，先将变形区各段几何尺寸弄清楚（单位均为 mm）

$$D_b = 30,\ d_b = 22,\ D_a = 25,\ d_a = 18$$

$$d_c = d_a + 2\Delta s\cot(\alpha_1 - \alpha_2)\sin\alpha_2 = 18 + 2 \times 0.5 \times \cot(10° - 7°)\sin7° = 20.33$$

$$D_c = d_c + 2s_c = 20.33 + 2 \times 4 = 28.33$$

（2）计算延伸系数

$$\lambda_{bc} = \frac{D_b - s_b}{D_c - s_c} = \frac{30 - 4}{28.33 - 4} = 1.07$$

$$\lambda_{ca} = \frac{(D_c - s_c)s_c}{(D_a - s_a)s_a} = \frac{(30 - 4) \times 4}{(28.33 - 4) \times 3.5} = 1.29$$

（3）计算系数 A、B、C_2

$$B = \frac{f}{\tan\alpha_1} = \frac{0.08}{\tan 10°} = 0.512$$

$$A = \left(1 + \frac{\bar{d}}{\bar{D}}\right)B = \left(1 + \frac{19.17}{26.67}\right) \times 0.512 = 0.88$$

$$C_2 = \frac{2fl_a}{s_a} = \frac{2 \times 0.09 \times 4}{3.5} = 0.206$$

（4）根据 $\lambda_{ca} = 1.29$ 及 $A = 0.88$，查图 3-15 得

$$\frac{\sigma'_{xc}}{\sigma_s} = 0.43$$

（5）根据 $\lambda_{bc} = 1.07$ 及 $B = 0.512$，查图 3-15 得

$$\frac{\sigma_{xc}}{\sigma_s} = 0.08$$

根据 $\lambda_{ca} = 1.29$ 及 $A = 0.88$，查图 3-19 得

$$\left(\frac{1}{\lambda_{ca}}\right)^A = 0.84$$

$$\frac{\sigma'_{xc}}{\sigma_s} = 0.08 \times 0.84 = 0.065$$

（6）$C = \dfrac{\bar{d}}{\bar{D}}\dfrac{\tan\alpha_2}{\tan\alpha_1} = \dfrac{19.17}{26.67} \times \dfrac{\tan 7°}{\tan 10°} = 0.502$。

$$\frac{C}{A}\left(1 - \left(\frac{1}{\lambda_{ca}}\right)^A\right) = \frac{0.502}{0.88}(1 - 0.84) = 0.108。$$

（7）$\dfrac{\sigma_{xa}}{\sigma_s} = 0.43 + 0.065 - 0.108 = 0.387$。

（8）根据 $\dfrac{\sigma_{xa}}{\sigma_s} = 0.387$ 及 $C_2 = 0.206$，在图 3-15 查得 $\dfrac{\sigma_d}{\sigma_s} = 0.50$；而固定短芯头时，$\dfrac{\sigma_d}{\sigma_s} = 0.58$。

（9）拉拔力

$$P = 0.50 \times 600 \times \pi(25 - 3.5) \times 3.5 = 70.9\text{kN}$$

用固定短芯头为 82.2kN。

3.5　平砧压缩矩形件

在此研究的问题是平面变形问题，即矩形件在平砧间压缩时有一个方向不变形。这里

又可分为两种情况：一种是工件全部在平砧间，没有外端；另一种是工件的一部分在平砧间压缩，有外端。前者的平均单位压力计算公式的推导与圆柱体镦粗类似，只是引用的塑性条件和力平衡微分方程有所不同。后者的平均单位压力计算公式根据变形区的几何因素（l/h）确定是否考虑外端的影响。当 $l/h \geqslant 1$ 时，不考虑外端的影响；当 $l/h < 1$ 时，考虑外端的影响。

3.5.1 无外端的矩形件压缩

3.5.1.1 常摩擦系数区接触表面压应力分布曲线方程

如图 3-22 所示，将 $\tau_f = f\sigma_y$（σ_y 为负，τ_f 与金属流动方向相反，亦为负，因此二者同号。）代入平衡微分方程式（3-3），得

$$\frac{\mathrm{d}\sigma_x}{\mathrm{d}x} + \frac{2f\sigma_y}{h} = 0$$

再将屈服准则式（3-1）代入上式得

$$\frac{\mathrm{d}\sigma_y}{\mathrm{d}x} + \frac{2f\sigma_y}{h} = 0$$

积分上式得

$$\sigma_y = Ce^{-\frac{2f}{h}x}$$

式中　x——坯料变形区半长度；

　　　h——坯料厚度。

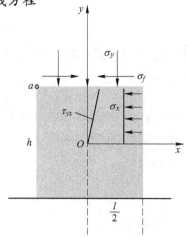

图 3-22　矩形件压缩

由边界条件确定积分常数。

在边界点，$\sigma_x = 0$，$\tau_{xy} = 0$；由剪应力互等，$\tau_{yx} = 0$，根据平面变形条件下的屈服准则式（2-136），并注意 σ_y 为负且代数值最小，有

$$\sigma_y = -K$$

常摩擦系数区接触表面压应力分布曲线方程为

$$\sigma_y = -Ke^{\frac{2f}{h}\left(\frac{l}{2}-x\right)} \tag{3-47}$$

3.5.1.2 常摩擦应力区接触表面压应力分布曲线方程

于是，将 $\tau_f = -k = -K/2$ 及平面变形条件下的屈服准则式（3-1）代入平衡微分方程式（3-3），得

$$\frac{\mathrm{d}\sigma_y}{\mathrm{d}x} - \frac{K}{h} = 0$$

积分上式并利用边界条件，得

$$\sigma_y = -K - \frac{2\sigma_s}{\sqrt{3}h}\left(\frac{l}{2} - x\right) \tag{3-48}$$

3.5.1.3 摩擦应力递减区接触表面压应力分布曲线方程

如果接触面上的摩擦力很大，达到了剪应力的极限值 k，则用最大摩擦条件来表示。设该区域范围为 $x = h$，τ_f 在此范围内呈线性分布

$$\tau_f = -\frac{Kx}{2h}$$

将上式及屈服准则式（3-1）代入平衡微分方程式（3-3）并积分，得

$$\sigma_y = K\frac{x^2}{2h^2} + C$$

当 $x = h$ 时，$\sigma_y = \sigma_{yc}$，代入上式得

$$C = \sigma_{yc} - \frac{K}{2}$$

所以

$$\sigma_y = \sigma_{yc} - \frac{K}{2h^2}(h^2 - x^2) \tag{3-49}$$

式中，σ_{yc} 可参照式（3-6）形式将 $x = h$ 代入确定，即

$$\sigma_{yc} = -\frac{K}{2f}\left[1 + \frac{2f}{h}(x_b - h)\right]$$

3.5.1.4 平均单位压力计算公式

考虑到变形体上单位压力 $p = -\sigma_y$，则

压缩力

$$p = 2\int_0^{\frac{l}{2}} \sigma_y \mathrm{d}x$$

平均单位压力

$$\bar{p} = \frac{2}{l}\int_0^{\frac{l}{2}} \sigma_y \mathrm{d}x \tag{3-50}$$

式中，σ_y 根据不同情况将式（3-47）、式（3-48）及式（3-49）在接触面上积分得到。忽略摩擦应力递减区的影响，即可求得工程法平均单位压力计算公式（推导过程从略）。

整个接触面均为常摩擦系数区（全滑动）条件下

$$\frac{\bar{p}}{K} = \frac{e^x - 1}{x}, \quad x = \frac{fl}{h} \tag{3-51}$$

接触面均为常摩擦应力区（全黏着）条件下

$$\frac{\bar{p}}{K} = 1 + \frac{1}{4}\frac{l}{h} \tag{3-52}$$

3.5.2 平砧压缩矩形厚件

图 3-23 所示为不带外端和带外端的压缩厚件的情况。实验确定的不带外端和带外端压缩时的平均单位压力 $\bar{p}$ 和 $\bar{p}'$ 如图 3-24 所示。外端影响系数 $n_\sigma = \bar{p}' / \bar{p}$ 与 l/h 的关系如图 3-25 所示。

由图 3-24 可见，不带外端压缩时的 $\bar{p}$ 随 l/h 的增加而增加；而带外端压缩时，在 $l/h < 1$ 的范围内 $\bar{p}'$ 随 l/h 的增加而减小；在 $l/h > 1$ 时，$\bar{p}$ 与 $\bar{p}'$ 几乎一致。上述导出的压缩矩形件的平均单位压力计算公式都是随 l/h 增加而增加。在无外端压缩时，这个规律仅仅反映了外摩擦对 $\bar{p}$ 的影响。

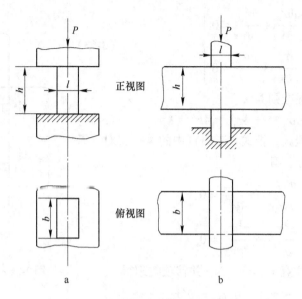

图 3-23　平砧压缩厚件的正视图与俯视图
a—不带外端压缩；b—带外端压缩

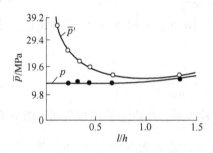

图 3-24　压缩高为 22.5mm 的铅试样，压缩

率为 7% 时 $\bar{p}$ - l/h 和 $\bar{p}'$ - l/h 的关系图

$\bar{p}'$ —带外端；$\bar{p}$ —不带外端

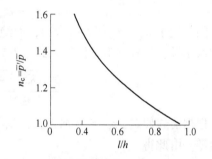

图 3-25　外端影响系数 n_σ 与 l/h 的关系

　　显然，带外端压缩时，不仅在接触区产生变形，外端也要被牵连而变形。这样，在接触区与外端的分界面上，就要产生附加的剪变形，并引起附加的剪应力，因此和无外端压缩时相比，就要增加力和功。可见，l/h 越小，也就是工件越厚时，剪切面就越大，总的剪切力也就越大，这时必须加大外力才能使工件变形。当工件厚度一定时（即抗剪面一定时），接触长度 l 越小，平均单位压力越大。所以，在外端的影响下，随 l/h 减小平均单位压力 $\bar{p}'$ 增加。

　　带外端压缩厚件的情况和坐标轴的位置如图 3-26 所示。假定接触表面无摩擦，即 $\tau_f = 0$ ，在接触区与外端的界面上的剪应力 $\tau_{xy} = \tau_e = K/2$ ，并假定沿 x 轴成线性分布，在垂直对称面处递减到零。τ_{xy} 与 y 无关，只与 x 有关。

　　在平面变形状态下，平衡方程为

$$\left.\begin{array}{c}\dfrac{\partial \sigma_x}{\partial x} + \dfrac{\partial \tau_{yx}}{\partial y} = 0 \\[3mm] \dfrac{\partial \tau_{xy}}{\partial x} + \dfrac{\partial \sigma_y}{\partial y} = 0\end{array}\right\} \qquad (3\text{-}53)$$

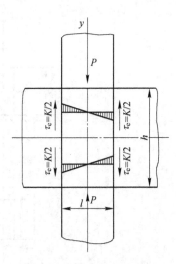

按式（2-136），屈服准则为

$$(\sigma_x - \sigma_y)^2 + 4\tau_{xy}^2 = 4k^2 = K^2 \qquad (3\text{-}54)$$

联解这 3 个方程式。把式（3-53）中的第一式对 y 微分；第二式对 x 微分，有

$$\frac{\partial^2 \sigma_x}{\partial x \partial y} + \frac{\partial^2 \tau_{yx}}{\partial y^2} = 0$$

$$\frac{\partial^2 \tau_{xy}}{\partial x^2} + \frac{\partial^2 \sigma_y}{\partial x \partial y} = 0$$

上两式相减（注意 $\tau_{xy} = \tau_{yx}$），并移项整理得

图 3-26　带外端压缩厚件

$$\frac{\partial^2 (\sigma_x - \sigma_y)}{\partial x \partial y} = \frac{\partial^2 \tau_{xy}}{\partial x^2} - \frac{\partial^2 \tau_{xy}}{\partial y^2} \qquad (3\text{-}55)$$

由式（3-54）求得

$$\sigma_x - \sigma_y = \pm \sqrt{K^2 - 4\tau_{xy}^2} \qquad (3\text{-}56)$$

因为这里 σ_x、σ_y 都为压应力，而绝对值 $|\sigma_y| > |\sigma_x|$，所以 $\sigma_x - \sigma_y$ 必为正值，故根号前取正号，把式（3-56）代入式（3-55），则

$$\frac{\partial^2 \sqrt{K^2 - 4\tau_{xy}^2}}{\partial x \partial y} = \frac{\partial^2 \tau_{xy}}{\partial x^2} - \frac{\partial^2 \tau_{xy}}{\partial y^2} \qquad (3\text{-}57)$$

根据前述假定，τ_{xy} 与 y 轴无关，仅与 x 轴成线性关系，所以上式中含有对 y 微分的项全为零，由此得

$$\frac{\partial^2 \tau_{xy}}{\partial x^2} = 0$$

解此方程，得

$$\tau_{xy} = c_1 + c_e x$$

当 $x = 0$ 时，$\tau_{xy} = 0$，所以 $c_1 = 0$。此外，当 $x = l/2$ 时，$\tau_{xy} = K/2$，所以 $c_2 = K/l$。于是

$$\tau_{xy} = \frac{K}{l} x \qquad (3\text{-}58)$$

而

$$\frac{\partial \tau_{xy}}{\partial x} = \frac{K}{l} \qquad (3\text{-}59)$$

考虑到 $\dfrac{\partial \tau_{xy}}{\partial y} = 0$，并把式（3-59）代入平衡方程（3-53）中，则有

$$\frac{\partial \sigma_x}{\partial x} = 0$$

$$\frac{\partial \sigma_y}{\partial y} + \frac{K}{l} = 0$$

解这两个方程，得

$$\left.\begin{array}{l} \sigma_x = \varphi_1(y) \\ \sigma_y = -\dfrac{K}{l}y + \varphi_2(x) \end{array}\right\} \tag{3-60}$$

式中　$\varphi_1(y)$，$\varphi_2(x)$ —— y 和 x 的任意函数。

把式（3-59）、式（3-60）代入式（3-56），得

$$\varphi_1(y) + \frac{K}{l}y - \varphi_2(x) = \sqrt{K^2 - 4\left(\frac{K}{l}x\right)^2}$$

$$\varphi_1(y) + \frac{K}{l}y = \sqrt{K^2 - 4\left(\frac{K}{l}x\right)^2} + \varphi_2(x) = c$$

$$\varphi_1(y) = -\frac{K}{l}y + c$$

$$\varphi_2(x) = -\sqrt{K^2 - 4\left(\frac{K}{l}x\right)^2} + c$$

把这两个函数代入式（3-60）并由式（3-59）得

$$\left.\begin{array}{l} \sigma_x = -\dfrac{K}{l}y + c \\ \sigma_y = -\dfrac{K}{l}y - \sqrt{K^2 - 4\left(\dfrac{K}{l}x\right)^2} + c \\ \tau_{xy} = \dfrac{K}{l}x \end{array}\right. \tag{3-61}$$

同样，积分常数 c 可按边界条件确定。在接触区与外端的边界面 $x = l/2$ 上，σ_x 虽然沿厚度方向分布不均匀，但此时除砧子的垂直压力外，水平方向无外力，即在此界面上水平方向合力为零否则外端界面不能保持平面，即

$$2\int_0^{h/2} \sigma_x \mathrm{d}y = 0$$

把式（3-61）代入此式，则

$$2\int_0^{h/2} \left(-\frac{K}{l}y + c\right)\mathrm{d}y = 0$$

积分后得

$$c = \frac{Kh}{4l}$$

代入式（3-61）中，并以 $y = h/2$ 代入，得接触表面的压力表达式

$$\sigma_y = -K\left[\frac{h}{4l} + \sqrt{1 - \left(\frac{2x}{l}\right)^2}\right]$$

所以

$$n_\sigma = \frac{\overline{p}}{K} = \frac{-2\int_0^{l/2}\sigma_y\,\mathrm{d}x}{Kl} = \frac{2\int_0^{l/2}K\left[\dfrac{h}{4l} + \sqrt{1 - \left(\dfrac{2x}{l}\right)^2}\right]\mathrm{d}x}{Kl}$$

$$= \frac{\pi}{4} + \frac{1}{4}\frac{h}{l} = 0.785 + 0.25\frac{h}{l} \tag{3-62}$$

此式曾由斋藤导出，由式（3-62）作出的曲线如图 3-27 所示。

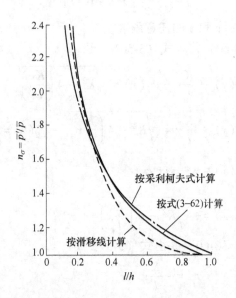

图 3-27　按不同公式计算的 n_σ 或 $\overline{p}/K$ 与 l/h 的关系

3.6　平辊轧制单位压力的计算

平辊轧制过程实际是一个连续镦粗过程。材料在变形区内的应力-变形状态、材料流动情况以及接触表面的应力分布规律，与平面变形条件下的镦粗过程都有相似之处。不同的是变形区形状不再是矩形，而且中性面的位置向出口偏移，不再处于对称位置。这是由于工具为弧形形状所致。由图 3-28 可以看出，坯料在入辊缝处较厚，而出辊缝处较薄，这就是由于摩擦力引起的在轧制方向上的压应力 σ_x 从入辊处往里的增加速度要比从出辊处往里的增加速度慢。根据塑性条件，自然 σ_n 由入辊处往里的增加速度要比从出辊处往里的增加速度慢。因此 σ_n 的最大值的位置必然向出口处偏移。

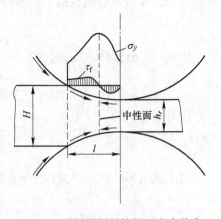

图 3-28　平辊轧制时接触面应力分布

在轧制过程中，靠近变形区的出口端，轧件的流动速度大于轧辊的线速度，而在靠近变形区的入口端，轧件的流动速度小于轧辊的线速度。在均匀变形假设条件下，变形区内一定存在着轧件的流动速度等于轧辊线速度的平面，称为中性面。由中性面至出口端，称为前滑区，中性面至入口端，称为后滑区。中性面与接触弧的交点称为中性点。中性点两侧的摩擦力方向是相反的，并且均指向中性点。中性点对应的圆周角，称为中性角。整个接触弧所对应的圆周角，称为咬入角。

现有的轧制力计算公式很多，各公式的形式和计算结果区别很大。这是由于推导这些公式时采用的假设条件不同。关于变形几何形状的不同处理，虽使公式的形式有很大区别，但计算结果出入不大。各公式计算结果的区别主要由接触表面摩擦规律的处理以及不同塑性条件造成。

接触表面的摩擦规律主要有以下几种不同处理：

（1）全滑动。整个接触表面摩擦应力与法向压应力成正比，即符合库仑摩擦定律：

$$\tau_f = f\sigma_n$$

（2）全黏着。整个接触表面摩擦应力均为最大值，即 $\tau_f = K/2$。

（3）混合摩擦。根据具体轧制条件（f 及 $l/\bar{h}$ 值）接触表面可能出现不同的摩擦情况。轧制力计算公式和镦粗力计算公式类似，一般取如下形式

$$P = \frac{\bar{p}}{\sigma_s}\sigma_s F$$

且

$$\frac{\bar{p}}{\sigma_s} = f(f,\ l/\bar{h}) = \varphi(f,\ \varepsilon,\ R)$$

式中　l——轧辊与坯料的接触弧长度；

　　　$\bar{h}$——变形区坯料的平均厚度；

　　　ε——道次加工率，$\varepsilon = \Delta h/H$；

　　Δh——道次压下量，$\Delta h = H - h$；

　　　R——轧辊半径。

设接触弧长的水平投影为 l，轧件的平均剪切屈服应力为 $2k$，则单位宽度上的轧制力为：

$$P = 2kl$$

奥洛万认为，摩擦对轧制力的影响大约为 20%，因此上式可修正为

$$P = 1.2 \times 2k\sqrt{R\Delta h}$$

该式简单，便于记忆，当需要快速确定一个近似的轧制力时，采用该近似式是非常方便的。

3.6.1　M. D. Stone（斯通）公式

斯通对轧制过程作如下简化：

（1）将轧制过程近似看作平锤间镦粗（图 3-29）；

（2）忽略宽展，将轧制看作平面变形；

（3）假设整个接触表面都符合库仑摩擦定律；

（4）σ_x 沿轧件高向、宽向均匀分布。

在变形区中用两个距离为 dx 并且垂直于 x 轴的平面截取分离体（图 3-29），将其上作用的各应力分量取静力平衡。

在前滑区有

$$(\sigma_x + d\sigma_x)\bar{h} - \sigma_x\bar{h} + 2\tau_f dx = 0$$

在后滑区有

$$(\sigma_x + d\sigma_x)\bar{h} - \sigma_x\bar{h} - 2\tau_f dx = 0$$

将上述两式化简合并得

$$\frac{d\sigma_x}{dx} \pm \frac{2\tau_f}{\bar{h}} = 0$$

式中，"+" 号为前滑区；"–" 号为后滑区。

由上式得

$$\frac{d\sigma_x}{dx} = \mp \frac{2\tau_f}{\bar{h}}$$

应用库仑摩擦定律

$$\tau_f = fp_x$$

及塑性条件近似式

$$p_x - \sigma_x = K \qquad (p_x、\sigma_x 均为正数)$$

即

$$dp_x = d\sigma_x$$

可得

$$\frac{dp_x}{dx} = \mp \frac{2fp_x}{\bar{h}}$$

式中，"–" 号为前滑区；"+" 号为后滑区。

在前滑区

$$\frac{dp_x}{dx} = -\frac{2fp_x}{\bar{h}}$$

$$\frac{dp_x}{p_x} = -\frac{2f}{\bar{h}}dx$$

将上式积分得

$$\ln p_x = -\frac{2f}{\bar{h}}x + c_1$$

将边界条件 $x = l/2$ 时，$p_x = K(1 - \sigma_f/K)$ 代入上式，得

$$c_1 = \ln\left(1 - \frac{\sigma_f}{K}\right)K + \frac{fl}{\bar{h}}$$

所以

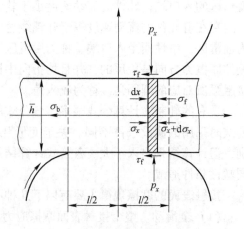

图 3-29　以平锤镦粗代替轧制

$$\ln p_x = \ln\left(1 - \frac{\sigma_f}{K}\right)K - \frac{2fx}{\bar{h}} + \frac{fl}{\bar{h}}$$

$$\frac{p_x}{K - \sigma_f} = e^{(fl/\bar{h} - 2f/\bar{h}x)} \tag{3-63}$$

在后滑区

$$\frac{\mathrm{d}p_x}{\mathrm{d}x} = \frac{2fp_x}{\bar{h}}$$

$$\frac{\mathrm{d}p_x}{p_x} = \frac{2f}{\bar{h}}\mathrm{d}x$$

上式积分，得

$$\ln p_x = \frac{2f}{\bar{h}}x + c_2$$

将边界条件 $x = -l/2$ 时，$p_x = K(1 - \sigma_b/K)$ 代入上式，得

$$c_2 = \ln\left(1 - \frac{\sigma_b}{K}\right)K + \frac{fl}{\bar{h}}$$

所以

$$\frac{p_x}{K - \sigma_b} = e^{(fl/\bar{h} + 2fx/\bar{h})} \tag{3-64}$$

式（3-63）与式（3-64）在整个接触表面范围内积分，即得轧制力计算公式

$$P = \frac{B_1 + B_2}{2}\left[\int_0^{l/2}(K - \sigma_f)e^{2f/\bar{h}(l/2 - x)}\mathrm{d}x + \int_{-l/2}^0 (K - \sigma_b)e^{2f/\bar{h}(l/2 + x)}\mathrm{d}x\right]$$

$$= \frac{B_1 + B_2}{2}\left[-(K - \sigma_f)\frac{\bar{h}}{2f} + (K - \sigma_f)\frac{\bar{h}}{2f}e^{fl/\bar{h}} + \right.$$

$$\left.(K - \sigma_b)\frac{\bar{h}}{2f}e^{fl/\bar{h}} - (K - \sigma_b)\frac{\bar{h}}{2f}\right]$$

$$= \frac{B_1 + B_2}{2}\frac{\bar{h}}{f}\left[\left(K - \frac{\sigma_f + \sigma_b}{2}\right)e^{fl/\bar{h}} - \left(K - \frac{\sigma_f + \sigma_b}{2}\right)\right] \tag{3-65}$$

式中，B_1、B_2 分别为轧件轧制前后的宽度。

平均单位压力

$$\bar{p} = \frac{P}{\left(\dfrac{B_1 + B_2}{2}\right)l} = \frac{\bar{h}}{fl}\left[\left(K - \frac{\sigma_f + \sigma_b}{2}\right)e^{fl/\bar{h}} - \left(K - \frac{\sigma_f + \sigma_b}{2}\right)\right]$$

令 $\dfrac{fl}{\bar{h}} = x$，则上式变为

$$p = \left(K - \frac{\sigma_f + \sigma_b}{2}\right)\frac{e^x - 1}{x} \tag{3-66}$$

式中　σ_f，σ_b——前、后张力。

式（3-66）就是计算轧制平均单位压力的斯通公式。系数 x 表示了摩擦系数 f 及变形区几何因素 $l/\bar{h}$ 对平均单位压力的影响。

3.6.2　А. И. Целиков（采利柯夫）公式

3.6.2.1　T. Karman（卡尔曼）方程

卡尔曼假设：（1）把轧制过程看成平面变形状态；（2）σ_x 沿轧件高向、宽向均匀分布；（3）接触表面摩擦系数 f 为常数，即 $\tau_f = fp_x$。从变形区中截取单元体（图3-30），将作用在此单元体上的力向 x 轴投影，并取静力平衡

$$(\sigma_x + \mathrm{d}\sigma_x)(h_x + \mathrm{d}h_x) - \sigma_x h_x - 2p_x r\mathrm{d}\alpha\sin\alpha \pm 2fp_x r\mathrm{d}\alpha\cos\alpha = 0$$

展开上式，并略去高阶无穷小，得

$$\sigma_x \mathrm{d}h_x + h_x \mathrm{d}\sigma_x - 2p_x r\mathrm{d}\alpha\sin\alpha \pm 2fp_x r\mathrm{d}\alpha\cos\alpha = 0$$

$$\frac{\mathrm{d}(\sigma_x h_x)}{\mathrm{d}\alpha} = 2p_x r(\sin\alpha \pm f\cos\alpha) \tag{3-67}$$

式（3-67）为卡尔曼方程原形，式中"+"号适用于前滑区；"−"号适用于后滑区。

后来史密斯假设图 3-30 中单元体的上下界面为斜平面，则式（3-67）中的

$$r\mathrm{d}\alpha = \frac{\mathrm{d}x}{\cos\alpha}$$

变为

$$\mathrm{d}(\sigma_x h_x) = 2p_x \frac{\mathrm{d}x}{\cos\alpha}(\sin\alpha \pm f\cos\alpha)$$

展开上式，得

$$h_x \mathrm{d}\sigma_x + \sigma_x \mathrm{d}h_x - 2p_x\tan\alpha\mathrm{d}x \mp 2fp_x \mathrm{d}x = 0$$

$$\frac{\mathrm{d}\sigma_x}{\mathrm{d}x} + \frac{\sigma_x}{h_x}\frac{\mathrm{d}h_x}{\mathrm{d}x} - \frac{2p_x\tan\alpha}{h_x} \mp \frac{2fp_x}{h_x} = 0$$

将屈服准则的近似式

$$p_x - \sigma_x = K$$

和

$$\mathrm{d}p_x = \mathrm{d}\sigma_x$$

代入上式，得

$$\frac{\mathrm{d}p_x}{\mathrm{d}x} + \frac{(p_x - K)}{h_x}\frac{\mathrm{d}h_x}{\mathrm{d}x} - \frac{2p_x\tan\alpha}{h_x} \mp \frac{2fp_x}{h_x} = 0$$

由于 $\dfrac{\mathrm{d}h_x}{\mathrm{d}x} = 2\tan\alpha$ ，上式变为

$$\frac{\mathrm{d}p_x}{\mathrm{d}x} - \frac{K}{h_x}\frac{\mathrm{d}h_x}{\mathrm{d}x} \pm \frac{2fp_x}{h_x} = 0 \tag{3-68}$$

式中，"+"号为后滑区；"−"号为前滑区。

式（3-68）为卡尔曼方程的另一种形式。

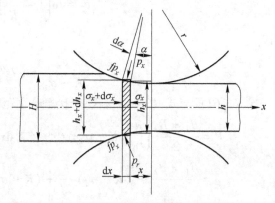

图 3-30　轧制时单元体上受力情况

3.6.2.2　采利柯夫公式

采利柯夫假设，在接触角不大的情况下，接触弧 AB 可用弦 $\overline{AB}$ 来代替（图3-31）。显然 $\overline{AB}$ 的方程为

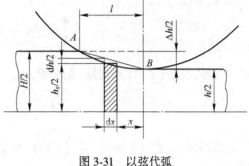

$$y = \frac{1}{2}h_x = \frac{1}{2}\left(h + \frac{\Delta h}{l}x\right)$$

微分上式得

$$\frac{\mathrm{d}x}{\mathrm{d}h_x} = \frac{l}{\Delta h}$$

$$\mathrm{d}x = \frac{l\,\mathrm{d}h_x}{\Delta h}$$

图 3-31　以弦代弧

将式（3-68）改为

$$\mathrm{d}p_x - \frac{\mathrm{d}h_x}{h_x}K \pm \frac{2fp_x}{h_x}\mathrm{d}x = 0$$

将计算 $\mathrm{d}x$ 值的公式代入上式，得

$$\mathrm{d}p_x - \frac{\mathrm{d}h_x}{h_x}\left(K \mp \frac{2fl}{\Delta h}p_x\right) = 0$$

令 $\delta = \dfrac{2fl}{\Delta h}$，则上式变为

$$\frac{\mathrm{d}p_x}{\pm\delta p_x - K} = -\frac{\mathrm{d}h_x}{h_x}$$

积分上式得

$$\pm\frac{1}{\delta}\ln(\pm\delta p_x - K) = \ln\frac{1}{h_x} + C$$

式中，"+"号为后滑区；"-"号为前滑区。

在前滑区

$$-\frac{1}{\delta}\ln(-\delta p_x - K) = \ln\frac{1}{h_x} + c$$

根据边界条件，在出口处 $h_x = h$，$p_x = K\left(1 - \dfrac{\sigma_f}{K}\right)$，代入上式，得

$$C = -\frac{1}{\delta}\ln\left[-\delta\left(1 - \frac{\sigma_f}{K}\right)K - K\right] - \ln\frac{1}{h}$$

则

$$\frac{1}{\delta}\ln\left[\frac{\delta p_x + K}{\delta\left(1 - \dfrac{\sigma_f}{K}\right)K + K}\right] = \ln\frac{h_x}{h}$$

令 $\xi_1 = 1 - \dfrac{\sigma_f}{K}$，则上式变为

$$\frac{\delta p_x + K}{(\delta\xi_1 + 1)K} = \left(\frac{h_x}{h}\right)^{\delta}$$

$$p_x = \frac{K}{\delta}\left[(\delta\xi_1 + 1)\left(\frac{h_x}{h}\right)^{\delta} - 1\right] \tag{3-69}$$

在后滑区

$$\frac{1}{\delta}\ln(\delta p_x - K) = \ln\frac{1}{h_x} + c$$

根据边界条件，在入辊处，$h_x = H$，$p_x = K\left(1 - \dfrac{\sigma_b}{K}\right)$，并令 $\xi_2 = 1 - \dfrac{\sigma_b}{K}$，同理可得

$$p_x = \frac{K}{\delta}\left[(\delta\xi_2 - 1)\left(\frac{H}{h_x}\right)^{\delta} + 1\right] \tag{3-70}$$

无张力时，式（3-69）、式（3-70）分别变为

前滑区

$$p_x = \frac{K}{\delta}\left[(\delta + 1)\left(\frac{h_x}{h}\right)^{\delta} - 1\right] \tag{3-71}$$

后滑区

$$p_x = \frac{K}{\delta}\left[(\delta - 1)\left(\frac{H}{h_x}\right)^{\delta} + 1\right] \tag{3-72}$$

在前滑区与后滑区的分界处（中性面）有 $h_x = h_\gamma$，将此式代入式（3-71）、式(3-72)中，并令两式的 p_x 相等，可得

$$\frac{h_\gamma}{h} = \left[\frac{1 + \sqrt{1 + (\delta^2 - 1)\left(\frac{H}{h}\right)^{\delta}}}{\delta + 1}\right]^{\frac{1}{\delta}} \tag{3-73}$$

$$\left(\frac{H}{h_\gamma}\right)^{\delta} = \frac{1}{\delta - 1}\left[(\delta + 1)\left(\frac{h_\gamma}{h}\right)^{\delta} - 2\right]$$

图 3-32 所示为式（3-73）的计算曲线。

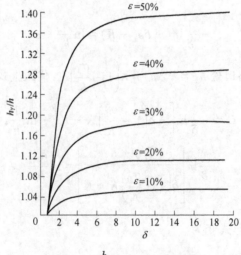

图 3-32 $\dfrac{h_\gamma}{h}$ 与 δ、ε 的关系

将式 (3-71)、式 (3-72) 两式分别在前、后滑区内积分，得

$$P = \frac{B_1 + B_2}{2} \frac{K}{\delta} \left\{ \int_h^{h_\gamma} \left[(\delta + 1) \left(\frac{h_x}{h} \right)^\delta - 1 \right] \mathrm{d}x + \int_{h_\gamma}^H \left[(\delta - 1) \left(\frac{H}{h_x} \right)^\delta + 1 \right] \mathrm{d}x \right\}$$

将计算 $\mathrm{d}x$ 值的公式代入上式

$$P = \frac{B_1 + B_2}{2} \frac{K}{\delta} \frac{l}{\Delta h} \left\{ \int_h^{h_\gamma} \left[(\delta + 1) \left(\frac{h_x}{h} \right)^\delta - 1 \right] \mathrm{d}h_x + \int_{h_\gamma}^H \left[(\delta - 1) \left(\frac{H}{h_x} \right)^\delta + 1 \right] \mathrm{d}h_x \right\}$$

积分并整理后得

$$P = \frac{B_1 + B_2}{2} \frac{K}{\delta} \frac{1}{\Delta h} h_\gamma \left[\left(\frac{H}{h_\gamma} \right)^\delta + \left(\frac{h_\gamma}{h} \right)^\delta - 2 \right] \tag{3-74}$$

平均单位压力为

$$\bar{p} = \frac{P}{\dfrac{B_1 + B_2}{2} l} = K \frac{h_\gamma}{\Delta h \delta} \left[\left(\frac{H}{h_\gamma} \right)^\delta + \left(\frac{h_\gamma}{h} \right)^\delta - 2 \right] \tag{3-75}$$

将式 (3-73) 代入式 (3-75) 得

$$\frac{\bar{p}}{K} = \frac{2h}{\Delta h (\delta - 1)} \frac{h_\gamma}{h} \left[\left(\frac{h_\gamma}{h} \right)^\delta - 1 \right]$$

令 $\varepsilon = \dfrac{\Delta h}{H}$，则 $\dfrac{h}{H} = \dfrac{1 - \varepsilon}{\varepsilon}$，上式变为

$$\frac{\bar{p}}{K} = \frac{2(1 - \varepsilon)}{\varepsilon (\delta - 1)} \left(\frac{h_\gamma}{h} \right) \left[\left(\frac{h_\gamma}{h} \right)^\delta - 1 \right] \tag{3-76}$$

图 3-33 所示为采利柯夫公式 (3-76) 的计算曲线。

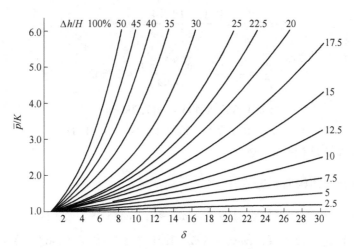

图 3-33　采利柯夫公式计算曲线

例 3-7　在工作辊直径为 400mm 的轧机上轧制 H_{68} 黄铜带，带宽 $B = 500$mm，该道次轧前带厚 $H = 2$mm，轧后带厚 $h = 1$mm，设 $f = 0.1$，$\sigma_f = 220$MPa，$\sigma_b = 180$MPa。带材在该道次轧前为退火状态，即 $H_0 = 2$mm。试用采利柯夫和斯通公式计算轧制力。

解 （1）按采利柯夫公式（图3-33）计算

$$l = \sqrt{R\Delta h} = \sqrt{200 \times 1} = 14.14\text{mm}$$

$$\delta = \frac{2fl}{\Delta h} = \frac{2 \times 0.1 \times 14.14}{1} = 2.828$$

$$\varepsilon = \frac{2-1}{2} = 50\%$$

根据以上参数值查图3-33计算曲线得

$$\frac{\bar{p}}{K} = 1.68$$

轧件在变形区的平均冷变形程度

$$\bar{\varepsilon} = \frac{1}{2}\left(\frac{H_0 - H}{H_0} + \frac{H_0 - h}{H_0}\right) = \frac{1}{2}(0 + 50\%) = 25\%$$

根据 $\bar{\varepsilon}$ 查硬化曲线，得该牌号合金的平均变形抗力 $\bar{\sigma}_s = 600\text{MPa}$。

$$K' = K - \frac{\sigma_f + \sigma_b}{2} = 1.155 \times 600 - \frac{180 + 220}{2} = 493\text{MPa}$$

$$\bar{p} = \frac{\bar{p}}{K}K' = 1.68 \times 493 = 828.2\text{MPa}$$

$$P = \bar{p}Bl = 828.2 \times 500 \times 14.14 = 5855.4\text{kN}$$

（2）按斯通公式计算

$$\bar{h} = \frac{1}{2}(H + h) = \frac{1}{2}(2 + 1) = 1.5\text{mm}$$

$$x = \frac{fl}{\bar{h}} = \frac{0.1 \times 14.14}{1.5} = 0.943$$

$$\frac{\bar{p}}{K} = \frac{e^x - 1}{x} = \frac{e^{0.943} - 1}{0.943} = 1.662$$

$$\bar{p} = 1.662 \times 493 = 817.7\text{MPa}$$

$$P = 817.7 \times 500 \times 14.14 = 5781.1\text{kN}$$

两个公式计算结果相差1.4%。

3.6.3　R. B. Sims（西姆斯）公式

西姆斯令 $\sigma_x h_x = T_x$，又假设 $\sin\alpha \approx \tan\alpha \approx \alpha$，$\cos\alpha \approx 1$（图3-30），假定接触表面摩擦应力为常数，且达到最大值，即 $\tau_f = K/2$，则卡尔曼方程式（3-67）变为

$$\frac{\mathrm{d}T_x}{\mathrm{d}\alpha} = r(2p_x\alpha \pm K)$$

西姆斯又应用了奥洛万的结论，将轧制过程看作在粗糙平锤头间镦粗，即假定

$$T_x = h_x\left(p_x - \frac{\pi}{4}K\right)$$

式中，$\pi/4$ 为考虑金属横向流动（宽展）的修正系数。将 T_x 公式代入前式得

$$\frac{d}{d\alpha}\left[h_x\left(\frac{p_x}{K}-\frac{\pi}{4}\right)\right]=2ra\frac{p_x}{K}\pm r$$

最后，假设变形区 σ_s 为常数，并且设 $h_x \approx h+r\alpha^2$，代入上式，得

$$\frac{d}{d\alpha}\left(\frac{p_x}{K}-\frac{\pi}{4}\right)=\frac{\pi r\alpha}{2(h+r\alpha^2)}\pm\frac{r}{h+r\alpha^2}$$

积分上式得

$$\frac{p_x}{K}-\frac{\pi}{4}=\frac{\pi}{4}\ln\frac{h_x}{r}\pm\sqrt{\frac{r}{h}}\ \mathrm{arctan}\sqrt{\frac{r}{h}}\alpha+c \tag{3-77}$$

式中，"+"号为前滑区；"−"号为后滑区。

在前滑区，当 $\alpha=0$，$h_x=h$ 时，有

$$\frac{p_x}{K}-\frac{\pi}{4}=\frac{T_x}{h}=0$$

将此式代入式（3-77），得

$$C=-\frac{\pi}{4}\ln\frac{h}{r}$$

故

$$\frac{p_x}{K}=\frac{\pi}{4}\ln\frac{h_x}{h}+\frac{\pi}{4}+\sqrt{\frac{r}{h}}\ \mathrm{arctan}\sqrt{\frac{r}{h}}\alpha \tag{3-78}$$

在后滑区，当 $\alpha=\alpha_0$，$h_x=H$ 时，有

$$\frac{p_x}{K}-\frac{\pi}{4}=\frac{T_x}{H}=0$$

将此式代入式（3-77），得

$$C=\sqrt{\frac{r}{h}}\ \mathrm{arctan}\sqrt{\frac{r}{h}}\alpha_0-\frac{\pi}{4}\ln\frac{H}{r}$$

故

$$\frac{p_x}{K}=\frac{\pi}{4}\ln\frac{h_x}{H}+\frac{\pi}{4}+\sqrt{\frac{r}{h}}\ \mathrm{arctan}\sqrt{\frac{r}{h}}\alpha_0-\sqrt{\frac{r}{h}}\ \mathrm{arctan}\sqrt{\frac{r}{h}}\alpha \tag{3-79}$$

在中性面处，$\alpha=\gamma$（中性角），式（3-78）与式（3-79）相等，得

$$\frac{\pi}{4}\ln\left(\frac{h}{H}\right)=2\sqrt{\frac{r}{h}}\ \mathrm{arctan}\sqrt{\frac{r}{h}}\gamma-\sqrt{\frac{r}{h}}\ \mathrm{arctan}\sqrt{\frac{r}{h}}\alpha_0$$

$$\gamma=\sqrt{\frac{h}{r}}\tan\left[\frac{1}{2}\mathrm{arctan}\sqrt{\frac{\varepsilon}{1-\varepsilon}}+\frac{\pi}{8}\sqrt{\frac{h}{r}}\ln(1-\varepsilon)\right] \tag{3-80}$$

式中，$\varepsilon=\dfrac{\Delta h}{H}$。

将式（3-78）、式（3-79）分别在前、后滑区范围内积分并经整理后，得平均单位压力计算公式为

$$\frac{\overline{p}}{K}=\frac{\pi}{2}\sqrt{\frac{1-\varepsilon}{\varepsilon}}\ \mathrm{arctan}\sqrt{\frac{\varepsilon}{1-\varepsilon}}-\frac{\pi}{4}-\sqrt{\frac{1-\varepsilon}{\varepsilon}}\sqrt{\frac{r}{h}}\ln\left(\frac{h_\gamma}{h}\right)+\frac{1}{2}\sqrt{\frac{1-\varepsilon}{\varepsilon}}\sqrt{\frac{r}{h}}\ln\left(\frac{1}{1-\varepsilon}\right)$$

$$\tag{3-81}$$

式中 h_γ——中性面处轧件厚度。

$$\frac{h_\gamma}{h} = \frac{r}{h}\gamma^2 + 1 \tag{3-82}$$

图 3-34 所示为西姆斯公式 (3-81) 的计算曲线。

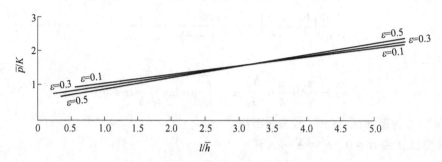

图 3-34   西姆斯公式计算曲线

3.6.4   S. Ekelund（艾克隆得）公式

艾克隆得公式是用于热轧时计算平均压力的半经验公式。其公式为

$$\bar{p} = (1 + m)(K + \eta\, \bar{\dot{\varepsilon}}) \tag{3-83}$$

式中 m——外摩擦对单位压力影响的系数；

η——黏性系数；

$\bar{\dot{\varepsilon}}$——平均应变速率。

第一项 $(1 + m)$ 是考虑外摩擦的影响，m 可以用以下公式确定

$$m = \frac{1.6f\sqrt{R\Delta h} - 1.2\Delta h}{H + h} \tag{3-84}$$

式 (3-83) 中第二项中乘积 $\eta\dot{\varepsilon}$ 是考虑应变速度对变形抗力的影响。其中平均应变速度 $\bar{\dot{\varepsilon}}$ 用下式计算

$$\bar{\dot{\varepsilon}} = \frac{2v\sqrt{\Delta h/R}}{H + h}$$

把 m 值和 $\bar{\dot{\varepsilon}}$ 值代入式 (3-83)，并乘以接触面积的水平投影，则轧制力为

$$P = \frac{B_H + B_h}{2}\sqrt{R\Delta h}\left[\left(1 + \frac{1.6f\sqrt{R\Delta h} - 1.2\Delta h}{H + h}\right)\left(K + \frac{2\eta v\sqrt{\dfrac{\Delta h}{R}}}{H + h}\right)\right] \tag{3-85}$$

艾克隆得还给出计算 K 和 η 的经验公式

$$K = (14 - 0.01t)(1.4 + w(C) + w(Mn)) \tag{3-86}$$

$$\eta = 0.01(14 - 0.01t) \tag{3-87}$$

式中 t——轧制温度，℃；

$w(C)$——碳的含量（质量分数），%；

$w(\mathrm{Mn})$ ——锰的含量（质量分数）,%。

当温度 $t \geqslant 800℃$ 和锰含量≤1.0%时，这些公式是正确的。

f 用下式计算

$$f = a(1.05 - 0.0005t)$$

对钢轧辊，$a = 1$；对铸铁轧辊，$a = 0.8$。

近来，对艾克隆得公式进行了修正，按下式计算黏性系数

$$\eta = 0.01(14 - 0.01)C'$$

式中 C' ——取决于轧制速度的系数，见表3-2。

表 3-2 基于轧制速度的 C' 取值

轧制速度 /m · s^{-1}	系数 C'
<6	1
6~10	0.8
10~15	0.65
15~20	0.60

计算 K 时，建议还要考虑含铬量的影响

$$K = (14 - 0.01t)(1.4 + w(\mathrm{C}) + w(\mathrm{Mn}) + 0.3w(\mathrm{Cr}))$$

3.7 电机传动轧辊所需力矩及功率

3.7.1 传动力矩的组成

欲确定主电动机的功率，必须首先确定传动轧辊的力矩。在轧制过程中，在主电动机轴上，传动轧辊所需力矩最多由下面四部分组成：

$$M = \frac{M_z}{i} + M_m + M_k + M_d \tag{3-88}$$

式中 M_z ——轧制力矩，用于使轧件塑性变形所需之力矩；

M_m ——克服轧制时发生在轧辊轴承、传动机构等的附加摩擦力矩；

M_k ——空转力矩，即克服空转时的摩擦力矩；

M_d ——动力矩，此力矩为克服轧辊不匀速运动时产生的惯性力所必需的；

i ——轧辊与主电机间的传动比。

组成传动轧辊的力矩的前三项为静力矩，即

$$M_j = \frac{M_z}{i} + M_m + M_k \tag{3-89}$$

式（3-89）指轧辊做匀速转动时所需的力矩。这三项对任何轧机都是必不可少的。在一般情况下，轧制力矩为最大，只有在旧式轧机上，由于轴承中的摩擦损失过大，有时附加摩擦力矩才有可能大于轧制力矩。

在静力矩中，轧制力矩是有效部分，至于附加摩擦力矩和空转力矩是由于轧机的零件

和机构的不完善引起的有害力矩。

这样换算到主电动机轴上的轧制力矩与静力矩之比的百分数称为轧机的效率

$$\eta = \frac{\dfrac{M_z}{i}}{\dfrac{M_z}{i} + M_m + M_k} \times 100\% \tag{3-90}$$

轧机效率随轧制方式和轧机结构不同（主要是轧辊的轴承构造）在相当大的范围内变化，即 $\eta = 0.5 \sim 0.95$。

动力矩只发生于不均匀转动进行工作的几种轧机中，如可调速的可逆式轧机，当轧制速度变化时，便产生克服惯性力的动力矩，其数值可由下式确定：

$$M_d = \frac{GD^2}{375} \frac{dn}{dt}$$

式中　　G——转动部分的重量；

　　　　D——转动部分的惯性直径；

　　　　$\dfrac{dn}{dt}$——角加速度。

在转动轧辊所需的力矩中，轧制力矩是最主要的。确定轧制力矩有两种方法：按轧制力计算和利用能耗曲线计算。前者对板带材等矩形断面轧件计算较精确，后者用于计算各种非矩形断面的轧制力矩。

3.7.2 轧制力矩的确定

3.7.2.1　按金属对轧辊的作用力计算轧制力矩

该法是用金属对轧辊的垂直压力 P 乘以力臂 a，如图 3-35 所示。即

$$M_{z1} = M_{z2} = Pa = \int_0^l x(P_y \pm t_y \tan\varphi) \, dx \tag{3-91}$$

式中　　M_{z1}，M_{z2}——上下轧辊的轧制力矩。

因为摩擦力在垂直方向上的分力相比很小，可以忽略，所以：

$$a = \frac{\int_0^l x p_x \, dx}{P} = \frac{\int_0^l x p_x \, dx}{\int_0^l p_x \, dx} \tag{3-92}$$

由式（3-92）可看出，力臂 a 实际上等于单位压力图形的重心到轧辊中心连线的距离。

为了消除几何因素对力臂 a 的影响，通常不直接确定出力臂 a，而是通过确定力臂系数 ψ 的方法来确定之，即

$$\psi = \frac{\varphi_1}{\alpha_j} = \frac{a}{l_j} \quad \text{或} \quad a = \psi l_j$$

式中　　φ_1——合压力作用角，如图 3-35 所示；

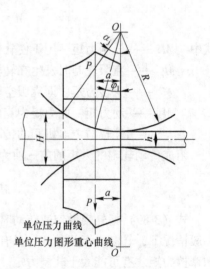

单位压力曲线
单位压力图形重心曲线

图 3-35　按轧制力计算轧制力矩

α_j ——接触角；

l_j ——接触弧长度。

因此，转动两个轧辊所需的轧制力矩为

$$M_z = 2Pa = 2P\psi l_j$$

上式中的轧制力臂系数 ψ 根据大量实验数据统计，其范围为：

热轧铸锭时，$\psi = 0.55 \sim 0.60$；

热轧板带时，$\psi = 0.42 \sim 0.50$；

冷轧板带时，$\psi = 0.33 \sim 0.42$。

3.7.2.2 按能量消耗曲线确定轧制力矩

在很多情况下，按轧制时能量消耗来决定轧制力矩是合理的，因为在这方面有些资料，如果轧制条件相同，其计算结果也较可靠。

轧制所消耗的功与轧制力矩间的关系为：

$$M_z = \frac{A}{Q} = \frac{A}{\omega t} = \frac{AR}{vt} \tag{3-93}$$

式中 Q ——轧件通过轧辊期间轧辊的转角，

$$Q = \omega t = \frac{v}{R}t$$

ω ——角速度，$1/s$；

t ——时间，s；

R ——轧辊半径，m；

v ——轧辊圆周速度，m/s。

利用能耗曲线确定轧制力矩，其单位能耗曲线对于型钢和钢坯轧制一般表示为每吨产品的能量消耗与总延伸系数间的关系，如图 3-36 所示。而对于板带材一般表示为每吨产品的能量消耗与板带厚度的关系，如图 3-37 所示。第 $n+1$ 道次的单位能耗（$kW \cdot h$）为 $(a_{n+1} - a_n)$，如轧件重量为 $G(t)$，在该道次的总能耗为

$$A = (a_{n+1} - a_n)G \tag{3-94}$$

因为轧制时的能量消耗一般是以电机负荷大小测量的，故在这种曲线中还包括有轧机传动机构中的附加摩擦力矩，但除去了轧机的空转消耗。所以，按能耗曲线确定的力矩将为轧制力矩 M_z 和附加摩擦力矩 M_m 之总和。

根据式（3-93）和式（3-94）得

$$\frac{M_z + M_m}{i} = \frac{999.6 \times 3600(a_{n+1} - a_n)GR}{tv} \tag{3-95}$$

如果用 $G = F_h L_h \rho$, $t = \dfrac{L_h}{v_h} = \dfrac{L_h}{v(1 + S_h)}$ 代入式（3-95）整理后可得

$$\frac{M_z + M_m}{i} = 1803 \times 10^3 (a_{n+1} - a_n)\rho F_h D(1 + S_h) \tag{3-96}$$

式中 G ——轧件重量，t；

ρ ——轧件的密度，t/m^3；

D ——轧辊工作直径，m；

F_h ——该道次轧后轧件横断面积，m^2；

S_h ——前滑；

i ——传动比。

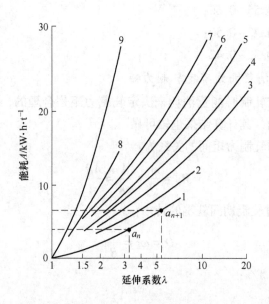

图 3-36 开坯、型钢和钢管轧机的典型能耗曲线

1—1150mm 半坯机；2—1150mm 初轧机；3—250mm 线材连轧件；4—350mm 棋盘式中型轧机；
5—700/500mm 钢坯连轧机；6—750mm 轨梁轧机；7—500mm 大型轧机；8—250mm 自动轧管机；9—250mm 穿孔机组

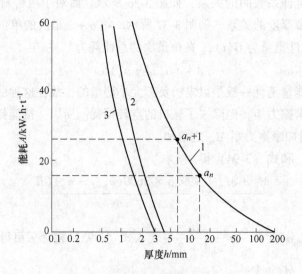

图 3-37 板带钢轧机的典型能耗曲线

1—1700mm 连轧机；2—三机架冷连轧低碳钢；3—五机架冷连轧铁皮

取钢的 $\rho = 7.8t/m^3$，并忽略前滑影响，则

$$\frac{M_z + M_m}{i} = 1401 \times 10^4 (a_{n+1} - a_n) F_h D \qquad (3\text{-}97)$$

3.7.3 附加摩擦力矩的确定

在轧制过程中，轧件通过辊间时，在轴承中与轧机传动机构中有摩擦力产生，所谓附加摩擦力矩，是指克服这些摩擦力所需力矩，而且在此附加摩擦力矩的数值中，并不包括空转时轧机转动所需力矩。

组成附加摩擦力矩的基本数值有两大类：一类为轧辊轴承中的摩擦力矩，另一类为传动机构中的摩擦力矩，下面分别论述。

3.7.3.1 轧辊轴承中的附加摩擦力矩

对上下两个轧辊（共 4 个轴承）而言，此力矩值为：

$$M_{m1} = \frac{P}{2} f_1 \frac{d_1}{2} 4 = P d_1 f_1$$

式中 P ——作用在 4 个轴承上的总负荷，它等于轧制力；

d_1 ——轧辊辊颈直径；

f_1 ——轧辊轴承摩擦系数，它取决于轴承构造和工作条件。

滑动轴承金属衬热轧时：$f_1 = 0.07 \sim 0.10$；

滑动轴承金属衬冷轧时：$f_1 = 0.05 \sim 0.07$；

滑动轴承塑料衬：$f_1 = 0.01 \sim 0.03$；

液体摩擦轴承：$f_1 = 0.003 \sim 0.004$；

滚动轴承：$f_1 = 0.003$。

3.7.3.2 传动机构中的摩擦力矩

这部分力矩即指减速机座，齿轮机座中的摩擦力矩。此传动系统的附加摩擦力矩根据传动效率按下式计算：

$$M_{m2} = \left(\frac{1}{\eta_1} - 1 \right) \frac{M_z + M_{m1}}{i} \qquad (3\text{-}98)$$

式中 M_{m2} ——换算到主电动机轴上的传动机构的摩擦力矩；

η_1 ——传动机构的效率，即从主电动机到轧机的传动效率；一级齿轮传动的效率一般取 $0.96 \sim 0.98$，皮带传动效率取 $0.85 \sim 0.90$。

换算到主电动机轴上附加摩擦力矩为：

$$M_m = \frac{M_{m1}}{i} + M_{m2}$$

或

$$M_m = \frac{M_{m1}}{i\eta} + \left(\frac{1}{\eta} - 1 \right) \frac{M_x}{i} \qquad (3\text{-}99)$$

3.7.4 空转力矩的确定

空转力矩是指空载转动轧机主机列所需的力矩。通常是根据转动部分轴承中的摩擦力

计算。

在轧机主机列中有许多机构，如轧辊、连接轴、人字齿轮及飞轮等，各有不同重量及不同的轴颈直径及摩擦系数。因此，必须分别计算。显然，空载转矩应等于所转动机件空转力矩之和，当换算到主电动机轴上时，则转动每一个部件所需力矩之和为：

$$M_K = \sum M_{Kn} \tag{3-100}$$

式中　M_{Kn} ——换算到主电动机轴上的转动每一个零件所需的力矩。

如果用零件在轴承中的摩擦圆半径与力来表示 M_{Kn}，则

$$M_{Kn} = \frac{G_n f_n d_n}{2i_n} \tag{3-101}$$

式中　G_n ——该机件在轴承上的重量；

　　　f_n ——在轴承上的摩擦系数；

　　　d_n ——辊颈直径；

　　　i_n ——电动机与该机件间的传动比。

将式（3-101）代入式（3-100）后得空转力矩为：

$$M_K = \sum \frac{G_n f_n d_n}{2i_n} \tag{3-102}$$

按式（3-102）计算甚为复杂，通常可按经验办法来确定：

$$M_K = (0.03 \sim 0.06)M_H \tag{3-103}$$

式中　M_H ——电动机的额定转矩。

对新式轧机可取下限，对旧式轧机可取上限。

3.7.5[*]　静负荷图

为了校核和选择主电动机，除知其负荷值之外，尚须知轧机负荷随时间变化的图，力矩随时间变化的图称为静负荷图。绘制静负荷图之前，首先要决定轧件在整个轧制过程中在主电动机轴上的静负荷值，其次决定各道次的纯轧和间歇时间。

如上所述，静力矩按式（3-89）计算，静负荷图中的静力矩也可按式（3-89）加以确定。每一道次的轧制时间 t_n 可由式（3-94）确定：

$$t_n = \frac{L_n}{\bar{v}_n} \tag{3-104}$$

式中　L_n ——轧件轧后长度；

　　　$\bar{v}_n$ ——轧件出辊平均速度，忽略前滑时，它等于轧辊圆周速度。

间隙时间按间隙动作所需时间确定或按现场数据选用。

已知上述各值后，根据轧制图表绘制出一个轧制周期内的电机负荷图。图 3-38 所示为几类轧机的静负荷图。

3.7.6[*]　可逆式轧机的负荷图

在可逆式轧机中，轧制过程是轧辊在低速咬入轧件，然后提高轧制速度进行轧制，之后又降低轧制速度，实现低速抛出。因此轧制通过轧辊的时间由三部分组成：加速时间、

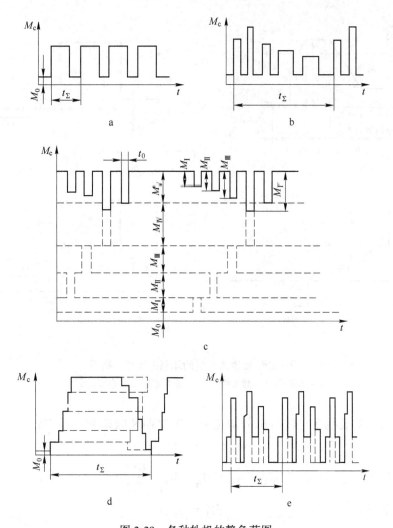

图 3-38 各种轧机的静负荷图

a—单独传动的连轧机或一道中轧一根轧件者；b—单机架轧机轧数道者；c—同时轧数根轧件者；

d—集体驱动的连轧机；e—集体驱动的连轧机，但两轧件的间隙时间大于轧件通过机组之间的时间

稳定轧制时间、减速时间。

由于轧制速度在轧制过程中是变化的，所以负荷图必须考虑动力矩 M_d ，此时负荷图是由静负荷与动负荷组合而成，如图 3-39 所示。

如果主电动机在加速期的加速度用 a 表示，在减速期用 b 表示，则在各期间内的转动总力矩为：

加速轧制期：
$$M_2 = M_j + M_d = \frac{M_z}{i} + M_m + M_k + \frac{GD^2}{375}a \qquad (3-105)$$

等速轧制期：
$$M_3 = M_j = \frac{M_z}{i} + M_m + M_k \qquad (3-106)$$

减速轧制期：
$$M_2 = M_j - M_d = \frac{M_z}{i} + M_m + M_k - \frac{GD^2}{375}b \qquad (3-107)$$

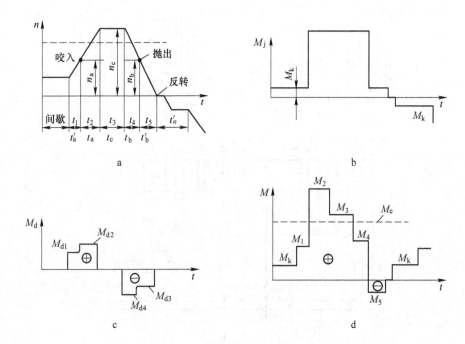

图 3-39　可逆式轧机的轧制速度与负荷图
a—速度图；b—静负荷图；c—动负荷图；d—合成负荷图

同样，可逆式轧机在空转时也分加速期，等速期和减速期。在空转时各期间的总力矩为

空转加速期：
$$M_1 = M_k + M_d = M_k + \frac{GD^2}{375}a \qquad (3\text{-}108)$$

空转等速期：
$$M_3' = M_k$$

空转减速期：
$$M_5 = M_k - M_d = M_k - \frac{GD^2}{375}b \qquad (3\text{-}109)$$

加速度 a 和 b 的数值取决于主电动机的特性及其控制路线。

3.7.7　主电动机的功率计算

当主电动机的传动负荷图确定后，就可对电动机的功率进行计算。这项工作包括两部分：一是由负荷图计算出等效力矩不能超过电动机的额定力矩；二是负荷图中的最大力矩不能超过电动机的允许过载负荷和持续时间。

如果是新设计的轧机，则对电动机就不是校核，而是要根据等效力矩和所要求的电动机转速来选择电动机。

3.7.7.1　等效力矩计算及电动机的校核

轧件工作时电动机的负荷是间断式的不均匀负荷，而电动机的额定力矩是指电动机在此负荷下长期工作，其温升在允许的范围内的力矩。为此必须计算出负荷图中的等效力矩，其值按式（3-100）计算：

$$M_{jum} = \sqrt{\frac{\sum M_n^2 t_n + \sum M'^2_n t'_n}{\sum t_n + \sum t'_n}} \tag{3-110}$$

式中　　M_{jum}——等效力矩，N·m；

　　　　$\sum t_n$——轧制时间内各段纯轧时间的总和，s；

　　　　$\sum t'_n$——轧制周期内各段间隙时间的总和，s；

　　　　M_n——各段轧制时间内所对应的力矩，N·m；

　　　　M'_n——各段间隙时间内所对应的空转力矩，N·m。

校核电动机稳∏条件为

$$M_{jum} \leqslant M_H$$

校核电动机的过载条件为

$$M_{max} \leqslant K_G M_H$$

式中　　M_H——电动机的额定力矩；

　　　　K_G——电动机的允许过载系数，直流电动机 $K_G = 2.0 \sim 2.5$；交流同步电动机
　　　　　　　　$K_G = 2.5 \sim 3.0$；

　　　　M_{max}——轧制周期内的最大力矩。

电动机达到允许最大力矩 $K_G M_H$ 时，其允许持续时间在 15s 以内，否则电动机温升将
超过允许范围。

3.7.7.2　电动机功率的计算

对于新设计的轧机，需要根据等效力矩计算电动机的功率，即

$$N = \frac{1.03 M_{jum} n}{\eta} \tag{3-111}$$

式中　　n——电动机的转速，r/min；

　　　　η——由电动机到轧机的传动效率。

3.7.7.3　超过电动机基本转速时电动机的校核

当实际转速超过电动机基本转速时，应对
超过基本转速部分对应的力矩加以修正，如图
3-40 所示，即乘以修正系数。

如果此时力矩图形为梯形，如图 3-40 所
示，则等效力矩为

$$M_{jum} = \sqrt{\frac{M_1^2 + M_1 M + M^2}{3}} \tag{3-112}$$

式中　　M_1——转速未超过基本转速时的力矩；

　　　　M——转速超过基本转速时乘以修正系
　　　　　　　数后的力矩。

　　　即

$$M = M_1 \frac{n}{n_H}$$

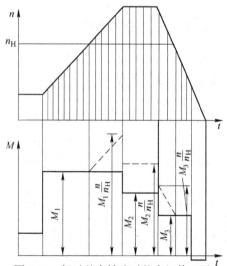

图 3-40　超过基本转速时的力矩修正图

式中　　n ——超过基本转速时的转速；

　　　　n_H ——电动机的基本转速。

校核电动机过载条件为：

$$\frac{n}{n_H}M_{max} \leqslant K_G M_H \tag{3-113}$$

3.8　工程法实际应用实例——不对称轧制力的工程法求解

由上下轧辊的转速、辊径、摩擦条件等变形条件的不同，形成了一种新的轧制方法——不对称轧制。大量的实验研究表明，与传统的对称轧制相比，不对称轧制能够降低单位压力分布，具有进一步轧薄的能力。工程法对不对称轧制理论的研究较早，许多成果成为目前不对称轧制设备校核、工艺制定的基本依据。

3.8.1　基本假定

假定轧辊为刚性，轧件为刚-塑性材料；假定变性区微分体上的正应力均匀分布，垂直与水平应力为主应力且塑性变形为平面变形问题；接触面摩擦应力 $\tau_f = mk$，对热轧 $m = 1$，$\tau = k$；变形区出入口金属均沿水平方向流动；接触弧与轧辊周长之比相对较小。如图 3-41 所示。

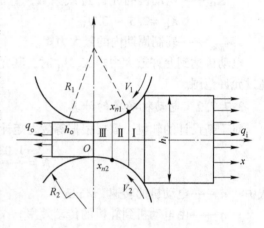

由图可知，依据摩擦力方向变形区明显分为 3 个区域，即入口区域（后滑区）为 I 区，出口区域（前滑区）为 III 区，搓轧区域（上下表面摩擦力方向相反的中间区域）为 II 区。

图 3-41　不轧制变形区

3.8.2　单位压力分布求解

取自 I 区的单元体受力平衡如图 3-42 所示。该区的水平与垂直力平衡方程为

$$\frac{d(hq)}{dx} + p_1\tan\theta_1 + p_2\tan\theta_2 - (\tau_1 + \tau_2) = 0 \tag{3-114}$$

$$p = p_1 + \tau_1\tan\theta_1 = p_2 + \tau_2\tan\theta_2 \tag{3-115}$$

将式（3-114）展开，将式（3-115）代入前式，整理得

$$h\frac{dq}{dx} + (p + q)\frac{dh}{dx} = \tau_1\frac{x^2}{R_1^2} + \tau_2\frac{x^2}{R_2^2} + \tau_e \tag{3-116}$$

式中，$h = h_o + \dfrac{x^2}{R_{eq}}$，$h_o$ 为出口厚度。

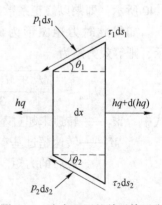

图 3-42　取自 I 区的单元体平衡

上下接触弧以统一抛物线方程表示，相当于等效接触弧方程；于是

$$\frac{dh}{dx} = \frac{2x}{R_{eq}}, \quad R_{eq} = \frac{2R_1R_2}{R_1+R_2}, \quad \tau_e = \tau_1 + \tau_2$$

式中　h——变形区板材厚度变量；

R_1，R_2——上下辊径；

　τ_1，τ_2——上下辊接触面摩擦剪应力，$\tau_1 = m_1k$，$\tau_2 = m_2k$；

τ_e，R_{eq}——所谓异步轧制等效摩擦力与等效半径。

主轴条件下的屈服准则为

$$p + q = 2k \tag{3-117}$$

式中，$k = \bar{\sigma}_s/\sqrt{3}$ 为平均屈服应力。式（3-117）代入式（3-116），整理得

$$h\frac{dp}{dx} = -\left(\frac{\tau_1}{R_1^2} + \frac{\tau_2}{R_2^2}\right)x^2 + 2k\frac{2x}{R_{eq}} - \tau_e \tag{3-118}$$

式（3-118）对 x 积分的微分方程通解为

$$p = -Ax + 2k\ln(x^2 + R_{eq}h_o) + \frac{E}{\sqrt{R_{eq}h_o}}\omega + c^* \tag{3-119}$$

式中，$A = R_{eq}\left(\frac{\tau_1}{R_1^2} + \frac{\tau_2}{R_2^2}\right)$，$\omega = \arctan\frac{x}{\sqrt{R_{eq}h_o}}$，$E = R_{eq}h_oA - \tau_eR_{eq}$。

在区域Ⅰ，轧件所受摩擦力指向总是朝前，即板材速度慢于轧辊速度，金属相对于轧辊是朝（入口）后滑的，所以 $\tau_e = m_1k + m_2k$；Ⅲ区微分方程与Ⅰ区完全相同，只是摩擦情形恰好相反，为 $\tau_e = -(m_1 + m_2)k$；搓轧区Ⅱ因摩擦力方向相反，故对 $V_2 > V_1$ 的情况，$\tau_e = -m_1k + m_2k = (m_2 - m_1)k$。

边界条件：由于 $V_2 > V_1$，三区边界条件表示如下。

（1）Ⅲ区（$0 \le x \le x_{n2}$）：$\tau_{e3} = -(m_1 + m_2)k$。

在 $x = 0$ 或 $\omega = 0$ 的出口，

$$p_o = 2k - q_o$$

式中，p_o 是变形区出口轧制单位压力。由此条件，式（3-119）的积分常数确定为

$$c_3^* = 2k[1 - \ln(R_{eq}h_o)] - q_o \tag{3-120}$$

于是Ⅲ区单位压力分布为

$$p_Ⅲ = -A_3x + 2k\ln(x^2 + R_{eq}h_o) + \frac{E_3}{\sqrt{R_{eq}h_o}}\omega + c_3^* \tag{3-121}$$

式中，$A_3 = -R_{eq}k\left(\frac{m_1}{R_1^2} + \frac{m_2}{R_2^2}\right)$，$E_3 = R_{eq}h_0A_3 - R_{eq}\tau_{e3}$。

（2）Ⅰ区（$x_{n1} \le x \le L$）：$\tau_{e1} = m_1k + m_2k$。

在 $x = L$（或 $\omega = \omega_i = \arctan\frac{L}{\sqrt{R_{eq}h_o}}$）的入口

$$p_i = 2k - q_i$$

式中，p_i 是变形区入口轧制单位压力。由此条件，式（3-119）的积分常数确定为

$$c_1^* = 2k - q_i + A_1 L - 2k\ln(L^2 + R_{eq}h_o) - \frac{E_1}{\sqrt{R_{eq}h_o}}\omega_i \tag{3-122}$$

式中，$A_1 = R_{eq}k\left(\dfrac{m_1}{R_1^2} + \dfrac{m_2}{R_2^2}\right)$，$E_1 = R_{eq}h_o A_1 - R_{eq}\tau_{e1}$，$L = \sqrt{R_{eq}h_i r}$。因此 I 区单位压力分布方程（特解）为

$$p_I = -A_1 x + 2k\ln(x^2 + R_{eq}h_o) + \frac{E_1\omega}{\sqrt{R_{eq}h_o}} + c_1^* \tag{3-123}$$

（3）II 区（$x_{n2} \leqslant x \leqslant x_{n1}$）：$\tau_{e2} = (m_2 - m_1)k_2$。由于在 $x = x_{n2}$（或 $\omega = \omega_{n2}$）处边界的连续性，则 III 区在 $x = x_{n2}$ 处压力（p_{III}）必须等于 II 区的压力（p_{II}），即 $p_{III} = p_{II}$。于是 c_3^* 与 c_2^* 存在下述关系：

$$-A_3 x_{n2} + 2k\ln(x_{n2}^2 + R_{eq}h_o) + \frac{E_3\omega_{n2}}{\sqrt{R_{eq}h_o}} + c_3^* = -A_2 x_{n2} + 2k\ln(x_{n2}^2 + R_{eq}h_o) + \frac{E_2\omega_{n2}}{\sqrt{R_{eq}h_o}} + c_2^* \tag{3-124}$$

式中，$A_2 = -R_{eq}k\left(\dfrac{m_1}{R_1^2} - \dfrac{m_2}{R_2^2}\right)$，$E_2 = R_{eq}h_o A_2 - R_{eq}\tau_{e2}$。

同时，由于在 $x = x_{n1}$ 处必须满足边界条件，即 $p_I = p_{II}$，故得到

$$-A_1 x_{n1} + 2k\ln(x_{n1}^2 + R_{eq}h_o) + \frac{E_1\omega_{n1}}{\sqrt{R_{eq}h_o}} + c_1^* = -A_2 x_{n1} + 2k\ln(x_{n1}^2 + R_{eq}h_o) + \frac{E_2\omega_{n1}}{\sqrt{R_{eq}h_o}} + c_2^* \tag{3-125}$$

式中，$\omega_{n1} = \arctan\dfrac{x_{n1}}{\sqrt{R_{eq}h_o}}$，$\omega_{n2} = \arctan\dfrac{x_{n2}}{\sqrt{R_{eq}h_o}}$。

由方程（3-124）得

$$c_2^* = (A_2 - A_3)x_{n2} + F^*\omega_{n2} + c_3^* \tag{3-126}$$

式中，$F^* = (E_3 - E_2)/\sqrt{R_{eq}h_o}$。

由方程（3-125）得

$$c_2^* = (A_2 - A_1)x_{n1} + E^*\omega_{n1} + c_1^* \tag{3-127}$$

式中，$E^* = (E_1 - E_2)/\sqrt{R_{eq}h_o}$。

将式（3-127）代入式（3-126）得

$$(A_2 - A_1)x_{n1} + E^*\omega_{n1} + c_1^* - (A_2 - A_3)x_{n2} - F^*\omega_{n2} - c_3^* = 0 \tag{3-128}$$

按体积不变方程上下辊中性点位置 x_{n1}、x_{n2} 有以下关系

$$x_{n1} = \sqrt{V_A x_{n2}^2 + (V_A - 1)\frac{h_o}{R_A}} \tag{3-129}$$

式中，$V_A = \dfrac{V_2}{V_1}$，$R_A = \dfrac{1}{R_{eq}} - \dfrac{h_o}{2R_{eq}^2}$。

将式（3-129）代入式（3-128），则中性点 x_{n2} 可以通过二分法确定；一旦 x_{n2} 已知，x_{n1} 和 c_2^* 则可以从式（3-129）及式（3-126）分别求出。于是 Ⅱ 区轧制压力分布方程（特解）可确定为

$$p_{\rm II} = -A_2 x + 2k\ln(x^2 + R_{eq}h_o) + \frac{E_2}{\sqrt{R_{eq}h_o}}\omega + c_2^* \tag{3-130}$$

当常数 c_1^*、c_2^*、c_3^* 分别由式（3-122）、式（3-126）、式（3-130）计算求出时，轧制压力 $p_{\rm I}$、$p_{\rm II}$、$p_{\rm III}$ 的分布可由方程式（3-123）、式（3-130）、式（3-121）分别确定。

3.8.3 轧制力与力矩积分

令上下辊施加的轧制力矩分别为 T_1、T_2，将摩擦剪应力力矩沿接触弧积分得

$$T_1 = R_1\left(-\int_0^{x_{n2}} m_1 k\mathrm{d}x - \int_{x_{n2}}^{x_{n1}} m_1 k\mathrm{d}x + \int_{x_{n1}}^{L} m_1 k\mathrm{d}x\right) = R_1 m_1 k(L - 2x_{n1}) \tag{3-131}$$

$$T_2 = R_2\left(-\int_0^{x_{n2}} m_2 k\mathrm{d}x - \int_{x_{n2}}^{x_{n1}} m_2 k\mathrm{d}x + \int_{x_{n1}}^{L} m_2 k\mathrm{d}x\right) = R_2 m_2 k(L - 2x_{n2}) \tag{3-132}$$

总力矩为

$$T = T_1 + T_2 \tag{3-133}$$

3.8.4 实验验证

上下辊径相同时，轧制速比对轧制力的影响如图 3-43 所示。由图可见，解析结果与实验数据吻合较好。解析结果与实验数据均随着压下量的增加而增加，但随着轧制速比的增加而减小。

上下辊径相同时，坯料初始厚度对轧制力的影响如图 3-44 所示。结果表明，轧制力计算结果高于实验结果，部分计算结果高出 15%，原因是忽略了搓轧区纵向剪应力的影响。此外，从图 3-44 还可以看出，坯料越厚，所需的轧制压力越大。

上下辊径不同时，辊径的比值对轧制力的影响如图 3-45 所示。由图可见，计算结果与实验值总体吻合较好，最大误差为 15% 左右。轧辊异径时，压下量与轧制速比对轧制力的影响规律与图 3-43、图 3-44 中的同径轧制表现出的规律相似。

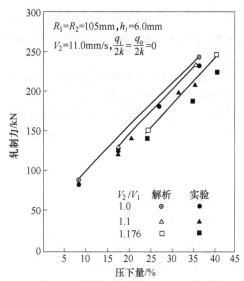

图 3-43 轧制速比对轧制力的影响

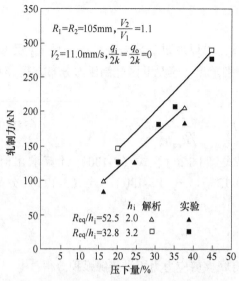

图 3-44　坯料初始厚度对轧制力的影响

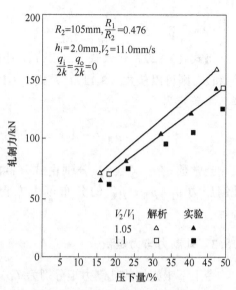

图 3-45　辊径比对轧制力的影响

思　考　题

3-1　你认为工程法存在什么问题?

3-2　在选用工程法有关公式时, 主要应注意什么问题?

3-3　如果被压缩的矩形件的长度与宽度相比不是很大, 在计算其总压力时, 采用哪个公式和怎样处理比较合理? 为什么?

3-4　试解释图 3-24 所示压缩带外端矩形件时 $\bar{p}'$ 与 $l/\bar{h}$ 的关系曲线。

3-5　如何根据轧制条件选择计算轧制力的公式? 书中所介绍的几个轧制力计算公式各适用于什么样的轧制过程?

3-6　在推导拉拔力计算公式时采用近似塑性条件, 为什么不会产生像锻压、轧制力计算公式的推导中采用近似塑性条件产生的那样明显的误差?

3-7　棒材拉拔时, 金属在模孔中处于塑性状态, 而出模孔后处于弹性状态的原因是什么?

习　题

3-1　在 500 轧机上冷轧钢带, $H = 1mm$, $h = 0.6mm$, $B = 500mm$, $\bar{\sigma}_s = 600MPa$, $f = 0.08$, $\sigma_f = 300MPa$, $\sigma_b = 200MPa$, 试计算轧制力。

3-2　试推导光滑模拉拔时, 拉拔应力 σ_{xa} 的表达式。

3-3　拉拔紫铜管, 坯料尺寸为 $\phi 30mm \times 3mm$, 制品尺寸为 $\phi 25mm \times 2.5mm$, $\bar{\sigma}_s = 400MPa$, $f = 0.1$, 模角 $\alpha_1 = 10°$, $l_a = 3mm$, 游动芯头锥角 $\alpha_2 = 7°$, 试分别按固定芯头和游动芯头拉拔计算拉拔力。

4 滑移线理论及应用

本章讨论用滑移线场理论分析理想刚性-塑性材料（简称刚-塑性材料）的平面变形问题，分析的重点是确定变形体内的应力分布，特别是工件和工具接触表面上的应力分布。

滑移线理论创立于 20 世纪 20 年代初，到 20 世纪 40 年代后期形成了较为完善的解平面变形问题的正确解法。按滑移线理论可在塑性流动区内做出滑移线场，借助滑移线场求出流动区内的应力分布。

4.1 平面塑性变形的基本方程式

平面变形时 $\varepsilon_z = 0$，则根据 Levy-Mises 方程可得

$$d\varepsilon_z = \sigma_z' d\lambda = \frac{2}{3} d\lambda \left[\sigma_z - \frac{1}{2} (\sigma_x + \sigma_y) \right] = 0$$

从而得到 $\sigma_z = (\sigma_x + \sigma_y)/2$，介于 σ_x 与 σ_y 之间。平面变形时的球应力分量 σ_m 为：

$$\sigma_m = \frac{1}{3}(\sigma_x + \sigma_y + \sigma_z) = \frac{1}{3}\left[\sigma_x + \sigma_y + \frac{1}{2}(\sigma_x + \sigma_y) \right] = \frac{1}{2}(\sigma_x + \sigma_y) = -p$$

所以，σ_z 是中间主应力 σ_2，也是该点的平均应力。这是塑性平面应变的第一个特点。平面变形时主应力 σ_1 和 σ_3 与一般应力分量之间的关系为

$$\left. \begin{array}{c} \sigma_1 \\ \sigma_3 \end{array} \right\} = \frac{1}{2}(\sigma_x + \sigma_y) \pm \sqrt{\frac{1}{4}(\sigma_x - \sigma_y)^2 + \tau_{xy}^2}$$

最大剪应力是 $\tau_{\max} = \frac{1}{2}(\sigma_1 - \sigma_3) = \left[\frac{1}{4}(\sigma_x - \sigma_y)^2 + \tau_{xy}^2 \right]^{\frac{1}{2}}$

在屈服状态下，最大剪应力 $\tau_{\max} = K$。于是把以上关系代入可得：

$$\sigma_1 = -p + k$$
$$\sigma_2 = -p$$
$$\sigma_3 = -p - k$$

这说明在平面塑性流动问题中，物体各点的应力状态是一个相当于各方向均有静水压力作用的均匀应力状态和一个在 xoy 平面内应力为 k 的纯剪应力之和。这是塑性平面应变的第二个特点。

4.2 滑移线场的基本概念

4.2.1 基本假设

（1）假设变形材料为各向同性的刚-塑性材料。屈服开始便进入塑性流动状态。其应

力-应变曲线如图 2-37 所示。这个假设是基于在材料塑性加工变形过程中，塑性变形很大，忽略弹性变形可忽略的情况。

（2）假设塑性区各点的变形抗力是常数，即认为材料是在恒定的屈服应力下变形的，并且忽略各点的变形程度、变形温度和应变速率对变形抗力 σ_s 或 k 的影响。这个假设对于变形程度较大、应变速率不太大而其变形温度超过再结晶温度的热加工以及对有一定的预先加工硬化金属的冷加工都是适用的。

此外，还忽略了因温差引起的热应力和因质点的非匀速运动产生的惯性力。应指出，由于引用了上述假设，不可避免地会产生理论分析结果与实测结果的不一致，但是，工程实践已经证明，尽管理论有一定的局限性，而在分析挤压、拉拔、锻压和轧制等塑性加工过程时采用刚-塑性材料的假设并没有引起大的误差，在工程计算上是允许的。

4.2.2 基本概念

4.2.2.1 滑移线、滑移线网和滑移线场

滑移线理论主要是用于解析平面塑性变形问题。板带材轧制，扁带的锻压、挤压和拉拔等均可以认为是平面变形问题。

在平面塑性变形时，金属的流动都平行于给定的 xoy 平面，而 z 轴方向无变形。平面变形条件下，塑性区内的各点应力状态的塑性条件为

$$\tau_{\max} = \sqrt{\frac{1}{4}(\sigma_x - \sigma_y)^2 + \tau_{xy}^2} = k$$

式中 k——屈服剪应力。按屈雷斯卡屈服准则 $k = \frac{1}{2}\sigma_s$；按密赛斯屈服准则 $k = \frac{1}{\sqrt{3}}\sigma_s$。

塑性区内任意一点处的两个最大剪应力相等且相互垂直，连接各点之最大剪应力方向并绘成曲线便得到两族正交的曲线，分别称为 α 和 β 滑移线。两族正交的滑移线在塑性区内构成的曲线网称为滑移线网，由滑移线网覆盖的区域称为滑移线场（图 4-1）。

在变形体内任意一点 P，以滑移线为边界在 P 点处取一曲边单元体，其应力和变形如图 4-2 所示。为以后计算方便，必须正确标记 α 和 β 两族滑移线。通常规定：若分别以 α 线和 β 线构成一右手坐标系的横轴和纵轴，则代数值最大的主应力 σ_1 的作用线是在第 I 和第 III 象限内（σ_1 顺时针旋转 45° 为 α 线，逆时针旋转 45° 为 β 线）；α 线各点的切线与所取的 x 轴的夹角 ϕ，x 轴逆时针转到 α 为正，顺时针转到 β 为负（图 4-2 中 P 点处之夹角 ϕ 为正）。α 线与 β 线所构成的坐标系实际上为一局部坐标系。

4.2.2.2 平面变形时的应力和应变速率莫尔（Mohr）圆

在平面变形条件下，对于塑性变形区内某一点 P 的应力状态，用应力莫尔圆来表示是直观的（图 4-3b），相对应的物理平面如图 4-3a 所示（注意，其中的作用力方向是用箭头指向表示的）。

图 4-3 中绘出了变形体内任意一点 P 的各特定平面上的应力。莫尔圆上的 A 点代表 Py 平面上的应力状态（$-\sigma_x$，$-\tau_{xy}$）；B 点代表 Px 平面上的应力状态（$-\sigma_y$，τ_{yx}）。第一最大剪应力面 I 对应于莫尔圆上的 I 点，I 面的剪应力方向即 α 线的方向；第二最大剪应力面 II 对应于莫尔圆上的 II 点，II 面的剪应力方向则是 β 线的方向。剪应力 τ_{xy} 或

τ_{yx} 的符号是这样规定的：使体素顺时针转为正，使体素逆时针转为负。莫尔圆的圆心是 C，圆的半径等于最大剪应力 τ_{max}，在平面变形条件下，τ_{max} 达到屈服剪应力 k 时产生屈服。在塑性区内，等于最大剪应力的 k 值各点都相同，即各点的莫尔圆半径皆相等。

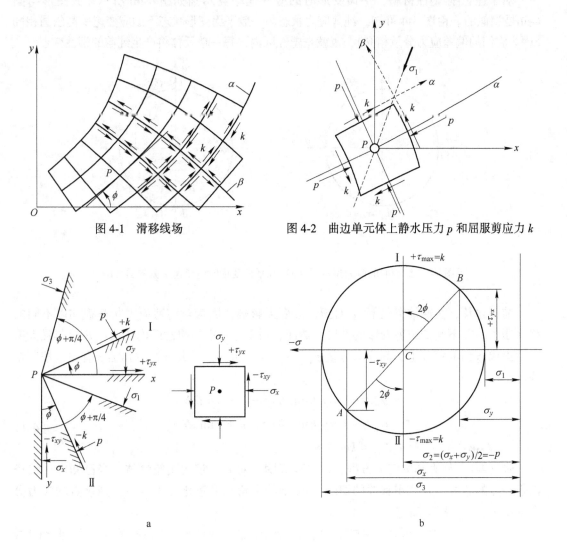

图 4-1　滑移线场　　　　图 4-2　曲边单元体上静水压力 p 和屈服剪应力 k

图 4-3　平面变形时的应力状态

a—物理平面；b—莫尔圆

平面变形时静水压力为

$$p = -\sigma_m = -\frac{1}{2}(\sigma_1 + \sigma_3)$$

由图 4-3b 可知，此静水压力 p 恰恰等于作用在最大剪应力面上的正应力，即 $-\sigma_2 = p$，也就是莫尔圆的圆心与原点的距离；而 $-\sigma_1 = p - k$，$-\sigma_3 = p + k$。纯剪应力状态莫尔圆圆心与原点之距离为零（图 4-4a）。既然塑性状态莫尔圆半径不变，仅其圆心与原点之距离变化，那么，在整个塑性变形区中任一点的应力状态，可视为纯剪应力状态与不同静水压力 p 叠加而成。

　　假定材料是不可压缩的，即体积不变，则有 $\dot{\varepsilon}_1 + \dot{\varepsilon}_2 + \dot{\varepsilon}_3 = 0$。由于 $\dot{\varepsilon}_2 = \mathrm{d}\varepsilon_2/\mathrm{d}t = 0$（式中 t 表示时间），于是 $\dot{\varepsilon}_1 = -\dot{\varepsilon}_3$ 或 $\dot{\varepsilon}_2 = \dot{\varepsilon}_z = 0$，$\dot{\varepsilon}_x = -\dot{\varepsilon}_y$。

　　对于理想刚-塑性材料，平面变形时的应变速率莫尔圆如图 4-4b 所示，其图形与图 4-3b 是相似的。由图 4-4 可知，纯剪应力状态与一般平面变形状态下的应变速率莫尔圆相同（因为它们的偏差应力分量相同），也就是塑性区内，每一单元体将产生纯剪的塑性变形。

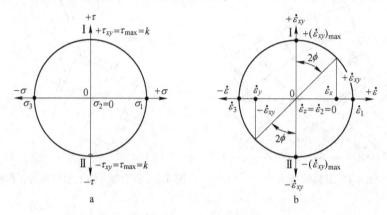

图 4-4　纯剪时的应力莫尔圆（a）和平面变形时应变速率莫尔圆（b）

　　前已述及，在通常情况下，p 对塑性应变无影响，因为对纯剪应力状态叠加以不同的静水压力，并不改变纯剪变形的性质。然而，对 k 为一定的塑性区内任意点 P 处与最大剪应力面成 ϕ 角的截面上，其应力分量 σ_x、σ_y、τ_{xy}（或 τ_{yx}）却与静水压力 p 有关，按莫尔圆可得

$$\left.\begin{aligned}\sigma_x &= -(p + k\sin2\phi) = -p - k\sin2\phi \\ \sigma_y &= -(p - k\sin2\phi) = -p + k\sin2\phi \\ \tau_{xy} &= k\cos2\phi\end{aligned}\right\} \tag{4-1}$$

　　式（4-1）称为基本应力方程，该方程表明，对 k 一定的刚塑性体，当已知滑移线场内任一点的 ϕ 角（α 族滑移线的切线与 ox 轴的夹角）和静水压力 p 后，则该点的应力分量 σ_x、σ_y、τ_{xy} 即可确定。

　　综上，平面塑性变形时，在塑性区内任一点上，总会找到两个互相垂直的 α 线方向和 β 线方向，它们二等分主方向。单元体产生的变形等同于纯剪塑性变形。由图 4-4 可见，剪应变最大的截面上，线应变（ε_α，ε_β）等于零。α 线和 β 线分别是两族滑移线，它们有以下特点：

　　（1）滑移线是塑性流动区内最大剪应力截面与流动平面的交线，即最大剪应力的轨迹线，是两族正交的曲线，过一点只能有两条滑移线。滑移线与主应力轨迹线相交为 $45°$ 角。

　　（2）滑移线分布于整个塑性区中并一直延伸到变形体的边界。

　　（3）力是产生变形的原因，应力场不同，滑移线场亦随之而异，由确定的滑移线场可求出相应的应力场。

　　（4）在滑移线场中，等于最大剪应力的 k 值各点认为相同，也就是各点之莫尔圆半径均相等，但各点的静水压力 p 则不相同，而且 p 与 ϕ 有关。

4.3 汉基（Hencky）应力方程

由式（4-1）可知，对于 k 为一定的刚塑性体，必须在已知 p 和 ϕ 的前提下，才能确定塑性区内各点的应力分量。为了确定滑移线场中各点的应力分量，必须了解沿滑移线上 p 和 ϕ 的变化规律。这个规律已由汉基于 1923 年首先推导出来，故称为汉基应力方程。其推导方法如下。

按式（2-135）平面变形时的力平衡微分方程为

$$\begin{cases} \dfrac{d\sigma_x}{\partial x} + \dfrac{\partial \tau_{yx}}{\partial y} = 0 \\[3mm] \dfrac{\partial \tau_{xy}}{\partial x} + \dfrac{\partial \sigma_y}{\partial y} = 0 \end{cases}$$

将式（4-1）符合塑性条件 $\tau_{max} = k$ 中的 σ_x、σ_y、τ_{xy} 的表达式代入上面的力平衡微分方程式，经整理得

$$\frac{\partial p}{\partial x} + 2k\cos2\phi \frac{\partial \phi}{\partial x} + 2k\sin2\phi \frac{\partial \phi}{\partial y} = 0$$

$$\frac{\partial p}{\partial y} + 2k\sin2\phi \frac{\partial \phi}{\partial x} - 2k\cos2\phi \frac{\partial \phi}{\partial y} = 0 \tag{4-2}$$

方程式（4-2）中含有两个未知数 p 和 ϕ，因此可以求解。虽然可以采用特征线（特征线与滑移线重合）方法求解，但比较麻烦。这里采用下面的方法来求 p 和 ϕ 沿滑移线的变化规律。

在滑移线场中，取一以相邻滑移线为周边的微元体进行分析。

如图 4-5 所示，任一点 P 的坐标为 (x, y)，过 P 点 α 线的切线与 x 轴的夹角为 ϕ，则 α 线的微分方程和 β 线的微分方程分别为

$$\frac{dy}{dx} = \tan\phi \tag{4-3}$$

$$\frac{dy}{dx} = -\tan(90° - \phi) = -\cot\phi \tag{4-4}$$

在式（4-2）表示的一阶非线性偏微分方程组中，有两个未知数 $p(x, y)$ 和 $\phi(x, y)$。这里，首先研究第一个函数 $p = p(x, y)$。

$$dp = \frac{\partial p}{\partial x}dx + \frac{\partial p}{\partial y}dy \tag{4-5}$$

在二维平面上 $p = p(x, y)$，x、y 为各自独立的变量，在整个讨论的平面域里式（4-5）恒成立。$p = p(x, y)$ 是空间曲面，如图 4-6 所示。

现在要研究滑移线上的情况。在滑移线上 $y = y(x)$，即 x 和 y 不是 2 个独立的变量，而是具有一定的函数关系。此时 $p = p(x, y) = p[x, y(x)] = p(x)$，也就是说 p 既是中间变量 x、y 的函数又是自变量 x 的复合函数（y 是中间变量，x 既是中间变量也是自变量）。

将式（4-5）除以 dx，或按复合函数求全导数的方法直接得出

$$\frac{\mathrm{d}p}{\mathrm{d}x} = \frac{\partial p}{\partial x}\frac{\mathrm{d}x}{\mathrm{d}x} + \frac{\partial p}{\partial y}\frac{\mathrm{d}y}{\mathrm{d}x}$$

或

$$\frac{\mathrm{d}p}{\mathrm{d}x} = \frac{\partial p}{\partial x} + \frac{\partial p}{\partial y}\frac{\mathrm{d}y}{\mathrm{d}x} \tag{4-6}$$

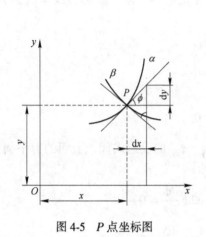

图 4-5 P 点坐标图

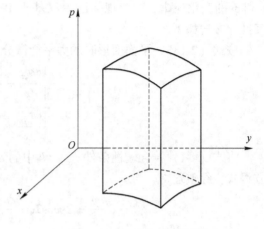

图 4-6 $p = p(x, y)$ 图形

$\dfrac{\mathrm{d}p}{\mathrm{d}x}$ 称为 p 对 x 的全导数。实际上此时已将 $y = y(x)$ 代入 $p(x, y)$ 中，已不是研究一般平面域的问题，而是研究滑移线 $y = y(x)$ 上的情况了。即在 $\dfrac{\mathrm{d}p}{\mathrm{d}x}$ 中 p 已是单一自变量 x 的复合函数，$\dfrac{\partial p}{\partial x}$ 叫作 p 对 x 的偏导数。式 (4-6) 中的 $\dfrac{\mathrm{d}y}{\mathrm{d}x}$ 是滑移线 $y = y(x)$ 的导数，也是滑移线的斜率。

同理

$$\frac{\mathrm{d}\phi}{\mathrm{d}x} = \frac{\partial \phi}{\partial x} + \frac{\partial \phi}{\partial y}\frac{\mathrm{d}y}{\mathrm{d}x} \tag{4-7}$$

式中，$\phi = \phi(x, y) = \phi[x, y(x)] = \phi(x)$。

将 $\dfrac{\mathrm{d}y}{\mathrm{d}x} = \tan\phi$ 代入式 (4-6) 和式 (4-7) 并移项整理得

$$\frac{\partial p}{\partial x} = \frac{\mathrm{d}p}{\mathrm{d}x} - \frac{\partial p}{\partial y}\tan\phi \tag{4-8}$$

$$\frac{\partial \phi}{\partial x} = \frac{\mathrm{d}\phi}{\mathrm{d}x} - \frac{\partial \phi}{\partial y}\tan\phi \tag{4-9}$$

将式 (4-8) 和式 (4-9) 代入式 (4-2) 的第一式中，得到

$$\frac{\mathrm{d}p}{\mathrm{d}x} - \frac{\partial p}{\partial y}\tan\phi + 2k\left[\cos2\phi\frac{\mathrm{d}\phi}{\mathrm{d}x} + \frac{\partial \phi}{\partial y}(\sin2\phi - \cos2\phi\tan\phi)\right] = 0$$

式中，$\sin2\phi - \cos2\phi\tan\phi = \tan\phi$。

于是

$$\frac{\mathrm{d}p}{\mathrm{d}x} + 2k\cos2\phi \frac{\mathrm{d}\phi}{\mathrm{d}x} - \tan\phi\left(\frac{\partial p}{\partial y} - 2k\frac{\partial\phi}{\partial y}\right) = 0 \qquad (4\text{-}10)$$

将式（4-9）代入式（4-2）中的第二式，得

$$\frac{\partial p}{\partial y} + 2k\left[\sin2\phi \frac{\mathrm{d}\phi}{\mathrm{d}x} - \frac{\partial\phi}{\partial y}(\sin2\phi\tan\phi + \cos2\phi)\right] = 0$$

式中，$\sin2\phi\tan\phi + \cos2\phi = 1$。

于是

$$\frac{\partial p}{\partial y} + 2k\sin2\phi \frac{\mathrm{d}\phi}{\mathrm{d}x} - 2k\frac{\partial\phi}{\partial y} = 0$$

或

$$\frac{\partial p}{\partial y} - 2k\frac{\partial\phi}{\partial y} = -2k\sin2\phi \frac{\mathrm{d}\phi}{\mathrm{d}x} \qquad (4\text{-}11)$$

将式（4-11）代入式（4-10），得

$$\frac{\mathrm{d}p}{\mathrm{d}x} + 2k\cos2\phi \frac{\mathrm{d}\phi}{\mathrm{d}x} - \tan\phi\left(-2k\sin2\phi \frac{\mathrm{d}\phi}{\mathrm{d}x}\right) = 0$$

或

$$\frac{\mathrm{d}p}{\mathrm{d}x} + 2k\frac{\mathrm{d}\phi}{\mathrm{d}x}(\cos2\phi + \tan\phi\sin2\phi) = 0$$

于是，得到

$$\frac{\mathrm{d}p}{\mathrm{d}x} + 2k\frac{\mathrm{d}\phi}{\mathrm{d}x} = 0$$

等式两边乘以 $\mathrm{d}x$，则有

$$\mathrm{d}p + 2k\mathrm{d}\phi = 0$$

积分，得到沿 α 线

$$p + 2k\phi = C_1 \qquad (4\text{-}12)$$

式（4-12）和 $\dfrac{\mathrm{d}p}{\mathrm{d}x} + 2k\dfrac{\mathrm{d}\phi}{\mathrm{d}x} = 0$ 仅适用于 α 族滑移线，因为在公式推导过程中已经运用了 $\dfrac{\mathrm{d}y}{\mathrm{d}x} = \tan\phi$ 的条件。

采用同样的方法，沿 β 族滑移线，将 $\dfrac{\mathrm{d}y}{\mathrm{d}x} = -\cot\phi$ 代入式（4-6）和式（4-7），则得到

$$\frac{\mathrm{d}p}{\mathrm{d}x} - 2k\frac{\mathrm{d}\phi}{\mathrm{d}x} = 0$$

积分，得到沿 β 线

$$p - 2k\phi = C_2 \qquad (4\text{-}13)$$

式（4-13）和 $\dfrac{\mathrm{d}p}{\mathrm{d}x} - 2k\dfrac{\mathrm{d}\phi}{\mathrm{d}x} = 0$ 仅适用于 β 族滑移线，因为在公式推导过程中已经运用了 $\dfrac{\mathrm{d}y}{\mathrm{d}x} = -\cot\phi$ 的条件。

方程式（4-12）和式（4-13）称为汉基应力方程，由此方程可知，在塑性区内，沿任意一滑移线上，C_1 或 C_2 为一常数，它们的数值可根据边界条件定出，如果利用滑移线网络的特性绘出滑移线场，就可解出塑性区内任意一点的 p 和 ϕ 值，从而求出任意一点的 σ_x、σ_y、τ_{xy}。

从 α 族滑移线中的一条滑移线转至另一条时, 一般来说 C_1 会改变; 同样从 β 族滑移线中的一条滑移线转至另一条时, C_2 也会改变。

但要注意在利用汉基方程进行计算时, ϕ 角应按弧度值计算。

4.4 滑移线场的几何性质

下面讨论由汉基方程推广而得的关于滑移线场的几何性质, 这些性质有些彼此之间是有联系的, 为了便于应用, 分别叙述如下。

性质一 在同一条滑移线上, 由 a 点到 b 点, 静水压力的变化与滑移线的切线的转角成正比, 如图4-7所示。

沿一条 a 线有

$$p_a + 2k\phi_a = p_b + 2k\phi_b$$

即 $p_a - p_b = -2k(\phi_a - \phi_b)$ 或 $\Delta p = -2k\Delta\phi$

由此可见, 角度变化越大, 滑移线弯曲得越厉害, 静水压力变化得也就越剧烈。

性质二 在已知的滑移线场内, 只要知道一点的静水压力, 即可求出场内任意一点的静水压力, 从而可计算出各点的应力分量。

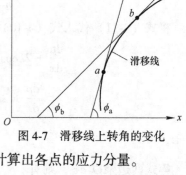

图 4-7 滑移线上转角的变化

如图 4-8 所示, 设滑移线已知, 即已知滑移线上各点的夹角 ϕ_a、ϕ_b、ϕ_c 和 ϕ_d, 如果又知道 p_a, 则 p_d 可求出。根据性质一, 沿 α 线由 a 点到 b 点, $p_b = p_a + 2k(\phi_a - \phi_b)$, 沿 β 线由 b 点到 d 点, $p_d = p_a + 2k(\phi_a + \phi_d - 2\phi_b)$。

由此可见, 如果正确绘出了滑移线场, 又知道了场内一点的静水压力, 则全部区域内的静水压力问题都解决了。

性质三 直线滑移线上各点的静水压力相等。因直线滑移线上各点的夹角 ϕ 相等, 由性质一可知 $\Delta p = 0$, 故各点的 p 相同。

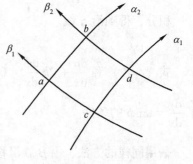

图 4-8 滑移线场中各点的应力关系

由此可进一步看出, 直线滑移线上各点的 σ_x、σ_y 和 τ_{xy} 均不变。如果两族滑移线在整个区域内都是正交直线族, 则整个区域内有不变的 σ_x、σ_y 和 τ_{xy}, 这是均匀的应力状态, 这样的滑移线场称为均匀直线场。

性质四 汉基第一定理。同族的两条滑移线与另族滑移线相交, 其相交处两切线间的夹角是常数。如图4-9所示, α 族的两条滑移线与另族的 β 线相交, 过此两点引直线, 则有 α 线的切线间的夹角, 夹角不随 β 线的变动而变。即 $\phi_A - \phi_D = \phi_B - \phi_C = $ 常数。

此定理的证明如下: 在塑性变形区内任意取一由两条 α 线 (AB 和 DC) 和两条 β 线 (AD 和 BC) 所围成的曲线四边形 $ABCD$, 则沿 $A \rightarrow B \rightarrow C$ 和沿 $A \rightarrow D \rightarrow C$ 两条路线, 按汉基应力方程算出的 A 点和 C 点的静水压力差 ($p_C - p_A$) 必须相等。

根据汉基应力方程式 (4-12) 和式 (4-13), 有

$A{\rightarrow}B$（沿 α 线）	$p_A + 2k\phi_A = p_B + 2k\phi_B$	(a)
$B{\rightarrow}C$（沿 β 线）	$p_B - 2k\phi_B = p_C - 2k\phi_C$	(b)
式（b）–式（a）得	$p_C - p_A = 2k(\phi_A + \phi_C - 2\phi_B)$	
$A{\rightarrow}D$（沿 β 线）	$p_A - 2k\phi_A = p_D - 2k\phi_D$	(c)
$D{\rightarrow}C$（沿 α 线）	$p_D + 2k\phi_D = p_C - 2k\phi_C$	(d)

式（d）–式（c）得　　$p_C - p_A = 2k(2\phi_D - \phi_C - \phi_A)$

由于按这两条路线计算出的 $p_C - p_A$ 必须相等，所以有

$$\phi_A - \phi_D = \phi_B - \phi_C \tag{4-14}$$

到此，定理得证。

由此定理可以得出如下推论：

（1）同族滑移线中，某一线段是直线时，则这族滑移线的其他线段也是直线。这些直线段是另一族相交的滑移线的共有法线，这些滑移线有共同的渐屈线（切点的轨迹线如图 4-10 所示）。

如图 4-10 所示，AB 为直线段，则

$$\phi_A - \phi_B = 0 = \phi_{A'} - \phi_{B'}$$

即

$$\phi_{A'} = \phi_{B'}$$

这说明 $A'B'$ 也是直线段。在这种滑移线场中，每一条直线线段上因 ϕ 和 p 相同，故其上的应力 σ_x、σ_y 和 τ_{xy} 是常数。但是。当由一条直线段转到另一条直线段时，其应力会变化。具有这种应力状态的滑移线场叫做简单应力状态滑移线场。

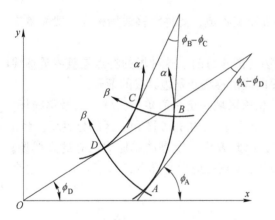

图 4-9　用于证明汉基第一定理的两对 α 线与 β
　　　　线所围成的曲边四边形 $ABDC$

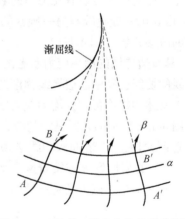

图 4-10　B 族某一段为直线的滑移线场

（2）同族滑移线必须具有相同方向的曲率。否则，违背汉基第一定理。

（3）如果一族滑移线是直线，则与其正交的另一族滑移线将具有如图 4-11 所示的四种类型。

1）平行直线场（图 4-11a）。这是由 α 和 β 两族平行正交的直线构成的滑移线场。滑移线是直线时，其 ϕ 角是常数，静水压力也保持常数，这样，应力分量 σ_x、σ_y 和 τ_{xy} 在整个滑移线场中也一定是常数。具有这种简单应力状态的滑移线场叫做均匀应力状态滑移

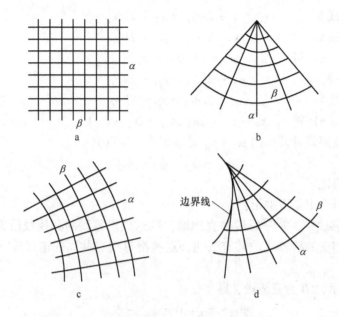

图 4-11　某些简单应力状态的滑移线场

线场。

2）有心扇形场（图 4-11b）。此种类型的滑移线场由一族从原点 o 呈径向辐射的 α 线（或 β 线）与另一族同心圆弧的 β 线（或 α 线）构成。有心扇形场的中心 o 是应力的奇异点，过奇异点的应力可以有无穷多的数值。

3）由 α 的一族直线与另一族 β 的曲线相互正交构成，此种滑移线场称为一般简单应力状态的滑移线场（图 4-11c）。

4）具有边界线的简单应力状态的滑移线场（图 4-11d）。这种场的特点是直线滑移线是边界线的切线，其中的边界线为渐屈线，而曲线滑移线乃是边界线的渐开线。

综上所述的推论可知，均匀应力状态区的相邻区域一定是简单应力状态的滑移线场。例如，图 4-12a 所示的 A 区是均匀应力状态区，滑移线段 SL 是 A 区和 B 区的分界线，为 A 区和 B 区所共用，与 SL 同族的线必须是直线，因此 B 区一定是简单应力状态的直线场。图 4-12b 是有心扇形场 B 连接着两个平行直线场，o 点是应力奇异点，除了 o 以外，整个区域（$A+B+C$）应力场是连续的。

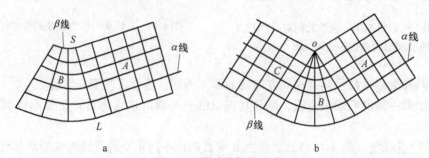

图 4-12　滑移线场的组成

a—相邻区为均匀应力状态的简单应力状态区；b—由有心扇形场连接的两个均匀应力状态区

4.5　H. Geiringer（盖林格尔）速度方程与速端图

在塑性加工变形过程中，一般情况下应力场和速度场都是不均匀的。因此，确定变形体中的速度场具有重要意义。

塑性变形时满足式（4-1）所求出的 σ_x、σ_y 和 τ_{xy} 仅是满足力平衡方程和屈服准则的静力许可值。建立滑移线场后还要检验其是否满足几何方程和体积不变条件，只有同时满足静力许可和运动许可的滑移线场，所求出的应力场以及由此而导出的有关单位压力公式才能是精确的。

此外，当知道滑移线场后，还可以了解到各点的位移和位移速度，进而可以分析变形区内各点的流动情况。因此，必须建立速度方程。

4.5.1　盖林格尔速度方程

根据塑性流动方程（2-83），即 $\dot{\varepsilon}_{ij} = \dot{\lambda}\sigma'_{ij}$，可得

$$\dot{\varepsilon}_x = \dot{\lambda}(\sigma_x - \sigma_m), \qquad \dot{\varepsilon}_y = \dot{\lambda}(\sigma_y - \sigma_m)$$

用 α、β 线的切线代替 x、y 轴，并注意到平面变形时最大切应力平面上的正应力等于平均应力，即 $\sigma_x = \sigma_m$，$\sigma_y = \sigma_m$，可得

$$\dot{\varepsilon}_\alpha = \dot{\varepsilon}_x = 0$$

$$\dot{\varepsilon}_\beta = \dot{\varepsilon}_y = 0$$

上式说明，沿滑移线的线应变速率等于零，即沿滑移线方向不产生相对伸长或缩短。下面以此条件为出发点来建立速度方程。

如图 4-13 所示，在滑移线上沿 α 滑移线取一微小线素 $\overline{P_1P_2}$ 和 $\overline{P_2P_3}$（因为线素很小，故可以用直线代替曲线）。P_1 点的速度为 v_1，其在 α 线和 β 线的切线方向的速度分量分别为 v_α 和 v_β；P_2 点的速度为 v_2，其在 α 线和 β 线的切线方向的速度分量分别为 $v_\alpha + dv_\alpha$ 和 $v_\beta + dv_\beta$。因为沿 α 线的线段 $\overline{P_1P_2}$ 的线应变等于零，即不产生伸长和收缩，所以在 P_1 点和 P_2 点处的速度在 $\overline{P_1P_2}$ 上的投影应该相等，即

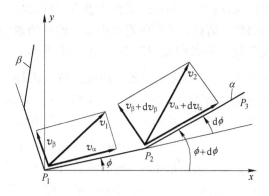

图 4-13　滑移线方向的速度分量

$$(v_\alpha + dv_\alpha)\cos d\phi - (v_\beta + dv_\beta)\sin d\phi = v_\alpha$$

因为 $d\phi$ 很小，所以 $\cos d\phi \approx 1$，$\sin d\phi \approx d\phi$。经整理并忽略二次微小量，得到

沿 α 线　　　　　　　　　　$dv_\alpha - v_\beta d\phi = 0$

同理

沿 β 线　　　　　　　　　　$dv_\beta + v_\alpha d\phi = 0$　　　　　　（4-15）

式（4-15）是盖林格尔于 1930 年提出的，一般称为速度协调方程，简称盖林格尔速

度方程。满足盖林格尔方程意味着金属质点的滑移满足几何方程，因为它从应变速率出发，导出的是速度分量的关系。该式还表明，对于均匀应力状态、简单应力状态，当滑移线是直线（$d\phi = 0$）时，沿滑移线的速度是常数。根据式（4-15）可以计算出塑性变形区内的速度场。如果已知沿滑移线的法向速度分量及一点的切向速度分量，则沿滑移线对式（4-15）进行积分，便可求得滑移线上各点的切向速度分量。

4.5.2　速端图

如前所述，在塑性变形区内，如果滑移线场已绘出，则按盖林格尔速度方程和相应的速度边界条件可求出速度场，但是比较麻烦。而采用速端图进行图解则是比较方便的。

4.5.2.1　绘制速端图的基本方法

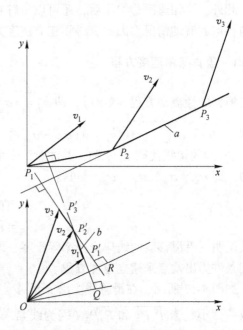

如图 4-14 所示，$\overline{P_1P_2}$ 和 $\overline{P_2P_3}$ 乃是取在滑移线上的微小线素。在 P_1、P_2、P_3 点处其质点的合速度分别为 v_1、v_2 和 v_3。以 O 点为基点，画出各合速度矢量分别为 $\overline{OP_1'}$、$\overline{OP_2'}$、$\overline{OP_3'}$。因为滑移线无伸缩，所以 v_1、v_2 在线素 $\overline{P_1P_2}$ 上的投影必相等。在图 4-14 下部分中，作 $\overline{OQ}$ 平行 $\overline{P_1P_2}$，这样，v_1、v_2 在 $\overline{OQ}$ 方向上的投影都等于 $\overline{OQ}$，于是连结各速度矢量 $\overline{OP_1'}$、$\overline{OP_2'}$ 端点的线段 $\overline{P_1'P_2'}$ 必与 $\overline{OQ}$ 垂直。同理，$\overline{P_2'P_3'}$ 与 $\overline{P_2P_3}$ 也相互垂直。由此可以看出，如以一点作为基点，可以将滑移线上诸点之速度矢量画出来，连结诸速度矢量之端点构成的线图（图 4-14 下部分中 $\overline{P_1P_2P_3}$）称为速端图。速端图线与滑移

图 4-14　滑移线与速端图的正交性

线正交，速端图网络与滑移线网络正交。画出速端图就可以根据速度边界条件求出沿滑移线上各点速度，从而可以用于验证体积不变条件。

4.5.2.2　滑移线两侧切向速度不连续与法向速度不变

分析盖林格尔速度方程，从式（4-15）可以看出，在滑移线场内，滑移线可能是速度不连续线。以式（4-15）中第一式为例，如果 v_α 和 v_β 能够满足该式，则 $v_\alpha + c$（常数）和 v_β 也能满足该式。可见，在同一条滑移线 α 上，两侧金属的切向速度可能有不同的数值，并可以证明，其切向速度差是一常数。同样，在同一条 β 线上，其切向速度也有这类性质。切向速度不连续，不破坏质点的连续条件。下面作进一步分析。

在刚塑性体内，塑性变形的产生是材料的一部分相对于材料的另一部分的移动所致。这样，在塑性区及刚性区的边界上一定存在着速度不连续线。

如图 4-15 所示，以速度 v 流动的平行四边形体素 $ABCD$（厚度垂直纸面，并取单位厚度）横过速度不连续线 L 时，$ABCD$ 变成了 $A'B'C'D'$，其速度由 v 变成了 v'。将 v 和 v' 分

解为速度不连续线的切线方向速度 v_t 和 v_t' 及法线方向速度 v_n 和 v_n'，则按秒流量（或秒体积）相等的原则，有

$$v_n \times AD = v' \times A'D' \sin\theta \qquad (a)$$

由图 4-13 可得，$AD = A'D'$，$v' = \dfrac{v_n'}{\sin\theta}$，代入式（a）得

$$v_n \times AD = AD \times \frac{v_n'}{\sin\theta}\sin\theta$$

所以

$$v_n = v_n'$$

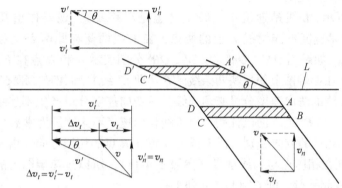

图 4-15　在速度不连续线（L）上，法向速度的连续性及切向速度的不连续性

可见，沿速度不连续线 L 的法线方向的速度是连续的。可以理解，只要在不连续线中不发生材料的堆积和空洞，$v_n = v_n'$，即法线方向的速度连续是符合体积不变条件的。

由图 4-15 可知，在平行四边形体素横过 L 线其速度由 v 变成 v' 时，因为 v_n 必等于 v_n'，所以其切向速度分量将因不等而产生不连续，其不连续量为

$$\Delta v_t = v_t' - v_t \qquad (4\text{-}16)$$

按上述关系并参照图 4-13 可得

$$\boldsymbol{v}' = \boldsymbol{v} + \Delta\boldsymbol{v}_t \qquad (4\text{-}17)$$

式（4-17）表明，当已知速度不连续线 L 一侧的速度 v 及 L 线上的速度不连续量 Δv_t 时，则 L 线另一侧的速度 v' 等于速度 v 和速度不连续量 Δv_t 的矢量和。

在实际材料中，速度不连续发生在一个薄层中，而速度不连续线是这一薄层的极限位置。在层中切向速度由 v_t 连续变化到 v_t'。因为薄层的剪应变速率为 $\dfrac{\Delta v_t}{h}$，所以当层厚 h 趋于零时，获得最大剪切应变速率，并且此时速度不连续线的方向与最大剪应变速率方向一致。因为最大剪应力方向与最大剪应变速率方向一致，所以在极限上，速度不连续线的方向必须和滑移线的方向重合。

下面研究沿滑移线两侧速度不连续的性质。先研究 α 线的情况。如前所述，在 α 线的两侧法向速度是连续的，于是横过 α 线的 β 线的速度 v_β 在速度不连续线的 α 线两侧必然相等，而沿 α 线两侧的切向速度不等，分别用 $v_{\alpha t}'$ 和 $v_{\alpha t}''$ 表示。这样，在 α 线两侧沿 α 线分别采用盖林格尔速度方程（4-15），有

$$\mathrm{d}v'_{\alpha t} - v_\beta \mathrm{d}\phi = 0$$
$$\mathrm{d}v''_{\alpha t} - v_\beta \mathrm{d}\phi = 0$$

所以

$$\mathrm{d}v'_{\alpha t} = \mathrm{d}v''_{\alpha t}$$

或

$$v'_{\alpha t} - v''_{\alpha t} = 常数$$

由此得出，切向速度不连续量沿速度不连续线是一常数。它的存在是两侧切向速度不同的缘由。

下面作存在速度不连续线的速端图。

如图 4-16a 所示，L 线是速度不连续线（也是滑移线），现要作出其速端图。如图 4-16b 所示，A、B 是速度不连续线 L 上的两点，在 L 线两侧与此两点相对应的点分别是 A'、A'' 和 B'、B''。如果用 OA'、OA'' 和 OB'、OB'' 分别表示 A 和 B 点在 L 线两侧的速度，则 L 线上线段 AB 在速端图上便反映两条线 $A'B'$（即 C' 线）和 $A''B''$（即 C'' 线）。按前述，在 A 和 B 点处，L 线的法向速度分量必须连续，只切向速度分量产生不连续，而其速度不连续量分别为 $A'A''$ 和 $B'B''$。前已证明，沿 L 线切向速度不连续量为常数，即 $A'A'' = B'B''$ = 常数。$A'A''$ 和 $B'B''$ 的方向分别为过 L 线上 A 点和 B 点的切线方向。由于速端图上的两条线 C' 和 C'' 必须在相应点与 L 线垂直（参照图 4-14），所以过速端图上的两条线在相应点所作的切线应彼此平行，即 C' 和 C'' 必须平行。

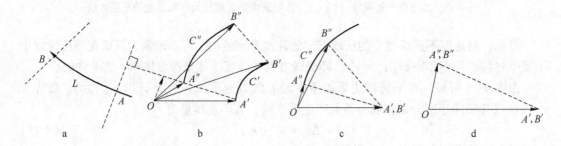

图 4-16   速度不连续线和速端图

L—速度不连续线

下面研究在速度不连续线一侧金属不产生塑性变形而作刚性移动或保持不动的情形。由于这一侧所有点都具有相同的速度（图 4-16 中的 $OA' = OB'$），则速度不连续线 L 上的 AB 线段在速端图上所反映的两条线中，其一归为一点（图 4-16c 中的 A' 或 B' 点），而另一条为其半径等于切向速度不连续量 $A'A''$（或 $B'B''$）的圆弧 $\overset{\frown}{A''B''}$，由图 4-16a、c 可见，$\overset{\frown}{A''B''}$ 所对的圆心角等于 L 线上的 AB 线段切线的转角。

对于 L 线是直线，并且在 L 线的一侧的金属不产生塑性变形仅作刚性移动或保持不动的情况，由于 L 线上 AB 线段切线的转角等于零，所以 $A'A''$ 必须与 $B'B''$ 重合，此时 AB 线段在速端图上反映为两个点（即图 4-16d 中的 A' 或 B' 和 A'' 或 B''）。

如图 4-17 所示，交于 M 点的两条速度不连续线将流动平面分为 a、b、c、d 四个区。令 $\boldsymbol{v}_a$、$\boldsymbol{v}_b$、$\boldsymbol{v}_c$、$\boldsymbol{v}_d$ 表示 M 点无穷小邻域内的速度；$\boldsymbol{v}_{ab}$、$\boldsymbol{v}_{bc}$、$\boldsymbol{v}_{cd}$、$\boldsymbol{v}_{da}$ 表示 M 点附近的速度

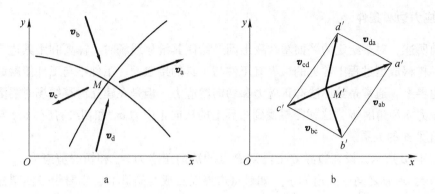

图 4-17　两条速度不连续线之交点处的速度和速度不连续量

不连续量。按定义，有

$$\boldsymbol{v}_{ab} = \boldsymbol{v}_a - \boldsymbol{v}_b \qquad \boldsymbol{v}_{bc} = \boldsymbol{v}_b - \boldsymbol{v}_c$$

$$\boldsymbol{v}_{cd} = \boldsymbol{v}_c - \boldsymbol{v}_d \qquad \boldsymbol{v}_{da} = \boldsymbol{v}_d - \boldsymbol{v}_a$$

将上式相加之后，结果为零。从而得出结论：两条速度不连续线相交于一点 M 附近的速度不连续量的矢量和为零。

4.6　滑移线场求解的一般步骤及应力边界条件

4.6.1　滑移线场求解的一般步骤

4.6.1.1　绘制滑移线场求出静力许可的解

首先，对给出的问题设定一个塑性变形区，然后按汉基第一定理、应力边界条件和边界上合力平衡条件，绘制出所设定塑性变形区的滑移线网，根据滑移线网，再按汉基应力方程式（4-12）、式（4-13）和式（4-1）计算出各点的应力，便得到静力许可的解。

4.6.1.2　检查做出的滑移线场是否满足速度边界条件

由于做出的滑移线场是静力许可的，该滑移线场对应的速度场不一定能满足运动许可条件。检查的方法是作速端图或利用某些速度边界条件解盖林格尔方程式（4-15），算出速度分布，借以检查是否满足其余的速度边界条件。一般来说，做速端图比较容易，而且作滑移线场和作速端图可以同时进行，同时研究应力和速度边界条件以及力平衡条件，从而做出静力许可和运动许可的解。

4.6.1.3　检查塑性变形区内塑性变形功

主要是检查塑性变形区内的塑性变形功是否有负值的地方，如果有负值则此解不正确。在滑移线场内，滑移线两侧的材料其相对运动的方向和剪切应力的方向相同，这时塑性变形功为正；否则为负。

全面考虑以上各项所做出的滑移线场是否是正确解，如不是，则是不完全解。可以看出，滑移线场求解时，首先必须知道边界条件。下面详细介绍各种条件下的应力边界条件和对应的滑移线场。

4.6.2　应力边界条件

如前所述，对某给定的平面塑性变形问题绘制其滑移线场时，需要利用其边界上的受力条件。材料成型过程中常见的边界有工件与工具的接触面、工件不与工件接触的自由表面。在边界上，通常是给出法向正应力和切向剪应力。但是在建立滑移线场时需要知道的是静水压力 p 和角度 ϕ，这就需要找到边界上的法向正应力 σ_n 和切线剪应力 τ_n 与静水压力 p 和角度 ϕ 的关系。

如图 4-18 所示，设在边界 C 上已知 P 点的法向正应力 σ_n 和切线剪应力 τ_n，边界 C 的法线 N 与 ox 轴之间的夹角为 φ。如果将边界面看成是斜截面，则对于平面塑性变形问题，其斜截面的应力公式为

$$\sigma_n = \sigma_x \cos^2\varphi + \sigma_y \sin^2\varphi + \tau_{xy}\sin2\varphi$$

$$\tau_n = \frac{1}{2}(\sigma_x - \sigma_y)\sin2\varphi + \tau_{xy}\cos2\varphi \tag{4-18}$$

如果物体已进入塑性状态，则各点的应力分量必须满足式（4-1），将式（4-1）中的 σ_x、σ_y 和 τ_{xy} 之值代入式（4-18），则有

$$\sigma_n = -p - k\sin2(\phi - \varphi)$$

$$\tau_n = k\cos2(\phi - \varphi) \tag{4-19}$$

由式（4-19）可得：

$$-p = \sigma_n - k\sin2(\phi - \varphi)$$

$$\phi = \varphi \pm \frac{1}{2}\arccos\left(\frac{\tau_n}{k}\right) \tag{4-20}$$

如果取边界的法向与 x 轴一致，令 $\varphi = 0$，则滑移线与边界线的夹角为

$$\phi = \pm 0.5\arccos\left(\frac{\tau_n}{k}\right) \tag{4-21}$$

注意，若 σ_n 与 σ_t 作用在同一单元体的两个正交方位上，则静水压力还可以写成

$$-p = \sigma_m = \frac{1}{2}(\sigma_n + \sigma_t)$$

式中，σ_m 是平均应力；σ_t 是垂直于法线方向的正应力（图 4-18），于是有

$$\sigma_t = -(2p + \sigma_n) \tag{4-22}$$

或

$$\sigma_t = 2\sigma_m - \sigma_n \tag{4-23}$$

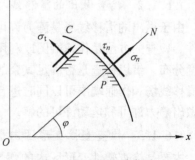

图 4-18　边界上受力图

综上所述，在边界 C 上，φ 角为已知（如边界 C 的法线与 x 轴一致，则 φ 角为零），再根据边界上已给出的 σ_n 和 τ_n，便可以确定出边界 C 上各处的 ϕ、p（或 $-\sigma_m$）和 σ_t，进而可以绘制出边界附近的滑移线场；再根据滑移线沿线性质即可确定变形体内部各点受力状态。以下分别介绍几种常见边界的应力条件。

4.6.2.1　自由表面

塑性区域有可能扩展到自由表面附近。一般情况下自由表面的法向正应力 σ_n 和切向剪应力 τ_n 均为零，所以自由表面是主平面，自由表面的法线方向是一个主方向。例如平锤头压入塑性半无限体工具以下金属可以无限延伸的物体时，在锤头两侧显然会在压力下形成一个塑性区。由于被锤头挤出的金属受到外端的约束，所以平行于自由表面方向的主应力是压应力，且数值较大。可见，在自由表面上等于零的法向正应力是代数值最大的主应力，即 $\sigma_1 = \sigma_n = 0$。如前所述，代数值最大的主应力 σ_1 的方向应位于 α-β 右手坐标系的第一和第三象限内，由此便可定出 α 和 β 滑移线。在自由表面上各点的剪应力 τ_n 等于零，于是根据式（4-21）可以确定由各点引出的 α 滑移线与自由表面形成的 $\pi/4$ 或 $-3\pi/4$ 角（根据 σ_1 与 α 线的转角关系，舍去不合理的 $-\pi/4$ 与 $3\pi/4$）。

根据塑性条件 $\sigma_1 - \sigma_3 = 2k$，有

$$\sigma_3 = -2k$$

$$\sigma_2 = -k = -p$$

所以，发生在产生屈服的自由表面上各点的应力状态是，$\sigma_1 = 0$，$\sigma_2 = -p = -k$，$\sigma_3 = -2k$。自由表面上的应力莫尔圆也证实了这一结论（图4-19）。此外，不带外端平板压缩时，两个自由侧面上各点也有与此相同的应力状态。

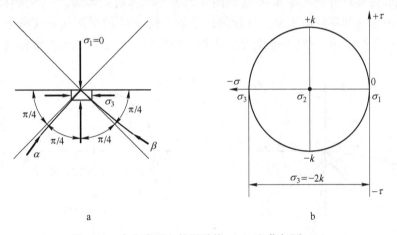

图 4-19　自由表面上的滑移线（a）和莫尔圆（b）

4.6.2.2　无摩擦的接触面

塑性变形过程中，润滑条件良好的光滑工具表面均可认为是无摩擦的接触面。在无摩擦的接触面上没有剪应力，因此接触面是主平面，其上的法向正应力是主应力。由于接触面上的主应力是由工具的压缩作用引起的，是压应力，而且其数值可能是最大的，因此，该主应力是代数值最小的主应力 σ_3，即 $\sigma_n = \sigma_3$。与此主应力法向相垂直的另一主应力 σ_t，在材料加工成型过程中多数是压应力，并且是代数值最大的主应力 σ_1，即 $\sigma_t = \sigma_1$。σ_1 的方向知道后，便可以按照前述的方法确定出 α 和 β 滑移线。同样，根据式（4-21）可以确定由各点引出的 α 滑移线与自由表面形成的 $3\pi/4$ 或 $-\pi/4$ 角（舍去不合理的 $-3\pi/4$ 与 $\pi/4$）。

无摩擦接触面上各点的应力状态及滑移线如图4-20所示。

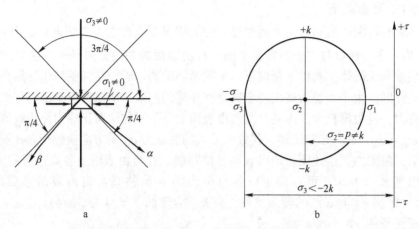

图 4-20　无摩擦接触面上的滑移线（a）和莫尔圆（b）

4.6.2.3　完全粗糙的接触面

在热加工成型过程中，工件与工具接触面上的摩擦力可能很大，以致于在接触面上各点的摩擦剪应力 τ_f 达到了屈服剪应力，即 $\tau_f = \tau_n = k$。按式（4-21），此时两正交的条滑移线与接触面的夹角分别是零和 $\pi/2$（如图 4-21 所示）。由此得知，一条滑移线切于接触面，另一条滑移线与接触面正交。从接触面逆时针转 $\pi/4$ 的平面便是代数值最大的主应力 σ_1 所作用的平面。σ_1 的方向确定后，可按前述的方法确定出 α 和 β 滑移线。

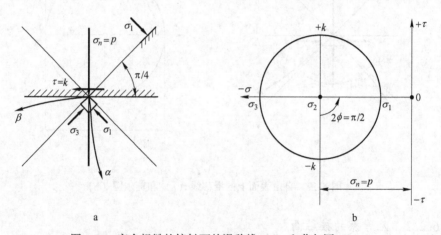

图 4-21　完全粗糙的接触面的滑移线（a）和莫尔圆（b）

4.6.2.4　库仑摩擦的接触面

库仑摩擦是指摩擦系数 f 在接触面上各点是常数。塑性加工过程中，除了无摩擦接触面和完全粗糙接触面外，还有按库仑摩擦的接触面。在这种接触面上，工件与工具产生相对滑动，摩擦剪应力 τ_f 为：$0 < \tau_f < k$。由 $\tau_f = \tau_n$，按库仑滑动摩擦规律

$$\tau_f = \tau_n = f\sigma_n$$

式中　　σ_n ——接触面上的法向正应力，在数值上等于该点的单位压力；

　　　　f ——滑动摩擦系数。

按式（4-21）滑移线与接触面的夹角为

$$\phi = \pm \frac{1}{2}\arccos\left(\frac{f\sigma_n}{k}\right) \tag{4-24}$$

通常，σ_n 在接触面上各点是不同的，也就是说，ϕ 角是变化的，滑移线是以变化的角度与接触面相交。在这种情况下接触面上的法向正应力 σ_n 和其表层下的水平正应力 σ_t 都不是主应力。将摩擦切应力 τ_n 代入式（4-21），可求得 ϕ 的两个角。再根据以上所述两个正应力代数值，在应力圆上标出 σ_n 后，找出 σ_n 与 σ_1 的转角关系。一旦 σ_1 方向确定，便可以绘制 α 和 β 滑移线。例如，如图 4-22 所示，代数值最大的主应力 σ_1 作用的平面与从接触面逆时针转 $\varphi + \dfrac{\pi}{4}$ 的平面相一致。应当指出，因为 $0 < \tau_n < k$，所以，其中一条滑移线将以 $\phi < \dfrac{\pi}{4}$ 的某一角度与接触面相交。

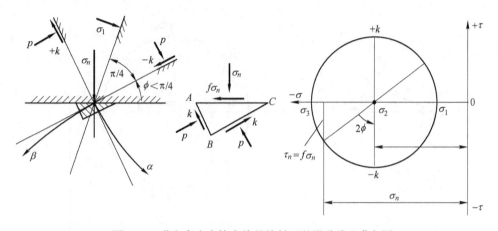

图 4-22　遵守库仑摩擦定律的接触面的滑移线和莫尔圆

4.7　滑移线场的近似作法

4.7.1　按作图法绘制滑移线场

用数值差分方法解决应力和位移速度问题是比较方便和有效的方法。在滑移线场中，可以有如下三类边值问题。第一类问题为在边界上给出 p 和 ϕ，而边界线与滑移线不重合，这类问题称为初始值问题，或称为柯西（Cauchy）问题；第二类问题是根据给定的滑移线来求其附近的滑移线场问题，称为初始特征问题，或称为黎曼（Riemann）问题；第三类问题是已知一条滑移线和其上已知 ϕ 的任意曲线（非滑移线），即混合问题。

4.7.1.1　初始值问题（柯西问题）

如图 4-23 所示，已知塑性区某一边界线 AB 上的应力数值，但 AB 不是滑移线，而 AC 和 BC 是待定的两条正交于 C 点的滑移线。柯西问题的内容是，根据边界曲线 AB 上的应力数值绘制出区域 ABC 内的滑移线网。这里，首先是确定 AB 线上 1 和 2 点处 α 和 β 滑移线的方向。

在曲线 AB 上，已知应力 σ_x、σ_y 和 τ_{xy}，可按式（4-1）或作图法确定 α 和 β 滑移线的方向，即求出 ϕ 角。用作图法比较方便，其作法如下。

按已知的 σ_x、σ_y 和 τ_{xy} 作出莫尔圆（图 4-24b）。

在图 4-24b 中，用莫尔圆上的 $A(\sigma_y，\tau_{yx})$ 表示图 4-24a 的 Px 面上的应力分量，过 A 点引平行于 Px 的直线 AM 与莫尔圆相交于 M 点（也称极点），联结极点和莫尔圆的顶点 I 和 II，便可求出 α 和 β 滑移线的方向。根据平面几何可知圆心角 $\angle AC$ I（2ϕ）等于同弧所对的圆周角 $\angle AM$ I 的 2 倍，所以 M I 平行于 α 线，而 M II 平行于 β 线。

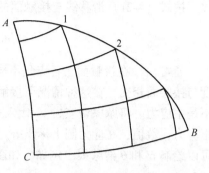

图 4-23　柯西问题求解的滑移线场

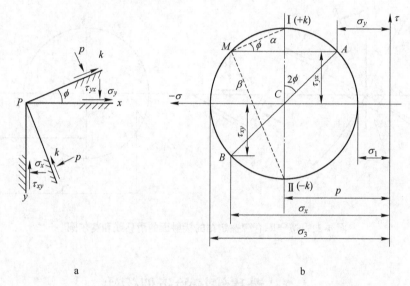

a　　　　　　　　　　　　b

图 4-24　按作图法确定滑移线的方向

a—应力作用的截面；b—应力莫尔圆

用这种作图法绘制出如图 4-25 所示的曲线 AB 的 1 点和 2 点处的 α 和 β 线的方向。然后，便可按前述的等角网作图法确定出 3 点及其他各点，联结诸点可构成该区域的滑移线网。

在塑性成型过程中，工件与工具的接触面通常不是剪应力等于 k 的滑移线所在平面。接触面上的正应力 σ_n 和剪应力 τ_n 可通过实测获得。这时接触面上各点的 p 和 ϕ 之值可按式（4-20）求得。求出曲线 AB 的 p 和 ϕ 后，按汉基应力方程确定出该区域内其他各点的 p 和 ϕ。以 AB 线上的 1 点和 2 点为例，当求出 1 点和 2 点的 p 和 ϕ 后，根据汉基方程可直接求出 3 点的 p 和 ϕ 值。

$$p_3 = \frac{1}{2}(p_1 + p_2) + k(\phi_2 - \phi_1) \tag{4-25}$$

$$\phi_3 = \frac{1}{2}(\phi_1 + \phi_2) + \frac{1}{4k}(p_2 - p_1) \tag{4-26}$$

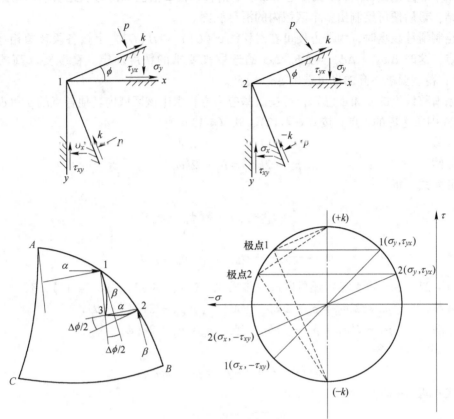

图 4-25 对柯西问题求滑移线场的作图法

4.7.1.2 初始特征问题（黎曼问题）

如图 4-26 所示，$O1$ 和 $O2$ 为两条正交于 O 点的滑移线。根据已知条件用作图法绘制 $O1$ 和 $O2$ 区域内的滑移线网。下面近似地求过 a 点的 β 线和过 b 点的 α 线的交点 c。

根据汉基第一定理，由 O 到 b 和 a 到 c，β 线的转角 $\Delta\phi_\beta$ 应相等；同理，由 O 到 a 和 b 到 c，α 线的转角 $\Delta\phi_\alpha$ 应相等。交点 c 的绘制方法是，在 a 和 b 点上分别作滑移线 α 和 β 的法线 n_α 和 n_β，然后由 a 点引出直线 an（an 顺 β 线转动的方向转动与 n_α 成 $\Delta\phi_\beta/2$ 角）和由 b 点引出另一条直线 bm（bm 顺 α 线转动的方向转动与 n_β 成 $\Delta\phi_\alpha/2$ 角），an 和

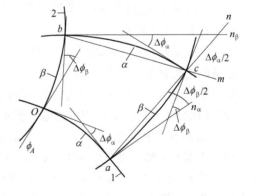

图 4-26 黎曼问题滑移线场的作图法

bm 的交点便是所要求的 c 点。交点 c 求出之后可绘制这一区域的滑移线网。其具体方法

是，由线段 ac 及 bc 的中点引垂线，使其分别与滑移线在 a 和 b 点的切线相交，以此交点作为曲率中心绘制出 ac 和 bc 弧便是所要求的滑移线段。沿已知滑移线逐次前移可绘制出其他结点，最后便可绘制出整个区域内的滑移线网。

在绘制滑移线场时，为了方便可在滑移线 α（$O1$）和 β（$O2$）上按各段转角相等的办法取结点，这时 $\Delta\phi_\beta = \Delta\phi_\alpha = \Delta\phi$。$\Delta\phi$ 的选取视要求的精度而定。精度要求高的常用 $\Delta\phi = 5°$；精度要求不高的也可选用 $\Delta\phi = 15°$。

两条滑移线上的 p 和 ϕ 已知，可按汉基应力方程求出该区域内其他各点的 p 和 ϕ。对于图 4-26 中所考虑的 c 点，按式（4-12）、式（4-13）有

沿 α 线 $\qquad\qquad p_b + 2k\phi_b = p_c + 2k\phi_c$

沿 β 线 $\qquad\qquad p_a - 2k\phi_a = p_c - 2k\phi_c$

联立解此两式，得

$$p_c = \frac{1}{2}(p_a + p_b) + k(\phi_b - \phi_a) \qquad\qquad (4\text{-}27)$$

$$\phi_c = \frac{1}{2}(\phi_a + \phi_b) + \frac{1}{4k}(p_b - p_a) \qquad\qquad (4\text{-}28)$$

式（4-27）和式（4-28）还可以进一步简化。按式（4-12）、式（4-13），有

沿 α 线 $\quad p_0 + 2k\phi_0 = p_a + 2k\phi_a \quad$ 或 $\quad p_a = p_0 + 2k(\phi_0 - \phi_a) \qquad$ （a）

沿 β 线 $\quad p_0 - 2k\phi_0 = p_b - 2k\phi_b \quad$ 或 $\quad p_b = p_0 + 2k(\phi_b - \phi_0) \qquad$ （b）

式（b）+式（a），得

$$2k(\phi_b - \phi_a) = p_a + p_b - 2p_0$$

将此式代入式（4-27），得

$$p_c = p_a + p_b - p_0 \qquad\qquad (4\text{-}29)$$

式（b）−式（a），得

$$p_b - p_a = 2k(\phi_b + \phi_a) - 4k\phi_0$$

将此式代入式（4-28），得

$$\phi_c = \phi_a + \phi_b - \phi_0 \qquad\qquad (4\text{-}30)$$

求出 c 点处之 p_c 和 ϕ_c 后，便可按式（4-1）求出该点处的应力分量 σ_x、σ_y 和 τ_{xy}。

4.7.1.3 混合问题

混合问题是给定一条滑移线 AM（已知 p 和 ϕ）与非滑移线 AB（仅知 ϕ），求其所包围的区域内之滑移线网（图 4-27）。

如图 4-28 所示，设 AM 为给定的滑移线，AB 为已知 ϕ 的非滑移线（可以是直线或曲线），两者相交于 A 点。下面用作图法近似求 AB 线上之 E 点，即绘制滑移线 CE（β 线）。

由 A 到 M 按等转角取 AC、CD、$\cdots$。这样，由 A 到 C，ϕ 角增加了 $\Delta\phi_\alpha$。显然，过 C 点 α 线的法线与 x 轴（此处取 AB 为 x 轴）的夹角将比 A 点的增加 $\Delta\phi_\alpha$。如取 AB 线上各点的 ϕ 角相同（$\phi_A = \phi_E = \cdots$），则沿 β 线由 E 到 C 的转角 $\Delta\phi_\beta$ 应等于 $\Delta\phi_\alpha$。过 C 点与 α 线的法线之夹角 $\Delta\phi_\beta/2$ 作一直线与 AB 线相交于 E，E 点便为所求之点。如果 AB 线上各点之 ϕ 角不同，即 $\phi_A \neq \phi_E \neq \cdots$，则可先按几何关系确定 $\Delta\phi_\beta$。已知 $\Delta\phi_\beta$ 后再用作图法求出 E 点，具体作法如下。

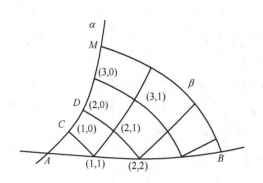

图 4-27 混合问题的滑移线场情况

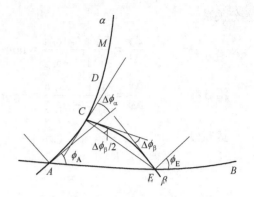

图 4-28 对混合问题滑移线场的作图法

如图 4-28 所示，过 C 点 α 线之法线与 x 轴的夹角为 $\phi_{\beta C} = \dfrac{\pi}{2} + \phi_A + \Delta\phi_\alpha$ ；过 E 点 β 线与 x 轴的夹角为 $\phi_{\beta E} = \dfrac{\pi}{2} + \phi_E$ ；所以由 E 到 C ，β 线的转角为

$$\Delta\phi_\beta = \phi_{\beta C} - \phi_{\beta E} = \phi_A - \phi_E + \Delta\phi_\alpha$$

已知 $\Delta\phi_\beta$ 后，过 C 点与 α 线的法线之夹角 $\Delta\phi_\beta/2$ 作一直线与 AB 线相交于 E ，E 点便为所求之点。

已知 CD 和 CE ，便可按黎曼问题用作图法求出其他各结点。

4.7.2 用数值法作近似的滑移线场

在计算机广泛应用的今天，用数值法作近似的滑移线场，进而解决应力和位移速度问题是比较方便和有效的。

4.7.2.1 滑移线场

由上节所述的三类基本问题可知，其最终都归结为已知滑移线网络 3 个结点的 p 、ϕ 和 2 个对角结点的坐标位置来求第 4 个结点处的 p 和 ϕ 及其坐标位置。关于第 4 个结点的 p 和 ϕ 可按式（4-29）和式（4-30）确定，而第 4 结点的位置可用下面的数值法求出，所用的计算公式是式（4-3）和式（4-4）。具体作法如下。

如图 4-29 所示，设 $o\alpha$ 和 $o\beta$ 为两条正交的滑移线。若滑移线给定，则沿滑移线上各点的 ϕ 即为已知。将 $o\alpha$ 和 $o\beta$ 分别分成若干段，$o\alpha$ 线上分为点（0，0）、点（1，0），…，

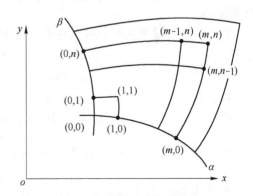

图 4-29 数值法作滑移线场

$o\beta$ 线上分为点（0，0）、点（0，1），…，在这些点上的 ϕ 值均为已知。据此，可求出点（1，1）的 $\phi_{1,1}$ 值及点（1，1）的位置。求法如下。

因为所考虑的是转角很小的线段（弧段），所以式（4-3）和式（4-4）可写成如下的

差分关系。

$$
\begin{aligned}
\text{沿 } \alpha \text{ 线} &\quad \frac{\Delta y}{\Delta x} = \frac{y_{1,1} - y_{0,1}}{x_{1,1} - x_{0,1}} = \tan \frac{1}{2}(\phi_{1,1} + \phi_{0,1}) \\[2mm]
\text{沿 } \beta \text{ 线} &\quad \frac{\Delta y}{\Delta x} = \frac{y_{1,1} - y_{1,0}}{x_{1,1} - x_{1,0}} = -\cot \frac{1}{2}(\phi_{1,1} + \phi_{1,0}) \\[2mm]
\text{或写成} &\quad y_{1,1} - y_{0,1} = (x_{1,1} - x_{0,1})\tan \frac{1}{2}(\phi_{1,1} + \phi_{0,1}) \\[2mm]
&\quad y_{1,1} - y_{1,0} = -(x_{1,1} - x_{1,0})\cot \frac{1}{2}(\phi_{1,1} + \phi_{1,0})
\end{aligned}
\right\} \tag{4-31}
$$

写成一般形式，则

$$
\left.
\begin{aligned}
y_{m,n} - y_{m-1,n} &= (x_{m,n} - x_{m-1,n})\tan \frac{1}{2}(\phi_{m,n} + \phi_{m-1,n}) \\[2mm]
y_{m,n} - y_{m,n-1} &= -(x_{m,n} - x_{m,n-1})\cot \frac{1}{2}(\phi_{m,n} + \phi_{m,n-1})
\end{aligned}
\right\} \tag{4-32}
$$

式中的 ϕ 角可按式 (4-30) 求出，得

$$
\phi_{1,1} = \phi_{0,1} + \phi_{1,0} - \phi_{0,0} \tag{4-33}
$$

或

$$
\phi_{m,n} = \phi_{m-1,n} + \phi_{m,n-1} - \phi_{m-1,n-1} \tag{4-34}
$$

按式 (4-31) 和式 (4-33) 可求出 $x_{1,1}$、$y_{1,1}$ 及 $\phi_{1,1}$，或按式 (4-32) 和式 (4-34) 可求出 $x_{m,n}$、$y_{m,n}$ 及 $\phi_{m,n}$，这样，便可绘制出近似的滑移线网。

4.7.2.2 速度场

用数值法求滑移线场速度场的方法简要叙述如下。

参照图 4-29，已知点 (0，1) 和点 (1，0) 处沿滑移线的速度分量，可求点 (1，1) 处的速度分量。例如已知 $v_{\alpha(0,1)}$、$v_{\alpha(1,0)}$、$v_{\beta(0,1)}$、$v_{\beta(1,0)}$，求 $v_{\alpha(1,1)}$、$v_{\beta(1,1)}$。具体求法如下。

因为考虑的是滑移线上转角很小的线段（弧段），所以盖林格尔速度方程可写成差分形式，即

沿 α 线 $\qquad dv_\alpha - v_\beta d\phi = 0 \qquad$ 写成 $\qquad \Delta v_\alpha = v_\beta \Delta \phi \qquad$ (a)

沿 β 线 $\qquad dv_\beta + v_\alpha d\phi = 0 \qquad$ 写成 $\qquad \Delta v_\beta = -v_\alpha \Delta \phi \qquad$ (b)

把式 (a) 和式 (b) 写成一般形式，则得

$$
\text{沿 } \alpha \text{ 线} \quad v_{\alpha(1,1)} - v_{\alpha(0,1)} = \frac{1}{2}\left[v_{\beta(1,1)} + v_{\beta(0,1)}\right] \times \left[\phi_{(1,1)} - \phi_{(0,1)}\right]
$$

$$
\text{沿 } \beta \text{ 线} \quad v_{\beta(1,1)} - v_{\beta(1,0)} = -\frac{1}{2}\left[v_{\alpha(1,1)} + v_{\alpha(1,0)}\right] \times \left[\phi_{(1,1)} - \phi_{(1,0)}\right] \tag{4-35}
$$

联立求解式 (4-35)，便可求出 $v_{\alpha(1,1)}$ 和 $v_{\beta(1,1)}$。在塑性区其他诸点速度分量的求法可仿此进行，最后便可求出所考虑区域的速度场。

4.7.3 利用电子计算机作滑移线场

前已述及，作近似滑移线场必须知道其各节点的倾角和坐标值。

如图 4-30 所示,取 o 为原点,并根据要求的精度确定出 $\Delta\theta$ 值,然后对滑移线网中每一节点进行编号。如果以 $0, \cdots, m$ 表示 α 族滑移线的编号顺序;以 $0, \cdots, n$ 表示 β 滑移线的编号顺序,则对滑移线网内的任意结点 (m, n),其倾角用 $\phi_{m, n}$ 表示,其坐标值用 $x_{m, n}, y_{m, n}$ 表示。例如,对于滑移线与水平对称轴 (x 轴) 的第一个交点 E (图 4-30),其倾角和坐标值为 $\phi_{0, 0}$、$x_{0, 0}$、$y_{0, 0}$。由此沿 β 滑移线之节点 E_1,E_2,$\cdots$,E_n 的倾角和坐标值为

$$\phi_{0, 1}、x_{0, 1}、y_{0, 1};\ \phi_{0, 2}、x_{0, 2}、y_{0, 2};\ \cdots;\ \phi_{0, n}、x_{0, n}、y_{0, n}$$

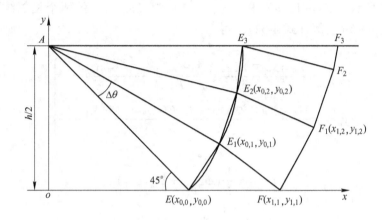

图 4-30　用弦和结点坐标表示的粗糙平板间压缩薄件的部分滑移线网

参照图 4-30,各结点之倾角及坐标值求法如下。

节点 E:此点在水平对称轴 (x 轴) 上,如取 $\dfrac{h}{2} = 1$,则

$$\phi_{0, 0} = \frac{3\pi}{4}$$

$$\phi_{0, 0} = \frac{h}{2} = 1, \quad y_{0, 0} = 0$$

结点 E_1:此点在 β 滑移线 $EE_1E_2E_3$ 上,按已确定的转角 $\Delta\theta$ 及三角关系,则为

$$\phi_{0, 1} = \frac{3\pi}{4} + \Delta\theta$$

$$\phi_{0, 1} = \frac{1}{2} + 2\,\overline{AE}\sin\frac{\Delta\theta}{2}\cos\left(\frac{\pi}{4} + \frac{\Delta\theta}{2}\right)$$

$$= \frac{1}{2} + 2\sqrt{2}\sin\frac{\Delta\theta}{2}\cos\left(\frac{\pi}{4} + \frac{\Delta\theta}{2}\right)$$

$$y_{0, 1} = 2\sqrt{2}\sin\frac{\Delta\theta}{2}\sin\left(\frac{\pi}{4} + \frac{\Delta\theta}{2}\right)$$

同理,可求出 E_2,E_3,$\cdots$,E_n 诸结点的倾角及坐标值。

节点 F:此点在水平对称轴上,根据混合问题的作图法 (图 4-25),按三角关系,有

$$\phi_{1,\,1} = \frac{3\pi}{4}$$

$$x_{1,\,1} = x_{0,\,1} + y_{0,\,1}\tan\left(\frac{\pi}{4} + \frac{\Delta\theta}{2}\right)$$

$$y_{1,\,1} = 0$$

节点 F_1：此点的坐标可由解包括弦 FF_1 和 E_2F_1 关系的联立方程组中得出。按此法可求出任意结点 (m, n) 的坐标值。求解如下。

如图 4-31 所示，$(m-1, n)$ 和 $(m, n-1)$ 为 (m, n) 的两个相邻结点，注意到 $\phi_{m,\,n} = \phi_{m,\,n-1} + \Delta\theta$ ，解（式 4-32），得

$$\left.\begin{array}{l} x_{m,\,n} = \dfrac{y_{m-1,\,n} - y_{m,\,n-1} + ax_{m,\,n-1} - bx_{m-1,\,n}}{a - b} \\[3mm] y_{m,\,n} = \dfrac{ay_{m-1,\,n} - by_{m,\,n-1} + abx_{m,\,n-1} - abx_{m-1,\,n}}{a - b} \end{array}\right\}$$

式中

$$a = \tan\frac{1}{2}(\phi_{m,\,n} + \phi_{m,\,n-1})$$

$$b = -\cot\frac{1}{2}(\phi_{m,\,n} + \phi_{m-1,\,n})$$

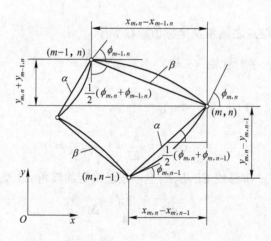

图 4-31 结点 (m, n) 的倾角和坐标计算值

因为 (m, n) 是一般的结点，所以用上述方法可确定出滑移线网中所有结点的坐标值，直至边界为止。

计算机程序框图如图 4-32 所示。按此框图编制源程序，便可作出给定 $\Delta\theta$、l 和 h 值的滑移线场。用类似的方法亦可作出相应的滑移线场的速端图。

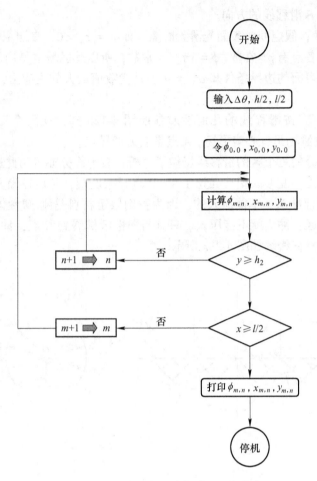

图 4-32　计算滑移线场结点倾角和坐标的框图

4.8　滑移线理论的应用实例

4.8.1　平冲头压入半无限体

刚性半冲头对理想塑性材料的压入问题是平面变形的典型实例。如图 4-33 所示，假定冲头和半无限体在 z 轴方向（垂直纸面的方向）的尺寸很大，则认为是平面变形。由于冲头的宽度与半无限体的厚度相比很小，所以塑性变形仅发生在表面的局部区域之内，又由于压入时在靠近冲头附近的自由表面上金属受挤压而凸起，所以该自由表面区域中亦发生塑性变形。下面分别研究其塑性变形开始阶段的滑移线场、速度场及单位压力公式。

4.8.1.1　绘制滑移线场

由于变形是对称的，所以只研究一侧的滑移线场。

（1）在含自由表面的 AFD 区（图 4-33a），参照图 4-19a 所示的边界条件，有 $p=k$、$\phi=\pi/4$。按柯西问题，在自由表面 AD 上已知 $p=p_0=$ 常数时，整个三角形 AFD 中为均匀应力状态的直线场。由于 $\sigma_1(=0)$ 为代数值最大的主应力，从而按右手（ $\alpha-\beta$ 坐标系）

法则可以确定 α 和 β 滑移线的方向。

（2）在 ACG 区，假定冲头表面光滑无摩擦，即 $\tau_f = \tau_n = 0$，参照图 4-19b 所示的边界条件，在冲头表面各点有 $p =$ 常数、$\phi = 3\pi/4 =$ 常数，所以此区域也是均匀应力状态的直线场。按无摩擦接触表面的边界条件知 $\sigma_1(=\sigma_t)$ 是代数值最大的主应力，从而可确定 α 和 β 滑移线的方向。

（3）在 AGF 区，按滑移线的几何性质参照图 4-12b 知，在两个三角形（ΔADF 和 ΔACG）场之间的过渡场是有心扇形场。A 点是应力奇异点。

以上对左半部分的三个区的滑移线场做了分析，右半部分亦可仿此进行，最后得出整体滑移线场。应指出，变形区塑性区先在 A、B 点开始出现，然后逐渐向内扩展。但是在没有扩展到 C 点以前冲头是不能压入的，因为我们假定材料是刚-塑性体，只要中间还存在有限宽度的刚性区，冲头就不能压入。只有当塑性区扩展到 C 点，冲头才能开始压入。此开始压入瞬间的滑移线场如图 4-33a 所示。

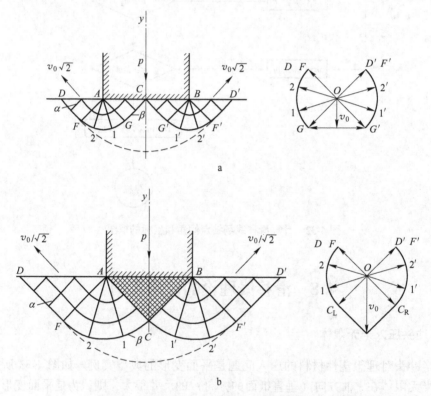

图 4-33　平锤头压入半无限体的滑移线场和速端图

a—按接触面光滑；b—按接触面粗糙（左图为滑移线场；右图为速端图；下标 L 和 R 分别表示左和右）

4.8.1.2　作速端图

左半部的塑性变形区由 β 线 $DFGC$ 围成，因为假设材料为刚-塑性体，所以在此 β 线以下的材料有 $v_\alpha = v_\beta = 0$。$DFGC$ 是速度不连续线，沿此线的法向（即沿 α 线方向）速度分量 v_α 是连续的，并为零。因为沿直线 $\mathrm{d}\phi = 0$ 按盖林格尔速度方程式（4-15），有 $v_\alpha =$ 常数，所以在整个塑性区 $v_\alpha = 0$。这样，在塑性区的速度仅有沿 β 线的速度分量 v_β。由图 4-33a可见，在接触面 AC 上沿 β 线的速度分量 v_β 应等于材料沿冲头表面的水平移动速度与冲头运动速度 v_0 的矢量和，所以 $v_\beta \cos 45° = v_0$ 或 $v_\beta = \sqrt{2} v_0$。$DFGC$ 为刚-塑性区的边界，也是速度不连续线。沿此线上速度不连续线量 $\Delta v_\beta = v_\beta - 0 = v_\beta$，其大小是常数，其方向是 $DFGC$ 之切线方向。按盖林格尔速度方程式（4-15），$\mathrm{d}v_\beta + v_\alpha \mathrm{d}\phi = 0$，因整个塑性区 $v_\alpha = 0$，所以 $v_\beta =$ 常数。由于接触面 AC 上各点的 v_β 均等于 $\sqrt{2} v_0$，所以自由表面 AD 上各点的 v_β 也都等于 $\sqrt{2} v_0$。综上所述，并参照图4-16c便可作出速端图 GF。应指出 CG 和 DF 是直线，所以 D 和 F（或 C 和 G）的 v_β 大小和方向是相等的。作出的速端图如图4-33a所示，在图中，OG 为 ΔACG 的位移速度；$O1$ 为 $A1$ 线上各点的位移速度；$O2$ 为 $A2$ 线上各点的位移速度；$OD(=OF)$ 为 ΔAFD 的位移速度。

塑性变形中，金属的流动遵守秒流量相等的原则。按此，有

$$AC \times v_0 = v_\beta \times AF = v_\beta \times AC\cos 45° = v_\beta \times AC \frac{1}{\sqrt{2}}$$

所以
$$v_\beta = \sqrt{2} v_0$$

该值与速端图确定的 v_β 是一致的。可见，上面所求之 v_β 是符合体积不变条件的。

4.8.1.3 单位压力公式

假设接触表面光滑而无摩擦，如图 4-33a 所示，按汉基应力方程式，沿 β 线 $DFGC$，有

$$p_D - 2k\phi_D = p_C - 2k\phi_C$$

则
$$p_C = \phi_D + 2k(\phi_C - \phi_D)$$

而 $\phi_D = \dfrac{\pi}{4}$，$p_D = k$；$\phi_C = \dfrac{3\pi}{4}$，代入上式，得

$$p_C = k + 2k\left(\frac{3\pi}{4} - \frac{\pi}{4}\right) = k(1 + \pi)$$

式中，p_C 是接触表面 C 处的静水压力，而我们要求的是 σ_y，按式（4-1），有

$$\sigma_y = -p_C + k\sin 2\phi_C = -k(1 + \pi) + k\sin\left(\frac{3\pi}{2}\right)$$
$$= -k(1 + \pi) - k = -5.14k$$

因为 AGC 区为均匀应力区，所以平均单位压力

$$\bar{p} = -\sigma_y = 5.14k$$

写成应力状态影响系数的形式，得

$$n_\sigma = \frac{\bar{p}}{2k} = 2.57 \tag{4-36}$$

从以上解析过程可看出，所求得的式（4-36）既满足静力学许可方程（平衡方程、屈服准则、应力边界条件），也满足运动学许可方程（几何方程、速度边界条件、体积不变条件），因而，求得的解为精确解。

以上，对于无摩擦情况下的滑移线场、速端图和单位压力公式做了详细的讨论，下面对接触表面粗糙情况下的滑移线场、速端图和单位压力公式做简要叙述。

如图 4-33b 所示是冲头表面粗糙情况下的滑移线场和速端图。由于冲头足够粗糙，接触摩擦切应力 $\tau_f = k$，可认为等腰三角形 ABC 如同一个附着在冲头上的刚性金属帽，成为冲头的一个补充部分。这个滑移线场是 1920 年由 L. Prandtl 给出的，他从实验观察到，粗糙冲头下面存在一个接近等腰直角三角形（ΔABC）大小的难变形区，该区内的金属受到强烈的等值三向压应力（静水压力）的作用，不发生塑性变形。同无摩擦情况一样，在自由表面上的塑性区也应是均匀应力状态的直线场 ADF。由于流动的对称性，在垂直对称轴上 $\tau_{xy} = 0$，此时沿 x 方向的正应力就是主应力。于是，从冲头边角引出的直线滑移线必须与垂直对称轴成 45°角，由此定出 ΔABC 两底角为 45°。根据滑移线几何性质，由图 4-12b 知，在 ABC 与 ADF 间是有心扇形场。

对于此滑移线场区的速端图分析如下。

三角形 ABC 似刚体一样随冲头以速度 v_0 向下运动，在 C 点可分解出 α 和 β 方向的分速度等于 $v_0 \cos 45° = v_0 \dfrac{1}{\sqrt{2}}$。在 $DFCF'D'$ 线以下的刚性区，根据 C 点是滑移线 ACF' 和 BCF 的交点，而 C 点的上邻域速度等于 v_0，下邻域的速度为零，所以参照图 4-17，可得出 C 点左、右邻域的速度都等于 $v_0 \dfrac{1}{\sqrt{2}}$（相交点速度矢量和为零）。对于考察的左侧，整个塑性区 $v_\alpha = 0$，也就是说，塑性区的速度仅有沿 β 线的速度分量 v_β。FC 线以下是刚性区，此区 $v_\alpha = v_\beta = 0$，根据 C 点左邻域 C_L 的速度 $v_\beta = v_0 \dfrac{1}{\sqrt{2}}$ 知，此速度也是沿 CF 线的速度不连续量。参照图 4-16c 可作出如图 4-33b 所示的速端图。此处可通过秒流量相等的原理，即 $\dfrac{1}{2} AB \cdot v_0 = AF \cdot v_\beta$ 或 $AC \sin 45° \cdot v_0 = AF \cdot v_\beta$ 得出 $v_\beta = v_0 \dfrac{1}{\sqrt{2}}$。该值与从速度图得出的结果一致，从而验证了体积不变条件。

下面推导接触面表面粗糙情况下的单位压力公式。如图 4-33b 所示，按汉基应力方程沿 β 线 DFC 有

$$p_C = p_D + 2k(\phi_C - \phi_D)$$

和无摩擦接触面情况相同 $p_D = k$，$\phi_D = \dfrac{\pi}{4}$，$\phi_C = \dfrac{3\pi}{4}$，所以

$$p_C = k(1 + \pi) \tag{4-37}$$

沿直线滑移线 AC 上之静水压力 $p_C =$ 常数；剪应力 $\tau = k$。此时按三角形 ABC 之平衡条件可求出接触面上的平均单位压力 $\bar{p}$。

如图 4-34 所示，根据竖直方向力的平衡有

$$p \times AO = kAC \times \cos 45° + p_C \times AC \sin 45°$$

$$AO = AC \times \cos 45° = AC \sin 45°$$

所以

$$\bar{p} = p_C + k \tag{4-38}$$

把式（4-37）代入式（4-38），则

$$\bar{p} = k(1 + \pi) + k = k(2 + \pi) = 5.14k$$

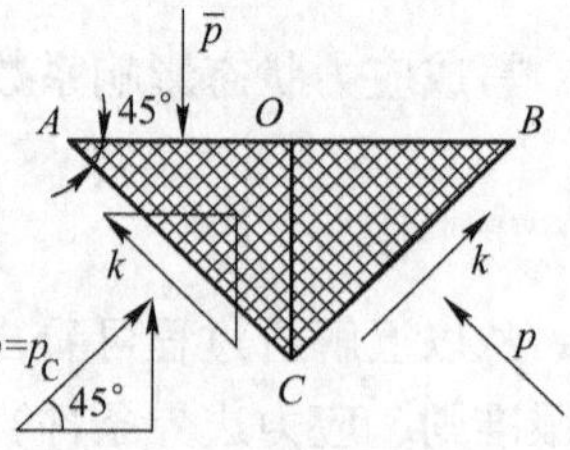

图 4-34　按三角形 ABC
之平衡条件求 $\bar{p}$

或
$$n_\sigma = \frac{\bar{p}}{2k} = 2.57 \tag{4-39}$$

由式（4-36）和式（4-39）可见，两种情况滑移线场得到的平均单位压力完全相同，这表明压缩厚件时，表面接触摩擦对 $\dfrac{\bar{p}}{2k}$ 影响不大。而应力状态影响系数 $n_\sigma = 2.57$，如此之大的原因乃是受外区（或外端）的影响。

顺便指出，以上讨论的材料系指刚-塑性体，如假定材料是弹塑性体，则塑性区的边界可能如图 4-33 中之虚线所示。

4.8.2　平冲头压缩 $l/h<1$ 的厚件

用两个平冲头从上下两个方向相对压缩有限厚度的变形体的情况如图 4-35 所示。以下分别研究其滑移线场、速端图、平均单位压力和数值求解的实例。

4.8.2.1　绘制滑移线场

工件的变形相对于轴 x 对称，所以只研究 x 轴以上的部分。由于在垂直对称轴上 $\tau_{xy}=0$，所以由冲头的角部 A、B 两点引出的两条滑移线必正交于垂直对称轴上，且与该轴交成 135° 和 45° 角。假定冲头表面粗糙，则形成的直角等腰三角形 ABC 好似附着在冲头上的金属帽。此时与滑移线 AC 和 BC 相连的是有心扇形场 ACE 和 BCD。压缩开始后，塑性区由 A、B 点开始逐渐扩大，也就是两个扇形场和按黎曼问题确定的滑移线场 $ECDM$ 逐渐向下扩展，当 M 点到达 x 轴时，在塑性区内流动的金属便推动着两个刚性外区在水平方向移动。如果工件的厚度有限，则 M 点到达 x 轴上时，塑性区还没有扩展到 A、B 点以外的自由表面上去，此时绘制的滑移线场如图 4-35a 所示。

4.8.2.2　作速端图

如图 4-35a 所示，作为速度不连续线的滑移线在 M 点相交，并分成 a、b、c、d 四个区，已知 M 点左右邻域的水平移动速度为 $v_d = v_a = v_c = v_0 \dfrac{l}{h}$，参照图 4-17 之作图法，得 $v_b = v_d = v_a = v_c = v_0 \dfrac{l}{h}$，在 M 点的速度不连续量 $v_{ab} = v_{bc} = v_{cd} = v_{da} = \sqrt{2}\,v_a = \sqrt{2}\,v_0 \dfrac{l}{h}$。因为沿 AEM 和 BDM 上速度不连续量是常数，而刚性区各点的速度又相同，所以参照图 4-16c,沿 AEM 和 BDM 线上内侧各点的速端图（图 4-35b）必为以 L 和 R 为圆心，以 LM 和 RM 为半径的圆弧 MD 和 ME，其中 $OR = OL = v_a = v_c = v_0 \dfrac{l}{h}$，$RM = LM = v_{ab} = v_{bc} = \sqrt{2}\,v_0 \dfrac{l}{h}$，圆弧所对之圆心角为 θ。由以上便可定出速端图上的 M、L、R、E、D 点。从而也可确定出速端图上圆弧 MD 和 ME 上各点的速度。已知这些点上的速度按式（4-35）、式（4-33）可求出其他各点的速度。若作图精确，所得到的 $\overset{\frown}{OC}$ 恰为冲头压下速度。

4.8.2.3　求平均单位压力 $\bar{p}$

由边界条件知，EC 线是 β 滑移线，EM 是 α 滑移线。这样，按汉基应力方程，有

沿 EC 线
$$p_E = p_C - 2k(\phi_C - \phi_E) = p_C - 2k\theta \tag{a}$$

沿 EM 线
$$p_i = p_E + 2k(\phi_E - \phi_i) \tag{b}$$

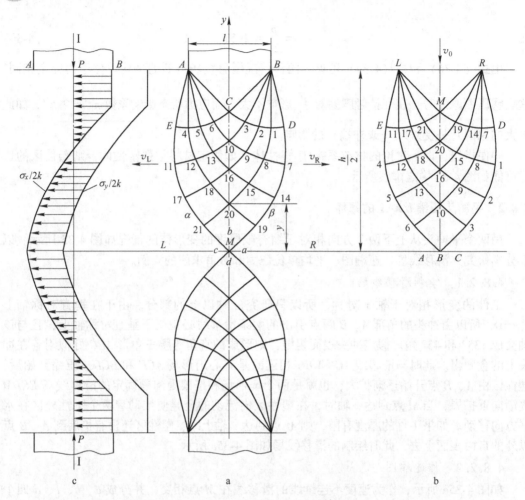

图 4-35　平砧压缩厚件（$l/h < 1$）时滑移线场、速端图和沿 I—I 断面上的应力分布

a—滑移线场；b—速端图；c—沿 I—I 断面上的应力分布

式中，i 是 α 线 EM 上之任意点。

由图 4-35a 知，$\phi_E = \pi - \dfrac{\pi}{4} - \theta$，把此式和式（a）代入式（b），得

$$p_i = p_C - 2k\theta + 2k\left(\frac{3\pi}{4} - \theta - \phi_i\right) = p_C + 2k\left(\frac{3\pi}{4} - 2\theta - \phi_i\right) \tag{4-40}$$

假定用上下两冲头对称压缩工件时，工件两端没有任何水平外力的作用，这时沿滑移线 AEM 上尽管各点的应力有所不同，但其所作用的水平方向的总力（P_H）应为零。沿滑移线 AEM 之任意线素上作用的正应力和剪应力分别为 p_i 和 k，如图 4-36 所示此线素上所受的水平总力为：

$$\mathrm{d}P_H = p_i \sin(180 - \phi_i)\mathrm{d}s - k\cos(180 - \phi_i)\mathrm{d}s = p_i\mathrm{d}y - k\mathrm{d}x$$

把式（4-40）代入此式积分，并令 $\int \mathrm{d}P_H = 0$，则得

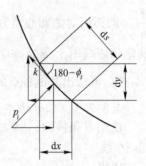

图 4-36　沿滑移场 AEM 线素上正应力和剪应力的水平分量

$$P_H = \int_0^{h/2} \left[p_C + 2k\left(\frac{3\pi}{4} - 2\theta - \phi_i\right)\right] \mathrm{d}y - \int_0^{l/2} k\mathrm{d}s = 0$$

积分后解出

$$p_C = k\left(4\theta + \frac{l}{h} - \frac{3\pi}{2}\right) + \frac{4k}{h}\int_0^{h/2} \phi_i \mathrm{d}y$$

式中，积分项 $\int_0^{h/2} \phi_i \mathrm{d}y$ 当知道 ϕ_i 和 y 的函数关系时可求解；当不知道其函数关系时，可用数值计算，用数值法计算可写成如下形式

$$p_C \approx k\left(4\theta + \frac{l}{h} - \frac{3\pi}{2}\right) + \frac{4k}{h}\sum_{i=1}^{n} \psi_i \Delta y \tag{4-41}$$

如图 4-35a 所示，AC 和 BC 是直线滑移线，沿此线 $p = p_C =$ 常数，按式（4-38），接触表面的平均单位压力为

$$\bar{p} = p_C + k$$

$$n_\sigma = \frac{\bar{p}}{2k} = \frac{p_C}{2k} + 0.5 \tag{4-42}$$

式（4-42）为接触表面粗糙条件下所求之平均单位压力公式。如果接触表面光滑无摩擦，图 4-35a 中的三角形 ABC 区域是直线滑移线场，该滑移线场与接触表面 AB 成 45° 和 135° 角相交。在此情况下的单位压力公式与式（4-42）相同。

例 4-1 取 $\frac{l}{h} = 0.121$，$h = 16.5$，$\theta = 75°$（1.31 弧度）平均单位压力的计算如下。

本例之滑移线场按等角滑移线网绘制。具体作法是，取 l 为斜边长度画一等腰直角三角形，然后顺着三角形的二直角边作滑移线，于是按黎曼问题便可绘制出整个塑性区的滑移线网（图 4-37）。

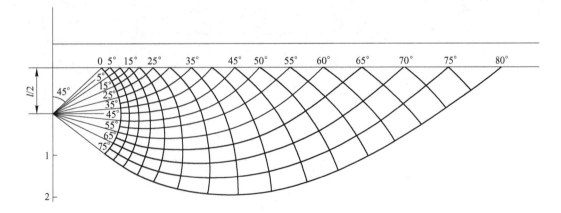

图 4-37 按等角距绘制的有心扇形滑移线网

由图 4-37 所得的数据列于表 4-1 中。从表 4-1 知，$\sum \phi_i \Delta y = 14.07$，按式（4-41），则

$$p_C \approx k(4 \times 1.31 + 0.121 - 1.5 \times 3.14) + \frac{4k}{16.5} \times 14.07 = 4.074k$$

按式（4-42），为

$$n_\sigma = \frac{\overline{p}}{2k} = \frac{4.074k}{2k} + 0.5 = 2.54 \qquad (4\text{-}43)$$

同理，对其他数据的计算列于表 4-2 中。

表 4-1　由图 4-37 所取的计算数据

Δy	1.28	0.58	0.72	0.81	0.98	1.15	1.20	1.25	0.6
弧度	1.05	1.13	1.31	1.48	1.66	1.83	2.00	2.18	2.31
$\phi_i \Delta y$	1.31	0.655	0.945	1.20	1.63	1.92	2.40	2.72	1.39

注：$\sum \phi_i \Delta y = 14.07$。

表 4-2　$\dfrac{\overline{p}}{2k}$ 与 $\dfrac{l}{h}$ 关系的计算数据

弧度 ($\theta/(°)$)	0.087 (5)	1.175 (10)	0.262 (15)	0.35 (20)	0.524 (30)	0.61 (35)	0.785 (45)	1.05 (60)	1.31 (75)	1.35 (77.3)
$\dfrac{l}{h}$	0.850	0.715	0.625	0.526	0.410	0.360	0.275	0.184	0.121	0.114
$\dfrac{\overline{p}}{2k}$	1.015	1.05	1.13	1.20	1.37	1.47	1.71	2.12	2.54	2.57

由表 4-2 可知，当 $\theta = 77.3°$ 或 $\dfrac{l}{h} = 0.114$ 时，$n_\sigma = \dfrac{\overline{p}}{2k} = 2.57$，即与式 (4-39) 之计算结果相同，所以当 $\dfrac{l}{h} < 0.114$ 时，可认为是压缩半无限体。用表 4-2 中的数据可作出如图 4-38 所示的 $\dfrac{\overline{p}}{2k} - \dfrac{l}{h}$ 图。

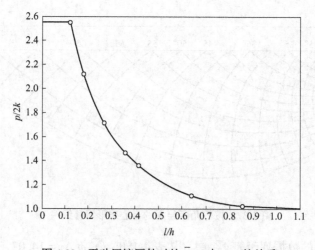

图 4-38　平砧压缩厚件时的 $\overline{p}/2k$ 与 l/h 的关系

按图中之数据可得出如下的数学模型。

$$\frac{\bar{p}}{2k} = 0.14 + 0.43\frac{l}{h} + 0.43\frac{h}{l} \qquad \left(\frac{l}{h} > 0.35\right)$$

$$\frac{\bar{p}}{2k} = 1.6 - 1.5\frac{l}{h} + 0.14\frac{h}{l} \qquad \left(\frac{l}{h} < 0.35\right) \tag{4-44}$$

滑移线场作出后，便已知各点的 p 和 ϕ，于是可由式（4-1）求出各点之 σ_x、σ_y 和 τ_{xy}。如图 4-35a 所示 C 点之 p_C 可由式（4-41）确定。已知 p_C 后，由汉基应力方程便可求出其他各点之 p，再按式（4-1）求出相应点之 σ_x、σ_y 和 τ_{xy}。

下面求 $\mathrm{I}\!-\!\mathrm{I}$ 断面上的应力分布。

在垂直对称轴 $\mathrm{I}\!-\!\mathrm{I}$ 断面上 $\phi_y = \dfrac{3\pi}{4}$，将此代入式（4-40），得

$$p_y = p_C - 4k\theta_y \tag{4-45}$$

按式（4-1）

$$\sigma_x = -p_y - k\sin(2\phi_y) = -p_y - k\sin(2 \times 135°) = -p_y + k$$

$$\sigma_y = -p_y + k\sin(2 \times 135°) = -p_y - k$$

$$\tau_{xy} = k\cos(2 \times 135°) = 0$$

或

$$\frac{\sigma_x}{2k} = 0.5 - 0.5\frac{p_y}{k}$$

$$\frac{\sigma_y}{2k} = -\left(0.5 + 0.5\frac{p_y}{k}\right) \tag{4-46}$$

例如对 $\dfrac{l}{h} = 0.121$，$\theta = 75°$（1.31 弧度），$p_C = 4.074k$，由式（4-45），在 M 点处有

$$p_{My} = p_C - 4k\theta = 4.074k - 4k \times 1.31 = -1.166k$$

由式（4-46），有

$$\frac{\sigma_x}{2k} = 0.5 - 0.5 \times (-1.166) = 1.08 \,(\text{为拉应力})$$

$$\frac{\sigma_y}{2k} = -[0.5 + 0.5 \times (-1.166)] = 0.08 \,(\text{为拉应力})$$

在 C 点 $p_y = p_{CY} = 4.074k$，按式（4-46）得

$$\frac{\sigma_x}{2k} = 0.5 - 0.5 \times 4.074 = -1.54 \,(\text{为压应力})$$

$$\frac{\sigma_y}{2k} = -(0.5 + 0.5 \times 4.074) = -2.54 \,(\text{为压应力})$$

同理，可得其他各点之 $\dfrac{\sigma_x}{2k}$、$\dfrac{\sigma_y}{2k}$，其结果如图 4-35c 所示。

计算结果表明，在压缩厚件时其中心部位有很大的拉应力出现，此例中拉应力 σ_x 大于 $2k$。可见，这是压缩厚件时于中心部位产生断裂的力学原因。

顺便指出，式（4-43）和式（4-44），不仅可用于计算平砧压缩厚件（$\dfrac{l}{h} < 1.0$）的

平均单位压力，而且也可以用不计算初轧厚件（ $\dfrac{l}{h} < 1.0$ ，其中 l 为轧制变形区长度； h 为变形区平均厚度）的平均单位压力。

4.8.3 平板间压缩 $\dfrac{l}{h}$ >1 的薄件

图 4-39 所示为在粗糙的平行砧间的压缩情况、滑移线场、速端图及接触面上单位压力的分布。由于变形是对称的，所以仅示出左半部分。

4.8.3.1 绘制压缩薄件滑移线场

假设 AB 和 CD 是刚性和完全粗糙的平砧，接触面上的摩擦应力 $\tau_f = \tau_n = k$ 。由图 4-21 所示的应力边界条件知，一族滑移线与表面接触线（接触面与纸面的交线）垂直，另一族滑移线与表面接触线相切。

平砧的拐角点 A 和 C 是应力奇异点。实验和理论分析表明，应力奇异点是应力集中之处，它往往成为滑移线的起点。这样，便以 A 和 C 为中心绘制出有心扇形场 AEE_3 和 CEE_3' 。圆弧线，在 E_3 和 E_3' 点与平砧面（即表面接触线）垂直；并在 E 点与水平对称轴（ x 轴）成 135°和 45°角相交。

AE 为直线滑移线与 x 轴成 45°角相交，是有心扇形场的圆弧线。由于工件外端无水平方向的外力作用，所以水平方向的应力是代数值最大的，因而定出 AE 是 α 滑移线，而 $EE_1E_2E_3$ 是 β 滑移线。这样，可按混合问题作图法：给定一条滑移线 $EE_1E_2E_3$ （已知 p 和 ϕ ）与非滑移线的 x 轴（仅知 ϕ ），绘制出整个左半部区域的滑移线网。图 4-39c 所示为按角距为 15°作出的等角滑移线网。

滑移线场的形状和 $\dfrac{l}{h}$ 有关，当 $\dfrac{l}{h} = 2.4$ 时，塑性区为 $AECE_3'F_3'G_3'F_1E_2A$ ；当 $\dfrac{l}{h} = 3.6$ 时，塑性区为 $AECE_3'F_3'G_3'H_2'G_1F_2E_3A$ ，所以 $\dfrac{l}{h} \leqslant 2.4$ 时，刚性区遍及整个接触面； $\dfrac{l}{h} > 3.6$ ，在接触面上存在均匀压力区 AE_3 、压力递增区和刚性区。

可见，在压缩过程中，工件由厚变薄，滑移线的外廓在不断变化，这种滑移线场称为不稳定场。图 4-39c 所示为某一压缩瞬间的滑移线场。

4.8.3.2 作速端图

如图 4-39c 所示，作速度不连续线的两条滑移线相交于 K 点。参照图 3-17 的作图法，当上下平砧以 v_0 的速度压缩工件时， K 点左邻域的速度为 v_0 （即图 4-39c 中之 $\overline{OK}$ ），速度不连续量为图 4-39d 中之 $\overline{AK}$ 、 $\overline{CK}$ 。滑移线 $G_3H_2J_1K$ 以上和 $G_3'H_2'J_1'K$ 以下是刚性区，而沿这两条速度不连续线上速度不连续量为常数，参照图 4-16c 之作图法沿这两条速度不连续线的速端图为图 4-39d 上之圆弧 G_3K 和 $G_3'K$ ；已知这两个弧线上的速度，按式（4-35）和式（4-33）便可作出如图 4-39d 所示的整个左半部区域的速端图。滑移线 AEC 左边之外区部分，作为刚性区以 v_1 的速度向左移动，由体积不变条件 $v_0\dfrac{l}{2} = v_1\dfrac{l}{2}$ ，则 $v_1 = \dfrac{l}{h}v_0$ ；如平砧以单位速度移动，则 $v_1 = \dfrac{l}{h}$ 。 $\dfrac{l}{h} = 5.6$ 时，若作图精确，速端图上的 $OE \approx 5.6$ 。

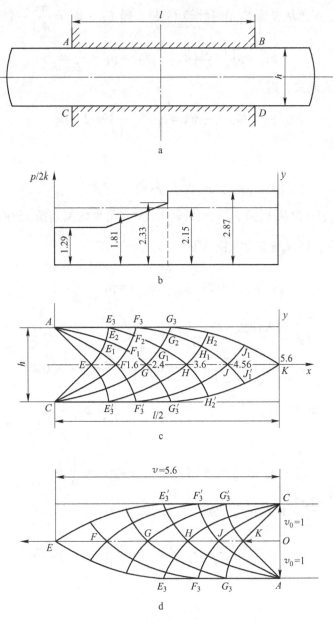

图 4-39 在粗糙的平行砧间压缩薄件

a—压缩情况；b—接触面上单位压力 $p/2k$ 的分布；c—滑移线场；d—速端图

4.8.3.3 求平均单位压 $\bar{p}$ 的数值解

因为在压缩过程中，没有施加任何水平方向的外力，所以在 E 点的 $\sigma_{Ex} = 0$，而此点之 $\phi_E = 135°$，则按式 (4-1)，有

$$\sigma_{Ex} = -p_E - k\sin(2 \times 135°) = 0$$

故

$$p_E = k$$

沿 β 线 EE_3，ϕ 角从 E 到 E_3 逆时针转了 $45°$，即 $\phi_{E_3} - \phi_E = \dfrac{\pi}{4}$，按汉基应力方程，得

$$p_{E_3} = p_E + 2k(\phi_{E_3} - \phi_E) = p_E + \frac{1}{2}\pi k$$

把 $p_E = k$ 代入此式，则

$$p_{E_3} = p_E + \frac{1}{2}\pi k = k\left(1 + \frac{\pi}{2}\right) \approx 2.57k$$

或

$$\frac{p_{E_3}}{2k} \approx 1.29$$

沿 α 线 $E_3 F_2$，ϕ 角从 E_3 到 F_2 顺时针转了 $15°$（滑移线网是按 $15°$ 的等角距绘制的），即 $\phi_{E_3} - \phi_{F_2} = \dfrac{\pi}{12}$，按汉基应力方程，得

$$p_{F_2} = p_{E_3} + 2k(\phi_{E_3} - \phi_{F_2}) = p_{E_3} + \frac{1}{6}\pi k$$

把 $p_{E3} = k\left(1 + \dfrac{\pi}{2}\right)$ 代入此式，则

$$p_{F_2} = k\left(1 + \frac{\pi}{2}\right) + \frac{1}{6}\pi k = k\left(1 + \frac{2}{3}\pi\right) \approx 3.09k$$

沿 β 线 $F_2 F_3$，ϕ 角从 F_2 到 F_3 逆时针转了 $15°$，即 $\phi_{F_3} - \phi_{F_2} = \dfrac{\pi}{12}$，按汉基应力方程，得

$$p_{F_3} = p_{F_2} + 2k(\phi_{F_3} - \phi_{F_2}) = p_{F_2} + \frac{1}{6}\pi k$$

把 $p_{F_2} = k\left(1 + \dfrac{2\pi}{3}\right)$ 代入此式，则

$$p_{F_3} = k\left(1 + \frac{2\pi}{3}\right) + \frac{1}{6}\pi k = k\left(1 + \frac{5}{6}\pi\right) \approx 3.62k$$

或

$$\frac{p_{F_3}}{2k} \approx 1.81$$

同理，沿 $F_3 G_2$ 和 $G_2 G_3$，得

$$p_{F_2} = k\left(1 + \frac{6\pi}{7}\right) \approx 4.66k$$

或

$$\frac{p_{G_3}}{2k} \approx 2.33$$

在 E_3、F_3、G_3 处，滑移线与表面接触线一致。这样，求得的滑移线上的正应力 p_{E2}、p_{F_3}、p_{G3} 即是工件与工具接触面上相应点的正压力或单位压力。但是，对于 $G_3 H_2 J_1 K$ 的区

段，由于滑移线 G_3K 以上是刚性区，应力无法计算，所以只能用先求出该区的总垂直力也就是接触面上的总垂直力 P 的方法，然后计算其平均单位压力 p_m。

如图 4-40 所示，设 ds 为 α 滑移线 G_3K 上的微线素，则作用在该线素上的垂直力

$$dP = k\sin\psi_i ds + p_i\cos\psi_i ds = kdy + p_i dx$$

所以沿 G_3K 上的总垂直力为

$$P = k\int_0^{h/2}dy + \int_0^X p_i dx \tag{4-47}$$

式中　X——G_3 到 y 轴的水平距离。

沿 α 线 C_3K 上任意点 I，由汉基方程，有

$$p_i = p_{G_3} + 2k(\phi_{G_3} - \phi_i)$$

如图 4-40 所示，ψ_i 是由 G_3 到 I 的滑移线转角，即 $\phi_{G3} - \phi_i = \psi_i$，代入上式，有

$$p_i = p_{G_3} + 2k\psi_i$$

把此式代入式（4-47），积分整理，得

$$P = k\frac{h}{2} + 2k\int_0^X\left(\frac{p_{G_3}}{2k} + \psi_i\right)dx$$

$$= k\frac{h}{2} + p_{G_3}\int_0^X dx + 2k\int_0^X\psi_i dx$$

$$= k\frac{h}{2} + p_{G_3}X + 2k\int_0^X\psi_i dx$$

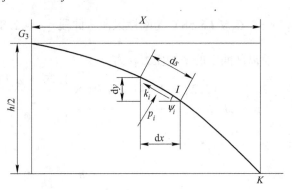

图 4-40　在线素 ds 上的垂直力

或

$$\frac{P}{2k} = \frac{h}{4} + \frac{p_{G_3}}{2k}X + \int_0^X\psi_i dx$$

该区接触面上的平均单位压力为

$$\frac{p_m}{2k} = \frac{P}{2kX} = \frac{p_{G_3}}{2k} + \frac{\dfrac{h}{2} + 2\displaystyle\int_0^X\psi_i dx}{2X} \tag{4-48}$$

式中，积分项 $\displaystyle\int_0^X\psi_i dx$ 可按图 4-39c 中的近似滑移线场作数值计算，

即

$$\int_0^X\psi_i dx = \sum\psi\Delta X$$

其计算结果列于表 4-3 中。

表 4-3　按图 4-39c 的滑移线场的计算结果

线　　段	KJ_1	J_1H_2	H_2G_3
ΔX	1.65	2.1	2.83
ψ_i	0.654	0.393	0.131
$\psi_i\Delta X$	1.08	0.825	0.371

注：$\sum\psi_i\Delta X = 1.08 + 0.825 + 0.371 = 2.28$，$X = \sum\Delta X = 1.65 + 2.1 + 2.83 = 6.58$。

在此，$\frac{p_{G3}}{2k} = 2.33$，$\frac{h}{2} = 2.5$，$X = 6.58$，$\sum \psi \Delta X = 2.28$，把以上诸值代入式（4-48），得

$$\frac{p_m}{2k} = 2.33 + \frac{2.5 + 2 \times 2.28}{2 \times 6.58} \approx 2.87$$

如图 4-35b 所示，砧面上的平均压力 $\bar{p}$ 由以下各区段组成：

（1）AE_3（3.54）为等压区段，此段 $\frac{p}{2k} \approx 1.29$；

（2）$E_3 G_3$（4.04）为压力递增区段，此段 $1.29 < \frac{p}{2k} < 2.33$；

（3）$G_3 M$（6.58）为刚性区段，此段 $\frac{p}{2k} \approx 2.87$。

所以砧面上的平均压力 $\bar{p}$ 为

$$\bar{p} \approx 2k \frac{(1.29 \times 3.54) + 4.04 \times \dfrac{1.29 + 2.33}{2} + (2.87 \times 6.58)}{14.2} \approx 2k \times 2.17$$

或

$$n_\sigma = \frac{\bar{p}}{2k} \approx 2.17$$

4.8.3.4　参变量积分与反函数积分的解析解

A　参量积分法

由于压缩薄件滑移线场 α 滑移线 $G_3 K$ 满足如下参数方程

$$\left. \begin{array}{l} x = \dfrac{h}{2}\left(\sin2\phi + 2\phi + 1 + \dfrac{\pi}{2}\right) \\[2mm] y = \dfrac{h}{2}\cos2\phi \end{array} \right\} \tag{a}$$

注意到沿 α 滑移线 $x = 0$，$\phi = \phi_K = -\pi/4$ 或 $3\pi/4$；$x = X$，$\phi = \phi_{G_3} = 0$ 或 π，如图 4-40 所示，$\mathrm{d}x = \dfrac{h}{2}(2\cos2\phi + 2)\mathrm{d}\phi$，代入式（4-48），有

$$\frac{P}{2k} = \frac{h}{4} + \frac{p_{G_3}}{2k}X - \int_{\phi_K}^{0} \phi \frac{h}{2}(2\cos2\phi + 2)\mathrm{d}\phi$$

$$= \frac{h}{4} + \frac{p_{G_3}}{2k}X - \frac{h}{4}\left\{ [2\phi\sin2\phi + \cos2\phi]_{\phi_K}^{0} + \frac{1}{2}(2\phi)^2 \big|_{\phi_K}^{0} \right\}$$

$$= \frac{p_{G_3}}{2k}X + \frac{h}{4}(2\phi_K\sin2\phi_K + \cos2\phi_K + 2\phi_K^2)$$

$$\frac{p_m}{2k} = \frac{P}{2kX} = \frac{p_{G_3}}{2k} + \frac{h}{4X}(2\phi_K\sin2\phi_K + \cos2\phi_K + 2\phi_K^2) \tag{b}$$

式（b）即死区单位压力的解析解。将 $\dfrac{h}{2} = 2.5$，$\phi = \phi_{G_3} = 0$ 代入式（a），有

$$X = 2.5\left(1 + \frac{\pi}{2}\right) = 6.427$$

将 $\frac{P_{G3}}{2k} = 2.33$，$\frac{h}{2} = 2.5$，$X = 6.427$，$\phi_K = -\pi/4$ 代入式（b），有

$$\frac{p_m}{2k} = 2.33 + \frac{5}{4 \times 6.427}\left[2\left(-\frac{\pi}{4}\right)\sin 2\left(-\frac{\pi}{4}\right) + \cos 2\left(-\frac{\pi}{4}\right) + 2\left(-\frac{\pi}{4}\right)^2\right] = 2.875$$

上述 G_3K，段解析解与前述数值结果 $\frac{p_m}{2k} \approx 2.87$ 非常一致。说明希尔数值结果基本可靠。

B 反函数积分法

注意到式（a）并 $\frac{h}{2} = 2.5$ 由式（4-48）有

$$\int_0^X \phi \mathrm{d}x = \int_0^{-\frac{\pi}{4}} x \mathrm{d}\phi = \int_0^{-\frac{\pi}{4}} \frac{h}{2}\left(\sin 2\phi + 2\phi + 1 + \frac{\pi}{2}\right)\mathrm{d}\phi = -2.26$$

将上述反函数积分结果代入式（4-48），得到与参量积分结果完全一致的解析解

$$\frac{p_m}{2k} = \frac{P}{2kX} = \frac{P_{G3}}{2k} + \frac{\dfrac{h}{2} + 2\displaystyle\int_0^X \psi_i \mathrm{d}x}{2X} = 2.33 + \frac{2.5 + 2 \times (-2.26)}{2 \times 6.427} = 2.876$$

解析解作为一把标尺可以检验数值结果的精度，例如，本问题 $\frac{l}{h} = 5.6$，$\frac{h}{2} = 2.5$，则 y 轴左侧滑移线场长度（工件长度的一半）的精确值为：

$$\frac{l}{2} = \frac{5.6h}{2} = 5.6 \times 2.5 = 14$$

解析解的计算结果为

$$\frac{l}{2} = 3.54 + 4.04 + 6.427 = 14$$

前述希尔数值解为

$$\frac{l}{2} = 3.54 + 4.04 + 6.58 = 14.16$$

显然数值计算 $X = \sum \Delta X = 6.58$ 造成上述误差，X 的准确值（解析值）为 6.427。

以上仅以薄件滑移线场数值分析为例说明参量积分反函数积分解析此类问题的有效性、科学性与解析性。研究表明，均匀直线场、有心扇形场等诸多滑移线场均可用相应的直线、圆、摆线、对数螺线、渐屈线等诸多参数方程或其组合表示。这为有效解决滑移线场复杂边界数值计算开辟了新的亮点。

采用同样的数值方法，对 $\frac{l}{h} = 1.6$、3.6、6.6 的计算结果列于表4-4中。

表4-4 $\bar{p}/2k$ 与 l/h 关系的计算数据

$\bar{p}/2k$	1.6	3.6	5.6	6.6
l/h	1.11	1.65	2.17	2.4

用表 4-4 中所列数据可做出如图 4-41 所示的 $\dfrac{\bar{p}}{2k}$ -

$\dfrac{l}{h}$ 图。

在 $\dfrac{l}{h} > 1$ 时，图 4-37 中之曲线可用式（4-49）

代替

$$\frac{\bar{p}}{2k} = 0.75 + 0.25 \frac{l}{h} \qquad (4\text{-}49)$$

式（4-49）既可用于计算粗糙砧面压缩薄件

$\left(\dfrac{l}{h} > 1\right)$ 时的 $\dfrac{\bar{p}}{2k}$，亦可用于计算热轧 $\left(\dfrac{l}{\bar{h}} > 1\right)$ 的薄

板坯和中厚板时的 $\dfrac{\bar{p}}{2k}$，但这时 l、$\bar{h}$ 分别表示变形区的

平均长度和平均厚度。

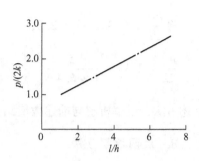

图 4-41　压缩薄件（$l/h > 1$）时
的 $\bar{p}/k - l/h$ 图

4.9　滑移线理论在轧、挤、压方面的应用实例

4.9.1　平辊轧制厚件 $\left(\dfrac{l}{h} < 1\right)$

将轧制厚件简化成斜平板间压缩厚件，并参照
压缩厚件滑移线场的画法，得到平辊轧制厚件的滑
移线场，如图 4-42 所示。由于轧制时其滑移线场是
不随时间而变的，故此种场称为稳定场。

下面研究按滑移线场确定平均单位压力 $\bar{p}$ 的
方法。

在稳定轧制过程中，整个轧件处于力的平衡状
态。此时，在接触面上作用有法向正应力 σ_n 和切向
剪应力 τ_f。如图 4-42 所示，滑移线 AC 与接触面 AB
之夹角为 $-(\phi_C - \beta)$。于是，按式（4-1），在接触面
上的单位正压力和摩擦剪应力为

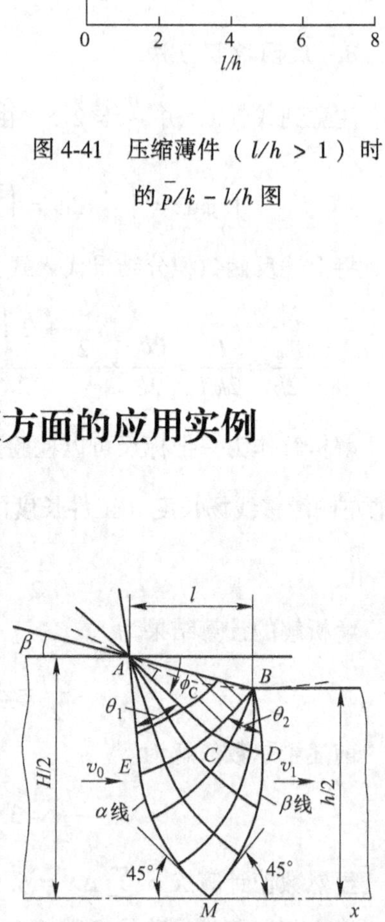

$$\left.\begin{array}{l} p_n = -\sigma_n = p_C + k\sin 2(\phi_C - \beta) \\ \tau_f = k\cos 2(\phi_C - \beta) \end{array}\right\} \qquad (4\text{-}50)$$

图 4-42　轧制厚件（$\dfrac{l}{\bar{h}} < 1$）时
的滑移线场

由于整个轧件处于平衡，所以作用在轧件上的
力的水平投影之和应为零，即

$$p_n AB\sin\beta = \tau_f AB\cos\beta \qquad (4\text{-}51)$$

或

$$p_n = \frac{\tau_f}{\tan\beta}$$

式中　β——AB 弦的倾角，且有 $\beta = \dfrac{\alpha}{2}$（$\alpha$ 是轧制时的咬入角）。

轧制总压力为

$$P = p_n AB\cos\beta + \tau_f AB\sin\beta$$

把式（4-51）和 $AB = \dfrac{l}{\cos\beta}$ 代入此式，得

$$P = \frac{\tau_f l}{\cos\beta}\left(\frac{\cos\beta}{\tan\beta} + \sin\beta\right) = \frac{2\tau_f l}{\sin2\beta}$$

于是，轧制时的平均单位压力为

$$\bar{p} = \frac{P}{l} = \frac{2\tau_f}{\sin2\beta}$$

把式（4-50）代入，得

$$\bar{p} = \frac{2k\cos2(\phi_C - \beta)}{\sin2\beta} \tag{4-52}$$

或

$$n_\sigma = \frac{\bar{p}}{2k} = \frac{\cos2(\phi_C - \beta)}{\sin2\beta} \tag{4-53}$$

式中，ϕ_C 按满足静力和速度条件的滑移线场确定。

在确定 ϕ_C 时，在运算式中必含有 p_C，把式（4-50）代入式（4-51），有

$$p_C = \frac{k\cos2(\phi_C - \beta)}{\sin\beta} \tag{4-54}$$

式（4-54）表明，p_C 和 ϕ_C 不是独立的。这样，在确定 ϕ_C 时，可先取一系列的 ϕ_C，由式（4-54）求出 p_C；然后绘制滑移线场，得一系列的 $\phi_M = \dfrac{3\pi}{4}$ 之点，取其中沿 AEM 和 BDM 线上水平力为零的点 M；过 M 点作一水平轴线求出 $\dfrac{l}{h}$ 值（$\bar{h} = \dfrac{H + h}{2}$，$l = \sqrt{R(H - h)}$，$R$ 为轧辊半径），与此对应的 ϕ_C 和 p_C 便满足上述的静力和速度条件；把此 ϕ_C 值代入式（4-53），便可求出与此 $\dfrac{l}{h}$ 相对应的 $\dfrac{\bar{p}}{2k}$。

图4-43 所示为用上述方法作出的在 $\dfrac{l}{h} = 0.27$ 时的滑移线场及沿 I - I 断面上的应力分布。由图可以看出，纵向应力 σ_n 在表面层为压应力其值为 $1.83k$；中心层为拉应力，其值为 $1.6k$。垂直应力是压应力，其值由表面层的 $3.85k$ 递减到中心层为 $0.4k$。剪应力 τ_{xy} 由表面层向内递减到零，然后改变符号。分析表明，轧制厚件时产生双鼓变形是与其应力的分布是相对应的。

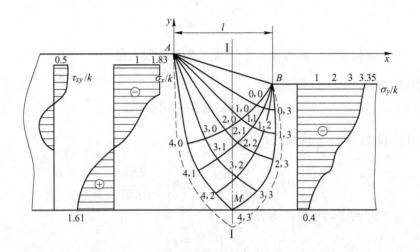

图 4-43　轧制时的滑移线场及沿 I - I 断面上的应力分布 $l/\bar{h} = 0.27$

用不同的咬入角作出的 $\dfrac{\bar{p}}{2k}$ 与 $\dfrac{l}{h}$ 曲线如图 4-44 所示。由图可以看出，在 $\dfrac{l}{h}$ 较小时，

咬入角 α 对 $\dfrac{\bar{p}}{2k}$ 的影响较大，考虑到工程计算上的方便性和可靠性常常采用 $\alpha = 0$ 时的计算式（4-44）。

轧制时，接触面上各点的正应力 p_n 和摩擦剪应力 τ_π 是可以通过实测得知的，这时可按下述方法绘制滑移线场，从而近似确定变形体内的应力场。

参照式（4-50），有

$$p_n = -\sigma_n = p_x + k\sin 2(\phi_x - \beta_x)$$

$$\tau_f = k\cos 2(\phi_x - \beta_x) \tag{4-55}$$

式中　β_x——过接触弧上任意点 x 作轧辊圆周切线与 x 轴所夹之负角（顺时针为负）；

ϕ_x——过 x 点滑移线与 x 轴所夹的负角；

p_x——在接触弧上 x 点处的静水压力。

已知 p_n 和 τ_f，由式（4-55）可求出接触弧上任意点 x 的 ϕ_x 和 p_x；然后，按前述的柯西问题作图法绘制出滑移线网，直到与水平轴（x 轴）正交并和该轴成 135° 和 45° 相交为止。滑移线场作出后，按已知的 ϕ_x 和 p_x 求出其他各点的 ϕ 和 p。最后，按式（4-1）求出其应力场。

4.9.2　平辊轧制薄件 $\left(\dfrac{l}{h} > 1\right)$

将轧制薄件简化成斜平板间压缩薄件，并参照压缩薄件滑移线场的画法，得到平辊轧制薄件的滑移线场，如图 4-45 所示。张角 θ_1、θ_2 与各点应力状态的确定方法概述如下。

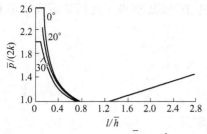

图 4-44 咬入角不同时的 $\dfrac{\bar{p}}{2k}$ 与 $\dfrac{l}{\bar{h}}$ 的关系

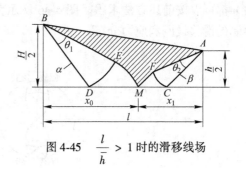

图 4-45 $\dfrac{l}{\bar{h}} > 1$ 时的滑移线场

按汉基应力方程，沿 β 线 DE 有

$$p_E = p_D + 2k(\phi_E - \phi_D)$$

而 $\phi_D = \dfrac{3\pi}{4}$，$\phi_E = \dfrac{3\pi}{4} + \theta_1$，$p_D = k$，代入上式，得

$$p_E = k + 2k\theta_1$$

按汉基应力方程，沿 α 线 DE 有

$$p_M = p_E + 2k(\phi_E - \phi_M)$$

由于上下滑移线场的对称性，所以滑移线从 E 到 M 的转角仍是 θ_1，即 $\phi_E - \phi_M = \phi_1$，故

$$p_M = p_E + 2k(\phi_E - \phi_M) = k + 2k\theta_1 + 2k\theta_1 = k(1 + 4\theta_1)$$

同理，沿 CF 和 FM，得

$$p_M = k(1 + 4\theta_2)$$

从而得出 $\theta_1 = \theta_2$。

滑移线场的形状既与 $\dfrac{l}{h}$ 有关，也与接触表面的摩擦有关。本例中的滑移线场仅在 $\dfrac{l}{h}$ 不太大，而且其接触表面上之摩擦剪应力 τ_f 尚未达到 k 的条件下才是可能的。

按已绘制出的滑移线网给出的任意点的 p（例如，在 C 和 D 点之 $p = p_C = p_D = k$），可求出其他各点的 p 值，然后用式（4-1）便可求出各点的 σ_x、σ_y 和 τ_{xy}。

在本例的滑移线场中，由于 $\dfrac{l}{h}$ 比较小，所以其刚性区扩展到整个接触面上。前已述及，在刚性区内应力分布不清楚，前面是用求 $AFMEB$ 上的总压力来确定接触面上的平均垂直压力的。这里采用的是，先求轧制轴线（x 轴）上的 σ_y，确定该轴上的总垂直力，即轧制力 P，然后按 $\bar{p} = \dfrac{P}{l}$，求得单位平均压力。用上述方法作 $\dfrac{\bar{p}}{2k}$ - $\dfrac{l}{h}$ 图，如图 4-44 所示。

4.9.3 横轧圆坯

辊横轧圆坯与平砧压缩厚件（图 4-35）相类似，其滑移线场、速端图和平均单位压

力 $\bar{p}$ 都可以按前述方法求得。图 4-46 所示为按 А. Д. ТОМЛЕНОВ（托姆列诺夫）的计算绘制的滑移线网和应力分布。

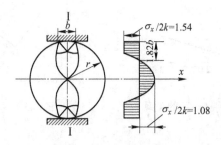

图 4-46　二辊横轧时沿 I - I 断面纵向应力 σ_x 的分布

由图可以看出，作为滑移线的两条速度不连续线在工件中心处相交，于该中心处产生剧烈的剪变形，由于在中心处有较大的水平方向拉应力存在，导致圆坯中心疏松，这便是二辊横轧和斜轧出现孔腔（图 4-47a）的主要原因之一。

图 4-48 所示为三辊横轧时的滑移线场。这种场除在坯料的外缘形成 3 个刚性区 $O_1B_1A_2$、$O_2B_2A_3$、$O_3B_3A_1$ 外，在坯料的中心区域还形成一个凹边六角形的刚性区。在塑性区和刚性区的边界上剪变形剧烈，且在 O_1、O_2、O_3 处产生拉应力最大，所以此处易产生横裂。由于轧制时坯料是旋转的，因而会出现如图 4-47b 所示的环腔（或环裂）。

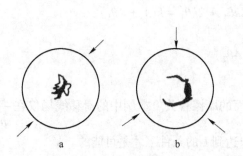

图 4-47　孔腔（a）与环腔（b）

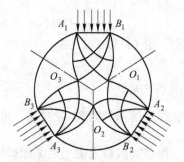

图 4-48　三辊横轧的滑移线场

4.9.4　在光滑模孔中挤压（或拉拔）板条

在光滑模孔中挤压（或拉拔）板条，如果板条厚度（垂直纸面方向的尺寸）保持不变，则属平面变形问题，可按前述的绘制滑移线网及作速端图的方法做出如图 4-49 所示的滑移线网和速端图。

整个滑移线场是由一个具有均匀应力状态的三角形（abc）直线场连接两个不对称的有心扇形场构成的。在水平对称轴（x 轴）上，两条滑移线正交于 M 点，并与 x 轴成 135° 和 45° 角相交。按汉基第一定理式（4-14），有

$$\theta_1 = \phi_{a1} - \phi_c = \phi_M - \phi_{b1}$$

又 $$\phi_{b1} = \pi - \frac{\pi}{4} - \theta - \theta_2 = \frac{3\pi}{4} - \theta - \theta_2$$

而 $$\phi_M = \frac{3\pi}{4}$$

所以 $\theta_1 = \theta + \theta_2$

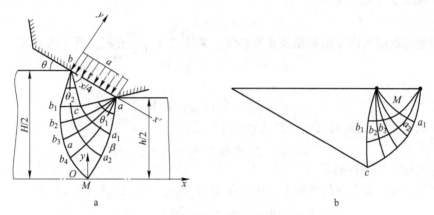

图 4-49 平面挤压时的滑移线场和速端图

a—滑移线场；b—速端图

在差值 $H-h$ 和角度 θ 保持不变的前提下，当 H 减小时，断面收缩率 $\varepsilon = \dfrac{H-h}{H}$ 增大，θ_2 角减小。在极限的情况下，即 θ_2 角度趋于零时，$\theta_1 = \theta$，此时断面收缩率

$$\varepsilon = \frac{H-h}{H} = \frac{2\sin\theta}{1+2\sin\theta} \tag{a}$$

此情况下的滑移线和速端图如图 4-50 所示。图中 bcM、Ma 为速度间断线，速端图的画法为：先从 O 点出发画出 v_0，作 b 点、c 点切线，交于 b^+、c^+；再在 M 点作切线，交于 M^+；最后从 M 点出发，引与 Ma 相平行的直线，交于 v_1 末端。

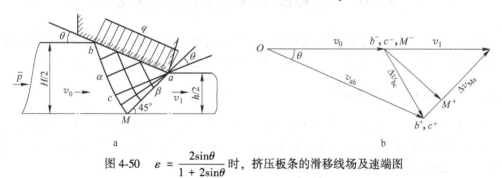

图 4-50 $\varepsilon = \dfrac{2\sin\theta}{1+2\sin\theta}$ 时，挤压板条的滑移线场及速端图

a—滑移线场；b—速端图

下面，求此滑移线场的平均单位压力 $\bar{p}$。

按接触面无摩擦和其上单位正压力均匀分布的条件，可建立如下的平衡关系式

$$P = \overline{p}H = 2q \times \overline{ab} \times \sin\theta$$

式中　　P——总挤压力；

　　　　$\overline{p}$——平均单位挤压力。

前已述及，三角形 abc 是均匀应力状态直线场。

参照图 4-49 和式（4-38），有

$$q = p_c + k \tag{b}$$

按前述方法确定出 α 滑移线及 β 滑移线，并按汉基应力方程，沿 α 线 bcM，有

$$p_M + 2k\phi_M = p_c + 2k\phi_c$$

或

$$p_c = p_M + 2k(\phi_M - \phi_c)$$

因为从 M 到 C 的转角为 θ，所以上式可写成

$$p_c = p_M + 2k\theta \tag{c}$$

式中，p_M 可按边界条件确定。

在挤压时出口端无任何外加力，所以在 M 点处 $\sigma_x = 0$，由式（4-1）有

$$\sigma_x = -p_M - k\sin 2\phi_M$$

将 $\phi_M = 135°$ 代入此式，得 $p_M = k$，并注意到式（c）和式（b），得

$$\overline{p} = \frac{2q \times \overline{ab}\sin\theta}{H} = 2k(1 + \theta)\varepsilon \tag{4-56}$$

把式（a）代入式（4-56），有

$$n_\sigma = \frac{\overline{p}}{2k} = (1 + \theta)\varepsilon = \frac{2(1 + \theta)\sin\theta}{1 + 2\sin\theta} \tag{4-57}$$

当 $\theta = \dfrac{\pi}{6}$ 时，$\dfrac{\overline{p}}{2k} = 0.762$。

4.10* 滑移线场的矩阵算子法简介

矩阵算子法是从正交的滑移线段开始，将滑移线的曲率半径用均匀收敛的双幂级数表示，级数的系数用列向量表示，应用矩阵算法和叠加原理求解滑移线场的方法。

4.10.1　矩阵算子法的发展概述

矩阵算子法起源于英国。1967 年英国的欧云（Ewing）首先提出用双幂级数表示滑移线场基本方程的通解——电报方程；同年，希尔（Hill）提出滑移线场构成的位置矢量叠加原理，这为矩阵算子法奠定了理论基础。

1968 年，柯灵斯（Collins）证明，如果采用级数表示滑移线场基本方程的通解，则滑移线场及其速度场的建立可归结为少数几个基本矩阵算子的代数运算。

1973 年后，戴郝斯特（Dewhurst）和柯灵斯对此法作了进一步的完善，写出了系统的矩阵算子程序。至此，这一方法基本定型。以后，一些学者利用这种方法求解了一系列塑性力学问题。

矩阵算子法是近 20 多年来滑移线场理论与计算机技术相结合取得的重要成果。

4.10.2 矩阵算子法的基本原理

4.10.2.1 滑移线场理论的基本方程

A 曲率半径

如图 4-51 所示，设 α 线和 β 线的曲率半径分别为 R 和 S，方向角分别为 α 和 β，则可导出

$$\left.\begin{aligned}\frac{\partial S}{\partial \alpha}+R=0,\quad & 沿\,\alpha\,线\\[2mm]\frac{\partial R}{\partial \beta}-S=0,\quad & 沿\,\beta\,线\end{aligned}\right\}\tag{4-58}$$

式（4-58）表明滑移线场内任一点的曲率半径是转角变量的函数。

B 移动坐标

如图 4-52 所示，由滑移线上任意点 P 作切线，设与 x 轴相交成 ϕ 角，由直角坐标系的原点 O 沿 ϕ 方向得 $\overline{X}$ 轴，逆时针旋转 $90°$ 得 $\overline{Y}$ 轴，此即为移动坐标轴。可推导出 $\overline{X}$、$\overline{Y}$ 与滑移线转角之间的关系

$$\left.\begin{aligned}\frac{\partial \overline{Y}}{\partial \alpha}+\overline{X}=0,\quad & 沿\,\alpha\,线\\[2mm]\frac{\partial \overline{X}}{\partial \beta}-\overline{Y}=0,\quad & 沿\,\beta\,线\end{aligned}\right\}\tag{4-59}$$

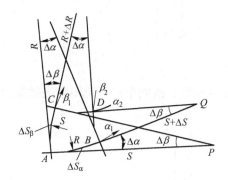

图 4-51 滑移线场的曲率半径和转角

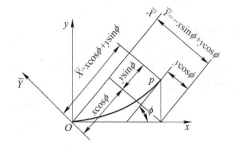

图 4-52 滑移线场的移动坐标

C 速度方程

将盖林格尔速度方程式（4-15）改写成

$$\left.\begin{aligned}\frac{\partial v_\alpha}{\partial \alpha}-v_\beta=0,\quad & 沿\,\alpha\,线\\[2mm]\frac{\partial v_\beta}{\partial \beta}+v_\alpha=0,\quad & 沿\,\beta\,线\end{aligned}\right\}\tag{4-60}$$

上述滑移线场的基本方程式（4-58）、式（4-59）、式（4-60）均为电报方程型，即

$$
\left.\begin{array}{c}
\dfrac{\partial^2 f}{\partial\alpha\partial\beta} + f = 0 \\[3mm]
\dfrac{\partial^2 f}{\partial\alpha\partial\beta} + g = 0
\end{array}\right\} \tag{4-61}
$$

由于上述方程的线性特点，故可采用希尔建议的叠加原理。

4.10.2.2　滑移线曲率半径的级数表示方法

滑移线场中任意点的曲率半径均可用其幂级数解表示。如图 4-53 所示的四边网络滑移线场中，OA 和 OB 为起始滑移线，其曲率半径分别为 R_0 和 S_0。OA 上任意点 A' 的切线和基切线（过基点 O 的切线）的夹角为 α，其曲率半径 $R_{A'}$ 可用幂级数解表示为

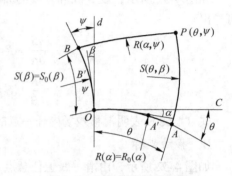

图 4-53　四边网络滑移线场

$$
R_{A'} = R_0(\alpha) = \sum_{n=0}^{\infty} a_n \frac{\alpha^n}{n!}
$$

同理

$$
S_{B'} = S_0(\beta) = \sum_{n=0}^{\infty} b_n \frac{\beta^n}{n!}
$$

上式改写为矩阵形式：

$$
R_{A'} = R_0(\alpha) = \begin{bmatrix} \alpha_0\alpha_1\alpha_2\cdots\alpha_n \end{bmatrix}
\begin{bmatrix} a_0 \\ a_1 \\ a_2 \\ \vdots \\ a_n \end{bmatrix}
\tag{4-62}
$$

其中，$\alpha_n = \dfrac{\alpha^n}{n!}$。

由于 α 给定后，行向量 $\begin{bmatrix} \alpha_0\alpha_1\alpha_2\cdots\alpha_n \end{bmatrix}$ 只是 α 的函数，故曲率半径可用幂级数解的系数列向量（矩阵）V 表示，即

$$
V_{0A} = \begin{bmatrix} a_0 \\ a_1 \\ a_2 \\ \vdots \\ a_n \end{bmatrix}, \qquad
V_{0B} = \begin{bmatrix} b_0 \\ b_1 \\ b_2 \\ \vdots \\ b_n \end{bmatrix}
\tag{4-63}
$$

由此可推导出过任意点 P（图 4-54）两滑移线的曲率半径：

$$
\left.\begin{array}{l}
R(\alpha,\ \psi) = \displaystyle\sum_{n=0}^{\infty} r_n(\psi)\, \frac{\alpha^n}{n!} \\[4mm]
S(\theta,\ \beta) = \displaystyle\sum_{n=0}^{\infty} s_n(\theta)\, \frac{\beta^n}{n!}
\end{array}\right\} \tag{4-64}
$$

式（4-64）中系数 $r_n(\psi)$ 和 $s_n(\theta)$ 由式（4-65）确定：

$$
\left.\begin{aligned}
r_n(\psi) &= \sum_{m=0}^n a_{n-m} \frac{\psi^m}{m!} - \sum_{m=n+1}^\infty b_{m-n-1} \frac{\psi^m}{m!} \\
s_n(\theta) &= \sum_{m=0}^n b_{n-m} \frac{\theta^m}{m!} - \sum_{m=n+1}^\infty a_{m-n-1} \frac{\theta^m}{m!}
\end{aligned}\right\} \tag{4-65}
$$

4.10.2.3 滑移线场的矩阵算子

A 中心扇形场的矩阵算子

图 4-54 所示为典型的曲边三角形中心扇形场网络，OA 为起始滑移线，转角为 θ。其曲率半径列向量间的关系为

$$
\left.\begin{aligned}
V_{OP} - r_n(\psi) &= P_\psi^* V_{OA} \\
V_{AP} &= s_n(\theta) = Q_\theta^* V_{OA}
\end{aligned}\right\} \tag{4-66}
$$

式中　$P_\psi^* = \begin{bmatrix} \psi_0 & 0 & 0 & \cdots \\ \psi_1 & \psi_0 & 0 & \cdots \\ \psi_2 & \psi_1 & \psi_0 & \cdots \\ \vdots & \vdots & \vdots & \vdots \\ \psi_n & \psi_{n-1} & \psi_{n-2} & \cdots \end{bmatrix}$，其中，$\psi_m = \dfrac{\psi^m}{m!}$；

$Q_\theta^* = -\begin{bmatrix} \theta_1 & \theta_2 & \theta_3 & \cdots \\ \theta_2 & \theta_3 & \theta_4 & \cdots \\ \theta_3 & \theta_4 & \theta_5 & \cdots \\ \vdots & \vdots & \vdots & \vdots \\ \theta_n & \theta_{n+1} & \theta_{n+2} & \cdots \end{bmatrix}$，其中，$\theta_m = \dfrac{\theta^m}{m!}$。

P_ψ^*、P_θ^* 称为基本矩阵算子，已编成标准子程序，计算时调用方便。

B 四边形滑移线场网络的矩阵算子

如图 4-55 所示，对这类滑移线场网络，可按叠加原理，视为两中心扇形场的组合。由式 (4-65)，可得

$$
\left.\begin{aligned}
V_{BP} &= r_n(\psi) = P_\psi^* V_{OA} + Q_\psi^* V_{OB} \\
V_{AP} &= s_n(\theta) = P_\theta^* V_{OB} + Q_\theta^* V_{OA}
\end{aligned}\right\} \tag{4-67}
$$

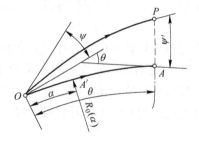

图 4-54　中心扇形场网络

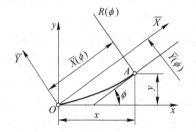

图 4-55　曲率半径 $R(\phi)$ 随 x、y 变化图

同理还可求出其他情况（如光滑边界、摩擦边界、自由边界等）时的矩阵算子。

4.10.2.4 滑移线场节点坐标的确定

确定滑移线场节点坐标的基本思路是：首先将滑移线场的曲率半径 R、S 转换为移动坐标 $\overline{X}$、$\overline{Y}$，然后将 $\overline{X}$、$\overline{Y}$ 转换为直角坐标 x、y。

欧云证明，滑移线上任一点 A 的曲率半径 $R(\phi)$ 的级数展开式的系数和移动坐标 $\overline{X}(\phi)$、$\overline{Y}(\phi)$ 级数展开系数间存在简单对应关系。当滑移线曲率半径为正（即转角 ϕ 逆时针方向增大）时（图 4-38），曲率半径和移动坐标用幂级数确定如下

$$R(\phi) = \sum_{n=0}^{\infty} r_n \frac{\phi^n}{n!}$$

$$\overline{X}(\phi) = \sum_{n=0}^{\infty} t_n \frac{\phi^n}{n!}$$

$$\overline{Y}(\phi) = -\sum_{n=0}^{\infty} t_n \frac{\phi^{n+1}}{(n+1)!}$$

式中，系数 t_n 和 r_n 之间存在下列对应关系

$$t_{-1} = t_0 = 0, \quad t_1 = r_0, \quad t_{n+1} + t_{n-1} = r_n \tag{4-68}$$

此时，移动坐标和直角坐标间存在简单的转换关系：

$$\left. \begin{aligned} x &= \overline{X}\cos\phi - \overline{Y}\sin\phi \\ y &= \overline{X}\sin\phi + \overline{Y}\cos\phi \end{aligned} \right\} \tag{4-69}$$

对于曲率半径为负（即转角 ϕ 顺时针增大）的滑移线，则

$$\left. \begin{aligned} \overline{X}(\phi) &= -\sum_{n=0}^{\infty} t_n \frac{\phi^n}{n!} \\ \overline{Y}(\phi) &= \sum_{n=0}^{\infty} t_n \frac{\phi^{n+1}}{(n+1)!} \end{aligned} \right\} \tag{4-70}$$

$$\left. \begin{aligned} x &= \overline{X}\cos\phi + \overline{Y}\sin\phi \\ y &= -\overline{X}\sin\phi + \overline{Y}\cos\phi \end{aligned} \right\} \tag{4-71}$$

故如果已知滑移线曲率半径即可求出其节点坐标。

这样，滑移线场的建立可归结为有限个矩阵算子运算。借助于电子计算机，可迅速准确建立滑移线场及速度场。

矩阵算子除了能顺利解决直接型问题外，还可以通过矩阵算子代数方程求逆来解出间接型问题，这是此法最大的特点。此外，矩阵算子法求解的精度不取决于级数截留项数。当截留项数不少于 6 项时，可获得 5 位精确数值。增加截留项数会显著增加计算机时。

应指出的是，矩阵算子法仍然建立在已对滑移线有定性的基础上。若对所求解问题的滑移线场的情况一无所知，应采用有限元法。

思　考　题

4-1 纯剪应力状态叠加以不同的静水压力 p 时，对其纯剪变形的性质有何影响？为什么？

4-2 为什么说同族滑移线必须具有相同方向的曲率？

4-3 和工程法比较滑移线法有何特点？

4-4 如何用滑移线法研究金属流动问题？

4-1 试按单元的力平衡条件导出式（4-1）。

4-2 试证明沿滑移线方向线应变 $\varepsilon_\alpha = \varepsilon_\beta = 0$。

4-3 用光滑直角模挤压（平面变形），压缩率为 50%，假定工件的屈服剪应力为 k，试按图 4-56 中所示的滑移线场求平均单位挤压力 $\bar{p}$。

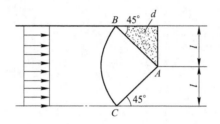

图 4-56　用光滑直角模挤压

4-4 用光滑平锤头压缩顶部被削平的对称楔体（图 4-57），楔体夹角为 2δ，$AB = l$，试求其平均单位压力 $\bar{p}$，并解出 $\delta = 30°$，$90°$ 时 $\dfrac{\bar{p}}{2k} = ?$

4-5 假定某一工件的压缩过程是平面塑性变形，其滑移线场如图 4-58 所示：α 滑移线是直线族，β 滑移线是一族同心圆，$p_C = 90\text{MPa}$，$k = 60\text{MPa}$，试求 C 点和 D 点的应力状态。

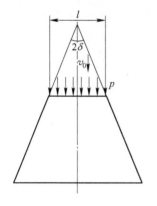

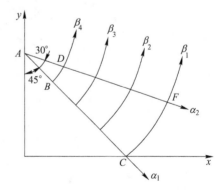

图 4-57　用光滑锤头压缩削平对称楔体　　　　图 4-58　带有心扇形场的滑移线场

4-6 如图 4-59 所示滑移场，已知 F 点静水压力 $p_F = 100\text{MPa}$，屈服剪应力 k 为 50MPa，试求 C 点应力状态。

4-7 用粗糙锤头压缩矩形件，发生平面变形，滑移线如图 4-60 所示，求水平对称轴上 C 点的应力状态。

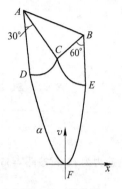

图 4-59   滑移场

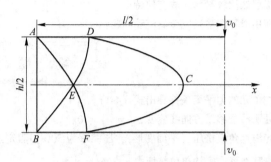

图 4-60   粗糙锤头压缩矩形件

5 极限分析原理

前述工程法一般只能求解工具与工件接触面上的应力分布问题；滑移线法除求解工具与工件接触面上的应力分布外，还可研究工件内部的应力分布与流动情况，但一般只限于求解平面变形问题。本章介绍上下界定理，利用这些定理在材料成型时所需功率的上下界限寻求更接近真实解的成型力和能以及材料的流动情况，此方法又称为极限分析法，其中在成型功率的上限中寻求最小值的方法称为上界法。由于极限分析法远超过工程法与滑移线法所能解析成型问题的范围，故 20 世纪 70 年代以来已逐渐成为材料成型领域中进行工艺设计与工艺分析的有力工具。

5.1 极限分析的基本概念

如前所述，材料成型要得到应力与应变的真实解必修具备如下条件：（1）在整个变形体内部必须满足静力平衡方程；（2）整个变形体内部必须满足几何方程、协调方程与体积不变条件；（3）必须满足变形材料的物理方程，包括塑性条件与本构方程（应力应变关系方程）；（4）必须满足位移（或速度）边界条件 $u_i = \overline{u_i}$ 或 $v_i = \overline{v_i}$，以及应力边界条件。由于在实际材料成型中求出满足以上条件的真实解相当困难，因而在极值定理的基础上放松一些条件寻求解的上界最小值或下界最大值，该法被称为极限分析法。

理想刚-塑性材料的极限分析法包括：

上界法：对工件变形区设定一个只满足几何方程、体积不变条件与速度边界条件的速度场，该场称为运动许可速度场，相应条件称为运动许可条件；根据后文将证明的上界定理可知，以上速度场确定的成型功率及相应的成型力值大于真实解，据此寻求其中最小值的解析方法称为上界法。

下界法：对工件变形区设定一个只满足静力平衡方程、应力边界条件且不破坏屈服条件的应力场，该场称为静力许可应力场，相应条件称为静力许可条件；根据后文将证明的下界定理可知，以上应力场确定的成型功率及相应的成型力值小于真实解，据此寻求其中最大值的解析方法称为下界法。

理论与实验均已证明真实解介于二者之间，由于任何成型过程都存在诸多满足运动许可条件的速度场与满足静力许可条件的应力场，因此存在诸多上界解或下界解，如何在诸多上界解中寻求最小的或在诸多下界解中寻求最大的，以得到更接近真实的解，这是极值原理解析成型问题的关键。

由于设定运动许可速度场较静力许可应力场容易，而且上界解又能满足成型设备强度和功率验算上安全的要求，故上界法应用较广泛。本章重点讲授极限分析基本原理。

5.2　虚　功　原　理

虚功原理是证明极值定理的基础，故本节重点证明虚功原理。

5.2.1　虚功原理表达式

为了对虚功原理有较清楚的概念，首先研究平面变形状态以及应力场和速度场连续的情况。由式（2-135），平面变形状态下应力分量满足平衡方程

$$\frac{\partial \sigma_x}{\partial x} + \frac{\partial \tau_{yx}}{\partial y} = 0, \qquad \frac{\partial \tau_{xy}}{\partial x} + \frac{\partial \sigma_y}{\partial y} = 0 \tag{5-1}$$

以及应力边界条件

$$\sigma_x \cos\theta + \tau_{yx}\sin\theta = p_x, \qquad \tau_{yx}\cos\theta + \sigma_y \sin\theta = p_y \tag{5-2}$$

式（5-2）是由边界 B 上（图 5-1）截取体素 oab 的平衡条件导出的，其中斜边 ab 的长度假定为单位 1。p_x、p_y 是通过边界上任意点 A 的单位表面力在 x、y 方向上的分量，式（5-2）也可由式（2-11）直接写出。

由变形体各点位移速度分量 v_x，v_y 按几何方程式（2-48）可求出应变速率分量

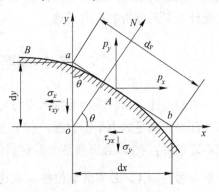

图 5-1　应力边界条件

$$\left. \begin{aligned} \dot{\varepsilon}_x &= \frac{\partial v_x}{\partial x} \\ \dot{\varepsilon}_y &= \frac{\partial v_y}{\partial y} \\ \dot{\varepsilon}_{xy} &= \frac{1}{2}\left(\frac{\partial v_x}{\partial y} + \frac{\partial v_y}{\partial x}\right) \end{aligned} \right\} \tag{5-3}$$

若变形体的体积为 V，表面积为 F，则在外力 p_i 的作用下，物体内存在应力场 σ_{ij}，当给物体以微小的虚位移增量 $\mathrm{d}u_i$ 时，物体内的应变增量相应为 $\mathrm{d}\varepsilon_{ij}$，这时根据能量守恒外力在虚位移上所作的虚功等于物体内应力在虚变形上所作的虚功。虚功方程的表达式为

$$\int_F p_i \mathrm{d}u_i \mathrm{d}F = \int_V \sigma_{ij}\mathrm{d}\varepsilon_{ij}\mathrm{d}V$$

若将上式两边同时除以时间增量 $\mathrm{d}t$，则可得虚功率方程

$$\int_S p_i v_i \mathrm{d}F = \int_V \sigma_{ij}\dot{\varepsilon}_{ij}\mathrm{d}V$$

式中　　v_i——虚速度；

　　　　$\dot{\varepsilon}_{ij}$——虚速度对应的应变速率。

实际上，真实外力是待求的，虚位移是设定的，虚功原理的本质是内外功率的平衡。在平面变形状态下应力和速度连续时的虚功原理可表示为

$$\int_B (p_x v_x + p_y v_y)\mathrm{d}s = \int_F (\sigma_x \dot{\varepsilon}_x + \sigma_y \dot{\varepsilon}_y + 2\tau_{xy}\dot{\varepsilon}_{xy})\mathrm{d}F \tag{5-4}$$

式中，dF 为 F 区的面素；dS 为边界 B 上的线素。

式（5-4）左边的积分式表示外力功率；右边的积分式表示内部变形功率。下面证明此定理。

式（5-4）右边的积分可写成

$$\int_F (\sigma_x \dot{\varepsilon}_x + \sigma_y \dot{\varepsilon}_y + 2\tau_{xy} \dot{\varepsilon}_{xy}) dF$$

$$= \int_F \sigma_x \frac{\partial v_x}{\partial x} dF + \int_F \sigma_y \frac{\partial v_y}{\partial y} dF + \int_F \tau_{xy} \left(\frac{\partial v_y}{\partial x} + \frac{\partial v_x}{\partial y} \right) dF$$

$$= \int_F \left[\frac{\partial}{\partial x}(\sigma_x v_x) + \frac{\partial}{\partial y}(\sigma_y v_y) \right] dF + \int_F \left[\frac{\partial}{\partial x}(\tau_{yx} v_y) + \frac{\partial}{\partial y}(\tau_{xy} v_x) \right] dF -$$

$$\int_F \left(v_x \frac{\partial \sigma_x}{\partial x} + v_y \frac{\partial \sigma_y}{\partial y} + v_y \frac{\partial \tau_{yx}}{\partial x} + v_x \frac{\partial \tau_{xy}}{\partial y} \right) dF \tag{5-5}$$

按格林（Green）公式：若 D 为以闭曲线 L 为界的单连域，且 $P(x, y)$ 和 $Q(x, y)$ 及其一阶导数在 D 域上连续，则

$$\iint_D \left(\frac{\partial P}{\partial x} + \frac{\partial Q}{\partial y} \right) dxdy = \int_L (Pdx - Qdy)$$

或

$$\iint_D \left(\frac{\partial P}{\partial x} + \frac{\partial Q}{\partial y} \right) dxdy = \int_L [P\cos(x, n) + Q\cos(y, n)] dS$$

用此式可把二重积分用线积分表示，于是式（5-5）可写成

$$\int_F (\sigma_x \dot{\varepsilon}_x + \sigma_y \dot{\varepsilon}_y + 2\tau_{xy} \dot{\varepsilon}_{xy}) dF$$

$$= \int_B (\sigma_x v_x \cos\theta + \sigma_y v_y \sin\theta + \tau_{xy} v_y \cos\theta + \tau_{xy} v_x \sin\theta) dS -$$

$$\int_F \left[v_x \left(\frac{\partial \sigma_x}{\partial x} + \frac{\partial \tau_{yx}}{\partial y} \right) + v_y \left(\frac{\partial \tau_{yx}}{\partial x} + \frac{\partial \sigma_y}{\partial y} \right) \right] dF$$

按平衡方程式（5-1），上式右边第二积分式为零；按应力边界条件式（5-2），上式右边第一积分式为

$$\int_B [(\sigma_x \cos\theta + \tau_{xy} \sin\theta) v_x + (\tau_{xy} \cos\theta + \sigma_y \sin\theta) v_y] dS$$

$$= \int_B (p_x v_x + p_y v_y) dS$$

由此式（5-4）得证。

由以上推导可见，只要应力满足力平衡微分方程式（5-1）和应力边界条件式（5-2），而应变速率和位移速度满足几何关系式（5-3），则表示虚功原理的式（5-4）就成立，在这个式子中应力和应变速率以及表面力和位移速度没有必要建立物理上的因果关系（一般指流动法则），它们可各自独立选择。

5.2.2 存在不连续时的虚功原理

上述虚功（率）方程（5-4）是在假设变形体内的应力场和速度场均连续的条件得出的，然而，材料变形时，其内往往存在应力场和速度场不连续的情况，因此必须讨论应力

或速度间断面的存在对虚功（率）方程的影响。下面研究存在速度不连续和应力不连续时的虚功原理。

如图 5-2 所示，用速度不连续线 L 把 F 区分割为 F_1 和 F_2 区。在这两个区内应力和速度是连续的。这样，对 F_1 区的边界线为 B_1 和 L；对 F_2 区的边界线为 B_2 和 L。如前所述，在速度不连续线上法向速度分量是连续的，即 $v_{n1} = v_{n2}$；切向速度分量 v_t 可产生不连续，其不连续量为 $\Delta v_t = v_{t1} - v_{t2}$。$F_2$ 对 F_1 区单位界面上作用的法向和切向力分量分别为 N_{12} 和 T_{12}；F_1 对 F_2 区为 N_{21} 和 T_{21}。因为在 F_1 和 F_2 区虚功原理式（5-4）分别成立，所以，在 F_1 区有

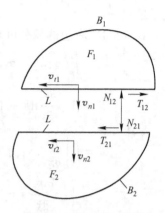

图 5-2　存在速度不连续

$$\int_{B1}(p_x v_x + p_y v_y)\,\mathrm{d}S + \int_L (N_{12}v_{n1} + T_{12}v_{t1})\,\mathrm{d}S$$
$$= \int_{F1}(\sigma_x \dot{\varepsilon}_x + \sigma_y \dot{\varepsilon}_y + 2\tau_{xy}\dot{\varepsilon}_{xy})\,\mathrm{d}F$$

在 F_2 区有

$$\int_{B2}(p_x v_x + p_y v_y)\,\mathrm{d}S + \int_L (N_{21}v_{n2} + T_{21}v_{t2})\,\mathrm{d}S$$
$$= \int_{F2}(\sigma_x \dot{\varepsilon}_x + \sigma_y \dot{\varepsilon}_y + 2\tau_{xy}\dot{\varepsilon}_{xy})\,\mathrm{d}F$$

把两式相加，得

$$\int_B (p_x v_x + p_y v_y)\,\mathrm{d}S + \int_L (N_{12}v_{n1} + T_{12}v_{t1} + N_{21}v_{n2} + T_{21}v_{t2})\,\mathrm{d}S = \int_F (\sigma_x \dot{\varepsilon}_x + \sigma_y \dot{\varepsilon}_y + 2\tau_{xy}\dot{\varepsilon}_{xy})\,\mathrm{d}F$$

$$(5\text{-}6)$$

因为

$$\left.\begin{array}{l} v_{n1} = v_{n2},\ v_{t1} - v_{t2} = \Delta v_t \\ N_{21} = -N_{12},\ T_{21} = -T_{12} = \tau \end{array}\right\}$$

所以

$$\int_B (p_x v_x + p_y v_y)\,\mathrm{d}S - \int_L \tau \Delta v_t \,\mathrm{d}S = \int_F (\sigma_x \dot{\varepsilon}_x + \sigma_y \dot{\varepsilon}_y + 2\tau_{xy}\dot{\varepsilon}_{xy})\,\mathrm{d}F \qquad (5\text{-}7)$$

存在几个速度不连续线的情况，对每个速度不连续线，分别求出相当于上式左边的第三积分项。然后把它们相加，即 $\sum\limits_{i=1}^{n}\int_{Li}^{L}\tau \cdot \Delta v_t \,\mathrm{d}S$ 或简写为 $\sum\int \tau \cdot \Delta v_t \,\mathrm{d}S$。这样，在速度场中存在速度不连续线时应附加剪切功，此时的虚动原理为：

$$\int_B (p_x v_x + p_y v_y)\,\mathrm{d}s - \int_L \tau \Delta v_t \,\mathrm{d}s = \int_F (\sigma_x \dot{\varepsilon}_x + \sigma_y \dot{\varepsilon}_y + 2\tau_{xy}\dot{\varepsilon}_{xy})\,\mathrm{d}F \qquad (5\text{-}8)$$

如图 5-3 所示，在应力场中存在应力不连续时，由力平衡关系正应力 N_{12} 和 N_{21}、剪应力 T_{12} 和 T_{21} 是连续的，仅正应力 N_1' 和 N_2' 是不连续的，例如过盈配合的两个套筒，在这两个套筒的界面上就产生这种不连续，这时一个套筒的环向受拉应力（$N_1'>0$）；另一个受环向压应力（$N_2'<0$）。假定沿应力不连续线速度是连续的，则沿此线上有 $v_{n1} = v_{n2}$，$v_{t1} = v_{t2}$，此时 $N_{12} = -N_{21}$，$T_{21} = -T_{12}$。在图 5-2 和式（5-6）中把 L 看成是应力不连续线（省去重新画图和推导），由于式（5-6）中左边第二积分式为零，则应力场存在应力

不连续线时对虚功原理式（5-4）无影响。

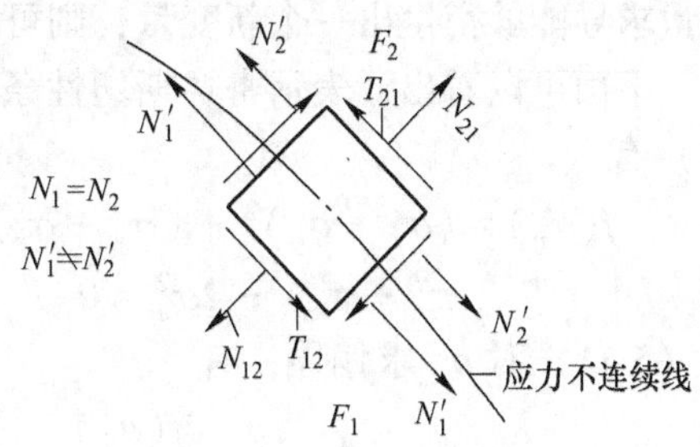

上面推证的是平面变形状态下的虚功原理。可以证明只要应力满足平衡方程式（2-4）和边界条件式（2-11）以及表示应变速率和位移速度关系的几何方程式（1-48），则对一般三维变形问题的虚功原理也成立，参照式（5-8），此时的表达式为

$$\int_F p_i v_i \mathrm{d}F = \int_V \sigma_{ij} \dot{\varepsilon}_{ij} \mathrm{d}V + \sum \int_{F_b} \tau \Delta v_t \mathrm{d}F \quad (5\text{-}9)$$

图 5-3　存在应力不连续

式中　p_i——表面上任意点处的单位表面力；

　　　v_i——表面上任意点处的位移速度；

　　　σ_{ij}——应力状态的应力分量；

　　　$\dot{\varepsilon}_{ij}$——应变速率状态的应变速率分量；

　　　Δv_t——沿速度不连续面 F_D 上的切向速度不连续量；

　　　τ——沿速度不连续面 F_D 上作用的剪应力。

$$\int_F p_i v_i \mathrm{d}F = \int_F (p_x v_x + p_y v_y + p_z v_z) \mathrm{d}F$$

$$\int_v \sigma_{ij} \dot{\varepsilon}_{ij} \mathrm{d}V = \int_V (\sigma_{xx} \dot{\varepsilon}_{xx} + \sigma_{yy} \dot{\varepsilon}_{yy} + \sigma_{zz} \dot{\varepsilon}_{zz} + \tau_{xy} \dot{\varepsilon}_{xy} + \tau_{yx} \dot{\varepsilon}_{yx} + \tau_{yz} \dot{\varepsilon}_{yz} +$$

$$\tau_{zy} \dot{\varepsilon}_{zy} + \tau_{zx} \dot{\varepsilon}_{zx} + \tau_{xz} \dot{\varepsilon}_{xz}) \mathrm{d}V$$

在 $p_i v_i$ 和 $\sigma_{ij} \dot{\varepsilon}_{ij}$ 中，重复的两字母下标规定对 x、y、z 求和，这就是所说的求和约定。

再强调一下式（5-9）中应力和应变速率、表面力和位移速度没有必要建立物理上的因果关系，它们可以各自独立选择。

5.3　最大塑性功原理

为证明最大塑性功原理先介绍塑性势。

大家知道，单位体积内形状改变的弹性能为

$$U_f = \frac{1}{12G} \left[(\sigma_x - \sigma_y)^2 + (\sigma_y - \sigma_z)^2 + (\sigma_z - \sigma_x)^2 + 6(\tau_{xy}^2 + \tau_{yz}^2 + \tau_{zx}^2) \right]$$

$$\frac{\partial U_f}{\partial \sigma_x} = \frac{1}{2G} \left(\sigma_x - \frac{\sigma_x + \sigma_y + \sigma_z}{3} \right) = \frac{1}{2G} (\sigma_x - \sigma_m) = \frac{\sigma_x'}{2G} = \varepsilon_x'^e$$

$\vdots$

式中　U_f——弹性势；

　　　e——弹性变形。

与弹性势类似，若存在如下关系

$$\mathrm{d}\varepsilon_{ij} = \frac{\partial f(\sigma_{ij})}{\partial \sigma_{ij}} \mathrm{d}\lambda'' \quad (5\text{-}10)$$

则把函数 $f(\sigma_{ij})$ 定义为塑性势，其中 $\mathrm{d}\lambda''$ 为瞬时正值比例系数。可见，如果某函数对其自变量求导能够衍生出一个新变量，则可称其为势。

下面可以看出，表示密赛斯塑性条件的函数式是塑性势。按密赛斯塑性条件式（2-18）有

$$f(\sigma_{ij}) = (\sigma_x - \sigma_y)^2 + (\sigma_y - \sigma_z)^2 + (\sigma_z - \sigma_x)^2 + 3(\tau_{xy}^2 + \tau_{yx}^2 + \tau_{yz}^2 + \tau_{zy}^2 +$$
$$\tau_{zx}^2 + \tau_{xz}^2) - 2\sigma_s^2 = 0 \qquad (5\text{-}11)$$

式（5-11）对 σ_x 求偏导，有

$$\frac{\partial f(\sigma_{ij})}{\partial \sigma_x} = 4\left[\sigma_x - \frac{1}{2}(\sigma_y + \sigma_z)\right]$$

由式（5-10）得

$$d\varepsilon_x = 4\left[\sigma_x - \frac{1}{2}(\sigma_y + \sigma_z)\right]d\lambda''$$

同理

$$d\varepsilon_y = 4\left[\sigma_y - \frac{1}{2}(\sigma_x + \sigma_y)\right]d\lambda''$$

$$d\varepsilon_z = 4\left[\sigma_z - \frac{1}{2}(\sigma_x + \sigma_y)\right]d\lambda''$$

$$d\varepsilon_{xy} = 6\tau_{xy}d\lambda'', \quad d\varepsilon_{yz} = 6\tau_{yz}d\lambda''$$

$$d\varepsilon_{zx} = 6\tau_{zx}d\lambda''$$

如令 $d\lambda'' = \dfrac{d\lambda}{6}$，上式就和式（2-82）一致。这样，若上式适合列维-密赛斯流动法则，屈服函数式（5-11）就是塑性势。

下面来看一下，把式（5-11）作为塑性势时式（5-10）的几何意义。为了简化取应力主轴为坐标轴，此时式（5-11）为

$$f(\sigma_1, \sigma_2, \sigma_3) = (\sigma_1 - \sigma_2)^2 + (\sigma_2 - \sigma_3)^2 + (\sigma_3 - \sigma_1)^2 - 2\sigma_s^2 = 0 \qquad (5\text{-}12)$$

在 2.4 节中曾讲过此函数代表的屈服曲面，如图 5-4 所示，曲面上的任意点 $P_1(\sigma_1, \sigma_2, \sigma_3)$ 表示物体产生屈服时的点应力状态 $(\sigma_1, \sigma_2, \sigma_3)$，由式（5-12）可知，在屈服状态下

$$f(\sigma_1 + d\sigma_1, \sigma_2 + d\sigma_2, \sigma_3 + d\sigma_3) = 0$$

或

$$\frac{\partial f}{\partial \sigma_1}\bigg|_{P_1} d\sigma_1 + \frac{\partial f}{\partial \sigma_2}\bigg|_{P_1} d\sigma_2 + \frac{\partial f}{\partial \sigma_3}\bigg|_{P_1} d\sigma_3 = 0$$

此式为通过曲面上 $P_1(\sigma_1, \sigma_2, \sigma_3)$ 点的切平面方程。此方程可写成

$$A(x - x_1) + B(y - y_1) + C(z - z_1) = 0$$

其中

$$A = \frac{\partial f}{\partial \sigma_1}\bigg|_{P_1}, \quad B = \frac{\partial f}{\partial \sigma_2}\bigg|_{P_1}, \quad C = \frac{\partial f}{\partial \sigma_3}\bigg|_{P_1}$$

$$d\sigma_1 = (x - x_1), \quad d\sigma_2 = (y - y_1), \quad d\sigma_3 = (z - z_1)$$

由空间解析几何可知，此方程是通过点 $M_1(x_1, y_1, z_1)$ 的法矢量 $\boldsymbol{n} = A\boldsymbol{i} + B\boldsymbol{j} + C\boldsymbol{k}$ 确定的。

由式（5-10）可知，$d\varepsilon_1 : d\varepsilon_2 : d\varepsilon_3 = \dfrac{\partial f}{\partial \sigma_1}\bigg|_{P_1} : \dfrac{\partial f}{\partial \sigma_2}\bigg|_{P_1} : \dfrac{\partial f}{\partial \sigma_3}\bigg|_{P_1} = A : B : C$，所以塑性

应变增量的矢量 $\mathrm{d}\dot{\varepsilon}$ 应与通过屈服曲面上之 $P_1(\sigma_1,\sigma_2,\sigma_3)$ 点位置的外法线方向一致，这就是把式（5-11）作为塑性势时式（5-10）的几何意义，或密赛斯屈服准则与列维-密赛斯流动法则相适合的几何意义。

如 2.4 节中所述，由屈服柱面上的任意点 $P_1(\sigma_1,\sigma_2,\sigma_3)$ 和原点 O 的连线 OP_1 表示主应力合矢量；OP_1 在圆柱轴上的投影 ON 表示静水压力 $p=-\sigma_{\mathrm{m}}$ 的矢量和；P_1N 表示主偏差应力 $\sigma_1'=\sigma_1+p$，$\sigma_2'=\sigma_2+p$，$\sigma_3'=\sigma_3+p$ 的矢量和。因为静水压力 p 对屈服条件无影响，所以可以只研究 $ON=0$ 或 $\sigma_1+\sigma_2+\sigma_3=0$，即 π 平面上的屈服曲线（图5-4）。

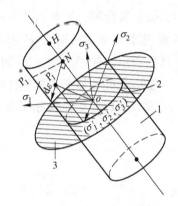

图 5-4 密赛斯屈服曲面和屈服曲线
1—屈服曲面；2—屈服曲线；3—π 平面

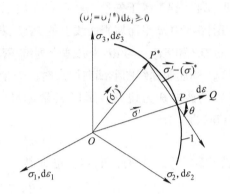

图 5-5 在 π 平面上的屈服曲线
1—屈服曲线

单位体积内塑性变形功的增量为

$$\mathrm{d}A = \sigma_{ij}\mathrm{d}\varepsilon_{ij} = \sigma_x\mathrm{d}\varepsilon_x + \sigma_y\mathrm{d}\varepsilon_y + \sigma_z\mathrm{d}\varepsilon_z + 2(\tau_{xy}\mathrm{d}\varepsilon_{xy} + \tau_{yz}\mathrm{d}\varepsilon_{yz} + \tau_{zx}\mathrm{d}\varepsilon_{zx})$$
$$= \sigma_1\mathrm{d}\varepsilon_1 + \sigma_2\mathrm{d}\varepsilon_2 + \sigma_3\mathrm{d}\varepsilon_3 = \sigma_i\mathrm{d}\varepsilon_i \tag{5-13}$$

而 $\sigma_1=\sigma_1'-p$；$\sigma_2=\sigma_2'-p$；$\sigma_3=\sigma_3'-p$，代入上式，并注意

$$\mathrm{d}\varepsilon_1 + \mathrm{d}\varepsilon_2 + \mathrm{d}\varepsilon_3 = 0$$

可得

$$\mathrm{d}A = \sigma_1'\mathrm{d}\varepsilon_1 + \sigma_2'\mathrm{d}\varepsilon_2 + \sigma_3'\mathrm{d}\varepsilon_3 = \sigma_i'\mathrm{d}\varepsilon_i \tag{5-14}$$

按矢量代数，两矢量的数量积为

$$\boldsymbol{a} \cdot \boldsymbol{b} = a_x b_x + a_y b_y + a_z b_z \tag{5-15}$$

考虑到应力主轴和应变增量主轴一致，对比式（5-13）、式（5-14）和式（5-15）可知，塑性变形功增量 $\mathrm{d}A$ 等于主偏差应力矢量 $\boldsymbol{\sigma}'$ 与塑性主应变增量矢量 $\mathrm{d}\boldsymbol{\varepsilon}$ 的数量积或等于主应力矢量 $\boldsymbol{\sigma}'$ 与塑性主应变增量矢量 $\mathrm{d}\boldsymbol{\varepsilon}$ 的数量积。

现考虑产生同一塑性应变增量（$\mathrm{d}\varepsilon_1$，$\mathrm{d}\varepsilon_2$，$\mathrm{d}\varepsilon_3$）或 $\mathrm{d}\varepsilon_i$ 的另一虚拟应力状态（σ_1^*，σ_2^*，σ_3^*）或 σ_i^*（$\mathrm{d}\varepsilon_i$ 与 σ_i^* 未必适合列维-密赛斯流动法则），假定此应力状态不破坏屈服条件，并用屈服曲面上的另一点 P_1^* 表示（图5-4），则此时单位体积的塑性功增量为

$$\mathrm{d}A^* = \sigma_1^*\mathrm{d}\varepsilon_1 + \sigma_2^*\mathrm{d}\varepsilon_2 + \sigma_3^*\mathrm{d}\varepsilon_3 = \sigma_i^*\mathrm{d}\varepsilon_i = \boldsymbol{\sigma}^* \cdot \mathrm{d}\boldsymbol{\varepsilon} \tag{5-16}$$

或

$$dA^* = \sigma_1'^* d\varepsilon_1 + \sigma_2'^* d\varepsilon_2 + \sigma_3'^* d\varepsilon_3 = \sigma_i'^* d\varepsilon_i = \boldsymbol{\sigma}'^* \cdot d\boldsymbol{\varepsilon}$$

由式 (5-13)、式 (5-14)、式 (5-16) 可知

$$dA - dA^* = (\sigma_1' - \sigma_1'^*) d\varepsilon_1 + (\sigma_2' - \sigma_2'^*) d\varepsilon_2 + (\sigma_3' - \sigma_3'^*) d\varepsilon_3$$

$$= (\sigma_i' - \sigma_i'^*) d\varepsilon_i = (\boldsymbol{\sigma}' - \boldsymbol{\sigma}'^*) \cdot d\boldsymbol{\varepsilon} \tag{5-17a}$$

或

$$dA - dA^* = (\sigma_1 - \sigma_1^*) d\varepsilon_1 + (\sigma_2 - \sigma_2^*) d\varepsilon_2 + (\sigma_3 - \sigma_3^*) d\varepsilon_3$$

$$= (\sigma_i - \sigma_i^*) d\varepsilon_i = (\boldsymbol{\sigma} - \boldsymbol{\sigma}^*) \cdot d\boldsymbol{\varepsilon} \tag{5-17b}$$

可见，$dA - dA^*$ 等于矢量 $(\boldsymbol{\sigma} - \boldsymbol{\sigma}^*)$ 或 $(\boldsymbol{\sigma}' - \boldsymbol{\sigma}'^*)$ 与 $d\boldsymbol{\varepsilon}$ 的数量积。矢量 $(\boldsymbol{\sigma}' - \boldsymbol{\sigma}'^*)$ 也可用图 5-5 中 π 平面屈服曲线上的 PP^* 表示。适合列维-密赛斯流动法则的 $\boldsymbol{\sigma}'$ 和 $d\boldsymbol{\varepsilon}$ 如图 5-5 的 OP 和 PQ；与 $d\boldsymbol{\varepsilon}$ 未必适合列维-密赛斯流动法则的虚拟的偏差应力 $\boldsymbol{\sigma}'^*$ 如图中的 OP^*。当屈服曲线图形凹向原点时，矢量 $(\boldsymbol{\sigma}' - \boldsymbol{\sigma}'^*)$ 与矢量 $d\boldsymbol{\varepsilon}$（如图 5-5 中的 PP^* 与 PQ）的夹角 θ 为锐角。所以矢量 $(\boldsymbol{\sigma}' - \boldsymbol{\sigma}'^*)$ 与 $d\boldsymbol{\varepsilon}$ 的数量积大于或等于零。由式 (5-17a) 得

$$(\sigma_i' - \sigma_i'^*) d\varepsilon_i \geq 0 \tag{5-18a}$$

由式 (5-17b)，并对照图 5-4，也可得

$$(\sigma_i - \sigma_i^*) d\varepsilon_i \geq 0 \tag{5-18b}$$

对于有 9 个应力分量 σ_{ij} 的一般情况，由式 (5-13)，塑性功的增量为

$$dA = \boldsymbol{\sigma} \cdot d\boldsymbol{\varepsilon}$$

式中，$\boldsymbol{\sigma}$ 和 $d\boldsymbol{\varepsilon}$ 为 n 维（这里 $n=9$）矢量。这时式 (5-18) 也成立，可写成

$$(\sigma_{ij}' - \sigma_{ij}'^*) d\varepsilon_{ij} \geq 0$$

或

$$(\sigma_{ij} - \sigma_{ij}^*) d\varepsilon_{ij} \geq 0$$

上式是对单位体积而言，对体积为 dV 的单元，有

$$(\sigma_{ij}' - \sigma_{ij}'^*) d\varepsilon_{ij} dV \geq 0$$

或

$$(\sigma_{ij} - \sigma_{ij}^*) d\varepsilon_{ij} dV \geq 0$$

对体积为 V 的刚-塑性体，有

$$\left. \begin{array}{l} \displaystyle\int_V (\sigma_{ij}' - \sigma_{ij}'^*) d\varepsilon_{ij} dV \geq 0 \\[4mm] \displaystyle\int_V (\sigma_{ij} - \sigma_{ij}^*) d\varepsilon_{ij} dV \geq 0 \end{array} \right\} \tag{5-19}$$

把应变增量 $d\varepsilon_{ij}$ 换成应变速率 $\dot{\varepsilon}_{ij}$，则式 (5-19) 可写成

$$\int_V (\sigma_{ij}' - \sigma_{ij}'^*) \dot{\varepsilon}_{ij} dV \geq 0$$

或

$$\int_V (\sigma_{ij} - \sigma_{ij}^*) \dot{\varepsilon}_{ij} dV \geq 0 \tag{5-20}$$

式 (5-19)、式 (5-20) 为最大塑性功原理的表达式。此原理表明，对刚-塑性体在应变增量 $d\varepsilon_{ij}$（或应变速率 $\dot{\varepsilon}_{ij}$）给定时，对该 $d\varepsilon_{ij}$（或 $\dot{\varepsilon}_{ij}$），适合于列维-密赛斯流动法则和密赛斯屈服准则的应力状态 σ_{ij} 同该 $d\varepsilon_{ij}$（或 $\dot{\varepsilon}_{ij}$）形成的塑性功或功率最大。简单地说，力和变形的方向一致时，所做的功最大。

5.4 下 界 定 理

假定变形材料为刚-塑性体，对该变形体，其位移（或速度）和应力边界条件如图 5-6 所示。对于位移速度（或位移增量）v_i 已知，而应力（或单位表面力）未知的表面域（如工具和工件的接触面）用 F_v 表示；对应力（或单位表面力）已知，而位移速度（或位移增量）未知的表面域（如加工变形时的自由表面，又如轧制时外加已知张力或推力的作用面等）用 F_p 表示。F_D 为速度不连续面。此时要确定的是 F_v 上的单位压力或变形力。

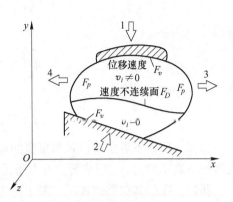

图 5-6 位移（或速度）和应力边界条件
1—可动工具的作用；2—固定工具的作用；
3—外加单位力；4—自由表面

假想在塑性变形体内存在着满足力平衡条件、应力边界条件和不破坏塑性条件的某一虚拟的静力许可的应力状态 σ_{ij}^*。但是这个应力状态并不保证和变形体的真正应力状态 σ_{ij} 一致。按虚功原理式（5-9）并注意塑性变形时速度不连续面上的真实剪应力 τ 达到屈服剪应力 k，则作用在物体表面上的单位表面力 p_i 和内部的真实应力 σ_{ij} 间存在如下的关系

$$\int_F p_i v_i \mathrm{d}F = \int_V \sigma_{ij} \dot{\varepsilon}_{ij} \mathrm{d}V + \sum \int_{F_D} k \Delta v_t \mathrm{d}F \qquad (5\text{-}21)$$

式中　v_i——外表面上材料质点位移速度；

$\dot{\varepsilon}_{ij}$——按列维–密赛斯流动法则，由 σ_{ij} 确定的应变速率分量；

Δv_t——在速度不连续面上的速度不连续量；

$V，F$——工件的体积和表面积。

对于虚拟的静力许可应力状态 σ_{ij}^* 以及由此应力状态导出的单位表面力 p_i^*，虚功原理式（5-9）也成立，即

$$\int_F p_i^* v_i \mathrm{d}F = \int_V \sigma_{ij}^* \dot{\varepsilon}_{ij} \mathrm{d}V + \sum \int_{F_D} \tau^* \Delta v_t \mathrm{d}F \qquad (5\text{-}22)$$

在变形体表面上，已知表面力的区域为 F_p，已知位移速度 v_i 的区域为 F_v，所以

$$\int_F p_i v_i \mathrm{d}F = \int_{F_p} p_i v_i \mathrm{d}F + \int_{F_v} p_i v_i \mathrm{d}F \qquad (\text{a})$$

$$\int_F p_i^* v_i \mathrm{d}F = \int_{F_p} p_i^* v_i \mathrm{d}F + \int_{F_v} p_i^* v_i \mathrm{d}F \qquad (\text{b})$$

因为虚拟的静力许可应力 σ_{ij}^* 满足表面上的应力边界条件，所以在 F_p 上有 $p_i = p_i^*$。于是，由式（a）减去式（b），得

$$\int_F p_i v_i \mathrm{d}F - \int_F p_i^* v_i \mathrm{d}F = \int_{F_v} (p_i - p_i^*) v_i \mathrm{d}F \qquad (\text{c})$$

把式（5-21）和式（5-22）代入式（c），得

$$\int_{F_v} (p_i - p_i^*) v_i \mathrm{d}F = \int_V (\sigma_{ij} - \sigma_{ij}^*) \dot{\varepsilon}_{ij} \mathrm{d}V + \sum \int_{F_D} (k - \tau^*) \Delta v_t \mathrm{d}F$$

由于 $\tau^* \leqslant k$，则上式等号右边的第二积分大于或等于零。按最大塑性功原理式 (5-20)，有

$$\int_V (\sigma_{ij} - \sigma_{ij}^*) \dot{\varepsilon}_{ij} \mathrm{d}V \geqslant 0$$

所以

$$\int_{F_v} (p_i - p_i^*) v_i \mathrm{d}F \geqslant 0$$

或

$$\int_{F_v} p_i^* v_i \mathrm{d}F \leqslant \int_{F_v} p_i v_i \mathrm{d}F \tag{5-23}$$

这样，所谓下界定理就是与虚拟的静力许可应力 σ_{ij}^* 相平衡的外力所提供的功率小于或等于与真实应力 σ_{ij} 相平衡的外力所提供的功率。

所以，在已知位移速度时，基于应力分量的方程，即根据满足力平衡条件、应力边界条件和不破坏塑性条件所虚拟的静力许可应力场 σ_{ij}^*，求出未知的单位表面力 p_i^*（如单位压力）就给出了下界解，也就是由静力许可应力场所估计的变形力不大于由真实应力场正确求得的变形力。从这个意义上讲 3 种用工程法确定的变形力属于下界变形力。

5.5 上 界 定 理

上界定理的前提是按变形参数的方程，即满足几何方程、体积不变条件和位移速度（或位移增量）边界条件来设定变形体内部的运动许可速度场。在这种场内沿某截面 F_D 的切线方向位移速度可以是不连续的，但如前所述沿 F_D 的法线方向位移速度必须连续。

如上述，把变形体表面分成位移速度已知域 F_v 和单位表面力已知域 F_p，令 v_i^* 为虚拟的运动许可的位移速度。由 v_i^* 按几何方程式 (1-48) 求出的应变速率为 $\dot{\varepsilon}_{ij}^*$；由 $\dot{\varepsilon}_{ij}^*$ 按列维-密赛斯流动法则式 (2-82) 求出的应力为 σ_{ij}^*，这样确定的应力未必满足力平衡条件和应力边界条件，但是此应力 σ_{ij}^* 却与虚拟的运动许可应变速率 $\dot{\varepsilon}_{ij}^*$ 适合列维-密赛斯流动法则。注意到虚拟的运动许可的应变速率 $\dot{\varepsilon}_{ij}^*$ 与真实应力未必适合于列维-密赛斯流动法则，所以按最大塑性功原理式 (5-20)，有

$$\int_V (\sigma_{ij}^* - \sigma_{ij}) \dot{\varepsilon}_{ij}^* \mathrm{d}V \geqslant 0$$

或

$$\int_V \sigma_{ij}^* \dot{\varepsilon}_{ij}^* \mathrm{d}V \geqslant \int_V \sigma_{ij} \dot{\varepsilon}_{ij}^* \mathrm{d}V \tag{5-24}$$

对于必然满足静力许可条件的真实应力 σ_{ij} 和运动许可位移速度 v_i^* 以及沿速度不连续面 F_D 上的切向速度不连续量 Δv_t^*，虚功原理式 (5-9) 成立，所以

$$\int_F p_i v_i^* \mathrm{d}F = \int_V \sigma_{ij} \dot{\varepsilon}_{ij}^* \mathrm{d}V + \sum \int_{F_D} k \Delta v_t^* \mathrm{d}F$$

由不等式 (5-24)，得

$$\int_F p_i v_i^* \mathrm{d}F \leqslant \int_V \sigma_{ij}^* \dot{\varepsilon}_{ij}^* \mathrm{d}V + \sum \int_{F_D} \tau \Delta v_t^* \mathrm{d}F$$

而

$$\int_F p_i v_i^* \, \mathrm{d}F = \int_{F_v} p_i v_i^* \, \mathrm{d}F + \int_{F_p} p_i v_i^* \, \mathrm{d}F$$

代入上式，得

$$\int_{F_v} p_i v_i^* \, \mathrm{d}F + \int_{F_p} p_i v_i^* \, \mathrm{d}F \leqslant \int_V \sigma_{ij}^* \dot{\varepsilon}_{ij}^* \, \mathrm{d}V + \sum \int_{F_D} k \Delta v_t^* \, \mathrm{d}F$$

由于虚拟的运动许可位移速度场满足 F_v 上的位移速度边界条件，所以在 F_v 上 $v_i^* = v_i$，注意到 $k \geqslant \tau$，则得

$$\int_{F_v} p_i v_i \mathrm{d}F \leqslant \int_V \sigma_{ij}^* \dot{\varepsilon}_{ij}^* \, \mathrm{d}V + \sum \int_{F_D} k \Delta v_t^* \, \mathrm{d}F - \int_{F_p} p_i v_i^* \, \mathrm{d}F$$

或

$$J \leqslant J^* = \dot{W}_i + \dot{W}_s + \dot{W}_b \tag{5-25}$$

式中　$\dot{\varepsilon}_{ij}^*$——按运动许可速度场确定的应变速率；

Δv_t^*——在运动许可速度场中，沿速度不连续面上的切向速度不连续量。

式（5-25）左边的积分表示真实外力功率 J；右边各积分项表示按运动许可速度场确定的功率 J^*，其中第一积分项表示内部塑性变形功率 $\dot{W}_i$，第二积分项表示速度不连续面（包括工具与工件的接触面）上的剪切功率 $\dot{W}_s$，第三积分项表示克服外加力（如轧制时的张力和推力）所需的功率 $\dot{W}_b$。

由式（5-25）可见"真实的外力功率决不会大于按运动许可速度场确定的功率"，也就是不会大于按式（5-25）右边各项计算的功率，这就意味按运动许可速度场确定的功率，对实际所需的功率给出上界值，这就是所谓的上界定理。由上界功率所确定的变形力便是上界的变形力。

若把惯性力功率 $\dot{W}_k$、变形体内部孔隙扩张功率 $\dot{W}_p$ 和表面变化功率 $\dot{W}_\gamma$ 也考虑进去，则

$$J \leqslant J^* = \dot{W}_i + \dot{W}_s + \dot{W}_b + \dot{W}_k + \dot{W}_p + \dot{W}_\gamma \tag{5-26}$$

（1）内部塑性变形功率 $\dot{W}_i$

$$\dot{W}_i = \int_V \sigma_{ij} \dot{\varepsilon}_{ij} \mathrm{d}V = \int_V \sigma_e \dot{\varepsilon}_e \mathrm{d}V$$

对刚-塑性体 $\sigma_e = \sigma_s$，参照式（2-112），有

$$\dot{\varepsilon}_e = \sqrt{\frac{2}{3}(\dot{\varepsilon}_x^2 + \dot{\varepsilon}_y^2 + \dot{\varepsilon}_z^2 + 2\dot{\varepsilon}_{xy}^2 + 2\dot{\varepsilon}_{yz}^2 + 2\dot{\varepsilon}_{zx}^2)} = \sqrt{\frac{2}{3}\dot{\varepsilon}_{ij}\dot{\varepsilon}_{ij}} \tag{5-27}$$

所以

$$\dot{W}_i = \sigma_s \int_V \dot{\varepsilon}_e \mathrm{d}V = \sigma_s \sqrt{\frac{2}{3}} \int_V \sqrt{\dot{\varepsilon}_{ij}\dot{\varepsilon}_{ij}} \, \mathrm{d}V \tag{5-28}$$

（2）剪切功率 $\dot{W}_s$。包括速度不连续面剪切所耗的功率 $\dot{W}_D$ 和工具与工件接触摩擦所耗的功率 $\dot{W}_f$。

$$\dot{W}_s = \dot{W}_f + \dot{W}_D = \int_{F_f} \tau_f \mid \Delta v_f \mid \mathrm{d}F + k \int_{F_D} \mid \Delta v_t \mid \mathrm{d}F$$

式中，摩擦剪应力 τ_f 可按式（2-12）或式（2-14）确定，但上界法中常用式（2-14）确定 τ_f，即 $\tau_f = mk = m \dfrac{\sigma_s}{\sqrt{3}}$，于是

$$\dot{W}_s = m \frac{\sigma_s}{\sqrt{3}} \int_{F_f} \mid \Delta v_f \mid \mathrm{d}F + \frac{\sigma_s}{\sqrt{3}} \int_{F_D} \mid \Delta v_t \mid \mathrm{d}F \tag{5-29}$$

相对错动速度或速度不连续量的绝对值 $\mid \Delta v_t \mid$ 和 $\mid \Delta v_f \mid$ 可结合具体成形过程确定。

（3）附加外力功率 $\dot{W}_b$。例如，带前后张力（或推力）轧制时（注意，p_i 与 v_i 方向相同时 $p_i v_i$ 为正；p_i 与 v_i 方向相反时 $p_i v_i$ 为负），则

$$\dot{W}_b = -\int_{F_p} p_i v_i \mathrm{d}F = \sigma_b F_0 v_0 - \sigma_f F_1 v_1 \tag{5-30}$$

式中　σ_f，σ_b——前、后张应力；

　　　　F_1，F_0——轧制前、后轧件断面积；

　　　　v_1，v_0——轧件前、后端的前进速度。

（4）惯性功率 $\dot{W}_k$。对高速成型过程惯性力的影响不能忽略，此时

$$\dot{W}_k = \int_{F_k} \frac{\rho}{g} \mathrm{d}l \mathrm{d}F \frac{v_i}{t} \frac{v_i}{2} = \frac{\rho}{2g} \int_{F_k} v_i^3 \mathrm{d}F \tag{5-31}$$

式中　ρ——变形体的密度；

　　　　g——重力加速度。

（5）孔隙扩张功率 $\dot{W}_p$ 和表面变化功率 $\dot{W}_\gamma$。这两项功率都是研究塑性变形时工件内部损伤所必需的。

塑性变形时工件内部亿万个极其微小的孔隙在外力作用下会发生扩张或压合，因而工件的表观体积也会相应地增加或减少，所以

$$\dot{W}_p = v_V p \tag{5-32}$$

式中　v_V——体积变化率；

　　　　p——单位表面积的外压力。

塑性变形时由缺陷引起的内表面也会变化，与此相应工件的表面能也发生变化。与变形能比较，此能量一般可以忽略。然而，对于工件内部存在许多缺陷，当这些缺陷表面扩大引起表面能增加较多时，就应当考虑这个能量 $\dot{W}_\gamma$。

$$\dot{W}_\gamma = \gamma \frac{\mathrm{d}s}{\mathrm{d}t} \tag{5-33}$$

式中　γ——表面比能，即产生每一单位新表面面积所需的能量；

　　　　$\dfrac{\mathrm{d}s}{\mathrm{d}t}$——新表面产生率。

上面各项功率中 $\dot{W}_i$、$\dot{W}_s$ 总为正值，而其他各项功率是需要附加的功率为正值、需要扣出的功率为负值（因为附加功率与设备提供的主功功率共同使工件发生变形）。例如当

工件流动速度加快时、孔隙扩张和工件内部缺陷表面扩大时 $\dot{W}_k$、$\dot{W}_p$ 和 $\dot{W}_\gamma$ 为正。

一般情况，$\dot{W}_k$、$\dot{W}_p$ 和 $\dot{W}_\gamma$ 与 $\dot{W}_i + \dot{W}_s + \dot{W}_b$ 相比较小，可以忽略，此时 J^* 可由式 (5-25) 确定。

假定材料是由速度不连续面分割的许多刚性块组成，并认为材料的塑性变形仅是由各刚性块相对滑动引起，则此时式 (5-25) 右边第一积分项为零；此外，当表面 F_p 仅是自由表面时，式 (5-25) 右边第三积分项也为零；对于这种情况式 (5-25) 可写成

$$J \leqslant J^* = \dot{W}_s \tag{5-34}$$

最后指出，式 (5-25) 或式 (5-26) 中的 J 可结合具体成形过程确定，例如，镦粗、挤压和拉拔为

$$J = Pv \tag{5-35}$$

轧制为

$$J = M\omega \tag{5-36}$$

式中　P——作用力；

　　　v——作用力移动速度

　　　M——纯轧力矩；

　　　ω——轧辊角速度。

5.6　理想刚-塑性体解的唯一性定理

设理想刚-塑性体的总表面积为 F，体积为 V。此物体在表面 F_p 上受 p_i 的作用进入屈服状态，并在 F_v 上已知速度 v_i，而 $F = F_v + F_p$。

设 σ_{ij}、v_i 和 σ_{ij}^*、v_i^* 是塑性变形体两个可能的应力状态以及与其相应的速度场。σ_{ij}、σ_{ij}^* 是静力许可的，v_i、v_i^* 是运动许可的，而且由 v_i、v_i^* 按几何方程确定的应变速率 $\dot{\varepsilon}_{ij}$，$\dot{\varepsilon}_{ij}^*$ 与相应的 σ_{ij} 和 σ_{ij}^* 分别适合于列维-密赛斯流动法则和密赛斯塑性条件。若不考虑重力和惯性力的影响，则以下各情况虚功原理分别成立

$$\int_F p_i v_i \mathrm{d}F = \int_V \sigma_{ij} \dot{\varepsilon}_{ij} \mathrm{d}V + \sum \int_{F_{D1}} k \,|\, \Delta v_t \,|\, \mathrm{d}F_{D1} \tag{5-37}$$

$$\int_F p_i^* v_i^* \mathrm{d}F = \int_V \sigma_{ij}^* \dot{\varepsilon}_{ij}^* \mathrm{d}V + \sum \int_{F_{D2}} k \,|\, \Delta v_t^* \,|\, \mathrm{d}F_{D2} \tag{5-38}$$

$$\int_F p_i v_i^* \mathrm{d}F = \int_V \sigma_{ij} \dot{\varepsilon}_{ij}^* \mathrm{d}V + \sum \int_{F_{D2}} \tau \,|\, \Delta v_t^* \,|\, \mathrm{d}F_{D2} \tag{5-39}$$

$$\int_F p_i^* v_i \mathrm{d}F = \int_V \sigma_{ij}^* \dot{\varepsilon}_{ij} \mathrm{d}V + \sum \int_{F_{D1}} \tau^* \,|\, \Delta v_t \,|\, \mathrm{d}F_{D1} \tag{5-40}$$

需说明，对适合列维－密赛斯流动法则和密赛斯屈服准则者，即 σ_{ij} 与 $\dot{\varepsilon}_{ij}$ 和 σ_{ij}^* 与 $\dot{\varepsilon}_{ij}^*$，由于进入屈服，速度不连续面上的剪应力应为屈服剪应力 k；对于未必适合流动法则和屈服准则者，即 σ_{ij}^* 与 $\dot{\varepsilon}_{ij}$ 和 σ_{ij} 与 $\dot{\varepsilon}_{ij}^*$，由于未进入屈服，速度不连续面上的剪应力分别为 τ^* 和 τ。

由式 (5-37) +式(5-38) -式 (5-39) -式 (5-40)，得

$$\int_F (p_i - p_i^*)(v_i - v_i^*)\,\mathrm{d}F$$

$$= \int_V (\sigma_{ij} - \sigma_{ij}^*)(\dot{\varepsilon}_{ij} - \dot{\varepsilon}_{ij}^*)\,\mathrm{d}V + \int_{FD1}(k - \tau^*)\,|\Delta v_t|\,\mathrm{d}F_{D1} + \tag{5-41}$$

$$\int_{FD2}(k - \tau)\,|\Delta v_t^*|\,\mathrm{d}F_{D2}$$

由于在 F_p 表面上 $p_i = p_i^*$ 和在 F_v 表面上 $v_i = v_i^*$，所以，式（5-37）左边应为零。根据最大塑性功原理式（5-20），有

$$\int_V (\sigma_{ij} - \sigma_{ij}^*)\dot{\varepsilon}_{ij}\,\mathrm{d}V \geqslant 0$$

和

$$\int_V (\sigma_{ij}^* - \sigma_{ij})\dot{\varepsilon}_{ij}^*\,\mathrm{d}V \geqslant 0$$

也就是式（5-41）右边第一积分式是非负的；注意到 $k \geqslant \tau$ 和 $k \geqslant \tau^*$，则式（5-41）右边的第二、三积分式也是非负的。所以，式（5-41）右边各项都必为零，才能满足此式左边为零的条件。由此得

$$\sigma_{ij} = \sigma_{ij}^*$$

这样，如果一个问题有两个或更多的完全解，则这些解的应力场（除刚性区外）是唯一的。这就是所谓的理想刚-塑性体解的唯一性定理。

思 考 题

5-1 说明何为静力许可条件，何为运动许可条件，按上界定理要求设定的速度场应满足哪些条件。

5-2 真实解（完全解）应满足哪些条件？

5-3 满足运动许可条件的应变速率场与满足静力许可条件的应力场间有何物理关系？

5-4 存在应力不连续与存在速度不连续时对虚功原理有何影响？试给出表达式。

习 题

5-1 试证明最大塑性功原理

$$\int_V (\sigma_{ij} - \sigma_{ij}^0)\dot{\varepsilon}_{ij}\,\mathrm{d}V \geqslant 0$$

式中，σ_{ij}^0 为初始偏差应力场。

5-2 试叙述虚功原理，写出其表达式，并以平面变形为例给予说明。

5-3 什么是上界定理，试用最大塑性功原理和虚功原理证明上界定理。

6 上界法在成型中的应用

6.1 上界法简介

6.1.1 上界法解析的基本特点

上界法是在极值原理的基础上以上界定理为依据,对给定的工件形状、尺寸和性能以及工具与工件接触面的速度条件,首先设定满足体积不变条件、几何方程、速度边界条件的运动许可速度场,进而求上界功率;然后对上界功率所含待定参量求导以实现最小化;再利用内外功率平衡求出相应的力、能与变形参数。由于设定运动许可速度场可参考实验测得的变形体上坐标网格的流动情况,通常认为比设定静力许可应力场(下界法)容易,而且求得的变形力略高于真实解,故上界法成为极值原理应用的首选,近年来相对发展较快。

上界法适合于解析给出几何形状与性能的初始流动问题,也可根据实验观察瞬时速度场及变形功率大小优化设定变形区几何形状,进而容易得到比较可靠的结果;近年来发展的上界元技术以及流函数设定连续速度场的方法表明上界法也可成功研究金属流动问题;而下界法则不能提供关于流动与变形的基本数据。

上界法一般只能用于变形抗力(或流动应力)为常量的理想刚-塑性材料,但在一定条件下也可以处理应变速率敏感材料。此时,$\sigma_e = f(\dot{\varepsilon}_e)$,$\int_V \sigma_e \dot{\varepsilon}_e \mathrm{d}V = \int_V f(\dot{\varepsilon}_e) \dot{\varepsilon}_e \mathrm{d}V$。上界法不像下界法和滑移线法那样能预测应力分布。但近年已有人在这方面开发出预测工件内部应力的某些方法。滑移线法尽管能计算力、能参数和应力分布并可研究金属流动问题,但解决平面变形以外的轴对称或三维成型问题的方法尚有待深入研究。

6.1.2 上界法解析成型问题的范围

(1)力、能参数计算。实践表明,用上界法计算塑性加工成型过程的力能参数是比较成熟的,计算的结果比实际略高,但通常不超过15%。由于上界法确定的力能参数是高估值,故对于保证塑性成型过程的顺利进行以及选择设备和设计模具都是十分有利的。因此,在金属塑性成型领域内经常采用上界法。

(2)分析金属流动规律。包括变形过程速度场、位移场的确定。工件边界上的位移(如轧制时的宽展)确定后,便可预测变形后工件的尺寸。

(3)确定塑性加工成型极限,确定最佳的模具尺寸和成型条件。例如,拉拔时可由上界法确定的拉拔应力(单位拉拔力)一定要小于工件出模后屈服极限确定该道拉拔的极限面缩率、拉拔时的最佳模角等。

(4)研究塑性加工中的温度场。例如可把快速成型过程看成是绝热过程。此时成型过程所需的功几乎全部转为热。因此在变形工件中必然存在一种温度分布，由各区的变形功可以预测温度分布。

（5）可以确定估算摩擦因子 m 的测定方法；还可用上界法导出的有关公式评价塑性成型过程的润滑效果。

（6）可以分析塑性成型过程中出现缺陷的原因及其防止措施。例如可以确定轧制和锻压时工件内部空隙缺陷的压合条件以及分析拉拔和挤压过程的中心开裂原因。

总之，上界法已用于研究材料成型的各种工艺过程。如轧制、自由锻、模锻、拉拔、挤压（包括正、反挤压和复合挤压等）、旋压和冲压等。

6.1.3 上界功率计算的基本公式

利用上界法分析材料成型问题的关键是根据材料的流动模式设计与真实速度场尽可能接近的运动许可速度场。上界法解析成型问题主要采用三角形速度场（Johnson 上限模式）与连续速度场（Avitzur 上限模式），三角形速度场主要用于解平面变形问题。假定变形体是由速度不连续线分割成几个三角形的刚性块组成的，并假定已知单位表面力的表面 F_p 为自由表面，前已述及，在此特殊情况下，应采用式（5-34），此时

$$J^* = \dot{W}_s \tag{6-1}$$

式中，$\dot{W}_s$ 按式（5-29）确定。

与三角速度场不同，连续速度场模式认为塑性变形区的速度连续变化，非塑性变形区为刚性区，在刚-塑性区的边界上存在速度间断。连续速度场既可解平面变形问题，也可解轴对称问题，如果速度场选择合适，数学方法得当，也可成功解析三维变形问题。此时应采用式（5-25）

$$J^* = \int_V \sigma_{ij}^* \dot{\varepsilon}_{ij}^* \, dV + \sum \int_{F_D} k\Delta v_t^* \, dF - \int_{F_p} p_i v_i^* \, dF$$

或

$$J^* = \dot{W}_i + \dot{W}_s + \dot{W}_b \tag{6-2}$$

在求得此上界功率的式子中一般都含有待定参数。可以通过求此上界功率中的最小值 J_{min}^*（即最小的上界值）来确定力能参数。令 $J_{min}^* = J$，进而由式（5-35）或式（5-36）便可求出变形力的最小上界值。

6.2 三角形速度场解析平面变形压缩实例

6.2.1 光滑平冲头压缩半无限体

此种压缩情况的滑移线场解法在第 4 章已讲过。下面按上界三角形速度场方法求解。参照滑移线场，假定此时的变形区速度不连续线和速端图如图 6-1 所示。

由于变形的对称性，下面只研究垂直对称轴的左侧部分。$BCDE$ 以下的材料为刚性区。此区内位移速度为零，这就决定了刚性区以上的材料的流动路线如图 6-1 中的虚线所示。三角形 ABC 以速度 Δv_{BC} 沿刚性区的边界 BC 滑动，显然此速度应当是三角形 ABC 向

下移动速度 v_0 与水平向左的速度 v_x 的矢量和，即 $\Delta \boldsymbol{v}_{\mathrm{BC}} = \boldsymbol{v}_x + \boldsymbol{v}_o$。参照图 4-15 和式（4-17），速度 $\Delta \boldsymbol{v}_{\mathrm{BC}}$ 与速度不连续线 AC 上的速度不连续量 $\Delta \boldsymbol{v}_{\mathrm{AC}}$ 之矢量和等于三角形 ADC 的水平移动速度 $\Delta \boldsymbol{v}_{\mathrm{DC}}$，即 $\Delta \boldsymbol{v}_{\mathrm{DC}} = \Delta \boldsymbol{v}_{\mathrm{BC}} + \Delta \boldsymbol{v}_{\mathrm{AC}}$。同理，速度 $\Delta \boldsymbol{v}_{\mathrm{DC}}$ 与速度不连续线 AD 上的速度不连续量 $\Delta \boldsymbol{v}_{\mathrm{AD}}$ 之矢量和等于三角形 ADE 沿 DE 方向的移动速度 $\Delta \boldsymbol{v}_{\mathrm{DE}}$，即 $\Delta \boldsymbol{v}_{\mathrm{DE}} = \Delta \boldsymbol{v}_{\mathrm{DC}} + \Delta \boldsymbol{v}_{\mathrm{AD}}$。这样，便可作出图 6-1b 所示的速端图。因为 $BCDE$ 以下的材料为移动速度等于零的刚体，速度 Δv_{BC}、Δv_{DC} 和 Δv_{DE} 分别为 BC、DC 和 DE 线上的速度不连续量；AC 和 AD 线上的速度不连续量为 Δv_{AC} 和 Δv_{AD}，图 6-1b 中之 θ 为待定参数，故由图 6-1 可见，在 DE、AD、AC 和 BC 上的速度不连续量为

$$\Delta v_{\mathrm{DE}} = \Delta v_{\mathrm{AD}} = \Delta v_{\mathrm{AC}} = \Delta v_{\mathrm{BC}} = \frac{v_0}{\sin\theta}$$

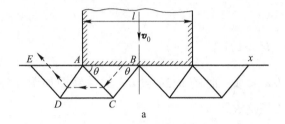

图 6-1　光滑冲头压缩半无限体
a—速度不连续线；b—速端图

在 DC 上的速度不连续量为

$$\Delta v_{\mathrm{DC}} = \frac{2v_0}{\tan\theta}$$

如取垂直纸面方向的厚度为 1，按体积不变或秒流量相等的原则有：$v_0 \times AB = \Delta v_{\mathrm{DE}}\sin\theta \times AE$；$v_0 \times AB = \Delta v_{\mathrm{DC}}\dfrac{AB}{2}\tan\theta$。注意到 $AE = AB$，从而得 $\Delta v_{\mathrm{DE}} = \dfrac{v_0}{\sin\theta}$，$\Delta v_{\mathrm{DC}} = \dfrac{2v_0}{\tan\theta}$。

因为作速端图时，参照图 6-1a 作出了边界速度 v_0，并且按几何关系作出的速度不连续线满足秒流量相等原则，因此，上述的速度场是满足体积不变条件和位移速度边界条件的，也就是运动许可的速度场。

假定平冲头和半无限体在纸面法线方向的尺寸很大，则平冲头压入问题可看作是平面应变问题，从而可取纸面法线方向的长度为单位尺寸。由于取单位厚度，速度不连续面的面积 ΔF 可用其线段长度表示。分别为

$$BC = AC = AD = DE = \frac{l}{4\cos\theta}$$

而 $DC = \dfrac{l}{2}$。因为冲头面是光滑的，所以接触摩擦功率为零。这里仅计算速度不连续面上的剪切功率，由式（6-1），有

$$
\begin{aligned}
J^* &= \sum k\,|\Delta v_t|\,\Delta F = k(4\Delta v_{\mathrm{DE}} \times DE + \Delta v_{\mathrm{DC}} \times DC) \\
&= k\left(4 \times \frac{lv_0}{4\cos\theta\sin\theta} + \frac{2v_0}{\tan\theta}\frac{l}{2}\right)
\end{aligned}
$$

$$= klv_0 \left(\frac{2}{\tan\theta} + \tan\theta \right)$$

令 $x = \tan\theta$，由 $\dfrac{\mathrm{d}J^*}{\mathrm{d}x} = 0$，得到 $x = \tan\theta = \sqrt{2}$ 或 $\theta = 54°42'$；由 $J_{\min}^* = J$，并注意到 $J = \bar{p}\dfrac{l}{2}v_0$，有 $\bar{p}\dfrac{l}{2}v_0 = klv_0 \left(\dfrac{2}{\sqrt{2}} + \sqrt{2} \right)$，从而得到此上界解中最小的 $\dfrac{\bar{p}}{2k}$，即

$$\frac{\bar{p}}{2k} = \frac{2}{\sqrt{2}} + \sqrt{2} = 2.83 \tag{6-3}$$

在此情况下，按滑移线场求解的 $\dfrac{\bar{p}}{2k} = 2.57$。可见最小上界解 $\dfrac{\bar{p}}{2k} = 2.83$ 比滑移线场解略高。

6.2.2　在光滑平板间压缩薄件（$l/h>1$）

在光滑平板间压缩厚件（$l/h < 1$）时的 $\bar{p}/2k$ 与 l/h 的关系图如图 4-38 所示。而 $l/h > 1$ 时，$\bar{p}/2k$ 取决于 l/h 是否是整数。

如果 l/h 是整数，则滑移线场是如图 6-2a 所示的与接触面成 45° 的直线场，此时 $\bar{p} = 2k$ 或 $\bar{p}/2k = 1$。

当 l/h 不为整数时，若为图 6-2b 所示的滑移线场，则靠近压板的自由表面上 σ_y 不为零，这与实际不符。因此当 l/h 不是整数时滑移线场必含有曲线段，格林（Green）曾作出过这种滑移线场，这里不予介绍。然而在这种情况下用上界法是简单的。下面研究 l/h 不是整数，且 $l/h > 1$ 时的上界解。

假定在此情况下的速端图和速度不连续线如图 6-3 所示。图中的交叉线表示速度不连续线，并与接触面相交为 θ 角。下面仅研究 1/4 部分，材料的流动路线如图 6-3 所示的虚线。速度不连续线 AB、BC 和 CD 的速度不连续量分别为 Δv_{AB}、Δv_{BC}、Δv_{CD}，参照图 4-15 和式（4-17），1 区的速度（上压板速度）v_0 与 Δv_{CD} 的矢量和为 2 区的速度 v_2，方向为水

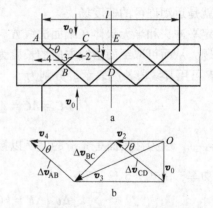

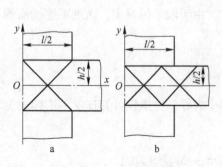

图 6-2　光滑平板压缩薄件　　　　　图 6-3　光滑平板间压缩薄件时的速度不连续线和速端图

a—l/h 为整数；b—l/h 不为整数　　　　　a—速度不连续线；b—速端图

平方向；v_2 与 Δv_{BC} 的矢量和为 3 区的速度 v_3，但 v_3 的垂直分量必为 v_0，v_3 与 Δv_{AB} 之矢量和为 4 区的速度 v_4。注意到变形区内的速度 v_0、v_2、v_3、v_4 共线，这样便可作出如图 6-3b 的速端图。

由图 6-3 可知各速度不连续线上的速度不连续量为

$$\Delta v_{CD} = \Delta v_{BC} = \Delta v_{AB} = \frac{v_0}{\sin\theta}$$

速度不连续线段的长度为

$$CD = BC = AB = \frac{l/2}{n\cos\theta}$$

式中 n——速度不连续线与水平对称轴交点的个数（图 6-3 中 $n = 3$）。

因为接触面光滑，所以忽略接触摩擦功率。由式（6-1），有

$$J^* = \sum k \,|\Delta v_t|\, \Delta F = nk \frac{v_0}{\sin\theta} \frac{l/2}{n\cos\theta}$$

$$= \frac{klv_0}{2}\left(\tan\theta + \frac{1}{\tan\theta}\right)$$

如图 6-3 所示，

$$\tan\theta = \frac{h/2}{CE} = \frac{h/2}{l/2n} = n\frac{h}{l}$$

故

$$J^* = \frac{klv_0}{2}\left(\frac{nh}{l} + \frac{l}{nh}\right) \tag{a}$$

由 $\dfrac{\mathrm{d}J^*}{\mathrm{d}n} = 0$，可知 $n = l/h$ 时有最小上界值 $J^*_{\min}$，并注意 $J = \bar{p}l/2v_0$，故得

$$\frac{\bar{p}}{2k} = 1$$

这是可以理解的，因为此时 $n = l/h$ 为整数，所以 $\dfrac{\bar{p}}{2k} = 1$。可我们是研究 l/h 不为整数的情况，此时令 $n = 1$ 代入式（a），由 $J = J^*$ 得

$$\frac{\bar{p}}{2k} = \frac{1}{2}\left(\frac{h}{l} + \frac{l}{h}\right) \tag{6-4}$$

若此时令 $n = 2$，代入式（a），则得

$$\frac{\bar{p}}{2k} = \frac{1}{2}\left(\frac{2h}{l} + \frac{l}{2h}\right) \tag{6-5}$$

把式（6-4）、式（6-5）与格林按滑移线场求得正确解相比（图 6-4）可知，式（6-4）适于 $1 \le l/h \le \sqrt{2}$ 的范围，式（6-5）适于 $\sqrt{2} \le l/h \le 2$ 的范围，而且在最坏的情况下（$l/h = \sqrt{2}$）与格林解的差别仅为 2%。可见，所得的上界解相当接近于正确解。

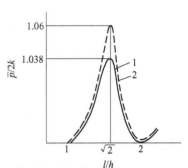

图 6-4 光滑平板压缩时
上界解与正确解的比较

1—格林正确解；2—上界解

顺便指出，在设计平面变形抗力（$K = 2k = 1.155\sigma_s$）的实验测定方法时最好使 l/h 为整数。

6.3　三角形速度场解析粗糙辊面轧板

假定接触面全黏着并以弦代弧，考虑对称性采用单个三角形速度场，此时速度不连续线与速端图如图6-5所示。BC 以右和 AC 以左分别为前后外端，并各自以水平速度 v_1 和 v_0 移动。因为接触面全黏着，故三角形 ABC 沿 AB 以轧辊周速 v 运动，AC 和 BC 为速度不连续线，其上速度不连续量为 Δv_{AC} 和 Δv_{BC}。

参照图4-15和图4-17，$\boldsymbol{v}_0$ 和 $\Delta \boldsymbol{v}_{AC}$ 的矢量和为 ΔABC 区的速度 $\boldsymbol{v}$；$\boldsymbol{v}$ 和 $\Delta \boldsymbol{v}_{BC}$ 的矢量和为 $\boldsymbol{v}_1$；工件的速度 v_0、v、v_1 在 O 点共线。

在 AC 和 BC 上的速度不连续量可按以下方法确定，由图6-5b，按正弦定理有

$$\frac{v}{\sin(180° - \alpha_0)} = \frac{\Delta v_{AC}}{\sin\theta}$$

$$\frac{v}{\sin\alpha_1} = \frac{\Delta v_{BC}}{\sin\theta}$$

得

$$\Delta v_{AC} = \frac{v\sin\theta}{\sin\alpha_0}$$

$$\Delta v_{BC} = \frac{v\sin\theta}{\sin\alpha_1}$$

由图6-5a，AC 和 BC 的线段长度分别为

$$AC = \frac{H}{2\sin\alpha_0}, \qquad BC = \frac{h}{2\sin\alpha_1}$$

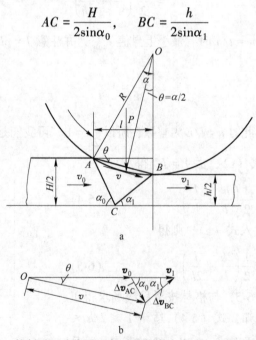

图6-5　轧制时以弦代弧且表面全黏着时采用的三角形速度场

a—速度不连续线；b—速端图

因为表面全黏着，所以接触面的切向速度为零，于是接触面上的摩擦功率也为零。

按式（6-1）

$$J^* = k(\Delta v_{AC} \times AC + \Delta v_{BC} \times BC) \tag{6-6}$$

把前面各式代入有：

$$J^* = kv\sin\theta\left(\frac{H}{2\sin^2\alpha_0} + \frac{h}{2\sin^2\alpha_1}\right) \tag{6-7}$$

由图 6-5 知

$$l = \frac{H}{2\tan\alpha_0} + \frac{h}{2\tan\alpha_1} \tag{6-8}$$

或

$$\tan\alpha_0 = \frac{H}{2l - h/\tan\alpha_1}$$

代入式（6-6）以消去一个变量得

$$J^* = kv\sin\theta\left[\frac{H}{2} + \frac{1}{2H}(2l - h/\tan\alpha_1)^2 + \frac{h}{2}\left(1 + \frac{1}{\tan^2\alpha_1}\right)\right]$$

令 $\dfrac{\mathrm{d}J^*}{\mathrm{d}\alpha_1} = 0$ 得 J^* 取极值时对应的角度满足

$$\tan\alpha_1 = \frac{H + h}{2l} = \frac{\bar{h}}{l} \tag{6-9}$$

把式（6-9）代入式（6-8），可以证明，此时 $\tan\alpha_1 = \tan\alpha_0 = \dfrac{\bar{h}}{l}$，代入式（6-6）得

$$J^*_{\min} = kv\sin\theta\left(\bar{h} + \frac{l^2}{\bar{h}}\right) \tag{6-10}$$

按式（5-36），$J = M\omega$，其中由图 6-5 知 $M = PR\sin\theta = \bar{p}lR\sin\theta$，$\omega = \dfrac{v}{R}$，于是

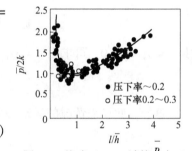

$$J = \bar{p}lv\sin\theta$$

按 $J = J^*_{\min}$，由式（6-10）得

$$\frac{\bar{p}}{2k} = 0.5\frac{\bar{h}}{l} + 0.5\frac{l}{\bar{h}} \tag{6-11}$$

图 6-6　按式（6-6）计算 $\dfrac{\bar{p}}{2k}$ 与横井-美坂实测比较

式（6-11）计算结果与热轧厚板、初轧板坯、热轧薄板坯和热轧宽扁钢实测结果符合较好，图 6-6 所示为式（6-11）计算值与实测值的比较。

可看出按式（6-11）得到的 $\bar{p}/2k$ 与 $l/\bar{h}$ 的变化规律与滑移线法图 4-44 一致。

6.4　连续速度场解析扁料平板压缩

6.4.1　扁料平板压缩（不考虑侧面鼓形）

6.4.1.1　速度场的确定

在变形体内若 v_i 及其按几何方程确定的 $\dot{\varepsilon}_{ij}$ 连续变化，则此速度场为连续速度场。此

时应按式（6-2）确定上界功率。扁料平板
压缩不考虑侧面鼓形时，速度场设定如图6-7
所示。假定砧面光滑，上压板以 $-v_0$ 向下运
动，下压板以 $+v_0$ 向上运动；假定宽向无变
形，即 $v_z = 0$，$\dot{\varepsilon}_z = 0$，σ_0 为外加的水平力，
因变形对称，为简化仅研究的 1/4 部分并取
单位宽度（垂直纸面厚度取1），则在水平和
垂直对称轴上

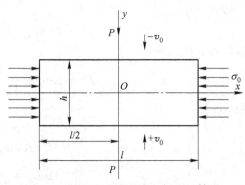

图 6-7　扁料的平板压缩（侧面无鼓形）

$$v_y|_{y=0} = 0, \quad v_x|_{x=0} = 0$$

假定位移速度的垂直分量 v_y 与坐标 y 成
线性关系

$$v_y = -\frac{2y}{h}v_0$$

此式满足 $y = 0$，$v_y = 0$；$y = \pm\dfrac{h}{2}$，$v_y = \mp v_0$ 的速度边界条件，则按体积不变条件，即 $\dot{\varepsilon}_x +$
$\dot{\varepsilon}_y + \dot{\varepsilon}_z = 0$，平面变形时 $\dot{\varepsilon}_x = -\dot{\varepsilon}_y$，由式（2-128），有

$$\dot{\varepsilon}_y = \frac{\partial v_y}{\partial y} = -\frac{2}{h}v_0$$

所以 $\dot{\varepsilon}_x = -\dot{\varepsilon}_y = \dfrac{2}{h}v_0$。因为无鼓形，即 v_x 与 y 无关则上式可写成 $\dfrac{\mathrm{d}v_x}{\mathrm{d}x} = \dot{\varepsilon}_x = \dfrac{2}{h}v_0$。所以

$$v_x = \int \dot{\varepsilon}_x \mathrm{d}x = \int \frac{2}{h}v_0 \mathrm{d}x = \frac{2}{h}v_0 x + C$$

由 $x = 0$，$v_x = 0$，可求出 $C = 0$，于是得

$$v_x = \frac{2}{h}v_0 x$$

这样，此压缩情况的运动许可速度场为

$$v_x = \frac{2v_0}{h}x, \qquad v_y = -\frac{2v_0}{h}y, \qquad v_z = 0 \tag{6-12}$$

运动许可的应变速率场为

$$\dot{\varepsilon}_x = -\dot{\varepsilon}_y = \frac{2v_0}{h}, \qquad \dot{\varepsilon}_z = 0$$

因为无鼓形，所以 $\dot{\varepsilon}_{xy} = \dot{\varepsilon}_{yz} = \dot{\varepsilon}_{zx} = 0$，即 x、y、z 轴为主轴。有时这类速度场也称为
平行速度场。

6.4.1.2　上界功率

按式（5-28）和式（5-27），有

$$\dot{W}_i = \frac{2}{\sqrt{3}}\sigma_s \int_V \dot{\varepsilon}_x \mathrm{d}V = 2k \int_V \dot{\varepsilon}_x \mathrm{d}V$$

$$= 4 \times 2k \int_0^{l/2} \left(\int_0^{h/2} \frac{2v_0}{h} \mathrm{d}y \right) \mathrm{d}x = 4 \times 2kv_0 \frac{l}{2} \tag{6-13}$$

工件对工具表面的相对速度 Δv_f 等于 $y = \pm\dfrac{h}{2}$ 时工件的速度 $v_f = \sqrt{v_x^2 + v_z^2}$ 减去工具的速度（取值为零）。因为此时 $\overline{v}_z = 0$，所以 $\Delta v_f = v_x = \dfrac{2v_0 x}{h}$。

假定没有速度不连续线，则由式（5-29）可知，此时 $\dot{W}_s$ 等于接触表面摩擦功率 $\dot{W}_f$，即

$$\dot{W}_f = mk \int_{F_j} |\Delta v_f| \, \mathrm{d}F = 4mk \frac{2v_0}{h} \int_0^{l/2} x \mathrm{d}x = mk \frac{l^2}{h} v_0 \tag{6-14}$$

在 $x = l/2$ 处，

$$v_x = \frac{2}{h} v_0 x = \frac{v_0}{h} l$$

假定外加的压缩应力 σ_0 沿件厚均匀分布，则克服的外加功率应为

$$\dot{W}_b = 4 \times \frac{h}{2} v_x \sigma_0 = 4 \times \frac{h}{2} \frac{v_0 l}{h} \sigma_0 = 2l v_0 \sigma_0 \tag{6-15}$$

所以

$$J^* = \dot{W}_i + \dot{W}_f + \dot{W}_b = 4kv_0 l + mk \frac{l^2}{h} v_0 + 2l v_0 \sigma_0$$

由 $J = 2\overline{p} l v_0$，$J = J^*$，得 $\dfrac{\overline{p}}{2k}$ 的上界值为

$$\frac{\overline{p}}{2k} = 1 + \frac{m}{4} \frac{l}{h} + \frac{\sigma_0}{2k}$$

当 m 取 1 时

$$\frac{\overline{p}}{2k} = 1 + 0.25 \frac{l}{h} + \frac{\sigma_0}{2k} \tag{6-16}$$

这和平均能量法得到的结果相同。因为按平均能量法（变量取平均而求得能量的方法），有

$$\frac{\overline{p} l v_0}{2} = \sigma_s \dot{\overline{\varepsilon}}_e \frac{h}{2} \frac{l}{2} + \tau_f \frac{l}{2} \overline{\Delta v_f} + \sigma_0 \frac{h}{2} v_x \Big|_{x=l/2} \tag{6-17}$$

把 $v_x|_{x=l/2} = v_0 \dfrac{l}{h}$，$\Delta \overline{v}_f = \dfrac{1}{2} v_0 \dfrac{l}{h}$，$\tau_f = mk$，$\dot{\overline{\varepsilon}}_e = \dfrac{2}{\sqrt{3}} \dfrac{2v_0}{h}$，$= \sqrt{3} k$ 代入式（6-17），便得到式（6-16）。在无外加应力 σ_0 时式（6-16）与工程法得到的式（3-52）一致。

6.4.2 扁料平板压缩（考虑侧面鼓形）

前种情况是砧面光滑、侧面无鼓形的压缩情况，无论在 $y = \pm\dfrac{h}{2}$ 的表面上或 $y = 0$ 的中心层 x 方向的速度分量 v_x 是一样的。实际上由于表面摩擦，使中心层的 v_x 比表层大，导致

出现鼓形（图 6-8）。于是从表层到内层便产生速度梯度，因此引起剪应变速率 $\dot{\varepsilon}_{xy}$，使内部变形功率增加，但由于接触面上工件对工具的相对滑动速度 Δv_f 减小（和无鼓形比较），故表面摩擦功率相应变小。

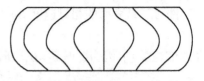

图 6-8　粗糙砧面压缩工件的侧面鼓形

6.4.2.1　速度场的设定

基于对工件质点流动规律的认识，如参考实验测得的变形体上坐标网格的流动情况，假定 v_x 沿 y 轴是按指数函数变化，注意到式（6-12）中的 v_x，有

$$v_x = A v_0 \frac{2x}{h} e^{-2by/h} \tag{6-18}$$

式中　A，b——待定参数。

由于体积不变和 $\dot{\varepsilon}_z = 0$，则

$$\dot{\varepsilon}_x = \frac{\partial v_x}{\partial x} = \frac{2 A v_0}{h} e^{-2by/h} = -\dot{\varepsilon}_y = \frac{\partial v_y}{\partial y}$$

所以

$$v_y = -\frac{2 A v_0}{h} \int e^{-2by/h} dy = \frac{A}{b} v_0 e^{-2by/h} + f(x)$$

由于变形的对称性，$y = 0$ 时，$v_y = 0$，由此边界条件可求出 $f(x) = -\frac{A}{b} v_0$。这样，便可得到如下的运动许可速度场

$$v_z = 0, \quad v_x = A v_0 \frac{2x}{h} e^{-2by/h}, \quad v_y = \frac{A}{b} v_0 (e^{-2by/h} - 1)$$

在 $y = \frac{h}{2}$ 的表面上，$v_y = -v_0$，所以

$$v_y \Big|_{y=h/2} = \frac{A}{b} v_0 (e^{-b} - 1) = -v_0$$

因此

$$\frac{A}{b} = \frac{1}{(1 - e^{-b})} \text{ 或 } A = \frac{b}{1 - e^{-b}}$$

于是

$$v_x = \frac{b}{1 - e^{-b}} v_0 \frac{2x}{h} e^{-2by/h}$$

$$v_y = \frac{1}{1 - e^{-b}} v_0 (e^{-2by/h} - 1)$$

$$v_z = 0$$

这样，该式中便仅剩下一个待定参数 b。

按此速度场由几何方程可写出如下的应变速率场

$$\dot{\varepsilon}_x = -\dot{\varepsilon}_y = \frac{\partial v_x}{\partial x} = \frac{2bv_0}{(1 - \mathrm{e}^{-b})h}\mathrm{e}^{-2by/h}$$

$$\dot{\varepsilon}_{xy} = \frac{1}{2}\left(\frac{\partial v_x}{\partial y} + \frac{\partial v_y}{\partial x}\right) = \frac{1}{2}\frac{\partial v_x}{\partial y} = \frac{-2b^2 v_0 x}{(1 - \mathrm{e}^{-b})h^2}\mathrm{e}^{-2by/h}$$

$$\dot{\varepsilon}_{zx} = \dot{\varepsilon}_{yz} = \dot{\varepsilon}_z = 0$$

6.4.2.2 上界功率与平均单位压力

由式（5-28）和式（5-27）有

$$\dot{W}_i = 2h\int_V \sqrt{\dot{e}_x^2 + \dot{e}_{xy}^2}\,\mathrm{d}V = 2k\frac{b}{1 - \mathrm{e}^{-b}}\frac{2v_0 b}{h^2} \times 4\int_0^{l/2}\left[\int_0^{h/2}\mathrm{e}^{-2by/h}\sqrt{\left(\frac{h}{b}\right)^2 + x^2}\,\mathrm{d}y\right]\mathrm{d}x$$

$$= 4kv_0\left\{\frac{1}{2}\sqrt{1 + \left(\frac{b}{h}\right)^2\left(\frac{l}{2}\right)^2} + \frac{h}{b}\ln\left[\frac{l}{2}\frac{b}{h} + \sqrt{1 + \left(\frac{b}{h}\right)^2\left(\frac{l}{2}\right)^2}\right]\right\} \tag{6-19}$$

当 $b = 0$ 时，得

$$\dot{W}_i = 4 \times 2kv_0\frac{l}{2}$$

又 $\tau_f = mk$，$\Delta v_f = v_x\ \big|_{y=h/2} = \dfrac{b}{1 - \mathrm{e}^{-b}}v_0\dfrac{2x}{h}\mathrm{e}^{-b}$，

所以，接触面摩擦动率为

$$\dot{W}_f = \int_{F_f}\tau_f|\Delta v_f|\,\mathrm{d}F = 4mk\frac{2bv_0}{(1 - \mathrm{e}^{-b})h}\mathrm{e}^{-b}\int_0^{l/2}x\mathrm{d}x$$

$$= mk\frac{b\mathrm{e}^{-b}v_0}{(1 - \mathrm{e}^{-b})}\frac{l^2}{h} \tag{6-20}$$

假定外加应力 σ_0 沿 h 均布，对于新的速度场虽然表面层和中心层 v_x 不同，但假定取平均值，所以外加功率 $\dot{W}_b$ 仍按式（6-15）计算。把式（6-19）、式（6-20）和式（6-15）代入式（5-25），并注意这里 $\dot{W}_s = \dot{W}_f$，便可求出 J^*。由 $\dfrac{\mathrm{d}J^*}{\mathrm{d}b} = 0$ 可求出 $J^* = J_{\min}^*$ 时的 $b = \dfrac{3}{1 + \left(\dfrac{2}{m}\right)\left(\dfrac{l}{h}\right)}$，按 $J^* = J_{\min}^*$ 以及 $J = 2\bar{p}lv_0$，有

$$\frac{\bar{p}}{2k} = 1 + \frac{m}{4}\frac{l}{h} - \frac{3}{2}\frac{\left(\dfrac{m}{4}\right)^2}{1 + 2\left(\dfrac{m}{4}\right)\left(\dfrac{h}{l}\right)} + \frac{\sigma_0}{2k} \tag{6-21}$$

当 m 为 1 和外加应力 σ_0 为零时，按式（6-16）和式（6-21）以及由滑移线场数值解得到的式（4-49）计算的 $\bar{p}/2k$-l/h 的关系图如图 6-9 所示。由图 6-9 可知，不考虑侧面鼓形得到的上界 $\bar{p}/2k$ 值比考虑侧面鼓形得到的大。按滑移线场数值解得到的 $\bar{p}/2k$ 比按上面 2 种上界法得到的都低。

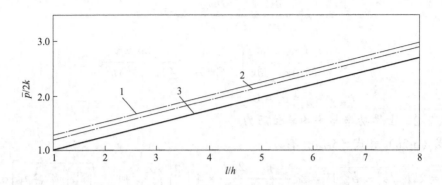

图 6-9 按各种方法计算的 $\bar{p}/2k\text{-}l/h$ 关系的比较（$m=1.0$，$\sigma_0=0$）

1—按式（6-16）不考虑鼓形；2—按式（6-21）考虑鼓形；3—按式（4-49）滑移线场数值解

6.5 楔形模平面变形拉拔和挤压

通过楔形模孔进行平面变形拉拔和挤压如图 6-10 所示，对此种变形情况，可用许多方法建立运动许可速度场。下面介绍阿维瑟方法。

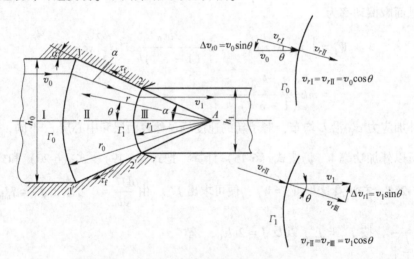

图 6-10 通过楔形模孔进行平面变形拉拔和挤压

α—流线

6.5.1 速度场的建立

由速度不连续线 $\widehat{11'}$（Γ_0 线）、$\widehat{22'}$（Γ_1 线）、$\overline{12}$ 和 $\overline{1'2'}$（把工件和工具接触线也看作速度不连续线）包围的区域（Ⅱ区）称为塑性区。在此区域内只有 r 方向的位移速度 v_r。Ⅲ 和 Ⅰ 区为前后外区，这两个区分别以速度 v_1 和 v_0 沿轴向移动。未变形的 Ⅰ 区金属通过 Γ_0 进入塑性变形区（Ⅱ），再通过 Γ_1 变形完毕，其流线如图 6-10 所示。下面取圆柱面坐

标系建立运动许可速度场。由于 $v_z = v_\theta = 0$，参照式（1-35），有

$$\dot{\varepsilon}_r = \frac{\partial v_r}{\partial r}, \qquad \dot{\varepsilon}_\theta = \frac{v_r}{r}, \qquad \dot{\varepsilon}_{r\theta} = \frac{1}{2}\frac{\partial v_r}{r\partial\theta} \qquad (6\text{-}22)$$

按体积不变条件，则

$$\frac{\mathrm{d}v_r}{\mathrm{d}r} + \frac{v_r}{r} = 0$$

或

$$\mathrm{d}(rv_r) = 0$$

积分得

$$rv_r = C$$

根据边界 $\widehat{22'}$ 上法向位移速度连续的条件，则

$$r = r_1 \text{ 时}, v_{r\mathrm{III}} = -v_1\cos\theta$$

（移动方向与 r 轴正向相反故取负号）按此确定积分常数 C，于是得

$$v_r = -\frac{r_1}{r}v_1\cos\theta \qquad (6\text{-}23)$$

代入式（6-22），则

$$\dot{\varepsilon}_r = -\dot{\varepsilon}_\theta = \frac{r_1}{r^2}v_1\cos\theta$$

$$\dot{\varepsilon}_{r\theta} = \frac{r_1 v_1}{2r^2}\sin\theta$$

6.5.2 上界功率及单位拉拔力

由式（5-27）、式（5-28），有

$$\dot{W}_\mathrm{i} = 4kr_1 v_1 \int_0^\alpha \left[\int_{r_1}^{r_0} \frac{1}{r^2}\sqrt{1 - \frac{3}{4}\sin^2\theta}\, r\mathrm{d}r\right]\mathrm{d}\theta$$

$$= 2k\frac{h_1}{\sin\alpha}\ln\left(\frac{r_0}{r_1}\right)E\left(\alpha, \frac{\sqrt{3}}{2}\right)v_1$$

$$= 2kh_1\ln\left(\frac{r_0}{r_1}\right)\xi(\alpha)v_1$$

式中，$\xi(\alpha) = \dfrac{E\left(\alpha, \dfrac{\sqrt{3}}{2}\right)}{\sin\alpha}$，$E\left(\alpha, \dfrac{\sqrt{3}}{2}\right)$ 是第二椭圆积分，可由数学手册查知。

如图 6-10 所示，沿 Γ_0、Γ_1 的速度不连续量分别为

$$\Delta v_{t0} = v_0\sin\theta = \frac{h_1}{h_0}v_1\sin\theta$$

$$\Delta v_{t1} = v_1\sin\theta$$

沿工具和工件的接触面，由式（6-23）有

$$\Delta v_f = -\frac{r_1}{r}v_1\cos\alpha$$

由式（5-29）得

$$\dot{W}_s = \int_{r_1}^{r_0}\tau_f\frac{r_1}{r}v_1\cos\alpha dr + 2k\left[r_0\int_0^\alpha\frac{h_1}{h_0}v_1\sin\theta d\theta + r_1\int_0^\alpha v_1\sin\theta d\theta\right]$$

$$= h_1v_1\left[\tau_f\cot\alpha\ln\left(\frac{r_0}{r_1}\right) + \frac{2k(1-\cos\alpha)}{\sin\alpha}\right]$$

按式（5-25）有

$$J^* = \dot{W}_i + \dot{W}_s$$

由 $J = J^*$，并注意，拉拔功率 $J = \sigma_1h_1v_1$，挤压功率 $J = \sigma_0h_0v_0 = \sigma_0h_1v_1$，所以在不考虑挤压缸壁摩擦时，对同样 τ_f、α 和面缩率 ψ，相对单位拉拔力 $\left(\dfrac{\sigma_1}{2k}\right)$ 和 $\left(\dfrac{\sigma_0}{2k}\right)$ 的上界值为

$$\frac{\sigma_1}{2k} = \frac{\sigma_0}{2k} = \left[\xi(\alpha) + \frac{\tau_f}{2k}\cot\alpha\right]\ln\frac{h_0}{h_1} + \frac{1-\cos\alpha}{\sin\alpha} \tag{6-24}$$

按式（6-24）计算的结果如图 6-11 所示。

由图 6-11 可见，$\sigma_1/2k$，$\sigma_0/2k$ 最低时的模角 α 随 ψ 和 τ_f 的增大而增加。

死区界面倾角 α' 如图 6-12 所示。死区金属与流动金属界面间，由于速度不连续引起的剪切功率与 $\alpha = \alpha'$，$\tau_f = k$ 时的摩擦功率相同。此时 $\sigma_1/2k$，$\sigma_0/2k$ 可由图 6-11 上 $\tau_f = k$ 的曲线确定。在该图 $\tau_f = k$ 的曲线上，$\sigma_1/2k$，$\sigma_0/2k$ 最小值的模角用 α_{opt} 表示。与 $\alpha > \alpha_{opt}$ 的变形情况相比，出现图 6-12 表示的 $\alpha' = \alpha_{opt}$ 的死区，而得到低的 $\sigma_1/2k$，$\sigma_0/2k$ 上界值。因为低的上界值接近正确值，所以若 $\tau_f = k$，则 $\alpha > \alpha_{opt}$ 的情况应取对应 α_{opt} 时的上界值。这就是图 6-11 所示的水平线，也可以看出，当 $\tau_f = 0.5k$ 和 $\tau_f = 0$ 时，α 角接近 90° 仍会出现死区，因为形成后者只需具有低的上界值，也就是不出现死区的上界值（虚线）比出现死区的上界值（水平实线）为高。

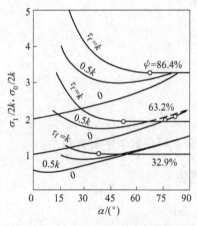

图 6-11 按式（6-15）计算的 $\sigma_0/2k$，
$\sigma_1/2k$ 与 α、τ_f 和 ψ 的关系

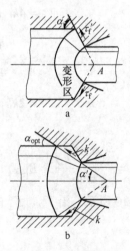

图 6-12 死区的形成
a—无死区；b—有死区

6.6　上界定理解析轴对称压缩圆环

6.6.1　子午面上速度不连续线为曲线

粗糙工具压缩圆环由于轴对称，在圆周方向不存在位移速度 v_θ，但由式（2-139）可知，若存在径向位移速度 v_r，即使沿圆周 v_r 一样，也会产生圆周方向的应变速率 $\dot\varepsilon_\theta$，由体积不变条件可知，轴对称问题不存在平面变形问题的刚性三角形速度场，而在子午面上的速度不连续线呈曲线形式。如图 6-13 所示，把变形区分成 Ⅰ、Ⅱ、Ⅲ区。设Ⅱ区的 $v_{z\,Ⅱ}=-\alpha$，注意到式（2-139）并按体积不变条件，有

$$\frac{\partial v_r}{\partial r} + \frac{v_r}{r} + \frac{\partial v_z}{\partial z} = 0$$

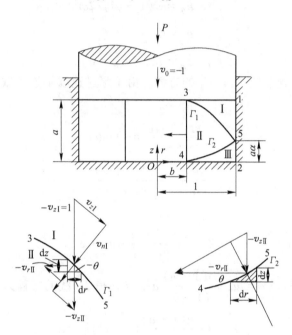

图 6-13　用粗糙工具压缩圆环（按小林史郎）

则

$$\frac{\partial v_r}{\partial r} + \frac{v_r}{r} = 0$$

假定 v_r 沿 z 方向均布，上式可写成

$$\frac{\mathrm{d}v_r}{v_r} = -\frac{\mathrm{d}r}{r}$$

积分得

$$v_r = \frac{c}{r}$$

按秒流量相等原则，有

$$-1(1 - b^2)\pi = 2\pi ba v_{rb}$$

所以当 $r = b$ 时，$v_{rb} = -\dfrac{(1 - b^2)}{2ba}$，于是积分常数 $c = -\dfrac{(1 - b^2)}{2a}$。从而得 II 区的

$$v_{r\,\mathrm{II}} = -\frac{1 - b^2}{2ar}$$

其他两区速度场为

II 区：$v_{r\,\mathrm{I}} = 0$，$v_{z\mathrm{I}} = -1$

III 区：$v_{r\,\mathrm{III}} = 0$，$v_{z\mathrm{III}} = 0$

由式（2-139）可知，此两区的应变速率分量均为零；II 区的应变速率分量为

$$\dot{\varepsilon}_r = (1 - b^2)/2ar^2$$

$$\dot{\varepsilon}_\theta = -(1 - b^2)/2ar^2$$

$$\dot{\varepsilon}_z = 0 \tag{6-25}$$

$$\dot{\varepsilon}_{rz} = \dot{\varepsilon}_{r\theta} = \dot{\varepsilon}_{\theta z} = 0$$

下面确定速度不连续线 Γ_1、Γ_2 的方程。由于穿过速度不连续线法向速度是连续的，故有

$$\frac{v_{z\,\mathrm{I}} - v_{z\,\mathrm{II}}}{v_{r\,\mathrm{II}}} = -\tan\theta$$

或

$$\frac{\mathrm{d}Z_{35}}{\mathrm{d}r} = -\frac{(1 - a)2ar}{(1 - b^2)}$$

积分得

$$Z_{35} = -\frac{(1 - a)}{(1 - b^2)}ar^2 + c$$

当 $r = 1$，$Z = a\alpha$，所以 $c = a\alpha + \dfrac{(1 - a)}{(1 - b^2)}a$，从而得 Γ_1 线的方程为

$$Z_{35} = -\frac{a(1 - a)}{(1 - b^2)}(1 - r^2) + a\alpha \tag{6-26}$$

同理得 Γ_2 线的方程为

$$Z_{45} = \frac{a\alpha(r^2 - b^2)}{(1 - b^2)} \tag{6-27}$$

该例中仅 II 区消耗内部变形功率。把式（6-25）代入式（5-27）并由式（5-28）可得 II 区的内部变形功率为

$$\dot{W}_{\mathrm{i}} = \sigma_{\mathrm{s}}\frac{2}{\sqrt{3}}(1 - b^2)\frac{\pi}{a}\int_b^1 \frac{1}{r}\left[\int_{z_{45}}^{z_{35}}\mathrm{d}z\right]\mathrm{d}r$$

$$= \frac{\pi\sigma_{\mathrm{s}}}{\sqrt{3}}\left[2\ln\left(\frac{1}{b}\right) - (1 - b^2)\right] \tag{6-28}$$

沿速度不连续线 Γ_1、Γ_2 和 1—5 面上的剪切功率按式（5-29）确定。在 Γ_1 线上的速

度不连续量为

$$|\Delta v_{\mathrm{t}}|_{35} = \sqrt{(1-a)^2 + \frac{(1-b^2)^2}{4a^2 r^2}} = \frac{1}{2ar}\sqrt{(1-a)^2 4a^2 r^2 + (1-b^2)^2}$$

沿 Γ_1 上的微线段长度 $\mathrm{d}S = \sqrt{\mathrm{d}z^2 + \mathrm{d}r^2} = \sqrt{1 + \left(\frac{\mathrm{d}z}{\mathrm{d}r}\right)^2}\,\mathrm{d}r$ ，故

$$\dot{W}_{\mathrm{D35}} = \frac{2\pi\sigma_{\mathrm{s}}}{\sqrt{3}}\int |\Delta v_{\mathrm{t}}|_{35}\,\mathrm{d}S$$

$$- \frac{\pi\sigma_{\mathrm{s}}}{\sqrt{3}}\left[\,a(1 \quad u)^2\,\frac{4}{3}\,\frac{(1+b+b^2)}{(1+b)} + \frac{1}{a}(1-b^2)(1-b)\,\right]$$

同理

$$\dot{W}_{\mathrm{D45}} = \frac{\pi\sigma_{\mathrm{s}}}{\sqrt{3}}\left[\,a\alpha^2\,\frac{4}{3}\,\frac{(1+b+b^2)}{(1+b)} + \frac{1}{a}(1-b^2)(1-b)\,\right]$$

沿粗糙面 1—5 上的摩擦功率为

$$\dot{W}_{\mathrm{f15}} = 2\pi\,\frac{\sigma_{\mathrm{s}}}{\sqrt{3}}(1-\alpha)a$$

$$\dot{W}_{\mathrm{s}} = \dot{W}_{\mathrm{D35}} + \dot{W}_{\mathrm{D45}} + \dot{W}_{\mathrm{f15}} \tag{6-29}$$

由式（5-25），有

$$J^* = \dot{W}_{\mathrm{i}} + \dot{W}_{\mathrm{s}}$$

由 $J = J^*$ 并注意到 $J = \overline{p}\pi(1-b^2) \times 1$，故得

$$\frac{\overline{p}}{\sigma_{\mathrm{s}}} = \frac{1}{\sqrt{3}}\left[\frac{2}{1-b^2}\ln\left(\frac{1}{b}\right) - 1\right] + \frac{2a}{1-b^2}\left[\frac{2}{3\sqrt{3}}\,\frac{(1+b+b^2)}{(1+b)}(1-2\alpha+2\alpha^2) + \right.$$

$$\left.(1-\alpha)\,\frac{1}{\sqrt{3}}\right] + 2(1-b)\,\frac{1}{\sqrt{3}\,a} \tag{6-30}$$

把式（6-30）对 α 求导，便可求出 $\dfrac{\overline{p}}{\sigma_{\mathrm{s}}}$ 取最小值时的 α 值和 $\dfrac{\overline{p}}{\sigma_{\mathrm{s}}}$ 的最好上界解，此时

$$\alpha = \frac{1}{2}\left(1 + \frac{3}{4}\,\frac{1+b}{1+b+b^2}\right) \tag{6-31}$$

上述方法也可用于拉拔和挤压。

6.6.2 平行速度场解析圆环压缩

实验表明，圆环压缩某瞬间存在中性层，其位置可用圆柱坐标系中的 r_{n} 表示，如图 6-14 所示。根据圆环尺寸和摩擦条件不同有两种情况：（1）$r_{\mathrm{n}} \leqslant r_1$，此时金属沿径向全部外流；（2）$r_1 < r_{\mathrm{n}} < r_0$，此时中性层两侧的金属沿相反方向流动。

根据以上基本实验事实，假定圆环为刚-塑性材料，接触面上的摩擦应力为 $\tau_{\mathrm{f}} = m\dfrac{\sigma_{\mathrm{s}}}{\sqrt{3}}$，忽略圆环内外侧面的鼓形（圆环不太厚、每步压下率很小时，允许这些简化），

建立平行速度场（应变速率与 Z 轴无关），可确定中性层参数如下。

6.6.2.1　确定速度场

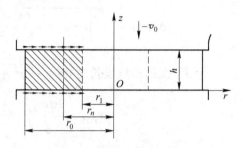

$$v_\theta = 0, \quad v_z = \frac{-zv_0}{h}, \quad v_r = v_r(r, z) \quad (6\text{-}32)$$

$$\dot{\varepsilon}_\theta = \frac{v_r}{r}, \quad \dot{\varepsilon}_z = -\frac{v_0}{h}, \quad \dot{\varepsilon}_r = \frac{\partial v_r}{\partial r} \quad (6\text{-}33)$$

$$\dot{\varepsilon}_{r\theta} = \dot{\varepsilon}_{rz} = \dot{\varepsilon}_{\theta z} = 0$$

按体积不变条件

图 6-14　圆环的压缩

$$\dot{\varepsilon}_\theta + \dot{\varepsilon}_r + \dot{\varepsilon}_z = \frac{v_r}{r} + \frac{\partial v_r}{\partial r} + \left(-\frac{v_0}{h} \right) = 0$$

或

$$\frac{1}{r}\frac{\partial}{\partial r}(rv_r) - \frac{v_0}{h} = 0$$

积分后得

$$v_r = \frac{1}{2}\frac{v_0}{h}r + \frac{B(z)}{r}$$

$B(z)$ 可由边界条件确定。当 $r = r_n$ 时将 $v_r = 0$ 代入上式，得

$$B(z) = \frac{-1}{2}\frac{v_0}{h}r_n^2$$

代回原式得速度场与应变速率为

$$v_r = \frac{1}{2}\frac{v_0}{h}r\left[1 - \left(\frac{r_n}{r} \right)^2 \right], \quad v_\theta = 0, \quad v_z = \frac{-z}{h}v_0 \quad (6\text{-}34)$$

$$\dot{\varepsilon}_\theta = \frac{1}{2}\frac{v_0}{h}\left[1 - \left(\frac{r_n}{r} \right)^2 \right], \quad \dot{\varepsilon}_z = \frac{-v_0}{h}, \quad \dot{\varepsilon}_r = \frac{1}{2}\frac{v_0}{h}\left[1 + \left(\frac{r_n}{r} \right)^2 \right] \quad (6\text{-}35)$$

由上可知，在上述的速度场中只含有一个特定参数 r_n，故可按 $J^* = J_{\min}^*$ 确定真实速度场下的 r_n。

6.6.2.2　r_n 的确定

由式（5-25），有

$$J^* = \dot{W}_i + \dot{W}_f \quad (6\text{-}36)$$

$$\dot{W}_i = \int_{r_1}^{r_0} \int_0^{2\pi} \int_0^h \sigma_s \dot{\varepsilon}_e r\mathrm{d}z\mathrm{d}\theta\mathrm{d}r \quad (6\text{-}37)$$

把式（6-35）代入计算等效应变速率的式（5-27）中，可得

$$\dot{\varepsilon}_e = \frac{v_0}{h}\sqrt{1 + \frac{r_n^4}{3r^4}}$$

代入式（6-37），得

$$\dot{W}_i = 2\pi v_0 \sigma_s \int_{r_1}^{r_0} \sqrt{r^4 + \frac{1}{3}r_n^4}\,\frac{\mathrm{d}r}{r} \quad (6\text{-}38)$$

$$\dot{W}_f = 2\int_{F_f} \tau_f |\Delta v_f|\mathrm{d}F = \frac{2m\sigma_s}{\sqrt{3}}\int_{F_f} v_r \mathrm{d}F \quad (6\text{-}39)$$

应指出，$\dot{W}_f$ 应取绝对值。根据中性层 r_n 的数值，可得 $\dot{W}_f$ 的两种表达式：当 $r_n < r$ 时，由式（6-34），v_r 得正，故可直接代入式（6-39）计算；当 $r_n > r$ 时，由式（6-34）v_r 得负，为使 $\dot{W}_f$ 得正，代入式（6-39）计算时应加一负号。

注意到（6-34）的第一式，将式（6-38）、式（6-39）代入式（6-36），按 $\dfrac{\partial J^*}{\partial r_n} = 0$ 可确定 r_n。

对于 $r_1 < r_n < r_0$，有

$$\frac{r_n}{r_0} \approx \frac{2\sqrt{3}\, m \dfrac{r_0}{h}}{\left(\dfrac{r_0}{r_1}\right)^2 - 1} \left\{ \sqrt{1 + \frac{\left(1 + \dfrac{r_1}{r_0}\right)\left[\left(\dfrac{r_0}{r_1}\right)^2 - 1\right]}{2\sqrt{3}\, m \dfrac{r_0}{h}}} - 1 \right\}$$

当 $r_n = r_1$ 时，注意使 $\dfrac{\partial J^*}{\partial r_n} = 0$ 的式中 $\dfrac{r_1}{r_n} = 1$，故得

$$m\frac{r_0}{h} = \frac{1}{2\left(1 - \dfrac{r_1}{r_0}\right)} \ln\left[\frac{3\left(\dfrac{r_0}{r_1}\right)^2}{1 + \sqrt{1 + 3\left(\dfrac{r_0}{r_1}\right)^4}} \right] \tag{6-40}$$

顺便指出，根据式（6-40），可通过实验估计 m 值。为此，准备各种 r_1、r_0 和 h 的圆环，施加小压下率（如取 3% ~ 5%），找出压后内径不变即 $r_n = r_1$ 时的 r_1、r_0 和 h，代入式（6-40）中便可估算出 m 值，也可由式（6-40）作出计算曲线，如图 6-15 所示。

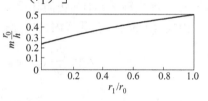

图 6-15　$r_n = r_1$ 时 $m\dfrac{r_0}{h}$ 与 $\dfrac{r_1}{r_0}$ 的关系曲线

（按 B. Avitzur）

6.7　球面坐标系解析拉拔挤压圆棒（B. Avitzur）

6.7.1　速度场的确定

拉拔和挤压圆棒的分区图以及各区的速度场如图 6-16 和图 6-17 所示。变形区内呈径向射线流动如图 6-17 所示。由图 6-16 可知，Ⅰ区和Ⅲ区只有均匀的轴向速度 v_0 和 v_1。由秒流量相等，得

$$v_0 = v_1 \left(\frac{R_1}{R_0}\right)^2 \tag{6-41}$$

Ⅰ区金属未变形，通过 Γ_2 进入塑性变形区，再通过 Γ_1 变形完毕。在Ⅱ区内，$v_\theta = v_\varphi = 0$。v_r 可按秒流量相等原则确定。在Ⅲ区 $R = r_1\sin\theta$，$dR = r_1\cos\theta\, d\theta$。与 dR、$d\theta$ 对应部分的秒流量为

$$2\pi R \mathrm{d}R v_1 = 2\pi v_1 r_1^2 \sin\theta\cos\theta \mathrm{d}\theta \tag{6-42}$$

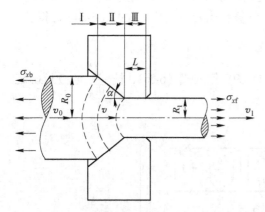

图 6-16　拉拔和挤压圆棒的分区图

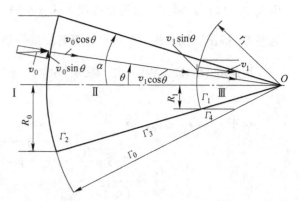

图 6-17　各区的速度场

与此部分对应的 Ⅱ 区的秒流量为

$$-2\pi(r\sin\theta)r\mathrm{d}\theta v_r \tag{6-43}$$

由式（6-42）= 式（6-43），有

$$v_r = -v_1 r_1^2 \frac{\cos\theta}{r^2} \tag{6-44}$$

因为 v_r 与球坐标系 r 轴的正向相反，故加负号。

由式（1-36），在 Ⅱ 区内的应变速率为

$$\dot\varepsilon_r = \frac{\partial v_r}{\partial r}, \qquad \dot\varepsilon_\theta = \frac{v_r}{r}, \qquad \dot\varepsilon_\varphi = \frac{v_r}{r} = -(\dot\varepsilon_r + \dot\varepsilon_\theta)$$

$$\dot\varepsilon_{r\theta} = \frac{1}{2r}\frac{\partial v_r}{\partial\theta}, \qquad \dot\varepsilon_{\theta\varphi} = \dot\varepsilon_{r\theta} = 0 \tag{6-45}$$

把式（6-44）代入式（6-45），得

$$\dot\varepsilon_r = -2\dot\varepsilon_\theta = -2\dot\varepsilon_\varphi = 2v_1 r_1^2 \frac{\cos\theta}{r^3}$$

$$\dot\varepsilon_{r\theta} = \frac{1}{2}v_1 r_1^2 \frac{\sin\theta}{r^3}, \qquad \dot\varepsilon_{\theta\varphi} = \dot\varepsilon_{r\varphi} = 0 \tag{6-46}$$

6.7.2　上界功率的确定

由运动许可速度场确定的上界功率为

$$J^* = \dot W_\mathrm{i} + \dot W_\mathrm{f} + \dot W_\mathrm{D} + \dot W_\mathrm{B} \tag{6-47}$$

6.7.2.1　内部变形功率 $\dot W_\mathrm{i}$

$$\dot W_\mathrm{i} = \sigma_\mathrm{s}\sqrt{\frac{2}{3}}\int_V \sqrt{\dot\varepsilon_{ij}\dot\varepsilon_{ij}}\,\mathrm{d}V$$

$$= \sigma_\mathrm{s}\frac{2}{\sqrt3}\int_V v_1 r_1^2 \frac{1}{r^3}\sqrt{3\cos^2\theta + \frac{1}{4}\sin^2\theta}\,\mathrm{d}V$$

式中

$$dV = 2\pi r(\sin\theta) r d\theta dr$$

$$\dot{W}_i = 4\pi\sigma_s v_1 r_1^2 \int_0^\alpha \left(\sqrt{1 - \frac{11}{12}\sin^2\theta} \sin\theta \int_{r_1}^{r_0} \frac{dr}{r} \right) d\theta$$

注意到 $\dfrac{r_0}{r_1} = \dfrac{R_0}{R_1}$，$r_1 = \dfrac{R_1}{\sin\alpha}$，有

$$\dot{W}_i = 2\pi\sigma_s v_1 R_1^2 f(\alpha) \ln\frac{R_0}{R_1} \tag{6-48}$$

式中

$$f(\alpha) = \frac{1}{\sin^2\alpha} \left[1 - \cos\alpha\sqrt{1 - \frac{11}{12}\sin^2\alpha} + \right.$$

$$\left. \frac{1}{\sqrt{11\times 12}} \ln \frac{1 + \sqrt{\frac{11}{12}}}{\sqrt{\frac{11}{12}}\cos\alpha + \sqrt{1 - \frac{11}{12}\sin^2\alpha}} \right] \tag{6-49}$$

对于非常小的 α，$f(\alpha)$ 趋于 1，式（6-48）可简化为

$$\dot{W}_i = 2\pi\sigma_s v_1 R_1^2 \ln\frac{R_0}{R_1} \tag{6-50}$$

6.7.2.2 剪切功率和摩擦功率（$\dot{W}_f + \dot{W}_D$）

Γ_1、Γ_2 表面是速度不连续面，穿过该表面法向速度分量是连续的，其切向速度分量是不连续的。由于 Γ_1 左侧和 Γ_2 右侧切向速度分量均为零。所以沿 Γ_1 和 Γ_2 的速度不连续量分别为 $\Delta v_1 = v_1 \sin\theta$ 和 $\Delta v_2 = v_0 \sin\theta$。于是沿 Γ_1 和 Γ_2 上的剪切功率为

$$\dot{W}_{D1,2} = \int_{\Gamma_1 + \Gamma_2} k |\Delta v_t| dF = \frac{\sigma_s}{\sqrt{3}} \left[\int_{\Gamma_1} \Delta v_1 dF + \int_{\Gamma_2} \Delta v_2 dF \right]$$

$$= 4\pi v_1 r_1^2 \frac{\sigma_s}{\sqrt{3}} \int_0^\alpha \sin^2\theta d\theta = \frac{2}{\sqrt{3}}\sigma_s \pi v_1 R_1^2 \left(\frac{\alpha}{\sin^2\alpha} - \cot\alpha \right) \tag{6-51}$$

因为模具是静止的，故沿圆锥表面 Γ_3 上的速度不连续量的数值相当于圆锥表面上工件的径向速度分量 $\Delta v_f = v_1 r_1^2 \dfrac{\cos\alpha}{r^2}$。表面剪切应力或摩擦应力取 $\tau_f = m\dfrac{\sigma_s}{\sqrt{3}}$，沿 Γ_3 面上摩擦功率为

$$\dot{W}_{f_3} = \int_{\Gamma_3} \tau_f |\Delta v_f| dF = m\frac{\sigma_s}{\sqrt{3}} \int_{\Gamma_3} v_1 \left(\frac{R_1}{R} \right)^2 \cos\alpha dF$$

$$= 2\pi v_1 R_1^2 (\cot\alpha) m \frac{\sigma_s}{\sqrt{3}} \int_{R_1}^{R_0} \frac{dR}{R}$$

$$= \frac{2\sigma_s}{\sqrt{3}} m\pi v_1 R_1^2 (\cot\alpha) \ln\frac{R_0}{R_1} \tag{6-52}$$

由图 6-16 可见，沿Ⅲ区（定径带）圆柱面 Γ_4 速度不连续量，为 $\Delta v_f = v_1$。在此表面上的摩擦功率为

$$\dot{W}_{f4} = \int_{\Gamma_4} \tau_s \mid \Delta v_f \mid \mathrm{d}F = \frac{2\sigma_s}{\sqrt{3}} m\pi v_1 R_1 L \tag{6-53}$$

$$\dot{W}_D + \dot{W}_f = \dot{W}_{D1} + \dot{W}_{D2} + \dot{W}_{f_3} + \dot{W}_{f_4}$$

$$= \frac{2\sigma_s}{\sqrt{3}} \pi v_1 R_1^2 \left[\frac{\alpha}{\sin^2\alpha} - \cot\alpha + m\cot\alpha\ln\left(\frac{R_0}{R_1}\right) + m\frac{L}{R_1} \right] \tag{6-54}$$

6.7.2.3 附加外力功率（$\dot{W}_b$）
对于拉拔，有

$$\dot{W}_b = -\int_{F_D} p_i v_i \mathrm{d}F = \pi v_0 R_0^2 \sigma_{rb} = \pi v_1 R_1^2 \sigma_{xb} \tag{6-55}$$

因为后张力与工件前进方向相反，故 $\dot{W}_b$ 取正。

对于挤压

$$\dot{W}_b = -\int_{F_D} p_i v_i \mathrm{d}F = -\pi v_1 R_1^2 \sigma_{xf} \tag{6-56}$$

因为前张力与工件前进方向一致，故 $\dot{W}_b$ 取负。

6.7.3 外功率以及单位变形力的确定

令拉拔挤压外功率等于上界功率，有

拉拔： $$\pi v_1 R_1^2 \sigma_{xf} = J = J^* \tag{6-57}$$

挤压： $$-\pi v_0 R_0^2 \sigma_x = J = J^* \tag{6-58}$$

应注意，对于挤压，σ_{xb} 是压应力，即图 6-16 中 σ_{xb} 须反向，故式（6-58）加负号以便 $J > 0$。

单位拉拔力 σ_{xf} 和挤压力 σ_{xb} 的计算如下。

由式（6-57）、式（6-58）、式（6-59）、式（6-56）、式（6-54）和式（6-47）：
对于拉拔

$$\frac{\sigma_{xf}}{\sigma_s} = \frac{\sigma_{xb}}{\sigma_s} + 2f(\alpha)\ln\left(\frac{R_0}{R_1}\right) + \frac{2}{\sqrt{3}}\left[\frac{\alpha}{\sin^2\alpha} - \right.$$

$$\left. \cot\alpha + m(\cot\alpha)\ln\left(\frac{R_0}{R_1}\right) + m\frac{L}{R_1} \right] \tag{6-59}$$

对于挤压

$$\frac{\sigma_{xb}}{\sigma_s} = \frac{\sigma_{xf}}{\sigma_s} - 2f(\alpha)\ln\left(\frac{R_0}{R_1}\right) - \frac{2}{\sqrt{3}}\left[\frac{\alpha}{\sin^2\alpha} - \cot\alpha + m(\cot\alpha)\ln\left(\frac{R_0}{R_1}\right) + m\frac{L}{R_1} \right] \tag{6-60}$$

上述两式中 $f(\alpha)$ 按式（6-48）确定。

克服的各种功率对相对拉拔力的影响按式（6-59）作出的曲线如图 6-18 所示。由图

可以看出，存在最佳模角。

6.7.4 最佳模角或相对模长的确定

下面按相对拉拔（或挤压）应力最小值来确定最佳模角。为此，对式（6-59）求导并令其等于零，即

$$\frac{\partial}{\partial \alpha}\left(\frac{\sigma_{xf}}{\sigma_s}\right) = 0$$

或

$$\frac{\partial}{\partial \alpha}\left[f(\alpha)\ln\left(\frac{R_0}{R_1}\right)\right] + \frac{2}{\sqrt{3}}\frac{1}{\sin^2\alpha}$$

$$\left[\left(1 - \frac{\alpha\cos\alpha}{\sin\alpha}\right) - \frac{1}{2}m\ln\left(\frac{R_0}{R_1}\right)\right] = 0 \quad (6-61)$$

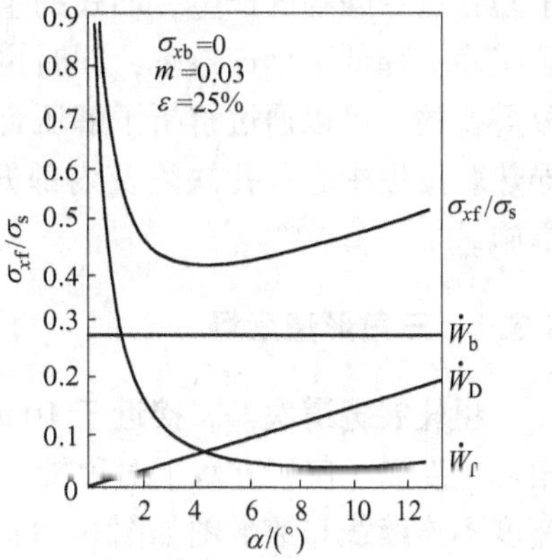

或由式（6-49）

图 6-18 各种功率对相对拉拔应力的影响

$$\frac{\partial}{\partial \alpha}[f(\alpha)] = \frac{2}{\sin\alpha}\left[\sqrt{1 - \frac{11}{12}\sin^2\alpha} - (\cos\alpha)f(\alpha)\right] \quad (6-62)$$

把式（6-61）代入式（6-62）有

$$2\sin\alpha\left[\sqrt{1 - \frac{11}{12}\sin^2\alpha} - (\cos\alpha)f(\alpha)\right]\ln\left(\frac{R_0}{R_1}\right) +$$

$$\frac{1}{\sqrt{3}}\left[2(1 - \alpha\cot\alpha) - m\ln\left(\frac{R_0}{R_1}\right)\right] = 0 \quad (6-63)$$

实际上，常常 $\alpha < 45°$；此时 $f(\alpha) \approx 1$，$\frac{\partial}{\partial \alpha}[f(\alpha)] = 0$，注意到，$\alpha\cot\alpha \approx 1 - \frac{1}{3}\alpha^2$，从而得最佳模角 α_{opt}

$$\alpha_{opt} \approx \sqrt{\frac{3}{2}m\ln\left(\frac{R_0}{R_1}\right)} \quad (6-64)$$

由

$$x = \frac{R_0 - R_1}{\tan\alpha_{opt}} = \frac{R_0 - R_1}{\tan\sqrt{\frac{3}{2}m\ln(R_0/R_1)}}$$

得最佳的相对模长为

$$\frac{x}{R_1} = \frac{(R_0/R_1) - 1}{\tan\sqrt{\frac{3}{2}m\ln(R_0/R_1)}} \quad (6-65)$$

6.8* 三角速度场解析轧制缺陷压合力学条件

对于大型的钢锭或者连铸钢坯，铸造过程中会在铸锭内部产生一些微小缺陷，如微裂纹、缩孔、气泡等。这些缺陷在开坯轧制时，如果不能压合，将直接影响产品的质量。为

了防止这一问题的产生，旧式的生产中有时采用对钢锭在轧制前先进行锻压。这不但增加了工序，降低了生产效率，同时也增加了大量的能量消耗。研究对轧制中缺陷的压合是十分重要的，可以通过解析了解压合的条件，改善轧制的质量。本节用上界三角形速度场推导热轧厚板中心气孔缺陷及内部开裂的力学判定条件，并提出改善厚板轧制质量的工艺措施。

6.8.1　三角形速度场

粗轧展宽道次 b/h 接近于 10 时可视为平面变形。设接触面全黏着并以弦代弧，用三角形速度场（仅研究水平对称轴上半部）对轧件中心无缺陷的塑性流动的情况进行分析，速度不连续线与速端图如图 6-19a、b 所示。

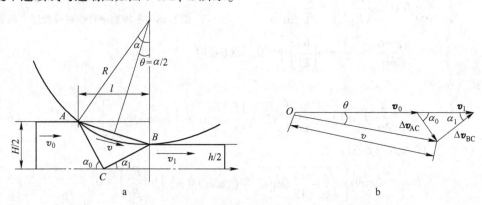

图 6-19　热轧板三角形速度场（a）与矢端图（b）

由图 6-19a 可以看出，BC 以右和 AC 以左为外端，各自以水平速度 v_1 和 v_0 移动。三角形 ABC 沿 AB 以轧辊周速 v 运动，AC 和 BC 为速度不连续线，其对应的速度不连续量为 Δv_{AC} 和 Δv_{BC}；v_0 和 Δv_{AC} 的矢量和为 ΔABC 区速度 v，v 和 Δv_{BC} 的矢量和为 v_1，如图 6-19b 所示。由正弦定理，有

$$\frac{v}{\sin(180° - \alpha_0)} = \frac{\Delta v_{AC}}{\sin\theta}, \quad \Delta v_{AC} = \frac{v\sin\theta}{\sin\alpha_0}; \quad \frac{v}{\sin\alpha_1} = \frac{\Delta v_{BC}}{\sin\theta}, \quad \Delta v_{BC} = \frac{v\sin\theta}{\sin\alpha_1}$$

$$(6\text{-}66)$$

设高为 2ε 的缺陷存在于变形区，速度场如图 6-20 所示。与图 6-19 相比，有缺陷后的 AC 和 BC 的线段长度分别为：

$$AC = \frac{H/2 - \varepsilon}{\sin\alpha_0}, \quad BC = \frac{h/2 - \varepsilon}{\sin\alpha_1}$$

$$(6\text{-}67)$$

由体积不变条件，压下速度满足

$$v\sin\theta \cdot l = v_x(\bar{h} - 2\varepsilon),$$

$$v_x = \frac{lv\sin\theta}{\bar{h} - 2\varepsilon} = v_n \qquad (6\text{-}68)$$

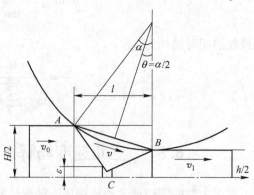

图 6-20　存在中心缺陷的速度场

式中，$\bar{h} = (H + h)/2$。

6.8.2 总功率与开裂条件

6.8.2.1 上界功率最小值

因接触面全黏着，切向速度不连续量为零，故摩擦功率也为零。于是有中心缺陷的上界功率为

$$J^* = \dot{W}_s + \dot{W}_\varepsilon = k(\Delta v_{AC} \times AC + \Delta v_{BC} \times BC) + \sqrt{2}k|\Delta v_n|_{\Gamma_\varepsilon}$$

$$= kv\sin\theta\left(\frac{H/2 - \varepsilon}{\sin^2\alpha_0} + \frac{h/2 - \varepsilon}{\sin^2\alpha_1}\right) + \frac{2\sqrt{2}kv\sin\theta\varepsilon l}{\bar{h} - 2\varepsilon} \tag{6-69}$$

式中，$\dot{W}_\varepsilon = \sqrt{2}k|\Delta v_n|_{\Gamma_\varepsilon}$ 为缺陷开裂功率；$\sqrt{2}k = \sqrt{2/3}\sigma_s$ 为偏应力矢量模；$|\Delta v_n|$ 为 Γ_ε 面上的法向速度差。比较图 6-19 与图 6-20，接触弧 l 与 α_0 改变为：

$$l = \frac{H/2 - \varepsilon}{\tan\alpha_0} + \frac{h/2 - \varepsilon}{\tan\alpha_1}, \quad \tan\alpha_0 = \frac{H - 2\varepsilon}{2l - \dfrac{h - 2\varepsilon}{\tan\alpha_1}}$$

代入式（6-69），得

$$J^* = kv\sin\theta\left[\left(\frac{H}{2} - \varepsilon\right) + \frac{\left(2l - \dfrac{h - 2\varepsilon}{\tan\alpha_1}\right)^2}{2(H - 2\varepsilon)} + \left(\frac{h}{2} - \varepsilon\right)\left(1 + \frac{1}{\tan^2\alpha_1}\right) + \frac{2\sqrt{2}l\varepsilon}{\bar{h} - 2\varepsilon}\right] \tag{6-70}$$

$$J^*|_{\varepsilon\to 0} = kv\sin\theta\left[\frac{H}{2} + \frac{1}{2H}\left(2l - \frac{h}{\tan\alpha_1}\right)^2 + \frac{h}{2}\left(1 + \frac{1}{\tan^2\alpha_1}\right)\right] \tag{6-71}$$

式（6-71）为式（6-70）中 $\varepsilon\to 0$ 时的无缺陷板材轧制上界功率。

对式（6-70）求导，令 $\dfrac{\mathrm{d}J^*}{\mathrm{d}\alpha_1} = 0$，整理得

$$\frac{\partial J^*}{\partial \alpha_1} = kv\sin\theta\left[\frac{1}{(H - 2\varepsilon)}\left(2l - \frac{h - 2\varepsilon}{\tan\alpha_1}\right)(h - 2\varepsilon)\csc^2\alpha_1 - 2\left(\frac{h}{2} - \varepsilon\right)\cot\alpha_1\csc^2\alpha_1\right] = 0$$

$$\tan\alpha_1 = \frac{(H + h - 4\varepsilon)}{2l} = \frac{(\bar{h} - 2\varepsilon)}{l} = \frac{\bar{h}}{l} - \frac{2\varepsilon}{l} \tag{6-72}$$

表明满足式（6-72）时，式（6-70）有如下最小值

$$J^*_{\min} = kv\sin\theta\left[\left(\frac{H}{2} - \varepsilon\right) + \frac{l^2\left(2 - \dfrac{h - 2\varepsilon}{\bar{h} - 2\varepsilon}\right)^2}{2(H - 2\varepsilon)} + \left(\frac{h}{2} - \varepsilon\right)\left(1 + \frac{l^2}{(\bar{h} - 2\varepsilon)^2}\right) + \frac{2\sqrt{2}l\varepsilon}{\bar{h} - 2\varepsilon}\right]$$

$$\tag{6-73}$$

注意到轧制功率 $J = M\omega$，由图 6-19 $M = PR\sin\theta = \bar{p}lR\sin\theta$，$\omega = \dfrac{v}{R}$，于是

$$J = \bar{p}lv\sin\theta \tag{6-74}$$

令轧制功率 $J = J^*_{\min}$，整理得

$$\frac{\bar{p}}{2k} = \frac{1}{2}\left[\frac{\bar{h}}{l} - \frac{2\varepsilon}{l} + \frac{l\left(2 - \frac{h - 2\varepsilon}{\bar{h} - 2\varepsilon}\right)^2}{2(H - 2\varepsilon)} + \left(\frac{h}{2} - \varepsilon\right)\frac{l}{(\bar{h} - 2\varepsilon)^2} + \frac{2\sqrt{2}\,\varepsilon}{\bar{h} - 2\varepsilon}\right] \quad (6\text{-}75)$$

当 $\varepsilon = 0$，此时 $l = \dfrac{H/2}{\bar{h}/l} + \dfrac{h/2}{\bar{h}/l}$，（6-75）式变为

$$\left.\frac{\bar{p}}{2k}\right|_{\varepsilon=0} = 0.5\frac{\bar{h}}{l} + 0.5\frac{l}{h} \quad (6\text{-}76)$$

上式即无缺陷轧板三角形速度场最小上界应力状态系数值。

6.8.2.2　缺陷压合临界条件

由 (6-75) 式，$\left.\dfrac{\partial}{\partial\varepsilon}\left(\dfrac{\bar{p}}{2k}\right)\right|_{\varepsilon\to0} = 0$，整理得

$$\frac{2\sqrt{2}}{\bar{h}} - \frac{2}{l} + \frac{4\left(l - \frac{lh}{2\bar{h}}\right)\frac{\bar{h} - h}{\bar{h}^2}}{H} + \frac{4\left(l - \frac{lh}{2\bar{h}}\right)^2}{lH^2} + \frac{l(2h - \bar{h})}{\bar{h}^3} = 0$$

$$\frac{l^2}{h^2} + \sqrt{2}\,\frac{l}{h} - 1 = 0$$

取上式正根作为临界条件：

$$\left(\frac{l}{h}\right)_{\text{critical}} = \frac{\sqrt{2 + 4} - \sqrt{2}}{2} = 0.518,\quad \left(\frac{\bar{h}}{l}\right)_{\text{critical}} = \frac{2}{\sqrt{2 + 4} - \sqrt{2}} = 1.932 \quad (6\text{-}77)$$

由式 (6-77) 得到下列判据：对板材轧制过程，如果动态几何参数满足

$$l/\bar{h} \leqslant (l/\bar{h})_{\text{critical}} = 0.518 \text{ 或 } \bar{h}/l \geqslant (\bar{h}/l)_{\text{critical}} = 1.932 \quad (6\text{-}78)$$

轧件中心缺陷将出现开裂。式中：$l = \sqrt{R\Delta h}$ 为接触弧；$\bar{h} = (H + h)/2$ 为变形区平均高度。

此判据也可表述为：对板材轧制过程当动态几何参数满足

$$l/\bar{h} > 0.518 \text{ 或 } \bar{h}/l < 1.932 \quad (6\text{-}79)$$

轧制中心缺陷将趋于压合。

应指出：对轧制不同道次，尽管辊径一定，式 (6-78) 中的 $l/\bar{h}$ 会因轧制力、道次压下量及坯料几何条件不同而是一个动态变量；当轧制道次确定时，$l/\bar{h}$ 是道次压下量 ε（$\varepsilon = \Delta h/H$）、单位宽度轧制力 P，以及 l/H 和 B/H 的函数。如果参数 $l/\bar{h}$ 值大于 0.518，则该道次轧制将使坯料中心气孔等缺陷趋于压合；否则，将使上述缺陷形成的中心裂纹扩展。

平锤头锻压可视轧制变形区入口 H 等于出口 h，即 $\bar{h} = (H + h)/2 = 2h/2 = h$，代入式 (6-78) 得

$$l/h \leqslant (l/h)_{\text{critical}} = 0.518 \quad (6\text{-}80)$$

该式与锻压矩形件开裂条件一致。

6.8.3 讨论

升高开轧温度、降低变形速率，增加 Δh、咬入加后推力均增大接触弧 l，故有利于坯料压合；H 不变时，增大辊径 R、相对压下率 ε 及单位宽度轧制力 P 也有利于缺陷压合。

判据 $(l/\bar{h})_{critical} = 0.518$，恰好落在塔尔诺夫斯基以大量实验研究矩形件压缩得到 $l/h < 0.5 \sim 0.6$ 时侧面出现双鼓形，而 $l/h > 0.5 \sim 0.6$ 出现单鼓形的范围内。双鼓形锻件中心受拉，单鼓中心受压。同理，$l/\bar{h} > 0.518$ 表明轧件中心所受压应力限制裂纹扩展，有利于压合；而 $l/\bar{h} \leq 0.518$ 则轧件中心受拉应力导致裂纹扩展不利于压合。滑移线场参量积分表明变形区内平均应力为压应力的区域不会发生裂纹扩展。而满足压合条件 $l/\bar{h} > 0.518$ 的轧制变形区中心的平均应力为压应力。

以上推导基于刚塑性第一变分原理，不反映材料特性对压合的影响。缺陷 2ε 未明确缺陷长高之比的相对概念是速度场的不足之处。

6.8.4 应用例

用厚 320，宽 2000（mm）的 Q345B 连铸坯分别轧制厚 140mm 与 85mm 的特厚板，分别用再结晶+未再结晶控轧（CR）及再结晶控轧，辊径 $R = 560/510$mm，计算压合条件如表 6-1，表 6-2。以下仅以表 6-1 中 No.0 道次压合条件计算为例详述计算细步骤：

$$\varepsilon = (320 - 290.011)/320 = 9.37\%,$$

$$l/\bar{h} = \sqrt{560 \times (320 - 290.011)}/305.006 = 0.425 < 0.518,$$

该道次为中心缺陷开裂轧制。

表 6-1 表明纵轧第 3、4 道次勉强满足压合条件，其余 10 道均不满足，故压下率分配不合理。而表 6-2 按压合条件采用减量化再结晶轧制 85mm 特厚板，不仅无精轧待温，且轧制道次大为减少（注意表 6-1 的 0~12 道次相当于表 6-2 的 0~5 道次）。单板机时由 4 分减到 2 分钟，机时产量提 1 倍。可观的是表 2 粗轧道次压下量、单位宽度轧制压力明显增加，导致全部满足压合条件（因设备绝对压下量 $\Delta h_{max} = 40$mm 故 No.0 道判为合理），轧后特厚板性能如表 6-3，达到 Q345D 级要求并有一定富余量，Z 向性能达到 Q345-Z35 要求，探伤全部合格。有效提高了特厚板内部质量。

表 6-1　140mm 特厚板 CR 压下规程计算分析

No.	H/mm	h/mm	$\varepsilon/\%$	轧制力/kN·m^{-1}	$l/\bar{h}$	判别	备注
0	320.00	290.011	9.37	10340.9	0.425	开裂	不合理
1	290.01	264.843	8.68	8708	0.428	开裂	不合理
2	264.84	244.025	7.86	8041.9	0.424	开裂	不合理
3	244.46	209.302	14.37	10298	0.618	压合	合理
4	209.30	180.018	13.98	9640.8	0.659	压合	合理
5	180.02	待温					

No.	H/mm	h/mm	$\varepsilon/\%$	轧制力$/kN \cdot m^{-1}$	$l/\bar{h}$	判别	备注
6	180.02	166.942	0.0726	13415.9	0.493	开裂	不合理
7	166.94	156.258	0.0640	12372.4	0.479	开裂	不合理
8	156.26	147.889	0.0535	12116.4	0.450	开裂	不合理
9	147.89	144.993	0.0196	7833.8	0.275	开裂	不合理
10	144.99	142.845	0.0148	7502.2	0.241	开裂	不合理
11	142.85	141.030	0.0127	7489.3	0.223	开裂	不合理
12	141.03			空过			

表 6-2　85mm 特厚板再结晶轧制压下规程计算分析

No.	H/mm	h/mm	$\varepsilon/\%$	轧制力$/kN \cdot m^{-1}$	$l/\bar{h}$	判别	备　注
0	320.00	280.553	12.327	12141.6	0.495	开裂	$\Delta h = 39.45mm$ 合理
1	280.55	246.998	11.960	10043.8	0.520	压合	合理
2	248.38	209.686	15.579	10188.6	0.641	压合	合理
3	209.69	174.119	16.962	10273.6	0.735	压合	合理
4	174.12	142.460	18.183	10103.7	0.841	压合	合理
5	142.46	117.848	17.276	9654.8	0.902	压合	合理
6	117.85	99.213	15.813	8673	0.941	压合	合理
7	99.21	93.732	5.525	4527.3	0.574	压合	合理，整型
8	93.73	89.117	4.923	3697	0.555	压合	合理，整型
9	89.12	85.462	4.101	3914.6	0.518	压合	合理，整型

表 6-3　再结晶轧制的 85mm 特厚板力学性能

位置	Rel /MPa	Rm /MPa	$A/\%$	-20℃冲击 Akv/J			0℃冲击 Akv/J			Z 向性能 %		
1/4	310	490	34	95	80	135	158	148	156	54.5	66.5	62.5
1/2	285	490	26.5	76	63	63	109	120	130			

6.9[*]　三角速度场求解精轧温升

　　本节提出以上界三角形速度场计算高速线材精轧阶段温升的方法。由于线材精轧轧制速度快，散热条件差，可认为线材轧制的外功几乎全部转换为热，即温升来自于变形区三角形速度场速度不连续线所做的剪切功。三角形速度场确定的总上界功率最小值决定了变形区内全部温升的总和，以此原理推导出高速线材精轧机组温升计算公式。

6.9.1　导言

　　以变形区为计算单位，轧制变形功引起的温升 ΔT_d 为

$$\Delta T_{\mathrm{d}} = \frac{\dot{W}t_{\mathrm{c}}}{V\rho S} = \frac{W}{mc} \tag{6-81}$$

式中 $\dot{W}$, W 分别为变形所需总功率与功; V 为变形区体积, m 为变形区内轧件质量, $m = V\rho$; $S = c$, ρ 分别为材料轧制温度的比热与密度; t_{c} 为接触时间, 即变形区内材料由入口到出口截面的时间, 而变形功 W 可表示为

$$W = M\alpha \tag{6-82}$$

或

$$W = \dot{W}t_{\mathrm{c}} \tag{6-83}$$

式中, M 为轧制力矩, α 为接触角。

由于部分塑性功耗以位错、空位形式储存于轧件内部 (约占 5%~2%), 故 (6-81) 式变为

$$\Delta T_{\mathrm{d}} = \frac{\eta \dot{W}t_{\mathrm{c}}}{V\rho S} = \frac{\eta W}{mc} \tag{6-84}$$

式中 η——功热转换系数, 取 0.95~0.98。

由式 (6-82), (6-83) 可得

$$\dot{W} = \frac{W}{t_{\mathrm{c}}} = \frac{M\alpha}{t_{\mathrm{c}}} = M\dot{\alpha} = \frac{Mv}{R} \tag{6-85}$$

式中 $\dot{\alpha}$, v——轧辊角速度与线速度;

　　　　R——轧辊半径。

总轧制力矩与单辊力矩分别为

$$M = \frac{\dot{W}}{\dot{\alpha}}, \qquad M = \frac{\dot{W}}{2\dot{\alpha}} \tag{6-86}$$

式中, $\dot{W}$ 由上界功率的最小值确定。

6.9.2 线材精轧变形

高速线材精轧指完成粗、中轧后的第 16~25 架轧制, 孔型为椭圆–圆孔型系统。第 16 架 (精轧第一架) 入口线坯截面为圆, 轧后出口线坯截面为椭圆, 假设出口椭圆长轴与入口圆坯直径 D_0 相等, 即保持变形中椭圆长轴不变的平面变形条件, 则孔型如图 6-21a, 变形模型如图 6-22。第 18、20、22、24 架与第 16 架孔型及轧后椭圆长轴不变的假设相同。第 17 架 (精轧第二架) 入口线坯截面为椭圆轧后出口线坯截面为圆, 假设入口椭圆短轴 D_1 与出口圆坯直径相等, 即保持变形中椭圆短轴不变的平面变形条件, 则孔型如图 6-21b。第 19、21、23、25 架与第 17 架孔型及假设相同。

应指出, 对精轧机组正是由于假定偶道次 (椭圆孔型) 轧制时椭圆长轴不变, 奇道次 (圆孔型) 轧制时椭圆短轴不变, 方能使各轧制道次满足平面变形条件。在此基本假定条件下才能使用平面变形上界三角形速度场。以下以第 16 架, 图 6-21a 为例, 阐述基本解析步骤。

图 6-22 所示为第 16 架变形区。图 6-23 所示是平面变形全粘着轧制上界三角形速度场

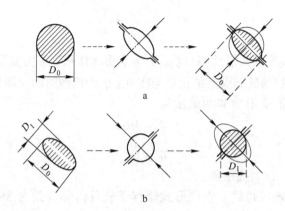

图 6-21   精轧孔型
a—第 16 架椭圆孔；b—第 17 架圆孔

与矢端图，采用以弦代弧假定，垂直纸面方向为宽向即不变形方向。图中 AC、BC 为速度不连续线即温升'热线'。

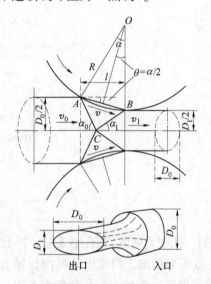

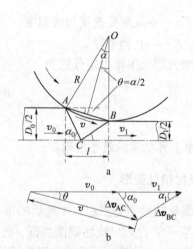

图 6-22   第 16 架变形区   图 6-23   平面变形轧制三角形速度场（a）与速端图（b）

由图 6-23 按体积不变方程

$$v_0 \frac{\pi}{4} D_0^2 = v_1 \frac{\pi}{4} D_0 D_1, \quad v_1 = v_0 \frac{D_0}{D_1} \tag{6-87}$$

式中，D_1 为本道次出口椭圆短轴。由图 6-23

$$v_0 \frac{D_0}{2} = v_1 \frac{D_1}{2}, \quad v_1 = v_0 \frac{D_0}{D_1} \tag{6-88}$$

上述两式的一致性，表明可用图 6-23 速端图计算图 6-22 的速度不连续量；图 6-22 轧后椭

圆长轴不变的假定满足平面变形条件。故，由图 6-23

$$AC = \frac{D_0}{2\sin\alpha_0}, \qquad BC = \frac{D_1}{2\sin\alpha_1} \tag{6-89}$$

由于高速线材精轧为热轧故为全黏着，即三角形 ABC 以轧辊圆周速度 v 运动，这意味着沿 AB 不消耗摩擦功。由图 6-23 按正弦定理有

$$\frac{v}{\sin(180° - \alpha_0)} = \frac{\Delta v_{AC}}{\sin\theta}, \qquad \frac{v}{\sin\alpha_1} = \frac{\Delta v_{BC}}{\sin\theta}$$

速度不连续量为

$$\Delta v_{AC} = \frac{v\sin\theta}{\sin\alpha_0}, \qquad \Delta v_{BC} = \frac{v\sin\theta}{\sin\alpha_1} \tag{6-90}$$

式中 θ 为 AB 与水平轴夹角，为接触角之半。按上界定理 AC，BC 单位时间的功耗为

$$\dot{W}^* = k(\Delta v_{AC} AC + \Delta v_{BC} BC) \tag{6-91}$$

把式（6-89）、式（6-90）代入式（6-91）得

$$\dot{W}^* = kv\sin\theta\left(\frac{D_0}{2\sin^2\alpha_0} + \frac{D_1}{2\sin^2\alpha_1}\right) \tag{6-92}$$

由图 6-22、图 6-23 知，接触弧长

$$l = \frac{D_0}{2\tan\alpha_0} + \frac{D_1}{2\tan\alpha_1}, \qquad \tan\alpha_0 = \frac{D_0}{2l - D_1/\tan\alpha_1} \tag{6-93}$$

把式（6-93）代入式（6-92），然后对 α_1 求导，令 $\mathrm{d}\dot{W}^*/\mathrm{d}\alpha_1 = 0$，解得

$$\tan\alpha_0 = \frac{D_0 + D_1}{2l} = \tan\alpha_1 \tag{6-94}$$

式中，$l = R\sin\alpha$。

式（6-94）表明 $\alpha_0 = \alpha_1$ 时式（6-92）有最小上界值 $\dot{W}^*_{\min}$。将（6-94）代入（6-92），注意到变形区对称且宽度为 D_0，

$$\dot{W}_{\min}{}^* = \frac{kv\sin\theta(D_0 + D_1)D_0}{\sin^2\alpha_1} \tag{6-95}$$

式中，$\theta = \alpha/2$。由图 6-22，按正弦定理

$$v = \frac{v_1\sin\alpha_1}{\sin(\theta + \alpha_1)} \tag{6-96}$$

6.9.3　温升计算公式

6.9.3.1　温升模型

由式（6-85），（6-95），令外功率等于最小上界功率

$$\dot{W}_{\min} = \frac{Mv}{R} = \frac{kv\sin\theta(D_0 + D_1)D_0}{\sin^2\alpha_1}, \qquad M = \frac{kR\sin\theta(D_0 + D_1)D_0}{\sin^2\alpha_1}$$

上式代入式（6-84），注意到式（6-82），整理得

$$\Delta t_p = \frac{\eta W}{Gc} = \frac{k\eta R\sin\theta(D_0 + D_1)D_0\alpha}{V\rho c \sin^2\alpha_1} \tag{6-97}$$

式（6-97）即采用轧制力矩法与上界三角形速度场推导的高速线材精轧道次温升计算模型。式中 V 为轧制道次的变形区体积。

6.9.3.2　变形区体积计算

入口为圆，出口为椭圆的轧制变形区体积有三种方法计算。

按圆台体积：出口椭圆折合成圆直径 $\overline{D} = \sqrt{D_1 D_0}$

$$V = \frac{\pi l}{3}\left[\left(\frac{D_0}{2}\right)^2 + \left(\frac{\overline{D}}{2}\right)^2 + \frac{D_0\overline{D}}{4}\right] \tag{6-98}$$

按出入口平均直径的圆柱体积：

$$V = \frac{\pi l}{4} \times \left(\frac{\overline{D} + D_0}{2}\right)^2 \tag{6-99}$$

精确体积计算：对图 6-22 圆变椭圆道次，圆弧 AB 对应的精确变形区体积为：

$$V = \frac{\pi D_0}{4}\int_0^l h_x \mathrm{d}x$$

$$= \frac{\pi D_0}{4}\int_0^l (2R + D_1 - 2\sqrt{R^2 - x^2})\mathrm{d}x = \frac{\pi D_0 l}{4}\left[(2R + D_1) - \sqrt{R^2 - l^2} - \frac{R^2}{l}\alpha\right]$$

将上式代入（6-97）整理得

$$\Delta t_p = \frac{4k\eta\sin\theta(D_0 + D_1)\alpha}{\pi\rho c l \sin^2\alpha_1\left[\left(2 + \dfrac{D_1}{R}\right) - \cos\alpha - \dfrac{R}{l}\alpha\right]} \tag{6-100}$$

式（6-100）为变形区精确体积得温升计算公式。

6.9.4　计算与实测结果

6.9.4.1　计算结果

某高速线材厂第 16~25 架为 45°交替悬臂无扭摩根精轧机组，其温升研究对生产具有重要意义。现以第 16 架（精轧第一架）为例计算 Q235 钢，成品规格为 $\phi6.5\mathrm{mm}$ 的 400MPa 级超细晶粒线材在精轧的道次温升，机组参数如表 6-4 所示。

由表 6-4，第 16 架（椭圆孔），$F_{25} = 33.183\,\mathrm{mm}^2$，$v_{25} = 70\,\mathrm{m \cdot s^{-1}}$，$D_{16} = 203.94\,\mathrm{mm}$；来坯直径：

$$D_0 = 2\sqrt{\frac{299.00}{\pi}} = 19.51\,\mathrm{mm}, \quad v_0 = \frac{F_{25}v_{25}}{F_{16}} = \frac{33.18 \times 70}{19.51^2 \times \pi/4} = 7.769\,\mathrm{m \cdot s^{-1}}; \quad 轧后面积$$

$F_{16} = 249.10\,\mathrm{mm}^2$。

椭圆短轴（注意长轴不变）：$\dfrac{\pi}{4}D_0 D_1 = 249.10\,\mathrm{mm}$，$D_1 = 16.26\,\mathrm{mm}$，$l_{16} = \sqrt{R_{16}\Delta h} = $

$18.2\,\mathrm{mm}$，$\varepsilon_{16} = \ln\dfrac{D_0}{D_1} = \dfrac{19.51}{16.26} = 0.182$，$v_{16} = \dfrac{F_{25}v_{25}}{F_{16}} = 9.324 \times 10^3\,\mathrm{mm \cdot s^{-1}}$；$\dot{\varepsilon}_{16} = \dfrac{v_{16}}{l_{16}}\dfrac{\Delta h}{H} = 85.34\,\mathrm{s}^{-1}$。

表 6-4 ϕ6.5（mm）线材精轧计算参数

机架	孔型	出口面积 F/mm^2	工作辊径 D/mm	出口速度 $/m \cdot s^{-1}$
15	圆	299.00	216.952	7.768
16	椭圆	249.10	203.940	9.324
17	圆	205.10	197.657	11.324
18	椭圆	164.70	205.834	14.102
19	圆	132.00	152.250	17.595
20	椭圆	101.70	157.290	22.838
21	圆	83.13	154.560	27.939
22	椭圆	64.45	158.847	36.037
23	圆	52.11	156.660	44.571
24	椭圆	40.62	160.020	57.179
5	圆	33.18	158.025	70.000

用东北大学轧制技术及连轧自动化国家重点实验室实测 Q235 变形抗力模型：

$$\sigma_s = 4055.179 \cdot \varepsilon^{0.18847} \cdot \dot{\varepsilon}^{\left(0.37397\frac{T}{1000} - 0.24541\right)} \cdot e^{\left(-3.43195\frac{T}{1000}\right)}$$

入口测温仪显示 $T_0 = 854.9℃$，将 ε_{16}、$\dot{\varepsilon}_{16}$、T_0 值代入上式，$\sigma_s = 217.53MPa$，$k = \sigma_s/\sqrt{3} = 125.59MPa$。

$$\theta = \frac{1}{2}\sin^{-1}\frac{l_{16}}{R_{16}} = 0.08972rad，\sin\theta = 0.0896，\alpha = 0.17944；由式（6-94），$$

$$\tan\alpha_1 = \frac{19.51 + 16.26}{2 \times 18.2} = 0.98269，\therefore \alpha_1 = 0.776669，\sin^2\alpha_1 = 0.49127$$

对低碳钢取 $\rho = 7.8 \times 10^3 kg \cdot m^{-3}$，$\eta = 0.95C = 0.62 \times 10^3 J \cdot kg^{-1} \cdot ℃^{-1}$，$J = 1Nm \cdot Joule^{-1}$，

上述各量代入式（6-100）

$$\Delta t_{16} = 11.87℃$$

变形区精确体积为

$$V = \frac{\pi D_0 l}{4}\left[(2R + D_1) - \sqrt{R^2 - l^2} - \frac{R^2\alpha}{l}\right] = 4.84 \times 10^{-6}m^3$$

计算 17 架温升应注意椭圆长轴为压下方向（短轴不变）；入口温度为 866.77℃，其他各道次类推，各机架温升计算结果如表 6-5 所示。

表 6-5 上界法计算的各道次温升（精确体积）

道次	入口 $T/℃$	温升 $\Delta T/℃$	出口 $T/℃$	总温升 $\Delta T/℃$
16	854.9	11.87	866.77	11.97

道次	入口 $T/℃$	温升 $\Delta T/℃$	出口 $T/℃$	总温升 $\Delta T/℃$
17	866.77	11.12	877.89	22.99
18	877.89	16.5	894.4	39.49
19	894.4	16.29	910.69	55.78
20	910.69	18.88	929.57	74.66
21	929.57	18.71	948.28	93.37
22	948.28	14.9	963.18	108.27
23	963.18	14.95	978.13	123.22
24	978.13	18.8	999.82	142.02
25	996.93	18.93	1015.86	160.95
实测	12次随机测量出入口温差均值			142.83

6.9.4.2　实测结果

表6-5最后一行为某厂轧制超级钢 $\Phi 6.5mm$ 线材精轧机组入口与出口测温仪随机实测温度差的12次记录平均值。由表6-4可知，入口温度均值为854℃，出口均值996.83℃，实测温升均值为142.83℃，计算的累积温升为160.95℃，较实测高18.12℃，相对累计误差为 $\Delta = \dfrac{160.95 - 142.83}{160.95} = 11.3\%$。

变形区体积计算的影响：$\overline{D} = \sqrt{D_1 D_0} = 17.81mm$，代入式（6-98）、（6-99）按圆台体积：$V = 4.98 \times 10^{-6} m^3$；按圆柱体积 $V = 4.98 \times 10^{-6} m^3$；代入式（6-97）

$$\Delta T_{16} = 11.54℃$$

与前述道次温升计算误差：$\Delta = \dfrac{11.87 - 11.54}{11.87} = 2.8\%$；以弦代弧体积与变形区精确体积误差为

$$\Delta = \frac{4.98 - 4.84}{4.98} = 2.8\%$$

这是式（6-97）道次温升较式（6-100）计算结果低0.33℃（2.8%）的根本原因。这表明，采用以弦代弧计算变形区体积，累计温升将获得更低的上界值：

$$\Delta T = 160.95 - 160.95 \times 2.8\% = 156.4℃$$

应指出，计算结果高于实测值的原因一是温升是由高于真实功率"上界功率"转换而来的，二是计算中忽略了轧辊与坯料接触的热传导、线材热辐射、空气对流的温降，尽管高速变形时这部分热量很小。

6.10* 滑移线解与最小上界解一致证明实例

平冲头压入半无限体是塑性加工最典型的问题之一，是 Prandtl 与 Hill 先后以滑移线法解得 $n_\sigma = 2.57$；本节拟以该问题为例，证明如上界连续速度场设定的模型合适，其最小上界解将与滑移线解一致的结论。

6.10.1 速度场的设定

如图 6-24 所示粗糙平冲头压入半无限体变形区由冲头下黏着区三角形 $AA'C$ 及以 AC 为半径的两个扇形区 ACF，$A'CF'$ 和外端区域 AFD、$A'F'D'$ 组成，设 AB 线上各垂直方向速度 v 相同，B 点速度矢量为

$$\boldsymbol{v} = v_x \boldsymbol{i} + v_y \boldsymbol{j} \tag{6-101}$$

注意到 v 和 x 轴夹角 φ 与圆心角 φ 相等有

$$v_x = |\boldsymbol{v}|\cos\varphi , \quad v_y = -|\boldsymbol{v}|\sin\varphi \tag{6-102}$$

因平面变形，由体积不变条件并注意 $AH = AC$：

$$v_0 \cdot \frac{AA'}{2} = v_x\big|_{y=AH} \cdot AH = v_x\big|_{\varphi=0} \cdot AH = |\boldsymbol{v}_{FD}|\cos\theta \cdot AD \tag{6-103}$$

$$v_x\big|_{\varphi=0} = v_0 \frac{AA'/2}{AH} = v_0\sin\theta = |\boldsymbol{v}|\cos 0° $$

$$|\boldsymbol{v}| = v_0\sin\theta \tag{6-104}$$

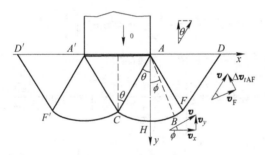

图 6-24 速度场模型

将（6-104）代入（6-102），$ACHF$ 区速度矢量有

$$\boldsymbol{v} = v_0\sin\theta\cos\varphi \cdot \boldsymbol{i} - v_0\sin\theta\sin\varphi \cdot \boldsymbol{j}$$

$$v_x = v_0\sin\theta\cos\phi ; \quad v_y = -v_0\sin\theta\sin\varphi \tag{6-105}$$

过边界点 F（$\varphi = \theta$）速度矢量为

$$\boldsymbol{v}_F = v_0\sin\theta\cos\theta \cdot \boldsymbol{i} - v_0\sin^2\theta \cdot \boldsymbol{j} \tag{6-106}$$

过 F 点后 $\boldsymbol{v}_F$ 转动 $\frac{\pi}{2} - 2\theta$ 角度（注意 $\angle AFD = 2\theta$，$\boldsymbol{v}_F \perp AF$）而变为 $\boldsymbol{v}_{FD}$，故由（6-106）沿 FD 有

$$\boldsymbol{v}_{\mathrm{FD}} = \frac{\boldsymbol{v}_{\mathrm{F}}}{\cos\left(\dfrac{\pi}{2} - 2\theta\right)} = \frac{\boldsymbol{v}_{\mathrm{F}}}{\sin2\theta} = \frac{\boldsymbol{v}_{\mathrm{F}}}{2\sin\theta\cos\theta} = \frac{v_0}{2} \cdot \boldsymbol{i} - \frac{v_0}{2}\tan\theta \cdot \boldsymbol{j}$$

$$v_x = \frac{v_0}{2}; \quad v_y = -\frac{v_0}{2}\tan\theta \tag{6-107}$$

$$|\boldsymbol{v}_{FD}| = \sqrt{\left(\frac{v_0}{2}\right)^2 + \left(-\frac{v_0}{2}\tan\theta\right)^2} = \frac{v_0}{2}\sqrt{1 + \tan^2\theta} = \frac{v_0}{2}\sec\theta \tag{6-108}$$

沿 AF 切向

$$\Delta\boldsymbol{v}_t = \boldsymbol{v}_{FD}\sin\left(\frac{\pi}{2} - 2\theta\right) = \boldsymbol{v}_{FD}\cos2\theta = \frac{v_0}{2}\cos2\theta \cdot \boldsymbol{i} - \frac{v_0}{2}\tan\theta\cos2\theta \cdot \boldsymbol{j} \tag{6-109}$$

$$|\Delta\boldsymbol{v}_t|_{AF} = \sqrt{\left(\frac{v_0}{2}\cos2\theta\right)^2 + \left(-\frac{v_0}{2}\tan\theta\cos2\theta\right)^2}$$

$$= \frac{v_0}{2}(\cos\theta - \tan\theta \cdot \sin\theta) \tag{6-110}$$

边界弧 $\overset{\frown}{CHBF}$ 方程与参数方程为：

$$\left.\begin{array}{l} x^2 + y^2 = AC^2 \\[2mm] x = AC\sin\varphi; \quad y = AC\cos\varphi \\[2mm] \mathrm{d}x = AC\cos\varphi\mathrm{d}\varphi; \quad \mathrm{d}y = -AC\sin\varphi\mathrm{d}\varphi \\[2mm] \tan\varphi = \dfrac{x}{y} = -\dfrac{\mathrm{d}y}{\mathrm{d}x}; \quad \varphi = \tan^{-1}\left(\dfrac{x}{y}\right) \end{array}\right\} \tag{6-111}$$

$ACHBF$ 区应变速率场由式（6-105）按几何方程：

$$\dot{\varepsilon}_x = \frac{\partial v_x}{\partial x} = \frac{\partial v_x}{\partial\varphi} \cdot \frac{\partial\varphi}{\partial x} = -v_0\sin\theta\sin\varphi\left[\frac{1}{1 + \left(\dfrac{x}{y}\right)^2} \cdot \frac{1}{y}\right] = -v_0\sin\theta\frac{\sin\varphi \cdot y}{x^2 + y^2}$$

$$\dot{\varepsilon}_y = \frac{\partial v_y}{\partial y} = \frac{\partial v_y}{\partial\varphi} \cdot \frac{\partial\varphi}{\partial y} = -v_0\sin\theta\cos\varphi\left[\frac{1}{1 + \left(\dfrac{x}{y}\right)^2} \cdot \frac{x}{-y^2}\right] = v_0\sin\theta\frac{\cos\varphi \cdot x}{x^2 + y^2}$$

$$\dot{\varepsilon}_{xy} = \frac{1}{2}\left(\frac{\partial v_x}{\partial y} + \frac{\partial v_y}{\partial x}\right) = \frac{1}{2}\left(\frac{\partial v_x}{\partial\varphi} \cdot \frac{\partial\varphi}{\partial y} + \frac{\partial v_y}{\partial\varphi} \cdot \frac{\partial\varphi}{\partial x}\right) = \frac{v_0}{2}\sin\theta\left(\frac{\sin\varphi \cdot x}{x^2 + y^2} - \frac{\cos\varphi \cdot y}{x^2 + y^2}\right) \tag{6-112}$$

其余 $\dot{\varepsilon}_{ij} = 0$。

读者可自行证明式（6-105）、式（6-112）满足运动许可条件。

由式（6-107）AFD 区按几何方程，应变速率场

$$\dot{\varepsilon}_{ij} = 0_\circ$$

说明该区内部速度矢量为常矢量，应变速率为零，该区内部不消耗塑性变形功率，仅沿边界 FD 与 AF 切向消耗剪切功率。

6. 10. 2 上界功率

将 (6-112) 代入下式并注意到 (6-111) 及 $k = \dfrac{\sigma_s}{\sqrt{3}}$ ，扇形 $ACHBF$ 区单位宽度塑性变形功率为

$$\dot{W}_i = \sigma_s \sqrt{\frac{2}{3}} \int_V \sqrt{\dot{\varepsilon}_{ij}\dot{\varepsilon}_{ij}}\, dV = \sigma_s \sqrt{\frac{2}{3}} \int_V \sqrt{\dot{\varepsilon}_x^2 + \dot{\varepsilon}_y^2 + 2\dot{\varepsilon}_{xy}^2}\, dV$$

$$= \sigma_s \sqrt{\frac{2}{3}} \int_V \sqrt{\left[-v_0\sin\theta\frac{\sin\varphi \cdot y}{x^2+y^2}\right]^2 + \left[v_0\sin\theta\frac{\cos\varphi \cdot x}{x^2+y^2}\right]^2 + 2\left[\frac{v_0\sin\theta}{2}\left(\frac{\sin\varphi \cdot x}{x^2+y^2} - \frac{\cos\varphi \cdot y}{x^2+y^2}\right)\right]^2}\, dV$$

$$= k \cdot v_0 \cdot \sin\theta \int_V \frac{dx \cdot dy}{\sqrt{x^2+y^2}}$$

注意到该区对称，由 (6-111) 上积分限 $y = \sqrt{AC^2 - x^2}$ ；下积分限 $y = \dfrac{x}{\tan\theta}$ ；上式积分为

$$\dot{W}_i = 2kv_0\sin\theta \int_0^{\frac{AD}{2}} dx \int_{\frac{x}{\tan\theta}}^{\sqrt{AC^2-x^2}} \frac{dy}{\sqrt{x^2+y^2}} = 2kv_0\sin\theta \int_0^{\frac{A'A}{2}} \ln\left(y + \sqrt{y^2+x^2}\right)\Big|_{\frac{x}{\tan\theta}}^{\sqrt{AC^2-x^2}} dx$$

$$= 2kv_0\sin\theta\left[\int_0^{\frac{A'A}{2}} \ln\left(\sqrt{AC^2-x^2} + AC\right)dx - \int_0^{\frac{A'A}{2}} \ln\left(\frac{x}{\tan\theta} + \frac{x \cdot \sec\theta}{\tan\theta}\right)dx\right]$$

将 (6-111) 的第2, 3式及 $\sqrt{AC^2 - x^2} = AC\cos\varphi$ 代入上式；当 $x = 0$ 时，$\varphi = 0$；当 $x = \dfrac{A'A}{2}$ 时，$\varphi = \theta$。将上式第一项化为参量积分并用分步积分，第二项用广义积分*，并注意 $\dfrac{A'A}{2} = \sin\theta \cdot AC$ ：

$$\dot{W}_i = 2kv_0\sin\theta\left\{\int_0^\theta \ln(AC\cos\varphi + AC)AC\cos\varphi \cdot d\varphi - \int_0^{\frac{A'A}{2}} \ln x \cdot dx - \ln\frac{1+\sec\theta}{\tan\theta}\int_0^{\frac{A'A}{2}} dx\right\}$$

$$= 2kv_0\sin\theta\left\{AC\left[\sin\varphi \cdot \ln(AC\cos\varphi + AC)\Big|_0^\theta + \int_0^\theta \sin\varphi\frac{AC\sin\varphi}{AC\cos\varphi + AC}d\varphi\right] - \left[x\ln x - x\right]_0^{\frac{A'A}{2}} {}^* - \right.$$

$$\left. \ln\frac{1+\sec\theta}{\tan\theta}x\,\Big|_0^{\frac{A'A}{2}}\right\}$$

$$= 2kv_0\sin\theta\left\{AC\left[\sin\theta\ln(AC\cos\theta + AC) + \int_0^\theta(1-\cos\varphi)d\varphi\right] - \frac{A'A}{2}\ln\frac{A'A}{2} + \frac{A'A}{2} - \right.$$

$$\left. \frac{A'A}{2}\ln\left(1 + \frac{1}{\cos\theta}\right)\frac{\cos\theta}{\sin\theta}\right\}$$

$$= 2k \cdot v_0 \cdot \sin\theta \cdot AC \cdot \theta \tag{6-113}$$

---

* 由罗必塔法则，$\lim\limits_{x\to 0} x\ln x = \lim\limits_{x\to 0}\dfrac{\ln x}{\dfrac{1}{x}} = \lim\limits_{x\to 0}(-x) = 0$。

式（6-113）即扇形 *ACHBF* 区塑性变形功率。

由图 6-25，*AC* 线上切向速度不连续量为

$$\Delta v_t = v_0 \cos\theta$$

注意到 *AA'C* 为死金属区，*AFD* 区内应变速率为零，故两区内不消耗变形功率，于是由上式以及式（6-104）、式（6-108）、式（6-110）并注意 *FD = AF = AC*，有

$$\dot{W}_{\mathrm{s}} = ACkv_0\cos\theta + kv_0\sin\theta AC2\theta + FDk\frac{v_0}{2}\sec\theta +$$

$$AFk\frac{v_0}{2}(\cos\theta - \tan\theta\sin\theta)$$

$$= kv_0 AC\left(\cos\theta + 2\theta\sin\theta + \frac{\sec\theta}{2} + \frac{\cos\theta - \tan\theta\sin\theta}{2}\right) \tag{6-114}$$

图 6-25　沿 *AC* 切向速度不连续量

6. 10. 3　最小上界值

令外功率为 $\overline{p}\dfrac{A'A}{2}v_0 = J^* = \dot{W}_i + \dot{W}_{\mathrm{s}}$，将式（6-113）、式（6-114）代入该式，注意到

$\sin\theta = \dfrac{AA'/2}{AC}$，$\dfrac{AC}{AA'} = \dfrac{1}{2\sin\theta}$，整理得

$$\overline{p} = 2k\theta + k\left(\cot\theta + 2\theta + \frac{1}{\sin2\theta} + \frac{\cot\theta - \tan\theta}{2}\right)$$

$$= 4k\theta + k\left(\frac{1 + 3\cos^2\theta - \sin^2\theta}{2\sin\theta\cos\theta}\right) \tag{6-115}$$

$$= 4k\theta + 2k\cot\theta$$

$$n_\sigma = \frac{\overline{p}}{2k} = 2\theta + \cot\theta \tag{6-116}$$

上式对待定参量即死区角度 θ 求导令一阶导数为零得

$$\frac{\mathrm{d}n_\sigma}{\mathrm{d}\theta} = 2 - \frac{1}{\sin^2\theta} = 0 \quad 解之得：\sin\theta = \frac{1}{\sqrt{2}}；\quad \theta = \frac{\pi}{4} = 45°$$

将 $\theta = \dfrac{\pi}{4} = 45°$ 代入式（6-115）、式（6-116）得到最小上界值为：

$$\overline{p}_{\min} = 5.14k \qquad n_{\sigma\min} = 2.57 \tag{6-117}$$

上式表明对平冲头压入半无限体采用前述速度场模型及与 Prandtl 相同摩擦条件得到的最小上界值与 Prandtl 滑移线解完全一致。滑移线解仅是式（6-117）通解在 $\theta = \dfrac{\pi}{4}$ 时的一个特解。应力状态系数与 θ 关系曲线如图 6-26 所示。

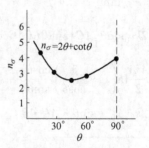

图 6-26　n_σ 与 θ 关系曲线

思 考 题

6-1 三角形速度场与上界连续速度场解法有哪些异同？

6-2 为什么三角形速度场只适于平面变形问题，而不适于轴对称问题？

6-3 与工程法和滑移线场法比较上界法的特点有哪些？

6-4 工程法属于下界法，但为什么工程法有时还给出偏高的结果？

6-5 设定含有待定参数 a_i 的某种运动许可速度场，虽然按 $\dfrac{\partial J^*}{\partial a_i} = 0$ 确定了 a_i，但为什么仍然得不到精确解？

6-6 为什么在同样摩擦因子条件下锻粗时，考虑侧面鼓形比不考虑者 $\dfrac{\overline{p}}{2k}$ 值小？

习 题

6-1 试用三角形速度场，按上界法求第 4 章中习题 4-3 和 4-4 的 $\dfrac{\overline{p}}{2k} = ?$

6-2 试用三角形速度场，按上界法求图 4-50 所示的平面变形挤压过程（模壁光滑，挤压轴的速度为 1，θ 角为 30°，假定是快速挤压，认为此过程是绝热过程，工件的密度为 ρ，比热为 C，热功当量为 J，屈服剪应力为 k）的 $\dfrac{\overline{p}}{2k}$ 值和确定速度不连续线上的温升值 Δt。

6-3 试按平行速度场（不考虑侧面鼓形）求镦粗圆盘时（图 6-27）的

$$\frac{\overline{p}}{\sigma_s} = 1 + \frac{m\sqrt{3}}{9} \frac{d}{h}$$

6-4 平面变形压缩如图 6-28 所示厚件，流动路线如图中之虚线。试确定三角形速度场，并求 $\dfrac{\overline{p}}{2k}$ 值。

6-5 证明在光滑条件下平冲头压缩半无限体 Hill 滑移线解 $n_\sigma = 2.57$ 是上界通解 $n_\sigma = \dfrac{\overline{p}}{2k} = 2\theta + \cot\theta + \dfrac{m\tan\theta}{2}$，当 $m = 0$，$\theta = \dfrac{\pi}{4}$ 时的一个特解。

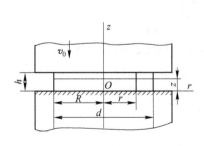

图 6-27　镦粗圆盘

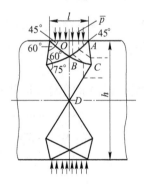

图 6-28　厚件压缩

7 变分法及其应用

7.1 变分法的基本概念

变分法，又称变分解法，是研究泛函及其极值的一种数学方法。它根据变分原理（如泛函的极值条件，例如极小势能原理）建立变分方程，从而求出应力、应变以及力能参数。需要指出的是，本章所讲的变分法，其本质是对能量泛函求极值的过程，是从数学方法上给出的定义。因其计算依据仍是上界定理，因而其结果可归为上界解。本章主要介绍变分法的基本原理、特性以及在轧制力能参数求解上的应用。

7.1.1 函数和泛函

如果对于变量 x 在某一区域上的每一个值，变量 y 均有一个值与它对应，则变量 y 称为变量 x 的函数，记为 $y = y(x)$。如果自变量 x 有微小的增量 $\mathrm{d}x$，则函数 y 也有对应的微小增量，即

$$\Delta y = y'(x)\,\mathrm{d}x + \frac{1}{2!}y''(x)\,(\mathrm{d}x)^2 + \cdots$$

其中的一阶线性项，即函数 y 增量的主部，称为函数 y 的微分，记为 $\mathrm{d}y = y'(x)\,\mathrm{d}x$。

如果对每一个函数 $y(x)$，变量 I 均有一个值与它对应，则称变量 I 为依赖于函数 $y(x)$ 的泛函，记为

$$I = I[y(x)] \tag{7-1}$$

因此，泛函是以函数为自变量的函数。

7.1.2 函数与泛函的变分

假设函数 $y(x)$ 发生了微小的改变，变成临近的一个新函数 $y_1(x)$，如图 7-1 所示，则对应任意位置坐标 x，函数 y 具有微小的增量

$$\delta y = y_1(x) - y(x) \tag{7-2}$$

增量 δy 称为函数 $y(x)$ 的变分。这里用 δy 表示，以区别于微分。显然，δy 一般也是 x 的函数。

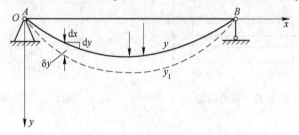

图 7-1 变分和微分

例如，在图 7-1 中，如果 $y(x)$ 代表简支梁的挠度函数，它表示了一种位移状态。假设由于某种原因，在此位移状态附近发生了微小的改变 δy，进入临近的位移状态 $y_1(x)$，即 $y_1(x) = y(x) + \delta y$，则增量 δy 表示函数 y 的变分。由此可见，变分问题的自变量是函数 y，它研究由于自变量函数 y 改变 δy，引起的泛函 I 改变 δI；而微分与此不同，它表示在同一位移状态 $y(x)$ 中，由于自变量 x 的改变 $\mathrm{d}x$，而引起相应的挠度函数的改变 $\mathrm{d}y$（图 7-1）。但同时也可看出，变分与微分都是微量。

当 y 有变分 δy，导数 y' 一般也有相应的变分 $\delta(y')$，它等于新函数 y_1 的导数与原函数 y 的导数两者之差，即

$$\delta(y') = y'_1(x) - y'(x) \tag{7-3}$$

又由式（7-2）有 $(\delta y)' = y'_1(x) - y'(x)$。于是，有关系式 $\delta(y') = (\delta y)'$，或

$$\delta\left(\frac{\mathrm{d}y}{\mathrm{d}x}\right) = \frac{\mathrm{d}}{\mathrm{d}x}(\delta y) \tag{7-4}$$

即导数的变分等于变分的导数。因此，微分的运算和变分的运算可以交换秩序。

下面讨论由函数的变分 δy 引起的泛函的变分。假设泛函具有如下的形式

$$I[y(x)] = \int_a^b f(x,\ y,\ y')\,\mathrm{d}x \tag{7-5}$$

并假设积分的上下限均为定值，即不含有变量，其中的被积函数 $f(x,\ y,\ y')$ 是 x 的复合函数。

首先考察函数 $f(x,\ y,\ y')$。当函数 $y(x)$ 具有变分 δy 时，导数 y' 也将随着具有变分 $\delta y'$。这时，按照泰勒级数的展开法则，函数 f 的增量可以写成

$$\Delta f = f(x,\ y + \delta y,\ y' + \delta y') - f(x,\ y,\ y')$$

$$= \left(\frac{\partial f}{\partial y}\delta y + \frac{\partial f}{\partial y'}\delta y'\right) + \frac{1}{2!}\left(\frac{\partial^2 f}{\partial y^2}\delta y^2 + 2\frac{\partial^2 f}{\partial y \partial y'}\delta y \delta y' + \frac{\partial^2 f}{\partial y'^2}\delta y'^2\right) + \tag{7-6}$$

$$(\delta y \text{ 和 } \delta y' \text{ 的更高阶项})$$

上述等号右边第一个括号内的两项，是关于 δy 和 $\delta y'$ 的线性项，是函数 f 的增量的主部，定义为函数 f 的一阶变分

$$\delta f = \frac{\partial f}{\partial y}\delta y + \frac{\partial f}{\partial y'}\delta y' \tag{7-7}$$

等号右边第二项，是函数 f 的二阶变分 $\delta^2 f$。

相应的泛函 I 的增量为

$$\Delta I = \int_a^b f(x,\ y + \delta y,\ y' + \delta y')\,\mathrm{d}x - \int_a^b f(x,\ y,\ y')\,\mathrm{d}x$$

$$= \int_a^b \left[\delta f + \delta^2 f + (\delta y \text{ 及 } \delta y' \text{ 的更高阶项})\right]\mathrm{d}x \tag{7-8}$$

根据上述定义泛函 I 的一阶变分为

$$\delta I = \int_a^b (\delta f)\,\mathrm{d}x \tag{7-9}$$

将式（7-7）代入，即得泛函 I 的一阶变分

$$\delta I = \int_a^b \left(\frac{\partial f}{\partial y}\delta y + \frac{\partial f}{\partial y'}\delta y'\right)\mathrm{d}x \tag{7-10}$$

由式（7-5）及式（7-10），可见有关系式

$$\delta \int_a^b f \mathrm{d}x = \int_a^b (\delta f) \, \mathrm{d}x \tag{7-11}$$

这就是说，只要积分的上下限保持不变（即积分的上下限不含有变量），变分的运算与定积分的运算可以交换秩序。

相应地，如果在式（7-8）中取 δy 和 $\delta y'$ 的二次项，可以得到关于泛函 I 的二阶变分 $\delta^2 I$ 的表达式，即

$$\delta^2 I = \int_a^b \frac{1}{2!} \left(\frac{\partial^2 f}{\partial y^2} \delta y^2 + 2 \frac{\partial^2 f}{\partial y \partial y'} \delta y \delta y' + \frac{\partial^2 f}{\partial y'^2} \delta y'^2 \right) \mathrm{d}x \tag{7-12}$$

7.1.3 泛函的极值问题——变分问题

泛函的极值问题，相似于函数的极值问题，可以表示如下：如果泛函 $I = I[y(x)]$ 在 $y_0(x)$ 邻近的任意一条曲线上的值，都不大于或都小于 $I = I[y_0(x)]$，则称泛函 $I = I[y(x)]$ 在曲线 $y = y_0(x)$ 上达到极大值或极小值，而泛函 I 为极值的必要条件是一阶变分等于零，即

$$\delta I = 0 \tag{7-13}$$

相应的曲线 $y = y_0(x)$ 称为泛函 $I = I[y(x)]$ 的极值曲线。

泛函 I 为极值的充分条件如下：

（1）如果二阶变分 $\delta^2 I \geqslant 0$，则泛函 I 在 $y = y_0(x)$ 为极小值。

（2）如果二阶变分 $\delta^2 I \leqslant 0$，则泛函 I 在 $y = y_0(x)$ 为极大值。

（3）如果二阶变分 $\delta^2 I$ 在 $y = y_0(x)$ 的两侧变号，则泛函 I 在 $y = y_0(x)$ 为驻值（即在此点的导数或者一阶变分为零，泛函 I 曲线的切线为水平线；而两侧曲线的升降情况不同），如图 7-2 所示。

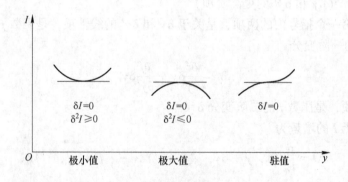

图 7-2 极值和驻值

在求解一般的泛函极值问题时，通常只考虑必要条件式（7-13），即一阶变分等于零就可以了。这时，相应的泛函就是极值或驻值。

7.1.4 变分与微分的比较

首先，变分和微分的自变量和因变量是不相同的。微分问题的自变量是最基本的变

量，如位置坐标变量、时间变量等，其因变量是函数；而变分问题的自变量是函数，其因变量是泛函。相应地，由于变分和微分的自变量和因变量是不同的，因此，微分问题和变分问题表示的物理概念也是不同的。从图 7-1 所示的简支梁可以明显地看出，在微分问题中，微分为 $\mathrm{d}x \to \mathrm{d}y$，表示在同一位移状态中，由于位置 x 的改变 $\mathrm{d}x$，引起位移的改变 $\mathrm{d}y$。而在变分问题中，变分为 $\delta y \to \delta I$，其中 δy 表示位移状态的改变，即从原来的位移状态 y 进入邻近的位移状态 y_1 的改变；然后再考虑对于同一位置 x，由于位移状态改变 δy，引起相应的泛函 I（如弹性体的势能）的改变 δI。在变分问题中，由于自变量函数常常表示某一种物理状态，如位移状态、应力状态等，故又称自变量函数为状态函数。

其次，由于变分和微分都是微量，因而变分和微分的运算相似，如求导的运算、极值问题的运算等；并且变分的运算和微分的运算可以交换秩序，如式（7-4）所示；在泛函为定积分时，变分的运算和积分的运算也可以交换秩序，如式（7-11）所示。

7.2　泛函的极值条件

下面讨论泛函的极值条件以及与之对应的微分方程，并以下面几种泛函为例进行说明。

首先，考虑具有完全约束边界条件的泛函极值问题。设有泛函

$$I[y(x)] = \int_a^b f(x, y, y') \mathrm{d}x \tag{7-14}$$

其中包含两个自变量函数 y 及其一阶导数 y'，并且 y 具有对 x 的二阶连续导数。假定在两端点边界 $x = a, b$ 上直接给定了函数 y 必须满足的约束条件

$$y(a) = y_a, \qquad y(b) = y_b \tag{7-15}$$

试求泛函 I 的极值条件。式（7-15）称为约束边界条件或刚性边界条件。

考虑泛函 I 为极值时的必要条件，即一阶变分等于零

$$\delta I = \int_a^b \left(\frac{\partial f}{\partial y} \delta y + \frac{\partial f}{\partial y'} \delta y' \right) \mathrm{d}x = 0 \tag{7-16}$$

式（7-16）中的第二项可以通过分部积分写成

$$\int_a^b \left(\frac{\partial f}{\partial y'} \delta y' \right) \mathrm{d}x = \int_a^b \left[\frac{\partial f}{\partial y'} \delta \left(\frac{\mathrm{d}y}{\mathrm{d}x} \right) \right] \mathrm{d}x = \int_a^b \left[\frac{\partial f}{\partial y'} \frac{\mathrm{d}(\delta y)}{\mathrm{d}x} \right] \mathrm{d}x$$

$$= \int_a^b \left[\frac{\mathrm{d}}{\mathrm{d}x} \left(\frac{\partial f}{\partial y'} \delta y \right) - \frac{\mathrm{d}}{\mathrm{d}x} \left(\frac{\partial f}{\partial y'} \right) \delta y \right] \mathrm{d}x \tag{7-17}$$

$$= \left[\left(\frac{\partial f}{\partial y'} \right) \delta y \right]_{x=b} - \left[\left(\frac{\partial f}{\partial y'} \right) \delta y \right]_{x=a} - \int_a^b \frac{\mathrm{d}}{\mathrm{d}x} \left(\frac{\partial f}{\partial y'} \right) \delta y \mathrm{d}x$$

将式（7-17）代入式（7-16），则泛函 I 的极值条件成为

$$\delta I = \int_a^b \left(\frac{\partial f}{\partial y} \delta y + \frac{\partial f}{\partial y'} \delta y' \right) \mathrm{d}x$$

$$= \left[\left(\frac{\partial f}{\partial y'} \right) \delta y \right]_{x=b} - \left[\left(\frac{\partial f}{\partial y'} \right) \delta y \right]_{x=a} + \int_a^b \left[\left(\frac{\partial f}{\partial y} \right) \delta y - \frac{\mathrm{d}}{\mathrm{d}x} \left(\frac{\partial f}{\partial y'} \right) \delta y \right] \mathrm{d}x \tag{7-18}$$

$$= 0$$

由于函数 y 预先满足约束边界条件式（7-15），在边界端点上函数的变分为零，即

$$(\delta y)_{x=b} = 0, \quad (\delta y)_{x=a} = 0 \tag{7-19}$$

将式（7-19）代入式（7-18），故泛函 I 的极值条件是

$$\delta I = \int_a^b \left[\frac{\partial f}{\partial y} - \frac{\mathrm{d}}{\mathrm{d}x}\left(\frac{\partial f}{\partial y'}\right) \right] \delta y \mathrm{d}x = 0 \tag{7-20}$$

δy 在域内 $[a, b]$ 为任意的变分。对于任意的变分 δy，式（7-20）的极值条件均必须满足，则只能是积分号内的方括号在积分域内处处都等于零，因此得出

$$\frac{\partial f}{\partial y} - \frac{\mathrm{d}}{\mathrm{d}x}\left(\frac{\partial f}{\partial y'}\right) = 0 \quad (a \leqslant x \leqslant b) \tag{7-21}$$

将式（7-21）的第二项展开，并注意到 $f = f(x, y, y')$，则有

$$\frac{\mathrm{d}}{\mathrm{d}x}\left(\frac{\partial f}{\partial y'}\right) = \frac{\partial^2 f}{\partial x \partial y'} + \frac{\partial^2 f}{\partial y \partial y'}y' + \frac{\partial^2 f}{\partial y'^2}y'' \tag{7-22}$$

所以式（7-21）又可写成

$$\frac{\partial f}{\partial y} - \frac{\partial^2 f}{\partial x \partial y'} - \frac{\partial^2 f}{\partial y \partial y'}y' - \frac{\partial^2 f}{\partial y'^2}y'' = 0 \quad (a \leqslant x \leqslant b) \tag{7-23}$$

因此，从极值条件式（7-16）导出的相应微分方程式（7-21）称为极值条件对应的欧拉方程；满足欧拉方程式（7-21）的解答，必然满足上述极值条件式（7-16）。这样，可以得出结论：在端点的约束边界条件式（7-15）下，求解泛函式（7-14）的极值问题，等价于在端点的约束边界条件式（7-15）下，求解欧拉方程式（7-21）的问题。简单地说，在端点边界约束条件式（7-15）下，泛函式（7-14）的极值条件等价于欧拉方程式（7-21）。

由此可见，我们得到两种描述问题和求解问题的方法：一种是变分法，即在边界约束条件下，求解泛函的极值条件，得出函数的解答；另一种是微分方程的解法，即在边界约束条件下，求解微分方程即欧拉方程的解答。一般来说，求解微分方程的解答是比较困难的，不容易找出解答；而应用变分法的极值条件来求解，是比较容易的。这也就是变分法在求解实际问题时有着广泛应用的原因。

例 7-1 最短线问题。设平面上有两个定点 $A(a, y_a)$ 和 $B(b, y_b)$，试求两点之间所有曲线簇中的最短线，如图 7-3 所示。

分析： 因为微分线段的长度为

$$\mathrm{d}s = \sqrt{\mathrm{d}x^2 + \mathrm{d}y^2} = \sqrt{1 + y'^2}\,\mathrm{d}x$$

所以 $A(a, y_a)$ 和 $B(b, y_b)$ 两点之间任一曲线的长度 L 是

$$L = \int_a^b \mathrm{d}s = \int_a^b \sqrt{1 + y'^2}\,\mathrm{d}x$$

式中，L 是 y 的泛函。为了求此曲线簇中的最短线，即长度 L 的极小值，令其一阶变分等于零，即

$$\delta L = \int_a^b \frac{y'}{\sqrt{1 + y'^2}} \delta y' \mathrm{d}x = 0$$

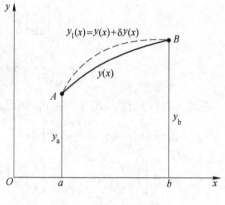

图 7-3　最短线问题

应用分部积分公式，得极值条件为

$$\delta L = \left[\frac{y'}{\sqrt{1 + y'^2}} \delta y \right]_a^b - \int_a^b \frac{\mathrm{d}}{\mathrm{d}x} \left[\frac{y'}{\sqrt{1 + y'^2}} \right] \delta y \mathrm{d}x = 0$$

由于在 $x = a$，b 处，函数 y 预先满足了约束条件，其变分 $\delta y_a = 0$，$\delta y_b = 0$；而在域内 δy 为任意的变分，不等于零，所以从上述极值条件可得到相应的欧拉方程，即

$$\frac{\mathrm{d}}{\mathrm{d}x} \left[\frac{y'}{\sqrt{1 + y'^2}} \right] = 0$$

由此解出

$$y' = c \qquad （c \text{ 为常数}）$$

得出

$$y = Ex + F$$

将 A、B 两端点的约束条件代入，求出常数

$$E = \frac{y_b - y_a}{b - a}, \qquad F = \frac{by_a - ay_b}{b - a}$$

于是得最短线的方程为

$$y = \frac{y_b - y_a}{b - a} x + \frac{by_a - ay_b}{b - a}$$

可见两点之间的最短线是一条直线。

其次，考虑具有可动边界的泛函极值问题。设有同样的泛函式（7-14），其自变量函数 y 在一端 $x = a$ 上有约束边界条件

$$y(a) = y_a \tag{7-24}$$

而另一端的边界是可动的，即没有直接给出函数 y 必须满足的约束条件，而是用其他的条件来表达的。这类问题称为可动边界问题，其边界条件称为自然边界条件。下面研究泛函式（7-14）的极值条件对应于域内什么样的欧拉方程和边界上什么样的条件。

在端点 $x = a$，预先满足约束条件式（7-24），因此有

$$(\delta y)_{x=a} = 0 \tag{7-25}$$

由此，泛函极值条件式（7-18）可以表达为

$$\delta I = \left[\left(\frac{\partial f}{\partial y'} \right) \delta y \right]_{x=b} + \int_a^b \left[\left(\frac{\partial f}{\partial y} \right) \delta y - \frac{\mathrm{d}}{\mathrm{d}x} \left(\frac{\partial f}{\partial y'} \right) \delta y \right] \mathrm{d}x = 0 \tag{7-26}$$

函数 y 的变分 δy，在域内和在端点 $x = b$ 上不受约束，是任意的。对于任意的变分 δy，极值条件式（7-26）均应满足，必须有

$$\frac{\partial f}{\partial y} - \frac{\mathrm{d}}{\mathrm{d}x} \left(\frac{\partial f}{\partial y'} \right) = 0 \qquad (a \leqslant x \leqslant b) \tag{7-27}$$

$$\frac{\partial f}{\partial y'} = 0 \qquad (x = b) \tag{7-28}$$

因此，从泛函极值条件导出域内的欧拉方程式（7-27）和端点（$x = b$）的边界条件式（7-28）。也就是说，在端点（$x = a$）的约束边界条件式（7-24）下，泛函式（7-14）的极值条件包含了上述欧拉方程式（7-27）和式（7-28）。或者说，泛函式（7-14）的极值条件，等价于欧拉方程式（7-27）和边界条件式（7-28）。式（7-28）就是自然边界条件。

由此，相似地也可得到两种描述问题和求解问题的方法：一种是变分法，即在端点（$x=a$）的约束边界条件式（7-24）下，从泛函极值条件求解函数 y 的解答。其泛函极值条件，等价于欧拉方程式（7-27）和边界条件式（7-28）。另一种是微分方程的解法，在端点（$x=a$）的边界约束条件式（7-24）和端点（$x=b$）的自然边界条件式（7-28）下，从微分方程，即欧拉方程式（7-27）求出函数 y 的解答。

　　例 7-2　最速下降线问题。在重力场中求连接定点 $A(0,0)$ 和另一点 $B(b,y)$ 的一条曲线 $y=y(x)$，使初速度为零的质点沿该曲线从 A 下滑至 B 所需时间为最短（忽略摩擦阻力），如图 7-4 所示。

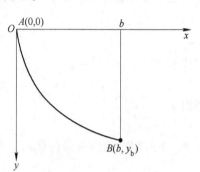

图 7-4　最速下降线问题

　　分析：在点 B，对函数 y 没有直接的约束条件。质点沿着曲线由 A 滑到 B 所需时间，用 T 表示为

$$T=\int_0^T \mathrm{d}t=\int_0^b \frac{\mathrm{d}s}{v}=\int_0^b \frac{\sqrt{1+y'^2}}{v}\mathrm{d}x \qquad (7\text{-}29)$$

式中，$\mathrm{d}s$ 是沿曲线 AB 上的微分线段；v 是质点在相应于 y 点的滑动速度。

　　根据能量守恒定律，这点的势能转化为相应的动能，$mgy=\frac{1}{2}mv^2$，因此，其速度是 $v=\sqrt{2gy}$。将它代入式（7-29），得

$$T=\int_0^b \frac{\sqrt{1+y'^2}}{\sqrt{2gy}}\mathrm{d}x \qquad (7\text{-}30)$$

于是求最速下降线的变分问题，就是在满足端点 A 的约束条件 $y(0)=0$ 下，求解上述的泛函——时间 T 的最小值问题。

　　泛函 T 内含有 y、y'，其一阶变分应等于零，即

$$\delta T=\frac{1}{\sqrt{2g}}\int_0^b \left[\frac{y'}{\sqrt{y(1+y'^2)}}\delta y'-\frac{1}{2y}\sqrt{\frac{1+y'^2}{y}}\delta y\right]\mathrm{d}x=0 \qquad (7\text{-}31)$$

式（7-31）中的第一项可以通过分部积分得

$$\int_0^b \left[\frac{y'}{\sqrt{y(1+y'^2)}}\delta y'\right]\mathrm{d}x=\left[\frac{y'}{\sqrt{y(1+y'^2)}}\delta y\right]_0^b-\int_0^b \left[\frac{\mathrm{d}}{\mathrm{d}x}\frac{y'}{\sqrt{y(1+y'^2)}}\delta y\right]\mathrm{d}x \qquad (7\text{-}32)$$

将式（7-32）代入式（7-31），并注意式（7-32）中第一项在 A 点的变分 $\delta y(0)=0$，可得

$$\delta T=-\frac{1}{\sqrt{2g}}\int_0^b \frac{\mathrm{d}}{\mathrm{d}x}\left[\frac{y'}{\sqrt{y(1+y'^2)}}+\frac{1}{2y}\sqrt{\frac{1+y'^2}{y}}\right]\delta y\,\mathrm{d}x+\left[\frac{y'}{\sqrt{y(1+y'^2)}}\delta y\right]_{x=b}=0$$

$$(7\text{-}33)$$

　　因为变分 δy 在域内和在端点 $x=b$ 上是任意的，为了满足极值条件必须有

$$\frac{\mathrm{d}}{\mathrm{d}x}\left[\frac{y'}{\sqrt{y(1+y'^2)}}+\frac{1}{2y}\sqrt{\frac{1+y'^2}{y}}\right]=0 \qquad (0\leqslant x\leqslant b) \qquad (7\text{-}34)$$

$$\left[\frac{y'}{\sqrt{y(1+y'^2)}}\right]_{x=b}=0 \qquad (x=b) \qquad (7\text{-}35)$$

所以，从泛函 T 的极值条件导出域内的欧拉方程式（7-34）和端点（$x=b$）的边界条件式（7-35）。式（7-35）就是自然边界条件，它可以简化为

$$y'_{(x=b)} = 0 \tag{7-36}$$

因此，上述变分问题也可以按下列微分方程求解：在欧拉方程式（7-34）和端点（$x=b$）的自然边界条件式（7-36）及端点（$x=0$）的约束边界条件 $y(0)=0$ 下，求出最速下降线 y 的解答。

再次，下面考虑在域内具有约束条件的泛函极值问题，变分的约束条件不仅出现在边界上，有时出现在区域内。

例 7-3 曲面上的短程线问题。设在空间域中，有一已知曲面

$$\varphi(x,\ y,\ z) = 0$$

其中 $y=y(x)$ 与 $z=z(x)$ 均为 x 的函数。试求曲面上的两点 A、B 之间长度最短的曲线，如图 7-5 所示。

在这个短程线问题中，$A(x_1,\ y_1,\ z_1)$ 点和 $B(x_2,\ y_2,\ z_2)$ 点均在曲面上，必须满足曲面的方程，因此具有已知的端点约束条件

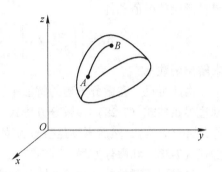

图 7-5 短程线问题

$$A:\varphi(x_1,\ y_1,\ z_1)=0, \qquad B:\varphi(x_2,\ y_2,\ z_2)=0 \tag{7-37}$$

而曲线上的任何一点又必须在曲面上，因此，在空间域中的曲线应满足约束条件

$$\varphi(x,\ y,\ z) = 0 \tag{7-38}$$

这就是域内的约束条件。

分析：在 A 和 B 两点之间曲线的长度 L，可以表示为

$$L = \int_{x_1}^{x_2} \sqrt{1 + y'^2 + z'^2}\,\mathrm{d}x$$

下面要在满足端点 A 和 B 的约束条件式（7-37）和区域内的约束条件式（7-38）下，选取一对 y、z，使泛函亦即长度 L 为最小。

在变分法的泛函极值问题中，凡是必须预先满足的条件称为约束条件，其中有边界上的约束条件和区域内的约束条件；在选择泛函的自变量函数时，这些约束条件是必须预先满足的。从泛函极值条件导出的域内的微分方程，称为欧拉方程；导出的边界上的方程，称为自然边界条件。因此，泛函的极值条件完全等价于欧拉方程和自然边界条件。

在变分法中，有约束条件的变分原理，也可以通过数学方法来消除这些约束条件。对于完全没有约束条件的泛函极值问题，一般称为广义变分原理。

7.3　变分问题的求解方法

变分问题的求解方法，不同于微分方程的求解方法。下面以 7.2 节中既有约束边界条件式（7-24）和又有可动边界条件式（7-28）的问题，来说明这两种求解的方法。

微分方程的解法是，在边界条件式（7-24）和式（7-28）下，直接求解欧拉方程式（7-27）的解答。即从下列微分方程组求解出函数 y

$$y(a) = y_a \qquad (x = a) \qquad (7\text{-}39)$$

$$\frac{\partial f}{\partial y'} = 0 \qquad (x = b) \qquad (7\text{-}40)$$

$$\frac{\partial f}{\partial y} - \frac{\mathrm{d}}{\mathrm{d}x}\left(\frac{\partial f}{\partial y'}\right) = 0 \qquad (a \leqslant x \leqslant b) \qquad (7\text{-}41)$$

而变分法的解法是，首先使函数 y 预先满足约束边界条件式（7-24），然后由可动边界的泛函的极值条件

$$\delta I = \left[\left(\frac{\partial f}{\partial y'}\right)\delta y\right]_{x=b} + \int_a^b \left[\left(\frac{\partial f}{\partial y}\right) - \frac{\mathrm{d}}{\mathrm{d}x}\left(\frac{\partial f}{\partial y'}\right)\right]\delta y \mathrm{d}x = 0 \qquad (7\text{-}42)$$

求解出函数 y。

由此可见，在微分方程的解法中，函数 y 必须满足的是约束边界条件式（7-24）、可动边界条件式（7-28）和微分方程式（7-27）。在变分法中，是使函数 y 预先满足约束边界条件（7-24），然后再满足变分方程 $\delta I = 0$，而变分方程是等价于并可替代可动边界条件式（7-28）和微分方程式（7-27）。

这里要注意的是，泛函 I 是以函数 y 为自变量的，但是 y 还是未知的函数。为了进行上述的运算，在变分法中采用先假设试函数 y，并使其预先满足约束边界条件；然后再进行泛函极值条件的计算，即 $\delta I = 0$。以下来说明具体的求解步骤。

7.3.1 Ritz 法

（1）假设试函数有如下表达

$$y(x) = \varphi_0(x) + \sum_i \alpha_i \varphi_i(x) \qquad (7\text{-}43)$$

y 中的 $\varphi_0(x)$ 是设定的满足约束边界条件式（7-24）的已知函数，$\varphi_i(x)$ 是设定在约束边界上为零的已知函数；而 α_i 是待定的状态参数，用以反映函数 y 的变分。因此，式（7-43）中设定的试函数 y 已经预先满足了约束边界条件。

（2）将设定的 y 代入泛函极值条件 $\delta I = 0$，并从极值条件求解出待定的状态参数 α_i。

（3）将求出的状态参数 α_i 代入 y 的表达式（7-43），就得出 y 的解答。

上述方法在变分法中称为 Ritz 法。Ritz 法一般用于这样的极值问题，即微分方程对应的泛函 I 已经存在。

7.3.2 伽辽金法

伽辽金法不需要有对应的泛函存在，而是直接利用微分方程来建立变分方程，因此它的应用更为普遍。设有一个微分方程

$$L(u) = f \qquad (7\text{-}44)$$

式中，L 是微分算子；u 是一个待求的函数，并必须满足若干个约束条件；f 是已知的函数。

由此，可以从上述微分方程写出一个类似于虚功方程的变分表达式

$$\int_V L(u)\delta u \mathrm{d}V = \int_V f \delta u \mathrm{d}V \qquad (7\text{-}45)$$

式中，δu 是满足约束条件的类似的"虚位移"。

如果对于满足约束条件的任意的"虚位移" δu，上述变分方程都得到满足，就必然可以得出微分方程式（7-44）。因此，上述变分方程式（7-45）等价于微分方程式（7-44）。在具体求解时，仍然可以设定如式（7-43）的试函数，令其预先满足约束条件；然后再代入变分方程（7-45），求出状态参数 α_i，从而得到函数 u 的解答。

在上面 Ritz 法的例子中，如果设定的试函数 y 既满足约束边界条件式（7-24），又满足可动边界条件式（7-28），这时泛函极值条件式（7-42）中的可动边界条件部分自动满足为零，变分方程简化为只包含欧拉方程式（7-41）部分的积分，即

$$\delta I = \int_a^b \left[\left(\frac{\partial f}{\partial y} \right) - \frac{\mathrm{d}}{\mathrm{d}x} \left(\frac{\partial f}{\partial y'} \right) \right] \delta y \mathrm{d}x = 0 \tag{7-46}$$

这样得出的变分方程，也类似于上述伽辽金变分方程。

如果有的问题还含有必须满足的自然边界条件，则此自然边界条件也可以仿照式（7-45）的形式，将其反映到变分方程之中。

7.3.3 列宾逊法

如果设定的试函数 y 既满足约束边界条件式（7-24），又满足域内的微分方程——欧拉方程式（7-41），因此在泛函极值条件式（7-42）中包含的欧拉方程部分自动满足为零，则变分方程简化为只包含可动边界条件部分的表达式，即

$$\delta I = \left[\left(\frac{\partial f}{\partial y'} \right) \delta y \right]_{x=b} = 0 \tag{7-47}$$

这种方法称为列宾逊法。

7.4 解出约束条件的方法

在变分法中，为了进行泛函极值的计算，首先要设定泛函的自变量函数，并且使它预先满足有关的约束条件，这往往会遇到较大的困难。因此，人们常常希望能解除这些约束条件，使函数的设定较为方便和自由。在数学中有几种解除约束条件的方法，以下以函数的极值问题为例进行说明。对于泛函的极值问题也是相似的，可参照计算。

7.4.1 代入消元法

此法就是利用约束条件，将某些变量用其他的变量来表示，然后将其代入泛函之中，以消除这些变量和相应的约束条件。

设有函数 $F(x, y)$，试在约束条件

$$g(x, y) = 0 \tag{7-48}$$

下，求解函数 $F(x, y)$ 的极值。

首先应用约束条件式（7-48），将 y 用 x 来表示，即

$$y = \varphi(x) \tag{7-49}$$

将它代入函数 $F(x, y)$ 之中，得

$$F(x, y) = F[x, \varphi(x)] \tag{7-50}$$

因此，求解函数 $F(x, y)$ 的极值，就变成为求解新函数 $F[x, \varphi(x)]$ 对于变量 x 的极值问题。这样既消除了变量 y，又解除了约束条件式（7-48）。

例 7-4 求函数

$$F(x, y) = 4x^2 + 5y^2$$

在约束条件

$$2x + 3y - 6 = 0$$

下的极值。

分析：利用约束条件，将 y 用 x 来表示为

$$y = 2 - \frac{2x}{3}$$

代入 $F(x, y)$，得

$$F = \frac{56}{9}x^2 - \frac{40}{3}x + 20$$

由极值条件

$$\frac{\partial F}{\partial x} = \frac{56 \times 2}{9}x - \frac{40}{3} = 0$$

得出 $x = 15/14$，从而得出 $y = 9/7$。再代入 $F(x, y)$，求出函数的极值 $F(x, y) = 90/7$。

7.4.2 拉格朗日乘子法

将约束条件式（7-48）的因子乘以拉格朗日乘子 λ（乘子 λ 可以为常数，或者为函数），与上述函数 $F(x, y)$ 叠加，组成新的函数，即

$$F^* = F + \lambda g(x, y) \tag{7-51}$$

然后，将拉格朗日乘子也作为独立的变量。于是，为了求解新函数 F^* 的极值，需要求解下面 3 个导数为零的条件，即

$$\left.\begin{array}{ll} \dfrac{\partial F^*}{\partial x} = 0, & \dfrac{\partial F}{\partial x} + \lambda \dfrac{\partial g}{\partial x} = 0 \\[2mm] \dfrac{\partial F^*}{\partial y} = 0, & \dfrac{\partial F}{\partial y} + \lambda \dfrac{\partial g}{\partial y} = 0 \\[2mm] \dfrac{\partial F^*}{\partial \lambda} = 0, & g(x, y) = 0 \end{array}\right\} \tag{7-52}$$

从式（7-52）求出变量 x、y、λ，再代入函数 $F(x, y)$，便可求出函数的极值。拉格朗日乘子法不减少（有时还增加）变量的数目，并且约束条件以显式的形式（约束条件的因子乘以拉格朗日乘子）纳入泛函之中。

例 7-5 在例 7-4 的问题中，将约束条件的因子乘以拉格朗日乘子 λ，得到新的函数

$$F^* = (4x^2 + 5y^2) + \lambda(2x + 3y - 6)$$

F^* 对变量 x、y、λ 求导，并令它们等于零，可得

$$\frac{\partial F^*}{\partial x} = 8x + 2\lambda = 0$$

$$\frac{\partial F^*}{\partial y} = 10y + 3\lambda = 0$$

$$\frac{\partial F^*}{\partial \lambda} = 0, \quad g(x, y) = 2x + 3y - 6 = 0$$

得到 $\lambda = -30/7$，$x = 15/14$，$y = 9/7$。将其代入 F，其函数的极小值也为 $90/7$。

7.4.3　罚函数法

将约束条件式（7-48）的平方乘以 α，作为罚函数叠加入 F 中，得到新的函数

$$F^* = F + \alpha g(x, y)^2 \tag{7-53}$$

式中，常数 α 为一给定的罚函数。

从式（7-53）中可见，当 g 满足条件 $g = 0$ 时，F^* 和 F 是恒等的。当 $g = 0$ 只能近似满足时，αg^2 就成为一个修正项，α 相当于求极值时的一个权函数。当 α 为负值（$\alpha < 0$）时，F^* 的最大值一定小于 F 的最大值；当 α 为正值（$\alpha > 0$）时，F^* 的最大值一定大于 F 的最大值。α 的绝对值越大，修正项 αg^2 在求 F^* 极值时所占的权重越大，这样就迫使 $g = 0$ 的条件越趋向于满足，从而使 F^* 逼近 F。

在求解函数 F 的极小值时，罚函数 α 应该取正值，并取较大的值。新函数的极值条件可以表达为下面两个导数为零的表达式

$$\frac{\partial F^*}{\partial x} = \frac{\partial F}{\partial x} + 2\alpha \frac{\partial g}{\partial x} = 0 \tag{7-54}$$

$$\frac{\partial F^*}{\partial y} = \frac{\partial F}{\partial y} + 2\alpha \frac{\partial g}{\partial y} = 0 \tag{7-55}$$

从式（7-54）和式（7-55）求出变量 x、y，当参数 α 足够大时，便可得出变量 x、y 的逼近值。再代入函数 F 就求出其极值。

例 7-6　对例 7-4 的问题，应用罚函数法得出新函数

$$F^* = F + \alpha g(x, y)^2 = (4x^2 + 5y^2) + \alpha (2x + 3y - 6)^2$$

然后，新函数的极值条件为

$$\frac{\partial F^*}{\partial x} = 8x + 4\alpha(2x + 3y - 6) = 0$$

$$\frac{\partial F^*}{\partial y} = 10y + 6\alpha(2x + 3y - 6) = 0$$

由此得出

$$x = \frac{5}{6}y, \qquad y = \frac{9}{7 + \dfrac{5}{2\alpha}}$$

当 α 很大时，y 趋于 $9/7$，x 趋于 $15/14$，F 的极小值与上面的例题一致。

一般而论，在泛函的极值问题中，当解除一些约束条件之后，就使函数的选取具有更大的自由度和任意性，从而提供了一定程度的方便。另外，设定函数的自由度的增加，使此函数的选择范围扩大了，因此，逼近真解的难度也增加了。这时，应当相应地提高收敛的力度，如在选择函数时，取有较好完备性的函数，或设定更多的状态参数，以便在求解时用来逼近真解。

7.5　变分法的特性及用途

在 19 世纪，变分法就已普遍地在力学等问题中建立和发展起来了。如短线程问题、最速下降问题、等周问题等，就提供了泛函求解的典型实例。以后，变分法在力学中得到广泛的发展和应用，如出现了极小势能原理和极小余能原理，并且在各种形式结构的静力学、动力学、稳定问题、振动问题等方面都得到广泛的应用。20 世纪中期，有限单元法开始出现，并且迅速发展起来，从而使变分原理广泛地应用于有限单元法；同时，又促进了广义变分原理等的发展，使变分法的应用更为广泛。此外，变分法已经成为一种基本的数学方法，在各种非力学领域得到了普遍的应用。

7.5.1　微分方程解法与变分解法的等价性

在弹性力学理论中，微分方程解法和变分法是两种互相独立又互相联系的解法。

（1）微分方程解法实际上表示了一种"广义的平衡原理"，并据此建立了一套微分方程组，然后从微分方程组解出所求的未知函数。例如，在域内，根据力的平衡原理建立平衡微分方程，根据应变与位移之间的关系建立几何方程，根据应力与变形之间的关系建立物理方程，以及在边界上，建立相应的位移和应力边界条件。

（2）变分解法是根据泛函的极值原理建立变分方程并进行求解的。如在弹性力学中，当势能趋于极小值时，就对应于弹性体的稳定平衡状态，从而根据极小能原理建立相应的变分方程；变分法的求解方法是使泛函（如势能）逐渐地趋近于极小值，得出对应于稳定平衡状态的解答。

因此，从物理概念上讲，泛函的极值条件等价于对应的物体的稳定平衡状态。从数学的推导方法可以看出，泛函的极值条件与微分方程是等价的，并且可以互相导出。因此，两者是相互联系的，并可以相互等价替代的。

7.5.2　变分法解答的近似性

从理论上分析，变分方程与对应的微分方程是严格等价的，可以互相替代。以式（7-20）为例，等价的条件是，对于任意的变分 δy，变分方程都必须得到满足，则此变分方程才等价于对应的欧拉方程式（7-21）。

但在实际应用变分法求解时，往往得出的是近似的解答。这是由于，在预先设定自变量的试函数时，常常不可能就设定为函数的真解，因为真解还是未知的。所以设定的试函数，常常是近似的函数；进而在考虑函数的变分时，只能在设定的近似函数的范围内进行，因而必然具有局限性。所以得出的变分方程的解答，常常是近似的解答。因此，人们常把变分法归于近似解法。当然，如果设定的试函数正好是真解，或者采用完备的无穷级数来表示试函数，在这样的情况下，也可能得到精确的解答。

7.5.3　变分法的用途

在 19~20 世纪，力学中的变分法已经广泛地应用于各种形式的结构和各种类型的力学问题，并且得出许多有实用意义的解答。上面已经讲过，从微分方程求函数的精确解，常常是非常困难的。虽然人们已经应用了各种数学方法、各种复杂的特殊函数来求微分方程的解答，但是当微分方程的形式和边界条件比较复杂的情况下，微分方程的求解几乎是不可能的。而用极值条件来表达的变分解法，在设定试函数后求解就比较容易，从而可得出许多实际问题的解答。

7.5.4 变分解法在有限单元法中的应用

有限单元法是在 20 世纪四五十年代，随着电子计算机的发展和广泛应用而发展起来的一种数值解法。它具有极大的通用性和灵活性，并且可以依赖计算机进行大数量的未知值的计算，因此，它能有效解决各种复杂的力学问题。

有限单元法是这样一种方法：首先将连续体变换为离散化结构，然后再应用变分法进行求解。将连续体变换为离散化结构，就是将连续体划分为有限多个、有限大小的单元，这些单元仅在一些节点上联结起来，构成所谓"离散化结构"。

在经典变分法中，研究的对象是连续体，泛函的自变量（未知函数）是连续函数，泛函的极值条件就是相对于连续函数的极值条件，而求解的结果就是连续函数的解答。而在有限单元法中，连续体已经变换为离散化结构，泛函被代替为各单元的分片泛函的总和，因而其自变量函数已被单元的分片连续函数代替。它的基本未知量已经由连续函数化为离散的各节点函数值。因此，当经典变分法应用于离散化结构时，泛函对连续函数的极值条件，已经转化为泛函对各个节点函数值的极值条件。这些极值条件是代数方程组，从而可以应用电子计算机方便地得出各个节点函数值的数值解答。因此，将变分法应用于有限单元法，就可以有效地解决各种各样的力学问题，从而为求解复杂的工程实际问题提供强有力的计算工具。

7.6 解析实例——连续速度场解析板带轧制

7.6.1 参数方程与速度场

如图 7-6 所示，板带轧制因宽度 B 与接触弧长 l 的比值远大于 1，故视为平面变形问题，可采用 Karman 假设，即轧件长、宽、高为主方向，σ_x、v_x 沿高向、横向均布。变形区内距出口截面为 x 处的厚度 h_x 方程、参数方程与秒流量方程为

$$h_x = 2R + h - 2\sqrt{R^2 - x^2} \tag{7-56}$$

$$h_x = 2R + h - 2R\cos\alpha$$

$$x = R\sin\alpha \tag{7-57}$$

$$v_H H = v_h h = v_x h_x = v\cos\alpha_{\mathrm{n}} h_{\mathrm{n}} = C \tag{7-58}$$

式中，C 为单位宽度秒流量。

于是由几何方程并注意 $\dot\varepsilon_z = 0$，得应变速率场与速度场分别为

$$\dot\varepsilon_x = -\frac{\partial v_x}{\partial x} = \frac{2xC}{\sqrt{R^2 - x^2}\,(2R + h - 2\sqrt{R^2 - x^2}\,)^2} = -\dot\varepsilon_y \tag{7-59}$$

$$v_x = \frac{C}{h_x} = \frac{C}{2R + h - 2\sqrt{R^2 - x^2}}, \qquad v_z = 0$$

$$v_y = \int \dot{\varepsilon}_y \partial y = \frac{-2xCy}{\sqrt{R^2 - x^2}\,(2R + h - 2\sqrt{R^2 - x^2})^2} \tag{7-60}$$

在式（7-59）、式（7-60）中，当 $x = 0$ 时，$v_x = v_h$；$x = l$ 时，$v_x = v_H$；$y = 0$ 时，$v_y = 0$。注意到 $\dot{\varepsilon}_x + \dot{\varepsilon}_y + \dot{\varepsilon}_z = 0$，故式（6-59）、式（6-60）满足运动许可条件。

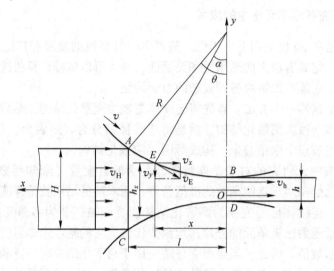

图 7-6　平辊轧制变形区

7.6.2　上界功率及最小值

由式（5-28）并将式（7-59）代入下式，注意到 $k = \dfrac{\sigma_s}{\sqrt{3}}$，得到内变形功率为

$$\dot{W}_i = 2k\int_V \sqrt{\frac{1}{2}\dot{\varepsilon}_{ij}\dot{\varepsilon}_{ij}}\,\mathrm{d}V = 2k\int_V \dot{\varepsilon}_x \mathrm{d}x\mathrm{d}y$$

$$= 4k\int_0^l \int_0^{\frac{h_x}{2}} \frac{2xC}{\sqrt{R^2 - x^2}\,(2R + h - 2\sqrt{R^2 - x^2})^2}\mathrm{d}y\mathrm{d}x \tag{7-61}$$

$$= 2kC\int_h^H \frac{\mathrm{d}u}{u} = 2kC\ln\frac{H}{h}$$

将 $x = 0$ 与 $x = l$ 代入式（7-60）得

$$v_y|_{x=0} = 0, \qquad v_y|_{x=l} = -\frac{2v_H}{H}\tan\theta \cdot y, \qquad \tan\theta = \frac{l}{\sqrt{R^2 - l^2}}$$

故出口截面 BD 不消耗剪切功率，入口截面 AC 剪切功率为：

$$\dot{W}_s = \int_s k\Delta v_t \mathrm{d}s = 2k\int_0^{\frac{H}{2}} |v_y|_{x=l}|\,\mathrm{d}y = 2k\frac{2v_H}{H}\tan\theta\int_0^{\frac{H}{2}} y\mathrm{d}y = \frac{k}{2}C\tan\theta \tag{7-62}$$

因辊面为二次曲线，若不采用以弦代替、抛物线代弧，可用参数方程式（7-57）经参量积分得到摩擦功率解析结果。

由图 7-6 设接触弧 AB 上摩擦力 $\tau_{\mathrm{f}} = mk$；坯料沿辊面切线方向速度为 $v_x/\cos\alpha$；E 点速度间断量为 $\Delta v_{\mathrm{f}} = v_x/\cos\alpha - v$；线元 $\mathrm{d}s = \mathrm{d}x/\cos\alpha$；故单位宽度上有：

$$\dot{W}_{\mathrm{f}} = 2mk\left[\int_0^{x_{\mathrm{n}}}\left(\frac{v_x}{\cos\alpha} - v\right)\frac{\mathrm{d}x}{\cos\alpha} - \int_{x_{\mathrm{n}}}^l\left(\frac{v_x}{\cos\alpha} - v\right)\frac{\mathrm{d}x}{\cos\alpha}\right]$$

上式中后滑区 $\dfrac{v_x}{\cos\alpha} - v$ 为负值，故积分式前为 "-" 号；α_{n} 为中性角，x_{n} 为中性面到出口距离，将式（7-60）直接代入上式，有

$$\dot{W}_{\mathrm{f}} = 2mk\left[\int_0^{x_{\mathrm{n}}}\frac{C\mathrm{d}x}{\cos^2\alpha\,(2R + h - 2\sqrt{R^2 - x^2})} - \int_0^{x_{\mathrm{n}}}\frac{v}{\cos\alpha}\mathrm{d}x + \right.$$
$$\left. \int_{x_{\mathrm{n}}}^l\frac{v}{\cos\alpha}\mathrm{d}x - \int_{x_{\mathrm{n}}}^l\frac{C\mathrm{d}x}{\cos^2\alpha\,(2R + h - 2\sqrt{R^2 - x^2})}\right]$$

将式（7-57）第二式微分代入上式，并注意 $x = 0$，$\alpha = 0$；$x = x_{\mathrm{n}}$，$\alpha = \alpha_{\mathrm{n}}$；$x = l$，$\alpha = \theta$，则得

$$\dot{W}_{\mathrm{f}} = 2mk\left[\int_0^{\alpha_{\mathrm{n}}}\frac{CR\mathrm{d}\alpha}{\cos\alpha\,(2R + h - 2R\cos\alpha)} - \int_0^{\alpha_{\mathrm{n}}}vR\mathrm{d}\alpha - \right.$$
$$\left. \int_{\alpha_{\mathrm{n}}}^\theta\frac{CR\mathrm{d}\alpha}{\cos\alpha\,(2R + h - 2R\cos\alpha)} + \int_{\alpha_{\mathrm{n}}}^\theta vR\mathrm{d}\alpha\right]$$

式中

$$\int_0^{\alpha_{\mathrm{n}}}\frac{\mathrm{d}\alpha}{\cos\alpha\,(2R + h - 2R\cos\alpha)}$$
$$= \frac{1}{2R + h}\left[\ln\tan\left(\frac{\pi}{4} + \frac{\alpha_{\mathrm{n}}}{2}\right) + \frac{2R}{\sqrt{h^2 + 4Rh}}\tan^{-1}\frac{\sqrt{h^2 + 4Rh}\sin\alpha_{\mathrm{n}}}{(2R + h)\cos\alpha_{\mathrm{n}} - 2R}\right]$$

$$\int_{\alpha_{\mathrm{n}}}^\theta\frac{\mathrm{d}\alpha}{\cos\alpha\,(2R + h - 2R\cos\alpha)}$$
$$= \frac{1}{2R + h}\left\{\ln\frac{\tan\left(\dfrac{\pi}{4} + \dfrac{\theta}{2}\right)}{\tan\left(\dfrac{\pi}{4} + \dfrac{\alpha_{\mathrm{n}}}{2}\right)} + \frac{2R}{\sqrt{h^2 + 4Rh}}\right.$$
$$\left. \left[\tan^{-1}\frac{\sqrt{h^2 + 4Rh}\sin\theta}{(2R + h)\cos\theta - 2R} - \tan^{-1}\frac{\sqrt{h^2 + 4Rh}\sin\alpha_{\mathrm{n}}}{(2R + h)\cos\alpha_{\mathrm{n}} - 2R}\right]\right\}$$

将上述两式代入前式并整理，得摩擦功率为

$$\dot{W}_{\mathrm{f}} = 2mkvR(\theta - 2\alpha_{\mathrm{n}}) + \frac{2mkCR}{2R + h}\left\{2\ln\tan\left(\frac{\pi}{4} + \frac{\alpha_{\mathrm{n}}}{2}\right) - \ln\tan\left(\frac{\pi}{4} + \frac{\theta}{2}\right) + \right.$$
$$\left. \frac{2R}{\sqrt{h^2 + 4Rh}}\left[2\tan^{-1}\frac{\sqrt{h^2 + 4Rh}\sin\alpha_{\mathrm{n}}}{(2R + h)\cos\alpha_{\mathrm{n}} - 2R} - \tan^{-1}\frac{\sqrt{h^2 + 4Rh}\sin\theta}{(2R + h)\cos\theta - 2R}\right]\right\}$$

$$(7\text{-}63)$$

将式（7-61）~式（7-63）代入下式并整理得到单位宽度轧制上界功率为

$$J^* = \dot{W}_i + \dot{W}_s + \dot{W}_f$$

$$= 2kC\ln\frac{H}{h} + \frac{kC}{2}\tan\theta + 2mkvR(\theta - 2\alpha_n) + \frac{2mkCR}{2R + h}\left\{\ln\frac{\tan^2\left(\dfrac{\pi}{4} + \dfrac{\alpha_n}{2}\right)}{\tan\left(\dfrac{\pi}{4} + \dfrac{\theta}{2}\right)} + \right.$$

$$\left.\frac{2R}{\sqrt{h^2 + 4Rh}}\left[2\tan^{-1}\frac{\sqrt{h^2 + 4Rh}\sin\alpha_n}{(2R + h)\cos\alpha_n - 2R} - \tan^{-1}\frac{\sqrt{h^2 + 4Rh}\sin\theta}{(2R + h)\cos\theta - 2R}\right]\right\}$$

$$\text{(7-64)}$$

式（7-64）功率最小化方法有两种。

（1）局部最小化。将式（7-64）对 α_n 求导，令 $\dfrac{\partial J^*}{\partial \alpha_n} = 0$，有

$$\cos^2\alpha_n - \frac{2R + h}{2R}\cos\alpha_n + \frac{C}{2vR} = 0$$

解二次方程可得使轧制功率获最小上界值的 α_n 为

$$\alpha_n = \cos^{-1}\left[\left(0.5 + \frac{h}{4R}\right) + 0.5\sqrt{\left(1 + \frac{h}{2R}\right)^2 - \frac{2C}{Rv}}\right] \tag{7-65}$$

式中，C 为单位宽度秒流量。

将式（7-65）代入式（7-64）可得到最小上界功率 $J^*_{\min}$。

（2）整体最小化。采用搜索法，将 $C = v\cos\alpha_n h_n$，$h_n = 2R + h - 2R\cos\alpha_n$ 代入式（7-64），然后搜索函数 $f(\alpha_n, m)$ 的最小值。此法可得到使上界功率最小时 α_n 与 m 的关系曲线以及最小上界功率 $J^*_{\min}$。

7.6.3　轧制力能参数

设接触弧上任一点单位压力为 p，该点轧辊垂直分速度为 v_y，该点的压下功率为 pv_y，设总压力为 $F = \bar{p}Bl$，令上下辊总压下功率等于最小上界功率 $J^*_{\min}$，则有

$$J = 2\bar{p}Bl\frac{1}{\theta}\int_0^\theta v_y\mathrm{d}\alpha = 2F\frac{1}{\theta}\int_0^\theta v\sin\alpha\mathrm{d}\alpha = 2Fv\frac{1 - \cos\theta}{\theta} = J^*_{\min} \tag{7-66}$$

应力状态影响系数、每辊轧制力、力矩为：

$$n_\sigma = \frac{\bar{p}}{2k} = \frac{F}{2kBl} \tag{7-67}$$

$$F = \frac{\theta J^*_{\min}}{2v(1 - \cos\theta)} \tag{7-68}$$

$$M = \frac{R}{2v}J^*_{\min} \tag{7-69}$$

式中，R、v 为轧辊半径与周速；B、l、θ 为轧件宽度，接触弧水平投影长度与接触角。

表明 Karman 假设下用直角坐标系速度场与接触弧参数方程可在不简化接触弧及被积

函数情况下得到轧制功率上界解析解。式中摩擦因子 m 可用式 (7-70) 计算：

$$m = f + \frac{1}{8} \frac{l}{h} (1 - f) \sqrt{f} \tag{7-70}$$

式中, f 为滑动摩擦系数；对轧制, h 取 $\bar{h} = \frac{H + h}{2}$。

7.7 解析实例——二维厚板轧制

轧制力与力矩是轧制理论求解的主要力能参数，也是轧制过程控制预设定以及轧制工艺优化的依据。本节从分析厚板粗轧阶段的变形特点入手，提出了二维流函数速度场，用应变矢量内积法获得成型总功率泛函，最后以变分法导出轧制力和力矩的解析解。

7.7.1 二维流函数速度场

在可逆粗轧机上，展宽道次指的是在整形轧制之后将坯料旋转 90° 并在轧件的宽度方向进行轧制。在展宽道次中，尽管 $l/(2h) \leqslant 1$ ，但是其宽厚比 b/h 远大于 10，因此轧件在纵向上的宽展可以忽略不计。

初始厚度为 $2h_0$ 的轧件通过轧辊轧成厚度为 $2h_1$ 的成品厚度。选择如图 7-7 所示的坐标系，其中坐标原点位于变形区的入口截面上。

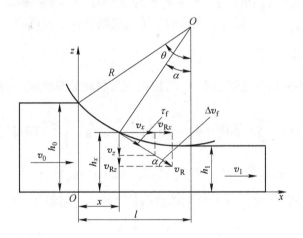

图 7-7　厚板轧制变形区

在本书中，不考虑弹性压扁对轧制力矩和轧制力的影响，轧辊为刚性的。由图中几何关系，接触弧方程、参数方程以及一阶二阶导数为

$$\left. \begin{array}{l} z = h_x = R + h_1 - \left[R^2 - (l - x)^2 \right]^{1/2} \\ z = h_\alpha = R + h_1 - R\cos\alpha \end{array} \right\} \tag{6-71}$$

$$l - x = R\sin\alpha, \quad \mathrm{d}x = -R\cos\alpha \, \mathrm{d}\alpha \tag{6-72}$$

$$h'_x = -\tan\alpha, \quad h''_x = (R\cos^3\alpha)^{-1} \tag{6-73}$$

式中，R 为轧辊半径。

由图 7-7 可得几何边界条件

$$
\begin{aligned}
&x = 0, \quad \alpha = \theta, \quad h_x = h_\alpha = h_\theta = h_0; \quad h'_x = -\tan\theta \\
&x = l, \quad \alpha = 0, \quad h_x = h_\alpha = h_1; \quad h'_x = 0
\end{aligned}
\tag{7-74}
$$

对于展宽轧制，$l/h \leqslant 1$，$b/h \ll 10$，入口至出口的宽度函数 b_x 可看作常数，因此

$$
y = b_x = b_1 = b_0 = b \tag{7-75}
$$

厚板轧制速度场为二维速度场，其应变速率分量可以根据小林史郎（1975）提出的三维轧制速度场，通过设定小林史郎速度场中的比例系数为 1 来确定。

二维速度场分量为

$$
v_x = \frac{U}{h_x b}, \quad v_z = v_x \frac{h'_x}{h_x} z, \quad v_y = 0 \tag{7-76}
$$

$$
U = v_x h_x b = v_n h_n b = v_R \cos\alpha_n b (R + h_1 - R\cos\alpha_n) = v_1 h_1 b \tag{7-77}
$$

$$
\dot{\varepsilon}_x = -v_x \frac{h'_x}{h_x}, \quad \dot{\varepsilon}_z = v_x \frac{h'_x}{h_x}, \quad \dot{\varepsilon}_{xz} = \frac{z}{2} v_x \left[\frac{h''_x}{h_x} - 2 \left(\frac{h'_x}{h_x} \right)^2 \right], \quad \dot{\varepsilon}_{xy} = \dot{\varepsilon}_{yz} = 0 \tag{7-78}
$$

式中，U 为变形区内秒流量。

在式（7-76）和式（7-78）中，$\dot{\varepsilon}_x + \dot{\varepsilon}_z = 0$；$x = 0$，$v_x = v_0$；$x = l$，$v_x = v_1$；$z = 0$，$v_z = 0$；$z = h_x$，$v_z = -v_x \tan\alpha$。因此，提出的二维速度场是运动许可的。

7.7.2　内部变形功率

消耗在变形区内的内部变形功率 N_d 可以由变形材料的等效应力和等效应变速率确定

$$
N_d = \iiint\limits_V \overline{\sigma}\, \dot{\overline{\varepsilon}}\, \mathrm{d}V = 4\sqrt{\frac{2}{3}} \sigma_s \int_0^{h_x} \int_0^l v_x \sqrt{g^2 + I^2 z^2}\, b\, \mathrm{d}x\mathrm{d}z \tag{7-79}
$$

$$
g = \sqrt{2}\, h'_x / h_x, \quad I = \left[h''_x / h_x - 2 \left(h'_x / h_x \right)^2 \right] / \sqrt{2} \tag{7-80}
$$

注意到式（7-80）中的 g、I 是 x 的单值函数，因此应用积分中值定理可得

$$
\left.
\begin{aligned}
\overline{\frac{h'_x}{h_x}} &= \frac{1}{l} \int_0^l \frac{h'_x}{h_x}\mathrm{d}x = -\frac{\ln(h_0/h_1)}{l} = -\frac{\varepsilon_3}{l} \approx -\frac{\Delta h}{l h_0} \\
\overline{h'_x} &= \frac{1}{l} \int_0^l h'_x \mathrm{d}x = -\frac{\Delta h}{l} \\
\overline{\frac{h''_x}{h_x}} &= \frac{\overline{h''_x}}{h_m} = \frac{1}{l h_m} \int_0^l \mathrm{d}h'_x = \frac{1}{l h_m} h'_x \bigg|_0^l = \frac{\tan\theta}{l h_m} \approx \frac{2\Delta h}{l^2 h_m}
\end{aligned}
\right\}
\tag{7-81}
$$

把 $\varepsilon_3 = \Delta h / h_0$ 代入式（7-80）可得

$$
g = -\frac{\sqrt{2}\,\varepsilon_3}{l}, \quad I = \frac{\sqrt{2}}{l^2} \left(\frac{\Delta h}{h_m} - \varepsilon_3^2 \right) \tag{7-82}
$$

这里，提出了一种新的积分方法——应变矢量内积法，该积分方法求解思路可以归纳

为：化应变速率张量为矢量；对应变速率矢量逐项积分；各个积分项求和。

将应变速率矢量 $\dot{\boldsymbol{\varepsilon}} = g v_x \boldsymbol{i} + I z v_x \boldsymbol{k}$ 和单位矢量 $\dot{\boldsymbol{\varepsilon}}_0 = l_1 \boldsymbol{i} + l_3 \boldsymbol{k}$ 代入式（7-79），得

$$
\begin{aligned}
N_{\mathrm{d}} &= 4\sqrt{\frac{2}{3}}\sigma_{\mathrm{s}} \int_0^l \int_0^{h_x} \dot{\boldsymbol{\varepsilon}} \cdot \dot{\boldsymbol{\varepsilon}}_0 b\,\mathrm{d}x\mathrm{d}z \\
&= 4b\sqrt{\frac{2}{3}}\sigma_{\mathrm{s}} \int_0^l \int_0^{h_x} (g v_x \cos\alpha + I z v_x \cos\gamma)\,\mathrm{d}x\mathrm{d}z \\
&= 4b\sqrt{\frac{2}{3}}\sigma_{\mathrm{s}} \int_0^l \int_0^{h_x} \left[\frac{g v_x\,\mathrm{d}x\mathrm{d}z}{\sqrt{1+(\mathrm{d}z/\mathrm{d}x)^2}} + \frac{I z v_x\,\mathrm{d}x\mathrm{d}z}{\sqrt{1+(\mathrm{d}x/\mathrm{d}z)^2}} \right]
\end{aligned}
\tag{7-83}
$$

式中，$l_1 - \cos\alpha$，$l_3 - \cos\gamma$ 为单位矢量在坐标轴上的投影（与坐标轴夹角的余弦）。

由式（7-76）可得 $\mathrm{d}z/\mathrm{d}x = [v_z/v_x]_{z=h_x} = h_x' = -\tan\theta \approx 2\Delta h/l$，$\mathrm{d}x/\mathrm{d}z = 1/h_x' = -l/2\Delta h$。将 $\mathrm{d}z/\mathrm{d}x$ 和 $\mathrm{d}x/\mathrm{d}z$ 代入式（7-83），并注意到式（7-82），则逐项积分变成

$$
I_1 = \int_0^l \int_0^{h_x} \frac{g v_x\,\mathrm{d}x\mathrm{d}z}{\sqrt{1+(h_x')^2}} = \frac{U}{b}\frac{\sqrt{2}\,\varepsilon_3}{\sqrt{1+(2\Delta h/l)^2}}\frac{\int_0^l \mathrm{d}x}{l} = \frac{\sqrt{2}\,lU}{b}f_1, \quad f_1 = \frac{\varepsilon_3}{\sqrt{l^2+4\Delta h^2}}
\tag{7-84}
$$

$$
I_3 = \frac{Ul\sqrt{2}\,(2\Delta h^2/h_{\mathrm{m}} - 2\Delta h\varepsilon_3^2)h_{\mathrm{m}}}{2bl^2\sqrt{l^2+4\Delta h^2}} = \frac{\sqrt{2}\,lU}{b}f_3, \quad f_3 = \frac{(2\Delta h^2 - 2\Delta h h_{\mathrm{m}}\varepsilon_3^2)}{2l^2\sqrt{l^2+4\Delta h^2}}
\tag{7-85}
$$

将方程式（7-84）和式（7-85）代入方程式（7-83），可得内部变形功率 N_{d} 为

$$
N_{\mathrm{d}} = \frac{8\sigma_{\mathrm{s}}lU}{\sqrt{3}}(f_1 + f_3)
\tag{7-86}
$$

式中，$l = \sqrt{2R\Delta h}$，$\Delta h = h_0 - h_1$，$h_{\mathrm{m}} = (h_0 + 2h_1)/3$，$\varepsilon_3 = \Delta h/h_0$，$b = (b_0 + b_1)/2$。

7.7.3 摩擦功率

轧辊和轧件接触面上消耗的摩擦功率为

$$
N_{\mathrm{f}} = \frac{4\sigma_{\mathrm{s}}mb}{\sqrt{3}} \int_0^l \Delta v_{\mathrm{f}}\sqrt{1+h_x'^2}\,\mathrm{d}x
\tag{7-87}
$$

$$
\Delta v_{\mathrm{f}} = v_R - v_x\sqrt{1+h_x'^2} = v_R - v_x\sec\alpha
$$

轧辊辊面方程为

$$
z = h_x = R + h_1 - [R^2 - (l-x)^2]^{1/2}, \quad \mathrm{d}F = \sqrt{1+h_x'^2}\,\mathrm{d}x\mathrm{d}y = \sec\alpha\,\mathrm{d}x\mathrm{d}y
$$

摩擦功率共线矢量内积的具体表达式为

$$
\begin{aligned}
N_{\mathrm{f}} &= 4\int_0^l \tau_{\mathrm{f}} \cdot \Delta v_{\mathrm{f}}\mathrm{d}F = 4\int_0^l (\tau_{\mathrm{fx}}\Delta v_x + \tau_{\mathrm{fz}}\Delta v_z)\sqrt{1+h_x'^2}\,b\mathrm{d}x \\
&= 4mkb\int_0^l (\Delta v_x\cos\alpha + \Delta v_z\cos\gamma)\sec\alpha\,\mathrm{d}x
\end{aligned}
\tag{7-88}
$$

由图 7-7 可知，Δv_{f}（或 $\tau_{\mathrm{f}} = mk$）与坐标轴形成的方向余弦分别为

$$
\cos\alpha = \pm\sqrt{R^2-(l-x)^2}/R, \quad \cos\gamma = \pm(l-x)/R = \sin\alpha, \quad \cos\beta = 0
\tag{7-89}
$$

注意到式（7-72），将式（7-89）代入式（7-88），可得

$$N_f = 4mkb\left[\int_0^l \cos\alpha(v_R\cos\alpha - v_x)\sec\alpha\mathrm{d}x + \int_0^l \sin\alpha(v_R\sin\alpha - v_x\tan\alpha)\sec\alpha\mathrm{d}x\right]$$

$$= 4mkb(I_1 + I_2)$$

$$I_1 = \int_0^l (v_R\cos\alpha - v_x)\mathrm{d}x = \int_0^{x_n}(v_R\cos\alpha - v_x)\mathrm{d}x - \int_{x_n}^l (v_R\cos\alpha - v_x)\mathrm{d}x$$

$$= v_R R\left(\frac{\theta}{2} - \alpha_n + \frac{\sin2\theta}{4} - \frac{\sin2\alpha_n}{2}\right) + \frac{U(l - 2x_n)}{bh_m}$$

$$I_2 = \int_0^{x_n}(v_R\sin\alpha - v_x\tan\alpha)\tan\alpha\mathrm{d}x - \int_{x_n}^l (v_R\sin\alpha - v_x\tan\alpha)\tan\alpha\mathrm{d}x$$

$$= v_R R\left(\frac{\theta}{2} - \alpha_n + \frac{\sin2\alpha_n}{2} - \frac{\sin2\theta}{4}\right) + \frac{UR}{bh_m}\left[2\ln\tan\left(\frac{\pi}{4} + \frac{\alpha_n}{2}\right) - \ln\tan\left(\frac{\pi}{4} + \frac{\theta}{2}\right)\right] + \frac{U(2x_n - l)}{bh_m}$$

$$N_f = 4mkb(I_1 + I_2) = 4mkb\left[v_R R(\theta - 2\alpha_n) + \frac{UR}{bh_m}\ln\frac{\tan^2\left(\frac{\pi}{4} + \frac{\alpha_n}{2}\right)}{\tan\left(\frac{\pi}{4} + \frac{\theta}{2}\right)}\right] \tag{7-90}$$

其中，变量 α_n 和 x_n 的下标 n 表示中性点。

7.7.4　剪切功率

由式（7-76）可知，$x = l$，$h_x' = b_x' = 0$；$v_y|_{x=l} = v_z|_{x=l} = 0$；因此，出口截面上不消耗剪切功率，但是入口截面上消耗的剪切功率为

$$|\Delta v_z|_{x=0} = |0 - \overline{v_z}|_{x=0}| = \overline{v_z}|_{x=0} = v_0\frac{\overline{h_x'}}{h_x}z = -\frac{v_0\varepsilon_3}{l}z \tag{7-91}$$

$$N_s = N_{s0} = 4\int_0^{h_0} k|\Delta v_z|b\mathrm{d}z = 4k\int_0^{h_0}\frac{v_0\varepsilon_3}{l}zb\mathrm{d}z = 2klU\frac{h_0\varepsilon_3}{l^2} = 2klUf_4, \quad f_4 = \frac{\Delta h}{l^2} \tag{7-92}$$

式中，$k = \sigma_s/\sqrt{3}$ 为屈服剪应力。

7.7.5　总功率泛函及其变分

总功率泛函 Φ 为

$$\Phi = N_d + N_f + N_s \tag{7-93}$$

将式（7-86）、式（7-90）以及式（7-92）相加可得总功率泛函为

$$\Phi = \frac{8\sigma_s lU}{\sqrt{3}}\left(f_1 + f_3 + \frac{f_4}{4}\right) + \frac{4m\sigma_s}{\sqrt{3}}\left[bv_R R(\theta - 2\alpha_n) + \frac{UR}{h_m}\ln\frac{\tan^2\left(\frac{\pi}{4} + \frac{\alpha_n}{2}\right)}{\tan\left(\frac{\pi}{4} + \frac{\theta}{2}\right)}\right] \tag{7-94}$$

式中，v_R 为轧辊的圆周速度；α_n 为中性角。

由式（7-77）、式（7-86）、式（7-90）和式（7-92）可得

$$\mathrm{d}U/\mathrm{d}\alpha_n = v_R bR\sin2\alpha_n - v_R b(R + h_1)\sin\alpha_n = N \tag{7-95}$$

$$\frac{\partial N_d}{\partial \alpha_n} = Nl\frac{8\sigma_s}{\sqrt{3}}(f_1 + f_3), \qquad \frac{\partial N_{s0}}{\partial \alpha_n} = Nl\frac{2\sigma_s}{\sqrt{3}}f_4 \tag{7-96}$$

$$\frac{\partial N_f}{\partial \alpha_n} = \frac{4m\sigma_s}{\sqrt{3}}\left[\frac{2UR}{h_m\cos\alpha_n} - 2v_R bR + \frac{NR}{h_m}\ln\frac{\tan^2\left(\frac{\pi}{4}+\frac{\alpha_n}{2}\right)}{\tan\left(\frac{\pi}{4}+\frac{\theta}{2}\right)}\right] \tag{7-97}$$

方程式（7-94）对中性角 α_n 求导可得

$$\frac{\mathrm{d}\Phi}{\mathrm{d}\alpha_n} = \frac{\partial N_d}{\partial \alpha_n} + \frac{\partial N_{s0}}{\partial \alpha_n} + \frac{\partial N_f}{\partial \alpha_n} = 0 \tag{7-98}$$

求解式（7-98）可得摩擦因子 m 的表达式为

$$m = Nl\left(f_1 + f_3 + \frac{f_4}{4}\right)\bigg/\left\{v_R bR - \frac{UR}{h_m\cos\alpha_n} - \frac{NR}{2h_m}\ln\frac{\tan^2\left(\frac{\pi}{4}+\frac{\alpha_n}{2}\right)}{\tan\left(\frac{\pi}{4}+\frac{\theta}{2}\right)}\right\} \tag{7-99}$$

将式（7-99）代入式（7-94）可获得各种摩擦条件下总功率泛函的最小值。

于是，轧制力矩，轧制力以及应力状态系数可按式（7-100）确定

$$M_{\min} = \frac{R}{2v_R}\Phi_{\min}, \qquad F_{\min} = \frac{M_{\min}}{\chi\sqrt{2R\Delta h}}, \qquad n_\sigma = \frac{F_{\min}}{4blk} \tag{7-100}$$

其中，力臂系数 χ 可取实际数值计算，一般对于热轧 χ 值大约为 0.5，冷轧大约为 0.45。

7.7.6 实验验证与分析讨论

在国内某厂开展了现场轧制实验。现场轧机的工作辊直径为 1070mm。连铸坯的尺寸为 320mm×1800mm×3650mm，经过第一道次整形轧制后，轧成 303mm 厚，之后转钢进入展宽轧制阶段。从第 2 道次至第 9 道次由于轧件宽厚比大于 10，所以这些轧制道次满足近似平面变形条件。2~9 道次的轧制速度分别为 1.24m/s、1.64m/s、1.26m/s、1.66m/s、1.30m/s、1.86m/s、1.81m/s 和 2.11m/s；力臂系数 χ 分别取 0.49、0.51、0.50、0.49、0.50、0.51、0.55 和 0.55；相应的轧制温度分别为 900℃、886℃、879℃、872℃、872℃、878℃、881℃ 和 891℃。每道次轧件的出口厚度以及每道次轧制力可在线实测。材料为 Q345 钢，其变形抗力模型为：

$$\sigma_s = 6310.7\varepsilon^{0.407}\dot{\varepsilon}^{0.115}\exp(-2.62\times10^{-3}T - 0.669\varepsilon)$$

$$T = t + 273$$

式中，ε 为等效应变；$\dot{\varepsilon}$ 为等效应变速率；t 为轧制温度；T 为开尔文温度。

上述道次的轧制力矩和轧制力可由式（7-100）计算。计算结果与实测结果见表7-1、图7-8和图7-9。

表 7-1　按式（7-100）计算的轧制力、力矩与实测结果比较

道次	$v_R / m \cdot s^{-1}$	$T/℃$	ε	实测 F/kN	计算 F/kN	误差 $\Delta F/\%$	实测 $M/kN \cdot m$	计算 $M/kN \cdot m$	误差 $\Delta M/\%$
2	1.64	944.56	0.09130	42558	48699	14.4	2421	2771	14.4
3	1.66	933.49	0.09795	43211	44728	3.51	2443	2529	3.52
4	1.68	922.97	0.10824	44184	40160	-9.1	2437	2215	-9.1
5	1.82	924.68	0.11390	47533	48073	1.14	2678	2708	1.12
6	1.97	932.11	0.11288	49823	49921	0.20	2260	2565	13.5
7	2.19	930.42	0.10669	49667	53409	7.53	2718	2923	7.54
8	2.05	957.58	0.09645	45550	45398	-0.3	2260	2252	-0.3
9	2.08	954.14	0.068029	40749	39268	-3.6	1805	1739	-3.6

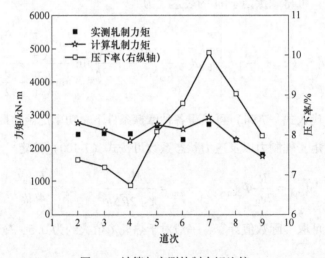

图 7-8　计算与实测轧制力矩比较

由表7-1、图7-8以及图7-9可见，计算值与实测值吻合较好，两者最大误差不超过15%。至于第4、8、9道次的计算值低于实测值，其可能的原因为变形抗力模型的不稳定性。需要指出的是，在此处不考虑轧辊弹性压扁，在考虑的情况下，计算轧制力和力矩将适当提高。因为相对于刚性辊来说，弹性工作辊的等效轧制半径将比刚性辊的轧制半径大。该展宽轧制模型已成功指导了国内某厂320mm和400mm坯型轧制工艺的设计和计算。

图7-10所示为中性点与摩擦因子以及压下率的变化曲线。随着摩擦因子的降低或压下率的增加，中性点均向出口平面移动。当 $x_n/l \geqslant 0.75$ 时，摩擦因子的微小变化将会导致中性点位置发生很大的变化，在此摩擦区间的轧制将会不稳定。

图7-11所示为应力状态系数 n_σ 与形状因子（或称几何因子）$l/(2h)$ 之间的变化关系。由图可知，n_σ 随着 $l/(2h)$ 减小而增大。尽管 n_σ 在 $m=1$ 时获得最小值，但是摩擦对

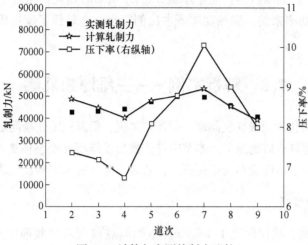

图 7-9 计算与实测轧制力比较

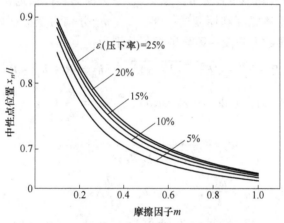

图 7-10 摩擦因子对中性点位置的影响

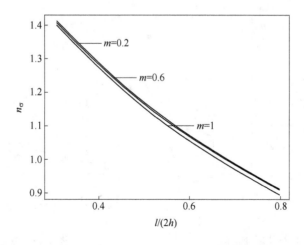

图 7-11 形状因子对应力状态系数的影响

n_σ 的影响是很小的。其原因为：对于厚板 $l/(2h) \leqslant 1$ 的热轧，相对于轧件变形区内的内部变形功率和剪切功率来说，摩擦功率所占比例很小。这导致了摩擦因子对 n_σ 的影响并不明显。

7.8 解析实例——三维厚板轧制

厚板轧制可以简化为两维轧制问题，但严格来说，仍属三维轧制问题。因此，深入研究三维轧制力的解法更具有广泛意义。本节中首先提出了厚板轧制整体加权速度场，利用 MY 准则比塑性功率获得了内部变形功率解析式，最后由变分法求出厚板三维轧制力的解析解。

7.8.1 整体加权速度场

由于变形区对称，故仅研究 1/4 部分。坐标原点取在入口截面中点，如图 7-12 和图 7-13 所示。入口板坯厚度 $2h_0$，宽度 $2b_0$；轧后出口厚度减小到 $2h_1$，宽度增加到 $2b_1$。接触弧水平投影长度为 l，轧辊半径为 R。令 x、y、z 方向为轧件长宽高方向，b_x、h_x 分别是轧件变形区内任一点整体宽度和厚度的一半，b_m、h_m 分别为变形区内轧件半宽、半厚的均值。接触弧方程、参数方程及一阶导数方程分别为：

$$h_x = R + h_1 - \sqrt{R^2 - (l-x)^2}, \quad h_\alpha = R + h_1 - R\cos\alpha$$

$$l - x = R\sin\alpha, \quad \mathrm{d}x = -R\cos\alpha\mathrm{d}\alpha; \quad h_\mathrm{m} = \frac{R}{2} + h_1 + \frac{\Delta h}{2} - \frac{R^2\theta}{2l} \tag{7-101}$$

$$h'_x = -\frac{l-x}{\sqrt{R^2 - (l-x)^2}} = -\tan\alpha$$

$$b_x = b_0 + \frac{\Delta b}{l}x; \quad b_\alpha = b_1 - \frac{\Delta b}{l}R\sin\alpha$$

$$b'_x = \frac{\Delta b}{l}; \quad b_\mathrm{m} = \frac{b_1 + b_0}{2} = \frac{1}{l}\int_0^l b_x\mathrm{d}x = b_0 + \frac{\Delta b}{2} \tag{7-102}$$

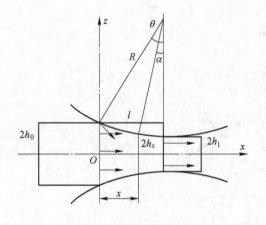

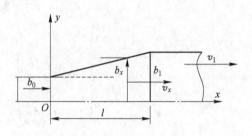

图 7-12 板材轧制变形区   图 7-13 变形区半宽

假定轧制时轧件横断面保持平面，垂直线保持直线，对此先建立Ⅰ、Ⅱ（Ⅰ为只延伸无宽展；Ⅱ为只宽展无延伸）两种简单情况的速度场，然后用整体加权平均法确定该轧制情况的速度场。

第Ⅰ种情况速度场设定为

$$v_{x\,I} = \frac{h_0 v_0}{h_x}, \quad v_{y\,I} = 0, \quad v_{z\,I} = \frac{h_0 v_0}{h_x^2} h'_x z \tag{7-103}$$

第Ⅱ种情况速度场设定为

$$v_{x\,II} = v_0, \quad v_{y\,II} = \frac{-h'_x v_0}{h_x} y, \quad v_{z\,II} = \frac{h'_x v_0}{h_x} z \tag{7-104}$$

将式（7-103）与式（7-104）中的速度分量在3个方向上同时加权，设加权系数为a，加权后的速度场为

$$\left. \begin{aligned} v_x &= a v_{x\,I} + (1-a) v_{x\,II} = \left[1 - a\left(1 - \frac{h_0}{h_x}\right)\right] v_0 \\ v_y &= a v_{y\,I} + (1-a) v_{y\,II} = -(1-a)\frac{h'_x v_0}{h_x} y \\ v_z &= a v_{z\,I} + (1-a) v_{z\,II} = \left[\frac{a h_0 h'_x}{h_x^2} + (1-a)\frac{h'_x}{h_x}\right] v_0 z \end{aligned} \right\} \tag{7-105}$$

注意式（7-105）与加藤和典（KATO）速度场的区别，加藤速度场仅将式（7-103）、式（7-104）中x与z两个方向速度分量加权，y向速度由体积不变条件确定；而式（7-105）是x、y、z三个方向速度分量同时加权，加权后速度场满足体积不变条件。因此将式（7-105）称为整体加权速度场，而将加藤和典提出的速度场称为局部加权速度场。

按几何方程，式（7-105）确定的应变速率分量为

$$\dot{\varepsilon}_x = \frac{\partial v_x}{\partial x} = -\left[\left(1 - \frac{h_0}{h_x}\right) a' + a\frac{h_0 h'_x}{h_x^2}\right] v_0, \quad \dot{\varepsilon}_y = -(1-a)\frac{h'_x v_0}{h_x}$$

$$\dot{\varepsilon}_z = \left[\frac{a h_0 h'_x}{h_x^2} + (1-a)\frac{h'_x}{h_x}\right] v_0 \tag{7-106}$$

将上述应变速率场代入体积不变条件$\dot{\varepsilon}_x + \dot{\varepsilon}_y + \dot{\varepsilon}_z = 0$得$a' = 0$。将$a' = 0$代入式（7-106）得

$$\dot{\varepsilon}_x = -a\frac{h_0 h'_x}{h_x^2} v_0, \quad \dot{\varepsilon}_y = -(1-a)\frac{h'_x v_0}{h_x}, \quad \dot{\varepsilon}_z = \left[\frac{a h_0 h'_x}{h_x^2} + (1-a)\frac{h'_x}{h_x}\right] v_0 \tag{7-107}$$

注意到方程式（7-105）中，$x = 0$时，$h_x = h_0$，$v_x = v_0$；$y = 0$，$v_y = 0$；$z = 0$，$v_z = 0$；且式（7-107）满足$\dot{\varepsilon}_x + \dot{\varepsilon}_z + \dot{\varepsilon}_y = 0$，故二者满足运动许可条件。

由$a' = 0$知a必为常数，即式（7-105）和式（7-107）与a'无关。注意到轧件横断面保持平面和垂直线保持直线假定，只延伸轧制时$a = 1$，$\Delta b/b_1 = 0$，$b_0/b_1 = 1$；有宽展时$a < 1$，$\Delta b > 0$，$b_0/b_1 < 1$。注意到a变化在b_0/b_1与$b_1/b_1 (b_1 > b_0)$之间，故a可按式

（7-108）计算

$$a = \frac{1}{l}\int_0^l\left[1 - \frac{\Delta b}{b_1}\left(1 - \frac{x}{l}\right)\right]\mathrm{d}x = \frac{1}{l}\int_0^l\frac{b_x}{b_1}\mathrm{d}x = \frac{b_m}{b_1} = \frac{b_1 - \Delta b_m}{b_1} = 1 - \frac{\Delta b_m}{b_1} = 1 - \frac{\Delta b}{2b_1}$$

（7-108）

7.8.2 平均屈服准则及其比塑性功率

通过将 Tresca 准则式（2-26）与 TSS 准则式（2-45）、式（2-46）分别进行数学平均，可得一线性屈服准则，简称 MY 准则。该准则的数学表达式如下：

$$\sigma_1 - \frac{1}{4}\sigma_2 - \frac{3}{4}\sigma_3 = \sigma_s, \qquad 如果 \sigma_2 \leqslant \frac{1}{2}(\sigma_1 + \sigma_3) \qquad （7-109）$$

$$\frac{3}{4}\sigma_1 + \frac{1}{4}\sigma_2 - \sigma_3 = \sigma_s, \qquad 如果 \sigma_2 \geqslant \frac{1}{2}(\sigma_1 + \sigma_3) \qquad （7-110）$$

该准则在 π 平面上为一等边非等角的十二边形，如图 7-14 所示。

采用第二章 2.6 节 GA 屈服准则比塑性功率的推导方法，可得 MY 准则的比塑性功率如下：

$$D(\dot{\varepsilon}_{ij}) = \frac{4}{7}\sigma_s(\dot{\varepsilon}_{max} - \dot{\varepsilon}_{min}) \qquad （7-111）$$

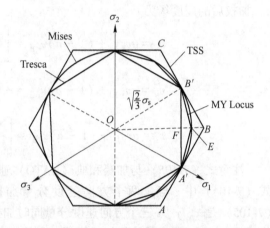

图 7-14 MY 准则的屈服轨迹

7.8.3 塑性功率泛函

注意到式（7-107）中，$\dot{\varepsilon}_{max} = \dot{\varepsilon}_x = \dot{\varepsilon}_1$，$\dot{\varepsilon}_{min} = \dot{\varepsilon}_z = \dot{\varepsilon}_3$，代入 MY 准则比塑性功率式（7-111），再对变形区积分得

$$\dot{W}_i = \int_V D(\dot{\varepsilon}_{ij})\mathrm{d}V = 4\int_0^l\int_0^{b_m}\int_0^{h_x}\frac{4}{7}\sigma_s(\dot{\varepsilon}_{max} - \dot{\varepsilon}_{min})\mathrm{d}x\mathrm{d}y\mathrm{d}z$$

$$= \frac{16}{7}\sigma_s b_m v_0\left[\frac{2b_m}{b_1}h_0\ln\frac{h_0}{h_1} + \frac{\Delta b\Delta h}{2b_1}\right] = \frac{16\sigma_s b_m U}{7h_0 b_0}\left[\frac{2b_m}{b_1}h_0\ln\frac{h_0}{h_1} + \frac{\Delta b\Delta h}{2b_1}\right] \qquad （7-112）$$

式中，$U = v_0 h_0 b_0 = v_x h_x b_x = v_n h_n b_n = v_1 h_1 b_1$ 为秒流量。

7.8.4 摩擦功率泛函

接触面上切向速度不连续量为

$$\left.\begin{array}{l}|\Delta \boldsymbol{v}_f| = \sqrt{\Delta v_x^2 + \Delta v_y^2 + \Delta v_z^2} = \sqrt{v_y^2 + (v_R\cos\alpha - v_x)^2 + (v_R\sin\alpha - v_x\tan\alpha)^2} \\ \Delta \boldsymbol{v}_f = \Delta v_x\boldsymbol{i} + \Delta v_y\boldsymbol{j} + \Delta v_z\boldsymbol{k} = (v_R\cos\alpha - v_x)\boldsymbol{i} + v_y\boldsymbol{j} + (v_R\sin\alpha - v_x\tan\alpha)\boldsymbol{k}\end{array}\right\}$$

（7-113）

沿接触面切向摩擦剪应力 $\boldsymbol{\tau}_f = m\boldsymbol{k}$ 与切向速度不连续量 $\Delta \boldsymbol{v}_f$ 为共线矢量，如图 7-15 所示，采用共线矢量内积，摩擦功率为

$$\dot{W}_{\mathrm{f}} = 4\int_0^l \int_0^{b_x} |\boldsymbol{\tau}_{\mathrm{f}}| \Delta \boldsymbol{v}_{\mathrm{f}} |\mathrm{d}F = 4\int_0^l \int_0^{b_x} \boldsymbol{\tau}_{\mathrm{f}} \Delta \boldsymbol{v}_{\mathrm{f}} \mathrm{d}F = 4\int_0^l \int_0^{b_x} (\tau_{fx}\Delta v_x + \tau_{fy}\Delta v_y + \tau_{fz}\Delta v_z)\mathrm{d}F$$

$$= 4mk\int_0^l \int_0^{b_x} (\Delta v_x \cos\alpha + \Delta v_y \cos\beta + \Delta v_z \cos\gamma)\mathrm{d}F \tag{7-114}$$

式中，$\cos\alpha$，$\cos\beta$，$\cos\gamma$ 为 $\Delta \boldsymbol{v}_{\mathrm{f}}$ 或 $\boldsymbol{\tau}_{\mathrm{f}}$ 与坐标轴夹角的余弦。

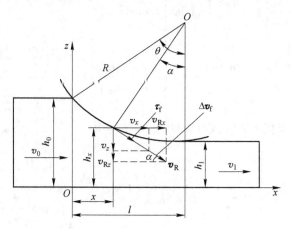

图 7-15 接触面上共线矢量 $\boldsymbol{\tau}_{\mathrm{f}}$ 与 $\Delta \boldsymbol{v}_{\mathrm{f}}$

由于 $\Delta \boldsymbol{v}_{\mathrm{f}}$ 沿辊面切向，故方向余弦由辊面切向方程确定。注意到辊面方程为 $z = h_x = R + h_1 - \sqrt{R^2 - (l - x)^2}$，则方向余弦与面积微元分别为

$$\cos\alpha = \pm\frac{\sqrt{R^2 - (l - x)^2}}{R}, \quad \cos\beta = 0, \quad \cos\gamma = \pm\frac{l - x}{R} = \pm\sin\alpha \tag{7-115}$$

$$\mathrm{d}F = \sqrt{1 + \left(\frac{\mathrm{d}z}{\mathrm{d}x}\right)^2 + \left(\frac{\mathrm{d}z}{\mathrm{d}y}\right)^2}\,\mathrm{d}x\mathrm{d}y = \sqrt{1 + h_x'^2}\,\mathrm{d}x\mathrm{d}y = \sec\alpha\,\mathrm{d}x\mathrm{d}y \tag{7-116}$$

将式（7-102）代入式（7-114）并注意到式（7-105）及式（7-108）得

$$\Delta v_y = \frac{\Delta b}{2b_1}\frac{h_x'}{h_x}v_0 y, \quad \Delta v_x = v_R\cos\alpha - \left[1 - \frac{b_{\mathrm{m}}}{b_1}\left(1 - \frac{h_0}{h_x}\right)\right]v_0$$

$$\Delta v_z\,\big|_{z = h_x} = v_R\sin\alpha - \left[1 - \frac{b_{\mathrm{m}}}{b_1}\left(1 - \frac{h_0}{h_x}\right)\right]v_0\tan\alpha \tag{7-117}$$

将式（7-115）~式（7-117）代入式（7-114），并注意到 $k = \sigma_{\mathrm{s}}/\sqrt{3}$，$\mathrm{d}z/\mathrm{d}y = 0$，然后积分

$$\dot{W}_{\mathrm{f}} = 4mk\int_0^l \int_0^{b_{\mathrm{m}}} \left\{v_R\cos\alpha - \left[1 - \frac{b_{\mathrm{m}}}{b_1}\left(1 - \frac{h_0}{h_x}\right)\right]v_0\right\}\cos\alpha\sqrt{1 + h_x'^2}\,\mathrm{d}x\mathrm{d}y +$$

$$4mk\int_0^l \int_0^{b_{\mathrm{m}}} \left\{v_R\sin\alpha - \left[1 - \frac{b_{\mathrm{m}}}{b_1}\left(1 - \frac{h_0}{h_x}\right)\right]v_0\tan\alpha\right\}\sin\alpha\sqrt{1 + h_x'^2}\,\mathrm{d}x\mathrm{d}y \tag{7-118}$$

$$= 4mkb_{\mathrm{m}}(I_1 + I_2)$$

$$I_1 = \int_0^{x_n} \left\{ v_R \cos\alpha - \left[1 - \frac{b_m}{b_1}\left(1 - \frac{h_0}{h_x} \right) \right] v_0 \right\} \mathrm{d}x - \int_{x_n}^{l} \left\{ v_R \cos\alpha - \left[1 - \frac{b_m}{b_1}\left(1 - \frac{h_0}{h_x} \right) \right] v_0 \right\} \mathrm{d}x$$

$$= v_R R \left(\frac{\theta}{2} - \alpha_n + \frac{\sin 2\theta}{4} - \frac{\sin 2\alpha_n}{2} \right) + v_0 R \left[\left(1 + a\frac{\Delta h_m}{2h_m} \right)(2\sin\alpha_n - \sin\theta) \right]$$

$$I_2 = \int_0^{l} \left\{ v_R \sin\alpha - \left[1 - \frac{b_m}{b_1}\left(1 - \frac{h_0}{h_x} \right) \right] v_0 \tan\alpha \right\} \tan\alpha \, \mathrm{d}x$$

$$= v_R R \left(\frac{\theta}{2} - \alpha_n + \frac{\sin 2\alpha_n}{2} - \frac{\sin 2\theta}{4} \right) + v_0 R \left(1 + a\frac{\Delta h}{2h_m} \right) \left[\ln \frac{\tan^2\left(\dfrac{\pi}{4} + \dfrac{\alpha_n}{2} \right)}{\tan\left(\dfrac{\pi}{4} + \dfrac{\theta}{2} \right)} + \sin\theta - 2\sin\alpha_n \right]$$

将 I_1、I_2 积分结果代入方程式（7-118）并整理得

$$\dot{W}_f = 4mkRb_m \left[v_R(\theta - 2\alpha_n) + \frac{U}{h_0 b_0}\left(1 + a\frac{\Delta h}{2h_m} \right) \ln \frac{\tan^2\left(\dfrac{\pi}{4} + \dfrac{\alpha_n}{2} \right)}{\tan\left(\dfrac{\pi}{4} + \dfrac{\theta}{2} \right)} \right]$$

或　　　$$\dot{W}_f = 4mkRb_m \left[v_R(\theta - 2\alpha_n) + \frac{U}{h_0 b_0}\left(\frac{\Delta b}{2b_1} + \frac{b_m h_0}{b_1 h_m} \right) \ln \frac{\tan^2\left(\dfrac{\pi}{4} + \dfrac{\alpha_n}{2} \right)}{\tan\left(\dfrac{\pi}{4} + \dfrac{\theta}{2} \right)} \right] \tag{7-119}$$

7.8.5　剪切功率泛函

由式（7-101）和式（7-105），在变形区出口横截面上有

$$x = l, \qquad h_x' = 0, \qquad v_z|_{x=l} = \Delta v_z|_{x=l} = v_y|_{x=l} = \Delta v_y|_{x=l} = 0$$

故出口截面不消耗剪切功率；但在入口横截面，由式（7-105）并应用积分中值定理可得

$$\left| \Delta \overline{v}_t \right|_{x=0} = \sqrt{\Delta \overline{v}_y^2 + \Delta \overline{v}_z^2} \Big|_{x=0} = \overline{v}_y \sqrt{1 + (\overline{v}_z / \overline{v}_y)^2} \Big|_{x=0}, \quad \overline{v}_z = \frac{1}{h_0}\int_0^{h_0} v_z|_{x=0} \mathrm{d}z = -\frac{\tan\theta v_0}{2}$$

$$\overline{v}_y = \frac{1}{b_0}\int_0^{b_0} v_y|_{x=0} \mathrm{d}y = \frac{\Delta b v_0 b_0 \tan\theta}{4b_1 h_0}$$

于是，入口截面上消耗的剪切功率为

$$\dot{W}_{s0} = 4k\int_0^{b_0}\int_0^{h_0} (\overline{v}_y \sqrt{1 + (\overline{v}_z/\overline{v}_y)^2}) \, \mathrm{d}z\mathrm{d}y = \frac{k\tan\theta\Delta b b_0 U}{b_1 h_0} \sqrt{1 + \frac{4b_1^2 h_0^2}{\Delta b^2 b_0^2}} \tag{7-120}$$

7.8.6　总能量泛函及其变分

将式（7-112）、式（7-119）、式（7-120）代入总功率泛函 $\Phi = \dot{W}_i + \dot{W}_{s0} + \dot{W}_f$ 中，得

$$\Phi = \frac{16\sigma_s b_m U}{7b_0}\left(\frac{2b_m}{b_1}\ln\frac{h_0}{h_1} + \frac{\Delta b\Delta h}{2b_1h_0}\right) + \frac{k\tan\theta\Delta bb_0U}{b_1h_0}\sqrt{1 + \frac{4b_1^2h_0^2}{\Delta b^2 b_0^2}} +$$

$$4mkRb_m\left[v_R(\theta - 2\alpha_n) + \frac{U}{h_0b_0}\left(\frac{\Delta b}{2b_1} + \frac{b_m h_0}{b_1 h_m}\right)\ln\frac{\tan^2\left(\frac{\pi}{4} + \frac{\alpha_n}{2}\right)}{\tan\left(\frac{\pi}{4} + \frac{\theta}{2}\right)}\right] \tag{7-121}$$

定义压下率 $\varepsilon = \ln(h_0/h_1)$，将式（7-121）中的 Φ 对 α_n 求导并令 $\partial\Phi/\partial\alpha_n = 0$，有

$$\frac{d\Phi}{d\alpha_n} = \frac{\partial\dot{W}_i}{\partial\alpha_n} + \frac{\partial\dot{W}_f}{\partial\alpha_n} + \frac{\partial\dot{W}_s}{\partial\alpha_n} = 0 \tag{7-122}$$

由方程式（7-112）、式（7-119）、式（7-120）得

$$\frac{\partial\dot{W}_i}{\partial\alpha_n} = \frac{16\sigma_s b_m N}{7b_0}\left(\frac{2b_m}{b_1}\ln\frac{h_0}{h_1} + \frac{\Delta b\Delta h}{2b_1h_0}\right)$$

$$\frac{\partial\dot{W}_f}{\partial\alpha_n} = 4mRkb_m\left[-2v_R + v_0\left(\frac{\Delta b}{2b_1} + \frac{b_m h_0}{h_m b_1}\right)\frac{2}{\cos\alpha_n} + \frac{N}{b_0h_0}\left(\frac{\Delta b}{2b_1} + \frac{b_m h_0}{h_m b_1}\right)\ln\frac{\tan^2\left(\frac{\pi}{4} + \frac{\alpha_n}{2}\right)}{\tan\left(\frac{\pi}{4} + \frac{\theta}{2}\right)}\right]$$

$$\frac{\partial\dot{W}_s}{\partial\alpha_n} = \frac{k\tan\theta\Delta bb_0 N}{b_1h_0}\sqrt{1 + \frac{4b_1^2h_0^2}{\Delta b^2 b_0^2}}$$

$$\tag{7-123}$$

式中，$N = \partial U/\partial\alpha_n = v_R b_m R\sin2\alpha_n - v_R b_m(R + h_1)\sin\alpha_n$。

将式（7-123）代入式（7-122）得

$$m = \frac{\dfrac{4\sqrt{3}N}{7b_0R}\left(\dfrac{2b_m}{b_1}\ln\dfrac{h_0}{h_1} + \dfrac{\Delta b\Delta h}{2b_1h_0}\right) + \dfrac{\tan\theta\Delta bb_0 N}{4b_1h_0b_m R}\sqrt{1 + \dfrac{4b_1^2h_0^2}{\Delta b^2 b_0^2}}}{2v_R - v_0\left(\dfrac{\Delta b}{2b_1} + \dfrac{b_m h_0}{h_m b_1}\right)\dfrac{2}{\cos\alpha_n} - \dfrac{N}{b_0h_0}\left(\dfrac{\Delta b}{2b_1} + \dfrac{b_m h_0}{h_m b_1}\right)\ln\dfrac{\tan^2\left(\dfrac{\pi}{4} + \dfrac{\alpha_n}{2}\right)}{\tan\left(\dfrac{\pi}{4} + \dfrac{\theta}{2}\right)}} \tag{7-124}$$

将由式（7-124）确定的 α_n 代入式（7-121）得泛函最小值 $\Phi_{\min}$。于是，轧制力矩、轧制力及应力状态系数则为

$$M = \frac{R}{2v_R}\Phi_{\min}, \qquad F = \frac{M}{\chi\sqrt{2R\Delta h}}, \qquad n_\sigma = \frac{\bar{p}}{2k} = \frac{F}{4b_m lk} \tag{7-125}$$

7.8.7 实验验证与分析讨论

国内某厂用 4300 轧机轧制 120mm 厚成品板，工作辊直径 1070mm；连铸坯尺寸 320mm×2050mm×3250mm，首道次整形轧制后轧件厚度为 299mm，然后板坯转 90°进行横

轧（展宽轧制）。计算展宽 2~6 道次轧制力和力矩。变形抗力用以下模型：

$$\sigma_s = 3583.195 e^{-2.23341T/1000} \dot{\varepsilon}^{-0.3486T/1000 + 0.46339} \varepsilon^{0.42437}$$

计算时力臂系数 χ 依次取 0.56、0.55、0.55、0.54、0.53；注意到温升取入出口平均温度。用式（7-121）和式（7-125）计算的结果与实测结果的比较见表 7-2 及图 7-16。

表 7-2 按式（7-121）、式（7-125）计算的轧制力 F、力矩 M 与实测结果比较

道次	v_R /m·s^{-1}	T/℃	$\varepsilon = \ln(h_0/h_1)$	实测 F /kN	计算 F/kN	误差 ΔF/%	实测 M/kN·m	计算 M/kN·m	误差 ΔM/%
2	1.64	965	0.09577	43607	44384	1.8	2640	2963	10.92
3	1.66	953	0.10312	44006	47309	7	2694	2684	-0.37
4	1.68	948	0.11461	43172	47309	8.7	2665	2809	12.9
5	1.82	955	0.12099	42269	46768	9.7	2430	2659	15.5
6	1.97	957	0.11288	39061	41965	6.9	2101	2117	8.95

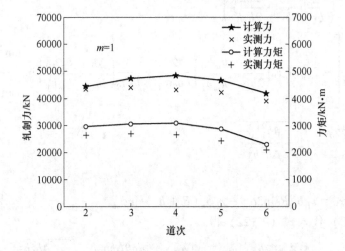

图 7-16 第 2~6 道次计算的轧制力矩、轧制力与实测值比较

由表 7-2 及图 7-16 可知，无论轧制力矩还是轧制力，其计算值均高于实测值。不过，轧制力误差不超过 9.7%，力矩最大误差不超过 15.5%，该模型具有较高的预测精度，理论指导了首秦减量化轧制工艺中的力能计算。

以第二道次为例，以下讨论各变量之间的关系。图 7-17 所示为内部变形功率 N_d、摩擦功率 N_f、剪切功率 N_s 的比例图。由图可知，摩擦功率所占比例较小，内部变形功率和剪切功率占总功率泛函 Φ_{min} 的主要部分，且入口截面剪切功率泛函占成形功率总泛函的比例达 39.54%。

图 7-18 所示为轧制力矩、轧制力与相对压下量（真应变 ε）的关系。显然，轧制力矩和轧制力随着相对压下量的增加而增加。

图 7-19 所示为中线点位置 x_n/l 与摩擦因子 m 以及相对压下量 ε 的关系。随着摩擦系数的减少及道次相对压下量增加，中线面移向出口侧。

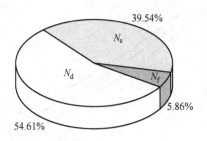

图 7-17 N_d、N_s、N_f 在 Φ_{min} 中所占的比例

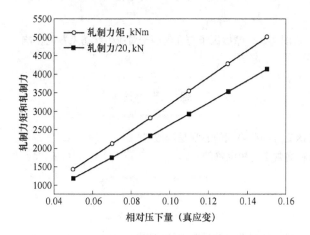

图 7-18 轧制力矩、轧制力与相对压下量的关系

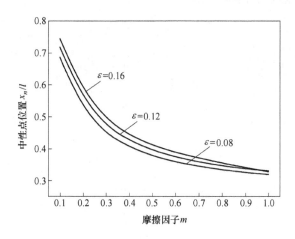

图 7-19 摩擦因子与相对压下量对中性点位置的影响

几何因子 $l/(2h_m)$ 与摩擦因子 m 对应力状态系数 n_σ 的影响如图 7-20 所示。由图可见，对于厚件轧制几何因子 $l/(2h_m)$ 是影响 n_σ 的主要因素，$l/(2h_m)$ 减小，应力状态系数明显增加；不同摩擦因子 m 的影响仅局限于很窄的范围内，且 $l/(2h_m)$ 越小，摩擦引起的 n_σ 变化越不明显。

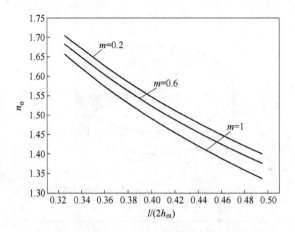

图 7-20　摩擦因子与几何因子对应力状态系数的影响

7-1 为什么 Ritz 法求泛函变分问题得到的通常是近似解？

7-2 为什么求解欧拉方程通常是比较困难的？

7-1 采用 Ritz 法求解泛函时，如何设定较为合理的试函数？

7-2 简述拉格朗日乘子法解出约束条件的基本步骤。

8 轧制过程基本概念

轧制过程是靠旋转的轧辊与轧件之间形成的摩擦力将轧件拖进辊缝之间，并使之受到压缩产生塑性变形的过程。轧制过程除使轧件获得一定形状和尺寸外，还必须使组织和性能得到一定的改善。90%以上的冶炼钢坯都要经过轧制工序才能成为可用钢材。轧制钢材与汽车、建筑、能源等国民经济支柱产业密切相关，因此它也与人民的生活紧密相连。为了了解和控制轧制过程，就必须对轧制过程形成的变形区及变形区内的金属流动规律有所了解。本章主要介绍变形区主要参数的定义与表示，并分析变形区金属流动的主要规律。

8.1 变形区主要参数

在生产实践中使用的轧机，其结构形式多种多样。为了搞清楚它们的共同特性，轧制原理要先从简单的轧制过程讲起。简单轧制过程是指轧制时上下辊直径相等、转速相同，且均为主动辊、刚性辊，轧件仅受轧辊作用，在入辊处和出辊处速度均匀、轧件的机械性质均匀。这种理性的过程在实际中很难找到，但为了研究问题的方便，常常将许多实际过程简化为简单轧制过程。

轧件承受轧辊作用发生变形的部分称为轧制变形区，又称为几何变形区。它是指从轧件入辊的垂直平面到轧件出辊的垂直平面围成的区域 AA_1B_1B（图 8-1），主要参数有咬入角和接触弧长度。

8.1.1 咬入角

轧件与轧辊相接触的圆弧对应的圆心角称为咬入角，如图 8-1 所示。

由图 8-1 可知，压下量与轧辊以及咬入角之间存在如下关系

$$\Delta h = H - h = 2(R - R\cos\alpha) = D(1 - \cos\alpha)$$
(8-1)

式中，D，R 分别为轧辊的直径与半径；Δh 为压下量。

由式（8-1）可得

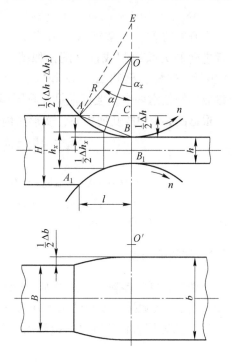

图 8-1 变形区的几何形状

$$\cos\alpha = 1 - \frac{\Delta h}{D}$$
(8-2)

根据倍角关系有

$$\sin\frac{\alpha}{2} = \frac{1}{2}\sqrt{\frac{\Delta h}{R}} \qquad (8\text{-}3)$$

当 α 很小时（ $\alpha < 10° \sim 15°$ ），可取 $\sin\frac{\alpha}{2} \approx \frac{\alpha}{2}$，此时可得

$$\alpha = \sqrt{\frac{\Delta h}{R}} \qquad (8\text{-}4)$$

式（8-4）表明，在轧辊直径一定的情况下，压下量越大，咬入角越大；在压下量一定时，轧辊直径越大，咬入角越小。

在实际生产中，一定厚度的轧件在一定轧制条件下，存在一个最大咬入角 α_{max}。实际咬入角必须小于最大咬入角轧件才能被咬入到辊缝中，实现轧制。若咬入角等于最大咬入角，则压下量为最大压下量，式（8-1）变为

$$\Delta h_{max} = D(1 - \cos\alpha_{max}) \qquad (8\text{-}5)$$

为查阅方便，也常把 Δh、D 和 α 三者之间的关系绘制成计算图，如图 8-2 所示。这样，已知 Δh、D 和 α 三

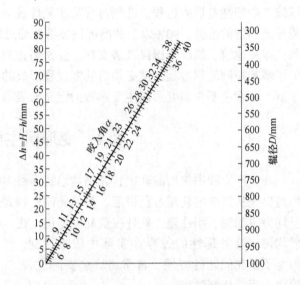

图 8-2 Δh、D 和 α 三者关系计算

个参数中的任意两个，便可根据计算图很快求出第三个参数。

根据图 8-1 中的几何关系，变形区内任一断面的高度 h_x 可按式（8-6）求得：

$$h_x = \Delta h_x + h = D(1 - \cos\alpha_x) + h \qquad (8\text{-}6)$$

或

$$h_x = H - (\Delta h - \Delta h_x) = H - [D(1 - \cos\alpha) - D(1 - \cos\alpha_x)]$$
$$= H - D(\cos\alpha_x - \cos\alpha) \qquad (8\text{-}7)$$

式中，α_x 为 h_x 处对应的角度。

8.1.2 接触弧长度

轧件与轧辊相接触的圆弧的水平投影长度称为接触弧长度或变形区长度，即图 8-1 中的 AC 线段。接触弧长度随轧制条件的不同而不同，一般有以下三种情况。

（1）两轧辊直径相等时的接触弧长度。从图 8-1 中的几何关系可知

$$l^2 = R^2 - \left(R - \frac{\Delta h}{2}\right)^2 \qquad (8\text{-}8)$$

所以

$$l = \sqrt{R^2 - \left(R - \frac{\Delta h}{2}\right)^2} \qquad (8\text{-}9)$$

由于式（8-9）中根号里的第二项比第一项小得多，因此可以忽略不计，则接触弧长度公式变为

$$l = \sqrt{R\Delta h} \tag{8-10}$$

由式（8-10）可知，接触弧长度随着压下量和轧辊半径的增大而增大。

另一方面，根据图 8-1 中 $Rt\triangle ABC$ 和 $Rt\triangle EAB$（E 是 BO 的延长线上交于圆弧的点）的相似关系可得接触弧弦长 AB 满足

$$\cos\angle ABC = \frac{AB}{2R} = \frac{\Delta h/2}{AB} \tag{8-11}$$

因此可得

$$AB = \sqrt{R\Delta h} \tag{8-12}$$

由此可见，用式（8-11）求出的接触弧长度实际上是 AB 弦的长度，可用它近似代替 AC 的长度。

（2）两轧辊直径不相等时的接触弧长度。假设上下两个轧辊的接触弧长度相等，即

$$l = \sqrt{2R_1\Delta h_1} = \sqrt{2R_2\Delta h_2} \tag{8-13}$$

式中，R_1、R_2 为上下两轧辊的半径；Δh_1、Δh_2 为上下轧辊对金属的压下量，满足

$$\Delta h = \Delta h_1 + \Delta h_2 \tag{8-14}$$

由式（8-13）、式（8-14）可得

$$l = \sqrt{\frac{2R_1R_2}{R_1 + R_2}\Delta h} \tag{8-15}$$

（3）轧辊和轧件产生弹性压缩时的接触弧长度。由于轧件与轧辊间的压力作用，轧辊产生局部的弹性压缩变形，此变形可能很大，尤其在冷轧薄板时更为显著。轧辊的弹性压缩变形一般称为轧辊的弹性压扁，位移量如图 8-3 中 Δ_1（$B_3 \rightarrow B_2$）。轧辊的弹性压扁的结果使接触弧长度增加。

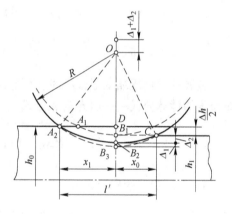

另外，轧件在辊间产生塑性变形时，也伴随产生弹性压缩变形，位移量如图 8-3 中 Δ_2（$B_2 \rightarrow B_1$）。此变形在轧件出辊后即开始恢复，这也会增大接触弧长度。因此，在热轧薄板和冷轧板过程中，必须考虑轧辊和轧件的弹性压缩变形对接触弧长度的影响。

图 8-3 轧辊与轧件弹性压缩时接触弧长度

为使轧件轧制后获得 Δh 的压下量，必须把每个轧辊再压下 $\Delta_1 + \Delta_2$ 的压下量。此时轧件与轧辊的接触线为图 8-3 中的 A_2B_2C 曲线，其接触弧长度为：

$$l' = x_1 + x_0 = \overline{A_2D} + \overline{B_1C} \tag{8-16}$$

其中，根据几何关系可确定

$$\overline{A_2D} = \sqrt{\overline{A_2O}^2 - (\overline{OB_3} - \overline{DB_3})^2} = \sqrt{R^2 - (R - \overline{DB_3})^2} \quad \overline{B_1C}$$

$$= \sqrt{\overline{CO}^2 - (\overline{OB_3} - \overline{B_1B_3})^2} = \sqrt{R^2 - (R - \overline{B_1B_3})^2}$$

展开上两式中的括号，由于 $\overline{DB_3}$ 与 $\overline{B_1B_3}$ 的平方值与轧辊半径与它们的乘积相比小得多，故可忽略不计，得

$$\overline{A_2D} = \sqrt{2R\,\overline{DB_3}}, \qquad \overline{B_1C} = \sqrt{2R\,\overline{B_1B_3}} \tag{8-17}$$

因为

$$\overline{DB_3} = \frac{\Delta h}{2} + \Delta_1 + \Delta_2, \qquad \overline{B_1B_3} = \Delta_1 + \Delta_2$$

所以

$$x_0 = \sqrt{2R(\Delta_1 + \Delta_2)}, \qquad x_1 = \sqrt{R\Delta h + 2R(\Delta_1 + \Delta_2)} \tag{8-18}$$

轧辊和轧件的弹性压缩变形量 Δ_1、Δ_2 可以用弹性理论中的两圆柱体互相压缩时的计算公式求出：

$$\Delta_1 = 2q\frac{1 - \gamma_1^2}{\pi E_1}, \qquad \Delta_2 = 2q\frac{1 - \gamma_2^2}{\pi E_2} \tag{8-19}$$

式中　q——压缩圆柱体单位长度上的压力，$q = 2x_0\bar{p}$（$\bar{p}$ 为平均单位压力）；

γ_1，γ_2——轧辊与轧件的泊松系数；

E_1，E_2——轧辊与轧件的弹性模量。

将 Δ_1 和 Δ_2 的值代入式（8-18），得

$$x_0 = 8R\bar{p}\left(\frac{1 - \gamma_1^2}{\pi E_1} + \frac{1 - \gamma_2^2}{\pi E_2}\right) \tag{8-20}$$

把式（8-20）代入式（8-17），并注意到 $x_1 = \sqrt{R\Delta h + x_0^2}$ 即可计算出 l' 值为

$$l' = 8R\bar{p}\left(\frac{1 - \gamma_1^2}{\pi E_1} + \frac{1 - \gamma_2^2}{\pi E_2}\right) + \sqrt{R\Delta h + \left[8R\bar{p}\left(\frac{1 - \gamma_1^2}{\pi E_1} + \frac{1 - \gamma_2^2}{\pi E_2}\right)\right]^2} \tag{8-21}$$

金属的弹性压缩变形很小时，可忽略不计，即 $\Delta_2 = 0$，可得到只考虑轧辊压缩时接触弧长度的计算公式——西齐柯克公式：

$$l' = \sqrt{R\Delta h + \left(8R\bar{p}\frac{1 - \gamma_1^2}{\pi E_1}\right)^2} + 8R\bar{p}\frac{1 - \gamma_1^2}{\pi E_1} \tag{8-22}$$

8.1.3　轧制变形的表示方法

在简单轧制中，矩形断面轧件在高度方向上的尺寸减小，在宽度和长度方向上的尺寸增大。通常认为，这 3 个变形方向和主轴方向一致，即这 3 个变形是主变形。轧制变形量的表示方法有以下三种。

（1）用绝对变形量表示。用轧制前后轧件绝对尺寸之差表示的变形量称为绝对变形量。

绝对压下量为轧制前后轧件厚度 H、h 之差，即 $\Delta h = H - h$；绝对宽展量为轧制前后轧件宽度 B、b 之差，即 $\Delta b = b - B$；绝对延伸量为轧制前后轧件长度 L、l 之差，即 $\Delta l = l - L$。

（2）用相对变形量表示。用轧制前后轧件尺寸的相对变化表示的变形量称为相对变形量，又可细分为一般相对变形量和对数相对变形量。前者用绝对变形量与轧件的轧前尺

寸的比值来表示，称为工程应变，有

$$
\begin{cases}
\text{相对压下量：} & \varepsilon_h = \dfrac{\Delta h}{H} \\[2mm]
\text{相对宽展量：} & \varepsilon_b = \dfrac{\Delta b}{B} \\[2mm]
\text{相对延伸量：} & \varepsilon_l = \dfrac{\Delta l}{L}
\end{cases}
\tag{8-23}
$$

后者用轧件轧后尺寸与轧前尺寸的比值再取对数来表示，称为对数（真）应变，有

$$
\begin{cases}
\text{相对压下量：} & \varepsilon_h = \ln \dfrac{h}{H} \\[2mm]
\text{相对宽展量：} & \varepsilon_b = \ln \dfrac{b}{B} \\[2mm]
\text{相对延伸量：} & \varepsilon_l = \ln \dfrac{l}{L}
\end{cases}
\tag{8-24}
$$

工程应变不能确切反映出某变形瞬间的真实变形程度，但较绝对变形表示法更准确，对数应变推导源自移动体积的概念，能够准确地反映变形的大小。但由于对数应变计算较为麻烦，除了计算精度要求较高时采用，工程计算上常采用工程应变表示方法。

（3）用变形系数表示。用轧制前后轧件尺寸的比值表示变形程度，此比值称为变形系数。变形系数包括

$$
\begin{cases}
\text{压下系数：} & \eta = \dfrac{H}{h} \\[2mm]
\text{宽展系数：} & \beta = \dfrac{b}{B} \\[2mm]
\text{延伸系数：} & \mu = \dfrac{l}{L}
\end{cases}
\tag{8-25}
$$

根据体积不变原理，三者之间存在如下关系：$\eta = \mu\beta$。变形系数能够简单而正确地反映变形的大小，因此在轧制变形方面得到了极为广泛的应用。

在轧制生产中，从坯料轧制到产品要进行若干道次（如 n 道次）的轧制。每一道次的延伸系数称为道次延伸系数，表示为 μ_1，μ_2，$\cdots$，μ_n；全部道次的延伸系数累计起来得到的延伸系数称为总延伸系数 μ_Σ。

设各道次轧制前轧件断面面积为 F_0，F_1，$\cdots$，F_{n-1}；各道次轧制后轧件断面面积为 F_1，F_2，$\cdots$，F_n。各道次轧制前轧件断面面积又可表示为：$F_0 = \mu_1 F_1$，$F_1 = \mu_2 F_2$，$\cdots$，$F_{n-1} = \mu_n F_n$，故有 $F_0 = \mu_1 \mu_2 \cdots \mu_n F_n$。变化后，得

$$
\frac{F_0}{F_n} = \mu_1 \mu_2 \cdots \mu_n = \mu_\Sigma
\tag{8-26}
$$

式（8-26）表明，总延伸系数等于各道次延伸系数的乘积。

平均延伸系数 $\bar{\mu}$ 是总延伸系数的几何平均值，即

$$
\bar{\mu} = \sqrt[n]{\mu_\Sigma} = \sqrt[n]{\frac{F_0}{F_n}}
\tag{8-27}
$$

轧制道次 n 和平均延伸系数 $\overline{\mu}$ 的关系为

$$n = \frac{\ln F_0 - \ln F_n}{\ln \overline{\mu}} \tag{8-28}$$

8.2　金属在变形区内的流动规律

8.2.1　沿轧件断面高向变形分布

影响轧制时金属变形的主要原因有接触表面外摩擦的作用、变形区外金属外端的作用、变形区几何形状（$l/\overline{h}$）的影响、轧辊形状和尺寸的影响等。关于轧制时变形的分布有两种不同理论：一种是均匀变形理论，另一种是不均匀变形理论。均匀变形理论认为，沿轧件断面高度上的变形、应力和金属流动的分布都是均匀的，造成这种均匀性的主要原因是由于未发生塑性变形的前后外端的强迫拉齐作用，因此又把这种理论称为刚端理论。例如板带材轧制，当轧件较薄，一般 $l/\overline{h} \geq 2 \sim 3$ 时，由于轧件表面到中心距离较小，整个变形区内接触摩擦的作用很大，从接触表面到中心都为较强的三向压应力状态，此时由于外端阻碍出入口断面向外凸出，中部区域的压应力值还将有所增加，而靠近上下接触表面区域内压应力值将减小，结果使应力沿断面高度的分布趋于均匀，应变沿断面高度的分布也趋于均匀，接触表面有滑动区而无黏着区，如图8-4所示。此时，在平面假设条件下，可以认为变形前垂直横断面在变形过程中保持为一平面，变形区内断面高度上金属质点受应力、变形和流动速度相同。

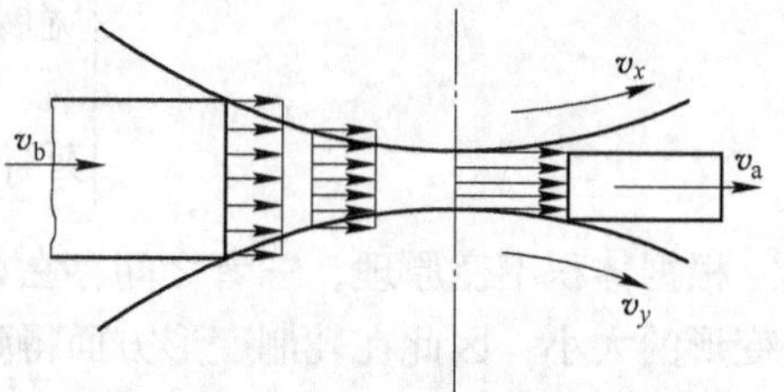

不均匀变形理论认为，沿轧件断面高度方向上的变形、应力和金属流动分布规律都是不均匀的，如图8-5所示。其主要内容为：

（1）沿轧件断面高度方向上的变形、应力和流动速度分布都是不均匀的；

（2）在几何变形区内，在轧件与轧辊接触表面上，不但有相对滑动，而且还有黏着，即轧件与轧辊之间无相对滑动；

图8-4　轧制薄件时流动速度沿轧件断面高度的分布（$l/\overline{h} \geq 2 \sim 3$）

（3）变形不但发生在几何变形区内，而且也产生在几何变形区以外，其变形分布都是不均匀的。这样可把轧制变形区分成变形过渡区、前滑区、后滑区和黏着区，如图8-5所示；

（4）在黏着区内有一个临界面，在这个面上金属的流动速度分布均匀，并且等于该处轧辊的水平速度。

近年来，大量实验证明，不均匀变形理论是比较正确的，其中以 И. Я. Тарновский（塔尔诺夫斯基）的实验最有代表性。他研究轧件对称轴的纵断面上的坐标网格的变化，证明了沿轧件断面高向上的变形分布是不均匀的，其实验结果如图8-6所示。图中曲线1表示轧件表面层各个单元体的变形沿接触弧长度 l 上的变化情况，曲线2表示轧件中心层各个单元体的变形沿接触弧长度上的变化情况。图中的纵坐标是以自然对数表示的相对变形。

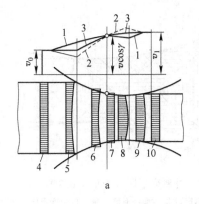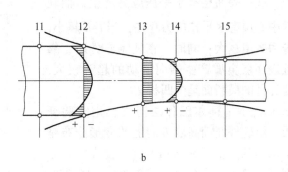

图 8-5 按不均匀变形理论的金属流动速度和应力分布

a—金属流动速度分布；b—应力分布

1—表层金属流动速度；2—中心层金属流动速度；3—平均流动速度；4—后外端金属流动速度；
5—后变形过渡区金属流动速度；6—后滑区金属流动速度；7—临界面金属流动速度；
8—前滑区金属流动速度；9—前变形过渡区金属流动速度；10—前外端金属流动速度；
11—后外端；12—入辊处；13—临界面；14—出辊处；15—前外端；"+"—拉应力；"-"—压应力

由图 8-6 可以看出，在接触弧开始处靠近接触表面的单元体的变形，比轧件中心层的单元体变形要大。这不仅说明沿轧件断面高度方向上的变形分布不均匀，而且还说明表面层的金属流动速度比中心层的要快。

显然，图 8-6 中曲线 1 与曲线 2 的交点是临界面的位置，在这个面上金属变形和流动速度是均匀的。在临界面的右边，即出辊方向，出现了相反现象。轧件中心层单元体的变形比表面层的大，中心层金属流动速度比表面层的快。在接触弧的中间部分，曲线上有一段很长的平行于横坐标的线段，这说明在轧件与轧辊相接触的表面上确实存在着黏着区。

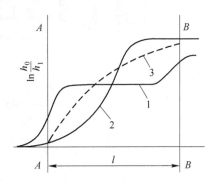

图 8-6 沿轧件断面高向上的变形分布

1—表面层；2—中心层；3—均匀变形；
A—A—入辊平面；B—B—出辊平面

另外，从图中还可以看出，在入辊前和出辊后轧件表面层和中心层都发生变形，这充分说明外端和几何变形区之间有变形过渡区，在这个区域内变形和流动速度也是不均匀的。

塔尔诺夫斯基根据实验研究把轧制变形区绘成图 8-7，用以描述轧制时整个变形的情况。

实验研究还指出，沿轧件断面高度方向上的变形不均匀分布与变形区形状系数有很大关系。当变形区形状系数 $l/\bar{h} > 0.5 \sim 1.0$ 时，即轧件断面高度相对于接触弧长度不太大时，压缩变形完全深入到轧件内部，形成中心层变形比表面层变形要大的现象，此时的不均匀变形状态与产生单鼓形的不均匀镦粗相当；当变形区形状系数 $l/\bar{h} < 0.5 \sim 1.0$ 时，随着变形区形状系数的减小，外端对变形过程影响变得更为突出，压缩变形不能深入到轧件内部，只限于表面层附件的区域，此时表面层的变形较中心层要大，金属流动速度和应

力分布都不均匀, 如图 8-8 所示。具体来说, 轧件表面层有水平压应力产生, 而轧件中心层有水平拉应力存在, 当 $l/\bar{h}$ 越小, 应力数值越大; 同时, 在轧制厚件时, 靠近表面层金属产生横向流动的趋势较大, 使轧件的横断面呈中凹状。

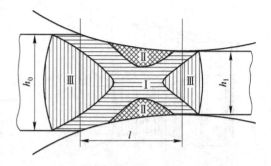

图 8-7　轧制变形区 ($l/\bar{h} > 0.8$)
I—易变形区; II—难变形区; III—自由变形区

A, N·柯尔巴什尼柯夫也用实验证明, 沿轧件断面高度方向上的变形分布是不均匀的。他采用 LY12 铝合金扁锭, 分别以 2.8%、6.7%、12.2%、16.9%、20.4%和25.3%的压下率进行热轧, 用快速摄影对其侧表面坐标网格进行拍照, 观察变形分布, 其实验结果如图 8-9 所示。

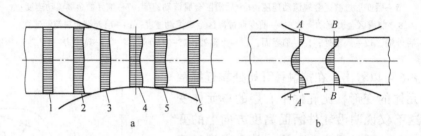

图 8-8　$l/\bar{h} < 0.5 \sim 1.0$ 时金属流动速度与应力分布
a—金属流动速度分布; b—应力分布
1, 6—外端; 2, 5—变形过渡区; 3—后滑区; 4—前滑区;
A—A—入辊平面; B—B—出辊平面

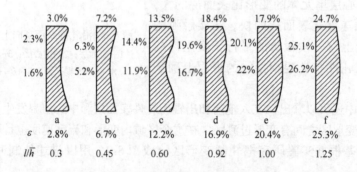

图 8-9　热轧 LY12 时沿断面高度上的变形分布

该实验说明, 在上述压下率范围内轧件断面高度方向上的变形分布都是不均匀的。当压下率 ε 在 2.8%~16.9%的范围内, $l/\bar{h}$ 在 0.3~0.92 时, 轧件中心层的变形比表面层的变形要小; 而压下率等于 20.4%和25.3%, $l/\bar{h}$ 等于 1.0 和 1.25 时, 轧件中心层的变形比表面层的变形要大。

8.2.2　沿轧件宽度方向上的流动规律

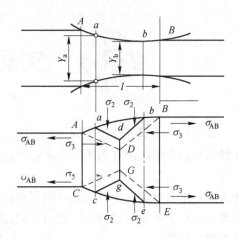

图 8-10　轧件在变形区的横向流动

根据最小阻力定律，由于变形区受纵向和横向的摩擦阻力 σ_3 和 σ_2 的作用（图 8-10），大致可把轧制变形区分为 4 个部分，即 ADB、CGE、$ADGC$、$BDGE$ 四个部分，ADB 与 CGE 区域内的金属流动沿横向流动增加宽展，而 $ADGC$ 和 $BDGE$ 区域内的金属流沿纵向流动增加延伸。不仅上述 4 个部分是一个相互联系的整体，它们还与前后两个外端相互联系着。外端对变形区金属流动的分布也产生一定的影响，前后外端对变形区产生张应力。而且，由于变形区长度 l 小于宽度 $\overline{b}$，故延伸大于宽展，在纵向延伸区中心部分的金属只有延伸而无宽展，因而使其延伸大于两侧，结果在两侧引起张应力。这两种张应力引起的应力以 σ_{AB} 表示，它与延伸阻力 σ_3 方向相反，削弱了延伸阻力，引起形成宽展的区域 ADB 及 CGE 收缩为 adb 和 cge。事实证明，张应力的存在引起宽展下降，甚至在宽度方向上发生收缩，产生所谓"负宽展"。

沿轧件高度方向金属横向变形的分布也是不均匀的，一般情况下，接触表面由于摩擦力的阻碍，使表面的宽展小于中心层，因而轧件侧面呈单鼓形。当 $l/\overline{b}$ 小于 0.5 时，轧件变形不能渗透到整个断面高度，因而轧件侧表面呈双鼓形，在初轧机上可以观察到这种现象。

习　题

8-1　什么是简单轧制，它必须具备哪些条件？

8-2　轧制变形区的基本概念是什么？试推导变形区长度的计算公式。

8-3　在 ϕ430mm 轧机上轧制钢坯，断面为 100mm×100mm，压下量取为 25mm，若 $\Delta b = 0$，求咬入角和接触弧长。

8-4　简述金属在变形区内沿轧件断面高度方向上的变形分布。

8-5　简述金属在变形区沿轧件断面宽度方向上的变形分布。

8-6　推导上下两个轧辊不等时，变形区长度的计算公式 $l = \sqrt{\dfrac{2R_1R_2}{R_1 + R_2}\Delta h}$。

8-7　用 150mm×150mm 方坯轧制 ϕ22mm 圆钢，若平均延伸系数 $\overline{\mu} = 1.26$，应轧制多少道次？

9 实现轧制过程的条件

从轧件与轧辊开始接触到轧制结束，轧制过程一般分为 3 个阶段。从轧件与轧辊开始接触到充满变形区结束为第一个不稳定过程；从轧件充满变形区后到尾部开始离开变形区为稳定轧制过程；从尾部开始离开变形区到全部脱离轧辊为第二个不稳定过程。轧制过程能否建立就是指这 3 个过程能否顺利进行。在生产实践过程中，经常能观察到轧件在轧制过程中出现卡死或打滑现象，说明轧制过程出现障碍。下面分析影响轧制过程顺利进行的两个重要条件。

9.1 自然咬入条件

轧制过程能否建立，首先取决于轧件能否被旋转轧辊顺利曳入，实现这一过程的条件称为咬入条件。轧件实现咬入过程，外界可能给轧件推力或速度，使轧件在碰到轧辊前已有一定的惯性力或冲击力，这对咬入顺利进行有利。因此，轧件如能自然地被轧辊曳入，其他条件的曳入过程也能实现。所谓"自然咬入"是指轧件以静态与辊接触并被曳入，轧辊对轧件的作用力如图 9-1 所示。

当轧件接触到轧辊时，在接触点（实际上是一条沿辊身长度的线）轧件受到轧辊对它的压力 N 及摩擦力 T 作用。N 是沿轧辊径向的正压力，T 沿轧辊切线方向与力 N 垂直，且与轧辊旋转方向一致。T 与 N 满足库伦摩擦定律

$$T = fN \qquad (9\text{-}1)$$

式中，f 为轧件与轧辊表面间的摩擦系数。

由图可知，咬入条件为在接触点处沿轧制方向力的矢量和必须大于或等于零，即

$$T_x - N_x \geq 0 \qquad (9\text{-}2)$$

注意到 $T_x = T\cos\alpha$，$N_x = N\sin\alpha$，故有

$$f \geq \tan\alpha \qquad (9\text{-}3)$$

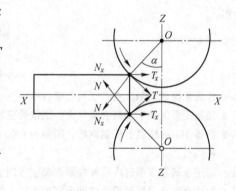

图 9-1　咬入时轧件受力分析

根据物理概念，摩擦系数可用摩擦角的正切来表示，即 $f = \tan\beta$，则由式（9-3）可得

$$\beta \geq \alpha \qquad (9\text{-}4)$$

即摩擦角 β 大于咬入角 α 才能开始自然咬入，β 大于 α 越多，轧件越容易被曳入轧辊内。

式（9-4）中 $\alpha = \beta$ 为咬入的临界条件，把此时的咬入角称为最大咬入角，用 α_{max} 表示，即

$$\alpha_{max} = \beta \qquad (9\text{-}5)$$

它取决于轧件和轧辊的材质、接触表面状态和接触条件等。

随着轧件头部充填辊缝，水平方向的摩擦力除克服推出力外，还出现剩余。这里把用于克服推出力外还剩余的摩擦力的水平分量，称为剩余摩擦力。

在 $\alpha < \beta$ 条件下开始咬入时，有 $P_x = T_x - N_x > 0$，即此时就已经有剩余摩擦力存在，并随轧件充填辊缝而不断增大。由于轧件充填辊缝过程中有剩余摩擦力产生并逐渐增大，只要轧件一经咬入，轧件继续充填辊缝就变得更加容易。同时可以看出，摩擦系数越大，剩余摩擦力越大；而当摩擦系数为定值时，随咬入角减小，剩余摩擦力增大。

9.2　稳定咬入条件

轧件被轧辊曳入后，轧件和轧辊接触表面不断增加，正压力 N 和摩擦力 T 的作用点也在不断变化，向变形区出口方向移动。轧件前端与轧辊轴线连线间夹角 δ 不断减小，如图 9-2a 所示；一直到 $\delta = 0$，如图 9-2b 所示，进入稳定轧制阶段。

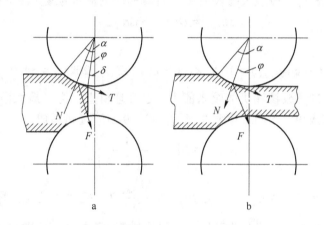

图 9-2　轧件充填辊缝过程中作用力条件的变化图解
a—充填辊缝过程；b—稳定轧制阶段

图 9-2 中，表示 T 和 N 的合力 F 作用点与轧辊轴心连线的夹角 φ 在轧件充填辊缝的过程中也不断变化。随着轧件逐渐充满辊缝，合力作用点向轧件出口方向倾斜，φ 角自 $\varphi = \alpha$ 逐渐减小，向有利于曳入方面发展。进入稳定轧制阶段后，合力 F 对应的中心角 φ 不再发生变化，并为最小值，即

$$\varphi = \alpha_y / K_x \tag{9-6}$$

式中，K_x 为合力作用点系数；α_y 为稳定轧制阶段咬入角。

轧件充满变形区后，继续轧制的条件仍是

$$T_x \geqslant N_x \tag{9-7}$$

此时有

$$T_x = T\cos\varphi = Nf_y\cos\varphi, \qquad N_x = N\sin\varphi \tag{9-8}$$

式中，f_y 为稳定轧制阶段接触表面摩擦系数。

将式（9-6）和式（9-8）代入式（9-7），得稳定轧制条件为

$$f_y \leqslant \tan(\alpha_y / K_x) \tag{9-9}$$

或

$$\beta_y \geq \alpha_y / K_x \qquad (9\text{-}10)$$

以上推导表明，当 $\alpha_y \leq K_x \beta_y$ 时，轧制过程顺利进行；反之，轧件在轧辊上打滑不前进。一般情况下，在稳定轧制阶段，$K_x \approx 2$，所以 $\varphi \approx \alpha_y / 2$，即 $\beta_y \geq \alpha_y / 2$，即假设由咬入阶段过渡到稳定轧制阶段的摩擦系数不变（$\beta = \beta_y$）及其他条件相同时，稳定轧制阶段允许的咬入角比初始咬入阶段咬入角可增大 K_x 倍，近似认为增大 2 倍。

从初始咬入时 $\beta \geq \alpha$ 到稳定轧制时 $\beta_y \geq \alpha_y / 2$ 的比较可以看出，开始咬入时要求的摩擦条件高，即摩擦系数大；随轧件逐渐充填辊缝，水平曳入力逐渐增大，水平推出力逐渐减小，越容易咬入；开始咬入条件一经建立起来，轧件就能自然地向辊间充填，建立稳定轧制过程；稳定轧制过程比开始咬入条件容易实现。

例 9-1　已知一 $\phi 1020$mm 四辊中厚板轧机的最大咬入角 $\alpha_{\max} = 15° \sim 20°$，计算其最大压下量。

解　根据式（8-1），按最大咬入角 $\alpha_{\max}$ 计算的压下量即为最大压下量，则

$$\Delta h_{\max} = D(1 - \cos\alpha_{\max}) \qquad (9\text{-}11)$$

代入数据可求出

$$\Delta h_{\max} = D(1 - \cos\alpha_{\max}) = 1020 \times [1 - \cos(15° \sim 20°)] = 34.9 \sim 61.5\text{mm}$$

通常用式（9-11）校核轧机的咬入能力。在开坯机上，为了最大限度地提高轧机产量，常采用最大咬入角，若用摩擦系数表示，式（9-11）还可写成

$$\Delta h_{\max} = D\left(1 - \frac{1}{\sqrt{1 + f^2}}\right) \qquad (9\text{-}12)$$

若摩擦系数已定，咬入角 $\alpha_{\max}$ 为已知，则 $\dfrac{\Delta h_{\max}}{D}$ 为一定值，此比值称为轧入系数。已知轧辊直径，则允许的压下量就为已知。不同轧制条件下的轧入系数与允许最大咬入角以及摩擦系数列于表 9-1 中。

表 9-1　不同轧制条件下的轧入系数、允许最大咬入角以及摩擦系数

轧制条件	最大咬入角 $\alpha_{\max}/(°)$	摩擦系数 f	轧入系数 $\dfrac{\Delta h_{\max}}{D}$
磨光轧辊润滑冷轧	3~4		1/400~1/330
粗糙轧辊冷轧	5~8		1/262~1/182
表面研磨轧辊	12~15	0.212~0.268	1/46~1/29
粗面轧辊（厚板轧制）	15~22	0.212~0.404	1/29~1/14
平辊（窄带轧制）	22~24	0.404~0.445	1/14~1/12
轧槽	24~25	0.445~0.466	1/12~1/11
箱型孔	28~30	0.532~0.577	1/8.5~1/7.5

轧制条件	最大咬入角 $\alpha_{max}/(°)$	摩擦系数 f	轧入系数 $\dfrac{\Delta h_{max}}{D}$
箱型孔并刻痕	28~34	0.532~0.675	1/8.5~1/6
连续式轧机	27~30	0.509~0.577	1/9~1/7.5
在有刻痕或堆焊的轧辊上热轧钢坯	24~32	0.45~0.62	1/6~1/3
热轧型钢	20~25	0.36~0.47	1/8~1/7
热轧钢板或扁钢	15~20	0.27~0.36	1/14~1/8
在一般光面轧辊上冷轧钢板或带钢	5~10	0.09~0.18	1/130~1/33
在镜面光泽轧辊上冷轧板带钢	3~5	0.05~0.08	1/350~1/130
镜面轧辊，用蓖麻油、棉籽油或棕榈油润滑	2~4	0.03~0.06	1/600~1/200

9.3 孔型轧制的咬入条件

孔型轧制与平辊轧制咬入的区别在于孔型侧壁的作用使轧辊对轧件的作用力发生了改变，咬入条件也相应发生变化。以箱型孔型为例说明孔型中的咬入情况。

箱型孔型轧制矩形断面轧件，开始咬入时轧件与轧辊的接触情况有两种：一种是轧件先与孔型顶部接触，如图 9-3a 所示，与平辊轧制矩形断面轧件无区别；另一种是轧件先与孔型侧壁接触，如图 9-3c 所示，此时受力分析如图 9-4 所示，随着轧件逐渐充填孔型，咬入条件仍然是 $T_x \geqslant N_{0x}$，即

$$T\cos\alpha \geqslant N_0\sin\alpha \qquad (9-13)$$

将 $T=fN$，$N_0=N\sin\theta$ 代入式 (9-13)，得

$$f/\sin\theta \geqslant \tan\alpha \qquad (9-14)$$

又由 $f=\tan\beta$ 得

$$\tan\beta/\sin\theta \geqslant \tan\alpha \qquad (9-15)$$

即

$$\beta/\sin\theta \geqslant \alpha \qquad (9-16)$$

式中，N 为轧辊孔型侧壁斜度作用在轧件上的正压力；T 为轧辊作用给轧件的摩擦力；N_0 为轧辊作用给轧件的径向力；θ 为孔型侧壁斜度夹角。

根据式 (9-16)，当 $\theta = 90°$ 时，咬入条件与平辊轧制时相同，即 $\beta \geqslant \alpha$；当 $\theta < 90°$ 时，临界咬入角 α_{max} 由于孔型侧

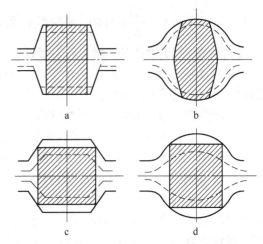

图 9-3 孔型轧制时轧件与轧辊的接触情况

壁的作用增大了 $1/\sin\theta$ 倍，所以在孔型中轧制时，侧壁斜度夹角 θ 越小，对咬入越有利。在实际生产中，为了不使轧件过充满而产生耳子，可采用双侧壁斜度孔型，即把槽低处侧

壁斜度减小，使能充分夹持住轧件，促进咬入，而为了防止出耳，在槽口处用大侧壁斜度。

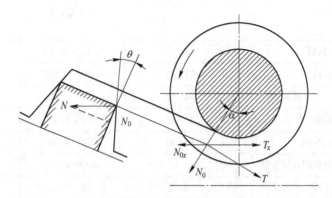

图 9-4　孔型轧制时的受力分析

9.4　改善咬入的途径

改善咬入是进行顺利操作、增加压下量、提高生产力的有力措施，也是轧制生产中经常碰到的实际问题。

根据咬入条件 $\beta \geqslant \alpha$，便可以得出，凡是能提高 β 角的一切因素和降低 α 角的一切因素都有利于咬入。下面对以上两种途径分别进行讨论。

9.4.1　降低 α 角

由 $\alpha = \arccos\left(1 - \dfrac{\Delta h}{D}\right)$ 可知，要降低 α 角必须满足以下条件：

（1）当 Δh 等于常数时，增加轧辊直径 D。

（2）减小压下量。由 $\Delta h = H - h$ 可知，可通过降低轧件开始高度 H 或提高轧后的高度 h 来降低 α，以改善咬入条件。

在实际生产中常见的降低 α 的方法有：

（1）将钢锭的小头先送入轧辊或采用带有楔形端的钢坯进行轧制，在咬入开始时首先将钢锭的小头或楔形前端与轧辊接触，此时对应的咬入角较小。在摩擦系数一定下，易于实现自然咬入，如图 9-5 所示。此后随轧件充填辊缝和咬入条件改善的同时，压下量逐渐增大，最后压下量稳定在某一最大值，从而咬入角也相应增加到最大值，此时已过渡到稳定轧制阶段。

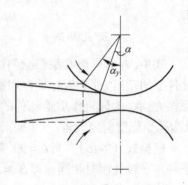

这种方法可以保证顺利地自然咬入和进行稳定轧制，并对产品质量无不良影响，所以在实际生产中应用较为广泛。

图 9-5　钢锭小头进钢

（2）强迫咬入，即用外力将轧件强制推入轧辊中，由于外力作用使轧件前端被压扁。

相当于减小了前端接触角 α，故改善了咬入条件。

9.4.2　提高 β 的方法

提高摩擦系数或摩擦角是较复杂的，因为在轧制条件下，摩擦系数取决于许多因素。可由以下两个方面讨论改善咬入条件。

（1）改变轧件或轧辊的表面状态，以提高摩擦角。在轧制高合金钢时，由于表面质量要求高，不允许从改变轧辊表面着手，而是从轧件着手。于是，常见的做法是清除炉生氧化铁皮。实验研究表明，钢坯表面的炉生氧化铁皮使摩擦系数降低。由于炉生氧化铁皮的影响，使自然咬入困难，或者以极限咬入条件咬入后在稳定轧制阶段发生打滑现象。由此可见，清除炉生氧化铁皮对保证顺利自然咬入及进行稳定轧制是十分必要的。

（2）合理调节轧制速度。实践表明，随轧制速度的提高，摩擦系数是降低的。据此，可以低速实现自然咬入，然后随着轧件充填辊缝使咬入条件好转，逐渐增加轧制速度，使之过渡到稳定轧制阶段时达到最大，但必须保证 $\beta_y > \alpha_y/K_x$ 的条件。这种方法简单可靠，易于实现，所以在实际生产中常被采用。

列举的上述几种改善咬入条件的具体方法有助于理解与具体运用改善咬入条件依据的基本原则。在实际生产中不限于以上几种方法，而且往往是根据不同条件几种方法同时并用。

习　题

9-1　画出轧制过程简图，并推导轧件初始咬入及稳定轧制的咬入条件，分析在实际生产中如何改善咬入条件。

9-2　什么是剩余摩擦力？有何意义？

9-3　在 ϕ650mm 轧机上轧制软钢，轧件的原始厚度为 180mm，用极限咬入条件时，一次可压缩 100mm，求摩擦系数。

9-4　绘出三种条件下（$\alpha < \beta$，$\alpha = \beta$，$\alpha > \beta$）轧辊对轧件作用力及其合力 F 的图示（标明咬入角和摩擦角）。

9-5　为什么在孔型轧制时，侧壁倾斜度夹角 θ 值越小对咬入越有利？

10 轧制过程中的宽展

根据给定的坯料尺寸和压下量，来确定轧制后产品的尺寸，或者已知轧制后轧件的尺寸和压下量，要求定出所需坯料的尺寸，这是在拟定轧制工艺时首先遇到的问题。要解决这类问题，首先要知道被压下金属的体积是如何沿轧制方向和宽度方向分配的，亦即如何分配延伸和宽展的。因为只有知道了延伸及宽展的大小后，才有可能在已知轧前坯料尺寸及压下量的前提下根据体积不变条件计算轧后产品尺寸；或者根据轧制后轧件的尺寸推算轧前所需的坯料尺寸。由此可见，研究轧制过程中的变形规律具有很大的实际意义。本章将介绍轧制过程中的宽展规律。

10.1　宽展及其分类

10.1.1　宽展及其实际意义

在轧制过程中轧件的厚度方向承受轧辊压缩作用，压缩下来的体积，将按照最小阻力法则沿着纵向及横向移动。沿横向移动的体积引起的轧件宽度的变化称为宽展。习惯上，通常将轧件在宽度方向线尺寸的变化，即绝对宽展直接称为宽展。虽然用绝对宽展不能正确反映变形的大小，但是由于它简单、明确，故在生产实践中得到极为广泛的应用。

轧制中的宽展可能是希望的，也可能是不希望的，视轧制产品的断面特点而定。当从窄的坯料轧成宽成品时希望有宽展，如用宽度较小的钢坯轧成宽度较大的成品，则必须设法增大宽展。若是从大断面坯料轧成小断面成品，则不希望有宽展，因为消耗于横变形的功是多余的，在这种情况下，应该力求以最小的宽展轧制。

纵轧的目的是为得到延伸，除特殊情况外，应该尽量减小宽展，降低轧制功能消耗，提高轧机生产率。不论在哪种情况下，希望或不希望有宽展，都必须掌握宽展变化规律以及正确计算它。在孔型轧制中，宽展计算更为重要，是保证轧后产品断面质量的重要一环。若计算宽展大于实际宽展，则孔型充填不满，造成很大的椭圆度，如图 10-1a 所示；

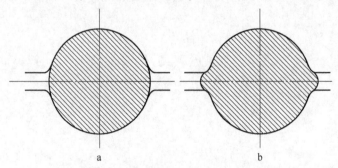

图 10-1　由于宽展估计不足产生的缺陷

a—未充满；b—过充满

若计算小于实际宽展，则孔型充填过满，形成耳子，如图 10-1b 所示，以上两种情况均会引起轧件报废。因此，正确估计宽展对提高产品质量、改善生产技术经济指标有着重要的作用。

10.1.2 宽展分类

在不同的轧制条件下，坯料在轧制过程中的宽展形式是不同的。根据金属沿横向流动的自由程度，宽展可分为自由宽展、限制宽展和强迫宽展。

10.1.2.1 自由宽展

坯料在轧制过程中，被压下的金属体积的金属质点在横向移动时，具有沿垂直于轧制方向朝两侧自由移动的可能性，此时金属除受接触摩擦的影响外，不受其他任何的阻碍和限制，如孔型侧壁、立辊等，结果明确地表现出轧件宽度上线尺寸的增加，这种情况称为自由宽展，如图 10-2 所示。

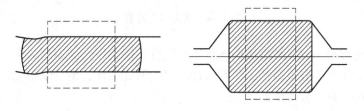

图 10-2　自由宽展轧制

自由宽展发生于变形比较均匀的条件下，如平辊上轧制矩形断面轧件，以及宽度有很大富裕的扁平孔型内轧制。自由宽展轧制是最简单的轧制情况。

10.1.2.2 限制宽展

坯料在轧制过程中，金属质点横向移动时，除受接触摩擦影响外，还承受孔型侧壁的限制作用，因而破坏了自由流动条件，此时产生的宽展称为限制宽展。如在孔型侧壁起作用的凹型孔型中轧制时即属于此类宽展，如图 10-3 所示。由于孔型侧壁的限制作用，使横向移动体积减小，故所形成的宽展小于自由宽展。

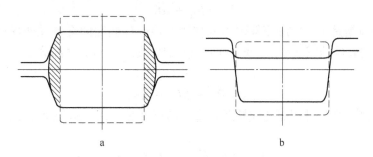

a　　　　　　　　　　　　　　b

图 10-3　限制宽展
a—箱形孔内的宽展；b—闭口孔内的宽展

10.1.2.3 强迫宽展

坯料在轧制过程中，金属质点横向移动时，不仅不受任何阻碍，且受到强烈的推动作用，使轧件宽度产生附加的增长，此时产生的宽展称为强迫宽展。由于出现有利于金属质点横向流动的条件，所以强迫宽展大于自由宽展。

在凸型孔型中轧制及有强烈局部压缩的轧制条件是强迫宽展的典型例子，如图 10-4 所示。如图 10-4a 所示，由于孔型凸出部分强烈的局部压缩，强迫金属横向流动。轧制宽扁钢时采用的切深孔型就是这个强制宽展的实例。图 10-4b 所示为由两侧部分的强烈压缩形成强迫宽展。

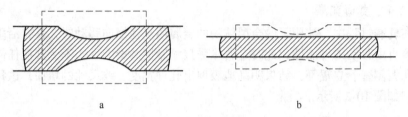

a   b

图 10-4   强迫宽展轧制

在孔型中轧制时，由于孔型侧壁的作用和轧件宽度上压缩的不均匀性，确定金属在孔型内轧制时的宽展是十分复杂的，尽管做过大量的研究工作，但在限制或强迫宽展孔型内金属流动规律还不是十分清楚。

10.1.3   宽展的组成

10.1.3.1   宽展沿轧件断面高度上的分布

由于轧辊与轧件的接触表面上存在着摩擦，以及变形区几何形状和尺寸的不同，因此沿接触表面上金属质点的流动轨迹与接触面附近的区域和远离的区域是不同的。它一般由以下几个部分组成：滑动宽展 ΔB_1、翻平宽展 ΔB_2 和鼓形宽展 ΔB_3，如图 10-5 所示。

（1）滑动宽展是变形金属在与轧辊的接触面产生相对滑动所增加的宽展量，以 ΔB_1 表示，展宽后轧件达到的宽度为

$$B_1 = B_H + \Delta B_1$$

（2）翻平宽展是由于接触摩擦阻力的作用，使轧件侧面的金属在变形过程中翻转到接触表面上，使轧件的宽度增加，增加的量以 ΔB_2 表示，加上这部分展宽的量后轧件的宽度为

$$B_2 = B_H + \Delta B_1 + \Delta B_2$$

（3）鼓形展宽是轧件侧面变成鼓形而造成的展宽量，用 ΔB_3 表示，此时轧件的最大宽度为

$$b = B_3 = B_2 + \Delta B_3 = B_H + \Delta B_1 + \Delta B_2 + \Delta B_3$$

显然，轧件的总展宽量为：$\Delta B = \Delta B_1 + \Delta B_2 + \Delta B_3$。

通常理论上所说的宽展及计算的宽展是指将轧制后轧件的横断面变为同厚度的矩形之后，其宽度与轧制前轧坯宽度之差，即

$$\Delta B = B_h - B_H$$

因此，轧后宽度 B_h 是一个为便于工程计算而采用的理想值。

上述宽展的组成及其相互的关系由图 10-5 可以清楚的表示出来。滑动宽展 ΔB_1、翻平宽展 ΔB_2 和鼓形宽展 ΔB_3 的数值依赖于摩擦系数和变形区的几何参数的变化。它们有一定的变化规律，但至今定量的规律尚未掌握，只能依赖实验和初步的理论分析了解它们之间的一些定性关系。例如，摩擦系数 f 值越大，不均匀变形就越严重，此时翻平宽展和鼓形宽展的值就越大，滑动宽展越小；各种宽展与变形区几何参数之间有如图 10-6 所示的关系，由图中曲线可见，$l/\overline{h}$ 越小，滑动宽展越小，而翻平和鼓形宽展占主导地位。这是因为 $l/\overline{h}$ 越小，黏着区越大，故宽展主要是由翻平和鼓形宽展组成，而不是由滑动宽展组成。

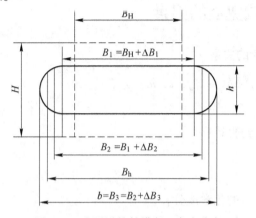

图 10-5 宽展沿轧件横断面高度分布

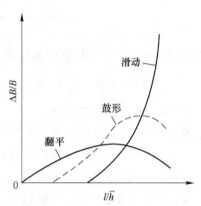

图 10-6 各种宽展与 $l/\overline{h}$ 的关系

10.1.3.2 宽展沿轧件宽度上的分布

关于宽展沿轧件宽度分布的理论，基本上有两种假说：第一种假说认为宽展沿轧件宽度均匀分布。这种假说主要以均匀分布和外区作用作为理论基础。因为变形区与前后外区彼此是同一块金属，是紧密连接在一起的，因此对变形起着均匀的作用，使沿长度方向上各部分金属延伸相同，宽展沿宽度分布自然是均匀的，它可用图 10-7 来说明。第二种假说认为变形区可分为 4 个区域，即在两边的区域为宽展区，中间分为前后两个延伸区，它可用图 10-8 来说明。

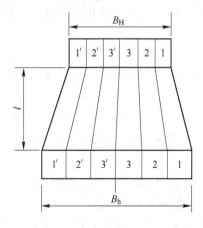

图 10-7 宽展沿宽度均匀分布的假说

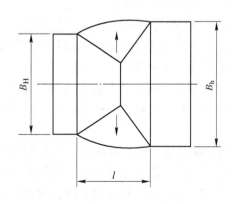

图 10-8 变形区分区图示

（1）宽展沿宽度均匀分布假说。对于轧制宽而薄的薄板，宽展很小甚至可以忽略的变形可以认为是均匀的。但在其他情况下，均匀假说与许多实际情况是不相符合的，尤其是对于窄而厚的轧件更不适应。因此这种假说是有局限性的。

（2）变形区分区假说。该假说也不完全准确，许多实验证明变形区中金属表面质点流动的轨迹，并非严格地按所画的区间进行流动；但是它能定性地描述宽展发生时变形区内金属质点流动的总趋势，便于说明宽展现象的性质和作为计算宽展的依据。

总之，宽展是一个极为复杂的轧制现象，它受许多因素的影响。

10.2   影响宽展的因素

宽展的变化与一系列轧制因素构成复杂的关系

$$\Delta B = f(H,\ h,\ l,\ B,\ D,\ \psi_a,\ \Delta h,\ \dot{\varepsilon},\ f,\ t,\ m,\ p_\sigma,\ v,\ \varepsilon)$$

式中　　$H,\ h$——变形区的高度；

$l,\ B,\ D$——变形区的长度、宽度和轧辊直径；

ψ_a——变形区的横断面形状；

$\Delta h,\ \dot{\varepsilon}$——压下量和压下率；

$f,\ t,\ m$——摩擦系数、轧制温度、金属的化学成分；

p_σ——金属的机械性能；

$v,\ \varepsilon$——轧辊线速度和变形速度。

H、h、l、B、D、ψ_a 是表示变形区特征的几何因素，f、t、m、p_σ、v、ε 是物理因素，它们影响变形区内的作用力，尤其是影响摩擦力。几何因素和物理因素的综合影响不仅关系到变形区的应力状态，而且涉及轧件的纵向和横向变形的特征。

轧制时高向压下的金属体积如何分配延伸和宽展，受体积不变条件和最小阻力定律支配。所以，在未分析具体因素对宽展的影响之前需先了解最小阻力定律的概念。

最小阻力定律阐明了变形物体质点流动规律。如果物体在变形过程中其质点有向各种方向流动的可能，则物体各质点将向着阻力最小的方向流动。

（1）如变形在两个主轴方向是限定的，则质点只有在第三个主轴方向流动的可能性。金属挤压变形就是这种变形过程。

（2）如变形在一个主轴方向是限定的，如在第二个主轴方向流动受阻，则在第三个主轴方向正反面流动的多少由这两方面阻力相对大小而定，阻力小者流动多。在封闭孔型中轧制就属于这种情况。

（3）如变形在一个主轴方向是限定的，而在另外两个主轴方向上，物体有自由流动的可能性，此时向阻力小的主轴方向流的多。自由镦粗和平辊轧矩形件就属于这种变形过程。

最小阻力定律常近似表达为最短法线定律，即金属受压变形时，若接触摩擦较大，其质点近似沿最短法线方向流动。在宽度、压下量和接触摩擦等相同的条件下，由于变形区长度 l_1 增大到 l_2，按最短法线定律，则宽度方向流动区域将增大，即 $F_{B2}/F_{l2} > F_{B1}/F_{l1}$（图10-9），因而使宽展增加。

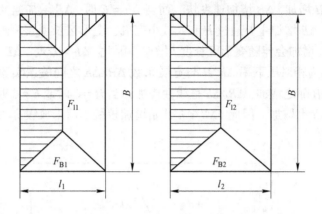

图 10-9　用最短法线定律说明变形区对宽度的影响

（$l_2 > l_1$，$F_{B2}/F_{l2} > F_{B1}/F_{l1}$）

10.2.1　相对压下量的影响

一方面，相对压下量 $\Delta h/H$ 是形成宽展变形的根源，没有压下量就没有宽展，因此，压下量越大，宽展应越大。因为压下量的增加相当于增加了变形区程度，也就增加了变形区水平投影，使金属纵向流动阻力增加；同时，纵向压缩主应力加大了，根据最小阻力定律，金属横向运动趋势变大，宽展增加。另一方面，$\Delta h/H$ 增加，厚度方向被压缩，金属体积也增加，使 ΔB 增加。实验结果如图 10-10 所示。

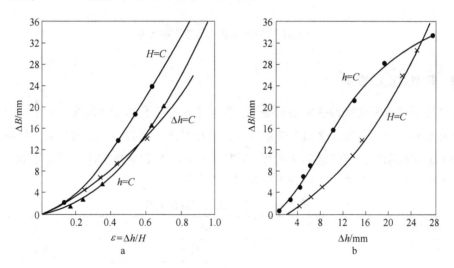

图 10-10　宽展与压下量的关系

a—当 Δh、H、h 为常数，低碳钢，轧制温度为 900℃，轧制速度为 1.1m/s 时，ΔB 与 $\Delta h/H$ 的关系；

b—当 H、h 为常数，低碳钢，轧制温度为 900℃，轧制速度为 1.1m/s 时，ΔB 与 Δh 的关系

增加 $\Delta h/H$ 的方法有三种：轧件厚度 H 不变，出口厚度减小；出口厚度不变，来料厚度增加；来料厚度和出口厚度同时变化，但 Δh 不变。虽然 $\Delta h/H$ 增加，宽展都会增加，但这三种方式变化程度是有区别的。由图 10-10a 可以看出，当 $H = C$ 或 $h = C$ 时（C 表示

常数），随着 $\Delta h/H$ 增加，ΔB 增加速度快，而当 $\Delta h = C$ 时，ΔB 增加速度较前述二者缓慢。因为当 $\Delta h = C$ 时，ΔB 增加主要通过 H 和 h 减小完成，变形区长度 l 不增加；但当 $H = C$ 时或 $h = C$ 时，$\Delta h/H$ 增加会伴随变形区长度 l 增加，因此，$\Delta h = C$ 时，ΔB 增加速度缓慢。

图 10-11 所示为相对压下率 $\Delta h/H$ 与宽展系数 $\Delta B/\Delta h$ 之间关系实验曲线。当 $\Delta h = C$ 时，$\Delta h/H$ 增加，ΔB 随之增加，$\Delta B/\Delta h$ 呈线性增加；当 $H = C$ 时或 $h = C$ 时，$\Delta h/H$ 增加，ΔB 会增加，但同时 Δh 也增加，因此，$\Delta B/\Delta h$ 开始增加较快，后来放缓（$H = C$），甚至于逐渐下降（$h = C$）。

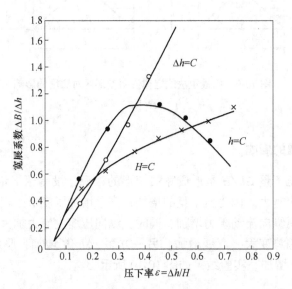

图 10-11 宽展系数与压下率的关系

10.2.2 轧制道次的影响

在总压下量及其他条件一定的前提下，轧制道次增多会减少宽展量，见表 10-1。因为一道次轧制时变形区长度比多道次轧制时长，变形区形状系数 $l/\overline{b}$ 比值较大，所以宽展较大；而多道次轧制时，变形区形状系数 $l/\overline{b}$ 比值较小，所以宽展较小。因此不能只是从原料和成品的厚度决定宽展，要按各道次分别计算宽展。

表 10-1 轧制道次与宽展量关系

轧制温度/℃	道次数	$\Delta h/H/\%$	$\Delta b/mm$
1000	1	74.5	22.4
1085	6	73.6	15.6
925	6	75.4	17.5
920	1	75.1	33.2

10.2.3 轧辊直径的影响

在其他变形条件一定的前提下，随着轧辊直径的增加，宽展增加。因为随着 D 增加，变形区长度增加，纵向阻力增加，由最小阻力定律，金属更易向宽度方向流动。实验结果如图 10-12 所示。

但轧辊直径与轧辊形状影响相比，轧辊形状影响更显著。也就是说，轧辊形状影响一般更会使轧件延伸变形大于宽展变形。

10.2.4 轧件宽度的影响

如前所述，可将接触表面金属流动分成 4 个区域，即前后滑区和左右宽展区。用它说明轧件宽度对宽展的影响。假如变形区长度 l 一定，当轧件宽度 B 逐渐增加时，由 $l_1 > B_1$ 到 $l_2 = B_2$，如图 10-13 所示，宽展区是逐渐增加的，因而宽展也逐渐增加；当由 $l_2 = B_2$ 到 $l_3 < B_3$ 时，宽展区变化不大，而延伸区逐渐增加，因此从绝对量上来说，宽展的变化也是先增加，后来趋于不变，这也为实验所证实（图 10-14）。

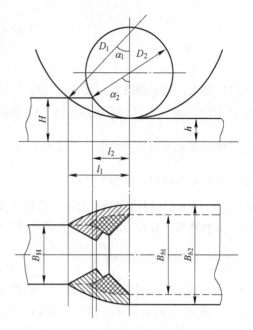

图 10-12 轧辊直径对宽展的影响

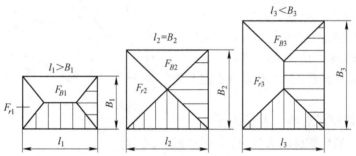

图 10-13 轧件宽度对变形区划分的影响 $(l = l_1 = l_2 = l_3)$

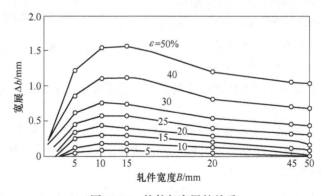

图 10-14 轧件与宽展的关系

一般来说，当 $l/\overline{B}$ 增加时，宽展增加，亦即宽展与变形区长度 l 成正比，而与其宽度 $\overline{B}$ 成反比。轧制过程中变形区尺寸的比可用式（10-1）表示

$$l/\overline{B} = \frac{\sqrt{R\Delta h}}{\dfrac{B_{\mathrm{H}} + B_{\mathrm{h}}}{2}} \qquad (10\text{-}1)$$

此比值越大，宽展亦越大。$l/\overline{B}$ 的变化，实际上反映了纵向阻力及横向阻力的变化，轧件宽度 $\overline{B}$ 增加，ΔB 减小，当 $\overline{B}$ 值很大时，ΔB 趋近于零，即 $B_{\mathrm{h}}/B_{\mathrm{H}} = 1$，出现平面变形状态。如前述，此时表示横向阻力的横向压缩主应力 $\sigma_2 = \dfrac{\sigma_1 + \sigma_3}{2}$。在轧制时，通常认为，在变形区的纵向长度为横向长度的 2 倍时（$l/\overline{B} = 2$），会出现纵横变形相等的条件。为什么不在二者相等（$l/\overline{B} = 1$）时出现呢？这是因为前面所说的工具形状的影响。此外，在变形区前后轧件都具有外端，外端会起妨碍金属质点横向移动的作用，因此，也使宽展减小。

10.2.5　摩擦系数的影响

在其他变形条件一定的前提下，随着摩擦系数增加，宽展增加。因为随着摩擦系数的增加，纵向与横向变形的塑性流动阻力比增加，即阻碍延伸的作用增大，促进了宽展。

又由于摩擦系数是轧制条件的复杂函数，可表示为

$$f = \phi(t, \ v, \ k_1, \ k_2)$$

式中，t 为轧制温度；v 为轧制速度；k_1 为轧辊材质及表面状态；k_2 为轧件的化学成分。

凡是影响摩擦系数 f 的因素都将引起宽展的变化。

（1）轧制温度的影响。由于热轧过程中随着温度升高，氧化铁皮生成会使 f 升高；但当温度达到一定值后，氧化铁皮熔化又会使 f 降低，因此，温度对宽展影响也由逐渐增大再逐渐减小。实验曲线如图 10-15 所示，相同钢种温升对宽展影响都有抛物线状分布趋势。

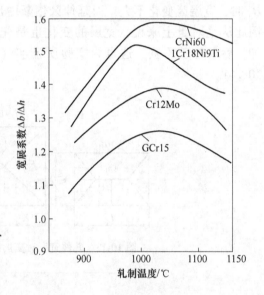

图 10-15　轧制温度与宽展系数关系

（2）轧制速度的影响。轧件在高速轧制时，对摩擦系数影响显著，因为轧制速度的提高，会降低 f，从而减小宽展，实验曲线如图 10-16 所示。

（3）表面状态的影响。轧辊表面状态主要是指表面粗糙度。新的光辊较磨损后的轧辊摩擦系数低、宽展量小，磨损后通过辊压花等方法增加 f 会使宽展增大；轧制中采用润滑手段会降低 f，使宽展减小。

（4）轧件材质的影响。轧制材质不同的轧材，由于其氧化铁皮结构及物理机械性能不同，从而会影响轧件与轧辊间摩擦系数。一般情况下，碳钢摩擦系数低于合金钢与轧辊间摩擦系数，因此合金钢展宽比碳素钢大些。具体某种材质变化规律应参考相应材质实验结果；若没有，应做实验确定。

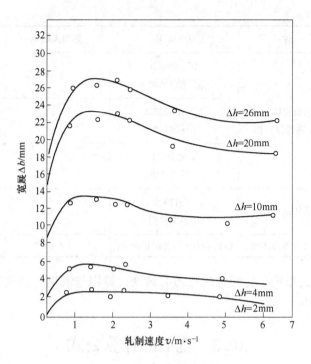

图 10-16 宽展与轧制速度关系

按一般公式计算出来的宽展，很少考虑合金元素的影响，为了确定合金钢的宽展，必须在一般公式所求宽展值上乘以系数 m，即

$$\Delta B' = m\Delta B$$

式中，$\Delta B'$ 为合金钢的宽展；ΔB 为按一般公式计算的宽展；m 为考虑到化学成分影响的系数，见表 10-2。

表 10-2 钢的化学成分对宽展的影响系数

组别	钢 种	钢 号	影响系数 m	平均数
I	普碳钢	10 号钢	1.0	
II	珠光体–马氏体钢	T7A（碳钢）	1.24	1.25~1.32
		GCr15（轴承钢）	1.29	
		16Mn（结构钢）	1.29	
		4Cr13（不锈钢）	1.33	
		38CrMoAl（合金钢）	1.35	
		4Cr10Si2Mo（不锈耐热钢）	1.35	
III	奥氏体钢	4Cr14Ni14W2Mo	1.36	1.35~1.46
		2Cr13Ni4Mn9（不锈耐热钢）	1.42	

组别	钢　种	钢　号	影响系数 m	平均数
Ⅳ	带残余奥氏体（铁素体，莱氏体）钢	1Cr18Ni9Ti（不锈耐热钢）	1.44	1.4~1.5
		3Cr18Ni25Si2（不锈耐热钢）	1.44	
		1Cr23Ni13（不锈耐热钢）	1.53	
Ⅴ	铁素体钢	1Cr17Al5（不锈耐热钢）	1.55	
Ⅵ	带有碳化物的奥氏体钢	Cr15Ni60（不锈耐热合金）	1.62	

（5）轧辊材质的影响。轧辊常用材质有铸铁、铸钢与锻钢。铸铁轧辊较钢辊摩擦系数低，宽展量亦较小。

10.3　宽展的计算公式

当轧制较宽轧件时，宽展量不大，对尺寸精度影响不大。但一般轧件轧制时，其宽展量可能会达到几十毫米，这么大的宽展若不能准确确定，无法制定正确合理的轧制工艺规程。计算宽展的公式很多，但影响宽展的因素也很多，只有在深入分析轧制过程的基础上，正确考虑主要因素对宽展的影响后，才能获得比较完善的公式。目前，研究人员进行了大量的研究工作，建立了很多宽展计算公式，虽然还没有得到将所有影响因素变化规律都准确反映出来的统一的宽展计算公式，但已能将主要影响因素反映出来，并在实践中得到证实和发展。然而，需要指出的是，在现有的公式中，只能说某一类公式更能适合于某种轧制情况。例如，厚件轧制的双鼓形宽展与薄件轧制的单鼓形宽展，其性质不同，很难用同一公式考虑。

10.3.1　采利柯夫公式

此公式尽管是理论指导，但其结果比较符合实际。公式导出的理论依据是最小阻力定律和体积不变定律。根据最小阻力定律把变形区分成宽展区、前滑区和后滑区，宽展区的一半看成如图 10-17 所示三角形 ABC，根据体积不变定律，在轧制过程中宽展区中的高向移动体积全向横向移动，形成宽展。距出口断面为 $x + \mathrm{d}x$ 的 ac 断面移动一个 $\mathrm{d}x$ 距离，即到了 bd 的位置，这时在宽展区域内的压下体积都向横向流动形成宽展。

根据体积不变定律，其移动体积的平衡式为

$$\frac{1}{2}h_x\mathrm{d}x\frac{\mathrm{d}b_x}{2} = -\frac{1}{2}z\mathrm{d}x \times 2\frac{\mathrm{d}h_x}{2} \tag{10-2}$$

式中　$\mathrm{d}h_x$——将断面 ac 移动一个 $\mathrm{d}x$ 后，轧件断面高度的减少量；

　　　$\mathrm{d}b_x$——当 ac 断面移动 $\mathrm{d}x$ 后，宽展方向增加量；

z ——bd 断面上轧件边缘到宽展
区的边界上的距离。

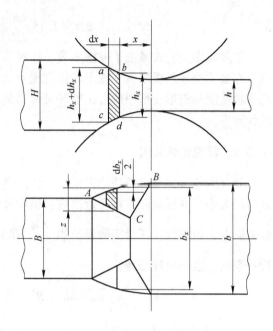

平衡式左端为横向增加体积，右端为
高向减少体积，右端负号表示 h_x 减小时 b_x
增加，二者方向相反。式（10-2）经过整
理后得

$$db_x = -2z \frac{dh_x}{h_x}$$

积分得 $$\int_B^b db_x = -\int_H^h 2z \frac{dh_x}{h_x}$$

要解此方程式需要求出 z 与 dh_x 间的关
系式，采利柯夫提出解此方程式的办法：
（1）把宽展区分成两部分，即临界面前的
宽展区和临界面后的宽展区，计算时分别
进行；（2）宽展区与前滑、后滑区分界面
上无金属流动，平均横向应力等于平均纵
向应力，即 $\sigma_z = \sigma_x$。采利柯夫宽展计算公

图 10-17 形成宽展的假定宽展区

式是经过一系列的数学力学处理得出的。但此公式计算起来较为复杂，不便于应用，若略

去前滑区的宽展不计，当 $\dfrac{\Delta h}{H} < 0.9$ 时，得到简化公式

$$\Delta B = C\Delta h\left(2\sqrt{\frac{R}{\Delta h}} - \frac{1}{f}\right)(0.138\varepsilon^2 + 0.382\varepsilon)$$

$$(10-3)$$

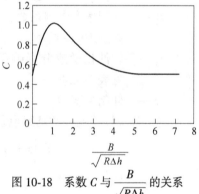

式中 ε ——压下率 $\dfrac{\Delta h}{H}$；

C ——取决于轧件原始宽度与接触长的比
值关系，可按下式求出

$$C = 1.34\left(\frac{B}{\sqrt{R\Delta h}} - 0.15\right)e^{0.15 - \frac{B}{\sqrt{R\Delta h}}} + 0.5$$

系数 C 也可由图 10-18 曲线查出。

图 10-18 系数 C 与 $\dfrac{B}{\sqrt{R\Delta h}}$ 的关系

10.3.2 巴赫契诺夫公式

此公式的导出是根据移动体积与其消耗功成正比的关系，即

$$\frac{V_{\Delta b}}{V_{\Delta h}} = \frac{A_{\Delta b}}{A_{\Delta h}}$$

式中 $V_{\Delta b}$，$A_{\Delta b}$ ——向宽度方向移动的体积与其所消耗的功；

$V_{\Delta h}$，$A_{\Delta h}$ ——向高度方向移动的体积与其所消耗的功。

从理论上导出宽展公式，忽略宽展的一些影响因素后得出实用的简化公式如下：

$$\Delta B = 1.\,15 \frac{\Delta h}{2H}\left(\sqrt{R\Delta h} - \frac{\Delta h}{2f}\right) \tag{10-4}$$

巴赫契诺夫公式考虑了摩擦系数、相对压下量、变形区长度以及轧辊形状对宽展的影响，在公式推导过程中也考虑了轧件宽度及前滑的影响。实践证明，用巴赫契诺夫公式计算平辊轧制和箱形孔型中的自由宽展可以得到与实际相接近的结果，因此可以用于实际变形计算中。

10.3.3　爱克伦德公式

爱克伦德公式导出的理论依据是，认为宽展取决于压下量及轧件与轧辊接触面上纵横阻力的大小，并假定在接触面范围内，横向及纵向的单位面积上的单位功是相同的，在延伸方向上，假定滑动区为接触弧长的 $\frac{2}{3}$，即黏着区为接触弧长的 $\frac{1}{3}$。按体积不变条件进行一系列的数学处理后得：

$$b^2 = 8m\sqrt{R\Delta h}\,\Delta h + B^2 - 2 \times 2m(H + h)\sqrt{R\Delta h}\ln\frac{b}{B} \tag{10-5}$$

式中，$m = \dfrac{1.\,6f\sqrt{R\Delta h} - 1.\,2\Delta h}{H + h}$。

摩擦系数 f 可按下式计算：

$$f = k_1 k_2 k_3 (1.\,05 - 0.\,0005t)$$

式中　k_1——轧辊材质与表面状态的影响系数，见表 10-3；

　　　k_2——轧制速度影响系数，其值如图 10-19 所示；

　　　k_3——轧件化学成分影响系数，见表 10-2；

　　　t——轧制温度，℃。

用这个公式计算宽展的结果也是正确的。

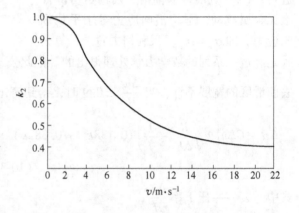

图 10-19　轧制速度影响系数

表 10-3　轧辊材质与表面状态影响系数 k_1

轧辊材质与表面状态	k_1
粗面钢轧辊	1.0
粗面铸铁轧辊	0.8

10.3.4　古布金公式

此公式正确地反映了各种因素对宽展的影响，通过实验得出公式如下

$$\Delta B = \left(1 + \frac{\Delta h}{H}\right)\left(f\sqrt{R\Delta h} - \frac{\Delta h}{2}\right)\frac{\Delta h}{H} \tag{10-6}$$

10.4 在孔型中轧制时的宽展特点及其简化计算方法

10.4.1 在孔型轧制时的宽展特点

在孔型中轧制与一般平辊轧制相比具有下列主要特点。

10.4.1.1 沿轧件的宽度上压缩不均匀

如图 10-20 所示，由于轧件各部分之间的内在相互联系及外端的均匀作用，使沿宽度上的高向变形不均匀的轧件获得的是一个共同的平均延伸系数，即

$$\bar{\mu} = \frac{l}{L}$$

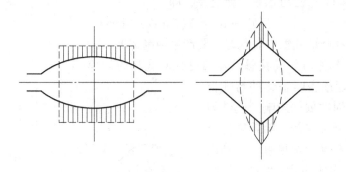

图 10-20　沿轧件宽度方向压缩不均匀情况

由于 $\bar{\mu}$ 对轧件的任何部分均相同，高向变形的不均匀性完全反映在横向变形的复杂性上，在变形区中可能有以下三种变形条件同时存在：

（1）形成平均压下系数 $\bar{\eta} = \bar{\mu}$ 区域，轧件的压缩体积完全移向纵向形成延伸，而宽展消失。这是平面变形状态，主应力值有以下关系成立

$$\sigma_2 = \frac{\sigma_1 + \sigma_3}{2}$$

（2）形成 $\bar{\eta} > \bar{\mu}$ 区域，因此宽展系数 $\beta = \frac{b}{B} > 1$，产生正值宽展，即形成强迫宽展。

（3）形成 $\bar{\eta} < \bar{\mu}$ 区域，则得 $\beta < 1$，产生负值宽展，呈现横向收缩现象。

10.4.1.2 孔型侧壁斜度的影响作用

孔型侧壁斜度主要是通过改变横向变形阻力影响宽展。在平辊上轧制时，横向变形阻力仅为轴向上的外摩擦力，而在孔型中轧制时由于有孔型侧壁，使横向变形阻力不只取决于外摩擦力而且与孔型侧壁上的正压力有关，从而影响轧件的纵横变形比。图 10-21a 所示为凹形孔型侧壁对宽展的影响作用。由图可以看出，在凹形孔型中的横向阻力为

$$W_z = N_z + T_z$$

它比平辊轧制时的横向阻力大，因此宽展减小，而延伸增加。

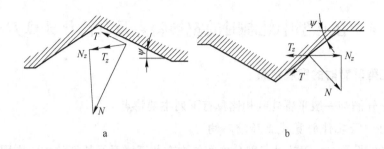

图 10-21　孔型侧壁斜度的影响作用

a—凹形孔；b—切入孔

　　凸形孔型的影响如图 10-21b 所示切入孔那样，如同凸形工具一样，在切入孔中，横向变形阻力为 N_x 与 T_x 二者水平分量之差，即

$$T_x - N_x = N(f\cos\phi - \sin\phi)$$

由此可见，在凸形孔型中轧制时，要产生强制宽展。

10.4.1.3　轧件与轧辊接触的非同时性对宽展的影响

　　图 10-22 清楚地表明了轧件与轧辊接触的非同时性对宽展的影响。轧件与轧辊首先在 A 点局部接触，随着轧件继续进入变形区，B 点开始接触，直到最边缘 C 及 D 点。因轧件沿变形区宽度与轧辊非同时接触，故一般叫做非同时性。如图 10-22 所示，轧件与轧辊接触由 A 点到 B 点，由于被压缩部分较小，纵向延伸困难，金属在此处可能得到局部宽展。当接触到 C 点，压缩面积已比未压缩面积大了若干倍，此时，未受压缩部分金属受压缩部分金属的作用而延伸；相反，压缩部分延伸受未压缩部分的抑制，但是宽展增加不太明显。当接近 D 点，由于两侧部分高度很小，可得到大的延伸。

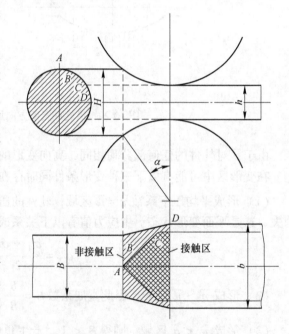

图 10-22　接触的非同时性

10.4.1.4　轧制速度差对宽展的影响

　　当在轧辊上刻有孔型时，轧辊直径沿宽度方向上不再相同，在如图 10-23 所示的圆形孔型中，孔型边部的直径为 D_1，孔型底部的辊径为 D_2，两者之差为

$$D_1 - D_2 = h - S$$

　　在同一转数下，D_1 的线速度 v_1 要大于 D_2 的线速度 v_2。这样形成速度差 $\Delta v = v_1 - v_2$。但由于轧件是一个整体，其出口速度相同，这就必然造成轧件中部和边部的相互拉扯，如果中部体积大于边部的，则边部金属拉不动中部的，就导致宽展增加，同时这种速度差又

引起孔型磨损的不均匀。

从上面分析可知，在孔型中轧制时的宽展不再是自由宽展，而大部分成为强制或限制宽展，并产生局部宽展或拉缩。由此可以看出，在孔型中轧制的宽展是极为复杂的，至今尚有很多问题未获解决。

10.4.2　在孔型中轧制时计算宽展的简化方法

本节仅介绍一种实用的简化方法，叫做平均高度法。其基本出发点是，将孔型内轧制条件简化成平板轧制，即用同面积、同宽度的矩形代替曲线边的轧件，如图 10-24 所示。

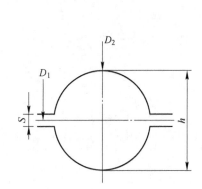

图 10-23　辊径不同的孔型形成速度差

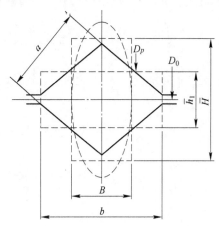

图 10-24　按平均高度法简化图解

未入孔型轧制前的平均高度

$$\overline{H} = \frac{F_0}{B}$$

轧制后轧件的平均高度

$$\overline{h} = \frac{F}{b}$$

轧件的平均压下量

$$\Delta\overline{h} = \overline{H} - \overline{h}$$

轧辊的工作直径

$$\overline{D}_\mathrm{p} = D_0 - \overline{h} = D_0 - \frac{F}{b}$$

然后纳入任意自由宽展公式计算，并认为此宽展就是孔型中的宽展。很显然，由于未考虑孔型中轧制特点的影响，求得的结果与实际相比必然有一定的出入。

$$\boxed{习　题}$$

10-1　什么叫宽展？宽展分哪几种？各在什么情况下出现？

10-2　宽展在轧制生产中有何意义？在轧制线材时，为什么有时头部充不满而尾部又有耳子？

10-3 影响宽展的因素有哪些？它们是如何影响宽展的？

10-4 孔型中轧制时宽展的特点是什么？

10-5 有哪些因素影响变形区纵横阻力比？随纵横阻力的变化，宽展如何变化？

10-6 在 $\phi 300\text{mm}$ 轧机上热轧低碳扁钢，轧辊工作直径 $D = 300\text{mm}$，轧制速度 $v = 3\text{m/s}$，轧制温度 $T = 1000℃$，轧辊材质为铸铁，某道次轧前轧件的宽度 $B = 30\text{mm}$，轧制前后轧件的厚度分别为 15mm 和 10mm，试计算某道次轧制后轧件的宽度。

11　轧制过程中的前滑与后滑

由于轧件的进出辊速度与轧辊的圆周速度不一致，轧制时存在前滑和后滑现象，它们对连轧生产有着重要意义，因为要保持轧件同时在几个轧机上进行轧制，必须使各机架速度协调，为此要精确计算前滑与后滑；另外，在张力轧制时，为了精确控制张力，也要计算前滑与后滑，否则会出现堆钢或拉钢现象，轧制过程不能进行。那么轧件的速度与轧辊圆周速度之间存在什么关系呢？这是本章要讨论的问题。

11.1　前滑和后滑的定义及表示

实践证明，在轧制过程中轧件在高度方向受到压缩的金属，一部分纵向流动，使轧件形成延伸；另一部分横向流动，使轧件形成宽展。轧件的延伸是被压下金属向轧辊入口和出口两个方向流动的结果。在轧制过程中，轧件出口速度 v_h 大于轧辊在该处的线速度 v，即 $v_h > v$ 的现象称为前滑现象；轧件进入轧辊的速度 v_H 小于轧辊在该处线速度 v 的水平分量 $v\cos\alpha$ 的现象称为后滑现象。

在轧制理论中，通常将轧件出口速度 v_h 与对应点的轧辊圆周速度的线速度之差与轧辊圆周速度的线速度的比值称为前滑值，即

$$S_h = \frac{v_h - v}{v} \times 100\% \tag{11-1}$$

式中　S_h ——前滑值；

　　　v_h ——在轧辊出口处轧件的速度；

　　　v ——轧辊的圆周速度。

同样，后滑值是指轧件入口断面轧件的速度与轧辊在该点圆周速度的水平分量之差与轧辊圆周速度水平分量的比值，即

$$S_H = \frac{v\cos\alpha - v_H}{v\cos\alpha} \times 100\% \tag{11-2}$$

式中　S_H ——前滑值；

　　　v_H ——在轧辊入口处轧件的速度。

前滑值一般不大，约在 3%～6% 之间，只是在特殊情况下可能高一些。

通过实验方法也可求出前滑值。将式（11-1）中的分子和分母分别各乘以轧制时间 t，得

$$S_h = \frac{v_h t - vt}{vt} = \frac{L_h - L_H}{L_H} \tag{11-3}$$

事先在轧辊表面上刻出距离为 L_H 的两个小坑，如图 11-1 所示。轧制后，轧件表面上出现距离为 L_h 的两个凸包。根据式（11-3）便可求出轧制时的前滑值。

在热轧时，轧件表面上的两个压痕的距离 L_h 是冷却以后测得的，所以必须注意修正到热状态时的长度，即

$$L_h' = L_h[1 + \alpha(T_1 - T_0)] \quad (11\text{-}4)$$

式中，L_h' 为热状态时的实际长度；L_h 为冷却后测得的长度；T_1 为轧件出辊时的实际温度；T_0 为测量时的实际温度；α 为轧件的线膨胀系数，见表 11-1。

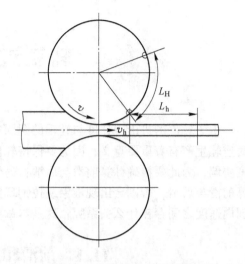

图 11-1 用刻痕法计算前滑

表 11-1 碳钢的热膨胀系数

温度/℃	膨胀系数 $\alpha / 10^{-6}$
0~1200	15~20
0~1000	13.3~17.5
0~800	13.5~17.0

由式 (11-3) 可看出，前滑可用长度表示，所以在轧制原理中就可以把前滑、后滑作为纵向变形来讨论。下面用总延伸表示前滑、后滑及有关工艺参数的关系。

按秒流量相等的条件，有

$$F_H v_H = F_h v_h \quad \text{或} \quad v_H = \frac{F_h}{F_H} v_h = \frac{v_h}{\mu}$$

将式 (11-1) 改写成

$$v_h = v(1 + S_h) \quad (11\text{-}5)$$

将式 (11-5) 代入 $v_H = \dfrac{v_h}{\mu}$，得

$$v_H = \frac{v}{\mu}(1 + S_h) \quad (11\text{-}6)$$

由式 (11-2) 可知

$$S_H = 1 - \frac{v_H}{v\cos\alpha} = 1 - \frac{\dfrac{v}{\mu}(1 + S_h)}{v\cos\alpha}$$

或

$$\mu = \frac{1 + S_h}{(1 - S_H)\cos\alpha} \quad (11\text{-}7)$$

由式 (11-5)~式 (11-7) 可知，前滑和后滑是延伸的组成部分。当延伸系数 μ 和轧辊圆周速度 v 已知时，轧件进出辊的实际速度 v_H 和 v_h 取决于前滑值 S_h，或知道前滑值便可求出后滑值 S_H；此外，还可看出，当 μ 和咬入角 α 一定时前滑值增加，后滑值就必然减少。

前滑值与后滑值之间存在上述关系，所以搞清楚前滑问题，对后滑也就清楚了，因此本章只讨论前滑问题。

11.2　轧件在变形区内各不同断面上的运动速度

当金属由轧前高度 H 轧到轧后高度 h 时，由于进入变形区高度逐渐减小，根据体积不变条件，变形区内金属质点运动速度不可能一样。金属各质点之间以及金属表面质点与工具表面质点之间就有可能产生相对运动。设轧件无宽展，且沿每一高度断面上质点变形均匀，其运动的水平速度一样，如图 11-2 所示。则在这种情况下，根据体积不变条件，轧件在前滑区相对于轧辊来说超前于轧辊，而且在出口处的速度 v_h 为最大；轧件后滑区速度落后于轧辊线速度的水平分速度，并在入口处的轧件速度 v_H 为最小，在中性面上轧件与轧辊的水平分速度相等。用 v_γ 表示在中性面上的轧辊水平分速度，由此可得出

$$v_h > v_\gamma > v_H \tag{11-8}$$

而且轧件出口速度 v_h 大于轧辊圆周速度 v，即

$$v_h > v \tag{11-9}$$

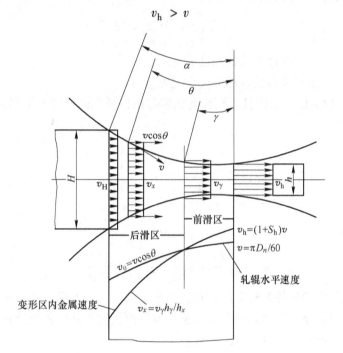

图 11-2　轧制过程速度图示

由轧件入口速度小于轧辊水平分速度，在入口处轧辊水平分速度为 $v\cos\alpha$，得

$$v_H < v\cos\alpha \tag{11-10}$$

中性面处轧件的水平速度与此处轧辊的水平速度相等，即

$$v_\gamma = v\cos\gamma \tag{11-11}$$

变形区任意一点轧件的水平速度可以用体积不变条件计算，也就是在单位时间内通过变形区内任一横断面上的金属体积应该为一个常数，也就是任一横断面上的金属秒流量相等。每秒通过入口断面、出口断面及变形区内任一横断面的金属流量可用式（11-12）表示：

$$F_{\rm H} v_{\rm H} = F_x v_x = F_{\rm h} v_{\rm h} = 常数 \tag{11-12}$$

式中　$F_{\rm H}$，$F_{\rm h}$，F_x——入口断面、出口断面及变形区内任一横断面的面积；

　　　　$v_{\rm H}$，$v_{\rm h}$，v_x——在入口断面、出口断面及任一断面上的金属平均运动速度。

根据式（11-12）可求得：

$$\frac{v_{\rm H}}{v_{\rm h}} = \frac{F_{\rm h}}{F_{\rm H}} = \frac{1}{\mu} \tag{11-13}$$

式中　μ——轧件的延伸系数，$\mu = \dfrac{F_{\rm H}}{F_{\rm h}}$。

金属的入口速度与出口速度之比等于出口断面的面积与入口断面的面积之比，等于延伸系数的倒数。在已知延伸系数及出口速度时可求得入口速度，在已知延伸系数及入口速度时可求得出口速度。

如果忽略宽展，式（11-13）可写成

$$\frac{v_{\rm H}}{v_{\rm h}} = \frac{F_{\rm h}}{F_{\rm H}} = \frac{h_{\rm h} b_{\rm h}}{h_{\rm H} b_{\rm H}} = \frac{h_{\rm h}}{h_{\rm H}} \tag{11-14}$$

式中　$h_{\rm H}$，$b_{\rm H}$——入口断面轧件的高度和宽度；

　　　　$h_{\rm h}$，$b_{\rm h}$——出口断面轧件的高度和宽度。

根据关系式（11-12）求得任意断面的速度与出口断面的速度有下列关系：

$$\frac{v_x}{v_{\rm h}} = \frac{F_{\rm h}}{F_x}$$

由此

$$v_x = v_{\rm h} \frac{F_{\rm h}}{F_x}, \qquad v_\gamma = v_{\rm h} \frac{F_{\rm h}}{F_\gamma} \tag{11-15}$$

忽略宽展时，得

$$v_x = v_{\rm h} \frac{F_{\rm h}}{F_x} = v_{\rm h} \frac{h_{\rm h}}{h_x}, \qquad v_\gamma = v_{\rm h} \frac{h_{\rm h}}{h_\gamma} \tag{11-16}$$

研究轧制过程中的轧件与轧辊的相对运动速度有很大的实际意义。如对连续式轧机欲保持两机架间张力不变，很重要的条件就是要维持前机架轧件的秒流量和后机架的秒流量相等，也就是必须遵守秒流量不变的条件。

11.3　前滑的计算公式

欲确定轧制过程中前滑值的大小，必须找出轧制过程中轧制参数与前滑的关系式。此式的推导是以变形区各断面秒流量体积不变的条件为出发点的。变形区内各断面秒流量相等，即 $F_x v_x = 常数$，这里的水平速度 v_x 是沿轧件断面高度上的平均值。按秒流量不变条件，变形区出口断面金属的秒流量应等于中性面处金属的秒流量，由此得出

$$v_{\rm h} h = v_\gamma h_\gamma \quad 或 \quad v_{\rm h} = v_\gamma \frac{h_\gamma}{h} \tag{11-17}$$

式中　$v_{\rm h}$，v_γ——轧件出口处和中性面的水平速度；

h, h_γ ——轧件在出口处和中性面的高度。

注意到 $v_\gamma = v\cos\gamma$，$h_\gamma = h + D(1 - \cos\gamma)$，则由式（11-17）得出

$$\frac{v_\mathrm{h}}{v} = \frac{h_\gamma\cos\gamma}{h} = \frac{h + D(1 - \cos\gamma)}{h}\cos\gamma$$

由前滑的定义得到

$$S_\mathrm{h} = \frac{v_\mathrm{h} - v}{v} = \frac{v_\mathrm{h}}{v} - 1$$

将前面式代入上式后得

$$
\begin{aligned}
S_\mathrm{h} &= \frac{h\cos\gamma + D(1 - \cos\gamma)\cos\gamma}{h} - 1 \\
&= \frac{D(1 - \cos\gamma)\cos\gamma - h(1 - \cos\gamma)}{h} \\
&= \frac{(D\cos\gamma - h)(1 - \cos\gamma)}{h}
\end{aligned}
\tag{11-18}
$$

此式即为芬克前滑公式。从该式可见，影响前滑值的主要工艺参数为轧辊直径 D、轧件厚度 h 及中性角 γ。显然，在轧制过程中凡是影响 D、h 及 γ 的各种因素必将引起前滑值的变化。图 11-3 所示为前滑值 S_h 与轧辊直径 D、轧件厚度 h 及中性角 γ 的关系曲线。这些曲线是用芬克前滑公式在以下情况下计算出来的。

曲线 1：$S_\mathrm{h} = f(h)$，$D = 300\mathrm{mm}$，$\gamma = 5°$；
曲线 2：$S_\mathrm{h} = f(D)$，$h = 20\mathrm{mm}$，$\gamma = 5°$；
曲线 3：$S_\mathrm{h} = f(\gamma)$，$h = 20\mathrm{mm}$，$D = 300\mathrm{mm}$。

由图 11-3 可知，前滑与中性角呈抛物线的关系；前滑与辊径呈直线关系；前滑与轧件厚度呈双曲线的关系。

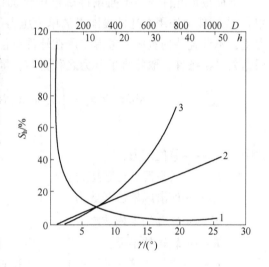

图 11-3 按芬克前滑公式计算的曲线

当中性角 γ 很小时，可取 $1 - \cos\gamma = 2\sin^2\dfrac{\gamma}{2} = \dfrac{\gamma^2}{2}$，$\cos\gamma = 1$，则式（11-18）可简化为

$$S_\mathrm{h} = \frac{\gamma^2}{2}\left(\frac{D}{h} - 1\right) \tag{11-19}$$

此式即为爱克伦得前滑公式。因为 $\dfrac{D}{h} \gg 1$，故上式括号中的 1 可以忽略不计，则该式又变为

$$S = \frac{\gamma^2}{2}\frac{D}{h} = \frac{\gamma^2}{h}R \tag{11-20}$$

此即得里斯顿公式。此式反映的函数关系与式（11-18）是一致的。这些都是在不考虑宽展时求前滑的近似公式。当存在宽展时，实际所得的前滑值将小于上述公式算得的结果。

在一般生产条件下，前滑值在 2%~10% 之间波动，但某些特殊情况也有超出此范围的。

11.4 中性角 γ 的确定

由上一节前滑的计算公式可知，为计算前滑值必须事先知道中性角 γ。该角是决定变形区内金属相对轧辊运动速度的一个参量。由图 11-2 可知，根据在变形区内轧件对轧辊的相对运动规律，中性面 nn' 所对应的角 γ 为中性角。在此面上轧件运动速度同轧辊线速度的水平分速度相等。而由此中性面 nn' 将变形区划分为两个部分：前滑区和后滑区。在中性面和入口断面间的后滑区内，在任一断面上金属沿横断面高度的平均运动速度小于轧辊圆周速度的水平分量，金属力图相对轧辊表面向后滑动；在中性面和出口断面间的前滑区内，在任一断面上金属沿断面高度的平均运动速度大于轧辊圆周速度的水平分量，金属力图相对轧辊表面向前滑动。在前滑、后滑区内，作用在轧件表面上的摩擦力的方向都指向中性面。

下面根据轧件受力平衡条件确定中性面的位置及中性角 γ 的大小。如图 11-4 所示，用 p_x 表示轧辊作用在轧件表面上的单位压力值，用 t_x 表示作用在轧件表面上的单位摩擦力值，不计轧件的宽度，考虑作用在轧件单位宽度上的所有作用力在水平方向上的分力，根据力平衡条件，取此水平分力之和为零，即

$$\sum x = -\int_0^a p_x \sin\alpha_x R d\alpha_x + \int_\gamma^a t_x \cos\alpha_x R d\alpha_x - \int_0^\gamma t'_x \cos\alpha_x R d\alpha_x + \frac{Q_1 - Q_0}{2\bar{b}} = 0$$

$$(11\text{-}21)$$

式中　p_x ——单位压力；

　　　t_x ——后滑区单位摩擦力；

　　　t'_x ——前滑区单位摩擦力；

　　　$\bar{b}$ ——轧件的平均宽度；

　　　R ——轧辊的半径；

　　Q_0, Q_1 ——作用在轧件上的后张力和前张力。

假如单位压力 p_x 沿接触弧均匀分布，即 $p_x = \bar{p}$，且令 $t_x = fp_x$，积分式（11-21）可导出带有前后张力时的中心角公式

$$\sin\gamma = \frac{\sin\alpha}{2} - \frac{1 - \cos\alpha}{2f} + \frac{Q_1 - Q_0}{4\bar{p}fbR}$$

$$(11\text{-}22)$$

当 $Q_1 = Q_0$ 或者 $Q_1 = Q_0 = 0$ 时，可由式（11-22）导出前后张力相等或无张力时的中性角公式

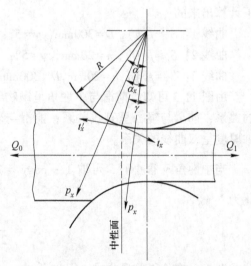

图 11-4　单位压力 p_x 及单位摩擦力 t 的作用方向图示

$$\sin\gamma = \frac{\sin\alpha}{2} - \frac{1 - \cos\alpha}{2f}$$

$$(11\text{-}23)$$

式中　f——摩擦系数。

式（11-23）还可进一步化简。当 α 角很小时，$\sin\alpha \approx \alpha$，$\sin\gamma \approx \gamma$，$1-\cos\alpha = 2\sin^2\dfrac{\alpha^2}{2}$，将这些关系式代入式（11-23）得中性角 γ 的简化公式

$$\gamma = \frac{\alpha}{2}\left(1 - \frac{\alpha}{2f}\right) \tag{11-24}$$

利用式（11-24）可以计算出中性角 γ 的最大值，即

$$\frac{\mathrm{d}\gamma}{\mathrm{d}\alpha} = \frac{1}{2} - \frac{\alpha}{2f} = 0 \tag{11-25}$$

当 $\alpha = f \approx \beta$ 时，即当咬入角 α 等于摩擦角 β 时，中性角 γ 有极大值。式（11-25）可写成：

$$\gamma_{\max} = \frac{\beta}{2}\left(1 - \frac{\beta}{2\beta}\right) = \frac{\beta}{4} \tag{11-26}$$

并可由式（11-24）作出 α 和 γ 的关系曲线，如图 11-5 所示。

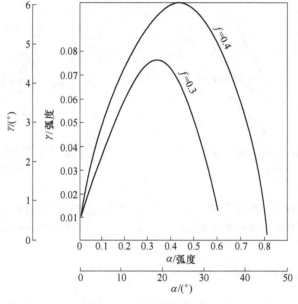

图 11-5　中性角 γ 与咬入角 α 的关系

11.5　影响前滑的因素

实验研究和生产实践表明，影响前滑的因素很多。但总的来说主要有以下几个因素：压下率、轧件厚度、摩擦系数、轧辊直径、前后张力、孔型形状等，凡是影响这些因素的参数都将影响前滑值的变化。下面分别讨论。

11.5.1　压下率对前滑的影响

如图 11-6 曲线所示，前滑随压下率的增加而增加，其原因是由于高向压缩变形增加，

纵向和横向变形都增加，因而前滑值 S_h 增加。

11.5.2　轧件厚度对前滑的影响

如图 11-7 曲线所示，轧后轧件厚度 h 减小，前滑增加。因为由式（11-20）可知，当轧辊半径 R 和中性角 γ 不变时，轧件厚度 h 越小，则前滑值 S_h 愈大。

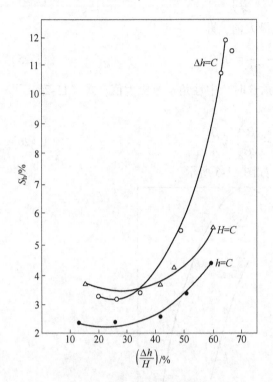

图 11-6　压下率与前滑的关系
（普碳钢轧制温度为 1000℃，$D = 400\text{mm}$ 时）

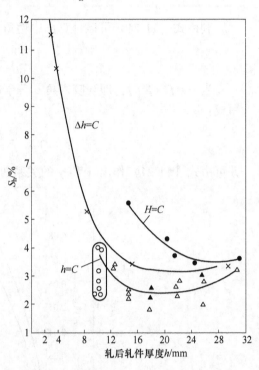

图 11-7　轧件轧后的厚度与前滑的关系
（铅试样 $\Delta h = 1.2\text{mm}$，$D = 158.5\text{mm}$）

11.5.3　轧件宽度对前滑的影响

对如图 11-8 所示的实验曲线，在实验条件下，轧件宽度小于 40mm 时，随宽度增加前滑亦增加；但轧件宽度大于 40mm 时，宽度再增加时，其前滑值为一定值。这是因为轧件宽度小时，增加宽展相应地横向阻力增加，所以宽展减少，相应地延伸增加，前滑也因之增加。当大于一定值时，达到平面变形条件，轧件宽度对宽展不起作用，故轧件宽度继续增加时，宽展为一定值，延伸也为定值，所以前滑值也不变。

11.5.4　轧辊直径对前滑的影响

从芬克的前滑公式可以看出，前滑值随辊径增加而增加。这是因为在其他条件相同的情况下，当辊径增加时，咬入角 α 要降低，而摩擦角 β 保持常数，所以稳定轧制阶段的剩余摩擦力相应增加，由此导致金属塑性流动速度增加，也就是前滑增加。由图 11-9 的实验曲线可以看出这个结论。但应指出，当辊径 $D < 400\text{mm}$ 时，前滑值随辊径的增加而增

加得较快；当辊径 $D > 400\text{mm}$ 时，前滑增加得较慢，这是由于辊径增大时，伴随着轧辊线速度的增加，摩擦系数相应降低，所以剩余摩擦力的数值有所减小。另外，当辊径增大时，变形区长度增大，纵向阻力增大，延伸相应也减少，这两个因素的共同作用，使前滑值增加的较为缓慢。

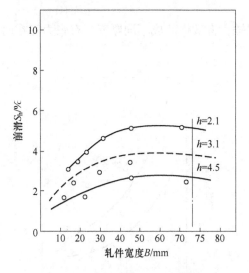

图 11-8　轧件宽度对前滑的影响
（铅试样 $\Delta h = 1.2\text{mm}$，$D = 158.5\text{mm}$）

图 11-9　辊径 D 对前滑的影响

11.5.5　摩擦系数对前滑的影响

实验证明，在压下量及其他工艺参数相同的条件下，摩擦系数 f 越大，其前滑值越大。这是由于摩擦系数增大引起剩余摩擦力增加，从而前滑增大。利用前滑公式同样可以证明摩擦系数对前滑的影响，由该公式可以看出，摩擦系数增加将导致中性角 γ 增加，因此前滑也增加，如图 11-10 所示。

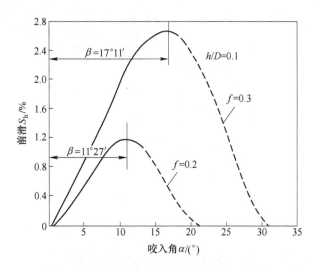

图 11-10　前滑与咬入角、摩擦系数 f 的关系

同时实验也证明，凡是影响摩擦系数的因素，如轧辊材质、表面状态、轧件化学成分、轧制温度和轧制速度等，均能影响前滑的大小。如图 11-11 所示的曲线为轧制温度对前滑的影响曲线。

11.5.6 张力对前滑的影响

如图 11-12 所示在 $\phi200$ 轧机上，轧制铅试样，将试样轧成不同厚度，有张力存在时，前滑显著地增加。

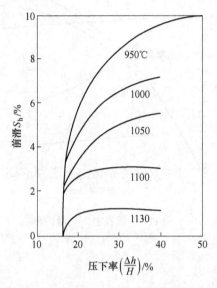

图 11-11   轧制温度、压下量对前滑的影响   图 11-12   张力对前滑的影响

从图 11-13 可看出，前张力增加时，使金属向前流动的阻力减少，从而增加前滑区，使前滑增加；反之，后张力增加时，后滑区增加。

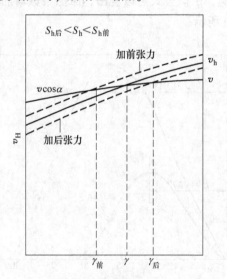

图 11-13   张力改变时速度曲线的变化

　　除上述对前滑的各种影响因素外，轧制时采用的孔型形状对前滑也有影响，因为通常沿孔型周边各点轧辊的线速度不同，但由于金属的整体性和外端的作用，轧件横断面上各点又必须以同一速度出辊，这就必然引起孔型周边各点的前滑值不一样。而孔型轧制时如何确定轧件的出辊速度，目前尚未很好的解决。

　　在工程运算中为了粗略估计孔型轧制时轧件的出辊速度，目前很多人采用平均高度法，把孔型和来料化为矩形断面，然后按平辊轧矩形断面轧件的方法确定轧辊的平均速度和平均前滑值。但这个方法是很不精确的，有待于进一步研究。

11.6　连续轧制中的前滑及有关工艺参数的确定

　　连续轧制在轧钢生产中所占的比重日益增大，在大力发展连轧生产的同时，对连轧的基本理论也应加以探讨，下面围绕工艺设计方面必要的参数进行一定的探讨。

11.6.1　连轧关系和连轧常数

　　如图 11-14 所示，连轧机各机架顺序排列，轧件同时通过数架轧机进行轧制，各个机架通过轧件相互联系，从而使轧制的变形条件、运动学条件和力学条件等都具有一系列的特点。

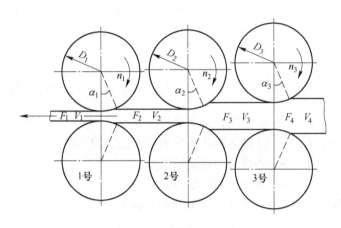

图 11-14　连续轧制时各机架与轧件的关系

　　连续轧制时，随着轧件断面的压缩，轧制速度递增，保持正常的条件是轧件在轧制线上每一机架的秒流量必须保持相等。连续轧制时各机架与轧件的关系示意图见图 11-14，其关系式为：

$$F_1 V_1 = F_2 V_2 = \cdots = F_n V_n \tag{11-27}$$

式中　　1，2，$\cdots$，n——逆轧制方向的轧机序号；

　　F_1，F_2，$\cdots$，F_n——轧件通过各机架的轧件断面积；

　　V_1，V_2，$\cdots$，V_n——轧件通过各机架时的轧制速度；

　　$F_1 V_1$，$\cdots$，$F_n V_n$——轧件在各机架轧制时的秒流量。

为简化起见，已知

$$V_1 = \frac{\pi D_1 n_1}{60}, \ V_2 = \frac{\pi D_2 n_2}{60}, \ \cdots, \ V_n = \frac{\pi D_n n_n}{60} \qquad (11\text{-}28)$$

将式（11-28）代入式（11-27），得

$$F_1 D_1 n_1 = F_2 D_2 n_2 = \cdots = F_n D_n n_n \qquad (11\text{-}29)$$

式中 D_1，D_2，$\cdots$，D_n ——各机架的轧辊工作直径；

$\qquad\quad n_1$，n_2，$\cdots$，n_n ——各机架的轧辊转速。

为简化公式，以 C_1，C_2，$\cdots$，C_n 代表各机架轧机的秒流量，即

$$F_1 D_1 n_1 = C_1, \ F_2 D_2 n_2 = C_2, \ \cdots, \ F_n D_n n_n = C_n \qquad (11\text{-}30)$$

将式（11-30）代入式（11-29）得

$$C_1 = C_2 = \cdots = C_n \qquad (11\text{-}31)$$

轧件在各机架轧制时的秒流量相等，即为一个常数，这个常数称为连轧常数。以 C 代表连轧常数时，有

$$C_1 = C_2 = \cdots = C_n = C \qquad (11\text{-}32)$$

11.6.2 前滑系数和前滑值

前已述及，轧辊的线速度与轧件离开轧辊的速度，由于有前滑的存在实际上是有差异的，即轧件离开轧辊的速度大于轧辊的线速度。前滑的大小以前滑系数和前滑值来表示，其计算式为

$$\overline{S}_1 = \frac{V'_1}{V_1}, \ \overline{S}_2 = \frac{V'_2}{V_2}, \ \cdots, \ \overline{S}_n = \frac{V'_n}{V_n} \qquad (11\text{-}33)$$

$$S_{h1} = \frac{V'_1 - V_1}{V_1} = \frac{V'_1}{V_1} - 1 = \overline{S}_1 - 1, \ S_{h2} = \overline{S}_2 - 1, \ \cdots, \ S_{hn} = \overline{S}_n - 1 \qquad (11\text{-}34)$$

式中 $\overline{S}_1$，$\overline{S}_2$，$\cdots$，$\overline{S}_n$ ——轧件在各机架的前滑系数；

$\qquad\quad V'_1$，V'_2，$\cdots$，V'_n ——轧件实际从各机架离开轧辊的速度；

$\qquad\quad V_1$，V_2，$\cdots$，V_n ——各机架的轧辊线速度；

$\qquad\quad S_{h1}$，S_{h2}，$\cdots$，S_{hn} ——各机架的前滑值。

考虑前滑的存在，则轧件在各机架轧制时的秒流量为：

$$F_1 V'_1 = F_2 V'_2 = \cdots = F_n V'_n \qquad (11\text{-}35)$$

及 $$F_1 V_1 \overline{S}_1 = F_2 V_2 \overline{S}_2 = \cdots = F_n V_n \overline{S}_n \qquad (11\text{-}36)$$

此时式（11-29）和式（11-32）也相应成为：

$$F_1 D_1 n_1 \overline{S}_1 = F_2 D_2 n_2 \overline{S}_2 = \cdots = F_n D_n n_n \overline{S}_n \qquad (11\text{-}37)$$

$$C_1 \overline{S}_1 = C_2 \overline{S}_2 = \cdots = C_n \overline{S}_n = C' \qquad (11\text{-}38)$$

式中 C' ——考虑前滑后的连轧常数。

在孔型中轧制时，前滑值常取平均值，其计算式为

$$\overline{\gamma} = \frac{\overline{\alpha}}{2}\left(1 - \frac{\overline{\alpha}}{2\beta}\right) \qquad (11\text{-}39)$$

$$\cos\overline{\alpha} = \frac{\overline{D} - (\overline{H} - \overline{h})}{\overline{D}} \qquad (11\text{-}40)$$

$$\overline{S}_{\mathrm{h}} = \frac{\cos\overline{\gamma}\left[\overline{D}(1 - \cos\overline{\gamma}) + \overline{h}\right]}{\overline{h}} - 1 \qquad (11\text{-}41)$$

式中　$\overline{\gamma}$——变形区中性角的平均值；

　　　$\overline{\alpha}$——咬入角的平均值；

　　　β——摩擦角，一般为 $21° \sim 27°$；

　　　$\overline{D}$——轧辊工作直径的平均值；

　　　$\overline{H}$——轧件轧前高度的平均值；

　　　$\overline{h}$——轧件轧后高度的平均值；

　　　$\overline{S}_{\mathrm{h}}$——轧件在任意机架的平均前滑值。

11.6.3　堆拉系数和堆拉率

在连续轧制时，实际上保持理论上的秒流量相等使连轧常数恒定是相当困难的，甚至是办不到的。为了使轧制过程能够顺利进行，常有意识地采用堆钢或拉钢的操作技术。一般对线材在连续轧机上机组与机组之间采用堆钢轧制，而机组内的机架与机架之间采用拉钢轧制。

拉钢轧制有利也有弊，利是不会出现因堆钢而产生的事故，弊是轧件头、中、尾尺寸不均匀，特别是精轧机组内机架间拉钢轧制不适当时，将直接影响产品质量使轧材的头尾尺寸超出公差。一般头尾尺寸超出公差的长度，与最末几个机架间的距离有关。因此，为减少头尾尺寸超出公差的长度，除采用微量拉钢（也就是微张力轧制）外，还应当尽可能缩小机架间的距离。

11.6.3.1　堆拉系数

堆拉系数是堆钢或拉钢的一种表示方法。当以 K 代表堆拉系数时为

$$\frac{C_1\overline{S}_1}{C_2\overline{S}_2} = K_1 , \quad \frac{C_2\overline{S}_2}{C_3\overline{S}_3} = K_2 , \quad \cdots , \quad \frac{C_n\overline{S}_n}{C_{n+1}\overline{S}_{n+1}} = K_n \qquad (11\text{-}42)$$

式中　K_1，K_2，$\cdots$，K_n——各机架连轧时的堆拉系数。

当 K 值小于 1 时，表示为堆钢轧制。连续轧制时对于线材机组与机组之间要根据活套大小通过调节直流电动机的转数，来控制适当的堆钢系数。

当 K 值大于 1 时，表示为拉钢轧制。对于线材连续轧制时粗轧和中轧机组的机架与机架之间的拉钢系数一般控制为 $1.02 \sim 1.04$；精轧机组随轧机结构形式的不同一般控制在 $1.005 \sim 1.02$。

将式（11-42）移项得

$$C_1\overline{S}_1 = K_1C_2\overline{S}_2 , \quad C_2\overline{S}_2 = K_2C_3\overline{S}_3 , \quad \cdots , \quad C_n\overline{S}_n = K_nC_{n+1}\overline{S}_{n+1} \qquad (11\text{-}43)$$

由式（11-43）得出考虑堆钢或拉钢的连轧关系式为：

$$C_1\overline{S}_1 = K_1C_2\overline{S}_2 = K_1K_2C_3\overline{S}_3 = \cdots = K_1K_2\cdots K_nC_{n+1}\overline{S}_{n+1} \qquad (11\text{-}44)$$

11.6.3.2　堆拉率

堆拉率是堆钢或拉钢的另一种表示方法，也是经常采用的方法。以 ε 代表堆拉率时有

$$\frac{C_1\overline{S}_1 - C_2\overline{S}_2}{C_2\overline{S}_2} \times 100 = \varepsilon_1, \quad \frac{C_2\overline{S}_2 - C_3\overline{S}_3}{C_3\overline{S}_3} \times 100 = \varepsilon_2, \quad \cdots, \quad \frac{C_n\overline{S}_n - C_{n+1}\overline{S}_{n+1}}{C_{n+1}\overline{S}_{n+1}} \times 100 = \varepsilon_n$$

$$(11\text{-}45)$$

当 ε 为正值时表示拉钢轧制，当 ε 为负值时表示堆钢轧制。

将式（11-45）移项得

$$(C_1\overline{S}_1 - C_2\overline{S}_2) \times 100 = \varepsilon_1 C_2\overline{S}_2, \quad (C_2\overline{S}_2 - C_3\overline{S}_3) \times 100 = \varepsilon_2 C_3\overline{S}_3, \quad \cdots,$$

$$(C_n\overline{S}_n - C_{n+1}\overline{S}_{n+1}) \times 100 = \varepsilon_n C_{n+1}\overline{S}_{n+1}$$

$$(11\text{-}46)$$

$$C_1\overline{S}_1 = C_2\overline{S}_2\left(1 + \frac{\varepsilon_1}{100}\right), \quad C_2\overline{S}_2 = C_3\overline{S}_3\left(1 + \frac{\varepsilon_2}{100}\right), \quad \cdots,$$

$$C_n\overline{S}_n = C_{n+1}\overline{S}_{n+1}\left(1 + \frac{\varepsilon_n}{100}\right)$$

$$(11\text{-}47)$$

由式（11-47）得出考虑堆钢或拉钢后的又一个连轧关系式为

$$C_1\overline{S}_1 = C_2\overline{S}_2\left(1 + \frac{\varepsilon_1}{100}\right) = C_3\overline{S}_3\left(1 + \frac{\varepsilon_1}{100}\right)\left(1 + \frac{\varepsilon_2}{100}\right) = \cdots$$

$$= C_n\overline{S}_n\left(1 + \frac{\varepsilon_1}{100}\right)\left(1 + \frac{\varepsilon_2}{100}\right)\cdots\left(1 + \frac{\varepsilon_{n-1}}{100}\right)$$

$$(11\text{-}48)$$

由式（11-43）和式（11-48）得出 K 与 ε 的关系式为

$$(K_n - 1) \times 100 = \varepsilon_n \qquad\qquad (11\text{-}49)$$

在讨论各种情况之后，可以建立如下概念：从理论上讲连续轧制时各机架的秒流量相等，连轧常数是恒定的。在考虑前滑影响后这种关系仍然存在。但当考虑了堆钢和拉钢的操作条件后，实际上各机架的秒流量已不相等，连轧常数已不存在，而是在建立了一种新的平衡关系下进行生产的。在实际生产中采用的张力轧制，就是这个道理。

习　题

11-1 什么是前滑和后滑？轧制时为什么会产生这种现象？

11-2 推导前滑、后滑与变形区参数和延伸系数 μ 的关系。

11-3 什么是中性角？它是如何确定的？

11-4 影响前滑的因素有哪些？它们是如何影响前滑的？

11-5 前滑计算公式是如何推导出来的？有几种常用的计算前滑的公式？

11-6 若轧辊圆周速度 $v = 3\text{m/s}$，轧件的入辊速度 $v = 1\text{m/s}$，轧件的延伸系数 $\mu = 1.8$，求前滑值。

11-7 在某台轧机上轧制时，轧辊圆周速度 $v = 3\text{m/s}$，轧件的延伸系数 $\mu = 1.5$，前滑值 $S_h = 5\%$，求轧件的入辊和出辊速度。

11-8 轧制薄板时，已知坯料截面尺寸为 $H \times B \times L = 4.4\text{mm} \times 860\text{mm} \times 10000\text{mm}$，轧辊直径 $D = 950\text{mm}$，压下量 $\Delta h = 1\text{mm}$，轧件入辊速度 $v_H = 4.36\text{m/s}$，摩擦系数 $f = 0.27$，忽略张力和宽展的影响，求前滑值。

11-9 什么是连轧？实现连轧的条件是什么？

12 BP 神经网络及其在轧制中的应用

人的大脑由大约 800 亿个神经元组成，每个神经元通过突触与其他神经元连接，接收这些神经元传来的电信号和化学信号，将信号处理之后输出到其他神经元。大脑通过神经元之间的协作来完成它的功能，神经元之间的连接关系是在进化过程中以及生长发育、长期的学习、对外界环境的刺激反馈中建立起来的。

人工神经网络是对这种机制的简单模拟。它由多个相互连接的神经元构成，这些神经元从其他相连的神经元接收输入数据，通过计算产生输出数据，这些输出数据可能会送入其他神经元继续处理。人工神经元网络应用广泛，除了用于模式识别之外，它还可以用于函数逼近、自动控制等问题。在金属轧制过程中，国民经济各个部门对轧制产品精度的要求不断提高，仅仅依靠一些传统的自动控制方法已经远远不能满足实际需求。人工神经网络在建模、优化和控制等方面具有的强大功能以及其他自动化方法所不能比拟的优点，正受到了钢铁生产领域科技工作者们的高度重视。

到目前为止有多种不同结构的神经网络，典型的有误差反向传播网络（或称 BP 神经网络）、卷积神经网络、循环神经网络、Hopfield 网络等。本章着重介绍最为广泛的 BP 神经网络，然后给出 BP 神经网络在轧制中的应用。其他类型的神经网络请读者参考相关书籍。

12.1 人工神经网络的基本理论

12.1.1 神经元模型

神经网络中最基本的成分是神经元模型。在生物神经网络中，每个神经元与其他神经元相连，当它"兴奋"时，就会向相连的神经元发送化学物质，从而改变这些神经元内的电位；如果某神经元的电位超过了一个"阈值"，那么它就会被激活，即"兴奋"起来，向其他神经元发送化学物质。所述情形可以抽象为图 12-1 所示的简单模型，即麦卡洛克-皮特斯模型，简称 M-P 神经元模型。在这个模型中，神经元接收到来自 n 个其他神经元传递过来的输入信号，这些输入信号通过带权重的连接进行传递，神经元接收到总输入值后与神经元的阈值进行比较，然后通过传递函数处理以产生神经元的输出。

理想中的传递函数是图 12-2a 所示的阶跃函数，它将输入值映射为输出值"0"或"1"，"1"对应于神经元兴奋，"0"对应于神经元抑制。然而，阶跃函数具有不连续、不光滑等不太好的性质，因此实际常用 Sigmoid 函数作为传递函数。典型的 Sigmoid 函数如图 12-2b 所示，它把可能在较大范围内变化的输入值挤压到（0, 1）输出值范围内，因此有时也称为"挤压函数"。把许多这样的神经元按一定的层次结构连接起来，就得到了神经网络。事实上，从计算机科学的角度看，可以先不考虑神经网络是否真的模拟了生物

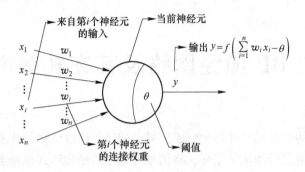

图 12-1　M-P 神经元模型

神经网络，只需将一个神经网络视为包含了许多参数的数学模型，这个模型是若干个函数，例如 $y_j = f(\sum_i w_i x_i - \theta_j)$，相互（嵌套）代入而得。有效的神经网络学习算法大多以数学证明为支撑。

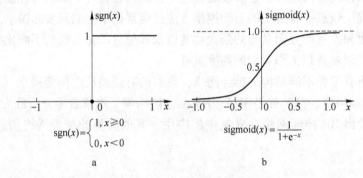

图 12-2　典型的神经元传递函数

a—阶跃函数；b—Sigmoid 函数

12.1.2　感知器

感知器由两层神经元组成，如图 12-3 所示，输入层接收外界输入信号后传递给输出层，输出层是 M-P 神经元，亦称"阈值逻辑单元"。

感知器能容易地实现逻辑与、或、非运算。注意到 $y_j = f(\sum_i w_i x_i - \theta_j)$，假定 f 是图 12-2 中的阶跃函数，则有

（1）"与"（$x_1 \cap x_2$）：令 $w_1 = w_2 = 1$，$\theta = 2$，则 $y = f(1 \cdot x_1 + 1 \cdot x_2 - 2)$，仅在 $x_1 = x_2 = 1$，$y = 1$。

（2）"或"（$x_1 \cap x_2$）：令 $w_1 = w_2 = 1$，$\theta = 0.5$，则 $y = f(1 \cdot x_1 + 1 \cdot x_2 - 0.5)$，当 $x_1 = 1$ 或 $x_2 = 1$ 时，$y = 1$。

（3）"非"（$\overline{x_1}$）：令 $w_1 = -0.6$，$w_2 = 0$，$\theta = -0.5$，则 $y = f(-0.6 \cdot x_1 + 0 \cdot x_2 + 0.5)$，当 $x_1 = 1$ 时，$y = 0$；当 $x_1 = 0$ 时，$y = 1$。

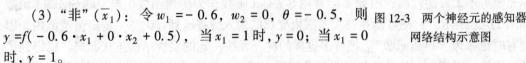

图 12-3　两个神经元的感知器
网络结构示意图

更一般地，给定训练数据集，权重 $w_i(i = 1, 2, \cdots, n)$ 以及阈值 θ 可通过学习得到。阈值 θ 可看作一个固定输入为-1.0的"哑节点"对应的连接权重 w_{n+1}，这样，权重和阈值的学习就可统一为权重的学习。感知器学习规则非常简单，对训练样例 (x, y)，若当前感知器的输出为 $\hat{y}$，则感知器权重将这样调整：

$$w_i \leftarrow w_i + \Delta w_i \tag{12-1}$$

$$\Delta w_i = \eta(y - \hat{y})x_i \tag{12-2}$$

其中 $\eta \in (0, 1)$ 称为学习率，即 $\hat{y} = y$ 时，感知器不发生变化；否则将根据错误的程度进行权重调整。

需要注意的是，感知器只有输出层神经元进行传递函数处理，即只拥有一层功能神经元，其学习能力非常有限。事实上，上述与、或、非问题都是线性可分的，即存在一个线性超平面能将它们分开，如图 12-4a～c 所示，则感知器的学习过程一定收敛而求得适当的权重向量 $\boldsymbol{w} = (w_1; w_2; \cdots; w_{n+1})$；$\boldsymbol{w}$ 难以稳定下来，则不能求得合适解，例如感知器甚至不能解决如图 5.4d 所示的异或这样简单的非线性可分问题。

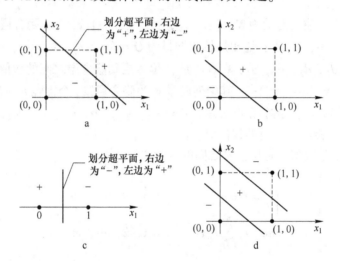

图 12-4 线性可分的"与""或""非"问题与非线性可分的"异或"问题

a—"与"问题 $(x_1 \wedge x_2)$；b—"或"问题 $(x_1 \vee x_2)$；c—"非"问题 $(-x_1)$；d—"异或"问题 $(x_1 \oplus x_2)$

12.2 BP 神经网络

1986 年，Rumelhart 与 McCelland 等人撰写了《并行分布式处理》一书，对具有非线性连续转移函数的多层感知器的误差反向传播（error back proragation，BP）算法进行了详尽的讨论。BP 神经网络是一种利用误差反向传播训练算法的前馈网络，是迄今为止应用最为广泛的神经网络。BP 网络目前广泛用于函数逼近、模式识别、数据挖掘、系统辨识与自动控制等领域。

12.2.1 BP 网络的模型

图 12-5 所示为应用最为普遍的单隐含层神经网络模型，它包括了输入层、隐含层和

输出层，因此也被称为三层感知器。

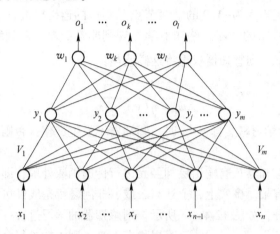

图 12-5　BP 神经网络模型

　　三层感知器中，输入向量为 $X=(x_1,\ x_2,\ \cdots,\ x_i,\ \cdots,\ x_n)^{\mathrm{T}}$；隐含层输出向量为 $Y=(y_1,\ y_2,\ \cdots,\ y_j,\ \cdots,\ y_m)^{\mathrm{T}}$；输出层输出向量为 $O=(o_1,\ o_2,\ \cdots,\ o_k,\ \cdots,\ o_l)^{\mathrm{T}}$；期望输出向量为 $d=(d_1,\ d_2,\ \cdots,\ d_k,\ \cdots,\ d_l)^{\mathrm{T}}$。输入层到隐含层之间的权值矩阵用 V 表示，$V=(v_1,\ v_2,\ \cdots,\ v_j,\ \cdots,\ v_m)^{\mathrm{T}}$，其中列向量 v_j 为隐含层第 j 个神经元对应的权向量；隐含层到输出层之间的权值矩阵用 W 表示，$W=(w_1,\ w_2,\ \cdots,\ w_k,\ \cdots,\ w_l)^{\mathrm{T}}$，其中列向量 w_k 为输出层第 k 个神经元对应的权向量。

　　三层感知器数学模型中各层信号之间的数学关系如下。

　　对于隐含层，有

$$
\begin{cases}
y_j = f(net_j), & j = 1,\ 2,\ \cdots,\ m \\
net_j = \displaystyle\sum_{i=0}^{n} v_{ij}x_i, & j = 1,\ 2,\ \cdots,\ m
\end{cases}
\tag{12-3}
$$

　　对于输出层，有

$$
\begin{cases}
o_k = f(net_k), & k = 1,\ 2,\ \cdots,\ l \\
net_k = \displaystyle\sum_{j=0}^{m} w_{jk}y_j, & k = 1,\ 2,\ \cdots,\ l
\end{cases}
\tag{12-4}
$$

式（12-3）和式（12-4）中，变换函数 $f(x)$ 通常均为单极性 Sigmoid 函数：

$$
f(x) = \frac{1}{1 + \mathrm{e}^{-x}}
\tag{12-5}
$$

Sigmoid 函数具有连续、可导的特点，对于式（12-5），有

$$
f(x)' = f(x)[1 - f(x)]
\tag{12-6}
$$

根据需要，也可以采用双极性 Sigmoid 函数（或称双曲线正切函数）：

$$
f(x) = \frac{1 - \mathrm{e}^{-x}}{1 + \mathrm{e}^{-x}}
\tag{12-7}
$$

为降低计算复杂度，根据需要，输出层也可以采用线性函数：

$$f(x) = kx \tag{12-8}$$

12.2.2 BP 网络的学习算法

BP 学习算法的实质是求取网络总误差函数的最小值问题，具体采用"最速下降法"，按误差函数的负梯度方向进行权系数修正。具体学习算法包括两大过程：其一是输入信号的正向传播过程，其二是输出误差信号的反向传播过程。

（1）信号的正向传播。输入的样本从输入层经过隐含层单元一层一层进行处理，通过所有的隐含层之后，传向输出层；在逐层处理的过程中，每一层神经元的状态只对下一层神经元的状态产生影响。在输出层把现行输出和期望输出进行比较，如果现行输出不等于期望输出，则进入反向传播过程。

（2）误差的反向传播。反向传播时，把误差信号按原来正向传播的通路反向传回，并对每个隐含层的各个神经元系数进行修正，以使信号误差趋向最小。网络各层的权值改变量由传播到该层的误差大小来决定。

12.2.2.1 BP 算法推导

下面以图 12-5 所示的三层 BP 神经网络模型为例，推导 BP 学习算法。

A　网络的误差

当网络输出与期望输出不等时，存在输出误差 E，定义如下：

$$E = \frac{1}{2}(d - o) = \frac{1}{2}\sum_{k=1}^{l}(d_k - o_k)^2 \tag{12-9}$$

将以上误差展开至隐含层，有

$$E = \frac{1}{2}\sum_{k=1}^{l}[d_k - f(net_k)]^2 = \frac{1}{2}\sum_{k=1}^{l}\left[d_k - f\left(\sum_{j=0}^{m}w_{jk}y_j\right)\right]^2 \tag{12-10}$$

进一步展开至输入层，有

$$E = \frac{1}{2}\sum_{k=1}^{l}\left\{d_k - f\left[\sum_{j=0}^{m}w_{jk}f(net_j)\right]\right\}^2 = \frac{1}{2}\sum_{k=1}^{l}\left\{d_k - f\left[\sum_{j=0}^{m}w_{jk}f\left(\sum_{i=0}^{n}v_{ij}x_i\right)\right]\right\}^2 \tag{12-11}$$

B　基于梯度下降的网络权值调整

由式（12-11）可以看出，网络输入误差是关于各层权值 w_{jk} 和 v_{ij} 的函数，因此调整权值就可改变误差 E。调整权值的原则应该使误差不断地减小，因此可采用梯度下降（gradient descent，GD）算法，使权值的调整量与误差的梯度下降成正比，即

$$\Delta w_{jk} = -\eta\frac{\partial E}{\partial w_{jk}}, \qquad j = 0, 1, 2, \cdots, m; \; k = 1, 2, \cdots, l \tag{12-12}$$

$$\Delta v_{ij} = -\eta\frac{\partial E}{\partial v_{ij}}, \qquad i = 0, 1, 2, \cdots, n; \; j = 1, 2, \cdots, m \tag{12-13}$$

式中，负号表示梯度下降，常数 $\eta \in (0, 1)$ 表示比例系数，在训练中反映了学习速率。显然，BP 算法属于 δ 学习规则。

式（12-12）与式（12-13）仅是对权值调整思路的数学表达，而不是具体的权值调整计算式。下面推导三层 BP 算法权值调整的计算式。事先约定，在全部推导过程中，对输出层均有 $j = 0, 1, 2, \cdots, m$，$k = 1, 2, \cdots, l$；对隐含层有 $i = 0, 1, 2, \cdots, n$，$j = 1$，

$2, \cdots, m$。

对于输出层，式（12-12）可写为

$$\Delta w_{jk} = -\eta \frac{\partial E}{\partial w_{jk}} = -\eta \frac{\partial E}{\partial net_k} \frac{\partial net_k}{\partial w_{jk}} \tag{12-14}$$

式（12-13）可写为

$$\Delta v_{ij} = -\eta \frac{\partial E}{\partial v_{ij}} = -\eta \frac{\partial E}{\partial net_j} \frac{\partial net_j}{\partial v_{ij}} \tag{12-15}$$

对输出层和隐含层各定义一个误差信号，令

$$\delta_k^0 = -\frac{\partial E}{\partial net_k} \tag{12-16}$$

$$\delta_j^\gamma = -\frac{\partial E}{\partial net_j} \tag{12-17}$$

综合应用式（12-4）和式（12-16），可将式（12-14）的权值调整式改写为

$$\Delta w_{jk} = \eta \delta_k^0 y_j \tag{12-18}$$

综合应用式（12-3）和式（12-17），可将式（12-15）的权值调整式改写为

$$\Delta w_{jk} = \eta \delta_j^\gamma x_i \tag{12-19}$$

可以看出，只要计算出式（12-16）与式（12-17）中的误差信号 δ_k^0 和 δ_j^γ，则权值调整量的计算推导即可完成。

输出层 δ_k^0 可展开为

$$\delta_k^0 = -\frac{\partial E}{\partial net_k} = -\frac{\partial E}{\partial o_k} \frac{\partial o_k}{\partial net_k} = -\frac{\partial E}{\partial o_k} f'(net_k) \tag{12-20}$$

隐含层 δ_j^γ 可展开为

$$\delta_j^\gamma = -\frac{\partial E}{\partial net_j} = -\frac{\partial E}{\partial y_j} \frac{\partial y_j}{\partial net_j} = -\frac{\partial E}{\partial y_j} f'(net_j) \tag{12-21}$$

下面求式（12-20）与式（12-21）中网络误差对各层输出的偏导。

输出层：利用式（12-9），求偏导可得

$$\frac{\partial E}{\partial o_k} = -(d_k - o_k) \tag{12-22}$$

隐含层：利用式（12-10），求偏导可得

$$\frac{\partial E}{\partial y_j} = -\sum_{k=1}^{l} (d_k - o_k) f'(net_k) w_{jk} \tag{12-23}$$

将以上结果代入式（12-20）和式（12-21），并应用式（12-8）与 $f'(x) = f(x)[1 - f(x)]$，可得

$$\delta_k^0 = (d_k - o_k) o_k (1 - o_k) \tag{12-24}$$

$$\delta_j^\gamma = \left[\sum_{k=1}^{l} (d_k - o_k) f'(net_k) w_{jk} \right] f'(net_j) = \left(\sum_{k=1}^{l} \delta_k^0 w_{jk} \right) y_j (1 - y_j) \tag{12-25}$$

将式（12-24）与式（12-25）代入式（12-19）与式（12-20），可得三层感知器的 BP 学习算法权值调整的计算公式：

$$\Delta w_{jk} = \eta \delta_k^0 y_j = \eta (d_k - o_k) o_k (1 - o_k) y_j \tag{12-26}$$

$$\Delta v_{ij} = \eta \delta_j^{\gamma} x_i = \eta \left(\sum_{k=1}^{l} \delta_k^0 w_{jk} \right) y_j (1 - y_j) x_i \qquad (12\text{-}27)$$

C BP 学习算法的向量形式

（1）输出层：设 $\boldsymbol{Y} = (y_1,\ y_2,\ \cdots,\ y_j,\ \cdots,\ y_m)^{\mathrm{T}}$，$\boldsymbol{\delta} = (\delta_1^o,\ \delta_2^o,\ \cdots,\ \delta_k^o,\ \cdots,\ \delta_l^o)^{\mathrm{T}}$，则隐含层到输出层之间的权值调整量为

$$\Delta \boldsymbol{W} = \eta\,(\boldsymbol{\delta}^o \boldsymbol{Y}^{\mathrm{T}})^{\mathrm{T}} \qquad (12\text{-}28)$$

（2）隐含层：设 $\boldsymbol{X} = (x_1,\ x_2,\ \cdots,\ x_i,\ \cdots,\ x_m)^{\mathrm{T}}$，$\boldsymbol{\delta}^y = (\delta_1^{\gamma},\ \delta_2^{\gamma},\ \cdots,\ \delta_k^{\gamma},\ \cdots,\ \delta_l^{\gamma})^{\mathrm{T}}$，则输入层到隐含层之间的权值调整量为

$$\Delta \boldsymbol{V} = \eta\,(\boldsymbol{\delta}^y \boldsymbol{X}^{\mathrm{T}})^{\mathrm{T}} \qquad (12\text{-}29)$$

由式（12-28）、式（12-29）可以看出：

1）BP 学习算法中，各层权值调整公式形式上都是一样的，均由 3 个因素决定，即学习率 η、本层输出的误差信号 δ 以及本层输入信号 $\boldsymbol{Y}$（或 $\boldsymbol{X}$）。

2）输出层误差信号与网络的期望输出和实际输出之差有关，它直接反映了输出误差，而各隐含层的误差信号与前面各层的误差信号都有关，是从输出层开始逐层反传过来的。

12.2.2.2 BP 算法的程序实现

A 标准 BP 算法

上一节推导的 BP 算法称为标准 BP 算法，其算法流程如图 12-6 所示。

（1）初始化。对权值矩阵 $\boldsymbol{W}$ 和 $\boldsymbol{V}$ 赋随机数，将样本序号计数器 p 和总训练次数计数器 q 置为 1，误差 E 置 0，学习率设为 $\eta \in (0,\ 1)$，训练精度 $E_{\min}$ 要求设为一个正小数。

（2）输入训练样本对，计算各层输出。用当前样本 $\boldsymbol{X}^p$ 和 $\boldsymbol{d}^p$ 对向量数组 $\boldsymbol{X}$ 和 $\boldsymbol{d}$ 赋值，计算 $\boldsymbol{Y}$ 和 $\boldsymbol{o}$ 中各分量。

（3）计算网络输出误差。设共有 P 对训练样本，网络对于不同的样本具有不同的误差，总误差为 $E^p = \sqrt{\sum_{k=1}^{l} (d_k^p - o_k^p)^2}$，可将全部样本输出误差的平方 $(E^p)^2$ 进行累加再开方，作为网络的总输出误差，实用中更多采用均方根误差 $E_{\mathrm{RME}} = \sqrt{\dfrac{1}{P} \sum_{p=1}^{P} E^p}$ 作为网络的总误差。

（4）计算各层误差信号。计算 δ_k^o 和 δ_j^{γ}。

（5）调整各层权值。计算 $\boldsymbol{W}$ 和 $\boldsymbol{V}$ 中各分量。

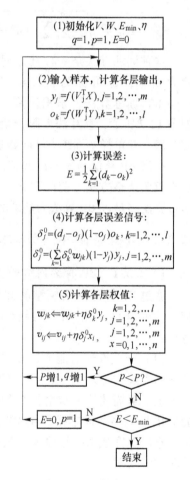

图 12-6 标准 BP 算法程序流程

（6）检查是否对所有样本完成一次轮训。对于 P 对训练样本，每轮可训练 P 次，为达到精度要求，可能需进行多轮训练，计数器 q 记录总的训练次数。若 $p<P$，计算器 p 和 q 增 1，返回步骤（2）。

（7）检查网络总误差是否达到精度要求。若达到给定精度要求，训练结束；否则，E 置 0，p 置 1，返回步骤（2）。

B　累积误差校正 BP 算法

标准 BP 算法的特点是单样本训练。每输入一个样本，都要回传误差并调整权值。显然，这是一种着眼于局部的调整方法。样本的获取难免有误差，样本间也可能存在矛盾之处。单样本训练难免顾此失彼，导致整个训练次数增加，收敛速度过慢。

累积误差校正 BP 算法是在所有 P 对样本输入之后，计算累积误差，根据总误差计算各层的误差信号并调整权值。P 对样本输入后，网络的总误差 $E_{总}$ 可表示为

$$E_{总} = \sqrt{\frac{1}{2} \sum_{p=1}^{P} \sum_{k=1}^{l} (d_k^p - o_k^p)^2} \quad (12\text{-}30)$$

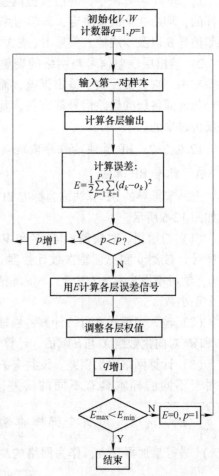

这种训练方式是一种批处理方式，以累积误差为目标，也可称为批（batch）训练或周期（epoch）训练算法。累积误差校正 BP 算法流程如图 12-7 所示，该算法着眼于全局，在样本较多的时候，较单样本训练方法收敛速度快。

标准 BP 算法与累积误差校正 BP 算法的区别在于权值调整方法。前向型神经网络的相关改进学习算法多是以 BP 算法为基础的。

12.2.3　BP 网络的功能与数学本质

12.2.3.1　BP 神经网络的功能特点

通过 BP 神经网络模型的建立与算法的数学推导，可以总结出 BP 神经网络具有以下功能特点：

（1）非线性映射能力。多层前馈网络能学习和存储大量"输入-输出"模式的映射关系，而无需事先了解描述这种映射关系的数学方程。只要能提供足够多的样本模式供 BP 网络进行学习训练，它便能完成由 n 维输入空间到 m 维输出空间的非线性映射。

（2）泛化能力。"泛化"源于心理学术语。某种刺激形成一定条件反应后，其他类似的刺激

图 12-7　累积误差校正 BP 算法程序流程

也能形成某种程度的这一反应。

神经网络的泛化能力是指在向网络输入训练时未曾见过的非样本数据的情况下，网络也能完成由输入空间向输出空间的正确映射。

（3）容错能力。输入样本中带有较大的误差甚至个别错误对网络的输入/输出规律影响不大。

12.2.3.2 BP 神经网络的数学本质

由 12.2.3.1 节 BP 神经网络模型的建立与算法的数学推导可以发现，BP 神经网络的实质是采用梯度下降法，把一组样本的输入/输出问题变为非线性优化问题。隐含层的采用使优化问题的可调参数增加，使解更精确。

（1）BP 神经网络（无论是单入单出、单入多出、多入单出，还是多入多出）从非线性映射逼近观点来看，均可由不超过 4 层的网络来实现，其数学本质就是插值，或更一般的是数学逼近。

（2）不仅是 BP 网络，其反馈式或其他形式的人工神经网络总要有一组输入变量 $(x_1, x_2, \cdots, x_i, \cdots, x_n)$ 和一组输出变量 $(y_1, y_2, \cdots, y_i, \cdots, y_m)$。从数学上看，这样的网络不外乎一个映射：

$$f = R^n \to R^m,$$
$$(x_1, x_2, \cdots, x_i, \cdots, x_n) \to (y_1, y_2, \cdots, y_i, \cdots, y_m)$$

一般地讲，人工神经网络的功能就是实现某种映射的逼近，其研究方法没有超出"计算数学"（更确切地说是"数值逼近"）的"圈子"。逐次迭代法本来就具有容错功能、自适应性及某种自组织性，人工神经网络是把这些优点通过"网络"形式予以再现。当常规方法解决不了或效果不佳时，人工神经网络方法便显示出其优越性。

一方面对问题的机理不甚了解或不能用数学模型表示的系统（如故障诊断、特征提取和预测等问题），人工神经网络往往是最有利的工具。另一方面，人工神经网络对处理大量原始数据不能用规则或公式描述的问题表现出极大的灵活性和自适应性。

12.2.4 BP 网络的问题与改进

12.2.4.1 BP 神经网络存在的缺陷和原因分析

由以上小节可知，BP 神经网络的理论依据坚实，推导过程严谨，所得公式对称优美。但是，BP 算法是基于梯度的最速下降法，以误差平方为目标函数，所以不可避免地存在以下缺陷。

A 网络的训练易陷入局部极小值

如图 12-8 所示，利用误差对权值、阈值的一阶导数信息来指导下一步的权值调整方向，是一种只会"下坡"而不会"爬坡"的方法。因此常常导致网络陷入局部极小点，而达不到全局最小点。

B 网络的学习收敛速度缓慢

为保证算法的收敛性，BP 算法中学习率必须小于某一上界，这就决定了 BP 神经网络的收敛速度不可能快。

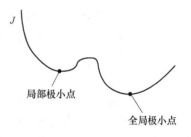

图 12-8　局部极值示意图

误差的梯度可表示为 $\dfrac{\partial E}{\partial w_{ik}} = -\delta_k^o y_j$。当误差的梯度变化较小，即误差曲面存在平坦区域时，δ_k^o 的值接近于零，而根据前面推导可知 $\delta_k^o = (d_k - o_k) o_k (1 - o_k)$，因此存在三种情况：

（1）$d_k - o_k$ 的值接近于零，这对应着误差接近某个谷点，因此下降比较缓慢；

（2）o_k 的值接近于零。

（3）$1 - o_k$ 的值接近于零。

对于后两种情况：$o_k = f(net_k) = f(\sum_{j=0}^{m} w_{jk} y_j)$，$f(x)$ 为单极性 Sigmoid 函数，如图 12-2b 所示。当各节点的净输入过大，即 $\left| \sum_{j=0}^{m} w_{jk} y_j \right| > 3$ 时，势必意味着 o_k 或 $1 - o_k$ 的值接近于零，误差曲面存在平坦区域，学习收敛速度缓慢。

C　网络结构难以确定

网络的结构难以确定，包含两层含义：

（1）隐含层层数难以确定；

（2）各层节点数难以确定。

目前，对于 BP 神经网络隐含层层数以及隐含层节点数的确定方法大都靠经验，缺乏充分的理论依据。

D　网络的泛化能力不能保证

BP 神经网络的结构复杂性、训练样本的数量和质量、网络的初始权值、训练时间、目标函数的复杂性和先验知识等因素对神经网络的泛化能力有一定影响。这也影响了 BP 神经网络的进一步发展和应用。

12.2.4.2　传统 BP 算法的改进与优化

针对 BP 算法存在的问题，国内外已提出不少有效的改进算法。

A　增加阻尼项

（1）改进的原因。标准 BP 算法实质上是一种简单的最速下降静态寻优方法，在修正 $W(k)$ 时，只按照第 k 步的负梯度方向进行修正，而没有考虑到以前积累的经验（以前时刻的梯度方向），从而常常使学习过程发生振荡，其收敛也缓慢。

（2）改进的方法。增加阻尼项权值调整算法的具体做法是：将上一次权值调整量的一部分迭加到按本次误差计算所得的权值调整量上。阻尼项也称为动量项，它对于本次调整起阻尼作用，它反映了以前积累的调整经验。增加阻尼项权值调整算法的实际权值调整量为

$$\Delta W(t) = \eta \delta X + \alpha \Delta W(t - 1) \tag{12-31}$$

式中，α 为动量系数，通常 $0 < \alpha < 0.9$；η 为学习率，范围在 $0.001 \sim 1$ 之间。

（3）效果。当误差曲面出现骤然起伏时，阻尼项可减小振荡趋势，提高训练速度。增加阻尼项权值调整算法减小了学习过程中的振荡趋势，降低了网格对于误差曲面局部细节的敏感性，有效抑制了网络陷入局部极小，从而改善了收敛性。

B　自适应调节学习率

（1）改进的原因。在标准 BP 算法中，学习率 η 为常数，然而在实际应用中，很难确定一个从始至终都合适的最佳学习率：平坦区域内 η 太小会使训练次数增加；在误差变

化剧烈的区域 η 太大会因调整量过大而跨过较窄的"坑凹"处,使训练出现振荡,反而使迭代次数增加。

(2)改进的方法。改进学习率的办法很多,其目的都是使其在整个训练过程中得到合理调节:该大时增大,该小时减小。

设一初始学习率,若经过一批次权值调整后使总误差 E 增加,则本次无效。为减小误差、保证收敛,应在下一次学习中减小其学习率。

(3)效果。自适应调节学习率算法进行变步长学习,学习率根据环境变化自适应增大或减小,有效加速了收敛过程。

C 引入陡度因子

(1)改进的原因。误差曲面上存在着平坦区域,而进入平坦区的原因是神经元输出进入了转移函数的饱和区。

(2)改进的方法。如果经调整进入平坦区,则设法压缩神经元的净输入,使其输出退出转移函数的不饱和区。在非线性 Sigmoid 转移函数中引入一个陡度因子 λ,则 $f(x) = \dfrac{1}{1 + e^{-\lambda x}}$。这样,输出层神经元的输出信号 $= \dfrac{1}{1 + e^{-\lambda \cdot net_k}}$。如图 12-9 所示,当 λ 增大时,o_k 便减小,可避免净输入过大,从而使得误差函数脱离曲面平坦区。具体改进方法如下:当发现 ΔE 接近零而 $d - o$ 仍较大时,可判断其已进入平坦区,此时令 $\lambda > 1$。$\lambda > 1$ 意味着 net 坐标压缩为原来的 $1/\lambda$,神经元的转移函数曲线的敏感区段变长,从而可使绝对值较大的 net 退出饱和值;当退出平坦区后,再令 $\lambda = 1$。$\lambda = 1$ 表明转移函数恢复原状,对绝对值较小的 net 具有较高的灵敏度。

(3)效果。应用结果表明,该方法对于提高 BP 算法的收敛速度十分有效。

D L-M 学习算法

(1)改进的原因。高斯-牛顿法在局部或全局最小值附近快速收敛。梯度下降法在步长参数选择正确的情况下能够收敛,但收敛缓慢。

(2)改进的方法。神经网络的 Levernberg-Marquardt(L-M)学习算法是梯度下降法与高斯-牛顿法的结合,用了近似二阶

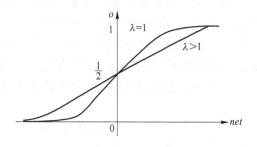

图 12-9 陡度因子作用的示意图

导数信息,对于过参数化问题不敏感,能有效处理冗余参数问题,使代价函数陷入局部极小值的机会大大减小。

(3)效果。就训练次数及准确度而言,L-M 算法明显优于自适应调节学习率的 BP 算法。但对于复杂问题,L-M 算法需要相当大的存储空间。

12.2.4.3 深度神经网络

A 浅层学习

图 12-5 所示的 BP 神经网络模型中含有一层隐含层节点,称为浅层模型。BP 算法通过梯度下降在训练过程中修正权重使得误差最小,但在多隐含层情况下性能变得很不理

想。随着网络深度的增加，反向传播的梯度值从输出层到网络的最初几层会急剧减小。因此，最初几层的权值变化将非常缓慢，不能从样本中进行有效的学习。

因此，这种方法只能处理浅层结构（小于等于 3），当然这也限制了网络的性能。对于浅层模型，样本特征的好坏成为系统性能的瓶颈。这需要人工经验来抽取样本的特征，需要对待解决的问题有很深入的理解，这是很困难的。

B　深度学习

2016 年以来，深度学习持续升温。加拿大多伦多大学教授、机器学习领域的泰斗 Geoffrey Hinton 提出的如下理论掀起了神经网络深度学习的新浪潮：

（1）很多隐含层的人工神经网络具有优异的特征学习能力，学习得到的特征对数据有更本质的刻画，从而有利于可视化或分类；

（2）深度神经网络在训练上的难度可通过"逐层初始化（layer-wise pre-trainning）"来有效克服，逐层初始化可通过无监督学习实现。

深度神经网络模型如图 12-10 所示。它模拟了人脑的深层结构，比浅层神经网络表达能力更强，并能够更准确地"理解"事物的特征。2012 年 6 月，《纽约时报》披露了 Google Brain 项目，斯坦福大学的吴恩达教授和 Jeff Dean 采用 16000 个 CPU Core 的并行计算平台，训练含有 10 亿个节点的深度神经网络，实现了对 2 万个不同物体 1400 万张图片的辨识。

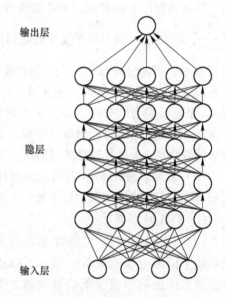

图 12-10　深度神经网络模型

深度学习的实质是通过构建具有很多隐含层的机器学习模型和海量的训练数据来学习更有用特征，从而最终提升分类或预测的准确性。因此，"深度模型"是手段，"特征学习"是目的。

区别于传统的浅层学习，深度学习的不同在于：

（1）强调了模型结构的深度，通常有 5 层、6 层，甚至 10 多层的隐含层节点。

（2）明确突出了特征学习的重要性。也就是说，通过逐层特征变换将样本在原空间的特征表示变换到一个新特征空间，从而使分类或预测更加容易。与人工规则构造特征的方法相比，利用大数据来学习特征，更能刻画数据的丰富内在信息。

深度学习得益于大数据和计算机速度的提升。大规模集群技术、GPU 的应用与众多优化算法使得耗时数月的训练过程可缩短为数天甚至数小时。这样，深度学习才在实践中有了用武之地。

12.2.5　BP 网络的设计

BP 神经网络的设计包含以下几个方面：

（1）输入/输出变量的确定与训练样本集的准备。输出量代表系统要实现的功能目标，可以是系统的性能指标、类别归属或非线性函数的函数值等。对于具体问题，输入量必须选择那些对输出影响大且能够检测或提取的相关性很小的输入变量。产生数据样本集是成功开发神经网络的关键一步，训练数据的产生包括数据的收集、数据分析、变量选择以及数据的预处理。

（2）神经网络结构的确定（网络的层数、每层节点数）。确定了输入和输出变量后，网络输入层和输出层的节点个数也就确定了。剩下的问题是考虑隐含层和隐含层节点。从原理上讲，一方面只要有足够多的隐含层和隐含层节点，BP 神经网络就可实现复杂的非线性映射关系；但另一方面，基于计算复杂度的考虑，应尽量使网络简单，即选取较少的隐含层节点。

（3）神经网络参数的确定（通过训练获得阈值、传输函数及参数等）。如果样本集能很好地代表系统输入/输出特征，并且神经网络进行了有效的学习与训练，神经网络将具有较好的映射性能。

12.2.5.1　输入/输出变量的确定与训练样本集的准备

A　输出量的确定

输出量实际上是网络训练的期望输出。一个网络可以有多个输出变量，输出量既可以是数值变量，也可以是语言变量。例如，分类问题的输出变量多用语言变量类型，质量可分为优、良、中、差等类别，相应地，既可用 0001、0010、0100 和 1000 表示，也可以用000、001、010 和 100 表示。对于有些渐进式的分类，可以将语言值转化为二值之间的数值表示。例如，质量的差与好可以用 0 和 1 表示，而较差和较好这样的渐进类别可用 0 和 1 之间的数值表示，如用 0.25 表示较差，0.5 表示中等，0.75 表示较好。

B　输入量的确定

神经网络的输入量必须选择那些对输出影响大且便于检测或提取的相关性很小的特征变量。缩减输入向量的长度可以有效地降低网络体系结构，而且往往能够获得比直接采用原始信号作为输入信号更好的结果。

a　输入量变换

输入量无法直接获得，所以需要用信号处理与特征提取技术从原始数据中提取。一个前端的"特征提取器"可以用来完成显著性数据特征，其输出可以用来作为神经网络的输入量。

（1）傅里叶变换。傅里叶变换是数字信号处理领域一种很重要的算法。傅里叶原理表明，任何连续测量的时序或信号，都可以表示为不同频率的正弦波信号的无限叠加。傅里叶变换是将一个函数转换为一系列周期函数来进行处理。从物理效果看，傅里叶变换是从空间域转到频率域。例如，图像的傅里叶变换的物理意义是将图像的灰度分布函数变换为图像的频率分布函数。如果信号相位不重要，可以采用 FFT 的幅度样本作为训练模式的特征向量。

（2）小波变换。小波变换是对傅里叶变换的一种延伸与补充，它通过对信号进行平移和伸缩进行多尺度分析，并在时间与频率两个方向上对信号进行局部变换，可有效地从字信号中抽取有用信息。小波变换在微弱信号信息提取方面非常有优势，它能够有效提高信号时频描述并压缩神经网络训练的数据。

b　输入量降维主成分分析

对于图像数据而言，相邻的像素高度相关，因此输入数据是有一定冗余的。假如处理一个 16×16 的灰度值图像，输入量将是一个 256 维向量 $x \in \mathbf{R}^{256}$，其中特征值 x_j 对应每个像素的亮度值。由于相邻像素间的相关性，可以将输入向量转换为一个维数低很多的近似向量（例如 64）。这时误差非常小，不影响处理结果，但计算量降低很多。

主成分分析（Principal Component Analysis，PCA）是一种掌握事物主要矛盾的统计分析方法，它可以从多元事物中解析出主要影响因素，揭示事物的本质，简化复杂的问题。计算主成分的目的是寻找 r（$r < n$）个新变量，并且这些新变量是互不相关的。这就将高维数据投影到了较低维空间，它是一种能够极大提升无监督特征学习速度的数据降维算法。

C　输入/输出数据的预处理

a　尺度归一化

尺度归一化是一种线性变换，它通过对数据的每一个输入分量的值进行重新调节，使得最终的数据落在 [0，1] 或 [-1，1] 的区间内。

进行尺度归一化的主要原因有：

（1）BP 网络的各个输入数据常常具有不同的物理意义和不同的量纲，尺度变化使所有分量都在 [0，1] 或 [-1，1] 之间变化，从而使网络训练一开始就给各个输入分量同等的地位。

（2）BP 网络的神经元采用 Sigmoid 作为转移函数，尺度变换可防止因净输入的绝对值过大而使神经元饱和，继而使权值调整进入误差曲面的平坦区。

例如，在处理自然图像时获得的像素值在 [0，255] 区间，常用的处理是将这些像素值除以 255，使它们缩放到 [0，1] 中。

将输入/输出数据变换为 [0，1] 区间的值常用以下变换式

$$x'_i = \frac{x_i - x_{\min}}{x_{\max} - x_{\min}} \tag{12-32}$$

式中，x 代表输入或输出数据；$x_{\min}$ 代表数据变化的最小值；$x_{\max}$ 代表数据变化范围的最大值。

将输入/输出数据变换为 [-1，1] 区间的值常用以下变换式

$$\bar{x} = \frac{x_{\max} + x_{\min}}{2} \tag{12-33}$$

$$x'_i = \frac{x_i - \bar{x}}{\dfrac{1}{2}(x_{\max} - x_{\min})} \tag{12-34}$$

式中，$\bar{x}$ 代表数据变化范围的中间值。

按上述方法变换后，处于中间值的原始数据转化为零，而最大值和最小值分别转换为 1 和 -1。当输入或输出向量中的某个分量取值过于密集时，对其进行以上预处理可将数据点拉开距离。

b 消减归一化

消减归一化是对每一个数据点减去它的均值，也称为移除直流分量。如果数据是平稳的，即数据每一个维度的统计都服从相同分布，那么可以考虑逐样本减去数据的统计平均值。对于图像，这种归一化可以移除图像的平均亮度值。因为，在很多情况下人们对图像的照度并不感兴趣，而更多地关注其内容，这时对每个数据点移除像素的均值是有意义的。

c 特征标准化

特征标准化指对特征的每个分量独立使用标准化处理，使得数据的每一个维度具有零均值和单位方差，其目的在于平衡各个分量的影响。具体做法是：首先计算每一个维度上数据的均值（使用全体数据计算）；之后在每一个维度上都减去该均值；最后在数据的每一维度上除以该维度上数据的标准差。

D 训练样本集

神经网络训练中抽取的规律蕴含于样本中。高质量的数据样本集是成功的关键一步。因此，样本一定要有代表性，样本的选择要注意剔除无效数据和错误数据，要注意统一样本类别和样本数量。一般地，训练样本数越多，训练结果越能正确反映其内在规律。但样本数多到一定程度时，网络的精度也很难再提高。通常，训练样本数取网络连接权总数的 5~10 倍。

12.2.5.2 BP 网络结构设计

训练样本确定了网络的输入层和输出层的节点数，BP 网络的结构设计主要是确定隐含层数量、每一隐含层的节点数及每一节点神经元激活函数。

A 隐含层层数的确定

理论分析表明，具有单隐含层的前馈网络可以映射所有连续函数，只有当学习不连续函数（如锯齿波等）时才需要两个隐含层，所以 BP 网络最多只需两个隐含层。在设计多层 BP 网络时，一般先考虑设计一个隐含层。当一个隐含层的隐节点数很多仍不能改善网络性能时，才考虑再增加一个隐含层。

深度神经网络的研究表明，多隐含层的人工神经网络具有优异的特征学习能力，学习到的特征对数据有更本质的刻画，其在训练上的难度可通过逐层贪婪训练的方法来有效克服。

B 隐含层节点数的确定

隐节点的作用是从样本中提取并存储其内在规律。确定最佳隐节点数的一个常用方法称为试凑法。常用的确定隐节点数的经验公式如下

$$m = \sqrt{n + l} + \alpha \tag{12-35}$$

$$m = \log_2 n \tag{12-36}$$

$$m = \sqrt{nl} \tag{12-37}$$

式中，m 为隐含层节点数；n 为输入层节点数；l 为输入节点数；α 为 1~10 之间的常数。

可先设置较少的隐节点训练网络，然后逐渐增加隐节点数，用同一样本集进行训练，选择确定网络误差最小时对应的隐节点数。

C　节点激活函数的确定

只要激活函数是非线性函数，那么它对网络性能影响不大。神经网络性能的关键在于隐含层的数量和隐含层节点数。

D　逼近与泛化的考虑

权值和阈值的总数体现了网络的信息量，它决定了网络的逼近能力。对于给定的问题与样本集，网络参数太少则不足以表达样本中蕴含的全部规律；而网络参数太多又将徒增网络的规模与计算复杂度。

隐节点数量的"过设计"可能导致"过拟合"，样本中的噪声也被记住，反而降低了泛化能力。

上述采用的是经验与试探相结合的方法。可见，神经网络设计的理论指导仍需完善。研究表明，训练样本数 P、给定训练误差 ε 以及网络信息容量之间 n_w 应满足如下匹配关系

$$P = \frac{n_\mathrm{w}}{\varepsilon} \tag{12-38}$$

12.2.5.3　网络训练与测试

A　网络权值的初始化

网络权值的初始化决定了网络的训练从误差曲面的哪一点开始，因此初始化方法对缩短网络的训练时间至关重要。S型激活函数是关于零点对称的，如果节点净输入在零点附近，则其输出在激活函数的中点。这个位置远离饱和区，且变化最为灵敏，会使得网络学习速度较快。

B　训练样本的组织

网络对所有样本正向输入一轮计算误差并反向修改一次权值称为一次训练，通常训练过程需要成千上万次。训练样本的组织要注意将不同类别的样本交叉输入，或从训练集中随机选择输入样本。这样可以避免同类样本太集中而使网络训练倾向于只建立与其匹配的映射关系，而当另一类样本输入时，权值的调整又转向对前面训练结果的否定。因此，每一轮最好不要按固定的顺序取样本集数据。

C　泛化测试

泛化能力的测试不能用训练集的数据进行，而要用训练集以外的测试数据来进行检验。一般的作法是将可用样本随机地分为训练集和测试集两部分。如果网络对训练集样本的误差很小，而对测试集样本的误差很大，说明网络已经被训练得过度吻合，其泛化能力变差。

用×代表训练集数据，用〇代表测试集数据，图 12-11 显示了良好的泛化能力，图 12-12 由于训练过度，失去了相近输入模式间进行泛化的能力。

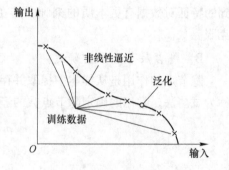

图 12-11　恰当训练获得良好的泛化能力

在隐节点数一定的情况下，为获得良好的泛化能力，存在着一个最佳训练次数。当超过这个训练次数时，训练误差继续减小而测试误差开始上升，即出现"过训练"。

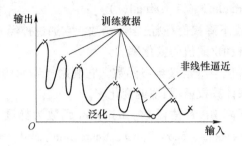

图 12-12　过训练导致失去泛化能力

12.2.6　BP 网络的 MATALAB 仿真实例

12.2.6.1　BP 神经网络的 MATLAB 工具箱

MATLAB 神经网络工具箱提供了 BP 网络分析和设计函数，见表 12-1。在 MATLAB 的命令行中利用 help 命令可得到相关函数的介绍。

表 12-1　MATLAB 中 BP 神经网络的重要函数和基本功能

函数名	功　　能
newff( )	生成一个前馈 BP 网络
tansig( )	双曲正切 S 型（Tan-Sigmoid）传输函数
logsig( )	对数 S 型（Log-Sigmoid）传输函数
purelin( )	纯线性函数
learngd( )	基于梯度下降法的学习函数
learngdm( )	梯度下降动量学习函数
traingd( )	梯度下降 BP 训练函数

A　newff( )

newff( ) 的功能是建立一个前向 BP 网络，其调用格式为

net = newff（PR，[S1 S2⋯SN1]，{TF1 TF2⋯TFN1}，BTF，BLF，PF）；

其中：net 为创建的新 BP 神经网络；PR 为网络输入取向量取值范围的矩阵；[S1 S2⋯SN1] 表示网络隐含层和输出层神经元的个数；{TF1 TF2⋯TFN1} 表示网络隐含层和输出层的传输函数，默认为 tansig；BTF 表示网络的训练函数，默认为 trainlm；BLF 表示网络的权值学习函数，默认为 learngdm；PF 表示性能函数，默认为 mse。

该函数可以建立一个 N 层前向 BP 网络。各神经元权值和阈值的初始化函数为 initnw，网络的自适应调整函数为 trains，并根据指定的学习函数对权值和阈值进行更新，网络的训练函数由用户指定。

B　tansig( ) 与 logsig( )

tansig( ) 为 Tan-Sigmoid 激活函数，logsig( ) 为 Log-Sigmoid 激活函数。它们是可导函数，把神经元的输入范围从（$-\infty$，$+\infty$）映射到（-1，1）。

C   learngd( )、learngdm( ) 与 traingd( )

learngd( ) 函数为梯度下降权值/阈值学习函数，它通过神经元的输入和误差以及权值/阈值的学习效率来计算权值/阈值的变化率。

learngdm( ) 函数为梯度下降动量学习函数，它利用神经元的输入和误差、权值/阈值的学习速率和动量常数来计算权值/阈值的变化率。

traingd 函数为梯度下降 BP 算法函数。traingdm 函数为梯度下降动量 BP 算法函数。traingd 有 7 个训练参数：epochs、show、goal、time、min_grad、max_fail 和 lr。这里 lr 为学习速率。训练状态每隔 show 次显示一次。其他参数决定训练什么时候结束。如果训练次数超过 epochs，性能函数低于 goal，梯度值低于 min_grad 或者训练时间超过 time，训练就会结束。

12.2.6.2   BP 网络仿真实例

例 12-1   设计一个 BP 网络实现对非线性函数 $f(x) = \sin((\pi/4) \times x)$ 的逼近。

（1）建立 BP 神经网络。应用 newff( ) 函数建立 BP 网络结构，隐含层神经元数目 n 可以改变，暂设为 $n = 3$。输出层有一个神经元。选择隐含层和输出层神经元传递函数分别为 tansig 函数和 purelin 函数，网络训练的算法采用 Levenberg–Marquardt 算法 trainlm.

n = 3;

net = newff(minmax(p), [n, 1], { 'tansig' 'purelin'}, 'trainlm');

对于未经训练初始网络，可以引用 sim( ) 函数观察网络输出。神经网络的输出曲线与原始函数的比较如图 12-13 所示。newff( ) 函数初始化网络时，权值/阈值是随机的，而且运行的结果也是时有不同。

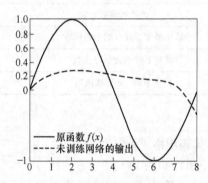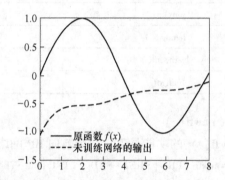

图 12-13   未经训练网络的输出结果

（2）训练 BP 神经网络。应用 trainlm 函数进行训练，网络训练参数设置为：训练次数 50，训练精度为 0.01，其余参数使用缺省值。

net. trainParam. epochs = 50;

net. trainParam. goal = 0.01;

训练 5 步达到了性能要求 0.01，误差下降曲线如图 12-14 所示。

TRAINLM, Epoch 0/50, MSE 0.452166/0.01, Gradient 46.9434/1e-010

TRAINLM, Epoch 5/50, MSE 0.00783094/0.01, Gradient 11.4114/1e-010

TRAINLM, Performance goal met.

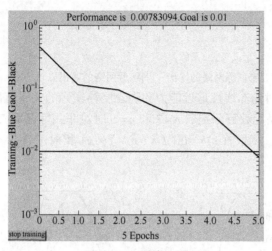

图 12-14　训练过程

（3）网络测试。图 12-15 所示为训练好的神经网络仿真结果与原函数、未训练网络仿真结果的比较。可以看出，训练后的 BP 神经网络对非线性函数的逼近取得了较好的效果。

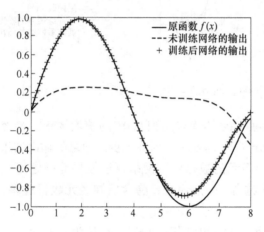

图 12-15　训练后网络的输出结果

参考代码如下：

```
k = 1;
p = [0:.1:8];
t = sin(k * pi/4 * p);
n = 3;
net = newff(minmax(p), [n, 1], {'tansi' 'purelin'}, 'trainlm');
y1 = sim(net, p);
plot(p, t, '-', p, y1, ':')
legend('原函数 f(x)', '未经训练网络的输出')
net.trainParam.epochs = 50;
net.trainParam.goal = 0.01;
net = train(net, p, t);
```

y2=sim(net, p);

figure;

plot(p, t,'-', p, y1, ':', p, y2, '*')

legend('原函数 f(x)','未训练网络的输出','训练后网络的输出')

（4）讨论。这里讨论非线性逼近能力和隐含层神经元的关系。图 12-16 和图 12-17 给出所示为当隐含层神经元数目分别取 $n=3$ 和 $n=6$ 时对非线性函数 $f(x)=\sin(2\times(\pi/4)\times x)$ 的逼近效果。显然，函数 $f(x)=\sin(2\times(\pi/4)\times x)$ 相对于 $f(x)=\sin((\pi/4)\times x)$ 非线性程度高。

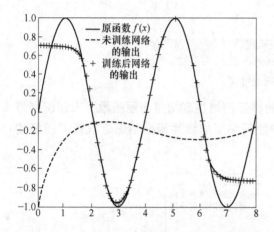 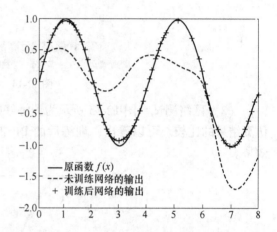

图 12-16　当 $n=3$ 时，训练 5000 步网络的输出结果　　　图 12-17　当 $n=6$ 时，训练 5 步网络的输出结果

当 $n=3$ 时，网络训练 5000 步尚未达到 0.01 的精度要求，神经网络的逼近情况如图 12-16 所示。图 12-17 给出了当 $n=6$ 时，训练 5 步，网络的输出结果。

由此可见，隐含层神经元的数据对于网络逼近效果有一定影响。网络非线性程度越高，对于 BP 网络的要求越高。一般说来，隐含层神经元数目越多，则 BP 网络逼近非线性函数的能力越强。

例 12-2　以下是某市 2000~2017 年的 GDP，单位为百万元。构建一个 BP 神经网络，利用历史数据值预测某市 2018 年的经济总量，并给出预测图。

表 12-2　年份与 GDP 数值

年份	2000	2001	2002	2003	2004	2005	2006	2007	2008
GDP	13640	13850	14230	14560	14930	15380	16010	16760	17710
年份	2009	2010	2011	2012	2013	2014	2015	2016	2017
GDP	18600	19620	20190	20690	21150	21520	21710	21890	23100

解：（1）分析问题。首先进行数据的预测，确定训练数据与目标集。其次，建立 BP 神经网络，对历史数据进行训练，利用训练好的网络对未来的数据进行预测。

在本题中，先建立 BP 神经网络，将输入层设计为 8 个，隐含层设计为 2 层，第 1 层 5 个神经元，第 2 层 2 个神经元，输出层设计为 1 层。

（2）程序实现。

%训练样本

P＝［14230 14560 14930 15380 16010 16760 18600 19620；

14560 14930 15380 16010 16760 18600 19620 20190；

14930 15380 16010 16760 18600 19620 20190 20690；

15380 16010 16760 18600 19620 20190 20690 21150；

16010 16760 18600 19620 20190 20690 21150 21520；

16760 18600 19620 20190 20690 21150 21520 21710；

18600 19620 20190 20690 21150 21520 21710 21890；

19620 20190 20690 21150 21520 21710 21890 23100；］

T＝［19620 20190 20690 21150 21520 21710 21890 23100］；

［p1，minp，maxp，t1，mint，maxt］＝premnmx（P，T）；　　　　　　%归一化

net＝newff（minmax（P），［5，2，1］，{ 'tansig'，'tansig'，'purelin'}，'trainlm'）;%创建网络

net. trainParam. epochs＝500；　　　　　　　　　%设置训练次数

net. trainParam. goal＝0. 0000001；　　　　　　　%设置收敛误差

［net，tr］＝train（net，p1，t1）；　　　　　　　%训练网络

a＝［19620；20190；20690；21150；21520；21710；21890；23100］；%输入数据

d＝premnmx（a）；　　　　　　　　　　%将输入数据归一化

f＝［13640；13850；14230；14560；14930；15380；16010；16760；17710；

18600；19620；20190；20690；21150；21520；21710；21890；23100］；

b＝sim（net，d）；　　　　　　　　　　%放入到网络输出数据

c＝postmnmx（b，mint，maxt）；　　　　　　　%反归一化得到预测数据

e＝［23100；c］；

figure，plot（2000：2017，f，'k+:'，2017：2018，e，'k ＊ -'）　　%绘制预测图形

（3）结果输出。程序的输出结果为

c＝2. 3386e+04

预测图像如图 12-18 所示，带 + 的虚线为原始数据趋势，带 ＊ 的实线为预测的趋势。

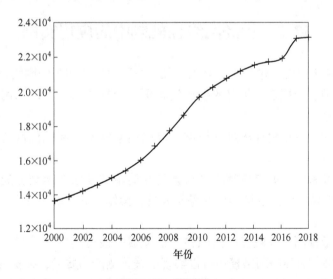

图 12-18　预测图

从图 12-19 中可以看出，神经网络有 8 个输入、2 个隐含层，第 1 层有 5 个神经元、第 2 层有 2 个神经元，1 个输出层神经网络结构。

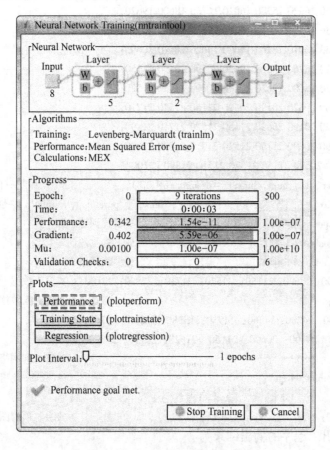

图 12-19　BP 神经网络训练图

12.3　神经网络在轧制中的应用实例

一般来说，在金属轧制过程中，有以下几个方面可以应用神经网络技术：

（1）过程模型。当积累了足够的生产过程历时数据之后，可以利用神经网络建立精确的神经网络模型。

（2）过程优化。一旦建立起过程模型，可以用来确定达到优化目的所需要的优化的变量取值。

（3）开环咨询系统。如果将神经网络模型与简单的专家系统结合起来，网络从实时数据得到的优化结果可以显示给工厂的操作人员，操作人员可以改变操作参数以避免过程失常。

（4）产品质量预测。一般工厂只能在产品完成一段时间后，才能从实验室里得到产品的质量检测结果，而神经网络模型可以实现在线预测产品质量，并及时调整过程参数。

（5）可预测的多变量统计过程控制。网络模型可用来观察所有有疑问的变量对统计过程控制器（SPC）所设置的控制点的影响。采用多变量控制，可以精确预测 SPC 图上未来几个点的位置，可以较早预测过程失误的可能性。

（6）预测设备维修计划。设备在连续使用时性能会降低。用神经网络可以监测设备性能，预测设备失效的可能时间，以制定设备维修计划。

（7）传感器监测。可用神经网络监测失效的传感器，并提供失效警报，而且当重新安装传感器后，网络可以提供合适的重新设置值。

（8）闭环实时控制。网络模型可以对复杂的闭环实时控制问题给出解决方法，预测和优化非常迅速，可以用于实时闭环控制。

下面介绍几个神经网络应用于金属轧制过程中的实例。

12.3.1 神经网络在热带钢连轧机控制中的应用

一般的热轧宽带钢连轧机自动化控制系统的分级结构如图 12-20 所示。在工艺过程的上面是包括测量值收集、各种调节装置和控制装置在内的基础自动化系统。在基础自动化系统上面是过程控制级，即通常所说的过程自动化系统级，一般就是在这一级范围内利用神经网络进行轧机的高精度预设定。

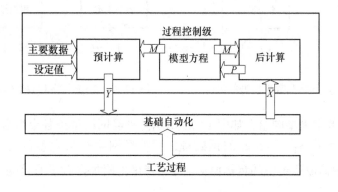

图 12-20　典型的过程控制系统的结构

过程控制的中心任务是预计算，即在下一块带钢进入轧机之前必须精确设定轧机执行机构的参数，以保证获得高精度的轧制产品。预计算是以许多相关的数学模型或算法模型为基础的。各种模型，特别是在线模型，虽然不能完整而精确地描述工艺过程，但是能在不同程度上进行适当的描述。因此，为了使模型不断地适应于实时的工艺过程，在软件设计中考虑了周期性进行后计算，以校正模型精度不足所带来的偏差。此即为所谓的在线自适应。当在过程计算机中采用神经网络时，神经网络将承担两个任务，即建立模型和模型自适应。实践证明，神经网络可以很好地承担这两个任务。

12.3.1.1　应用策略

在过程机中应用神经网络，首先碰到的问题是如何处理数学模型和神经网络的关系。一般的看法是，不是提倡更多地使用神经网络取代数学模型，而是尽量使用神经网络作为增强数学模型作用、提高预测精度的手段，即将神经网络和传统的数学模型组合使用。这种看法的依据是：

（1）数学模型是近百年来轧制技术工作者工作的结晶，是实践经验和理论分析成果的总结，应当尊重它，保留它的精华。

（2）对于与实际偏离很大的输入值，具有更强的容错性。

（3）采用数学模型和神经网络结合的方法，比单纯使用数学模型或单纯使用神经网络，可以进一步提高预测的精度。

参数网络和数学模型的组合如图 12-21 所示。在这一组合中，数学模型中包含一些模型参数，其中反映工艺过程与地点、时间有关的可变参数；而神经网络主要用于确定和准备这些可变模型参数。因此，参数网络在一定程度上起着数学模型的数据传输器的作用。

修正网络和数学模型的组合如图 12-22 所示。数学模型和神经网络是平行配置的。数学模型尽可能精确地计算目标值，而神经网络则确定数学模型计算中的误差。这两个结果之和将得出一个更合理、更精确的目标值 Y。两者结果的组合亦可用乘法完成。

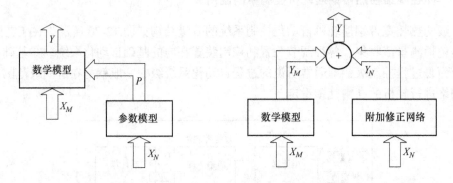

图 12-21　参数网络和数学模型的组合　　　图 12-22　修正网络和数学模型的组合

综合网络和数学模型的组合如图 12-23 所示。神经网络位于各个组合单元的上部。数学模型承担输入数据 $x_1, \cdots, x_l$ 的预处理，而神经网络则从大量的可压缩的中间结果 $y_{M,1}, \cdots, y_{M,i}$ 中提取所希望的目标值 y。亦可考虑把附加参数 $\overline{v}$ 直接输入到神经网络中。

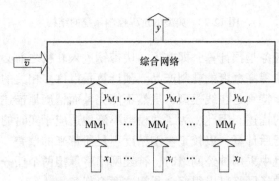

图 12-23　综合网络和数学模型的组合

12.3.1.2　工业应用

下面是韦斯特法伦（Westfalen）钢厂热带钢连轧机几个具体应用的实例。最初的轧制力预计算方法称为方案 1，如图 12-24 所示。

在方案 1 中，轧制力是针对每一个机架的，而数学模型则对所有机架是相同的。输入

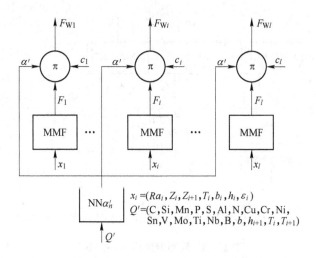

图 12-24 轧制力计算——方案 1

向量 x_i 随机架的不同而改变，包括工作辊直径、后张力、前张力、轧机温度、带钢的宽度、厚度和压下量等。

数学模型的计算结果 F_i 一般要经过两次修正。第一次通过乘以 α 值来修正，第二次通过乘以 c_i 来修正。因子 c_i 都针对具体机架，说明了各个机架的特性。而 α 值对所有机架都是相同的。在后计算时，需要确定所有 α 值和因子 c_i，并储存。然后要把这些数值传递给后面类似的钢卷，或按众所周知的遗传方法，由后续类似的钢卷继承这些数值。

使用 $NN\alpha_n'$ 神经网络取代上述 α 值是方案 1 的特点。神经网络的输入向量 Q' 包括钢的成分，即碳、硅、锰，甚至还有硼等元素的含量，另外还包括某些其他的物理性能。方案 1 在韦斯特法伦钢厂的热带钢连轧机上试运行几个月之后，再在生产中使用。其结果将稍后进行讨论。

然而，α 值的引入仅仅是第一步。在方案 2 中，由修正网络 NNF_i 代替因子 c_i，如图 12-25 所示。这个修正网络是针对机架的，因此，设置 7 个。修正网络算出修正因子并和数学模型的结果相乘。输出是要寻找的轧制力 F_{W_i}。输入向量 x_i 与方案 1 中的输入向量相同并同时用作数学模型和神经网络的输入。$NN\alpha_n$ 网络输出的 α 值不是如前所述那样和结果直接组合，而是成为修正网络 NNF_i 的附加输入参数。这样就可以把参数网络和修正网络看作是串联配置。模拟表明，方案 2 的结果要优于方案 1。

图 12-25 中单独的虚线框部分给出了网络的进一步应用。如果输入向量包括了轧件的温度 T_i，则这个温度表示在机架 i 的辊缝中轧件的平均温度。这个温度事先是不知道的，必须进行计算。这里，借助于数学模型和修正网络相组合的方法来完成。数学模型算出轧件进入精轧机组直到出精轧机组的温度分布，通常，在第 2 机架和最后机架后面可以获得温度实测值。这样就能得到两处的温度计算误差，并用这些误差来训练两个神经网络。训练后的神经网络在预计算过程中能够预测出两个测量点处轧件的温度计算误差，从而进一步求出其他机架处轧件的温度修正值。两个温度修正网络在韦斯特法伦钢厂热带钢连轧机上已有效地运行了几个月。

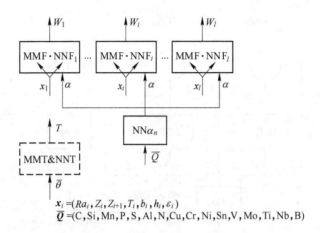

$$x_i = (Ra_i, Z_i, Z_{i+1}, T_i, b_i, h_i, \varepsilon_i)$$
$$\overline{Q} = (C, Si, Mn, P, S, Al, N, Cu, Cr, Ni, Sn, V, Mo, Ti, Nb, B)$$

图 12-25   轧制力计算——方案 2

12.3.1.3   实验效果

1993 年 7 月和 12 月，神经网络应用于韦斯特法伦钢厂热带钢连轧机，其实验结果见于表 12-3。表中第一行为钢卷数。这些钢卷在生产时是相近的钢卷，但是钢卷的钢种或技术规格不同，也就是说它们是以明显不同轧机设定值进行轧制的。

表 12-3 α 网络的测试结果

月份	项　目	公差窗口		总　计
		内	外	
7	钢卷数	4574	20	4594
	平均绝对误差的改进率/%	10.0	49.4	10.6
	标准偏差的改进率/%	12.2	51.6	12.8
12	钢卷数	3601	1	3602
	平均绝对误差的改进率/%	12.3	99.3	12.5
	标准偏差的改进率/%	12.4	99.3	13.0

可以根据以实测值为基础进行后计算的结果，来评价 α 值的预测精度。神经网络方法和传统方法在精度改进方面的比较结果见表 12-3。

由表 12-3 可知，全部钢卷的偏差减小大约 12%，12 月比 7 月稍有改进。若神经网络方法和传统方法所得结果之间的差值落在公差窗口之内，则执行网络的计算结果；否则，就使用传统方法的计算结果。两个窗口的数据比较结果表明，使用传统方法的次数是非常少的。另外，比较结果还表明，在窗口外这列中，神经网络也比传统方法有明显的改进。这就意味着，没有必要采用公差窗口这种预防性措施。

温度网络的测试结果见表 12-4。9 月对 ΔT_1 网络（在第二机架后的温度修正）和 ΔT_2 网络（在最后机架后面的温度修正）都记录了测试数据。对全部测试的钢卷来说，神经网络降低了这些钢卷的平均绝对误差和标准偏差，ΔT_1 网络降低 20%，而 ΔT_2 网络降低 40%。公差窗口之内和窗口之外的数据都表明，神经网络明显优于传统方法。可见，神经网络是一较好的工具。

表 12-4 温度网络测试结果

月 份	项 目	公差窗口		总 计
		内	外	
1 （ΔT_1 神经网络）	钢卷数	2574	1229	3803
	平均绝对误差的改进率/%	8.2	33.6	20.0
	标准偏差的改进率/%	5.5	26.6	17.1
2 （ΔT_a 神经网络）	钢卷数	2834	969	3803
	平均绝对误差的改进率/%	33.5	54.5	42.0
	标准偏差的改进率/%	30.1	47.5	39.2

12.3.2 冷轧轧制力的预测

冷轧轧制力的计算主要是基于布兰德（Bland）、福特（Ford）和伊利斯（Eillis）提出的轧制力模型（BFE）。使用这些轧制力模型要求对材料的变形抗力有准确的计算。然而，材料中合金元素的偏差或热轧工艺参数对变形抗力都有较大的影响。材料强度性能能够通过拉伸实验确定，但是在许多情况下，不可能对每个钢种都做拉伸实验。因此，为了准确计算冷轧轧制力和优化工艺参数，可利用神经网络模型，并与物理模型相结合，预测材料的变形抗力和摩擦系数。

12.3.2.1 变形抗力的预测

变形抗力 k_f 是一个常数，它能用拉伸实验确定。通常，在冷轧理论中，假设轧制过程中金属发生平面变形，k_f 值可通过密赛斯屈服系数（$2/\sqrt{3}$）转换到平面变形状态。在轧辊辊缝中，从入口平面到出口平面材料强度逐渐增加，由于存在这种现象，很难准确预测材料的强度性质。因此，在轧制力计算中，用平均变形抗力值 $\overline{k}_f$ 代替 k_f。在计算 $\overline{k}_f$ 之前，需先确定平均压下量 $\overline{r}_k$：

$$\overline{r}_k = 0.4r_{in} + 0.6r_{out} \tag{12-39}$$

式中　$\overline{r}_k$——道次平均压下量；

　　　r_{in}——轧制道次前的总压下量；

　　　r_{out}——轧制道次后的总压下量。

使用轧制过程中的各种实测数据，由 BFE 轧制力模型反算得到用于神经网络训练的变形抗力。把实测的轧制力、前后张力、轧制速度、轧件尺寸代入 BEF 模型中，迭代求解变形抗力，共采集了 40000 卷带钢的数据，钢种为 10 号钢，预测结果如图 12-26 所示。在整个轧制压下量范围内，变形抗力与压下量之间的关系可以近似地看成是线性的。神经网络预测变形抗力时就利用了这种现象计算每个钢卷在 4 个机架中的平均变形抗力，4 个变形抗力和压下量的关系可用一线性关系式表达，即

$$\overline{k}_f = A + B \cdot \overline{r}_k \tag{12-40}$$

式中　A，B——系数，利用最小二乘法确定。

在计算变形抗力的神经网络模型中，A、B 是网络的输出项。输入项包括前面工序的

各种参数，例如合金元素、热轧终轧温度、卷曲温度和最后的热轧带钢厚度。这样，每卷带钢有 18 个输入。在训练阶段使用了 4500 卷带钢，人工神经网络模型包括一个隐含层，该隐含层有 10 个单元。训练循环总数为 300，250 次循环后，RMS 值的改变非常小，最后 RMS 误差是 4.9%。

12.3.2.2 摩擦系数的预测

变形抗力是通过系数 A、B 的线性模型描述的。然而，在实际中，材料的应力-应变关系不是完全线性的。这样，需要对线性模型进行修正。因此，必须建立一个摩擦系数的新模型，并把这个模型作为轧制力计算的修正因素。

与变形抗力类似，摩擦系数也是通过 RFE 轧制力模型反过来计算的。把实测值代入模型中，包括带材尺寸、压下量、轧制力、前后张力、轧辊速度和轧辊直径等。摩擦系数通过迭代一直到轧制力与实测轧制力相同为止。

在用神经网络模型计算摩擦系数时，摩擦系数为输出项，输入项包括带钢宽度、轧制速度、带钢厚度、前后张力、相对压下率、总压下量及变形抗力系数 A、B。共采用 2980 卷带钢数据，每卷包括 4 个机架的数据，这样，总的训练样本数是 11920。网络采用 1 个隐含层，该隐含层有 7 个单元，训练循环次数为 220。200 次循环后，RMS 值几乎不再减小，最后 RMS 值是 8.1%。

12.3.2.3 结论

在神经网络模型的测试中，使用了 1480 卷带钢的数据，其中包括了最低强度和最高强度的钢种。实测轧制力和计算轧制力的偏差 ε_i 由式（12-41）给出：

$$\varepsilon_i = \frac{F_{mi} - F_{ci}}{F_{mi}} \times 100\%, \qquad i = 1, 2, 3, 4 \tag{12-41}$$

式中　F_{mi}——机架 i 的实测轧制力；

　　　F_{ci}——机架 i 的计算轧制力。

对于一个测试钢卷，4 个机架的平均偏差 ε_{sc} 由式（12-42）给出：

$$\varepsilon_{sc} = \frac{\sqrt{\sum_{i=1}^{4} (\varepsilon_i)^2}}{4} \tag{12-42}$$

测试数据的平均偏差 ε_{sc} 如图 12-26 所示。由图可知，计算轧制力与实测轧制力比较接近，可以满足实际生产的要求。

但是，进一步研究表明，有一些尺寸和强度的带钢 ε_i 值还是较大的。通常，这些带钢是低强度、中宽度带钢，如图 12-27 所示。ε_i 值有较大偏差的一个原因就是同一规格带钢的实测轧制力的变化。这是由工作辊粗糙度和直径变化引起的，摩擦条件和轧辊直径的变化很明显要影响轧制力。不幸的是，在此应用中轧制力模型的工作辊直径都取常数。因此，轧辊直径变化的影响并没有被考虑到当前轧制力计算中。

不同机架的平均偏差 ε_i 值如图 12-28 所示，沿 x 轴从左向右，曲线由最低正值变化到最小负值。由图可知，第 4 道次比前 3 个道次有明显的偏差。

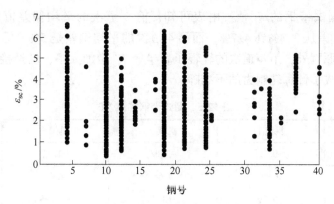

图 12-26 测试数据的 ε_{sc} 值

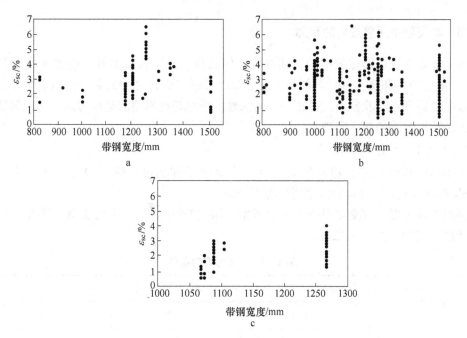

图 12-27 4 号、10 号和 33 号钢的 ε_{sc} 值

a—4 号钢；b—10 号钢；c—33 号钢

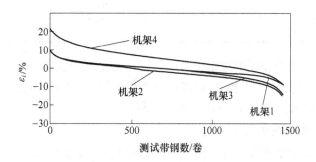

图 12-28 计算轧制力与实测轧制力的偏差

表 12-5 为测试带钢的 ε_i 值。由表可知，前 3 道次的平均偏差值比较小，最大为 -2.28%，标准偏差从 3.3% 到 4.7%，而第 4 道次的平均偏差是 5%，标准偏差是 6.3%。除了上面提到的原因外，第 4 道次的轧辊压扁半径 R' 增加太多，已经接近了轧辊压扁模型的极限，也造成了计算轧制力的不准确。

表 12-5　测试带钢的 ε_i 值

项目	机架 1	机架 2	机架 3	机架 4
平均值	−0.75	−2.88	−1.25	5.13
标准值	3.30	4.66	4.43	6.29
最小值	−9.69	−13.95	−14.99	−10.22
最大值	10.27	12.17	14.79	22.77

12.3.3　热变形中屈服应力的预测

为了计算金属成形过程中的一些参数，如载荷、能量和应力等，需要知道工艺参数（应变、应变速率和温度等）与材料屈服应力的关系。表达这种关系的模型通常是基于大量实验的经验和半经验模型，存在一些局限性。采用神经网络的建模方法，可以解决这些传统方法难以解决的棘手问题。

12.3.3.1　神经网络结构

采用四层神经网络，输入项为应变、应变速率和温度，输出项为屈服应力。使用 NWorks Professiion Ⅱ/Plus 软件进行训练和预测。

利用各种温度、应变速率条件下中碳钢材料（DS3388）的大量实验结果作为训练和测试数据。实验条件见表 12-6。

表 12-6　热变形实验条件

温度/℃	应 变 速 率		
	$0.1s^{-1}$	$1s^{-1}$	$8s^{-1}$
800	A_1	B_1	C_1
900	A_2	B_2	C_2
1000	A_3	B_3	C_3
1100	A_4	B_4	C_4

为了使网络能够获得和理解屈服应力的知识，利用不同温度和应变条件下的实验数据 B_1、C_1、A_2、C_2、A_3、C_3，A_4 和 B_4 训练神经网络。网络训练完毕之后，再采用不同训练数据的其他实验数据 A_1、B_2、B_3 和 C_4 进行预测。

12.3.3.2　网络参数优化

为了研究网络参数的影响，采用一个、两个和三个隐含层进行测试，如图 12-29 所示。发现有两个隐含层的网络预测值和实测值比较接近。

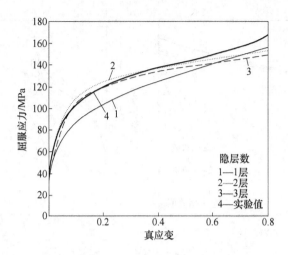

图 12-29　计算轧制力与实测轧制力的偏差

　　每个隐含层的单元数的变化从 5 到 30，间隔为 5，单元数对网络性能的影响如图 12-30 所示。从图中可知，随着单元数的增加，预测值越接近实测值。当达到一定的单元数（20，20）后，网络精度并不再明显增加。

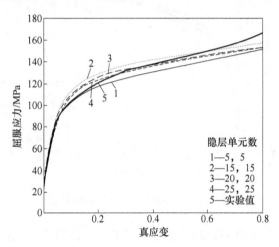

图 12-30　隐含层单元数对网络性能的影响

　　除了网络的隐含层数目和隐含层单元数目外，网络性能还依赖于训练循环次数、学习系数和动量项等。为了研究这些参数的影响，训练循环次数的变化从 5000 到 50000；学习系数的变化从 0.1 到 0.9；动量项的变化从 0.2 到 0.8。结果如图 12-31 ~ 图 12-33 所示。

　　从图 12-31 中可以看出，对于较少的训练循环次数，网络的训练结果与实测值相差很远，一旦达到了一定的训练循环数，预测精度将非常接近实测值。训练循环次数达到 15000 次以上时，预测精度已经没有明显变化。

　　从图 12-32 可以看出，低的学习系数的预测结果有些远离实测值，当达到最优学习系数时，网络性能不再进一步改进。然而，在学习速率方面仍然可以观察到有明显改进。

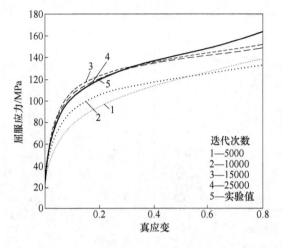

图 12-31　训练循环数对网络性能的影响

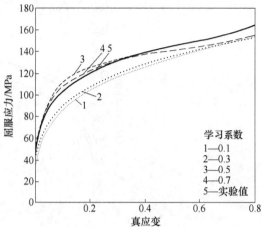

图 12-32　学习系数对网络性能的影响

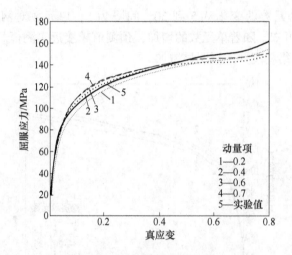

图 12-33　动量项对网络性能的影响

　　如图 12-33 所示，动量项对网络的性能并没有太大的影响，但它对学习速率以及屈服应力高曲率部分的预测精度却有一定的影响。通常情况下，在其他因素保持不变时，同时增加动量项和学习系数，可使收敛速度明显下降，计算过程会产生不稳定现象，使网络的预测结果恶化。

　　综上所述，网络参数选择如下：循环次数为 15000，隐含层数为 2，隐含层单元数为 20，隐含层学习系数为 0.9，输出层学习系数为 0.5，动量项为 0.7。

12.3.3.3　应用策略

　　在策略Ⅰ中，网络的输入项包括 3 个参数：应变、应变速率和温度。输出项为屈服应力。

　　由于应变、应变速率的对数值和温度的倒数值与输出参数的对数值之间存在线性关系，因此，在策略Ⅱ中，输入项为 $1/T$、log（应变）和 log（应变速率）。输出项为 log（屈服应力）。

　　在策略Ⅲ中，输入、输出项结合了策略Ⅰ和Ⅱ中的所有参数，因此，共有 6 个输入参数：应变、应变速率、温度、log(应变)、log(应变速率)和温度倒数。输出项为屈服应力及其对数值。

12.3.3.4　结果分析

　　图 12-34 所示为策略Ⅰ的神经网络的预计算值和实测值的比较。图 12-34a～c 分别表示在应变速率为 0.1s⁻¹、1s⁻¹ 和 8s⁻¹ 的条件下不同温度的曲线。由图可知，虽然预测结果在屈服应力随应变变化的趋势上与实测结果是一致的，但是在数值上与实测结果却有较大偏差。

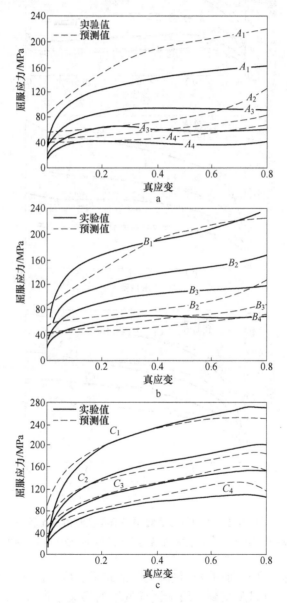

图 12-34　采用策略Ⅰ时预测值与实测值的比较

a—应变速率=0.1s⁻¹；b—应变速率=1s⁻¹；c—应变速率=8s⁻¹

　　图 12-35 所示为采用策略 Ⅱ 时神经网络的预测值与实测值比较。由图可知，与策略 Ⅰ 相比，屈服应力的预测精度有了较大的提高。除了在较低温度下的一些情况外，预测的屈服应力曲线与实测曲线是比较接近的。

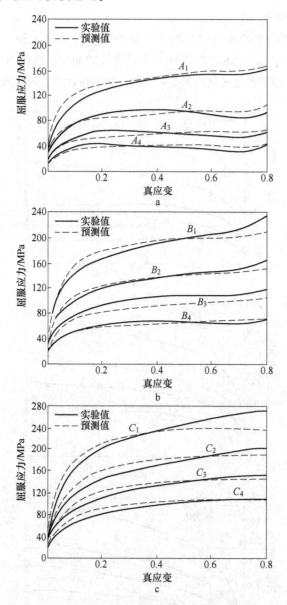

图 12-35　采用策略 Ⅱ 时预测值与实测值的比较

a—应变速率=0.1s^{-1}；b—应变速率=1s^{-1}；c—应变速率=8s^{-1}

　　图 12-36 所示为采用策略 Ⅲ 时神经网络的预测结果。可以发现，网络预测精度又有了进一步提高。从图形中可以观察到，用于训练网络的实验数据（B_1、C_1、A_2、C_2、A_3、C_3、A_4 和 B_4 等）的预测值非常接近实测值。而其他情况下，实验数据没有被用于训练网络，其预测精度与实测结果存在细微的偏差。然而，即使这样，预测的应力曲线也清楚地表现出加工硬化、动态回复和动态再结晶的现象。误差分析表明，应用神经网络时，所有

实验数据的平均相对百分误差为 3.01%。而应用半经验模型时，平均相对百分误差为
3.35%。可见，应用神经网络预测热变形条件下的屈服应力要优于传统的半经验模型。

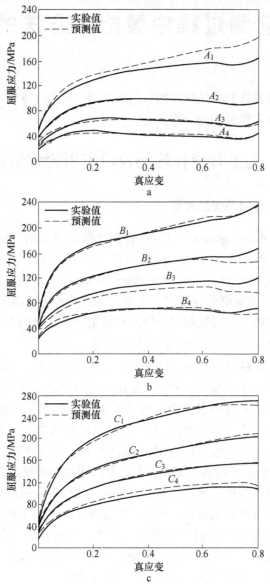

图 12-36　采用策略Ⅲ时预测值与实测值的比较

a—应变速率$=0.1s^{-1}$；b—应变速率$=1s^{-1}$；c—应变速率$=8s^{-1}$

习　题

12-1　试说明标准 BP 算法容易形成局部极小的原因。

12-2　BP 神经网络设计中输入/输出数据归一化的原因是什么？

12-3　应用 MATLAB 编写一个基于 BP 神经网络的算法程序，用此程序来逼近 $\sin x$ 函数。

13 轧制过程中智能化方法的综合运用

本章介绍人工智能在轧制领域应用的背景和作用、国内外发展概况，并举例说明人工智能与其他方法相结合在轧制中的应用。

13.1 人工智能在轧制领域应用的背景和作用

13.1.1 人工智能进入轧制领域的背景

人工智能（artificial intelligence，AI）在轧制过程中的应用对促进轧制技术的发展起到了积极的作用。专家系统（expert system，ES）、神经网络（artificial neural network，ANN）、模糊逻辑与模糊控制（fuzzy logic/fuzzy control，FL/FC）、遗传算法（genetical gorithm，GA）等，已成为轧制领域研究人员耳熟能详的概念。本节介绍人工智能是在什么背景下进入轧制领域的，它对轧制理论研究和轧制技术发展产生了什么影响。

13.1.1.1 传统轧制过程分析方法存在的问题

轧制技术已有几百年的发展历史。随着社会发展与科学技术的进步，用户对钢铁产品质量、品种、性能的要求越来越高，钢材质量指标已经达到相当高的程度。例如在外形尺寸精度方面，成卷提供的宽幅冷轧带钢，厚度精度已经达到了 0.002mm，热轧板卷厚度精度已达 0.025mm；在内部组织结构方面，已实现了对微米、亚微米的组织进行控制，实验室中普通钢的晶粒尺寸已经可以控制在 1μm 左右，工业规模生产中已经获得了晶粒尺寸在 3~4μm 左右的细晶结构钢。此外，有些专门用途的钢材还有深冲、超深冲、抗凹陷性、烘烤硬化性、可焊接性、耐温、耐压、耐磨、耐蚀等使用性能方面的严格要求，这就进一步增加了轧制过程的控制难度。传统的轧制理论曾经在轧制技术的发展中起到了积极作用，解决了主要轧制过程参数（如宽展、前滑、轧制力等）的近似计算问题，但是它已经满足不了现代轧制技术发展的需要。用户日益提高的要求和市场越来越激烈的竞争促使人们去寻求新的更有效的方法来解决面临的技术难题。

简要回顾轧制理论发展的历史，将会加深对这个问题的认识。

A　理想轧制过程的概念

在轧制理论的形成和发展过程中，人们为了能够方便地对轧制过程进行理论分析，对轧制过程进行了一系列简化，提出了理想轧制过程的概念。其核心内容主要包括以下假设：

（1）轧辊是匀速转动、圆柱形的不变形刚体。

（2）轧件是均质、均温、各向同性的理想塑性材料。

（3）变形过程中金属无横向流动（平面变形假设）。

（4）在同一垂直平面内，各处金属质点的流动速度相同（平断面假设）或接触面上轧件速度与轧辊速度一致（黏着假设）。

（5）双辊传动，变形过程是上下对称、左右对称的。

在此基础上，人们引用力平衡方程、质量（能量）守恒定律、最小能量原理等，建立并逐步发展了近代轧制理论，形成了一整套分析轧制过程的计算方法。在其发展进程中，很多研究贡献出了自己的智慧，表现出了非凡的才华，形成了各具风格的流派，促使金属轧制这项古老的工艺走近了科学的殿堂。

需要指出的是，轧制理论的建立与发展，并不是几个人心血来潮的杰作，它一刻也没有离开轧制生产技术的发展。正是轧制技术从手工作坊向大工业转变，催生了近代轧制理论，同时，轧制理论的进步又为轧制技术向更高层次的发展提供了指导。

B 现代轧制技术的特点

抽象化的理想轧制过程实际是不存在的，但是它却可以为分析现代轧制技术的特点提供参考。

（1）首先，轧辊不是一个理想的圆柱体，板形控制要求对轧辊凸度进行研究，这里既有辊形设计时采用的原始凸度，也有热凸度和磨损凸度，特别是近年来还为一些特定的轧辊设计了凸度曲线（典型的如 CVC 轧辊）；其次，轧辊远不是刚体，在轧制力作用下，轧辊不但会产生弹性挠曲，而且还有弹性压扁；最后，轧件带来的热量会引起轧辊的热膨胀。不从这样的角度去看待今天的轧辊，就谈不上当今的板形控制。

（2）轧件不是均质、均温、各向同性的理想塑性材料。人们早已认识到，轧件头、中、尾部温度的不均匀分布，是导致产品尺寸偏差的主要原因；沿板带钢轧件横断面的温差不仅会导致出现浪形，而且会对晶粒尺寸等轧件内部的组织性能产生影响。对轧件内部晶粒形状取向、织构进行研究可以提高产品深冲性能（r 值）、电磁性能等特殊要求。

（3）平面变形假设与平断面假设也会带来误差和缺憾。即使传统上认为最接近平面变形条件的板带轧制过程，也因为遇到边部减薄、平直度与凸度控制等具体问题而放弃平面变形假设转而求助于三维变形理论。尽管有限元法等数值计算方法的出现提供了一种对轧制过程进行三维分析的有力工具，但是要想精确处理轧制过程中弹塑性与黏塑性变形、工具弹性变形与热变形、工件与工具的温度变化、工件内部的组织性能变化、系统的动态时变特性等问题，仍有很多工作要做。

由此可见，传统的轧制理论已经不能满足现代轧制技术发展的需要。实践呼唤新的、更为有效的方法出现。

现代轧制技术具有以下一些特点：

（1）多变量。轧制过程涉及的物理量很多，它们是随着时间进程与空间位置变化而变化的，如温度、压力、力、速度、流量、张力等，而且很多物理量是以场的形式存在的，如温度场、应力场、应变场、速度场等。

（2）强耦合。上述变量中，其中任何一个变量发生变化都将引起其他多个变量发生变化，从而导致整个系统状态的改变。这种变量之间的影响是双向的，例如温度的变化引起轧制力的变化，而轧制力的变化又引起塑性变形功率的变化，反过来又引起温度的变化。

（3）非线性。轧制过程中的很多相关关系是非线性的，这里既有几何非线性问题，也有物理非线性问题。例如应力应变关系、轧机刚度曲线、轧件塑性曲线等。

（4）时变性。轧制过程不可能长期稳定维持在一个理想的最佳点，上述大量的非线性、强耦合的变量随时变化，并影响着目标控制量的变化。例如轧辊偏心引起轧件厚度发生周期性变化。在 AGC（autommatic gauge control）系统的参与下，以辊缝位置的周期性变化来减小轧辊偏心对厚度波动的影响。

面对这样复杂的问题，按照传统方法从几条基本假设列出几个方程，显然难以得到理想的结果。在这种情况下，人们开始探索新的途径来解决这些问题。

13.1.1.2　相关外部条件

进入 20 世纪 80 年代以后，计算机科学与技术取得了惊人的进步。计算机软硬件条件的改进为人工智能的成长提供了良好的土壤，随着对人的思维规律与智慧特征的探索和对人脑、神经系统生理机制的研究，人工智能理论与方法逐渐成熟，并在很多领域中应用取得成功。

A　专家系统

既然医疗诊断专家系统能够对人体疾病这样一个高级生命系统做出诊断，人们很自然地会联想到把专家系统用于轧机故障的诊断。给计算机装上推理机和知识库，它就能对某一领域的问题给出专家水平的解答。

B　神经网络

人工神经网络是利用计算机模拟高级动物神经系统的结构建立起来的。它具有出色的记忆功能，已经成功地用于机器人控制、图像和文字的模式识别，甚至股票行情的预测。同样，在轧制领域，如传动和压下装置的控制、板形和表面状态的识别、轧制力等参数的预报等，神经网络也可以发挥作用。

C　模糊逻辑

轧制过程中很多参量在尚未给出定量描述之前，常常是模糊的。"温度高了""速度快了""压力大了""板形好了"，这类模糊语言在轧钢操作室里已司空见惯。日常生活中大到地铁运行控制，小到电饭锅、洗衣机，都已成功应用了模糊控制器。在轧制过程中，模糊逻辑也得到了应用。

13.1.2　人工智能在轧制领域的作用

13.1.2.1　人工智能与传统方法的比较

人工智能与传统方法不同，它避开了过去那种对轧制过程深层规律的无止境的探求，转而模拟人脑来处理那些实实在在发生了的事情。它不是从基本原理出发，而是以事实和数据为依据，来实现对过程的优化控制。

以轧制力为例，在传统方法中，首先需要基于假设和平衡方程推导轧制力公式，研究变形抗力、摩擦条件、外端等因素的影响，精度不能满足要求时加入经验系数进行修正。而利用人工神经网络进行轧制力预报，所依据的是大量在线采集到的轧制力数据和当时各种参数的实际值。为了排除偶然性因素，所用的数据必须是大量的，足以反映出统计学规律。

利用这些大量的数据通过一种称之为"训练"的过程告诉计算机，在什么条件下、什么钢种（C、Mn 及各种元素含量多少）采用多高的温度、多大的压下量、在第几机架实测到多大的轧制力等，经过千百次的训练，计算机便"记住"了这种因果关系。当再次给出相似范围内的具体条件，向它询问轧制力将是多少时，凭借类比记忆功能，计算机就会很容易地给出答案。这个答案是可信的，因为它基于事实，是过去千百万次实实在在发生了的真实情况。

人工智能使人们手中又多了一个强有力的工具。

13.1.2.2　人工智能：轧制理论发展历史中一个新的里程碑

人工智能进入轧制过程研究领域，在轧制理论和轧制技术发展历史上具有划时代的意义。为了加深对人工智能作用的认识，这里回顾一下轧制理论的发展过程，如图 13-1所示。

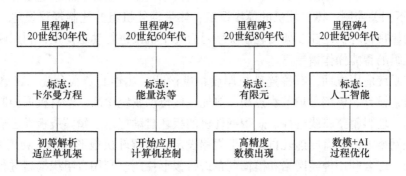

图 13-1　轧制理论发展历史上的四个里程碑

20 世纪 30 年代以前，近代轧制理论处于孕育萌生期。卡尔曼方程的出现，树立了轧制理论发展的第一个里程碑。在卡尔曼方程的基础上，很多轧钢界的前辈们费尽心思，推导演绎，提出了一个又一个轧制力公式、前滑公式、宽展公式，逐渐形成了以工程法为核心的近代轧制理论体系，把轧制这门古老的手艺变成了科学。

进入 20 世纪 60 年代以后，计算机开始应用于连轧机组的控制，对轧制过程参数的计算精度提出了新的要求，对轧制理论的研究空前活跃起来，出现了一类基于能量原理的新解法。尽管每个人所用的名称不同，如上下界法、变分法、能量法，但其本质上并没有太大的区别。与工程法不同的是，它不是从力平衡关系出发，而是着眼于运动许可速度场，从运动许可速度场中利用数学上的优化方法寻找满足能量原理的最佳值。这类解法的出现及成功应用带来了新的活力，为轧制理论发展树立了第二个里程碑。

自 20 世纪 80 年代以来，为适应轧钢生产中对高精度数学模型的需要，有限元在轧制领域登堂入室，为轧制理论发展树立了第三个里程碑。有限元具有能够化繁为简、以量克难的长处，在多个微小的单元里，采用最简单的线性关系，组合起来去逼近任何复杂的曲线。轧制理论中遗留下来的一些"老大难"问题，利用有限元法得到了解决。但有限元的缺点是计算量太大、在线应用困难。

从 20 世纪 90 年代开始，人工智能的应用为轧制理论的发展揭开了新的篇章。人工智能从新的视角去处理轧制过程中的实际问题，引发了轧制过程研究中观念上的一场革命，为轧制理论发展树立了第四个里程碑。

人工智能在轧制领域一出现就是与应用密切联系在一起。短短几年间，它已成功地应用于从板坯库管理到加热、轧制、精整、成品库整条生产线的各个环节，完成管理、参数预报、过程优化、监控等多个方面的工作。这正是人工智能近年来颇受轧制工作者青睐的原因。

13.1.3 国内外发展状况

13.1.3.1 国外发展简况

人工智能进入轧制领域可以追溯到 20 世纪 80 年代。1984 年小园东雄曾介绍了利用人工智能技术进行型钢的最优剪切控制。90 年代以后，日本轧钢界学者和工程技术人员在人工智能应用方面做了大量的工作，有关报道逐渐增多。

在模糊理论和模糊控制方面，有带钢板形的模糊控制；估计碳素钢的变形抗力；进行板厚-张力不相关控制；棒材轧机的模糊设定；热带精轧机组的轧制规程设定；利用模糊规则，根据热带精轧机组前 3 架的轧制实绩对后几个机架进行动态修正；利用模糊推理进行冷连轧机组的智能操作指导等。

在专家系统应用方面，有冷连轧机厚度精度诊断、热连轧负荷分配、H 型钢孔型设计、型钢质量设计、棒钢出炉节奏控制、热轧在线传动系统诊断、箔材板形控制、铝材轧机板形控制、坯料精整路线选择、热带钢轧机的板坯自动搬运、精整线板卷运输等。

在神经网络方面，有冷连轧机组压下规程设定、多辊轧机板形控制、利用 BP 网络进行板形识别、综合利用神经网络和模糊逻辑进行板形控制、利用自组织模型进行操作数据分类，等等。

与日本学者的风格不同，德国的轧钢工作者虽然没有像日本那样发表那么多的文章，但他们在人工智能的实际应用方面也下了很大功夫。据介绍，西门子公司（Siemens AG）利用神经网络进行轧制过程自动控制，进行轧制力预报、带钢温度预报和自然宽展预报，使轧制力预报精度提高 15%~40%，温度精度提高 25%，宽展精度提高 25%。这些成果已经应用于德国蒂森钢铁公司（Thyssen AG）、赫施钢铁公司（Hoesch AG）等轧钢厂的 6 套轧机上。

除了日本和德国之外，其他各国轧制工作者也在人工智能应用的各个方面开展了研究工作。

13.1.3.2 国内发展概况

20 世纪 90 年代以后国内开始出现有关人工智能在轧制领域应用研究的报道。如型钢轧制工艺故障模糊诊断、工字钢孔型设计专家系统、利用神经网络预报热连轧精轧机组轧制力等。90 年代初，东北大学轧制技术及连轧自动化国家重点实验室开始把人工智能在轧制中的应用作为主要研究方向之一，其后，一批博士后、博士和硕士研究生及青年教师围绕这个方向开展了大量的研究工作。研究内容涉及神经网络、小脑模型、模糊控制、专家系统、遗传算法等各个方面。

13.1.3.3 最新进展：智能化信息处理简介

人工智能在轧制中应用的最新进展是智能化信息处理。现代化轧机配备了大量的传感器，可以随时对轧制过程的各种参数进行检测，如温度、轧制力、张力、速度、辊缝、轧件尺寸、板形、液压系统压力、冷却系统流量，等等。轧制过程的工作状态，可以通过这些参数充分地反映出来。所谓轧制过程的智能化信息处理，就是利用人工智能工具，对这些采集的信息进行加工处理，从中提炼有用的知识。

应当指出，轧制线上采集到的大量数据是需要处理的，一是因为数据量大，掺杂了各种干扰因素；二是因为涉及变量多，需要处理的数据维度高；三是因为变化快，很多参数在毫米时间尺度内发生变化，若不经处理，常常会让人莫名其妙，无所适从。智能化信息处理的作用是通过分析数据、挖掘知识来整合控制模型参数、维护过程控制软件，最终达到优化轧制过程的目的。

智能化信息处理系统所采用的工具有各种类型的数据库，如实时海量数据库、虚拟组合数据库（virtually integrated database）等；各种类型的神经网络，如 BP 网络、模糊神经网络等，专家系统；模糊逻辑等。传统的数据处理工具，如数理统计、傅氏变换等在这里仍有用武之地。一些新的理论方法，如小波变换（wavelet transform）、多媒体（multimedia data）等，在这里也有了施展空间。

智能化信息处理的应用是多方面的。它可以帮助人们发现、总结轧制过程中的规律。可以说现场生产中每轧一根轧件，都是一次绝好的实验。当前再好的实验室也不会有现场生产那样真实可信，不会像现场生产那样千百万次地重复，具有说服力。有了智能化信息处理系统，人们可以把实验室移到现场，做到理论与实践的紧密结合。更重要的是，在线应用智能化信息处理系统，作为操作人员和技术人员头脑的延伸，在轧制过程的监控、软件的远程维修、设备的故障诊断、模糊的优化等重要的工作中，起着关键的作用。

应用智能化信息处理已经成为轧机现代化水平的标志之一，受到人们的关注。

13.2 人工智能在轧制过程的应用

人工智能方法主要适用于那些用数学模型难以精确刻画的非结构化问题，而实际轧钢生产过程中的具体问题是多样化的，有些问题用传统的方法已经得到了解决；有些问题适于用人工智能的方法来解决；还有许多问题采用人工智能与其他方法相结合或几种智能化方法相结合进行综合求解的途径会取得更佳的效果。

13.2.1 轧制问题求解机制与求解方法的分类

13.2.1.1 求解机制

轧制过程，特别是现代连轧生产过程，是一个很复杂的实际过程，其求解机制按照知识表述的难易和结构化程度的强弱可分为分析机制、推理机制、搜索机制、思维机制四种类型，如图 13-2 所示。

A 分析机制

轧制过程中有些规律性强，利用数学、力学原理可以描述的定解问题，其中一部分本质已经为人们所掌握，解法已基本成熟；还有一些可以通过进一步研究，主要可利用数学分析的方法进行处理。例如轧制过程中的温度、轧制力、力矩、功率等问题，尽管有时还需要进一步提高计算精度，但是基本上属于可以用数学模型解决的问题，这类问题可以用分析机制求解。

B 推理机制

有些问题虽然知识表达容易，但是难以用数学方程描述。例如型钢轧制中孔型系统的

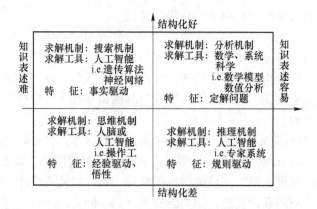

图 13-2 轧制问题的求解机制

选择、轧辊材质与表面状态的选择、轧制计划的编排等，通常需要由专门知识的专业人员负责确定。选择则可利用专家系统或模糊逻辑通过推理机制来完成。

C 搜索机制

在轧钢生产和设计过程中，往往会遇到一些问题，道理很难讲清，也没有一成不变的固定规律，解决这些问题依靠的是多年实践中积累的知识。这类问题可以用对以往事实进行搜索的方式寻求答案。遗传算法是一种典型的利用搜索机制工作的智能工具，在给定了优化目标的前提下，利用遗传算法可以在无需确定函数关系的前提下寻找最佳值。

D 思维机制

过去轧制过程中有些突发事件的处理、异常情况的诊断、启停指令的下达等，要有人来完成，其依靠的是思维机制。近年来用计算机代替人脑工作的范围在逐渐扩大，无人操作的轧钢生产线已经成为现实。机器思维取代部分人类思维是人工智能应用的突出成果，在轧钢生产线的控制上，计算机往往比操作工做得更好。

13.2.1.2 综合求解的方式

图 13-3 所示为综合运用人工智能的例子。

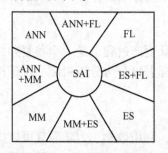

图 13-3 综合运用人工智能的方式

MM—数学模型；ANN—神经网络；ES—专家系统；FC—模糊逻辑；SAI—协同人工智能

A 两种人工智能方法的结合

可将两种人工智能方法相结合，例如：

（1）模糊逻辑与专家系统相结合（FL+ES），模糊专家系统；

（2）模糊逻辑与神经网络相结合（FL+ANN），模糊神经网络；

（3）专家系统与神经网络相结合（ES+ANN），智能专家系统。

B 人工智能方法与其他方法的结合

可将人工智能方法与其他方法相结合，例如：

（1）数学模型和神经网络相结合（MM+ANN）；

（2）数值分析与神经网络相结合（NA+ANN 或 FE-MANN）；

（3）专家系统与数学模型相结合（ES+MM）。

C 协同人工智能技术

最近，协同人工智能技术（synergetic artificial intelligence，SAI）得到了人们的广泛关注。协同人工智能技术（图13-4）的基本思想是利用几种不同的智能化方法全方位模拟人脑的功能。例如，利用专家系统模拟人脑左半球的逻辑思维功能，利用神经网络模拟人脑右半球的形象思维功能，利用模糊逻辑对两者进行沟通。这种新的智能化方法已经用于热轧带钢精轧机组负荷分配的优化，取得了良好的效果。

图 13-4 综合运用人工智能的方式

13.2.2 几种智能方法相结合在轧制中的应用

各种人工智能方法各有其特点和适用范围，将其结合起来使用，往往会收到更佳的效果。综合利用两种或两种以上人工智能方法解决实际问题的理论和方法已有论述。模糊逻辑与神经网络相结合、专家系统与模糊逻辑相结合、专家系统与神经网络相结合等在轧制中应用的例子已有报道。本节介绍这些方面的进展。

13.2.2.1 板形控制的模糊-神经网络

下面给出两种将神经网络与模糊理论结合起来用于板形控制的实施方案。

A 模糊控制器与神经网络仿真器结合用于板形的控制

模糊控制器中一般有模糊化、模糊推理、清晰化（定量化）、知识库等几部分，它从板形检测仪或者神经网络仿真器获得板形信息 A_2 和 A_4（板形曲线的2次和4次分量），经过模糊化过程把它们变成模糊变量，再利用知识库中给定的模糊推理规则和隶属函数对它们进行模糊描述，最后利用重心法等规则对模糊变量进行定量化。

定量化的控制变量从模糊控制器中输出给生产过程中的执行机构（如弯辊液压缸）或作为仿真器的输入对控制效果进行检验。综合运用模糊控制器与神经网络仿真器进行板形控制的一种方案如图13-5所示，其流程如图13-6所示。这种方案的基本思想是利用神经网络构造的仿真器为模糊控制器的控制效果"把关"，经过仿真器检验控制效果理想的控制量，再应用到实际生产，所以它预报值的可靠性比较好。

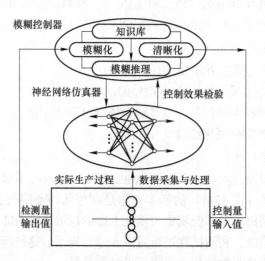

图 13-5　采用模糊控制器与神经网络仿真器的板形控制方案

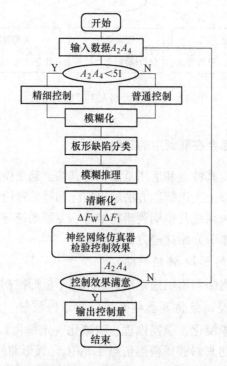

图 13-6　板形控制的模糊控制器与神经网络仿真器组合框图

B　基于神经网络模式识别的模糊推理的板形控制

基于神经网络模式识别的模糊推理的板形控制通过模拟操作工的思维和动作过程来实现，如图 13-7 所示。与操作工用眼睛来观测板形、用头脑来分析判断并做出决策、用手进行操作的过程相似，该方案的几个关键步骤是：

（1）用板形仪来检测板形曲线，并将检测结果送入计算机；

（2）利用神经网络对检测的板形曲线进行模式识别，把实测曲线分解为对应于执行机构 a、b、c 的标准分量 A、B、C；

（3）将神经网络输出的识别结果送入模糊控制器，经模糊推理判断，确定执行机构的操作量 a、b、c 的大小；

（4）执行机构根据操作量 a、b、c 动作，完成对板形的控制过程。

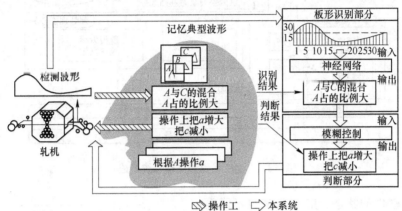

图 13-7 操作工动作与所提方案的关系

目前，这种智能化的板形控制系统已经在生产中应用，并取得了良好的效果，投入该系统后，板形的翘曲度由 1.8% 降到 1.4%，如图 13-8 所示。

13.2.2.2 基于神经网络的预警专家系统

利用智能技术进行工厂事故、故障的预警，是人工智能应用的一个新领域。三宅雅夫等提出综合利用神经网络和知识库进行生产线预警，并开发了警报提示系统。系统由前处理部分、事项同定部分、警报选择部分和表示处理部分等组成，系统构成如图 13-9 所示。

系统把生产线的信号分为模拟量和数字量两种。模拟量进入事项同定部分由神经网络进行处理；

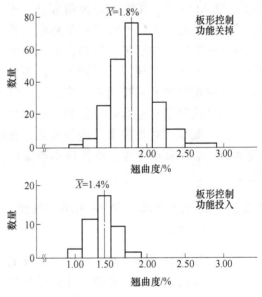

图 13-8 板形控制效果

经网络进行处理；数字量（开关量）经前处理部分对机器的状态和警报发生顺序进行判定，判定结果一方面送入事项同定部分，与神经网络对模拟信号的处理结果综合，对事项进行识别和确认；另一方面送入警报选择部分与事项确认的结果综合，根据知识库中的因果关系表对因果关系和事件性质进行选择，选择结果送入表示处理部分，以确定是否报警以及给出什么样的报警。

事项同定是一个新概念。报警是一件非常严肃的事，应十分谨慎地加以对待。确定生

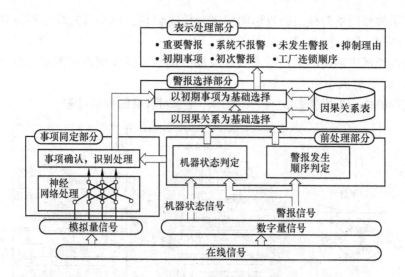

图 13-9　生产线预警处理系统构成

产线上一个事件的状态，应利用来自不同渠道的信息，从多个不同侧面进行判断，加以综合得出结论。上述系统中事项同定实现方法如图 13-10 所示。其输入分为两部分：压力、流量等随时间变化的模拟量参数输入具有高速处理能力的多层神经网络，得出一个备选事项送入专家系统，阀门开关、机器状态等数字量信号输入直接送入专家系统，专家系统对这两路信息进行知识处理，对相似的事项进行甄别，对备选事项进行确认。在此基础上，输出事项名称，作为给出预警的依据。

13.2.3　人工智能与其他方法相结合在轧制中的应用

综合运用几种求解机制，采用人工智能与其他方法相结合的途径来解决轧制过程中

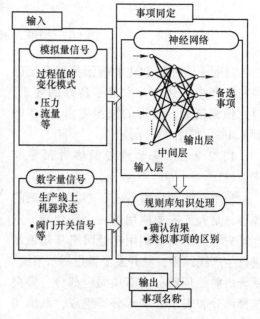

图 13-10　事项同定方法

的各类复杂问题，近年也有了很快的进展。例如数学模型和神经网络的结合、数值分析与神经网络的结合等都有在轧制中应用的例子。

13.2.3.1　神经网络与数学模型结合改进轧制力预设定

轧制力预设定精度无疑对产品质量有重要的影响。过去曾有一种过分依赖于自适应功能来提高轧制力预报精度的思想，但是这要以牺牲变规格品种时前几块钢板和板卷头部的精度为代价。近年来，随着用户对产品质量的要求越来越高，竞争越来越激烈，促使人们对轧制力的预设定精度给予充分的重视。利用在传统方法的基础上加上人工智能来提高预

报精度已经成为一种公认的有效方法。

轧制力计算中一个关键的问题是平均单位压力的计算，而平均单位压力可分为金属的变形抗力和应力状态系数两大部分，提高变形抗力的预报精度对轧制力的计算精度是至关重要的。目前还没有成熟的理论能够准确算出生产条件下的轧件变形抗力。过去常用实验的方法得到变形抗力曲线或变形抗力模型。这种方法难以处理同一钢种化学成分波动对变形抗力的影响。有的公式虽然形式上考虑了 C、Mn 等部分元素对变形抗力的影响作用，但实际上往往是仅取钢种成分的标准值进行计算，难以处理实际生产中不同炉号化学成分的波动。

为了提高轧制力的预报精度，奥地利 VAI 公司开发了一种利用神经网络与数学模型相结合的新方法，并已经把这种方法用于生产实际中。其基本思想是把轧制力模型分为变形应力和其他影响两部分，变形应力用神经网络预报解决，其他影响由数学模型和自适应来解决。其基本框架如图 13-11 所示。

训练预报屈服应力神经网络所用的数据可以有两个来源：利用热模拟实验数据或利用生产中实测的轧制力数据。

利用热模拟实验确定金属的屈服应力是一种常用的方法。对具有特定的化学成分和组织结构的钢种，在不同的变形温度、变形速度、变形程度下进行压缩、拉伸或扭转实验，即可测得相应的屈服应力。

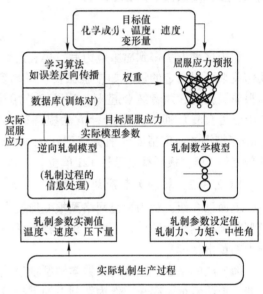

图 13-11　神经网络与数学模型结合的应用示例

过去常用多元回归的办法对实测数据进行处理，得到这一钢种的屈服应力模型。但是这样首先要对屈服应力模型的函数类型做出假设（如通常采用指数型函数），而实际上屈服应力的变化规律并不能在大范围内与所选择的函数类型完全一致。特别是当考虑静态再结晶、应变积累、动态再结晶、相变等因素的影响时，屈服应力的变化很复杂（图 13-12），难以用所选定的函数来描述，因而这种方法势必带来较大的误差。

利用神经网络预报屈服应力，不需要假设数学模型的类型，只是通过权值矩阵来记住什么条件下会得到什么结果，因而可以避免上述误差。

利用生产中测得的轧制力数据来预测屈服应力是一个新思路。轧制力计算公式的一般形式如下

$$P = pF = n_\sigma \sigma_s lb \qquad (13-1)$$

式中　P——平均单位压力；

　　　F——接触面积；

　　　σ_s——屈服应力；

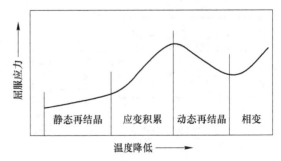

图 13-12　屈服应力随温度的变化

　　　　　　l ——接触弧长；

　　　　　　b ——变形区平均宽度；

　　　　　　n_σ ——应力状态系数，采用不同的平均单位压力公式时，应力状态系数有不同的
　　　　　　　　　表达形式。

　　当已知实测轧制力、带钢宽度、入口厚度、出口厚度、工作辊径、轧制温度和轧制速度时，容易算出变形区平均宽度 b 和接触弧长 l，采用逆向轧制模型（图 13-11）可以推算出应力状态系数、变形程度和变形速度，这样就能够反算出在确定的变形温度、变形程度和变形速度条件下的屈服应力

$$\sigma_s = \frac{p}{n_\sigma l b} \tag{13-2}$$

　　利用这种方法得到屈服应力后，再利用数学模型式（13-1）预报轧制力，把那些利用几何关系可以确定的量（如接触弧长、平均宽度等）用数学模型来解决，用神经网络来预报屈服应力，两者结合起来，效果比单用神经网络预报轧制力要好。据介绍，奥地利 VAI 公司 Linz 厂通过采用这种方法提高轧制力的预报精度，并结合其他措施已将轧制 4mm 厚带钢的厚度精度分别提高到 0.019mm（中部）和 0.023mm（头部），为 ASTM 标准偏差的 1/4，板形精度已达 12I 单位。

13.2.3.2　轧制力智能纠偏网络

　　上面已介绍，利用神经网络预报变形抗力及数学模型计算应力状态系数，实现了数学模型与神经网络的结合。下面介绍一种数学模型与神经网络结合的新方法，进一步提高轧制力的预报精度。

　　新方法的基本思想是利用数学模型预报轧制力的主值，利用神经网络来预报轧制力的偏差，把两者综合起来，作为轧制力的预报值，即

$$P = P_m + \delta P_{ANN} \tag{13-3}$$

或
$$P = P_m + \lambda P_{ANN} \tag{13-4}$$

式中　　　　P_m ——轧制力的主值，由数学模型预报；

δP_{ANN}，λP_{ANN} ——轧制力的偏差值、偏差系数，由神经网络预报。

　　对应于式（13-3）和式（13-4），开发了两种网络，分别称为加法网络与乘法网络（图 13-13），用来预报热带精轧机组的轧制力。

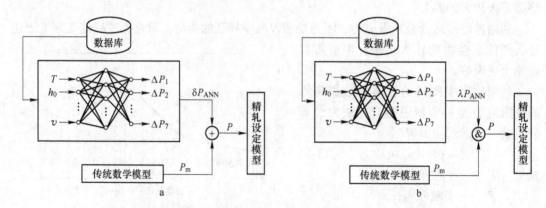

图 13-13　数学模型与神经网络结合的加法网络（a）与乘法网络（b）

　　根据轧制力偏差表现的特点，确定选用加法网络还是乘法网络。如果轧制力经常出现一个稳定的偏差，可选用加法网络；如果偏差与轧制力的大小相关，可选用乘法网络。

　　这种数学模型和神经网络相结合的方法利用了两者的优点：数学模型具有坚实的理论依据，能够反映轧制力变化的主要趋势，所以用它来预报轧制力的主值；神经网络容易反映扰动因素对轧制力的影响，所以用它来纠正轧制力的偏差。两者优点的结合，可收到最佳的效果。

　　实际上，利用数学模型预报轧制力是现有轧机控制系统的普遍做法，考虑到现有轧机的适度规模改造和软件维护，完全摈弃数学模型而另起炉灶未必是最佳选择。因而仍以数学模型为主预报轧制力主值，辅以神经网络为其纠正偏差，这样做的好处是对现有系统的改动小、技术难度小、动作风险小、投入产出效果明显，是在现有轧机上采用智能技术的一个容易被接受的方案。

　　按照上述思想开发了轧制力的智能纠偏系统，用 Turbo C 语言在计算机上编制基于 BP 神经网络和数学模型结合的离线学习预报和模拟在线学习预报程序。软件由 5 个模块构成，即数据处理模块、轧制力离线模拟计算模块、改进型 BP 算法离线学习模块、网络预报模块和统计分析模块。网络训练次数为 10000 次时达到稳定，预报时间小于 1s，基本可满足在线应用的时间要求。

　　利用某钢铁公司热轧带钢厂生产过程中的实际数据，对轧制力预报综合神经网络进行离线学习和预报，以建立网络各层的权系数矩阵。训练样本采用 700 块带钢，另外选取 50 块带钢为预报样本。网络训练输入向量包括轧件入口厚度、压下率、带钢前后张力、工作辊直径、轧辊转速、带钢温度、带钢各成分含量，输出为 7 个机架的轧制力计算值与实测值之间的差值；再与数学模型相结合，即得到精度很高的轧制力预设定值。

　　利用开发的轧制力智能纠偏系统预报轧制力的效果如图 13-14c 所示。为了便于比较，图中同时给出了仅用数学模型（图 13-14a）、仅用神经网络（图 13-14b）的预报结果。在这个例子中，仅用数学模型的预报偏差约在 15% 以内，仅用神经网络的预报偏差可控制在 10% 以内，而综合运用数学模型与神经网络的预报偏差基本上在 5% 以内。

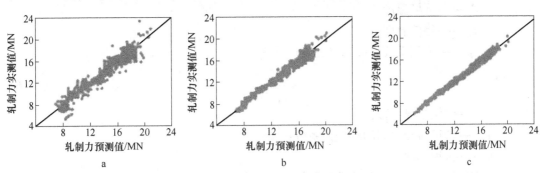

图 13-14　轧制力预报值与实测值的比较

a—数学模型的预报结果；b—神经网络的预报结果；c—数学模型+神经网络的预报结果

13.2.3.3　神经网络与数学模型结合预测带钢卷曲温度

　　卷曲温度控制是热轧带钢生产中一个重要环节，它直接影响带钢最终的组织性能。目前卷曲温度控制主要靠数学模型完成，而带钢冷却过程中的热交换是非常复杂的非线性过程，并且带钢在冷却过程中要发生组织转变，这些都难以用数学模型精确表达。在实际生产中，卷曲温度模型要经过自适应功能进行修正，效果并不十分理想。因此，提高卷曲温度的控制精度是一个具有现实意义的课题。利用神经网络和数学模型相结合的方法提高卷曲温度的预报精度，提供了一条解决这个问题的新途径。

我国某热轧带钢厂层流冷却控制系统如图 13-15 所示。该系统是前馈-反馈控制系统。沿轧件长度方向冷却区分为主冷区和精冷区，其中主冷区采用前馈控制，精冷区有前馈和反馈两种控制。精冷区前馈控制的依据是中间测温仪实测的带钢温度，因为带钢在冷却区运行中表面易产生水雾，使温度实测值偏差较大，影响了前馈的效果。

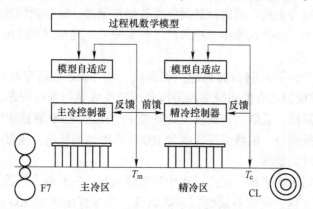

图 13-15　层流冷却控制系统

F7—精轧机；T_m—中间测温仪；T_c—卷曲前测温仪；CL—卷取机

计算工件温度的数学模型如下

$$T(t) = T_u + (T_e - T_u) \times e^{-\varphi t} \tag{13-5}$$

式中　$T(t)$ ——t 时刻工件的平均温度；

t——带钢进入冷却区的时间；

T_u ——环境温度；

T_e ——终轧温度；

φ ——模型系数，按式（13-6）计算：

$$\varphi = \frac{2a\alpha}{\lambda h} \tag{13-6}$$

式中　a ——带钢导温系数；

α ——带钢与介质间的热交换系数；

h ——带钢厚度。

该模型结构简单，加上前馈效果不佳，造成带钢沿长度方向温度波动，卷曲温度控制精度不高，对产品质量产生不利影响。

上述模型中影响因素考虑不够全面，如带钢运行速度的影响没有得到反映。为了克服数学模型的缺点，建立了一套神经网络系统，与数学模型结合起来进行卷曲温度的预报。

该神经网络的部分输入直接来自实测数据，如精轧温度、带钢厚度、带钢速度等；部分输入来自数学模型的中间计算结果，如冷却时间。网络输出只有一个，就是卷曲温度。

神经网络与数学模型的组合方式如图13-16 所示。

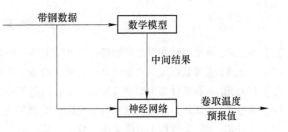

图 13-16　神经网络与数学模型的组合方式

利用某热轧带钢厂 3 个月采集到的生产实测数据，取其一半作为训练样本，另一半作为测试样本，利用计算机模拟现场过程，对网络离线训练 2 万次，利用训练好的网络对卷曲温度进行预测，预测结果如图 13-17 所示。

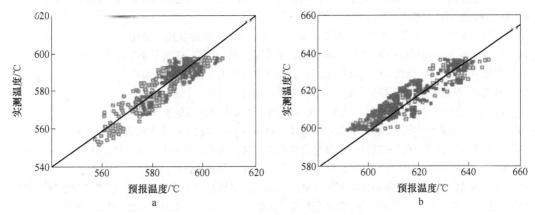

图 13-17　卷曲温度预测值与实际值的比较

a—600℃以下；b—600℃以上

由图可以看出，用数学模型与神经网络相结合的方法，能够较准确地预报带钢的卷曲温度。目前进行的是离线学习和测试，下一步可以考虑在线应用。在线应用可有两种方式：

（1）通过建立测试数据库，获取现场卷曲温度的实际数据与相关的工艺条件，利用离线训练环节建立网络权值矩阵，将此矩阵装入过程计算机进行在线预测。为了保证预测精度，可以根据季节、生产条件的变化等，定期或随时更换网络的权值矩阵。

（2）建立实时数据库，利用在线数据实时进行神经网络的训练。利用滚动优化的方法随时调整网络参数，使之长期工作在最佳状态，对卷曲温度做出准备预报。

13.2.3.4　神经网络与有限元结合用于在线参数预报

有限元作为一种最为广泛的数值计算方法，在轧制过程模拟中发挥了很大的作用。但是用有限元法模拟时需要占用大量的计算时间，因而有限元只能用于离线模拟，迄今为止，还没有见到单独使用有限元法进行在线参数预报的例子。神经网络作为一种有效的数据处理工具，为有限元结果的在线应用提供了可能。瑞典 MEFOS 研究所的列文（J. Leven）等曾利用神经网络与有限元结合来预报平整轧制过程的轧制力，取得了较好的效果。

习　题

13-1　在轧制过程中得到广泛应用的典型人工智能方法及其适合解决的问题类型是什么？

13-2　在解决轧制过程相关问题的过程中人工智能方法较传统方法的优缺点是什么？

参 考 文 献

[1] 赵志业. 金属塑性变形与轧制理论 [M]. 北京：冶金工业出版社，1980.

[2] 赵志业. 金属塑性加工力学 [M]. 北京：冶金工业出版社，1987.

[3] 曹乃光. 金属塑性加工原理 [M]. 北京：冶金工业出版社，1983.

[4] 李生智. 金属压力加工概论 [M]. 北京：冶金工业出版社，1984.

[5] 王仲仁，等. 塑性加工力学基础 [M]. 北京：冶金工业出版社，1989.

[6] 王廷溥. 金属塑性加工学 [M]. 北京：冶金工业出版社，1988.

[7] V. B. 金兹伯格. 板带轧制工艺学 [M]. 马东清，等译. 北京：冶金工业出版社，1998.

[8] 吕立华. 轧制理论基础 [M]. 重庆：重庆大学出版社，1991.

[9] 汪家才. 金属压力加工的现代力学原理 [M]. 北京：冶金工业出版社，1991.

[10] 日本材料学会. 塑性加工学 [M]. 陶永发，于清莲，译. 北京：机械工业出版社，1983.

[11] 熊祝华，洪善桃. 塑性力学 [M]. 上海：上海科学技术出版社出版，1984.

[12] 俞茂宏. 双剪理论及其应用 [M]. 北京：科学出版社，1998.

[13] 赵志业，王国栋. 现代塑性加工力学 [M]. 沈阳：东北工学院出版社，1986.

[14] 王仲仁，郭殿俭，汪涛. 塑性成形力学 [M]. 哈尔滨：哈尔滨工业大学出版社，1989.

[15] 王祖成，汪家才. 弹性和塑性理论及有限单元法 [M]. 北京：冶金工业出版社，1983.

[16] 徐秉业，陈森灿. 塑性理论简明教程 [M]. 北京：清华大学出版社，1981.

[17] 日本钢铁协会. 板带轧制理论与实践 [M]. 王国栋，吴国良，等译. 北京：中国铁道出版社，1990.

[18] 王祖唐，关廷栋，肖景容，等. 金属塑性成形理论 [M]. 北京：机械工业出版社，1989.

[19] 沃·什彻平斯基. 金属塑性成形力学导论 [M]. 徐秉业，刘信声，孙学伟，译. 北京：机械工业出版社，1987.

[20] 徐秉业. 塑性力学 [M]. 北京：高等教育出版社，1988.

[21] 俞汉清，陈金德. 金属塑性成形原理 [M]. 北京：机械工业出版社，1999.

[22] 赵德文，刘相华，王国栋. 滑移线与最小上界解一致的证明 [J]. 东北大学学报，1994，15（2）：189-195.

[23] 赵德文，李贵. 板带轧制的上界理论解 [J]. 应用科学学报，1992，10（2）：148-154，

[24] Zhao Dewen, Wang Guodong, Bai Guangrun. Theoretical Analysis of Wire Drawing Through the Two Roller-Dies in Tandem [J]. SCIENCE IH CHINA (Series A). 1993, 36 (5)：632-640.

[25] Zhao Dewen, Zhang Qiang. An Integration Depending on a Parameter Φ for Analytical Solution of the Compression of thin Workpiece [J]. China J Met Sci Technol, 1990, 6：132-136.

[26] Zhao Dewen, Fang Youkang. Integral of the Inverse Function of ϕ for Analytical Solution to the Compression of Thin Workpiece [J]. TRANSACTIONS OF NFsos 1993, 3 (1)：42-44.

[27] Thomsen E G, et al. Mechanics of Plastic Deformation in Metal Processing [M]. Macmillan, 1965.

[28] Rowe G W. Principles of Industrial Metalworking Processes [M]. London：Edward Arnold Ltd., 1977.

[29] Johnson W, et al. Plane-Strain Slip-Line Fields for Metal-Deformation Processes [M]. PERGAMON PRESS, 1982.

[30] Johnson W, Mellor P B. Engineering Plasticity [M]. London：Van Nostrand Reinhold Company, 1973.

[31] Backofen W A. Deformation Processing [M]. California, 1972.

[32] Avitzur B. Metal Forming : Processes and Analysis [M]. New York, 1968.

[33] Унксов Е Л . Теория Плястических Деформации Метлловю Мащиностроениею, 1983.

[34] Avitzur B. Metal Forming：The Application of Limit Analysis [M]. New York：MARCEL DEKKER. INC., 1980.

［35］Slater. Engineering Plasticity Theory and Application to Metal Forming Processes ［M］. THE MACMILLAN PRESS LTD. 1977

［36］赵德文. 成形能率积分线性化原理及应用 ［M］. 北京：冶金工业出版社，2012.

［37］黄重贵，任学平. 金属塑性成形力学原理 ［M］. 北京：冶金工业出版社，2008.

［38］赵德文. 连续体成形力数学解法 ［M］. 沈阳：东北大学出版社，2003.

［39］王振范，刘相华. 能量原理及其在金属塑性成形中的应用 ［M］. 北京：科学出版社，2009.

［40］Zhang Shunhu, Zhao Dewen, Gao Cairu. The calculation of roll torque and roll separating force for broadside rolling by stream function method ［J］. International Journal of Mechanical Sciences, 2012, 57：74-78.

［41］Zhang Shunhu, Song Binna, Wang Xiaonan, et al. Deduction of geometrical approximation yield criterion and its application ［J］. Journal of Mechanical Science and Technology, 2014, 28（6）：2263-2271.

［42］Zhang Shunhu, Zhao Dewen, Chen Xiaodong. Equal perimeter yield criterion and its specific plastic work rate：Development, validation and application ［J］. Journal of Central South University, 2015, 22（11）：4137-4145.

［43］Zhang Shunhu, Song Binna, Xiaonan Wang, et al. Analysis of plate rolling by MY criterion and global weighted velocity field ［J］. Applied Mathematical Modeling, 2014, 38（14）：3485-3494.

［44］Zhang Shunhu, Zhao Dewen, Gao Cairu, et al. Analysis of asymmetrical sheer rolling by slab method ［J］. International Journal of Mechanical Sciences, 2012, 65：168-176.

［45］Zhang Shunhu, Chen Xiaodong, Wang Xiaonan, et al. Modeling of burst pressure for internal pressurized pipe elbow considering the effect of yield to tensile strength ratio ［J］. Meccanica, 2015, 50：1-11.

［46］赵德文，章顺虎，王根矾，等. 厚板热轧中心气孔缺陷压合临界力学条件的证明与应用 ［J］. 应用力学学报，2011，28（6）：658-662.

［47］李慧中. 金属材料塑性成形实验教程 ［M］. 北京：冶金工业出版社，2011.

［48］丁桦. 材料成型及控制工程专业实验指导书 ［M］. 沈阳：东北大学出版社，2013.

［49］王平. 金属塑性成型力学 ［M］. 北京：冶金工业出版社，2013.

［50］王国栋，刘相华. 金属轧制过程人工智能优化 ［M］. 北京：冶金工业出版社，2000.

［51］周志华. 机器学习 ［M］. 北京：清华大学出版社，2018.

［52］陈雯柏. 人工神经网络原理与实践 ［M］. 西安：西安电子科技大学出版社，2015.

［53］王润富. 弹性力学问题的变分法 ［M］. 北京：科学出版社，2018.